U0580348

互联网环境下的征信模式、信用评价理论与方法

董媛香 著

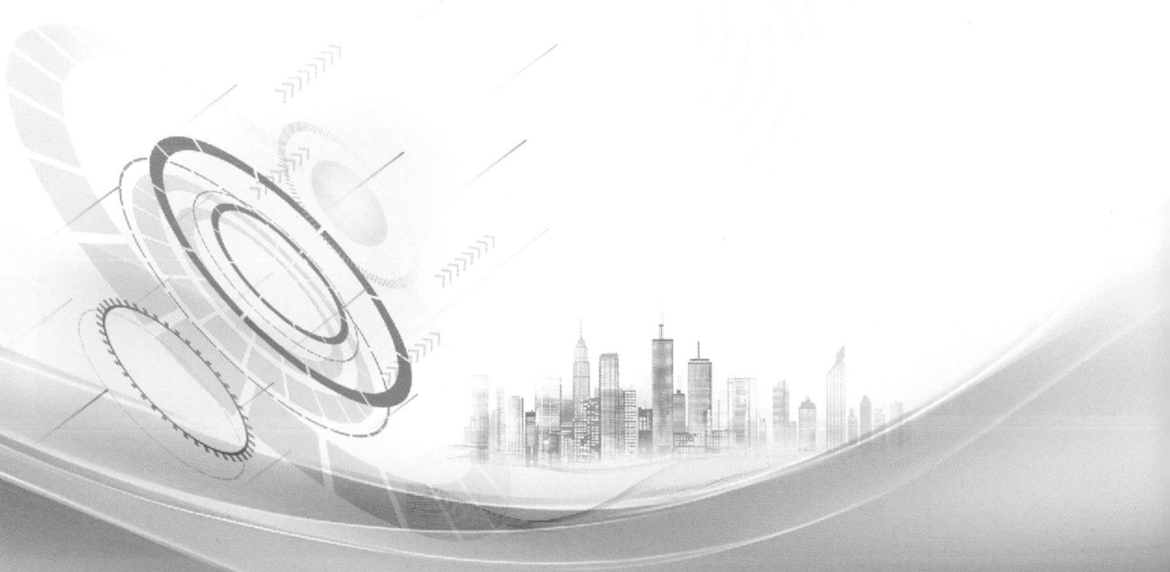

WUHAN UNIVERSITY PRESS
武汉大学出版社

图书在版编目(CIP)数据

互联网环境下的征信模式、信用评价理论与方法/董媛香著 .—武汉:武汉大学出版社,2025.7

ISBN 978-7-307-23964-7

Ⅰ.互…　Ⅱ.董…　Ⅲ.①互联网络—应用—信用制度—研究—中国 ②互联网络—应用—信用评估—研究—中国　Ⅳ.①F832.4-39　②F830.5-39

中国国家版本馆 CIP 数据核字(2023)第 170462 号

责任编辑:陈　红　　　责任校对:汪欣怡　　　整体设计:韩闻锦

出版发行:**武汉大学出版社**　(430072　武昌　珞珈山)

(电子邮箱:cbs22@ whu.edu.cn 网址:www.wdp.com.cn)

印刷:湖北云景数字印刷有限公司

开本:787×1092　1/16　印张:20.75　字数:488 千字　插页:1

版次:2025 年 7 月第 1 版　　2025 年 7 月第 1 次印刷

ISBN 978-7-307-23964-7　　定价:88.00 元

版权所有,不得翻印;凡购买我社的图书,如有质量问题,请与当地图书销售部门联系调换。

目　录

第1章　绪　　论

1.1　研究背景和意义

1.1.1　研究背景

现代社会中，信用是一种具有社会、经济和时间价值的资本，可以度量、交易和管理。拥有信用者即信用主体(政府、企业和自然人)可以获得机会、形成社会关系或达成信用交易。信用正成为社会资源配置的新依据，改变了传统经济仅仅依靠实物资本进行资源配置的状况，促进缺乏实物资本但是拥有信用资本的主体发展，而淘汰拥有实物资本却缺乏信用资本的主体，净化社会环境。

随着互联网、云计算、大数据技术的发展，互联网金融迅速崛起，服务于传统金融业未覆盖的学生、个体工商户等群体，通过广泛整合社会上闲置和零碎的金融资源，满足资金供求双方的需求，从而提高整个社会的收益，同时也使得信用进一步社会化。但是大量用户带来的信贷总量增加，以及越来越多的无抵押、无担保等轻资产信用服务形式，导致风险控制难度呈几何倍数上升。因此，必须依赖新的信用体系控制金融风险，改善市场效率，实现普惠金融。

征信模式、信用评价理论和方法是推进社会信用体系建设的重要方面。征信是社会信用体系建设的核心环节，通过对经济主体信用活动全面、准确的记录为信用评价和修复提供支持。随着互联网和大数据技术的发展，随之产生的互联网征信可以降低信息采集和传递成本，其应用领域也已经超出了传统金融的征信范畴，比如可以将消费者行为、社交关系、支付习惯等在线数据纳入互联网征信，使建立覆盖每个社会主体的征信体系成为可能。为此，急需探索互联网环境对征信的影响，进而构建适用于我国国情和互联网环境的征信模式，推动社会信用体系不断完善。征信以信用数据为基础，而信用评价指标体系直接影响着信用数据的选择。在互联网金融快速发展的大背景下，信用评价指标不仅包括传统线下信用征信模式以及评价指标，也包括互联网交易、履约乃至社交关系等线上指标，信用评价指标体系呈现复杂多样性。

值得注意的是，互联网环境下的信用数据具有与传统信用数据不同的特征——多源、劣质和动态性。一方面，互联网征信打破了传统的由央行定向收集信用数据的单一模式。从2015年央行同意由芝麻信用、腾讯征信等8家机构开展征信业务试点，到2018年由这

8家机构担任股东的首家市场化征信机构百行征信正式开始运营，再到2019年10月实现750家机构与百行征信签订信息共享协议，500家机构已开发API接口准备实施系统接入，征信渠道多源非定向已经成为一种趋势。通过多渠道征信模式获得的多源信用数据，不仅包括传统商业银行或授信机构提供的历史借贷数据（王正位等，2020），而且包括在线消费、网络借贷、社交活动等互联网数据，从而可以对缺乏历史信贷数据的信用主体进行信用评价，增加信用评价结果的使用深度和广度，同时可以更加精准、科学、全面地刻画主体的信用情况，降低信息不对称。

另一方面，尽管互联网征信可以通过多渠道和多维度采集信用数据，但数据质量的挑战仍然存在。收集数据的渠道是多样的，这意味着数据是非定向的，必然导致数据质量较低，包含大量不完备、不一致和异构的数据。采集数据的机构覆盖的用户不同且收集不够规范，导致大量用户的信用数据存在未知或者缺失的情况，呈现高维稀疏的现象，信用数据具有不完备性。除此之外，机构的业务不同、采集时间不同，或者采集、存储、调用多源数据时某个环节出现问题，都会导致同一个信用主体的某个指标值出现冲突，信用数据具有不一致性。这种不一致性可能会导致信用评估结果不准确，从而影响用户的信用记录和信用评价。另外，大数据环境下的信用数据不仅包括自身的财务数据，而且包括互联网交易、履约乃至社交关系等语言数据，使得信用数据呈现异构性。这些数据只能“似是而非地”表示信用主体和评价指标的关系。

在互联网环境下，信用数据的特点不仅在于多源、劣质，还包括动态性。传统信用数据主要指数值型的财务数据，数据变化较为规律，信用评价往往一个会计年度才更新一次。但是，随着互联网的快速发展，互联网征信将在线交易、社交网络、移动设备、互联传感器等数据都纳入信用数据中，这些数据以大规模在线数据为基础，随时间发生变化，呈现动态性。特别地，对于传统的基于抵押的贷款业务，只对信用主体进行一次评价，之后就依此决定是否给予金融支持。这种传统方式已经不能满足当前快速变化的互联网环境下的信用评估需求。此外，在互联网环境下，信用评估不再是一次性的任务，而是需要时时刻刻地进行。因此，需要建立一套有效的动态信用监控体系，以实时地对信用数据进行监测、更新和评估。

由于互联网征信所涵盖的数据多源，包含大量不完备、不一致、异构的劣质信用数据，传统的基于财务数据、利用统计分析或智能学习的信用评价方法已经无法处理。因此，需要新的信用评估方法来适配动态性、多源性和劣质数据的特点。

随着近年来我国信用体系建设逐步深入，形成了“一处失信，处处受限”的失信惩戒大格局，在此背景下产生了信用修复问题。为使失信主体有机会通过信用修复，重塑自身信用，恢复正常生产经营活动，释放市场活力，减少不稳定因素，国家层面相继发布了一系列政策文件，如国务院办公厅2019年35号文件中提出“探索建立信用修复机制”，2020年49号文件提到“完善失信主体信用修复机制”。但目前我国信用修复仍然处于探索阶段，缺少统一的顶层设计和修复标准，主要依据法律和各领域行政规定中的形式化程序要求（如国办发〔2019〕35号、发改财金规〔2021〕274号、国市监信规〔2021〕3号、国知发保字〔2022〕8号）进行修复，缺少数量和程度上的标准；同时，信用修复效率较低，无法主动更新，需要信用主体提交申请，经过相关部门受理、审核后才可进行修复，流程烦琐，耗时长。虽然信用修复正逐步引起学术界的关注，但现有研究多是从法律制定、机制设计和政策支持等角度提出解决方案，鲜有从技术和方法角度提出解决策略。

信用消费是社会信用体系不断完善的产物。信用消费能够有效地平衡、融通社会资源，将现下没有消费能力的需要转化为有效需求，从而有效提高社会福利水平，改善资源配置效率。虽然我国的信用消费起步比较晚，但从 2012 年起信用消费规模整体呈上升趋势，服务范围也由房屋贷款、汽车贷款延伸至旅游、教育等领域。值得注意的是，在我国信用消费迅速发展和普及的同时，也面临着数据安全隐患大(谢尔曼等，2015)、数据滥用现象严重(李文红和蒋则沈，2017)、信息孤岛现象严重(程鑫，2014；《2018 中国区块链产业白皮书》，2018)等诸多发展障碍，而现存的信用消费机制很难从根本上解决这些问题。

综上所述，互联网给传统征信模式、指标体系、信用评价和信用修复理论和方法以及信用消费都带来了巨大的变化，既是挑战又是机遇。为更好地推进社会信用体系建设，本书将从以下四个方面开展研究。其一，探究互联网对现有征信系统的影响以及在互联网环境下何种征信模式可以提高整个系统的运行效率，进一步构建适应我国互联网环境的新型信用评价指标体系；其二，面向互联网环境下多源、劣质及动态的信用数据，构建科学合理的信用评价理论和方法；其三，探索互联网环境下的信用修复机制，并对信用评价理论和方法进行改进，进而应用于信用修复中，提高修复效率，降低再失信风险；其四，从行业视角研究了互联网环境下的信用体系，基于以区块链为底层技术的代币经济体系，构建双循环信用消费生态模型并研究其运作机制。

1.1.2 研究意义

本书的研究意义主要有以下五个方面。

第一，构建符合我国国情和互联网环境的征信模式并提出建设路径，为完善信用体系顶层设计提供借鉴。符合我国国情的征信模式是推进社会信用体系建设的基础。本书一方面结合发达国家或地区个人征信模式的发展历程，对比各国或地区不同的征信模式(如美国的市场主导型、欧洲的政府主导型和日本的机构主导型)，从征信机构、原则、目的和信用数据来源等四个角度进行梳理，总结不同征信模式的优劣势；另一方面面对互联网金融快速发展的新现实，从信用数据来源、质量、采集成本、处理能力等方面，对比央行征信与互联网机构征信两种模式的优劣势。基于以上两个方面的分析，分析征信主体的互动关系，构建符合我国国情和互联网环境的征信模式，并提出征信体系的建设路径，为完善我国信用体系顶层设计提供借鉴。

第二，建立互联网环境下的信用指标体系，规范互联网环境下的信用数据来源。社会信用体系必须建立在对信用数据的选取、收集与整理上。信用指标体系从系统角度规范了信用数据的来源和内容。本书在分析信用主体线下和线上数据的特点和优劣势的基础上，力求建立指标上相互补充、功能上扬长避短的新型指标体系，为组建较为完备科学的信用数据库提供支持。构建信用评价指标体系时，现有的研究大多依据经济理论、成熟的评价标准来进行指标的选取，而忽略了对反映重复信息指标的筛选，仅有的指标筛选步骤也只是对指标之间的线性相关性进行识别。本书运用 DEMATEL 方法，以信用指标体系构建为出发点进行实证研究，证明该方法可以有效识别存在信息冗余的指标，对指标体系的优化具有现实指导意义。

第三，解决互联网多源复杂数据环境下静态和动态信用风险管理问题，提高金融风险控制水平。针对互联网环境下的信用数据既来源于线下金融机构，也来源于互联网上众多的机构和业务(比如在线消费、网络借贷、社交活动等)记录，数据具有多源、动态、低质和不确定性等复杂特征，本书构建了多源复杂数据的系列分析方法。具体包括，中智软环境下余弦相似度度量；次协调软集合、动态次协调软集合和动态区间值中智软集合分类方法；概率语言术语集置信区间解释；基于中智软集合和前景理论的随机多准则群决策方法；基于软概率和马尔可夫链的动态集成分类方法等。这些方法可以对互联网环境下的复杂信用数据进行分析，有效解决信用风险管理问题，提高金融风险控制水平。

第四，实现大数据驱动的错误信用记录分类、自动识别和修复，以及再失信风险动态监测，推进涵盖信用评价、惩戒和修复多环节的闭环式信用社会治理体系的形成。随着近年来我国信用体系建设逐步深入，在“一处失信，处处受限”的失信惩戒大格局形成的背景下，为系统探索互联网环境下的信用修复，本书结合大规模群决策的相关理论，探究互联网环境下我国信用修复模式选择及其复杂运行机理，期望实现数据驱动下的信用修复，提高有关部门和组织的信用修复效率，切实解决信用“修复难”的问题。

第五，从宏观视角构建代币经济下双循环信用消费生态模型，实现信用从产生到消费的闭环生态，激励守信行为，优化消费模式。我国信用消费迅速发展和普及，但是仍然面临诸多问题，如数据安全隐患大、数据滥用、信息孤岛等。区块链技术衍生出的代币经济凭借交易可靠、隐私保护、高速流通、利益普惠等特点与我国信用消费发展契合，为从根本上改善我国信用消费环境提供了新的思路。本书利用代币经济理念，从信用消费流程的各参与方出发，构建双循环信用消费生态模型，全方位地满足从信用消费方到信用消费服务提供商的需求，实现信用从产生到消费的闭环生态，建立守信长效机制。

1.2 研究方法

针对研究内容，本书采用如下研究方法：

研究方法 1：系统动力学

系统动力学可以运用系统学基本理论和计算机仿真技术对系统内的动态过程进行仿真分析，并研究系统的反馈模式，预测不同方案对系统未来发展的影响。本书运用系统动力学，分析征信系统中不同主体的互动反馈关系，构建征信的系统动力学模型，运用 Vensim 软件模拟仿真，验证互联网对于征信系统的有效性，并研究目前被广泛采用的两种征信模式——以美国为代表的市场主导型模式和以欧洲为代表的政府主导型模式的选择问题。

研究方法 2：不确定决策方法

本书针对互联网环境下信用数据具有的多源、动态、低质和不确定性等复杂特征，选择具有分析多源数据、异构数据、不完备和不一致等低质数据以及语言信息能力的中智集、中智软集合、次协调软集合和概率语言术语集等不确定数据分析工具，结合 D-S 证据理论、四值逻辑推理、前景理论、时间戳和信息熵等理论和工具，构建了一系列静态和动态的不确定决策方法，丰富了不确定决策及信用风险管理方法体系，从而提高互联网环境下信用风险管理方法的应用能力，助力社会信用体系建设，完善金融领域基础设施，实现普惠金融。

研究方法 3：前景理论

由于互联网环境下信用评价中信用数据的不确定性以及各平台数据融合过程中平台重要程度的不确定性，信用评价问题便转化为随机不确定性评价问题。但现有的基于中智软集合的分析方法通常基于期望效用理论，这一理论假设决策者是完全理性的，但也存在一些无法解释的现象，如阿莱悖论和埃尔斯伯格悖论，使其不能用于求解随机不确定性问题。本书拟引入前景理论，并将其作为分析框架，分析在随机不确定性环境下的信用评价过程，以得到更加真实、客观的信用评价结果。

研究方法 4：图论

为了实现评价过程的可视化，在基于概率语言术语集消除决策者偏好的信用评价研究中，利用图论中节点和边以及入度和出度的相关概念，结合概率语言术语集置信区间解释的可能度测度，据此通过添加实心弧，构建可视化图表示，并依据可视化图计算每个节点的入度数和出度数，得到偏序关系并进行信用评价。

研究方法 5：社会网络分析

大量决策者之间或多或少存在社会关系，这种社会关系在一定程度上影响决策结果，社会网络分析则是研究社会关系影响的重要分析工具。将社会网络分析与概率语言术语集结合，通过计算决策者的节点相似度和观点相似度进行子组划分，可以充分考虑到决策者之间社会关系和评价偏好之间的相互影响。进一步地，利用社会网络分析中的介数中心性和度中心性判断决策者在网络中的重要性，从而识别出子组中的领导者和跟随者。对于决策者之间的信任关系，利用社会网络进行信任关系传递，并进一步综合多种信任来源形成完整的信任关系网络，为大规模决策者对决策问题达成共识提供基础。

1.3 研究内容

通过广泛搜集、阅读当前国内外有关征信模式、信用评价方法、不确定数据分析方法和修复的相关经典文献以及近年来的最新研究成果，本书发现现有研究在互联网环境下的应用中存在一定的限制。因此，本书跟踪国际研究前沿，选择系统动力学方法探究互联网对于征信系统的有效性，进而以新兴的分析不确定数据的数学工具——软集合理论及概率语言术语集为研究工具探究新型的信用评价理论和方法。全书共分 9 章，主要内容如下：

第 1 章　绪论。本章主要介绍本书的研究背景，引出研究的问题，明确研究的目的和意义，提出研究思路和方法。

第 2 章　相关理论综述。本书的研究内容是互联网环境下的征信模式、信用评价理论与方法。本章首先分析了国际上主流的3种征信模式的特征，并对我国征信模式的相关研究进行了探索。进一步地，通过对现有的国内外信用评价研究中的信用指标进行梳理，归纳出了互联网环境下的新型信用评价指标体系，并进一步对现有的指标筛选方法进行综述，理清现有方法的特点和局限。其次为更好地分析互联网环境下的信用数据，分别对现有的不完备和不一致数据分析方法进行了详尽全面的综述和归纳总结，指出在互联网环境下这些方法存在的局限。再次对本书应用的软集合理论和概率语言术语集的相关理论和应用研究进行了综述。为了方便读者阅读和理解，还对二者的基本定义和运算规则做了简要介绍。最后对现有的信用修复研究，包括理论进展、指标体系研究及面向信用风险管理的数据分析方法进行梳理，以系统地探索适用于互联网环境下的信用修复机制。

第3章　互联网环境下征信模式和指标体系研究。建立符合我国国情的征信模式是推进社会信用体系建设的基础。本书一方面介绍发达国家或地区个人征信模式的发展历程，对比各国或地区不同的征信模式（如美国的市场主导型、欧洲的政府主导型和日本的机构主导型），从征信机构、原则、目的和信用数据来源等四个角度进行梳理，总结不同征信模式的优劣势；另一方面针对互联网金融快速发展的新现实，从信用数据来源、质量、采集成本、处理能力等方面，对比央行征信与互联网机构征信两种模式的优劣势。基于以上两方面的分析，分析征信主体的互动关系，构建符合我国国情和互联网环境的征信模式，并提出征信体系的建设路径，为完善我国信用体系顶层设计提供借鉴。为从系统角度规范征信数据来源和信用指标，本书在分析信用主体线上和线下数据的特点和优劣势的基础上，构建了互联网环境下的新型信用评价指标体系。线下信用指标体系包含基本信息、商业银行账户和日常生活记录；线上指标体系包括用户注册信息、互联网金融账户、用户公开社交信息以及其他在线行为记录。在分析线下和线上信用指标体系适用的人群、特点以及优劣势的基础上，建立指标上相互补充、功能上扬长避短的新型指标体系，进一步规范信用数据的性质和来源，为组建较为完备科学的信用数据库提供支持。

第4章　互联网不一致数据下的信用评价理论和方法。互联网环境下的信用数据同时来源于线上和线下，采集数据的机构和业务不同、采集时间不同，都可能导致同一个信用主体的某个指标值出现不一致的情况。本书应用对分析对象类型没有限制和可以直接求近似解的软集合理论作为理论基础，建立互联网不一致数据下的信用评价理论和方法。

本书引入描述不一致数据的隶属度和非隶属度，构建了基于对偶犹豫模糊软集合和前景理论的信用评价模型；针对高度不确定环境下的信用评价问题，引入中智软集合，并结合可以有效融合不确定信息和处理主观判断的证据理论，构建了基于中智软环境的信用评价模型；为克服互联网环境下评价主体的非理性因素，引入前景理论，构建了基于中智软集合和前景理论的信用评价模型。本书考虑到互联网环境下数据变化迅速且呈现动态性，在上述研究的基础上，进一步引入区间值中智软集合并结合前景理论，构建基于区间值中智软集合和前景理论的动态信用评价模型；针对时间跨度极小、更新速度较快的信用指标，将时间戳引入区间值中智软集合，构建了动态区间值中智软集合，采用时间戳标示小跨度时间点，采用区间值描述各时间戳下波动的信用数据。考虑到实际评价过程中各时间戳下数据的重要程度差异，依据“厚今薄古”的思想对各时间戳客观赋权，进而结合动态区间值中智软集合的测度方法，提出基于动态区间值中智软集合的多级动态信用评价模型。

第5章 互联网不完备不一致数据下的信用评价理论和方法。互联网环境下的信用数据不仅存在不一致的现象，而且如果在数据采集、存储、调用过程中，某个环节出现问题，还可能导致信用主体的某个指标值出现不完备的情况。本书面对信用数据的不完备不一致问题，将次协调推理引入软集合中，定义了次协调软集合和相关运算、次协调软决策系统等概念，进而构建基于次协调软集合的信用评价模型；考虑在信用评价过程中会存在多目标的个性化评价要求，构建 Q-次协调软集合并提出基于 Q-次协调软集合的二维信用评价模型，实现多目标下的信用评价。进一步地，针对动态信用数据，本书将时间集约束引入次协调软集合，构建动态次协调软集合及其信用评价方法。

第6章 互联网语言信息下的信用评价理论和方法。互联网环境下有多种数据类型，评价主体可能会使用语言术语来对评价主体的某些指标进行描述。因此，本书选择处理语言信息具有优势的概率语言术语集建立信用评价模型。首先，考虑不确定环境下评价主体的非理性心理因素引入 TODIM 方法作为决策框架，结合 DEMATEL 方法确定关键评价指标，并采用熵权法客观确定权重，构建基于概率语言术语集和 TODIM 的信用评价方法；其次，针对语言信息下存在的冲突情况，给出了概率语言术语集的置信区间解释，使得概率语言术语集上的数学运算转化为置信区间上的运算，解决评价者因知识和认知差异而导致的信息冲突，同时提出了两种置信区间测度方法，并将证据理论融合规则和图论相结合，构建了一种基于概率语言术语集消除评价偏好的信用评价方法。

第7章 面向信用修复的大规模群体决策方法。信用修复是随着近年来我国信用体系建设逐步深入，“一处失信，处处受限”的失信惩戒大格局形成背景下产生的新科学问题，同时也是推进社会信用体系闭环式建设的关键。为系统探索互联网环境下的信用修复，本书将互联网环境下的信用修复看作是一个大规模群体决策的问题。首先根据决策方的社会网络关系，提出两种大规模群体决策方法。第一，在子组划分阶段，为降低大规模决策的复杂性，考虑关系传播衰减度，提出同时考虑节点相似度和观点相似度的子组划分算法，并识别出每个子组的领导者和跟随者。针对决策者的信任关系和考虑的信任来源的多样性，构建融合直接情感信任、直接认知信任、传递信任和包含概率语言信息的互评信任的综合信任评分矩阵。第二，构建针对不同类型社会关系的大规模群体决策方法。针对一般社会关系，在人工蜂群算法的启发下，提出一般社会关系下基于人工蜂群算法的大规模群体决策方法。针对信任关系，构建信任关系下具有多策略劝说反馈机制的大规模群体决策方法。

第8章 互联网环境下基于代币经济的信用消费生态。我国信用消费迅速发展和普及，但是仍然面临诸多问题，如数据安全隐患大、数据滥用、信息孤岛等问题。区块链技术衍生出的代币经济凭借交易可靠、隐私保护、高速流通、利益普惠等特点与我国信用消费发展契合，为从根本上改善我国信用消费环境提供了新的思路。本书利用代币经济理念，从信用消费流程的各参与方出发，构建双循环信用消费生态模型，全方位地满足从信用消费方到信用消费服务提供商的需求，实现信用从产生到消费的闭环生态，建立守信长效机制。

第9章 主要结论与进一步研究方向。本章总结了全书研究成果，指出本书研究的局限性，并对后续研究进行展望。

第 2 章　相关理论综述

为梳理本书研究内容的学术脉络，把握学术前沿，本章聚焦全书的研究内容和研究方法，依次对征信、信用评价及修复、信用评价方法、多源复杂数据分析方法、软集合、概率语言术语集，以及社会网络背景下大规模群体决策研究进行综述。

2.1　征信、信用评价及修复

征信是信用体系建设的核心环节，是推进社会信用体系建设的基础。为更好地探究互联网环境下符合我国国情的征信模式，本节首先对征信模式、信用评价指标体系和指标筛选方法以及信用修复的相关研究进行综述。

2.1.1　征信模式

从国际上各国或地区征信发展实践看，征信模式就是信用信息整合、共享和征信服务供给的一系列机制和制度安排。非公共信用信息的共享机制是征信模式的核心和主要表现形式。通常一国或地区根据各自实际情况选择信用体系发展模式。由于世界各国或地区在宏观经济发展水平、金融体系发达程度、政府干预程度、历史文化传统等诸多因素上存在着差异，出现了差异化的征信模式。

根据一国或地区征信机构运营方式和所有权性质的不同，征信机构分为公共征信机构和民营征信机构，相应的征信模式可分为公共征信模式和私营征信模式。其中，公共征信模式以欧洲国家的征信模式为代表，私营征信模式以美国的市场主导型征信模式和日本的行业会员制征信模式为代表。

1. 以欧洲国家为代表的公共征信模式研究

公共模式的征信机构直接隶属于中央银行，信用信息主要来自金融机构，服务对象限于金融机构的非营利运作方式。对于这种模式的利弊，国内学者们纷纷进行了研究，并产生了对于我国新的征信模式进行探索的思考。

黄余送(2013)认为公共征信模式能够有效保护消费者的金融数据安全的同时，还能够实现对消费者隐私的保护；此外，由于公共征信系统由中央银行主导，覆盖较全面且数据质量较高，能够有效降低金融机构的信贷风险。但是，公共征信系统也存在明显不足，主要表现为政府财政投入大，对系统和数据库的维护成本高；系统为非营利性质，缺少营利动机驱动，征信机构为市场提供的征信产品种类相对较少，社会服务范围窄，无法有效实现不同类别的信用信息整合并渗透到社会各方面。季伟(2014)指出该模式有以下几个特点：其一，征信机构体系的建立具有政府主导性；其二，公私征信机构互为补充；其三，提供全面综合的信息，注重对隐私的保护。其优势体现在打破大银行的信息垄断，发出信用风险预警。由于公共征信模式由央行主导，无法形成充分竞争的征信市场，不利于数据价值的最大化。陈燕萍(2020)指出该模式能够有效发挥政府的权力优势和社会能动性，对于公共征信系统下的信息安全和发展保障起到了关键作用。单建军(2022)指出该模式的主要特点是统一立法与严格限制，对个人信息保护采取统一立法的方式，强调个人对信息的自主决定权，并采取清晰的信息处理原则和严格的保护标准。杨越和黄思刚(2022)认为政府主导模式下中央银行起一定的主导作用，能够有效加强对互联网金融的监管。由于该模式对信用体系市场化程度的要求不高，而且我国政治经济环境决定了央行在信用体系建设中的主导地位，因此相对而言该模式更适合我国的发展。

2. 以美国为代表的市场主导型征信模式研究

私营征信系统发展模式也存在明显不足。首先，私营征信机构缺少行政性手段支撑，很难在较短时间内覆盖大多数信息主体，单个机构发展速度相对较慢。其次，以私营模式为导向必然导致征信系统重复建设。再次，私营征信系统发展模式可能因本国金融数据失控而暴露经济结构弱点。最后，私营征信系统发展模式对法律环境和执法水平要求较高。

李启明等(2017)认为与其他模式相比，该模式更加重视信用立法和行业监管，众多征信机构的参与可以最大程度上激发征信市场的竞争性和积极性，推动数据价值的充分挖掘，从而有利于打破行业信息垄断并促进征信市场发展。但是，市场化征信存在征信信息不完整、及时性不足和同质化严重等问题。赵渊博(2018)指出美国征信市场具有“民营”特点。美国征信机构独立于政府和中央银行，大多数为私人或公司按照现代企业制度建立，按市场化方式运作，这不仅可以有效提升征信服务的质量和效率，加强风险监管，同时也可以激发市场对征信服务的需求，从而强化公民的隐私保护意识。董霁(2019)指出这种征信模式对市场环境的要求相对较高，淘汰过程也较为缓慢，可以依据市场形势变化及时地调整产业链，因此具有市场活力。单建军(2022)指出该模式的特点是分业立法与行业自律，个人信息的保护以分门别类、分散立法为主，并最大限度发挥行业协会自律管理作用。杨越和黄思刚(2022)指出市场为主导的征信模式有较为完善的竞争机制，往往收集的信息也更加全面准确，能有效帮助顾客预防信用风险，降低坏账率，有利于金融行业稳定发展。叶健峰(2022)也指出该模式可以充分利用市场竞争力量，有利于市场主体自发形成相对集中且规模化的平台，以实现提高监管针对性的目标。

3. 以日本为代表的行业会员制征信模式研究

行业会员制征信模式主要由银行协会牵头建立征信机构，负责对消费者或企业进行征信信息采集和使用。会员制征信机构在收集与提供信息服务时通常会收费，是否营利由发起方确定，一般不以营利为目的，征信产品定价采取浮动制，以支定收。由于各会员银行均为征信机构成员，因此银行与征信机构之间对市场需求、信息采集等问题可方便地达成一致。

孙宇宏等(2016)指出行业会员制征信模式以行业协会为单位建立会员共享的信用信息中心。会员有义务向协会信息中心提供搜集到的信用信息，并免费使用协会产品和服务。他们认为行业会员制征信模式的最大优点是可以将行业内分散的信息汇集成具有行业专业优势的信用信息，但同时由于行业局限性，不利于对客户信用情况的全面掌握。赵渊博(2018)认为政府免费公开所掌握的公共信息，降低了征信机构收集信息的成本，为互联网金融的发展提供了基础保障。董霁(2019)指出这种制度设计可以减少政府的干预，但是由于限制的条件过多，信息不能及时更新，征信企业之间不能达到资源共享。单建军(2022)认为该模式与其他模式相比，最突出的特征是立法规制与行业自律，采用立法的方法明确征信信息采集原则和范围，同时注重行业自律和协会保护，通过采取通报批评、取消会员资格等行政性质的处罚手段，使采集机构发挥自律和约束作用。叶健峰(2022)指出该模式能够有效兼顾个人信息保护的高标准及信息利用的高效益，是一种兼具保护与使用价值的典型模式，能够为我国发展会员制征信模式提供借鉴。

4. 对于我国征信模式的研究

随着互联网的快速普及，互联网大数据环境深刻地影响着我国征信模式的选择，很多学者针对该背景下的征信模式进行了探索式研究。杜晓峰(2014)认为互联网金融征信体系应该采取“政府推动、央行运作、市场补充”的建设模式，由数据来源对象、征信管理平台和信用产品最终用户构成一种依托央行征信系统建设互联网金融子系统的理想模式。李真(2015)就互联网金融征信模式进行研究，提出大数据征信模式、商业征信机构模式、自征信模式和对接央行征信系统模式，并对这四种模式进行研判。唐方方(2015)对五类不同平台支持下的互联网征信机构进行了对比分析，结合美国征信的发展历史，探讨了中国互联网征信行业的合作模式。陈璐等(2018)将蚂蚁金服征信模式与央行征信体系对比，认为蚂蚁金服将大数据、云计算、区块链等创新技术应用于信用调查领域，形成了特色征信模式，并具有数据来源广泛、客户群体覆盖率高、评估方式优化、应用场景广泛的优点。余丽霞和郑洁(2017)以阿里巴巴的芝麻信用为例，对其从数据收集、技术处理、评价模型和应用场景四方面展开研究，指出我国互联网征信业发展中存在征信数据共享困难、用户信息主体权益保护和信息安全存在风险、应用场景有待拓宽、监管需加强等问题，并对互联网征信机制的建立和完善提出建议。刘洪峰和毛蓓蓓(2017)对大数据背景下征信机构运作模式进行例证分析，指出目前征信机构运作和监管存在的问题，并依据国情提出促进大数据背景下征信机构规范发展的建议。塔琳和李孟刚(2018)指出互联网金融平台主要采取线上大数据征信、线下自征信、购买第三方征信平台服务这三种模式，并利用区块链技术将征信平台打通，增加提供征信服务平台的数量。王志诚(2019)通过分析互联网时代的数据产生机制和环境，讨论了互联网时代数据的特点和联盟区块链的特点，论证联盟区块链是解决互联网数据面对的信息安全和隐私保护难点的重要方式，提出基于多中心、分布式的联盟区块链的个人征信体系框架，指出通过“一库一通道”建立互联网时代征信体系的发展路径。田地等(2021)基于开放时代背景分析了我国征信数据跨境流动管理体系的发展现状，进而提出完善数据保护法规、制定数据出境安全评估方案、分步推进数据跨境流动等政策建议。李雪梅(2021)针对我国征信体系中存在的问题，结合区块链衍生出的代币经济优势，提出了互联网环境下征信体系建设建议。王佳致和陶士贵(2022)以苏州征信试验区为例，研究其创新特色、成果推广的可行性，并分析目前数字化征信体系建设中存在的问题，进而提出长三角征信体系集约化、征信正向激励等方面的建议。单建军(2022)针对大数据背景下我国个人征信信息采集存在的法规不完善、界限不清晰、标准不统一、行为不规范等问题，通过借鉴发达国家成熟经验，从加强制度供给、明确采集范围、制定采集技术标准、打击非法行为和实施行业自律管理五个方面提出适用于我国的征信信息采集对策和路径。

目前，国内大多数研究是通过定性分析提出框架性模式设计，系统深入的研究不足。不同的征信模式导致构建的社会信用体系具有不同特征和优劣势。因此，如何选择既满足互联网特点，又符合我国国情的征信模式是完善我国普惠金融体系的基础。

2.1.2　信用评价指标体系

科学的评价指标体系能够保证征信数据的来源广泛和内容准确，也是进行信用评价的前提。为构建适应互联网环境的信用指标体系，本节首先对现有的指标选择相关研究进行梳理，以保证搭建完整的、层次清晰的信用指标体系。

通常，国际上将道德品格、还款能力、资本实力、抵押品(Post，1910)和经济周期(Edward，1947)作为信用评估的五项指标，形成现在常用的 5C 指标体系。国内学者认为信用评价指标体系主要包括基本信息、经济指标、信用记录三大类型(贺德荣和蒋白纯，2013；胡望斌等，2005)。其中，基本信息主要包括学历、工作、住房、保险、健康、年龄和婚姻状况(黄大玉和王玉东，2000；王建丽，2011)；经济指标主要包括年总收入、资金进出、债务收入比例、固定资产等(邹新月，2005；王建丽，2011)；信用记录又分为交易失信行为记录、社会失信或职务失信行为记录等，并可以根据实际评价过程中的个性化需要增加其他指标，如信用卡逾期还款的具体情况、使用记录、最近的信用状况、信用报告被查询的次数等（贺德荣和蒋白纯，2013；赵敏，2007)。

随着互联网的普及，互联网数据被逐步纳入征信数据，学者们从各个角度对互联网背景下的信用评价指标体系进行了研究。冯文芳和李春梅(2015)认为基于大数据的信用评价需要依据多个维度信用指标状况的考察，不仅包括现金流等其他财务指标，还包括行为数据、地址信息、社交关系等半结构化及非结构化数据下的指标。孙璐和李广建(2015)通过文献研究，从内容、功能、应用及场景等多维度全面考察评价指标，构建了一种互联网金融背景下多维度的信用评价特征感知发现模型。吴晶妹(2015)从信用的内涵和实质角度提出了三维度信用论。一维诚信度，主要衡量信用意愿，由本性和素质决定，具体包括身份、职业和社会关系等；二维合规度，主要衡量在社会中的信任度，主要表现为社会行为的合规程度，具体包括纳税情况、违法违规情况、公共费用缴纳情况等指标；三维践约度，主要衡量在经济交易活动中的行为，其由契约关系约束，主要表现为电子商务领域和互联网金融领域的履约情况。王卓等(2019)认为结合当下互联网发展环境，可加入考试诚信记录、学术成果诚信记录、交通失信行为记录、“硬查询”记录与公益慈善加分这五项新的评定指标。王达山(2016)通过分析互联网金融衍生的信用数据，综合传统信用评价数据，从身份、信用历史、经济能力和社会信用属性四个信用维度，提出了运用信用能力模型来对信用能力进行评价。张晨和万相昱(2019)基于传统征信和现有互联网金融征信体系，从基本特征、经济能力、消费偏好、社交网络、信用情况和风险情况六个维度构建基于大数据的信用评估体系。路昊天和陈燕(2018)通过传统的信用评估“5C”模型与评估对象的互联网行为结合，构建了基于互联网用户行为数据的信用评估体系。申卓(2019)从五个方面考虑信用评价：身份特质、信用历史、履约能力、查询历史、信用效力，进一步建立了相应的信用评价模型。Wang(2018)从“基本信息”和“信用指标”两个方面选择适合的变量，构建基于自适应遗传算法的 BP 神经网络动态信用跟踪模型。

通过以上分析，本书在传统的信用评价指标体系三大方面——“基本信息”“经济指标”“信用记录”的基础上增加了互联网环境下的“信用行为”指标，对互联网环境下的信用评价指标体系进行梳理归纳，具体见表 2-1。

表 2-1 信用指标体系相关文献梳理

一级指标	二级指标	学者
基本信息	年龄、职业类别、婚姻状况、奖惩情况	王建丽(2011)
	姓名、身份证号、性别、出生年月、是否已婚、居住地、最高学历、职业资质或资格、行业、职业	贺德荣、蒋白纯(2013)
	身份信息、职业信息、婚姻信息、消费习俗、居住信息、价值观念、宗教信仰；个人家庭结构；个人所在区域的科技、经济和教育情况	王达山(2016)
	性别、年龄、家庭情况(子女、配偶)、父母特征、受教育程度、工作(工作性质、岗位、职称等)	张晨、万相昱(2019)
	年龄、性别	路昊天、陈燕(2018)
	教育背景、职业、婚姻状况	申卓(2019)
	性别、年龄、受教育程度、婚姻状况、户籍所在地、行政级别	Wang(2018)
经济指标	(收入)家庭储蓄账户余额、个人年均收入、家庭年均收入、个人收入主要来源；(消费)住房、汽车等项目的年还款数或年租金总额、日常主要消费项目等	王建丽(2011)
	年收入、个人资产	贺德荣、蒋白纯(2013)
	个人及家庭的全部资产，个人及家庭的负债情况，职业收入及其他现金流入情况(分为稳定流入与非稳定流入)，现金流出情况(如消费情况、消费倾向、其他现金流出)	王达山(2016)

续表

一级指标	二级指标	学者
经济指标	月收入、家庭经济情况、固定资产(房、车市场价值)以及其他投资(股票、债券、基金等)	张晨、万相昱(2019)
	年收入、资产负债状况、住房、车辆信息	路昊天、陈燕(2018)
	收入	申卓(2019)
	个人年收入	Wang(2018)
信用记录	信用账户数、年均信用借款天数、信用卡消费总额、年均后付费事项支付总额、消费信贷余额、违约金缴纳总额、逾期缴纳费用次数、年均逾期缴纳费用天数、与法律法规相关的特别记录数及相关罚款总金额等	王建丽(2011)
	贷款当前逾期总额、贷款违约次数、信用卡当前逾期总额、信用卡违约次数、准贷记卡透支 180 天以上未付余额、通信费用当前逾期欠费总额、逾期月数	贺德荣、蒋白纯(2013)
	银行信贷信息；通信、水电燃气、物管等公用事业欠费记录；缴税、破产、抵押、民事判决、驱逐等公共机构信息；财产保险赔付、健康情况；电商提供的金融产品消费情况	王达山(2016)
	(消费偏好)消费层次；月消费额度；购物习惯；产品种类、价格；(社交网络)社交影响力：转发数量，评论数量等；(信用历史)信用卡数量、逾期信息和借贷平台信用；(风险信息)公检法违法违规记录；社交平台不良记录以及其他银行、金融平台违约记录	张晨、万相昱(2019)
	信用交易记录、借款金额	路昊天、陈燕(2018)
	逾期或透支的次数、逾期或透支的总额、逾期或透支的天数、逾期或透支距离现在的时间、总贷款未还款比例、近 6 个月贷款未还款比例、总贷记卡或准贷记卡应还比例	申卓(2019)
	贷款银行账户状态、抵押贷款拖欠记录等	Wang(2018)
信用行为	(社会失信或职务失信行为)处罚决定书号、案由、处罚决定、严重程度、记录有效期；(正面行为)先进事迹、评定或登记机构	贺德荣、蒋白纯(2013)
	互联网消费习惯，如货到付款拒收次数、网络交易平台上收到的买卖方评价等、网上叫车车费是否支付；其他金融交易的毁约情况	王达山(2016)
	(社交网络)社交范围：QQ、微信、微博、今日头条等好友数量，浏览内容等	张晨、万相昱(2019)
	消费行为偏好	路昊天、陈燕(2018)
	是否与银行联系	Wang(2018)

2.1.3 信用评价指标筛选方法

信用评价会涉及诸多指标，然而指标并非同等重要，有些指标对于评价结果并非有显著影响，甚至和其他指标意义重叠，不仅会影响评价效率，而且会造成评价结果不可靠。因此，需要在保证评价能力不变的情况下，科学地进行关键指标筛选，为评价做好准备。已有的指标筛选方法从类型上大体可以分为：基于机器学习的智能识别方法、大数据环境下的属性约简方法及基于统计学的识别方法。

1. 基于机器学习的智能识别方法

机器学习最早可以追溯到 1943 年 McCulloch 和 Pitts 提出的神经网络层次结构模型，为机器学习奠定了基础。1958 年，康奈尔大学教授 Rosenblatt 提出 perceptron 概念，并且首次用算法精确定义了自组织自学习的神经网络数学模型，设计出了第一个计算机神经网络。之后，机器学习不断发展出如决策树、BP 神经网络、支持向量机（support vector machine，SVM）、Apriori、Adaboost 等算法，其中 BP 神经网络成为关键因素识别中最常用的机器学习方法。周文（2016）分析了 BP 神经网络算法和优势粗糙集算法的优缺点及其在城镇地震灾害应急处置影响因素中的适用性，以便快速准确识别出关键因素，用以指导城镇地震灾害应急处置。任剑莹等（2025）建立了三维车-路-桥耦合系统有限元模型，并分别采用 BP 神经网络和支持向量机训练损伤位置与损伤程度识别模型。高凤伟（2016）等首先建立安徽省城市旅游竞争力评价指标体系，利用人工神经网络模型中的 BP 算法，以安徽省各城市为训练样本对模型进行训练学习，待模型训练好后，用来对影响各旅游城市竞争力的关键因素进行识别。

2. 大数据环境下的属性约简方法

应用最广泛的属性约简方法为粗糙集理论。粗糙集理论是波兰数学家 Pawlak 教授于 1982 年提出的一种处理含糊和不精确性知识的数学工具，它能有效分析和处理不精确、不一致、不完备的信息并从海量数据中发现隐含的知识。属性约简是粗糙集理论的核心内容之一。常用的属性约简算法有：基于信息熵的方法（杨春林，2013；徐冰心和陈慧萍，2014；汤乔，2015；潘瑞林等，2017；李萍，2017），基于正区域的方法（王婷等，2014；邓大勇等，2016；刘涛涛等，2016）和基于可分辨矩阵的方法（杨传健，2013；吕林霞，2013；黄治国和杨晓骥，2014；王亚琦和范年柏，2015）。

杨春林（2013）以分类为基础提出一种基于信息熵的信息系统属性约简算法，并通过信息熵的计算，在属性约简的同时对原信息系统逐层分解，从而实现了属性的约简并缩小了搜索空间，指出依据信息熵来确定属性的不必要性及简约属性集应用在多属性决策中带来的优势。徐冰心和陈慧萍（2014）通过分析基于粗糙集领域的单目标代价敏感属性约简问题，定义了多目标代价敏感属性约简问题，并设计了一种简单高效的算法。在 4 个 UCI 数据集上的实验结果表明，该算法能获得令人满意的帕累托最优解集，以辅助用户进行方案选择。潘瑞林等（2017）基于邻域粗糙集以及模糊粗糙集等价关系下的属性约简方法，

引入 α 信息熵，建立模糊相似关系下的 α 信息熵不确定性度量，提出基于 α 信息熵的属性重要度度量，并以此构建混合属性约简算法。李萍(2017)利用条件信息熵属性约简方法对教师教学评价指标进行分析、约简。实验表明，该方法用于教学质量评价简化了教学测评体系，能够有效提升工作效率。随后，陈帅等(2020a，2020b)学者构建了基于邻域互补信息度量的属性约简算法，熊菊霞等(2021)提出了基于邻域互补信息熵的混合数据属性约简方法。考虑到以上方法均未考虑属性之间的依赖性，导致最终的约简结果仍存在一定的冗余属性，兰海波(2022)提出一种邻域条件互信息熵的属性约简算法，并基于 UCI 数据集进行试验分析，证明了该算法的属性约简性能。

邓大勇等(2016)提出了一种可变正区域的约简方法。该方法在进行属性约简时允许正区域存在一定程度的变化，并用理论分析和实例表明了该方法的有效性。刘涛涛等(2016)提出一种改进的决策表约简算法，得到一个和原决策表等价的简化决策表，并在此基础上综合正区域和差别矩阵两种思想，利用原决策表的约简结果给出一种仅存储由新增对象所产生的差别元素的增量式属性约简算法。实例计算结果表明，该算法能在原决策表约简结果的基础上快速更新属性约简结果。考虑到现有的基于粗糙集的正区域属性约简方法适用于单标签数据，多标签数据需要转化为单标签才可进行属性约简，而在实际情况中，单标签和多标签的分类目的存在差异。为此，Fan 等(2020)对正区域法进行修正，提出了四种针对多标签数据的正区域属性约简算法。刘桂枝(2021)针对不完备混合型信息系统属性变化的情形，构建了一种基于正区域法的增量式属性约简算法，并采用 UCI 数据集验证该算法在属性约简方面的有效性和优越性。

黄治国和杨晓骥(2014)依据条件等价类将原决策系统分解为一相容对象集与一非相容对象集，给出条件相对于决策的可辨识关系定义与改进的分辨矩阵定义，将条件相对于决策的可辨识关系变化作为属性约简的判定标准，结果证明改进分辨矩阵的属性约简与保持正域不变的属性约简等价。王亚琦和范年柏(2015)针对传统的基于二进制分辨矩阵的删除法效率较低且得不到最小约简的问题，提出一种改进的二进制分辨矩阵属性约简方法。首先对决策表进行简化，然后给出一种改进的简化二进制分辨矩阵方法，再通过一个新的属性约简度量方法一次性删除多个属性，并从理论上分析该方法的可行性，最后通过实验证明了得到的约简结果是最小约简。

启发式算法由于其快速寻找可行解的优势也被广泛应用，主要的方法有基于正区域、基于边界域、基于信息熵等算法，这些算法都是在计算出属性核后，把余下的属性根据其重要程度从大到小依次添加到属性核中；或者从所有属性中依次去掉重要程度比较小的冗余属性(傅轶娜，2014)。黎敏等(2012)提出了一种新的基于粗集边界域的约简模型，它能够保持决策类族原有的 Pawlak 拓扑结构，并依据新模型提出了一种高效率的基于粗集边界域的属性约简算法，理论分析和实验表明所提算法是有效可行的。龙浩和徐超(2015)提出了一种基于改进差别矩阵的属性约简增量式更新算法。该算法在更新差别矩阵时仅需插入某一行及某一列，或删除某一行并修改相应的列，即可有效提高核和属性约简的更新效率，然后在分析新增对象与原决策系统对象关系的基础上，给出属性约简增量更新算法。理论与实验分析表明，该算法提高了属性约简的更新效率，明显降低了时间和空间复杂度。

传统的启发式属性约简算法，把要处理的数据一次性装入内存，在属性约简方面表现出优良性能，但只适合处理小规模数据集。学者们将粗糙集理论引入启发式算法，来提高基于粗糙集理论的约简算法的效率。孙玲芳等(2014)提出二种基于粗糙集理论的遗传属性约简方法，在传统的属性约简方法基础上对适应度函数、交叉和变异的概率、变异方式和种群修复方式进行了改进。在正域区分对象集的研究基础上，用启发信息设计了一种快速的属性约简算法，并利用Matlab工具进行仿真，将仿真结果与前人研究结果对比，实验表明此算法优于前人的算法，能够快速高效地对大型知识系统求其约简。常红岩和蒙祖强(2016)设计了一种启发式函数——决策重要度。这种启发式函数根据每个属性正决策对象集合的大小来定义其重要性，正决策对象集合越大表示重要性越高，由此构造了基于决策重要度的启发式属性约简算法。该算法的优点是，通过对属性决策重要度的排序，确定了一个搜索方向，避免了属性的组合计算，减少了计算量，能够找出一个较小的约简集。实验结果表明该算法是有效的，能够得到较好的约简效果。武友新等(2016)提出一种基于属性值集合链的快速属性约简算法，其时间复杂度为O(｜C｜｜U/C｜)，相对于分明矩阵的粗糙集属性约简算法的时间复杂度O(｜U｜2｜C｜)，运行效率在理论上得到明显提高。具体实验分析对比结果表明，在不同数据量的数据集上，该算法的实际时间效率比传统分明矩阵算法更优。曾孝文等(2017)在研究了一般的属性值约简算法存在的问题的基础上，在既考虑决策表的不相容性问题，又考虑降低时间复杂度和空间复杂度的前提下，提出了一种基于粗糙集理论的属性值约简改进算法。通过实例结果分析可得知，该算法可以得到较为满意的处理结果，进一步提高了约简效率。Jaddi 和 Abdullah(2013)提出了一种改进的粗糙集属性约简算法。该算法的“水平”是非线性的。在修改后的模型中，这种“水平”是根据每种解决方案迭代计算的值而增加的。另一种邻域结构有助于提高非线性方法的质量，通过使用UCI机器学习库中的标准数据集检查提出的方法，并使用罗塞塔的分类精度进行了研究。Mafarja 和 Abdullah(2015)提出了一个基于模糊集的属性约简算法Fuzzy-RRTAR。该算法采用智能模糊逻辑控制器来控制偏差值，在搜索过程中动态改变偏差值，并在标准基准数据集上进行了测试。结果表明，与其他的启发式方法相比，Fuzzy-RRTAR算法求解属性约简问题是有效的。

考虑到启发式算法存在固有缺陷——虽然在约简效率方面相当显著，但由于其在约简过程中容易删除一些重要性比较小的属性，可能造成决策表的部分有价值信息丢失。钱进等(2013)在启发式算法的基础上结合MapReduce框架，让上述处理的小规模数据集的约简算法在MapReduce框架下运行，虽然克服了其在处理大规模数据集时所面临的内存瓶颈问题，但依旧存在决策表部分信息易丢失的问题。李刚等(2016)通过引入偏序约简方法建立一种基于偏序的大数据属性约简方法，该方法综合利用了MapReduce的可并行化优点，着眼于并发事件间的独立性，弥补了启发式算法信息丢失的问题。

3. 基于统计学的识别方法

统计学发展过程中已经形成了众多性能成熟且被广泛应用的指标筛选方法，如相关分析、因子分析、聚类分析、主成分分析、层次分析和回归模型等方法。

阮家港(2015)在海选区域信息化评价指标的基础上，采用变异系数和相关系数初步筛选指标，通过聚类-因子分析法对指标进行二次筛选，以确保指标体系简洁而全面。构建由9个指标组成的区域信息化水平简约评价指标体系，运用熵权法对各指标赋权并构造综合评价函数，对31个省区市的信息化水平进行测度，并通过信度、效度分析和方差贡献率验证指标体系的合理性。王志刚和乔梁(2015)基于极大不相关方法的关联性分析，对资产管理绩效评价指标体系进行约简，从21个指标中得出9个关键指标。张悟移和马源(2016)通过对供应链企业间协同创新的影响因素进行整理，运用Delphi法对相关因素指标进行统计分析，筛选出影响企业间协同创新的关键因素指标。侯雨欣和王冲(2016)采用德尔菲法与因子分析相结合的方法进行大学生信用评价指标筛选，确立了一套包含学业信用、经济信用、生活信用和社会信用4项一级指标、8项二级指标及37项三级指标的大学生信用评价指标框架。陈洪海(2016)借鉴聚类分析的思想，取初筛后保留下来的一个指标与其余各指标构成Person相关系数平方的均值，反映该指标的信息可被其余各指标替代的程度。通过信息可替代性标准剔除信息可替代性较大的指标，保证最终被保留的指标间反映的信息重叠程度低，克服现有研究仅通过两个指标间的相关性筛选指标难以有效降低评价指标集信息重叠的不足。

主成分分析和层次分析都是较广泛使用的基于统计学的指标筛选方法。高明和黄婷婷(2014)根据我国的情况选取生产经营、技术质量、技术创新、人力资源、国家政策5个方面，设立14个指标，应用主成分分析确定各项指标的影响程度，从而识别出大气污染治理企业发展的关键因素。申文娟(2016)以蔬菜供应链为研究对象，从内部风险和外部风险两个维度分析蔬菜供应链风险的影响因素，并初步选出41个风险指标，运用主成分分析对相关性比较强的指标进行筛选，最终构建了由27个风险指标组成的蔬菜供应链风险评估指标体系。Chen等(2016)从2007年到2013年的重大道路交通事故系统数据库中找到了49个因素，并进行深入调查和分析，通过主成分分析和聚类分析确定"超速"和"超载乘客"是主要的影响因素。他们还针对优先剔除信息重叠的指标还是剔除对评价结果影响不显著的指标的问题，提出了显著相关的指标筛选标准。

层次分析的应用方面，Bottani和Rizzi(2005)提出了模糊环境下的AHP方法来确定权重，并将其应用于意大利电子商务环境下的食品企业的供应商选择。熊琦(2014)构建了陆运口岸物流发展水平的评价指标体系，将全国10个内陆省份的陆运口岸物流作为训练样本，建立BP神经网络模型，并用AHP-熵权综合评价法计算综合评分结果，识别出影响口岸物流发展水平的关键因素。20世纪70年代Saaty首先提出AHP方法，之后在1996年进一步提出网络分析法(ANP)。该系统因素呈现网络结构，弥补了AHP方法的不足。因此，ANP方法也在关键因素识别中得到广泛应用。Razmi等(2009)利用模糊ANP方法来评估可能的供应商并选择最合适的供应商。Vinodh等(2011)采用模糊ANP方法为一家印度电子制造公司选择开关供应商。李春好等(2013)运用全面质量管理理论中的因果分析法，整理得到30个新产品开发项目的关键影响因素，再运用网络分析法分析各因素之间的相互影响，计算出各因素的权重值并排序，最后依据二八定律，从中识别出7个关键因素。尹晓萌等(2014)提出基于网络分析法幂矩阵序列变化的企业架构演进关键因素识别方法。

回归模型常常用于关键指标筛选。迟国泰等(2016)在研究小企业债信评级模型中，通过求解违约状态变量与评价指标之间 Probit 回归方程的回归系数和回归系数的标准误差，来剔除对小企业违约状态影响小的、回归系数不显著的指标。杨青龙等(2016)综合考虑企业的财务和非财务因素，利用 LASSO 方法对企业财务困境预测指标进行筛选。

随着各种识别方法的发展，学者们常常根据研究内容和数据特征，结合两种或者多种方法构建关键因素识别方法。李秉祥等(2016)从经理人自身因素、内部治理结构及外部市场环境 3 个方面初步选取 23 个预测指标作为测度经理管理防御的初始指标，以 321 家 A 股上市公司的面板数据为样本，根据数据的不同特征分别采用正态分布检验、两个独立样本及 K 个独立样本的非参数检验、独立样本 T 检验、方差分析、Pearson 及 Spearman 相关性分析方法对初始指标进行筛选，最终将筛选出的 21 个指标纳入经理管理防御的测度指标体系，并指出其中的 14 个指标应在构建经理管理防御的测度指标体系时优先考虑。夏维力和丁珮琪(2017)梳理了影响创新创业环境的 6 类主要因素，并归纳指标，对各指标进行“聚类—因子—权重”综合分析，提炼影响创新创业环境的主要因子，构建出以 6 个一级指标和 20 个二级指标为核心的创新创业环境评价指标体系，从而建立评价模型。李战江(2017)针对企业信用评价指标不服从正态分布的非参数特征问题，利用基于 Brown-Mood 中位数检验与 Moses 方差检验的组合模型双重筛选显著区别违约状态的微型企业信用评价指标，最后构建了包括 22 个指标的微型企业信用评价指标体系。

2.1.4 信用修复

信用修复是指失信主体依照法律规定的修复方式履行义务后，对其信用进行重建，并予以暂停或停止实施信用惩戒(卢护锋，2020；闫海和王天依，2021)。现有关于信用修复的研究，主要包括基于法学和经济学的信用修复理论和机制设计，信用修复下的政府角色及社会治理问题，不同信用主体的信用修复，以及对于信用修复具体领域的研究。

关于信用修复理论和机制设计的研究，主要包括国外信用修复模式及实践和信用修复机制研究。徐志明和熊光明(2021)通过对现有的信用修复法规与行业指导性文件进行梳理，并总结国外的信用修复模式，进而提出构建我国信用修复机制的建议；何永川等(2021)从立法和实践层面对国内外的信用修复进行比较，分析我国信用修复存在的不足，并据此为推进信用修复建设提供指导；Leonard 和 Reiter(2013)提出了一套信用修复指南，并介绍了信用修复相关法规；卢盛羽(2021)对我国信用修复机制的发展历程进行了梳理，并分析了具体的修复数据特征，进而提出了完善行政处罚信息信用修复机制的思路；针对当下信用修复机制因启动条件的实体内容不确定，导致的行政裁量权过大的问题，解志勇和王晓淑(2021)以程序正义为导向明确了信用修复机制的启动条件，并从信用修复主体及权限、信用修复核心流程、信用修复方式和信用修复异议程序角度提出了构建信用修复机制的建议。

关于信用修复下的政府角色及社会治理问题的研究，肖振宇等(2020)从信用监管的角度，对我国行政审批制改革存在的问题进行梳理，进而结合大数据、区块链等技术，构建了多元全程信用监管框架；张鲁萍(2021)针对我国信用修复现存的制度供给、运行规则及优化路径等方面的问题，通过阐明政府责任正当性，明确政府在信用修复中应当承担的具体责任，提出有针对性的完善建议；刘叶婷等(2020)从信用报告的预防式治理、精准化治理、容缺受理、全周期监管和可修复治理五个方面出发，阐述了信用报告在社会治理和社会信用体系建设中的价值，并重点指出可修复治理能够督促失信主体增强诚信意识，降低社会治理成本；刘宗胜和张毅(2021)以《信用修复管理办法(试行)(征求意见稿)》为切入点，对信用修复的概念界定、申请条件和失信信息处理方式的相关规定进行探讨，为信用修复实践提供借鉴。

关于不同信用主体信用修复的研究，主要包括对个人信用修复和企业信用修复的研究。覃珺(2014)首先分析了国际上不良信用修复机制的实践情况，并与我国信用修复机制进行对比，分析我国信用修复机制现存的不足，进而从信息分类、不良评级、修复依据、操作过程、修复方式五个层次进行信用修复机制流程设计；针对温州企业破产重整过程中的信用修复问题，南单婵(2016)结合国内外信用修复理论和实践，对破产重整企业信用修复具体形式进行分析，并指出破产重整企业信用修复难点及对策建议；刘敏等(2020)以一起典型的破产重整案例为研究出发点，梳理了破产重整企业基于现有的信用修复制度体系所面临的困境，并从顶层设计、联合工作机制建立、市场信用修复机构培育和发挥信用评级作用四个方面，提出破解这一困境的政策建议；孙南申(2020)首先对信用修复与信用规制之间的关系进行分析，其次梳理信用修复模式存在的问题，最后结合信用规制构建企业信用修复路径。

关于信用修复具体领域的研究，胡元聪和闫晴(2018)通过对我国纳税信用修复制度在立法方面位阶较低且相关立法衔接不畅，在监督方面对税务机关的事中监督不力且对纳税人的事后监督缺失等问题进行解构，从法律体系建设、申请机制、处理机制、公示机制和监督机制五方面出发，构建纳税信用修复制度的优化路径。张俊慈(2020)基于对现行规定的实际考察，发现纳税信用修复因立法位阶较低、实体条件和程序条件欠缺规范等问题而严重阻碍其功能的发挥，提出遵循全面修复的原则，从提高立法阶位、规范实体条件和程序条件三个方面进行纳税信用修复制度的构建。张世君和高雅丽(2020)对有关破产重整企业纳税信用修复制度的观念和理论进行梳理，并从顶层设计、司法支持和协同机制三个方面对纳税信用修复制度的构建提出思路。闫海和王天依(2021)对现有的重整企业信用修复机制进行分析，进一步阐述了一般性的修复方式，并对其进行创造性革新，为重整企业提供信用承诺、内部整改、信用培训等具有可行性的修复渠道。

综上，已有研究多是从法律制定、机制设计和政策支持等角度提出解决方案，多属于探索性研究，缺乏更加系统和定量化的研究，也缺乏从技术和方法角度提出解决策略。

2.2　信用评价方法

通过对文献的梳理归纳，现有信用评价方法大致可以分为两大类：统计分析和机器学习。其中，统计分析可以具体划分为判别分析法和回归分析法；机器学习可以具体划分为只包含一种模型的单一学习算法，与启发式算法结合的混合学习算法，包含多个机器学习模型的集成学习算法。基本的研究动态可以概括为：从单变量分析到多变量分析，从传统统计方法到机器学习智能方法，以及从单一学习算法独立分析到集成学习算法组合分析。随着互联网技术对社会各个方面的影响进一步加深，信用评价方法开始朝着分析对象更为广泛(个人、小微企业等)，分析能力更为有效，分析频率更高的方向发展。信用评价方法总结见表 2-2。

表 2-2　**信用评价方法总结**

信用评价方法	方法分类	代表性算法/模型	代表性文献
统计分析	判别分析	单变量模型、多变量模型、贝叶斯判别分析、Fisher 判别分析等	Durand(1941)；Beaver(1966)；Altman(1968，1977)；Mahmoudi 和 Duman(2015)；Liberati 等(2017)；潘明道等(2018)；迟国泰和李鸿禧(2019)
	回归分析	线性回归、Logistic 回归、Probit 回归、回归树、随机森林、半参数回归模型等	Martin(1977)；Ohlson(1980)；Lessmann(2015)；Fitzpatrick 和 Mues(2016)；Jiang 等(2019)；Cai 和 Zhang(2020)；庞素琳等(2017)；石宝峰和王静(2018)；方匡南和陈子岚(2020)
机器学习	单一学习算法	决策树、神经网络、支持向量机等	Min 和 Lee(2005)；Li 等(2010)；Delen 等(2013)；Tian 等(2018)；Herasymovych 等(2019)；Zhang(2020)；韩璐和韩立岩(2017)；林宇等(2019)；张朝辉等(2020)
	混合学习算法	通过遗传算法、退火算法、粒子群算法和蚁群算法等优化输入参数的人工智能算法	Tsai 等(2013)；Yu 等(2016)；Plawiak 等(2019)；Shen 等(2019)；张大斌等(2015)；马晓君等(2019)；黎春和周振宇(2019)
	集成学习算法	多种人工智能算法集成模型、线性回归和人工智能算法集成模型、动态集成模型等	Xu 等(2015)；Ala'raj 和 Abbod(2016)；Feng 等(2018，2019)；Plawiak 等(2020)
新兴信用评价方法	互联网环境下的信用评价	社会网络分析、云模型、网络结构下的回归模型或人工智能模型等	Guo 等(2016)；Ahelegbey 等(2019)；Óskarsdóttir 等(2019)；方匡南(2016)；马晓君(2018)
	大数据特征下的信用评价	大样本评价模型、缺失数据下的评价模型、基于不确定决策方法的评价模型、动态评价模型等	Sousa 等(2016)；Tobback 和 Martens(2019)；庞素琳和王石玉(2015)；方匡南和赵梦峦(2018)；蒋辉等(2019)；余乐安和张有德(2020)

2.2.1　统计分析方法

统计分析方法主要包括判别分析法和回归分析法。Durand(1941)最早将判别分析法应用于贷款的信用风险评估，Beaver(1966)的单变量模型和Altman(1968，1977)的多元Z-score模型及Zeta模型的应用最广泛。之后，Bayesian判别分析、Fisher判别分析，以及各种改进的判别分析方法也相继被应用于信用评价领域。迟国泰和李鸿禧(2019)通过逐步判别分析和共线性检验的方法构建债信评级模型。王洪亮和程海森(2019)为识别省域信贷风险，基于新古典经济学分析框架，分别从资本、劳动力、制度、技术进步四个要素维度，构建了判别分析模型。Yan等(2021)构建了基于非参数贝叶斯判别和聚类分析的信贷特征筛选模型，并应用4家电力公司的数据作为样本进行应用分析。王小燕和张中艳(2021)建立含有图结构的线性判别分析模型用于实现信用违约评价的指标筛选。

线性回归、Logistic回归、Probit回归、回归树和随机森林等回归分析方法也被广泛应用于信用评价中。胡志浩和卜永强(2017)将影响违约概率的可观测因素和不可观测因素分别用固定效应和随机效应表示，使用广义线性混合模型对信用风险进行建模分析；刘丹等(2018)依次使用证据权重法、逐步回归法、Probit模型的系数显著检验法对信用评价指标进行三轮筛选，构建了一套精简且区分违约状态能力强的信用评价指标三重组合筛选模型，并选取某商业银行信贷数据库中的782个微型企业样本进行了应用分析；杨银娣等(2021)采用Tobit模型对大学生信用消费支出的影响因素进行分析；叶陈毅等(2021)利用主成分回归法探究影响京津冀区域企业信用环境发展的宏观因素。

虽然线性回归、Logistic回归和Probit回归便于对数据进行建模，且具有很强的可解释性，但这些方法创建的模型需要拟合所有的样本点(局部加权线性回归除外)，当数据拥有众多特征并且特征之间的关系十分复杂时，这些方法就不再适用。一种解决思路就是将数据切分，然后对每份数据利用线性回归来建模，当切分足够细致时，方法就演变为树形结构的回归树和随机森林模型。马晓君等(2019)将PSO算法运用于基于加权随机森林模型的企业信用评级中，结果表明准确率优于传统的决策树、支持向量机和随机森林模型。Jiang等(2019)基于随机森林模型改进生存回归分析中的混合治愈模型，该模型不仅能够对借款人的违约情况进行预测，而且能够预测违约可能的时间，与比例风险回归模型相比，可以更为准确地预测违约概率。刘翠玲等(2022)基于特征重要度方法进行特征选择，采用极限梯度提升方法以及回归树模型对客户信用进行模型构建。

实务领域的信用评价机构，如标准普尔、穆迪和惠誉等主要采用的是统计模型进行信用评价。比如，美国标准普尔针对企业的经营管理、信誉状况等方面的指标进行赋权，建立统计模型(Standard & Poor's，2011)；穆迪通过对企业的债务状况、经营能力等方面的指标进行赋权建立统计模型，对贷款企业的信用状况进行评价(Moody's，2012)。

2.2.2　机器学习方法

20世纪80年代，随着非参数计算研究的深入，计算机的计算能力显著提高，现代数据挖掘方法迅速发展，非参数统计的机器学习无须利用任何统计分析中具体的先验知识，但能从过去的观测中自动提取信息，自 Odom 和 Sharda(1990)首次将神经网络引入企业破产预测中，机器学习越来越多地应用于信用评价中。

单一学习算法应用较为广泛的是决策树、神经网络和支持向量机三种方法。决策树是一种具有树形决策结构的分类算法，适用于连续或离散变量，具有解释结果简单、估计非线性、精度高的特点。董路安和叶鑫(2020)利用机器学习模型指导生成一个兼顾准确性与可解释性的信用风险评价决策树模型，并提出了一种新的决策树剪枝方法，以辅助投资者决策。人工神经网络是对人脑神经元进行抽象的智能学习方法。周毓萍和陈官羽(2019)通过 BP 神经网络对评价模型进行检验，运用该模型对个人信用水平进行预测；杨莲等(2022)将类别平衡损失函数 class-balanced loss 引入信用风险评价，构建 class balanced loss 修正交叉熵的非均衡样本信用风险评价模型。支持向量机在小样本、非线性和高维数据分析方面具有良好的泛化性能，最早由 Min 和 Lee(2005)应用于企业破产预测，近年来也被广泛使用于信用评价领域。孔杏和楼裕胜(2021)运用 KSVM 模型对江浙两省 12 个城市中 285 家招投标企业 2019 年的调查数据进行实证分析，通过构建企业信用价值指标体系对企业信用价值中的诚信行为和信用能力一致性问题进行研究。

混合学习算法是考虑到单一学习算法对模型参数设定的依赖性非常强，因此将诸如遗传算法、退火算法、粒子群算法和蚁群算法等用于优化人工智能的输入参数，进一步提高人工智能在信用评价中应用的性能。刘颖等(2018)提出一种粒子群协同优化信用风险评价模型来解决供应链金融模式下信用风险评价精度受信用特征子集与模型参数影响的问题；Zhang 等(2019)根据改进的多种群小生境遗传算法提出多阶段混合模型，并应用于信用评价中。Boughaci 等(2021)提出了一种基于聚类和随机森林技术的混合评价方法，应用于企业破产预测。钱吴永和张浩男(2022)采用一种动态变异的粒子群算法(DPSO)和 AdaBoost 算法对 SVM 进行协同优化和集成，建立了 Adaboost-DPSO-SVM 模型，并将该模型应用于我国新能源汽车行业供应链金融信用风险评价中。

集成学习算法是将多种信用风险评估模型进行组合，这样往往能弥补单一方法的不足，充分利用各自的优势，提高组合系统的预测精度(Verikas 等，2010)，因此越来越多的学者对单一方法的组合方式进行研究。集成学习系统有两种常见类型，并联组合和串联组合。并联组合的基本思想是：将各个单一模型的预测结果看作不同的信息片段，通过组合可以综合不同模型得到的预测或分类信息，从而减少单一模型可能存在的片面性，提高分类预测性能的稳定性。串联组合的基本思想是：对给定的类别而言，只有对其具有最高识别可信度的单一模型将样本识别为该类别时才被采纳，否则采用对另一类别具有最高识别可信度的单一模型输出的对应类别结果，或者最终采用总体上具有最好综合性能的单一模型输出的识别结果。Feng 等(2018)提出了一种新的基于软概率的信用评分动态集成分类方法，克服了此前没有一个分类器考虑到信用评分的 I 类错误和 II 类错误的相对成本，以及早期的动态选择集成通常不考虑分类器在测试集中行为的局限性。之后 Feng 等(2019)又提出了一种新的信用评分的动态加权集成方法——马尔可夫链，它考虑了基分类器的特征及其动态分类能力，并且解决了之前的动态集成方法需要产生大量的基分类器或使用固定的组合器，限制通用性的弊端。Nali 等(2020)通过组合广义线性模型、支持向量机、朴素贝叶斯和决策树，构建了一种新的基于多种特征选择和集成学习分类算法的混合数据挖掘模型，并将其应用于小额信贷机构的真实数据集。Yotsawat 等(2021)构建了成本敏感神经网络集成，该方法有效提高了基于不平衡信用数据集的单个神经网络的预测性能。Abedin 等(2022)通过将加权合成少数类过采样技术与 Bagging 相结合，提出扩展加权合成少数类过采样集成模型，应用于小企业信贷风险预测。

2.2.3　互联网背景下的信用评价方法

随着互联网、大数据技术的深入发展，以其为背景的信用评价新方法正在成为研究热点，相关研究内容可以分为两大类，一类为互联网环境下的信用评价，另一类是面向大数据特征的信用评价方法。

对于具有互联网特征或者面向互联网金融领域的信用评价，学者们通过引入社交数据(如社交网络关系、微博等平台用户创造的内容)、传感器数据(如位置信息)，主要采用社会网络分析、云模型、网络结构下的回归模型或人工智能模型等建立信用评价方法。王冬一等(2020)从社会资本角度构建动态的个人信用评估体系，并利用人工智能算法进行指标筛选和性能评估对比。李伟超等(2021)研究大数据环境下数字图书馆用户信用管理体系的构建原则及体系框架，探索有助于维护良好信用秩序的用户信用管理体系。孙剑明等(2021)从区块链的视角，利用改进的 Sporas 信用评价模型，缩短信用再反馈周期，最大限度保持了信用评价不失真。

针对互联网征信下信用数据具有数据量大、动态、多源、高维和劣质等特征，学者们提出了面向大样本的评价模型，基于不确定决策方法的评价模型，以及动态评价模型等。方匡南和赵梦峦(2018)针对多源数据，构建了可以同时对多个数据集进行建模和变量选择，且考虑数据集间的相似性和异质性的信用模型。张润驰等(2018)通过研究大样本数据集的分布特征，结合生物启发式算法设计了一种大样本混合信用评估模型。潘爽和魏建国(2019)针对网贷借款人数据量大、维度高的特点，提出一种核非负矩阵分解与贝叶斯优化结合的 Xgboost 分类算法。刘翠玲等(2022)结合集成学习思想，构建了一种基于 XGB 算法的客户多维信用评价模型，该模型采用多维度营销数据，计算不同节点上不同的增益值来获取最佳的预测效果，从而构建一个准确、稳定的客户信用评价模型。

2.3　多源复杂数据分析方法

互联网时代海量数据来源多样，基于云计算平台的分布式存储方式加剧了数据多源的物理特征。数据多源性使得数据面临三方面的挑战，即不完备、不一致和异构性。其中，数据不完备是指数据集中存在未知的属性值，不一致是指数据存在规则异常或者逻辑矛盾，异构性是指数据结构不同。通过对文献的梳理归纳，不完备数据和不一致数据的分析方法主要有两种策略，一是间接策略，二是直接策略。多源数据分析方法总结见表 2-3。

表 2-3 **多源数据分析方法总结**

劣质数据分类	分析方法/策略	代表性算法/模型	代表性文献
不完备数据	间接策略	删除法	Chmielewski 等(1993); Komorowski 等(2002); Peugh 和 Enders(2004); Zhu 等(2010)
		填充法：参数估计、粗糙集相似度、矩阵补全、张量补全、机器学习等	Li(1988); Kong 等(1994); Lian 和 Kamber(2000); Hu 等(2012); Ling 等(2015); Zheng 等(2019); Li 和 Wei(2020); 王国胤(2001); 丁春荣和李龙澍(2013); 李国和等(2019)
不完备数据	直接策略	不可分辨关系、知识约简、规则提取、社会网络等	Kryszkiewicz(1998); Yang 等(2009b); Sun 等(2012); Yu 等(2013); Yuan 等(2017); Urena 等(2019); Villuendas-Rey 等(2020); 刘城霞等(2016); 林春喜等(2018); 孙永河等(2020); 姚晟等(2020)
不一致数据	间接策略	冲突消除：数据融合、模式匹配、本体论集成、真值发现等	Yin 等(2008); Camacho 等(2014); Jiang 等(2016); Xu 等(2017); Liu 等(2019); 王玥(2018); 张欢等(2020)
		数据修复：数据依赖关系、删除技术、启发式算法、近似计算等	Codd(1972); Wijsen(2005); Fan 等(2007); Li 等(2018); 于祥祥等(2019)
	直接策略	知识约简、规则提取	Ziarko(1993); Kryszkiewicz(2001); Yao(2010); Zhang 和 Feng(2016); Qian 等(2017); Luo(2018); Thuy 和 Wongthanavasu(2019); Dong 和 Chen(2020); 邓维斌等(2014); 刘勇等(2015)

2.3.1 多源不完备数据分析方法

不完备数据最早是在 1975 年 ANSI 的一个内部报告中被提出，报告中用一个特殊的未知值来表示未知或者根本不存在的数据。从数据集是否完备的角度上讲，如果一个数据集中存在未知的属性值，就称该对象的属性取值为空值，则这种数据集称为不完备数据集。相反的，如果一个数据集中对象的所有属性值都不为空，则称数据集为完备数据集。到目前为止，不完备数据的分析方法主要包含间接策略和直接策略。

1. 间接策略

间接策略指通过删除或者填充的方式对不完备数据集进行处理，使其转化为完备数据集，再按照完备数据的分析方法进行数据分析，具体方法有删除法和填充法两种。

删除法，即将数据集中含有空值的对象全部删除(Komorowski et al.，2002)，得到一个完备数据集再进行分析的方法，但删除空值可能造成重要信息丢失(Peugh 和 Enders，2004)。直接删除法只适用于数据集中存在少量未知数据的情况。大数据虽然数据总量巨大，但是同时具有数据稀疏性高和数据质量差的特点。因此，直接删除法并不适用于大数据环境下的不完备数据分析。

填充法通过将未知数据转化为确定数据，从而得到完备数据集。按照理论基础不同，可以分为基于统计学的填充方法、基于粗糙集的填充方法以及大数据环境下的新型填充方法。

基于统计学的填充方法非常丰富。最简单的是数据驱动的方法，如利用数据集频数最高的数据进行填充，或者使用数据中位数、众数或平均值等描述统计量进行填充等(Han 和 Kamber，2000)。较为复杂的有基于参数估计的模型，主要有回归和似然函数两种模型。基于回归的模型主要是通过已知数据的回归模型，确定未知数据的概率分布，用最有可能出现的数据进行替代(Hedeker 和 Gibbons，1997；Chen 和 Hong，2010；Choong et al.，2009)。基于似然函数的模型是通过极大似然估计用对未知数据的参数估计替代未知数据(Peugh 和 Enders，2001；Dempster et al.，1977；Little 和 Schluchter，1985)。Dempster 等(1977)首先提出利用 Expectation-Maximization(EM)方法进行极大似然估计。之后 EM 方法被广泛使用于填充不完备数据，如 Baghfalaki 和 Ganjali (2011)利用 EM 方法获得最大似然估计值，用以分析具有非单调缺失值的二元倾斜正规数据。此外还有其他基于统计学的填充方法。Li(1988)利用马尔可夫链的原理填补不完备数据。Kong 等(1994)提出了用于连续型不完备数据集的贝叶斯估计方法。Zhu 等(2010)提出了 mixture-kernel-based 估计方法，利用该方法可以估计包含不同类型的属性数据集中的不完备数据。Lan 等(2019)构建了两阶段 BNII 方法填补缺失值，第一阶段基于完整的数据集构造包含原始数据集所有属性的贝叶斯网络，第二阶段则运用贝叶斯网络模型对缺失值的多变量进行迭代求解。

基于统计学理论的未知数据填充方法，多数是需要假设数据服从某个概率分布，但是在大数据环境下，数据量呈现爆炸式增长，使得数据集的状态空间非常巨大，数据分布情况很难判断，甚至数据本身并不服从任何概率分布。因此统计方法也不适合大数据环境下的不完备数据分析。

利用粗糙集填充不完备数据的主要思想是通过研究具有未知数据的对象与其他对象之间的相似度，利用相似度最高的对象取值进行填充，以尽可能地表现出数据集的基本特征和隐含规律。基于粗糙集的数据填充方法应用最广的是 Roustida 算法(王国胤，2001)。该算法的基本思想是以产生尽可能高支持度的分类规则为目标，并尽可能使缺失数据的对象与数据集中的其他相似对象的属性值保持一致。但是，Roustida 算法存在一定的缺陷，其覆盖能力不是很好。因此，学者们纷纷针对 Roustida 算法存在的缺陷进行了广泛的研究。孟军等(2008)改进了 Roustida 算法，不仅改善了未知数据填充的能力，而且还可以将噪声数据进行分离，时间复杂度也有所降低。丁春荣和李龙澍(2013)提出一种基于相似关系向量的改进 Roustida 算法，通过优先填补决策属性数据，有效避免了填充未知数据后产生不一致决策表的现象。Ma(2008)从群体决策的角度，将属性在列上的方向域和属性的简单-多数规则比率概念同 Roustida 算法结合，改善了 Roustida 算法的覆盖问题，同时也避免了多模或者无模问题。为有效提高 Roustida 算法对包含离散型(如整型、字符串型、枚举型)、连续型(如浮点数表达)、缺失型属性的混合信息系统的数据填补能力，彭莉等(2021)提出了一种基于粗糙集理论的混合信息系统缺失值填补方法。

此外，基于粗糙集的不完备数据集填充方法还有许多扩展研究。张忠林(2007)将灰色理论和粗糙集结合提出了一种未知数据填补方法，该方法可以较好地反映数据蕴含的规则也可以避免数据间的不一致。Yang 等(2009)提出了基于优势的粗糙集方法，用于填充不仅包含不完备数据也包含不精确数据的不完备区间值信息系统。赵洪波等(2011)基于粗糙集理论，按照决策属性对不同条件属性的依赖性，以及自身的重要性对相似性进行加权，提出一种新的不完备数据填充方法。彭莉等(2021)为了提高基于粗糙集理论的不完备数据分析方法在实际应用中对包含离散型、连续型、缺失型属性的混合信息系统数据的填补能力，提出了一种基于粗糙集理论的混合信息系统缺失值填补方法。

基于粗糙集的填充方法在大数据环境下的应用也存在不足。以经典 Roustida 算法为例，该方法需要基于可辨识矩阵进行，当空值逐步填补时，将产生许多过渡性临时信息系统，因此，Roustida 算法计算量和内存需求都相对较大。而且大数据环境下，数据量巨大，相应的未知数据量也大，使得填充方法不可行。

针对大数据环境下社交网络、推荐系统和图像识别等领域，学者们提出了矩阵补全、张量补全和基于机器学习的填补不完备数据的方法。学者们把社交关系等复杂大数据通过矩阵形式表达，研究了矩阵补全方法。张春英等(2021)提出了一种面向不完备分类型矩阵数据的集对 k-modes 聚类算法；薛占熬等(2022)运用矩阵提出了带标记的不完备双论域模糊概率粗糙集的模型，进而设计了一种带标记的不完备双论域模糊概率粗糙集中近似集动态更新算法。进一步，学者们引入物理学中的张量概念，用于描述向量、矩阵等多维度数据。李骜等(2021)针对高维数据冗余性、噪声干扰等问题对多视图子空间聚类性能的影响，提出一种多核低冗余表示学习的稳健多视图子空间聚类方法。首先，通过分析揭示数据在核空间中的冗余性和噪声影响特性，提出采用多核学习来获得局部视图数据的稳健低冗余表示，并利用其替代原始数据实施子空间学习；其次，引入张量分析模型进行多视图融合，从全局角度学习不同视图子空间表示的潜在张量低秩结构，在捕获视图间高阶相关性的同时保持其各异性专属信息。随着人工智能的快速发展，机器学习也被广泛应用于不完备数据的填补中，针对大规模群体决策问题，Li 和 Wei(2020)提出了一种基于协同过滤算法的补全方法，用于评估每个子组中意见领袖缺失的偏好信息。丁敬安等(2020)结合数据分布和属性关联两种角度，提出一种以 EM、KNN、RF 等 8 种算法为基学习器的异质集成学习数据补全算法模型。

运用间接算法，无论是删除还是填充，都不同程度地改变了原来数据集(Kryszkiewicz，1998)。而且在大数据环境下，算法的简单有效尤为重要。间接算法需要先将不完备数据集转化为完备数据集，再利用完备数据分析方法进行分析，使得数据分析的步骤过多，运算过于复杂。

2. 直接策略

直接策略指在不破坏任何原始数据的情况下，直接对不完备数据进行分析并获得知识。该方法基本上是通过扩充经典粗糙集理论的基本概念，比如不可分辨关系、上近似、下近似以及属性约简等，使其可以直接对不完备数据进行分析。由于不完备数据中存在空值，需要对粗糙集等价关系进行扩展。因此，利用粗糙集分析不完备数据时，根据实际情况确定一种不可分辨关系替代等价关系变得尤为重要。学者们对其进行了广泛研究，建立了不同形式的不可分辨关系。由 Kryszkiewicz(1998)在不完备信息系统中提出的相容关系，由于空值的概率可以取所有可能的属性值，使分类过于宽松，不同的类之间交叉元素过多，在实际应用中，常常会导致不是同一类的对象却归为同一类；而由 Stefanowski 和 Tsoukiás(1999)提出的非对称相似关系，分类过于严格，在实际应用中，可能会使得本是同一类的对象却误判为另类。为了摆脱相容关系与非对称相似关系的限制，许多学者对不完备信息系统进行了深入的研究。如王国胤(2001)提出的限制容差关系及其粗糙集模型，刘富春(2005)提出的修正容差关系以及张桂芸等(2007)提出的权衡容差关系。

基于粗糙集的不完备信息系统的研究中，不完备数据的知识约简与规则提取一直都是重要的研究领域。Sun 等(2012)针对不完备的信息数据，提出了基于粗糙熵的属性选择算法，该算法主要适用于离散名义属性，如性别属性可以按照“男”和“女”分类，如果是连续的数值属性，则需要对连续数值属性进行离散化处理。但是值得注意的是，离散化过程中不可避免地会损失数据信息。Jing 等(2013)在 Hu 等(2008，2009)建立的用于解决完备数据集中名义属性和数值属性共存问题的领域粗糙集模型基础上，提出了一种具有容差能力的距离函数，为领域粗糙集模型应用于不完备数据分析奠定了基础。杜文胜(2018)采用 Grzymala-Busse 提出的刻画关系研究“丢失”和“暂缺”两种语意并存的不完备信息系统，考察了点近似、子集近似和概念近似算子的性质；王旭仁等(2018)在对粗糙集模型中的基于容差关系的 ROUSTIDA 算法和基于量化容差关系的 VTRIDA 算法进行分析的基础上，提出一种综合量化容差关系和限制容差关系的数据填充方法 VLTA；侯成军等(2019)在不完备信息系统中引入了可调节多粒度粗糙集模型进而提出基于局部可调节多粒度粗糙集的属性约简方法；姚晟等(2021)提出不完备混合型信息系统下的粗糙集模型，并针对数据的非平衡性，在基于区别矩阵的基础上设计出一种非平衡数据的属性约简算法；张利亭等(2021)在不完备信息系统中把缺失值视为已知属性值集合的幂集，根据集合的性质定义了不完备信息系统中对象间的相似度和相异度，由此可以得到新的直觉模糊相似关系以及直觉模糊相似关系的截关系，并得到一种基于不完备信息系统的直觉模糊三支决策方法。

基于机器学习和社会网络等的方法，也越来越多地被用在不完备数据挖掘中。孙永河等(2020)基于社交网络中的信任关系理论和凝聚层次聚类理论，通过给出不完备群组 DEMATEL 初始直接影响矩阵残缺值的推断方法和专家交互情境下群组 DEMATEL 直接影响矩阵信息修正方法，提出专家交互情境下不完备群组 DEMATEL 决策方法的实现步骤；宋新鹏和张彦波(2021)结合深度学习提出改进的 K-means 算法，对不完备信息进行选取。

2.3.2 多源不一致数据分析方法

现实世界中的信息是由各种类型的数据描述，这些数据都应该符合一定的逻辑和规则。但是由于以下几个方面的原因会产生不一致数据：一是人们对事物认识存在偏差或者角度不同，获取知识的方式不同，导致数据矛盾。二是人们认识事物的程度发生变化，导致新产生的数据与旧数据发生不一致。三是外在环境的变化，导致事物本身发生改变，也就是知识发生变化而导致的数据间相互矛盾。不一致数据广泛存在于各类现实应用中，在人的活动影响较大的管理领域中更加广泛地存在。比如，在信息交换方便高效的情况下，群决策越来越成为企业决策时所选择的方式，但是参与人员越多，由于知识背景的不同，看问题的视角不同，更加容易出现意见不一致；在做企业战略规划时，很可能遇到短期目标和长期目标不一致的情况；又或者在人力资源管理中，不同的员工群体由于岗位不同，其诉求存在不一致等。

在大数据环境下，企业越来越依赖大数据技术来支持管理和协助运作。但是数据产生和存储方式的革命性变化，更加加剧了数据不一致的程度。不一致数据不仅仅存在于存储各类结构化数据的关系型数据库中，还广泛存在于网页数据、隐私保护、数据集成与交换、传感网络、多学科数据，以及各种应用系统中。

关于不一致数据分析，最早是 Pawlak(1982)提出用粗糙集方法解决，之后学者们对不一致数据分析方法进行了深入的研究，主要分为两个方面：修复或者消除不一致数据；直接对不一致数据进行规则提取或者知识发现。

1. 消除或修复不一致数据

消除或修复不一致数据，主要是从数据预处理的角度对不一致数据进行消除或者修复，之后再运用已有的数据分析技术对“干净”的数据进行分析。

对于不一致消除的研究首先集中在对于不一致的分类问题上。不同的学者给出了不同的不一致分类。Batini 和 Scannapieco(2010)将实例不一致定义为异构、语义、描述和结构不一致。Isabel 等(2009)将不一致分为语法、模式和语义不一致；Ram 和 Park(2004)将不一致分为结构不一致和语义不一致。何绯娟等(2018)将语义不一致细分为主语、谓词、宾语三类不一致。王玥(2018)依据关系数据库中分布式大数据的集成过程对不一致进行分类，将其划分成语义不一致、模式不一致以及实例不一致。这里提及的不一致是同一对象在不同数据集中描述不同导致的。

在不一致消除的方法上，现阶段已经有了广泛的研究，主要的方式有数据融合、本体论和真值发现。

数据融合技术是将不同来源中代表同一对象的数据记录，根据多个层面进行模型提取融合。Fan 等(2001)将数字不一致分为两类，一类是独立于上下文，另一类是依赖上下文。由于不一致主要来自底层数据的异构性，因此，构建了包括相关属性分析、候选模型选择、转换函数生成、转换函数选择和转换规则的形成五个步骤的语义不一致数据融合方法。Wang 和 Hu(2009)分析了现实和虚拟的两种空间不一致数据的集成方法。Boufares 和

Ben Salem(2012)研究了异构数据源的数据集成问题，并给出了不同的处理策略。为识别和处理不一致，Abdulhafiz 和 Khamis(2013)基于改良的贝叶斯融合算法与卡尔曼滤波，提出了一种多传感器数据融合的方法，以减少数据的不确定性。为实现多源不一致传统的兴趣点(POI)数据融合，Cai 等(2022)提出了一个标准化的 POI 模型和一个基于本体的 POI 分类系统，并采用比较分析法证明该算法的融合性能优于现有方法。

采用基于本体论的数据集成方法解决语义不一致。Camacho 等(2014)通过分析已有家庭楼宇智能系统不一致检测、不一致解决和知识表示的方法，提出了基于本体论框架的检测和解决不一致的方法。Zhao 等(2009)在本体论的不一致消除方法基础上建立了具有映射描述和全局模式与局部模式不一致限制的可扩展机制的 RCM，并据此提出了可以解决数据层和语义层不一致的方法，该方法可以识别和解决异构数据库中的各种不一致。为解决数据交换过程中的语义不一致问题，王倩和王辉(2012)提出了一种基于本体的语义不一致消解方法。该方法采用 ER 模型完成关系模式到 XML 模式的语义映射，进而基于本体对经过语义转换的 XML Schema 进行语义标注。Garanina 等(2016)提出基于本体论的多代理系统的不一致消除方法，最终得到一个多代理的无不一致集合。

此外，真值发现近年来发展为消除语义不一致的重要技术。Yin 等(2008)首先提出真值发现概念，并且利用网站和所提供信息的关系，提出了 Truth Finder 算法。余东等(2016)主要解决了单真值不一致语义下，假设数据源独立以及考虑数据源间存在复杂数据复制情况下的真值发现问题。Xu 等(2017)提出了一种基于实体属性的寻真算法(TFAEA)。TFAEA 基于源可靠性和事实准确性的迭代计算，考虑了事实之间的交互程度和源之间的依赖程度，简化了典型的真值查找算法。考虑到现有方法无法处理对象不一致问题，Liu 等(2019)提出了 Truth Discover 方法来确定关联数据中最值得信任的对象。具体地说，该方法基于源置信图的拓扑属性和对源的可信度进行的平滑先验置信估计，以及对源的可信度和对象的信任值进行推断的真值计算。Nakhaei 等(2021)通过运用关系型机器学习方法来估计实体之间的关系，进而用这些关系来估计使用一些融合函数的真实值。对结果的评估表明，尤其是在可靠来源很少的情况下，该方法优于现有的冲突解决技术。针对不一致数据下的真值演化问题，Zhi 等(2018)提出了 EvolvT 模型，以实现数据的动态真值发现。基于隐马尔可夫框架，EvolvT 用一个统一的模型捕捉到了动态真值发现的三个关键方面：真值过渡的规律性、源质量和源依赖性。

数据修复主要是根据数据库中的数据依赖关系，找到那些数据表达不符合数据依赖的不一致数据，根据现实世界的知识定义合理的语义规则，用满足数据依赖且与初始不一致数据距离最小的数据进行修复。Codd(1972)最早提出函数依赖的数据依赖关系，之后相继提出了一元包含依赖、条件函数依赖、包含依赖、受限函数依赖、多值依赖、元组产生依赖、连接依赖、等值产生依赖等经典数据依赖类型(Silberschatz 等，2002)。张安珍等(2015)提出了一种基于 Hadoop 并行框架的不一致数据检测与修复方法，该方法基于条件函数依赖，依据给定的规则检测不一致，同时提出修复求解方案。针对互联网环境下的不一致数据，为提高算法的精确性和适用性，范令(2015)对基于 MapReduce 框架的 K-NEDOIDS 聚类算法进行优化，并通过试验证明了该方法的性能。随后，于祥祥等(2019)提出了一种基于 MapReduce 的不一致数据检测与修复方法，并通过试验仿真证明在错误率相同的情况下，所提方法比传统方法有更高的准确率和扩展性。

数据修复算法可以采用基于删除操作的修复方法，即删除包含不一致属性的元组。Chomicki 和 Marcinkowski(2005)将元组看作一个整体，利用删除技术修复不一致数据。删除不一致数据的确可以保证数据集的准确性，但不可避免地会丢失数据。另外可以采用插入或者修改操作进行修复。Wijsen(2005)，Lopatenko 和 Bravo(2007)相继提出了允许数据插入和修改的修复方式。Andrea Rodriguez 等(2013)描述了空间不一致数据并用最接近原始数据修复不一致数据，他们将该方法应用于一致性查询应答之中。Jiang 等(2016)修正了余弦相似度测量方法，并基于该方法提出了新的基本概率赋值相似度度量方法，该方法可以有效测量不一致程度。需要指出的是，修复算法的时间消耗基本都是指数级，时间复杂度较高。

学者们开始研究多项式时间内可以完成的启发式或近似修复算法。Bohannon 等(2005)根据函数依赖和包含依赖的约束语义，将相等的数据项归并为同一个等价类，建立了基于选择代价的修复算法，该算法每次选择代价最小的等价类进行修复，直到所有等价类都被修复完毕。针对数据的不一致性和时效性，杜岳峰(2017)提出了一种考虑关联数据的时效性和一致性的检测修复方法，该方法采用启发式修复方法对错误进行修复。为提高修复准确度，文章进一步提出了修复序列图的定义。最后通过试验验证方法的高效性和实用性。Ye(2019)等提出了一种自动多源数据修复方法，该方法采用真值发现和数据修复方法来丰富证据。考虑到源可靠性事先是未知的，故将此过程建模为一个迭代框架，以确保更优的性能。

通过数据预处理可以消解不一致，或者修复不一致数据。通过删除的方式，虽然可以得到唯一结果，但是也不可避免地丢失了有价值的数据。通过插入或者修改的方式需要引入新的数据，新数据又很有可能带来新的不一致数据，并且在不知道真实数据的情况下无法保证增加的新数据的正确性。尤其是在大数据环境下，对数据的预处理需要耗费大量人力和时间成本。比如在典型的信息系统项目中，数据预处理的时间和成本占到整个项目预算的 30%~80%(Shilakes 和 Tylman，1998)。

2. 不一致数据的规则提取、知识发现

从规则提取、知识发现角度进行的不一致数据分析方法，无须对不一致数据进行修复和消除。传统不一致数据分析方法主要集中在对不一致数据构成的不协调决策信息系统的知识约简。Slowinski 等(2000)提出了分布约简、分布协调等概念。Kryszkiewicz(2001)研究了代数意义下不一致决策系统中各种约简之间的关系，并总结了不协调决策系统的约简可以分为分布约简和分配约简两大类。张文修等(2003)发展了 Kryszkiewicz 的思想，进一步研究了代数意义下各种约简的关系，提出了最大分布约简的概念，并研究了最大分布约简、分配约简、近似约简之间的关系。徐伟华和张文修(2007)提出基于优势关系的不协调信息系统的知识约简方法。Wang 等(2014)提出基于覆盖粗糙集的不一致决策系统的知识约简方法。李虹利和蒙祖强(2018)基于其提出的填补方法，以最大不一致度条件下的信息增益为权值，以不一致度为属性约简的启发信息，给出属性约简算法。

Ziarko(1993)提出的变精度粗糙集模型也是不一致数据分析的重要方法。这种模型引

入了 β 参数，将严格的集合包含关系放宽为 β 程度包含关系；不过，β 值作为先验知识将直接影响到约简的结果，也就是说，β 值不同，约简的结果可能相同。另外，在某些实际应用中，专家也很难确定合适的 β 值。Mieszkowicz-Rolka 和 Rolka(2003)将变精度粗糙集模型应用于不一致决策表的分析中。Mi 等(2004)在 Kryszkiewicz 提出的分布约简基础上提出了 β 下/上分布约简、β 最大分布约简等方法，并借鉴分辨矩阵的思想，构造了针对这几种约简的分辨矩阵。Cheng 等(2006)进一步研究了 β 的不同取值对知识约简结果的影响。程玉胜等(2007)指出现有的变精度粗糙集模型研究中，β 值都是作为先验知识引入的，但是在实际应用中 β 值的选择并没有依据。因此，作者通过研究决策表的相对可辨识，即通过研究决策表的决策分布情况来指导 β 值的选择，在知识约简和学习的过程中，基于数据集计算和选择 β 阈值范围。Luo(2018)介绍了多粒度变精度粗糙集模型，在此基础上，提出了不一致决策信息系统的几种属性约简方法。

在不一致数据集的知识发现中，学习分类是另外一个重要的研究问题。针对不一致性的处理，Yao(2010)基于变精度粗糙集模型提出了三支决策粗糙集。但是基于变精度粗糙集模型需要引入先验知识。因此，Wang 等(2009)构建了面向领域，实现数据驱动自主学习方式的数据挖掘理论，并将其应用到粗糙集的知识获取中。为了处理具有连续属性和优势关系的信息系统，Blaszczynski(2009)基于优势关系粗糙集对对象和属性值的不一致性进行了研究。邓维斌等(2014)在分析了现有变精度优势关系粗糙集分类性能不足的基础上，通过度量优势关系下决策表和决策类集的确定性，提出了一种局部变精度优势关系粗糙集模型，以各决策类集的最大确定性为该决策类集的变精度阈值控制规则获取，建立了一种不确定条件下的自主式知识获取模型。该模型不仅避免了知识获取过程中对先验知识的依赖，也增强了对处理不一致信息系统的适应性。彭玉楼和陈曦(2004)引入信息颗粒的概念，并对 Pawlak 粗糙集模型加以某种扩充，使其支持在有噪声的数据集中挖掘具有一定置信度的简洁知识。Ye 等(2017)对 DS 证据理论进行了修正。采用聚类分析的思想，首先对原始证据进行修正，然后再进行证据组合。

2.4　软　集　合

由于客观问题复杂多样，以及人类对事物认识的局限性和不清晰性，在现实世界中的许多领域，比如经济、管理、工程、环境、电信、医学等领域存在大量的不确定数据。传统用于建模、推理和计算，分析和解决实际问题的工具，基本上都是针对确定的和精确的数据。因此，需要提出针对不确定数据的分析工具。目前，不确定数据得到了广泛的重视，学者们已经提出了诸如概率论、模糊集理论、直觉模糊集理论、区间数学、Vague 集以及粗糙集等理论，用于分析和处理不确定问题。但是这些理论仍然具有各自的局限性。比如概率论是建立在样本特征可以近似表示总体特征的基础上，因此，需要进行大量的实验以此获得大量样本。区间数学需要在考虑计算误差的前提下建立一个区间估计，但是该方法不能有效处理多种类型的不确定性，比如不能描述平滑变化、不可靠数据。模糊集理论是解决模糊型不确定数据的重要工具，但是模糊集理论的应用前提是可以建立一个合理适当的隶属函数。由于隶属函数需要根据实际情况建立，还没有方法可以很好地解决隶属函数的建立问题(王金艳，2011)。俄罗斯数学家 Molodtsov(1999)通过总结已有的不确定数据分析方法的特点，认为已有方法的缺陷可能是由于参数化工具不足引起的。因此，Molodtsov 提出了软集合的定义及理论，它能够有效克服传统处理不确定数据方法存在的困难。

通过对现有文献的归纳梳理，软集合相关研究方向总结见表 2-4。

表 2-4　**软集合相关研究方向总结**

研究领域	细分领域	代表性理论和方法	代表性文献
理论研究	扩展理论	模糊软集合、直觉模糊软集合、中智软集合、区间值模糊软集合、广义模糊软集合、Vague 软集合、双射软集合、Full 软集合、N-软集合、模糊双极软集合等	Maji 等(2001a, 2009, 2013)；Yang 等(2009a)；Gong 等(2010)；Kim 和 Min (2014)；Zhan 等(2017)；Fatimah 等(2018)；Malik 和 Shabir(2019)
	代数理论	软群、软 BCK/BCI 代数、双射软群、模糊拓扑空间、区间值模糊软半群等	Aktas 和 Cagman(2007)；Jun 等(2008)；Aktaş(2015)；Abdullah 等(2016)；Cetkin 等(2017, 2018)；Yiarayong(2020)
应用研究	数据挖掘算法	约简、关联规则、聚类、集成学习分类器等	肖智等(2011)；Maji 等(2002)；Herawan 和 Deris(2011)；Feng 等(2018)；Kong 等(2019)；Witarsyah 等(2020)
	不确定数据分析	基于软集合扩展理论的不确定数据分析、预测和决策等；基于软集合扩展理论与多属性决策方法结合的不确定数据分析、推理和决策等	孙智勇和刘星(2011)；邹凯等(2015)；徐达宇等(2015)；杨枫等(2020)；Maji 和 Roy(2002)；Roy 和 Maji(2007)；Zhang 等(2014)；Peng 和 Garg(2018)；Tiwari 等(2019)；Kamaci(2020)；Wen 等(2020)
应用研究	不完备数据分析	基于软集合扩展理论，通过填补未知数据方式预处理、直接进行推理、决策等	Zou 和 Xiao(2008)；Deng 和 Wang(2013)；Kong 等(2014)；Qin 和 Ma(2018)；Wang 和 Qin(2019)
	不一致数据分析	基于中智软集合的推理、决策方法等	Maji(2013)；Karaaslan(2017)；Deli(2017)；Manna 等(2020)

2.4.1 软集合理论研究现状

自从 Pawlak(1994)在"*Hard Aet and Soft Sets*"中提出软集合的概念后，Molodtsov(1999)在"*Soft Set Theory—First Results*"中第一次系统地阐述了软集合的一些基本定义、理论及应用，标志着软集合理论作为一种处理不确定数据的数学工具的诞生。Molodtsov 在该文中不仅定义了软集合的基本运算，还提出了软集合在其他数学领域的概念，比如软积分、软微分、软极限、软概率等，并提出了今后研究的方向。Maji 等(2003)在“*Soft Set Theory*”中进一步定义了软集合的子集、空集、补集等相关概念，以及 AND、OR、交、并、补等基本运算法则，为软集合在实际中的应用打下基础。

软集合具有很好的数学理论兼容性，可以和多种理论进行结合，学者们提出了各种软集合的扩展理论。为分析更加复杂的问题，Maji 等(2001)将该理论与模糊集理论相结合提出了模糊软集合，并定义了模糊软集合的等价、子集、补集以及空集等概念。此外，Maji 等(2001)还将直觉模糊集与软集合结合，构建了直觉模糊软集合。Yang 等(2009)定义了区间值模糊软集合，以及区间值模糊软集合的补集、两个区间值模糊软集合的交、并运算和区间模糊软集合上的基本模糊逻辑运算，并用 De Morgan 定理予以证明。Alkhazaleh 等(2011)提出了概率模糊软集合的定义、基础运算及性质和概率模糊软集合的相似性度量，并基于此构建了决策方法。Majumdar 和 Samanta(2013)提出了广义模糊软集合，并定义了广义模糊软集合的补集、相似度，两个广义模糊软集合的交、并运算。此外还定义了广义模糊软集合的基本模糊逻辑运算，并用 De Morgan 定理证明。Khalil 和 Hassan(2019)提出了逆模糊软集合，并给出了相关定义和运算。接着，为模糊决策问题构建了一个使用逆模糊软集合的 max-min 和 min-max 决策算法，并应用于决策算例说明其可行性和优越性。Xu 等(2010)提出了 Vague 软集合，并讨论了 Vague 软集合的基本性质。Xiao 等(2010)提出了双射软集合以及异或软集合，并研究了它们的基本运算和性质以及二者的依赖度和基本的决策规则。Kim 和 Min(2014)提出了一种广义的双射软集合和异或软集合——Full 软集合。Full 软集合简化了定义在异或软集合的不确定元素，并研究了严格/松散 AND 操作，Full 软集合和双射软集合的 Type I(II)-依赖度，以及 Full 软集合的决策系统、约简和决策规则。Sahin 和 Kucuk(2014)在 Maji 的基础上定义了一般中性软集合的概念及其运算，并将其应用于决策中。Tao 等(2020)结合基本不确定信息的概念和软集合理论，提出了基本不确定信息软集合，并定义了相关运算法则和性质。Das(2018)提出了加权模糊软多重集合，它是软集合和多重集合的重要结合。Fatimah 等(2018)提出了 N-软集合的概念，并引入了相关的代数定义和属性描述。Vijayabalaji 和 Ramesh(2019)将信念区间值概念引入软集合，定义了信念区间值软集合的概念，并提出了补集、软 max-AND、软 min-AND 运算。为了构建决策算法，进一步定义了软信念力和软推荐值的概念，最后将决策算法应用于算例中证明其性能。为扩展 N-软集合的使用范围，Kamacı 和 Petchimuthu(2020)提出了双极 N-软集合的概念及相关运算，并基于此构建了两种决策算法。为提高 N-软集合的决策性能，Ali 等(2021)将 N-软集合与信念区间值软集合结合，提出了概率信念区间值 N-软集合，并定义其相关运算和性质。进一步地，基于概率信念区间值 N-软集合的 max-AND 和 min-OR 运算，构建了两种决策方法，并通过算例验证其适用性。

Fatimah 和 Alcantud(2021)融合多模糊集理论引入 N-软集合的优势，提出了多模糊 N-软集合，并设计了一种决策方法，最后将该方法应用于实例中证明其有效性和优越性。作为多模糊 N-软集合的扩展，Das 和 Granados(2022)提出了一种直觉模糊参数化的直觉多模糊 N-软集合，用于解决群体决策问题，并与现有方法进行对比分析，证明该方法的性能。

为充分考虑决策者在不确定环境下的犹豫度，Peng 和 Yang(2015)提出了对偶犹豫模糊软集合的概念，采用相互独立的隶属度函数和非隶属度函数对对象进行描述，与上述方法相比，它在建模不确定问题方面更有优势，随后被广泛应用于相关系数研究（Arora 和 Garg，2018）、距离测度（Garg 和 Arora，2017）、聚合算子（Garg 和 Arora，2018，2020）及粗糙集模型（Zhang 和 He，2018）等。Maji（2013）将中智集引入软集合理论，定义了中智软集合。中智软集合采用隶属度函数、不确定函数和非隶属度函数对对象进行描述，三者相互独立，与对偶犹豫模糊软集合相比，它更适用于分析不确定环境下的数据。考虑到在没有充分信息准确描述复杂情况时，通常借助区间值表达，Deli（2017）定义了区间值中智软集合，将中智软集合的隶属度、不确定程度和非隶属度的值由单值扩展为区间值形式。Dong 等（2021）提出了动态区间值中智软集合用于描述动态不一致信息，并定义了补、并、交、AND-Product 和 OR-Product 运算。此外，单值中智软集合（Karaaslan，2017）、Q-中智软集合（Abu Qamar 和 Hassan，2018）、中智软粗糙集（Al-Quran 等，2019）的概念相继被提出。

除了各种扩展软集合，软代数有关理论也被广泛研究。Aktas 和 Cagman（2007）通过比较软集合和模糊集、粗糙集的关系，基于软集合的基本性质，定义了软群及其基本性质。Jun 等（2008）提出了软 BCK/BCI 代数概念，并定义了交、并、AND、OR 运算。之后，Jun 等（2014）定义了联合软交换 BCI-ideals 概念，以及相关性质，进而建立一个基础的软代数结构。Li 等（2013）在分析了软集合和拓扑关系的基础上，提出了软近似空间、软粗糙近似以及 Keeping 交、Keeping 并和拓扑软集合。Han 和 Han（2014）提出了一个 BCI-algebra 的区间软 q-ideals 和 a-ideals 及其相关性质。Al-Quran 和 Hassan（2019）定义了复杂中智软专家关系，用来评估两个中智软专家集的交互程度。GÜNDÜZ 等（2019）构建了中智软拓扑，并基于中智软点及中智软 Ti-空间的概念提出了中智软分离定理。Riaz 等（2021）构建了基于软集、多集和粗糙集的混合模型软多粗糙集，并定义了软多重粗糙拓扑。Riaz 等（2021）提出了 M 参数化-N 软集，并基于 MPNS 幂整体子集的扩张并和限制交，定义了 M 参数化 N-软拓扑的概念。Alcantud（2022）构建了软拓扑和模糊软拓扑，并分析了它们之间的相互关系。

2.4.2 软集合应用研究现状

软集合及其扩展理论不断积累和快速发展，为软集合的应用打下坚实的基础。目前，软集合已经广泛应用于信息描述、信息分析、信息识别、分类、决策预测等数据分析方面，应用的领域遍及经济、管理、工程、医学等。软集合的应用主要包括两个方面：数据挖掘和知识获取以及复杂数据分析。

1. 数据挖掘和知识获取

软集合在数据挖掘、知识获取中的应用，主要从参数约简和改善传统数据挖掘算法两方面展开。参数约简是软集合的重要应用之一。Maji 等（2002）首先提出了软集合约简的定义，并将其应用于决策中。Chen（2005）指出 Maji 文中约简结果不合理，在此基础上提出约简软集合的算法，并将其与粗糙集属性约简进行比较。Gong 等（2013）针对双射软集合提出了模糊系统下的约简方法。Ma 和 Qin(2018)提出了一种基于距离的模糊软集合参数约简(DBPR)方法，与模糊软集合的正常参数约简方法(NPR)相比，它具有更好的适用性和更少的计算量。此外，Khan 和 Zhu(2021)构建了新的模糊软集合参数约简方法，并在约简成功率、约简率和决策能力三个方面，分别与 NPR、PNPR 和 DBPR 方法进行了比较。对比结果表明，该算法具有更好的适用性和效率。Kong 等(2019) 提出了基于选择值标准的模糊软集合参数约简算法，并给出了启发式算法。最后分别从成功率、还原率和决策能力方面，将所提方法与 NPR、PNPR 和 DBPR 算法进行了比较，结果证明该方法有更高的适用性和决策性能。Ali 等(2021)提出了一种新的混合模型区间值 q-梯级正对模糊软集(IVq-ROFSSs)，同时定义了四种 IVq-ROFSSs 的参数约简方法，并通过案例验证该方法能够在保持决策对象排序的前提下移除冗余属性。Akram 等(2021)提出了区间值多极模糊软集(IVmFSS)，并定义了三种用于 IVmFSS 的参数约简方法，应用于机场建设最佳选址和最佳旋耕机选择问题。为降低 NPR 过程的计算复杂度，Khan 等(2022)提出了一种基于σ-代数软集合的新的 NPR 算法，并将此方法与现有算法进行了复杂性对比。从试验结果看，该算法大大降低了计算复杂度和工作量。此外，Ma 等(2014)根据不同决策人的要求，提出了四种区间模糊软集合的参数约简的定义和相应的启发式算法，并从发现、应用、结果、精确水平、适用环境和计算复杂性方面对算法进行了比较和总结。Yu(2014)提出一种一般的软决策信息系统，证明每个软信息系统都可以看作[0，1]-valued 信息系统，并给出了软信息系统的约简算法。Ali 等(2019)提出了一种新的基于双极模糊软集的决策方法，研究了这类软集合的四种参数约简方法，并通过实例说明了参数约简算法。Kong 等(2019)在模糊软集合理论中引入了正态参数约简的概念，并给出了其启发式算法。

软集合除了在参数约简上的广泛应用，还用于改善传统数据挖掘的方法，简化计算并获得可靠的结果。Zou 等(2008)运用软集合和模糊软集合分析不完备数据问题，建立了加权平均分方法来获得数据的最终决策值。从分析结果可以看出，与删除方法、数据填充方法相比，该方法可以对不完备数据进行更加合理的分析。最后，给出一个信息系统评价案例证明了该方法的实用性和有效性。Herawan 和 Deris(2011)运用软集合理论提出了关联规则和最大关联规则的方法。该方法首先建立一个软集合，然后运用软集理论定义了关联规则的支持度和置信度，同时对于最大关联规则，定义 M-支持度和 M-置信度。最后，将该方法运用于文本分类的一个标准数据库和吉隆坡空气污染数据库，结果表明该方法比其他同类方法更快地获得正确的关联规则。之后，Feng 等(2016)在他们的研究基础上，为基于软集合的关联规则挖掘提供了更详细的见解。针对基于软集合的最大关联规则挖掘指出了已有定义的不足，并提出了一些改进方法。

Qin 等(2012)提出了一种新的基于软集合的选择属性聚类方法。该文首先定义了一个软集合模型等价类的信息系统，该模型能够很容易地获得粗糙集的近似集。最后，作者运用该模型选择分类数据集的一个聚类属性，并提出一个启发式算法。Mamat 等(2013)基于软集合理论提出了极大化属性相关算法用于解决聚类属性相关问题。经实证研究证明，该算法比三种基于粗糙集的算法需要更少的运算时间，同时该算法在有新的属性增加时，运算时间呈线性增长，所以具有很好的可扩展性。Majumdar 和 Samanta(2013)提出了 Vague 软集合近似的概念，分别根据 Hausdorff 度量和集合理论提出了两种近似度量类型，同时也研究了度量的一些性质。Khan 等(2016)提出了不同于传统概率模型的软集合缺失数据的填充方法。Zhan 等(2017)提出了一种新的软集合模型 z-软模糊粗糙集，把这一理论应用于代数结构，相较以前，仅涉及较少的计算。Arora 和 Garg(2018)在直觉模糊软集合的环境下进行了研究，提出了一些新的平均/几何优先聚集算子，在此基础上，提出了一种研究多准则决策问题的方法。通过一个案例研究，证明了这些算子的有效性。Lanjewar 和 Momin(2022)提出了几种不同的基于软集合的信息系统 NPR 算法，该方法针对实时数据构建了软集合的正常降维算法，可应用于机器学习领域的属性降维。

2. 复杂数据分析

在复杂数据的分析方面，针对不确定数据的预测和决策是软集合应用最广泛的领域。

在 Molodtsovz 于 1999 年正式提出软集合概念后，Maji 等(2002)首先将软集合应用于决策问题中。文中给出了简单软集合决策方法和权重软集合决策方法。在此之后，Roy 和 Maji(2007)又将软集合应用于模糊环境的决策问题中。Kong 等(2009)指出该方法存在错误，运用该方法并不能得到一般性的最优决策，并给出反例予以证明。

Cagman 和 Enginoglu(2010)重新定义了软集合的运算，以使它们具有更好的功能，并定义了软集合的产品和 uni-int 决策函数。通过运用这些新的定义，构建了一个 uni-int 优化选择的决策方法。Feng 等(2012)改进和拓展了 uni-int 决策方法，提出了基于选择值软集合的广义 uni-int 决策方法。首先定义了选择值软集合和 K 满足关系。运用这些新的概念，给出了更深入的 uni-int 决策原则并指出它的局限性，同时分别定义了 uni-intk，uni-intst 和 intm-intn 的决策方法。Han 和 Geng(2013)运用剪枝算法优化了 Feng 等的决策方法。作者首先给出了最优决策集的理论特征，然后运用剪枝算法过滤掉在初始最优决策集中不符合要求的元素。实证结果证明该方法在处理具有大量数据的软集合决策问题时有优势。

Mao 等(2013)基于直觉模糊软集合讨论了多专家群决策。首先给出直觉模糊矩阵的概念及其性质，并利用 Median level 软集合和 P-quantile level 软集合解决基于 IFSM 的决策问题。Zhang 等(2014)研究了基于区间直觉模糊软集合的决策方法。运用 Level 软集合，开发了一种用于决策的区间直觉模糊软集合的可调节方法，进一步定义了权重直觉模糊软集合，他们将其应用于决策中。随后，Peng 和 Garg(2018)构建了基于区间值模糊软集合(IVFSS)的决策方法。与现有方法相比，该方法的显著特点是：(1)它可以获得没有反直觉现象的最优方案；(2)它在区分最佳选择方面具有很大的作用；(3)可以避免参数选择问题。Zhan 等(2017)扩展了软集合、粗糙集和模糊集，构建了新的不确定软集合模型——Z-软粗集模型，该模型保留了经典粗糙集的特征，而且该方法涉及非常少的计算，他们将其应用于决策中，验证其有效性。Liu 等(2018)改进了混合软集合(模糊软集合和粗糙软集合)在不同情况下获得更好决策结果的方法。对于模糊软集合，引入了一种称为

D-score 表的计算工具来改进经典方法的决策过程，并且当属性在决策过程中发生变化时，体现了它的便利性。对于粗糙软集合，提出了新的决策算法以满足不同的决策者要求，这些算法被引入多标准群体决策方法。Garg 和 Arora(2018)提出一种基于相似于理想解的排序偏好技术的非线性规划模型来求解多属性决策问题。Mani 等(2018)在拓扑空间中引入称为区间值中性支持软集合的新类集，并且研究了它的一些基本属性，主要目的是为现实生活中使用区间值中性支持软集合的决策提供最优解。Fatimah 等(2018)引入了 N-软集合的概念作为扩展软集合模型，并且给出了一些相关的代数定义和属性描述。之后引用一些真实的例子来证明 N-软集合是一个有说服力的模型，可用于多种决策问题中的二元和非二元评估，最后还给出了 N-软集合的决策程序。Wang 和 Qin(2019)在加权函数的基础上，引入了加权不完全软集合和加权不完全模糊软集合的概念，给出了一种加权不完全模糊软集合处理决策问题的方法。为扩展 Q-中智软集合处理复杂数据的性能，Abu Qamar 和 Hassan(2019)定义了 Q-中智软集合聚合法则，并基于此构建了决策算法。Tao 等(2020)定义了基本不确定信息软集(BUISS)，并提出了两种基于水平 BUISS 和近似元素聚合的决策算法。最后，对中国的天然气安全评估进行了调查，以说明所开发决策方法的可行性和有效性。Fatimah 和 Alcantud (2021)通过结合多模糊集合理论和 N-软集合，构建了多模糊-N 软集合并将其应用于不确定决策。Lu 等(2021)等构建了广义图像模糊软集合，并对其基本运算进行定义。同时，基于 AND 运算提出了一种新的模糊决策模型，并用算例证明其优越性。Paik 和 Mondal (2021)定义了二型模糊软集合(T2FSS)和加权二型模糊软集合(WT2FSS)，并分别基于 T2FSS 和 WT2FSS 构建了基于群决策问题的目标选择算法。Demirtaş 等(2022)定义了 N 极软集合及性质和相关运算法则，且提出了两种基于 N 极软集合的决策算法。

基于软集合的不确定预测和决策算法也被进一步广泛应用于企业破产预测(Xu 和 Xiao, 2016; Xu 和 Yang, 2019)、图像处理(Biswas 等, 2020; Woźniak 和 Połap, 2020)、供应商选择(Chang; 2019; Dong et al., 2021)、金融(Guan et al., 2019; Zhao et al., 2020)和医疗诊断(Hooda et al., 2018; Zulqarnain et al., 2021)等具体领域。

互联网环境下的数据除了具有高度不确定性外，还呈现出不完备和不一致性。一方面，由于数据采集机构收集数据不规范或覆盖度不足，会产生不完备数据；另一方面，由于收集数据的来源或时间不同，或在存储、调用等过程中出现漏洞，数据会出现不一致性。软集合理论作为一种国际上新型的处理不确定性的参数化数学工具，在不完备和不一致数据分析中具有较大优势。

在不完备数据分析方面，Zou 和 Xiao(2008)通过构造不完备数据下标准软集合的加权平均方法，提出了基于软集合的不完备数据分析方法。Deng 和 Wang(2013)提出了一种对象参数方法来预测不完备模糊软集合中的未知数据，但该方法中参数值和参数距离与对象距离易混淆。为克服这一缺陷，Liu 等(2017)提出了一种新的可调整的对象参数方法。Qin 和 Ma(2018)提出了一种基于区间值模糊软集合的不完备数据分析方法。Xia 等(2021)提出了一种基于软集合理论的决策方法用于解决具有冗余和不完备信息的多准则决策问题，该方法可以直接用于原始冗余和不完整的数据集，而不需要将不完备信息系统转为完备信息系统。最后，将该方法应用于中国重庆的一个区域食品安全评价问题，证明该方法的有效性。

在不一致数据的分析方面，Peng 和 Yang(2015)提出了对偶犹豫模糊软集合的概念，采用隶属度和非隶属度对对象进行描述，能够很好地处理不确定环境下的不一致数据。为扩展对偶犹豫模糊软集合处理不一致数据的能力，Garg 等(2020)提出了一种麦克劳林对称平均数算子，用以聚合对偶犹豫模糊软集合，并据此构建了解决多准则问题的决策方法。为探究两个对偶犹豫模糊软集合之间的关系，Arora 和 Garg(2018)提出了对偶犹豫模糊软集合间的相关系数和加权相关系数，并基于此构建了多准则决策方法，应用于解决程序选择、医疗诊断和模式识别问题。Maji(2013)首次将中智集与软集合理论结合提出了中智软集合，用于处理不精确、不确定和数据不一致的问题。Deli 和 Broumi(2015)重新定义了 Maji 给出的中智软集合的定义和运算，以一种新的方式处理不确定和不一致问题。进一步，Deli(2017)考虑到在没有充分信息判断复杂情况时，通常用近似范围表达，将中智软集合的隶属度、不确定程度和非隶属度的表达由单值扩展为区间值形式，构建了区间值中智软集合。Karaaslan(2017)通过赋予对象对于各参数之间的隶属度、不确定程度和非隶属度概率，定义了概率中智软集合，有效扩展了中智软集合描述不一致数据的能力。Debnath(2021)提出了直觉中智软集合，并介绍了其在博弈论研究中的不一致数据问题。为更准确地描述不确定环境下的不一致数据，Al-Sharqi 等(2022)通过将区间值中智软集合的三个一维的独立函数扩展为二维独立函数，提出了区间值复合中智软集合的概念及一些定理和性质。最后给出了一个解决经济学领域的决策问题的建议方法来证明该方法的有效性。

2.4.3 软集合的定义及基本运算

定义 2-1(Molodtsov，1999)　(F, E) 是论域 U 上的一个软集合，当且仅当 F 是 E 到 U 的所有子集的一个映射。

根据 Molodtsov 的定义，软集合是由参数集及其到论域的幂集上的一个集值映射构成的二元组。因此，软集合可以看作是给定论域的参数化的子集族，或者说论域上由某些参数组织起来的一些子集构成的整体。给定论域 U 上的一个软集合 $\delta=(F, A)$，任取参数 $\varepsilon \in A$，近似函数相应的集值 $F(\varepsilon) \subseteq U$ 可解释为软集合 δ 中所有的 ε- 近似元子集，称为 ε- 近似集，也称 $(\varepsilon, F(\varepsilon))$ 为软集 δ 中的一个 ε- 近似。

定义 2-2(Zadeh，1965)　设 U 是论域，称映射 μ：$U \to [0, 1]$ 为 U 上的模糊集合，并称 μ 为隶属度函数。

给定论域 U 上的模糊集合 μ 和 $x \in U$，隶属度函数的函数值 $\mu(x)$ 称为元素 x 对于模糊集合的隶属度，它表示 x 隶属于 μ 的程度。由于模糊集合基于程度化的思想，隶属度可以在区间 $[0, 1]$ 上连续取值，不同于经典集合那样具有分明的边界，只描述元素在多大程度上属于给定的模糊集合。

模糊集合与软集合都是处理不确定数据的重要工具，但是二者的思路不同。模糊集合理论是基于程度化的思想，而软集合理论是基于参数化的思想来解决不确定性问题。Molodtsov 通过研究二者在定义上的区别和联系，指出模糊集合是软集合的特例，并给出了证明。他认为模糊集合就是参数在单位区间上取值的软集合，任意给定论域 U 上的模糊集合，基于模糊集合的截集，总能够从模糊集合定义出同一个论域 U 上的一个软集合。

定义 2-3(Zadeh，1965)　模糊集合可视为软集合的特殊形式。假定 A 为模糊集合，μ_A 是模糊集合 A 的隶属度函数，即 μ_A 是论域 U 在 $[0,1]$ 上的映射。考虑隶属度函数 μ_A 的 α 水平截集如下：

$$F(\alpha)=\{x\in U\mid \mu_A(x)\geqslant\alpha\},\ \alpha\in[0,1] \tag{2-1}$$

如果已知 F 的参数化族，则隶属度函数 $\mu_A(x)$ 可以用如下的公式代替：

$$\mu_A(x)=\sup_{\substack{\alpha\in[0,1]\\ x\in F(\alpha)}}\alpha \tag{2-2}$$

因此，模糊集合 A 可以定义为软集合 $(F,[0,1])$。

由此可见，在处理不确定性问题时，模糊集合侧重于程度化思想而软集合则强调参数化方法。

定义 2-4(Molodtsov，1999)　软集合(F,A)的补集可以表示为：$(F,A)^c=(F^c,\neg A)$，这里 $F^c:\neg A\rightarrow P(U)$ 是由 $F^c(\alpha)=U-F(\neg\alpha)(\forall\alpha\in\neg A)$ 函数表示。

定义 2-5(Molodtsov，1999)　论域 U 上的软集合 (F,A)，如果 $\forall\varepsilon\in A$，$F(\varepsilon)=\varnothing$，则称为空糊模软集合。

定义 2-6(Molodtsov，1999)　设 (F,A) 和 (G,B) 为定义在论域 U 上的软集合。“$(F,A)\mathrm{AND}(G,B)$”表示为 $(F,A)\wedge(G,B)$，定义为 $(F,A)\wedge(G,B)=(H,A\times B)$，其中 $H(\alpha,\beta)=F(\alpha)\cap G(\beta)$，$\forall(\alpha,\beta)\in A\times B$。

定义 2-7(Molodtsov，1999)　设 (F,A) 和 (G,B) 为定义在论域 U 上的软集合。“$(F,A)\mathrm{OR}(G,B)$”表示为 $(F,A)\vee(G,B)$，定义为 $(F,A)\vee(G,B)=(O,A\times B)$，其中 $H(\alpha,\beta)=F(\alpha)\cup G(\beta)$，$\forall(\alpha,\beta)\in A\times B$。

定义 2-8(Molodtsov，1999)　假设 (F,A)，(G,B) 和 (H,C) 是定义在论域 U 上的软集合，则有：

① $(F,A)\vee((G,B)\vee(H,C))=((F,A)\vee(G,B))\vee(H,C)$，

② $(F,A)\wedge((G,B)\wedge(H,C))=((F,A)\wedge(G,B))\wedge(H,C)$。

定义 2-9(Maji，2001)　令 $P(U)$ 代表定义在 U 上的模糊集合，令 $A_i\subset E$。二元组 (F_i,A_i) 称为定义在 U 上的模糊软集合，这里 F_i 是一个映射：

$$F_i: A_i\rightarrow P(U)$$

根据上述定义，我们可以将模糊软集合视为一个给定论域上的参数化模糊集族。

定义 2-10(Maji，2001)　假设 $(\tilde{F},A)$ 和 $(\tilde{G},B)$ 是定义在论域 U 上的模糊软集合，称 $(\tilde{F},A)$ 是模糊软集合 $(\tilde{G},B)$ 的模糊软子集，满足如下条件：

① $A\subset B$；

② $\forall\varepsilon\in A$，$F(\varepsilon)$ 是 $G(\varepsilon)$ 的模糊子集。

定义 2-11(Maji，2001)　模糊软集合 $(\tilde{F},A)$ 的补集表示为 $(\tilde{F},A)^c$，定义为

$(\tilde{F}^c, \neg A)$，其中映射 $\tilde{F}^c: \neg A \to I^U$ 由 $\tilde{F}(\neg\alpha)$ 的补集 $(\forall\alpha \in \neg A)\ \tilde{F}^c(\alpha)$ 给出。

定义 2-12(Maji，2001)　设定义在论域 U 上的模糊软集合 $(\tilde{F}, A)$ 为空模糊软集合且表示为 $\varnothing$。如果 $\forall\varepsilon \in A$，$F(\varepsilon)$ 是 U 上的空模糊集 $\bar{0}$，其中 $\forall x \in U$，$\bar{0}(x) = 0$。

定义 2-13(Maji，2001)　设定义在论域 U 上的两个模糊软集合 $(\tilde{F}, A)$ 和 $(\tilde{G}, B)$ 的并集为 $(\tilde{H}, C)$，其中 $C = A \cup B$ 且定义为：

$$\tilde{H}(\varepsilon) = \begin{cases} \tilde{F}(\varepsilon), & \varepsilon \in A - B \\ \tilde{G}(\varepsilon), & \varepsilon \in B - A \\ \tilde{F}(\varepsilon) \cup \tilde{G}(\varepsilon), & \varepsilon \in A \cap B \end{cases}$$

记为 $(\tilde{H}, C) = (\tilde{F}, A)\ \tilde{\cup}\ (\tilde{G}, B)$。

定义 2-14(Maji，2001a)　设定义在论域 U 上的两个模糊软集合 $(\tilde{F}, A)$ 和 $(\tilde{G}, B)$ 的交集为 $(\tilde{H}, C)$，其中 $C = A \cap B$ 且定义为：

$$\tilde{H}(\varepsilon) = \tilde{F}(\varepsilon) \cap \tilde{G}(\varepsilon),\ \forall\varepsilon \in C$$

记为：$(\tilde{H}, C) = (\tilde{F}, A)\ \tilde{\cap}\ (\tilde{G}, B)$

2.4.4　软集合与部分数据分析方法对比

软集合理论是在总结了处理不确定信息的传统方法(如概率论、区间数、模糊集合、粗糙集)参数化工具不足的缺点上提出的。运用软集合理论描述或设置对象的方式与传统的数学方法有着很大的不同。传统的方法是建立一个问题的数学模型来求其精确解，但是由于模型过于复杂或者实际数据限制而找不到精确解时，只能通过求解近似解来解决问题。软集合则是相反的思路，开始时就对对象进行近似描述，进而建立近似模型，不需要引入精确解。而且软集合对论域中的对象类型没有限制，也就是说基于软集合的数据分析方法对于分析对象没有限制，同时对于对象进行近似描述时也没有任何限制性条件，人们可以依据自己需要的形式任意定义参数形式。因此，该理论在实践中应用非常方便，兼容多种数据类型，并对数据质量要求较低。软集合这种通过近似描述对象，建立近似模型，进行近似求解，直接得到近似解的特征，使其具有更好的鲁棒性、兼容性、适应性的优点。

大数据环境下，数据呈现规模性(Volume)、多样性(Variety)、高速性(Velocity)和低价值(Value)的 4V 特点，因此要求数据分析方法对数据类型兼容性高，可以处理不同类型的数据；可以快速实时地处理和分析数据；并且可以对大量不相关的低价值数据进行分析。基于上述优点和要求，软集合可以更加迅速和简便地对大数据进行分析。

软集合与已有的一些数据分析方法的具体比较如表 2-5 所示。

表 2-5　　软集合与部分数据方法的对比结果表

数据分析方法	映射表达式	适合处理的数据类型	特　征
软集合	F：$E \to P(U)$，E 为参数集；U 为论域	多种类型数据	不需要建立关于对象的数学模型，定义模型精确解的概念，它对对象的最初描述使用近似特征，可根据自己的喜好使用任意的参数形式
模糊集	F：$[0, 1] \to P(U)$ U 为论域	模糊数据	由于边界的不确定，通过建立隶属函数使得模糊目标转化为“明晰”的目标，但隶属函数的确定需依据决策者的知识和经验，并直接影响决策结果
粗糙集	F：$P \to P(U)$，P 为等价关系或相似关系，U 为论域	粗糙数据	要求大样本和具有较强的统计规律，计算量大，在处理多因素多目标的大样本问题时易出现 NP 问题和提取决策规则失败的问题
支持向量机	F：$T \to P(U)$，T 为特征值，U 为论域	同类型数据	传统支持向量机存在扩维、确定核函数的困难，它适用于两分类问题，对于多分类问题需要转化为两分类问题

2.5　概率语言术语集

在实际决策问题中，决策者可能更偏向于使用如“好”“一般”等语言术语来对评价信息进行描述。为此，Zadeh(1975)最先提出了语言变量的概念来描述语言评价信息。但是由于其无法适用于决策者在几个语言术语之间犹豫的情形，Rodriguez 等(2011)提出了犹豫模糊语言术语集。但在实际决策过程中，让所有的语言学术语具有同等的重要程度或权重也并不合适。因而，Pang 等(2016)定义了概率语言术语集，允许决策者在不同等级的语言术语间犹豫，还允许不同语言术语具备不同的重要程度或权重。基于此优势，概率语言术语集被广泛应用于不确定环境下的各类决策问题中。

2.5.1　概率语言术语集理论研究现状

通过对文献的归纳梳理，现有关于概率语言术语集的理论研究主要集中于比较方法和运算法则、测度方法和概率语言偏好关系研究方面。

1. 比较方法和运算法则研究

Pang 等(2016)提出了一系列运算法则和聚合算子，并构造了得分函数和偏差度对不同概率语言术语集进行比较；Gou 和 Xu(2016)认为 Pang 等(2016)提出的运算法则不仅使得运算值超过了语言术语集的边界，而且运算后的概率信息并不完整，因此，他们定义了新的运算法则，使结果保留了比较完整的概率信息；Bai 等(2017)认为基于得分函数和偏差度的比较方法得到的是一种绝对优先关系，计算复杂度较高且不能充分反映概率语言术语集的犹豫模糊性。因此，他们构造了用于反映相邻次序之间的相对优势程度的可能度公式；针对现有运算法则中将语言术语与对应概率信息直接相乘的合理性问题，Wu 等(2018)提出了期望函数的概念，将概率语言术语集转化为区间 [0, 1] 内的一组值；随后，Wu 和 Liao(2019)基于概率语言术语集的调整规则和语言术语集的语义标度函数，提出了新的运算法则和测度方法；Feng 等(2020)发现利用 Bai 等(2017)的可能度方法得到的结果在某些情况下与直观结果不一致；Lin 等(2020)认为现有的比较方法无法对某些特殊的概率语言术语集进行比较，提出了一种基于集中程度的分数函数方法。

2. 测度方法研究

首先，Pang 等(2016)基于两个标准化概率语言术语集间的偏差程度，给出了距离测度方法。为避免语言术语与概率信息之间的直接运算，针对等价调整后的标准化概率语言术语集，Zhang(2018)提出了一种新的距离测度方法，进而计算群决策中各决策组对备选方案评估的一致性及组间的共识度；接着，Lin 和 Xu(2018)构建了基于概率语言术语集的 Euclidean 距离、Hamming 距离、Hausdorff 距离及混合距离，且进一步研究了连续和离散情况下加权距离测度方法；Wang 等(2018)基于任一概率语言术语集与最优概率语言术语集之间的比较，定义了扩展 Hausdorff 距离和相对距离；此外，周营超和魏翠萍(2020)提出了新的模糊熵、犹豫熵和综合熵度量方法，以分别测量概率语言术语集的模糊性、犹豫性和整体不确定性；为了有效测量不同概率语言术语元之间的相似程度，朱峰等(2021)提出了一种考虑数据形状和位置的概率语言术语相似度方法；王志平等(2021)利用转换函数重新定义了距离测度，并提出了一种改进概率语言可能度的计算方法。

3. 概率语言偏好关系研究

为构建概率语言偏好关系的一致性优化方法，Zhang 等(2016)首先定义了概率语言偏好关系，并偏好关系有向图进一步探究概率语言偏好关系的加性一致性；另外，Zhang 等(2017)研究群决策中概率语言偏好关系的共识达成过程，构建了一种基于共识标准与一致性的共识提升方法，但该方法未对概率语言偏好关系进行标准化处理，所以可能会造成决策偏差；基于共识测度，Wu 和 Liao(2019)提出了一种概率语言信息下的多准则群决策方法，并构建了一种新的排序方法。已有加性一致性运算结果可能会超出语言术语集的界限，因此，需进行信息转换处理，而这很大程度上会造成决策者偏好信息的损失或扭曲。为弥补此缺陷，Gao 等(2018)首先定义了概率语言偏好关系的积性一致性，并基于此构建了概率语言偏好关系可接受积性一致性达成的决策算法；Nie 和 Wang(2020)定义了积性概率语言偏好关系及其归一化形式，构建了群决策支持模型，并结合一致性恢复策略设计了纳入决策者的不同风险态度的群决策算法。

2.5.2　概率语言数据集决策应用研究现状

近年来，学者们将概率语言术语集广泛应用于解决不确定决策问题。关于概率语言术语集不确定环境下的多准则群决策研究目前主要集中于拓展传统多准则群决策模型、确定准则权重、转化为其他模糊形式进行决策等方面。

在拓展传统多准则群决策模型的研究中，针对指标权重完全未知或部分未知的情况，Pang 等(2016)首先基于离差最大化法计算指标权重，其次基于扩展的 TOPSIS 法和聚合算子对对象进行优先度排序；Bai 等(2017)则依据各对象的相对优势度来进行有限度排序；Liang 等(2018)首次将灰色关联分析应用于概率语言术语环境中，进而提出了基于 WPLGBM 算子的 MCGDM 方法；Wu 和 Liao(2018)基于扩展 ORESTE 法及质量机能配置，计算不同对象的概率语言整体偏好得分及三种不同类型的偏好度，进而构建了基于 PL-ORESTE 法的 MCGDM 方法，并将其应用于创新产品的优化设计选择；为克服不确定环境下决策者的非理性因素，Gu 等(2020)将前景理论引入概率语言术语集决策情景中，基于正理想解、负理想解及相应运算法则来求得损益值，最后依据价值函数及概率权重函数确定各对象的加权前景值，并基于此进行优先度排序。

在确定准则权重的研究中，针对决策环境中准则权重未知的情况，Zhang(2018)基于各组对所有方案评估的共识程度和整体一致性程度构造出均衡优化模型，进而计算各组权重。之后，分析两两对象间的整体优势度和相对优势度，从而得出对象的优先度排序；赵萌等(2018)基于概率语言的熵值及交叉熵求得准则权重；Liao 等(2017)首先依次计算各对象的概率语言术语集评价信息与正理想解的一致性及不一致性系数，进而构建线性规划模型求得准则权重，最后提出了基于多维偏好分析模型的 MCGDM 方法；为规避风险投资者交互作用下的评价信息表达的不确定因素，Cheng 等(2018)构建了一种新的群体决策下的基于概率语言术语集的风险投资项目评估方法；Krishankumar 等(2019)将统计方差法应用于概率语言术语环境中计算准则权重，进而基于扩展的加权算术平均法确定对象的优先度；Li 和 Wei(2019)定义了基于证据理论的概率语言术语集的概念、运算法则及相关性质，并参照证据理论下的概率语言加权平均算子，构建了计算准则权重的证据偏差最大化法。

在转化为其他模糊形式进行决策的研究中，Peng 等(2018)依据云模型的云滴生成算法，将概率语言术语集转化为概率语言综合云，进而提出基于旅游者在线评论的酒店选择决策支持模型；Ma 等(2018)从可靠性视角出发，基于语言粒度优化和证据理论探究建立概率语言术语集的 MCGDM 方法，并构建了最大化群体相似度的多目标优化模型；为实现不确定环境下的信息融合，Mo(2020)采用概率语言术语集描述专家评估信息，进一步将概率语言术语集转化为 D 数形式，从而采用 D 数理论的积分性质实现信息融合，最后提出一种基于 D 数和概率语言术语集的解决应急决策问题的 D-概率语言术语集的决策方法；为解决短文本情感分析问题，Song 等(2020)首先采用概率语言术语集表示不同词组，覆盖其词组的多种词意，以便灵活表达情感极性，进而利用支持向量机得到一种新的情感极性分类框架。Dong 等(2021)结合证据理论置信区间的概念，提出概率语言术语集的置信区间解释和测度方法，使得原本在概率语言术语集上的运算转化为置信区间的运算，并且据此构建了一种可视化决策算法。

2.5.3 概率语言数据集的定义及基本运算

为帮助理解基于概率语言术语集的信用评价方法，本节首先对概率语言术语集的基本定义和运算法则进行介绍。

定义 2-15(Pang 等，2016) 一个概率语言术语集在与其对应的语言术语集 $S=\{s_\alpha \mid \alpha=-\tau, \cdots, -1, 0, 1, \cdots, \tau\}$ 上的定义为：

$$L(p)=\{L^{(k)}(p^{(k)}) \mid L^{(k)} \in S, p^{(k)} \geqslant 0, k=1, 2, \cdots, \#L(p), \sum_{k=1}^{\#L(p)} p^{(k)} \leqslant 1\} \tag{2-3}$$

其中，$L(p)$ 中语言术语 $L^{(k)}$ 的概率为 $p^{(k)}$，且其中共有 $\#L(p)$ 个语言术语。

定义 2-16(Pang 等，2016) 若概率语言术语集 $L(p)$ 满足 $\sum_{k=1}^{\#L(p)} p^{(k)}<1$，那么，$\dot{L}(p)=\{\dot{L}^{(k)}(\dot{p}^{(k)}) \mid k=1, 2, \cdots, \#L(p)\}$ 被称为标准化的概率语言术语集，且对于所有的 $k=1, 2, \cdots, \#L(p)$，都满足 $\dot{p}^{(k)}=p^{(k)} / \sum_{k=1}^{\#L(p)} p^{(k)}$。

定义 2-17(Pang 等，2016) 假设 $L_1(p)$ 和 $L_2(p)$ 为两个概率语言术语集，分别表示为 $L_1(p)=\{L_1^{(k)}(p_1^{(k)}) \mid k=1, 2, \cdots, \#L_1(p)\}$，$L_2(p)=\{L_2^{(k)}(p_2^{(k)}) \mid k=1, 2, \cdots, \#L_2(p)\}$。若 $\#L_1(p)>\#L_2(p)$，那么将 $\#L_1(p)-\#L_2(p)$ 个语言术语增加到 $L_2(p)$ 中，使得 $L_1(p)$ 和 $L_2(p)$ 中语言术语的个数相同。新增的语言术语为 $L_2(p)$ 中的最小语言术语，且其概率为 0。

利用以上定义，我们可以得到标准化的概率语言术语集。

例 2-1 假设两个概率语言术语集分别为 $L_1(p)=\{s_1(0.3), s_2(0.2), s_3(0.3)\}$ 和 $L_2(p)=\{s_1(0.3), s_2(0.6)\}$。可以发现 $\#L_1(p)=3$，$\#L_2(p)=2$，因此，我们应在 $L_2(p)$ 中增加一个概率为 0 的语言术语 s_1。之后根据以上定义进行计算可得，两个标准化的概率语言术语集分别为：

$$\dot{L}_1(p)=\{s_1(0.375), s_2(0.25), s_3(0.375)\}$$

$$\dot{L}_2(p)=\{s_1(0.333), s_2(0.667), s_1(0)\}$$

定义 2-18(Pang 等，2016) 假设 $L(p)=\{L^{(k)}(p^{(k)}) \mid k=1, 2, \cdots, \#L(p)\}$ 为一个概率语言术语集，其中，$r^{(k)}$ 是语言术语 $L^{(k)}$ 的下标，那么概率语言术语集 $L(p)$ 的分值函数为：

$$E(L(p))=s_{\bar{\alpha}} \tag{2-4}$$

其中，$\bar{\alpha}=\sum_{k=1}^{\#L(p)} r^{(k)} p^{(k)} \Big/ \sum_{k=1}^{\#L(p)} p^{(k)}$。

概率语言术语集 $L(p)$ 的偏离度被定义为：

$$\sigma(L(p))=\frac{\left(\sum_{k=1}^{\#L(p)}(p^{(k)}(r^{(k)}-\bar{\alpha}))^2\right)^{\frac{1}{2}}}{\sum_{k=1}^{\#L(p)} p^{(k)}} \tag{2-5}$$

定义 2-19（Pang 等，2016）　根据以下规则对两个概率语言术语集 $L_1(p)$ 和 $L_2(p)$ 进行比较：

（1）若 $E(\tilde{L}_1(p)) > E(\tilde{L}_2(p))$，则 $L_1(p)$ 优于 $L_2(p)$，表示为 $L_1(p) \succ L_2(p)$；

（2）若 $E(\tilde{L}_1(p)) < E(\tilde{L}_2(p))$，则 $L_1(p)$ 劣于 $L_2(p)$，表示为 $L_1(p) \prec L_2(p)$；

（3）若 $E(\tilde{L}_1(p)) = E(\tilde{L}_2(p))$，有以下三种情形：

a. 若 $\sigma(\tilde{L}_1(p)) < \sigma(\tilde{L}_2(p))$，则 $L_1(p)$ 优于 $L_2(p)$，表示为 $L_1(p) \succ L_2(p)$；

b. 若 $\sigma(\tilde{L}_1(p)) > \sigma(\tilde{L}_2(p))$，则 $L_1(p)$ 劣于 $L_2(p)$，表示为 $L_1(p) \prec L_2(p)$；

c. 若 $\sigma(\tilde{L}_1(p)) = \sigma(\tilde{L}_2(p))$，则 $L_1(p)$ 等同于 $L_2(p)$，表示为 $L_1(p) \sim L_2(p)$。

例 2-2　假设两个概率语言术语集分别为 $L_1(p) = \{s_1(0.4), s_2(0.2), s_3(0.2)\}$ 和 $L_2(p) = \{s_1(0.5), s_3(0.3)\}$，那么根据上述定义计算可得：

$$\bar{\alpha}_1 = 1 \times 0.4 + 2 \times 0.2 + 3 \times 0.2 = 1.4,\quad E(L_1(p)) = s_{1.4}$$

$$\bar{\alpha}_2 = 1 \times 0.5 + 3 \times 0.3 = 1.4,\quad E(L_2(p)) = s_{1.4}$$

由于 $E(L_1(p)) = E(L_2(p))$，因此，需进一步计算偏离度，计算结果为：

$$\sigma(L_1(p)) = \frac{\sqrt{(0.4 \times (1 - 1.4))^2 + (0.2 \times (2 - 1.4))^2 + (0.2 \times (3 - 1.4))^2}}{0.4 + 0.2 + 0.2} = 0.178$$

$$\sigma(L_2(p)) = \frac{\sqrt{(0.5 \times (1 - 1.4))^2 + (0.3 \times (3 - 1.4))^2}}{0.5 + 0.3} = 0.338$$

由此可知 $\sigma(L_1(p)) < \sigma(L_2(p))$，即 $L_1(p) \succ L_2(p)$。

2.6　社会网络背景下大规模群体决策研究

群体决策是多人多主体参与的对一个不确定决策问题的偏好形成一致后对备选方案做出的选择。然而，由于社交媒体和电子营销技术（Quesada et al.，2015）的发展，来自各行各业的专家甚至普通民众均可以参与决策，这就导致传统的 GDM 难以应对，由此延伸出大规模群体决策问题。LSGDM 作为 GDM 的扩展，通常由 20 个或更多的决策者组成。决策者构成复杂，既包括利益相关者，又包括领域内的专家。由于 LSGDM 能够有效处理大规模决策者带来的不确定决策信息及决策行为，因此，被广泛应用在多个领域，应急决策（Xu et al.，2015；徐选华和余艳粉，2021）、西藏阿里地区微电网的规划决策（Ren et al.，2019）、供应链管理（Wen and Liao，2020；Gou and Xu，2021）、选址问题（Wu et al.，2020；He et al.，2021）。

LSGDM 通常有三个必要的组成部分：子组划分过程、共识达成过程（Consensus reaching process，CRP）和选择过程（Du et al.，2020）。

2.6.1 LSGDM 中的子组划分过程

子组划分是将大量决策者根据数值距离划分为具有相似特征的子群体的过程。当有大量决策者参与时，通常很难在有限的时间内达成一致协议，因此，采用适当的子组划分方法可以有效降低决策的复杂性。子组有时也被称为子网络(Wang and Liang, 2020)，通常可以通过模糊聚类(Palomares et al., 2014)、基于向量的聚类(Xu et al., 2019)、k-means 聚类(Du et al., 2021; Liu et al., 2021)、灰色聚类(Mandal et al., 2021)等聚类方法来实现。科学技术的进步使人们更容易分享信息和经验，学者们开始研究在社交网络的背景下划分子组的方法。社区检测(community detection)是现代网络科学研究中的热点问题，网络社区的识别可以看作将一组节点聚类，其中一个节点可以同时属于多个社区。在非重叠社区检测的特殊情况下，网络被划分为内部连接密集、组间连接稀疏的节点组(Chu et al., 2020)，这符合 LSGDM 中划分大量决策者的目的，因此，许多学者运用社区检测方法进行子组划分(Wu et al., 2017; Tian et al., 2019; Chu et al., 2020; 徐选华和刘尚龙, 2021; 赵萌等, 2021)。此外，一些研究仅考虑节点之间的外部社会网络结构(Li and Wei, 2019; Lu et al., 2021)，一些研究仅考虑节点之间的内部偏好信息(Xu et al., 2018; Zhang et al., 2018; Xu et al., 2020)。为了克服它们的局限性，Wu 等(2018)引入了区间二型模糊 k-means 算法，该算法将节点关系强度表示的外部社会网络结构与构建偏好相似度矩阵表示的内部偏好信息相结合。信任关系是社会网络关系的另一方面，代表了决策者的可信赖性(Du et al., 2020)。Du 等(2020)及徐选华和黄丽(2021)均将意见信息和信任关系进行融合构建算法，保证这两种属性同时体现在子组划分的过程中。Chao 等(2021)构建了一个两层网络拓扑结构，内层由偏好相似度和信任关系已知的参与者组成，外层包括无法确定信任关系的参与者。

2.6.2 共识达成过程

大规模决策者之间的高度共识有助于得到正确且适当的结果，否则可能导致决策的失败。作为 LSGDM 的重要组成部分，许多学者对 CRP 模型的构建进行了研究。CRP 是一个迭代的动态过程(Xu et al., 2019; Chao et al., 2021)，通常包含偏好聚合、共识测度、共识控制和反馈调节四个部分(Palomares et al., 2014)。在基于社会网络的子组划分的基础上，学者们进一步提出了相应的 CRP 模型。基于社会网络分析，决策者之间的信任关系可以进行传播，Wu 等(2017)提出通过可信第三方(TTP)进行信任传播，可以获得对专家的推荐建议，帮助专家之间达成共识。Liu 等(2018)利用基于关系强度的信任传播算子得到完整的社会关系网络，从而建立冲突检测和消除的决策模型。进一步，可以利用信任传播将不完备信息决策矩阵转化成完备决策矩阵(徐选华等, 2015; Tian et al., 2019)。Xu 等(2019)和 Zhang 等(2021)创建 CRP 模型用来分析考虑信任关系影响的社会网络中的非合作行为。Li 和 Liao(2021)的研究中将专家分为内部专家和外部专家，由于信任关系的影响内部专家之间并不独立，因此，提出了基于信任的适应性共识达成机制来管理内部专家的非合作行为。另外，Tan 等(2021)探索了信任关系的动态性，并提出循环动态信任机制处理 LSGDM 中的 CRP。徐选华和余紫昕(2022)利用决策者信任关系计算主观和客观信任度，再根据信任度修正偏好进而获得最终的群体决策矩阵和方案排序。除信任关系外，考虑到决策者在社交网络中的不同作用，研究者将决策者分为领导者(或称为意见领袖)和跟随者，随后提出相应的 CRP 模型来管理决策者行为(Wu et al.，2018；Li and Wei，2019；Gao et al.，2020；Zhang et al.，2021)。Liao 等(2020)在划分单角色决策者和多角色决策者的基础上提出一个基于代理的两阶段共识模型，用来减少不同角色决策者之间的差异。

2.6.3 选择过程

选择过程是 LSGDM 的最后一个过程。目前的研究中使用了许多方法来确定替代方案的最终排序。TOPSIS(technique for order preference by similarity to an ideal solution)法通过计算每个备选方案与正负理想解的距离得到方案排序，在 LSGDM 中被多次使用(Wu et al.，2017；Song and Li，2018；Li and Wei，2020；Xiao et al.，2020)。分析决策群体的综合集体偏好信息也是得到备选排序的重要方法(Cai et al.，2016；Xu et al.，2016；Gou and Xu，2021)。此外，也有学者提出了自己的备选方案创新方法。如 Liu 等(2018)提出了一种考虑集体评价和公平性的方案排序方法。Liu 等(2016)通过计算方案的优势度来确定排序，优势度是由备选方案的百分比分布和决策权重来计算的。

2.7 本章小结

为更系统地研究信用模式、信用评价理论与方法，本章对现有研究进行了梳理。第一，对国内外的征信模式进行了综述，国外以私营征信模式和公共征信模式为代表，国内大多以互联网为背景开展研究，但现有研究均通过定性分析提出框架性模式设计，系统深入的研究不足。本章探究了互联网环境下信用指标选择及筛选方法，现有的指标筛选方法主要包括基于机器学习、基于粗糙集约简和基于统计学的方法。其中基于机器学习和粗糙集约简的方法可以扩展到大数据领域，但存在较高的时间和空间复杂度。基于统计学的方法需要数据集满足严格的统计假设，对数据集的要求很高，具有 4V 特征的互联网环境下的数据集很难满足要求，故需要选择新的指标筛选方法应用于互联网环境下信用评价指标体系构建。第二，对现有的信用评价方法进行归纳。第三，梳理了多源不完备和不一致数据分析方法，分析方法主要是基于预处理删除或者修复劣质数据然后再利用传统数据分析方法进行分析，或者运用粗糙集理论直接对原始数据进行分析。然而当数据量巨大，基于预处理的数据分析方法会产生巨大的人力和时间成本。此外，大数据环境下，要求数据分析方法具有可以快速处理大量数据的能力，由于基于粗糙集理论的分析方法计算效率较低，限制了其在大数据环境下的使用。第四，对本书采用的数据分析方法——软集合理论及概率语言术语集进行了综述。其中，介绍了软集合的理论与应用研究现状，同时简要回顾了软集合的基本定义和运算法则，随后把软集合与其他不确定数据分析方法进行了对比，突出了软集合在分析不确定数据上的优势。此外，对概率语言术语集的运算法则、决策方法等研究现状进行了综述，并简要介绍了相关概念。第五，系统阐述现有的信用修复相关研究，为构建互联网环境下的信用修复模式及方法提供指导。

第 3 章　互联网环境下征信模式和指标体系研究

征信是建立社会信用体系的基础和重要环节，有助于防范金融风险，改善金融市场运行效率(李稻葵，2016)。随着互联网和大数据技术的发展，随之产生的互联网征信可以降低信息采集和传递成本，其应用领域也已经超出了传统金融的征信范畴，比如可以将消费者行为、社交关系、支付习惯等在线数据纳入征信，使建立覆盖每个社会主体的征信体系成为可能。互联网环境给传统征信模式带来了挑战也带来了机遇。探究互联网对于现有征信系统的影响，以及在互联网环境下采取何种征信模式可以提高整个系统的运行效率，成为我国信用体系建设中亟待解决的问题。

学者们对于互联网背景下的征信体系研究，大多集中于征信模式选择和征信体系建设路径两个方面。李真(2015)就互联网金融征信模式进行研究，提出大数据征信模式、商业征信机构模式、自征信模式和对接央行征信系统模式，并对这四种模式进行研究和判断。王兆瑞(2016)分析了互联网时代征信体系的重要作用，并提出了征信体系建设路径的建议。王斯坦和王屹(2016)分析了互联网征信的意义，并基于我国互联网征信的发展现状提出了构建互联网征信体系的建议。孙建国和高岩(2017)针对国内外互联网征信数据的采集、加工分析、产品和服务三个关键环节的相关要素进行分析，研究得出互联网征信与大数据征信并不等同，其主要表现在于三个核心要素的创新和发展，是依托于大数据技术进行征信业务的拓展和创新。由上述可以看出，已有研究肯定了互联网征信对于征信体系的作用，但大多是理论分析，并未借助系统分析工具和通过模拟仿真进行验证。

另外，征信以信用数据为基础，信用评价指标体系直接影响着数据的选择。值得注意的是，互联网环境下的数据具有的 4V 特征，给传统信用评价体系带来了挑战。首先，信用评价指标不只是传统身份特征和财务指标，也包括互联网金融账户、公开社交、在线行为等线上指标；其次，由于指标的多样性，信用评价方法不能仅适用于结构化数据，也要能处理诸如社交信息和行为数据的半结构化和非结构化数据，同时还要有能力处理由于多源和快速变化导致的信息不一致、历史数据少等现实问题。新的时代背景给信用体系建设提出了新的要求，需要信用信息可以跨行业跨平台流动，打破信息孤岛；建立每个信用主体的信用记录、违约记录，同时可以进行信用风险预测；大力推进全社会的守信激励和失信惩戒制度。

为弥补现有研究的不足，本章首先分析征信系统中不同主体之间的交互反馈关系，运用系统动力学方法构建了征信系统的系统动力学模型。其次，利用 Venism 软件进行模拟，构建互联网环境下新型征信系统的结构模型，探究互联网对于征信系统的有效性。最后，基于互联网环境下信用评价特征，从指标体系建设和信用评价方法构建两方面进行研究，为完善信用体系的顶层设计提供有力支撑。

3.1 互联网环境下征信系统的演进动力分析

为构建适应我国国情的征信模式和信用评价指标体系，本节首先借助系统动力学相关理论，分析征信系统中不同主体的互动反馈关系，构建征信系统的系统动力学模型，运用 Vensim 软件模拟仿真，验证互联网对于征信系统的有效性，并研究目前被广泛采用的两种征信模式——以美国为代表的市场主导的征信模式和以欧洲为代表的政府主导的征信模式(谢仲庆和刘晓芬，2014)的选择问题，进而提出相关政策建议。

3.1.1 模型指标分析

本节先对征信系统的系统动力学模型相关指标进行介绍，具体包括互联网征信、基础征信、社会征信、社会信用系统和征信产品五个指标。

1. 互联网征信

互联网征信是指依托互联网平台进行的征信，如阿里巴巴公司旗下的蚂蚁金服、腾讯公司旗下的腾讯征信等。互联网征信受到了互联网金融发展水平的影响，互联网金融发展水平越高，互联网征信能力越强。

2. 基础征信

基础征信是由人民银行进行的基本征信，提供基础征信产品。基础征信主要受到政府主导能力和互联网征信两方面的影响。一方面，当政府主导能力越强时，基础征信数据库就越完善；另一方面，互联网征信可以扩展基础征信的数据来源和覆盖范围，对其起到了促进作用。

3. 社会征信

社会征信是由社会机构进行的征信，提供个性化征信产品。社会征信受到市场主导能力和互联网征信的双重影响。一方面，当市场主导能力越强时，越能激发社会机构的主动性，它们会生产更多的征信产品；另一方面，互联网征信可以扩展社会征信的数据来源和覆盖范围，对其起到了促进作用。此外，市场的主导能力受到了政府主导能力的影响，此消彼长。

4. 社会信用系统

社会信用系统主要是由基础征信和社会征信组成，同时受到基础信用信息共享能力和社会信用信息共享能力的影响。基础征信和社会征信与社会信用系统之间存在正向因果关系，且信用信息共享能力越强，社会信用体系越完善。

5. 征信产品

征信产品是在征信系统的运作下，征信机构通过分析征信数据所形成的产品，该产品可以被金融机构采用，并成为决策依据。征信产品的质量和种类决定了金融风险防范的能力，也决定了整个信用体系的建设水平。本书以征信产品的数量作为衡量征信系统运行效率的指标，并依此判断互联网以及政府主导和市场主导两种征信模式对征信系统的影响。征信产品由征信数据转化而来，因此，征信数据对征信产品有正向影响，并且征信数据受到社会信用系统及经济环境的影响。

3.1.2　模型建立

通过对主要指标的分析，找出各指标之间的因果关系，进而构建传统征信模式和互联网环境下的征信模式流图，如图 3-1 和图 3-2 所示。在资料收集和数据分析的基础上，可以建立各变量之间的结构方程式：

(1)社会信用系统=基础征信×(1+基础信用信息共享能力)+社会征信×(1+社会信用信息共享能力)

(2)征信产品=征信数据　初值=10

(3)政府主导能力=0.2

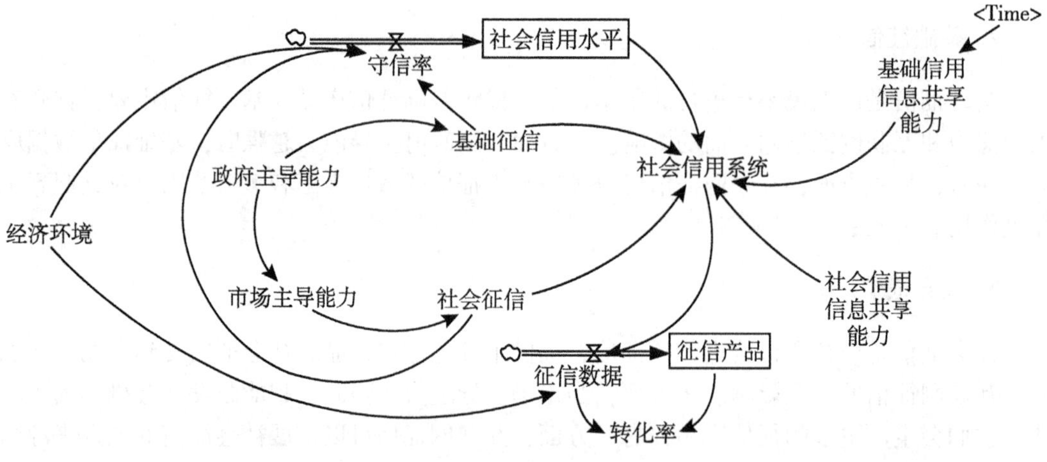

图 3-1　传统征信模式流图

(4)市场主导能力=1-政府主导能力

(5)基础征信=RAMP(0.1，0，100)×(179×政府主导能力)+(互联网征信×0.5)

说明：RAMP 为斜坡函数，斜率是 0.1，从 0 到 100 增长，假设信用总水平是参数 179，基础征信占互联网征信的比重是 0.5。

(6)社会征信=RAMP(0.3，0，100)×(179×市场主导能力)+(互联网征信×0.5)

说明：RAMP 为斜坡函数，斜率是 0.3，从 0 到 100 增长，假设信用总水平是参数

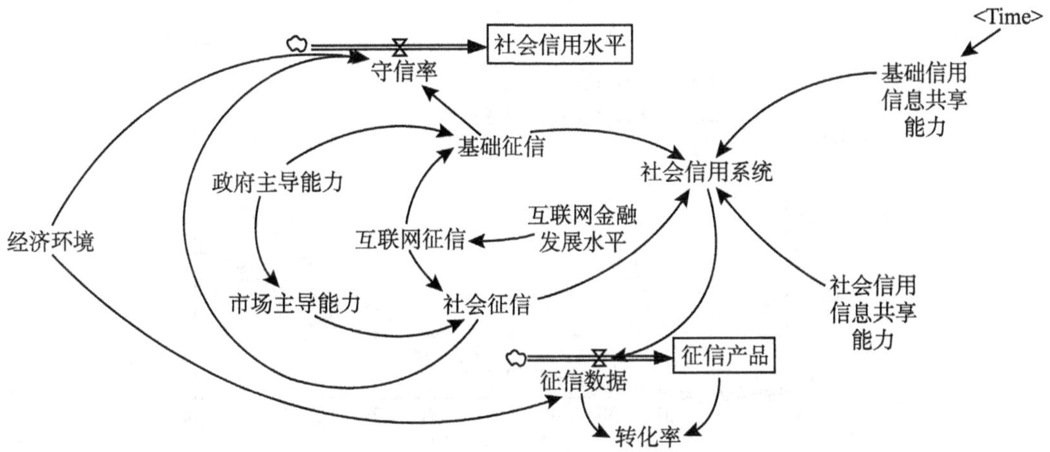

图 3-2　互联网环境下的征信模式流图

179，社会征信占互联网征信的比重是 0.5。

(7)互联网征信=互联网金融发展水平×100

(8)互联网金融发展水平= RAMP(0.2，0，100)

使用斜坡函数，斜率是 0.2，从 0 到 100 增长。

(9)守信率=（基础征信×0.6+社会征信×0.4)+经济环境

(10)社会信用水平=守信率　初值=10

(11)征信数据=社会信用系统×(1+经济环境)

(12)转化率=$\frac{\text{征信数据}}{\text{征信产品}}$

(13)经济环境= RANDOM NORMAL(-0.06，0.06，0，0，777)

经济环境在-0.06 到 0.06 之间随机取 777 个值。

(14)基础信用信息共享能力=WITHLOOKUP(time)　Lookup：[(0，0)-(100，10)]，(10，0.1)，(20，0.2)，(30，0.3)，(40，0.4)，(50，0.5)，(60，0.6)，(70，0.7)，(80，0.8)，(90，0.9)，(100，1)

说明：基础信用信息共享能力的表函数。

(15)社会信用信息共享能力=0.2

3.1.3　模型的仿真与分析

通过前文构建的模型，针对其中的参数变化，从多个方面得到了影响征信产品数量的相关结论，具体的仿真结果如下。

1. 在不同主导模式下互联网征信对征信产品数量的影响

为验证在不同主导模式下互联网对征信系统的影响，通过征信产品的数量变化来验证

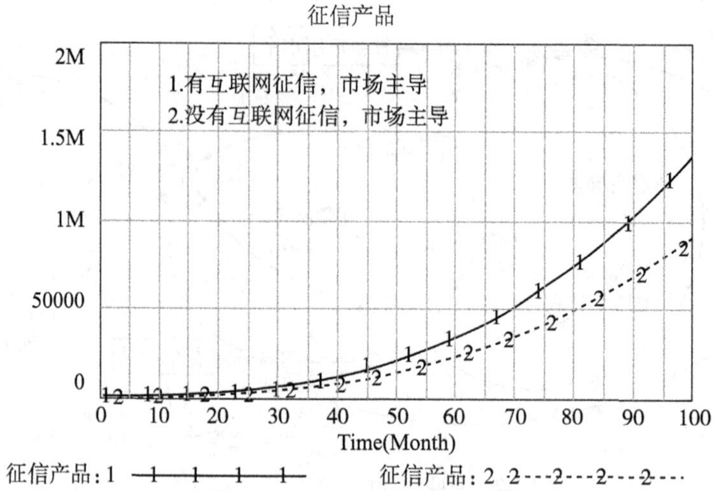

图 3-3　市场主导下互联网征信对征信产品数量的影响

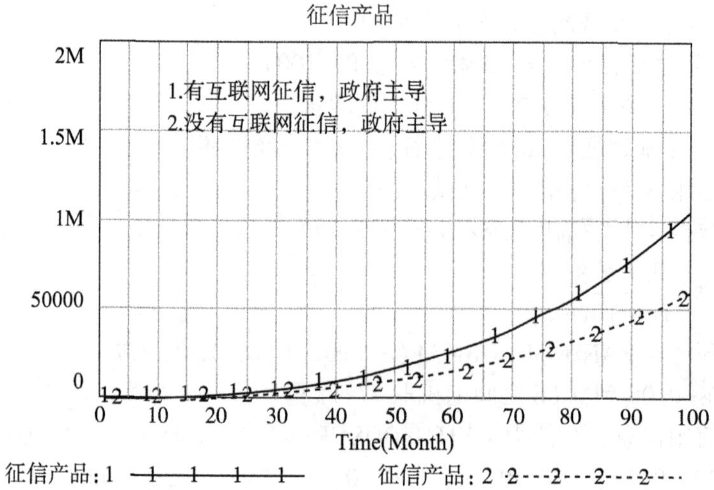

图 3-4　政府主导下互联网征信对征信产品数量的影响

这一影响。图 3-3 是在市场主导下(市场主导能力赋值 0.8)，互联网征信对征信产品的影响。其中，曲线 1 代表有互联网征信的征信产品数量走势，曲线 2 代表没有互联网征信的征信产品数量走势。通过两条曲线对比，可以看出在市场主导下，有互联网征信比没有互联网征信所产生的征信产品数量要多。图 3-4 是在政府主导下(政府主导能力赋值 0.8)互联网征信对征信产品的影响。其中，曲线 1 和曲线 2 分别代表的是有无互联网征信的征信产品数量走势。通过两条曲线对比，发现在政府主导下有互联网征信比没有互联网征信所产生的征信产品数量要多。

通过分析图 3-3 和图 3-4 得出结论：在其他参数值不变的情况下，不管是政府主导还是市场主导，互联网征信对于整个征信系统都具有正向的促进作用，从而征信产品更加丰富。

2. 不同主导模式对征信产品数量的影响

为研究不同主导模式对征信系统的影响，通过征信产品的数量变化来验证这一影响。在图 3-5 中，曲线 1 代表市场主导下(市场主导能力赋值 0.8)征信产品的数量走势；曲线 2 代表政府主导下(政府主导能力赋值 0.8)征信产品的数量走势。由仿真模拟结果可知，在其他参数值不变的情况下，市场主导的征信模式的征信产品数量多于政府主导的征信模式。

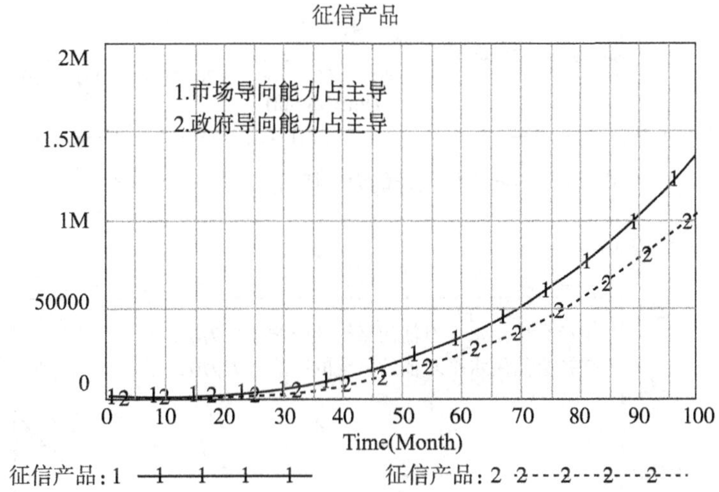

图 3-5 不同主导模式对征信产品的影响

3. 不同市场主导能力对征信产品数量的影响

在前一结论的引导下，现研究不同市场主导能力对征信系统的影响，通过征信产品的数量变化来验证这一影响。在图 3-6 中，曲线 1 表示市场主导且能力较强(市场主导能力赋值 0.9)时征信产品的数量走势；曲线 2 表示市场主导且能力较弱(市场主导能力赋值 0.7)时征信产品的数量走势。结果表明，在其他参数值不变的情况下，市场主导能力越强，征信产品数量越多。

4. 不同社会信用水平对征信产品数量的影响

为研究不同社会信用水平对征信系统的影响，在其他参数值不变的情况下，逐步提升社会信用水平的参数值，观察征信产品数量的变化。在图 3-7 中，曲线 1 代表社会信用水平较高(参数赋值 0.8)时征信产品的数量走势；曲线 2 代表社会信用水平较低(参数赋值 0.2)时征信产品的数量走势。由仿真结果可知，当提升整个社会的信用水平时，征信产品数量随之增加。

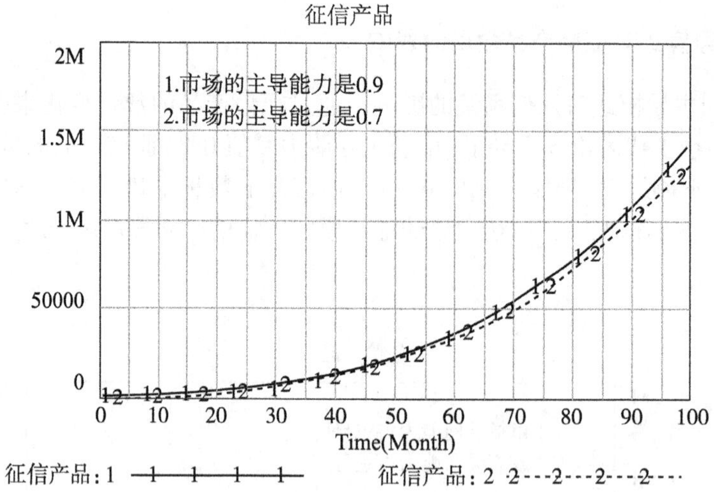

图 3-6　不同市场主导能力对征信产品数量的影响

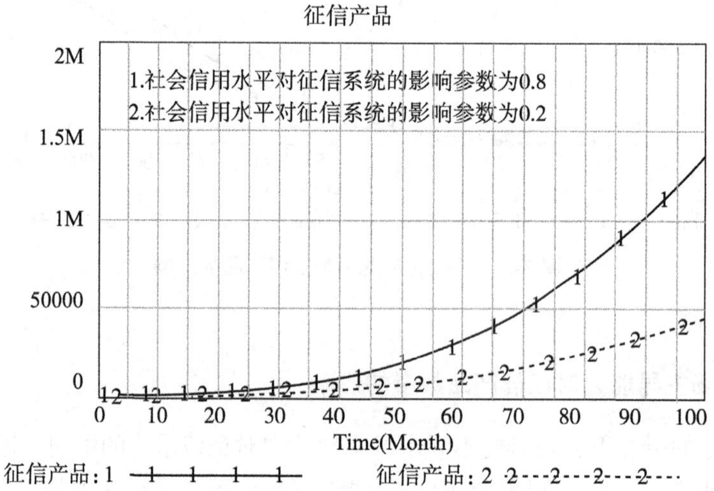

图 3-7　不同社会信用水平对征信产品数量的影响

5. 互联网征信在基础征信和社会征信中的不同占比对征信产品数量的影响

为研究互联网征信在基础征信和社会征信中的不同占比对征信系统的影响，通过征信产品的数量变化来验证这一影响。在图 3-8 中，分别选取了 3 个不同占比进行对比分析，曲线 1、曲线 2、曲线 3 分别代表互联网征信占基础征信的比重为 0. 5、0. 5、0. 2，占社会征信的比重为 0. 8、0. 5、0. 2 时征信产品的数量走势。对比曲线 1 和曲线 2，可知在其他参数不变的情况下，互联网征信占基础征信的比重为 0. 5 时，互联网征信占社会征信的比重越大，征信产品的数量越多；对比曲线 2 和曲线 3，可知在其他参数不变的情况下，互联网征信占基础征信和社会征信的比重相同时，互联网征信占两种征信模式的比重越大，征信产品的数量越多。综上所述，互联网征信占基础征信和社会征信的比重越大，征信产品越多；通过提高互联网征信在社会征信中的比重可以进一步提高征信产品的数量。

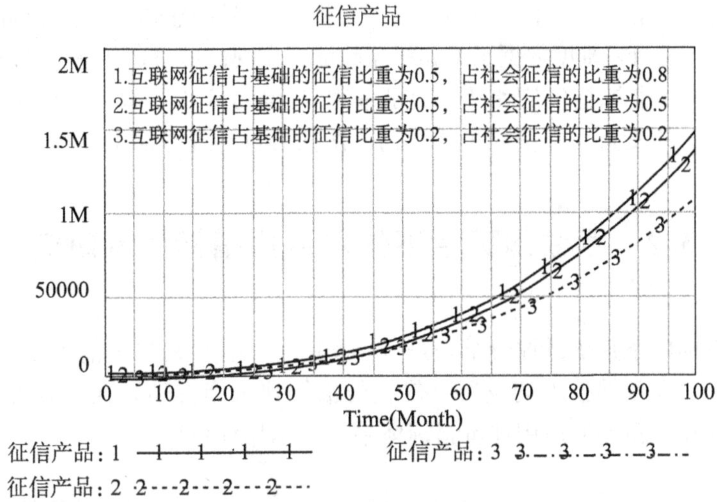

图 3-8 互联网征信在基础征信和社会征信中的不同占比对征信产品数量的影响

3.1.4 结论与建议

本节以互联网环境下征信系统为研究对象，运用系统动力学研究互联网征信、基础征信、社会征信、社会信用系统和征信产品等指标的递进关系及其相互作用，进而找出了征信系统的因果链，并基于此构建了互联网环境下征信系统的因果关系图和流图。通过仿真模拟得到如下结论：(1)互联网有助于提高征信系统运行效率。(2)在互联网环境下，与政府主导的征信系统相比，市场主导的征信系统更具效率；在市场主导下，市场主导的能力越强，征信系统越有效率。(3)信用信息共享程度对互联网征信有正向影响，且互联网征信占全社会征信的比重越大，征信系统越有效率。(4)社会信用水平越高，征信系统越有效率。

根据以上结论，可以提出如下政策建议：

(1)大力开展互联网征信，提供相关政策和法律保障。互联网征信可以增加数据维度，扩展征信范围，提高征信市场运行效率，因此，需要积极推进各互联网平台开展互联网征信；同时还需要提供政策和法律保障，为征信确定好法律边界，营造良好的法律环境。20 世纪六七十年代，美国出台了十几部有关征信的法律，这也是美国征信市场蓬勃发展的阶段。

(2)推行政府监管并提供基础征信产品，市场提供个性化征信产品的征信模式，充分发挥市场主动性。首先，政府依托人民银行等机构提供可靠的基础征信产品，并适应互联网环境，从单纯的监管机构转向监管加支撑的角色；其次，需要培育一批高水平的专业化的社会征信机构，进一步推进征信市场化进程和多元化格局。

(3)建立信用信息共享平台，提高信息共享程度，打破信息孤岛。我国正在建设全国信用信息共享平台项目，并进一步完善国家发展改革委、工信部、公安部、民政部等14个单位的全国信用信息共享平台，推动信用信息更大范围更多领域的共享共用。此外，还需纳入更多互联网数据，进行多维度数据采集和相互验证，实现信息整合共享，打破信息孤岛。

(4)全面提高整个社会信用水平。加强信用意识的宣传和教育，营造良好的信用环境，并使守信之主体受益，失信之主体受罚，使社会自觉遵守信用标准。

3.2　互联网环境下信用评价指标体系研究

信用评价指标体系是衡量评价结果是否公正的标尺，也是决定信用评价结果的关键要素。随着互联网、大数据技术的发展，传统的信用评价指标体系无法处理新型的信用数据，因此，必须建立新型的信用评价指标体系指导信用评价。

3.2.1　信用评价指标体系构建依据

明确互联网环境下信用评价指标体系的构建依据是科学构建评价指标体系的前提，是保证指标体系合理性和有效性、深入了解评估主体和合理运用指标体系的基础。本节主要从国家政策、实践应用和文献研究三个方面，提出互联网环境下信用评价指标体系的构建依据。

1. 国家政策

自2005年10月1日起实施的由中国人民银行制定的《个人信用信息基础数据库管理暂行办法》中规定：中国人民银行负责组织商业银行建立个人信用信息基础数据库，并负责设立征信服务中心，承担个人信用数据库的日常运行和管理。个人信用信息包括基本信息、个人信贷交易信息以及反映个人信用状况的其他信息。其中，基本信息是指自然人身份识别信息、职业和居住地址等信息；个人信贷交易信息是指商业银行提供的自然人在个人贷款、贷记卡、准贷记卡、担保等信用活动中形成的交易记录；反映个人信用状况的其他信息是指除信贷交易信息之外的反映个人信用状况的相关信息。

2018年1月22日江苏省宿迁市有关部门发布的《关于个人信用管理工作的政策解读》中明确指出宿迁市个人信用档案主要包括两大类信息：一是基本信息，包括姓名、年龄、住址、单位、职业资格、个人参保、住房、车辆、婚姻信息等。二是信用信息，主要分为个人受到的表彰荣誉等良好信息，以及不良行为记录信息；其中不良行为记录信息主要包括：法院被执行信息、司法判决信息、行政处罚信息、欠税信息、公共事业缴费拖欠信息、交通违法失信信息、金融活动不良信息(人行征信系统提供)等。

2022年河南省南阳市发布的《〈南阳市个人信用积分管理办法(试行)〉政策解读》中明确指出，南阳市信用信息包括两大类信息：一是个人基础信息，包括姓名、性别、身份证号码、家庭住址、学历、婚姻状况、执业资格证书等反映自然人身份的信息。二是个人公共信用信息，包括社会公德、身份特质、履约行为、经济行为、遵纪守法五个方面。

2. 实践应用

2015 年中国人民银行印发《关于做好个人征信业务准备工作的通知》，正式批准芝麻信用管理有限公司、腾讯征信有限公司、深圳前海征信中心股份有限公司、鹏元征信有限公司、中诚信征信有限公司、中智诚征信有限公司、拉卡拉信用管理有限公司以及北京华道征信有限公司这八家第三方民营征信机构开始征信业务的准备工作，准备期为六个月。八家机构由于自身特点不同，其收集的信用数据维度也不尽相同，具体整理如表 3-1 所示（张赟等，2016）。

表 3-1　　八家征信机构的信用数据维度

征信机构	企业特点	信用数据
芝麻信用管理有限公司	依托阿里集团	信用卡还贷款、网购、转账、理财、水电煤气费、住址搬迁历史、社交关系等
腾讯征信有限公司	依托腾讯集团	主要为社交网络数据，如在线时长、好友、消费、游戏等
深圳前海征信中心股份有限公司	全牌照的金融企业，依托平安集团	保险、银行、投资等金融业务体系中收集的相关信用数据
鹏元征信有限公司	老牌征信企业，几乎覆盖深圳所有小贷公司	基本信息、银行信用信息、缴费信息、资产信息等
中诚信征信有限公司	老牌征信企业，联合众多小贷公司、电商平台	基本信息、银行信用信息、履约能力、行为数据和社交数据等
中智诚征信有限公司	老牌征信企业，主要为反欺诈征信	信用活跃度、履约能力、缴费信息、资产信息等
拉卡拉信用管理有限公司	服务人次高，覆盖范围广	全国 50 万家便利店信用卡使用和还款信息、水电费、网购数据等
北京华道征信有限公司	最早的短彩信商务平台，积累了大量用户	基本信息、运营商数据、公共事业单位数据、公安司法数据等

本书以八家征信机构各自特点及其收集的相关信用数据作为建立互联网环境下信用评价指标体系的构建依据。

3. 文献研究

国内学者认为信用评价指标体系主要包括基本信息指标、经济指标和信用记录等三大类型(胡望斌等，2005；贺德荣，蒋白纯，2013)。其中，基本信息指标主要包括学历、工作、住房、保险、健康、年龄和婚姻状况(黄大玉，王玉东，2000；王建丽，2011；周毓萍，陈官羽，2019；曹小林，2020)；经济指标主要包括年总收入、固定资产、资金进出、债务收入比例等(邹新月，2005；王建丽，2011；周毓萍，陈官羽，2019；黄月涵，华迎，2019；王东一等，2020；曹小林，2020)；信用记录又分为信用卡历史、商业信誉与银行的关系、贷款历史几项，在实际应用过程中可根据个性化的需要增加其他指标，如信用卡的使用记录、信用报告被查询的次数、近期信用状况、逾期还款的具体情况等(赵敏，2007；贺德荣，蒋白纯，2013；周毓萍，陈官羽，2019；曹小林，2020)。

随着互联网的普及，互联网数据被逐步纳入征信数据，学者们开始加入信用行为指标。信用行为指标主要包括互联网消费习惯(如网上叫车车费是否支付、货到付款拒收次数、网络交易平台上收到的买卖方评价等)(王达山，2016)、消费行为偏好(路昊天，陈燕，2018；周毓萍，陈官羽，2019)、互联网金融的违约情况等(王达山，2016)。

3.2.2　信用评价指标体系构建原则

互联网环境下各种环境都会产生数据，但并非所有数据都可应用于信用评价。在大数据背景下信用评价指标体系构建应当遵循以下原则：

1. 有效性

大数据的低价值性，决定了并非所有的数据都是有用的。因此，在选取信用评价指标时，要注重领域和方向，选择与信用评价相关性强的指标。

2. 合法性

大数据背景下，获取数据越来越方便，借助移动终端、摄像头、RFID和传感器等前段设备，可以轻易收集到信用主体的行为数据、位置数据、交易数据和社交数据等。但是，基于大数据的信用评价指标选取必须在保护隐私以及信息安全的基础上谨慎选取，必须符合我国法律确定的边界。

3. 客观性

信用评价指标应当可以客观反映信用主体的信用历史和履约能力。在指标设计时，应当将指标进行合理分解，尽可能避免主观性和模糊性。同时指标要取之有据，指标之间要避免重复或者矛盾。

4. 系统性

以全局性的视角，全面、辩证地看待问题，把评价对象视为一个有机整体，建立一套相互联系且有机结合的信用评价指标体系。

5. 可操作性

评价指标体系应尽量简洁凝练，尽量能够以较少的指标反映较多的信息，做到数据搜集方便、易于操作、计算简单等。同时还要注重数据的可得性，即相关机构或者平台可以根据自身业务收集到信用行为的记录，对于难以采集到的指标不应该列入其中。

3.2.3　信用评价指标体系构建

本书从三个角度构建了信用评价指标体系，每个指标体系各有侧重，同时又逐步明确细分，具体构建思路如下。首先从自然状况指标、经济指标、信用记录和信用行为四个方面初步构建信用评价指标体系。其次着重考虑我国传统信用数据积累较少，而互联网信用主体用户较多，使用场景较为丰富，可以充分收集在线信用数据的现实，从线下和线上两个层面构建信用评价指标体系，其中线下信用认证体系包含三个一级指标：基本信息、商业银行账户和日常生活记录；线上信用认证体系包括三个一级指标：互联网金融账户、用户公开社交信息以及社交关联用户信息。最后借鉴吴晶妹从信用的内涵和实质角度提出的三维度信用论构建信用评价指标体系。一维是诚信度，主要衡量信用主体的信用意愿，由信用主体的本性和素质决定，具体包括身份、职业和社会关系等；二维是合规度，主要衡量信用主体在社会中的信任度，主要表现为社会行为的合规程度，具体包括纳税情况、违法违规情况、公共费用缴纳情况等指标；三维是践约度，主要衡量信用主体在经济交易活动中的行为，由契约关系约束，主要表现为电子商务领域和互联网金融领域的履约情况。

1. 信用评价指标体系初步构建

在总结国内外关于互联网环境下信用评价研究的相关文献的基础上，本书首先纳入传统信用评价指标体系三大方面——“自然状况指标”“经济指标”“信用记录”，之后将体现被评价者互联网行为的“信用行为”指标纳入体系，初步构建的信用评价指标体系具体如表3-2所示。

表3-2　**信用评价指标体系**

一级指标	二级指标
自然状况指标	职业、学历、工作年限、婚姻状况
经济指标	收入情况、资产情况、贷款情况、透支金额
信用记录	(社交网络活跃度记录)账号等级、获得“达人”或勋章称号情况、用户创造内容；(社交关联用户记录)好友评分、好友数量、粉丝数量、所属群的用户情况、所建群的评分情况；(金融账户记录)信用等级、抵押担保情况、违约天数、违约次数、违约本金

续表

一级指标	二级指标
信用行为	(社会行为)公共费用缴费情况、违法违规情况、执照吊销情况、实名认证情况；(社交网络行为)被列入黑名单次数、被屏蔽次数、言论被删次数、被举报次数、举报事件严重程度；(电子商务交易行为)恶意退换货次数、成功交易比例、重复购买次数、用户评价内容、产品好评率、服务态度好评、纠纷占交易量的比例、保证金总数、违约次数、违约严重程度

自然状况指标主要包括职业、学历、工作年限、婚姻状况等指标。经济指标主要包括收入情况、资产情况、贷款情况、透支金额等指标。信用记录主要包括社交网络活跃度记录、社交关联用户记录和金融账户记录三个方面，其中社交网络活跃度记录主要包括账号等级、获得“达人”或勋章称号情况、用户创造内容等指标；社交关联用户记录主要包括好友评分、好友数量、粉丝数量、所属群的用户情况、所建群的评分情况等指标；金融账户记录主要包括信用等级、抵押担保情况、违约天数、违约次数、违约本金等指标。信用行为主要包括社会行为、社交网络行为和电子商务交易行为三个方面，其中社会行为主要包括公共费用缴费情况、违法违规情况、执照吊销情况、实名认证情况等指标；社交网络行为主要包括被列入黑名单次数、被屏蔽次数、言论被删次数、被举报次数、举报事件严重程度等指标；电子商务交易行为主要包括恶意退换货次数、成功交易比例、重复购买次数、用户评价内容、产品好评率、服务态度好评、纠纷占交易量的比例、保证金总数、违约次数、违约严重程度等指标。

2. 改进的信用评价指标体系

结合表 3-2，考虑到我国传统信用数据积累较少，而互联网信用主体较多，使用场景较丰富，可以充分收集在线信用数据的现实，从线下和线上两个层面研究信用认证体系。线下信用认证体系包含三个一级指标：基本信息、商业银行账户和日常生活记录。其中，基本信息包括职业、学历、工作年限、婚姻状况等二级指标；商业银行账户包括资产情况、贷款情况、透支金额、信用等级、抵押担保情况、违约天数、违约次数、违约本金等二级指标；日常生活记录包括公共费用缴费情况、违法违规情况、执照吊销情况等二级指标。线上信用认证体系具体包括三个一级指标：互联网金融账户、用户公开社交信息以及社交关联用户信息。其中，互联网金融账户包括恶意退换货次数、成功交易比例、重复购买次数、用户评价内容、产品好评率、服务态度好评率、纠纷占交易量的比例、保证金总数、违约次数、违约严重程度等二级指标；用户公开社交信息包括账号等级、获得“达人”或勋章称号情况、用户创造内容等；社交关联用户信息包括好友评分、好友数量、粉丝数量、所属群的用户情况、所建群的评分情况等。具体指标见表 3-3。

表 3-3　　**线下和线上信用认证体系**

认证体系	一级指标	二级指标
线下信用认证体系	基本信息	职业、学历、工作年限、婚姻状况
	商业银行账户	资产情况、贷款情况、透支金额、信用等级、抵押担保情况、违约天数、违约次数、违约本金
	日常生活记录	公共费用缴费情况、违法违规情况、执照吊销情况
线上信用认证体系	互联网金融账户	恶意退换货次数、成功交易比例、重复购买次数、用户评价内容、产品好评率、服务态度好评率、纠纷占交易量的比例、保证金总数、违约次数、违约严重程度
	用户公开社交信息	账号等级、获得"达人"或勋章称号情况、用户创造内容
	社交关联用户信息	好友评分、好友数量、粉丝数量、所属群的用户情况、所建群的评分情况

3. 三维信用评价指标体系

吴晶妹(2015)从信用的内涵和实质角度提出了三维度信用论。信用是三维的，一维是诚信度，指信用主体内心世界的心理活动和行为结果的综合；二维是合规度，指信用主体的诚信精神和原则在社会一般行为中的具体体现；三维是践约度，指诚信度和信任度在社会经济关系与交易活动中的具体表现。一个人或一个企业的信用就由这个人或企业的诚信度、合规度和践约度三个方面综合构成。一个信用主体的信用综合体现在三维空间中，即信用三维度。三个维度之间相互影响、相互支撑，又互相转化，用以呈现信用主体的综合信用。

结合评价指标体系的构建依据、原则及思路，以及本节构建的指标体系，互联网环境下信用评价指标体系同样可分为三个维度：诚信度、合规度以及践约度。本书对所选取的指标进行进一步的细分、优化。在最终构建的指标体系中，诚信度反映身份特质、社交网络活跃度以及社交关联用户的总体情况，表现信用主体基础素质方面的诚信度；合规度包括行为记录体系和社交网络信誉体系，表现社会活动合规度；践约度是电子商务交易体系和金融账户体系的整体反映，表现经济活动践约度。从评价角度考虑，互联网环境下的信用应该是这三个维度的综合评价。

①一维信用：诚信度指标内容。诚信度指标包括三方面内容：一是身份特质体系，包括职业、学历、婚姻状况；工作年限、收入情况；资产情况；贷款情况；透支金额。二是社交网络活跃度体系，包括账号等级；获得"达人"或勋章称号情况；用户创造内容。三是社交关联用户体系，包括好友评分；好友数量；粉丝数量；所属群的用户情况；所建群的评分情况。

② 二维信用：合规度指标内容。合规度指标具体包括两方面的内容：行为记录体系和社交网络信誉体系。其中，行为记录体系包括公共费用缴费情况；违法违规情况；执照

吊销情况；实名认证情况。社交网络信誉体系包括被列入黑名单次数；被屏蔽次数；言论被删次数；被举报次数；举报事件严重程度。

③三维信用：践约度指标内容。践约度指标包含两个方面的内容：电子商务交易体系以及金融账户体系。其中，电子商务交易体系包括恶意退换货次数、成功交易比例、重复购买次数、用户评价内容、产品好评率、服务态度好评率、纠纷占交易量的比例、保证金总数、违约次数以及违约严重程度共10个指标。金融账户体系包括5个指标：信用等级、抵押担保情况、违约天数、违约次数以及违约本金。具体评价指标如表3-4所示。

表3-4　　三维信用评价指标体系

三维信用	一级指标	二级指标
诚信度	身份特质体系	职业、学历、婚姻状况
		工作年限、收入情况
		资产情况
		贷款情况
		透支金额
	社交网络活跃度体系	账号等级
		获得“达人”或勋章称号情况
		用户创造内容
	社交关联用户体系	好友评分
		好友数量
		粉丝数量
		所属群的用户情况
		所建群的评分情况
合规度	行为记录体系	公共费用缴费情况
		违法违规情况
		执照吊销情况
		实名认证情况
	社交网络信誉体系	被列入黑名单次数
		被屏蔽次数
		言论被删次数
		被举报次数
		举报事件严重程度

续表

三维信用	一级指标	二级指标
践约度	电子商务交易体系	恶意退换货次数
		成功交易比例
		重复购买次数
		用户评价内容
		产品好评率
		服务态度好评率
		纠纷占交易量的比例
		保证金总数
		违约次数
		违约严重程度
	金融账户体系	信用等级
		抵押担保情况
		违约天数
		违约次数
		违约本金

3.3 本章小结

本章对互联网环境下的征信模式和信用评价指标进行研究。首先，运用系统动力学方法构建了征信系统的系统动力学模型，验证互联网对信用报告系统的有效性，并提出征信模式构建的相关政策建议。其次，在总结国内外互联网环境下信用评价研究和实践的基础上，从国家政策、实践应用以及文献研究三个方面深入分析了信用评价指标体系的构建依据并探讨了互联网环境下信用评价指标体系构建应当遵循的原则及指标体系构建思路。最后，从三个角度构建了信用评价指标体系，为互联网环境下信用评价体系的建立和完善提供了理论基础及依据。

第4章 互联网不一致数据下的信用评价理论和方法

互联网环境下的信用数据由于收集的渠道多样非定向，收集的时间多样等原因，常常存在多源不一致。对多源不一致数据的分析属于不确定数据分析的一种。为了分析不确定数据，先后发展了概率论、模糊集(Zadeh，1965)、粗糙集(Pawlak，1982)和区间数学(Gorzałczany，1987)。但是，上述理论都有其固有的缺陷，主要体现在参数化工具(Molodtsov，1999)的不足。随后，Molodtsov(1999)从参数化的角度提出了建模不确定性问题的软集合理论。在Molodtsov之后，学者们对于软集合理论的研究兴趣迅速增长，包括代数结构(Aktaş和Çağman，2007；Acar等，2010)、拓扑(Min，2011；Çağman等，2011)、正态参数约简(Danjuma等，2017)、医学诊断(Yuksel等，2013)、不确定性决策(Kamacı等，2018；Fatimah等，2018)等研究。此外，将软集合理论与粗糙集(Malik和Shabir，2019)、模糊集(Zhan等，2017)、直觉模糊集(Mao等，2013)等数学工具相结合而建立混合模型的研究也是重要的研究课题。

为了解决不一致问题，Zhu等(2012)提出了对偶犹豫模糊集。随后，彭新东和杨勇(2015)将对偶犹豫模糊集引入软集合，构建了对偶犹豫模糊软集合，它不仅保留了对偶犹豫模糊集的优势，还兼具充足的参数化工具。对偶犹豫模糊软集合采用隶属度函数和非隶属度函数对对象进行描述，两者表示元素相对于参数的归属程度和非归属程度且相互独立，在处理不一致数据方面具有优势。近年来，学者们对对偶犹豫模糊软集合进行了广泛的研究，包括相关系数定义(Arora和Garg，2018)、距离测度(Garg和Arora，2017)、聚合算法(Garg和Arora，2018；Garg和Arora，2020)及粗糙集模型(Zhang和He，2018)等。但现有研究仍存在以下缺陷：第一，未考虑信用数据的一致性，如果各来源数据相差较大，会造成评价结果难以接受。第二，现有方法大多基于期望效用理论，即假设评价主体是完全理性的。考虑到互联网环境下的数据呈现规模性、多样性、高速性和低价值的特征，使信用评价处于不确定环境中，这也就意味着评价主体的非理性心理因素会对评价结果产生很大的影响。为了解决上述缺陷，我们进行了如下研究。

构建基于对偶犹豫模糊软集合和前景理论的静态信用评价理论与方法并将其应用于信用评价中。针对互联网环境下评价数据的不一致性，引入对偶犹豫模糊软集合作为基础分析方法。首先，为使评价结果达成一致，定义了对偶犹豫模糊软集合的一致性检验，用以检验各平台数据的一致性。其次，提出了基于群一致性水平和对偶犹豫模糊软集合熵值的权重计算方法，为各平台和参数客观赋权。进而以前景理论为分析框架，构建基于对偶犹豫模糊软集合和前景理论的静态信用评价方法。最后，将该方法应用于信用评价中，证明该方法的鲁棒性和有效性。

另外，考虑到在描述不确定数据时，常存在无法判断隶属度和非隶属度的情况，

Smarandache(1999)从哲学的角度构建了中智集。受到不确定集合理论之间融合的启发，Maji(2013)将中智集引入软集合理论中构建了中智软集合，这不仅保留了中智集处理不一致信息的优势，也有效弥补了其参数化工具不足的缺陷。中智软集合有三个独立函数，包含一对对称性函数：隶属度函数和非隶属度函数，以及不确定隶属度函数。其中，隶属度函数和非隶属度函数表示元素相对于参数的归属程度和非归属程度，不确定隶属度函数表示元素相对于参数的中立性。近年来，中智软集合的相关理论研究取得了较大的进展。在理论研究方面，学者们通过对隶属度函数的参数进行改进，相继提出了时间中智软集合(Alkhazaleh，2016)，区间值中智软集合(Deli，2017)，*Q*-中智软集合(Abu Qamar 和 Hassan，2018)，中智软粗糙集(Al-Quran 和 Hassan，2019)、区间值复合中智软集合(Al-Sharqi et al.，2021)、广义多级中智软集合(Zulqarnain et al.，2021)等。同时，中智软集合也被广泛应用于不确定性环境下的决策(Maji，2012；Karaaslan，2014；Zulqarnain et al.，2021；Dong et al.，2021)、预测(Jha et al.，2019；Guan et al.，2019；Zhao et al.，2020)和医疗诊断(Mukherjee 和 Sarkar，2015；Alkhazaleh 和 Hazaymeh，2018；Zulqarnain et al.，2021)等问题的分析中，其中不确定性环境下的决策应用最为广泛。

然而，现有的基于中智软集合的决策方法仍存在以下缺陷：第一，中智软集合的测度方法大多是基于两个中智软集合之间的距离提出的，并没有充分考虑对象之间的差异；且现有研究均没有考虑数据的可信度，而是直接进行计算和决策，显然是不合适的。因此急需构建新的测度方法为中智软集合分析方法的扩展提供思路。第二，现有关于中智软集合的方法研究大多基于期望理论效用，且决策过程中参数权重直接给定确定值，未能反映决策者在不确定环境中的犹豫性。因而需要寻找新的决策理论作为分析框架，以保证评价结果更加贴近实际。第三，现有的基于中智软集合的分析方法大多是静态的决策过程，无法分析涉及动态数据的问题，因此，需要对中智软集合理论进行扩展，以提高其对动态数据的分析能力。

为弥补上述缺陷，本章依次提出了四种基于中智软集合及其扩展理论的方法，并将其应用于信用评价分析。

一是基于中智软环境下的余弦相似度测度的静态信用评价理论与方法。本研究首先基于对现有中智软集合的余弦相似测度方法缺陷的分析，构建了中智软环境下的余弦相似度测度方法，以此来度量在中智软环境下两个待评价对象之间的相似度。其次，提出反映决策者主观偏好的客观度和可信度的概念。根据客观度计算各准则的权重，另外根据可信度和准则权重，提出衡量各待评价对象优劣的分值函数、精确度函数以及确定函数。最后结合证据理论融合主观评价信息，构建了基于中智软环境下的余弦相似度测度的静态信用评价方法，并通过对比分析，证明该方法的有效性和合理性。

二是基于中智软集合和前景理论的静态信用评价理论与方法。为克服不确定环境下信用评价中的非理性心理因素，本研究首先引入前景理论作为分析框架，将心理预期对实际决策行为的影响纳入评价模型。同时，充分考虑到评价过程中的随机不确定性，选择采用中智数代替单值来体现决策者和参数权重的随机性。其次依托空间距离思想，提出中智软集合的加权距离测度，并在此基础上量化信用数据的冲突程度，进而建立前景决策矩阵。再次构建中智软集合聚合法则，集聚各平台给出的参数中智主观权重以确定主观权重。选择熵权法确定客观权重，并基于最小信息熵原则综合主、客观权重得到参数综合权重。最后构建了基于中智软集合和前景理论的静态信用评价方法，并将其应用于金融机构的贷款问题分析，结果表明该方法能够更加客观地分析互联网环境下的信用风险管理问题。

三是基于区间值中智软集合和前景理论的动态信用评价理论与方法。首先，考虑到互联网环境下信用数据的动态性，针对信用评价中涉及的时间跨度较小、更新速度相对较快的信用评价指标，本研究引入区间值中智软集合作为基础分析方法，采用区间值描述时间跨度较小、更新速度相对较快的信用数据。同时，考虑实际评价过程中各数据来源的重要性差异，定义了区间值中智软集合的邻近度测度方法。其次，采用熵权法计算参数权重，并提出信用数据的确定程度和冲突程度的测度方法，基于此构建前景决策矩阵。最后，构建基于区间中智软集合和前景理论的动态信用评价方法。

四是基于动态区间值中智软集合的多级动态信用评价理论与方法。针对信用评价中涉及的时间跨度极小、更新速度相对快的信用评价指标，本研究基于区间值中智软集合，引入时间戳，构建描述动态信用数据的动态区间值中智软集合，采用时间戳标示各时间段，进而用区间值描述各时间段下的信用数据。考虑到各时间段下数据的重要性差异，基于“厚今薄古”的思想，采用非线性规划模型对各时间戳客观赋权，进而结合提出的动态区间值中智软集合的测度方法，构建多级动态信用评价方法。

为开展上述研究，本章首先对涉及的基础分析方法——对偶犹豫模糊软集合和中智软集合的相关定义和运算进行介绍，并基于此依次构建静态、动态和多级动态信用评价方法。

4.1　不一致数据的集合描述及相关定义

本节首先介绍可以对不一致数据进行集合描述的对偶犹豫模糊软集合和中智软集合的定义及基本运算。

4.1.1　对偶犹豫模糊软集合的定义及基本运算

定义 4-1(Xu 和 Xia，2011)　令 U 为非空有限论域集，在 U 上的对偶犹豫模糊集(DHFS) D 定义为

$$D=\{<x,\ h(x),\ g(x)>\ |x\in U\}$$

其中，$h(x)$：$u\to[0,\ 1]$ 和 $g(x)$：$u\to[0,\ 1]$，$h(x)$ 表示 $x\in U$ 对于集合 D 的可能隶属度，$g(x)$ 表示 $x\in U$ 对于集合 D 的可能非隶属度，且满足条件

$$0\leqslant\zeta,\ \vartheta\leqslant 1,\ 0\leqslant\zeta^{+}+\vartheta^{+}\leqslant 1$$

其中对于任意的 $x\in U$，$\zeta\in h(x)$，$\vartheta\in g(x)$，$\zeta^{+}\in h^{+}(x)=\bigcup_{\zeta\in h(x)}\max\{\zeta\}$，$\vartheta^{+}\in g^{+}(x)=\bigcup_{\vartheta\in g(x)}\max\{\vartheta\}$。为了方便，我们用 $d(x)=(h(x),\ g(x))$ 表示对偶犹豫模糊元素(DHFE)，记为 $d=(h,\ g)$。

定义 4-2(Molodtsov, 1999)　设 U 为初始论域集, E 为参数集, 如果 F 是一个给定的映射 $F: E \to P(U)$, 其中 $P(U)$ 为论域 U 上的幂集, 则称 (F, E) 为 U 上的一个软集。

定义 4-3(彭新东和杨勇, 2015)　设 U 是一个初始论域, E 是一个参数集, 集对 (F, E) 被称作是论域 U 上的一个对偶犹豫模糊软集合(DHFSS), 其中 F 是一个给定的映射 $F: E \to \mathrm{DHFSS}(U)$。

一般来说, 对于 $\forall e \in E$, $F(e_j)$ 是 U 中的对偶犹豫模糊软集, 因此 $F(e_j)$ 可以表示为:

$$F(e_j)=\{\langle x_i,\ h_{F(e_j)}(x_i),\ g_{F(e_j)}(x_i)\rangle > \mid x_i \in U\}$$

其中, $h_{F(e_j)}(x_i)$ 和 $g_{F(e_j)}(x_i)$ 是区间 $[0, 1]$ 上一些数值的两个集合, 分别表示 x 关于参变量 e 的可能隶属度和可能非隶属度, 且满足条件:

$$0 \leqslant \gamma,\ \delta \leqslant 1,\ 0 \leqslant \gamma^+ + \delta^+ \leqslant 1$$

其中对于任意的 $x \in U$, $\gamma \in h_{F(e_j)}(x_i)$, $\delta \in g_{F(e_j)}(x_i)$, $\gamma^+ \in h^+_{F(e_j)}(x_i) = \bigcup_{\gamma \in h_{F(e_j)}(x_i)} \max\{\gamma\}$, $\delta^+ \in g^+_{F(e_j)}(x_i) = \bigcup_{\delta \in g_{F(e_j)}(x_i)} \max\{\delta\}$。为了方便起见, 称 $\rho_{F(e_j)}(x_i) = (h_{F(e_j)}(x_i),\ g_{F(e_j)}(x_i))$ 为对偶犹豫模糊软元素(DHFSN), 简记为 $\rho_{ij} = (\{h_{ij}\}, \{g_{ij}\})$。其中 $\gamma_{ij} \in h_{ij}$, $\delta_{ij} \in g_{ij}$, $\gamma_{ij}{}^+ \in h_{ij}{}^+ = \bigcup_{\gamma_{ij} \in h_{ij}} \max\{\gamma_{ij}\}$, $\delta_{ij}{}^+ \in g_{ij}{}^+ = \bigcup_{\delta_{ij} \in g_{ij}} \max\{\delta_{ij}\}$, $0 \leqslant \gamma_{ij}, \delta_{ij} \leqslant 1$, 并且 $0 \leqslant \gamma_{ij}{}^+ + \delta_{ij}{}^+ \leqslant 1$。

定义 4-4(彭新东和杨勇, 2012)　(F, E) 是论域 U 上的对偶犹豫模糊软集合, 其补运算记为 $(F, E)^c$, 定义为 $(F, E)^c = (F^c, E)$, 其中 $F^c: E \to \mathrm{DHFSS}(U)$, 对于 $\forall e \in E$, $F^c(e_j)$ 是论域 U 上的对偶犹豫模糊软集合 $F(e_j)$ 的补集, 其中 $F^c(e_j) = \{\langle x_i,\ g_{F(e_j)}(x_i),\ h_{F(e_j)}(x_i) > \mid x_i \in U\}$。

显然, $((F, E)^c)^c = (F, E)$。

定义 4-5(Arora 和 Garg, 2018)　令 (F, E), (G, E) 为给定域集内的两个对偶犹豫模糊软集合, 其距离和相似性测度定义如下:

标准汉明距离测度:

$$\mathrm{Dnh}((F, E), (G, E)) = \frac{1}{2mn}\sum_{j=1}^{n}\sum_{i=1}^{m}\left[\frac{1}{k}\sum_{s=1}^{k}\left| h^{\sigma(s)}_{F(e_j)}(x_i) - h^{\sigma(s)}_{G(e_j)}(x_i)\right| + \frac{1}{l}\sum_{t=1}^{l}\left| g^{\sigma(t)}_{F(e_j)}(x_i) - g^{\sigma(t)}_{G(e_j)}(x_i)\right|\right] \tag{4-1}$$

标准汉明相似性测度:

$$\mathrm{Snh}((F, E), (G, E)) = 1 - \frac{1}{2mn}\sum_{j=1}^{n}\sum_{i=1}^{m}\left[\frac{1}{k}\sum_{s=1}^{k}\left| h^{\sigma(s)}_{F(e_j)}(x_i) - h^{\sigma(s)}_{G(e_j)}(x_i)\right|^{\lambda} + \frac{1}{l}\sum_{t=1}^{l}\left| g^{\sigma(t)}_{F(e_j)}(x_i) - g^{\sigma(t)}_{G(e_j)}(x_i)\right|^{\lambda}\right]^{1/\lambda} \tag{4-2}$$

其中, $\lambda > 0$, $h^{\sigma(s)}_{F(e_j)}(x_i)$ 和 $g^{\sigma(t)}_{F(e_j)}(x_i)$ 分别表示 $h_{F(e_j)}(x_i)$ 和 $g_{F(e_j)}(x_i)$ 中第 s 大和第 t 大的数值。$k = \max\{k(h_{F(e_j)}(x_i)),\ k(h_{G(e_j)}(x_i))\}$, $l = \max\{l(g_{F(e_j)}(x_i)),\ l(g_{G(e_j)}(x_i))\}$, $k(h_{F(e_j)}(x_i))$ 和 $k(h_{G(e_j)}(x_i))$ 分别代表 $h_{F(e_j)}(x_i)$ 和 $h_{G(e_j)}(x_i)$ 中数值的个数, $l(g_{F(e_j)}(x_i))$

和 $l(g_{G(e_j)}(x_i))$ 分别代表 $g_{F(e_j)}(x_i)$ 和 $g_{G(e_j)}(x_i)$ 中数值的个数。$h_{F(e_j)}(x_i)$，$h_{G(e_j)}(x_i)$，$g_{F(e_j)}(x_i)$，$g_{G(e_j)}(x_i)$ 中的数值按降序排列。

一般情况下，任意两个对偶犹豫模糊软集合的隶属度和非隶属度中的元素个数是不一样的。本节利用悲观主义原则，对元素少的集合添加最小的元素，使它们各自具有的元素个数相同。

显然，标准汉明距离和标准汉明之间相似性存在着一种关系，当参数 $\lambda=1$ 时，Snh= 1−Dnh。

4.1.2 中智软集合的定义及基本运算

接下来，对中智软集合的定义及基本运算做简要说明。

定义 4-6(Smarandache，1999) 令 U 为初始论域，u 为论域 U 中任意元素，定义在论域 U 上的中智集 A 包含元素 u 对于中智集 A 的隶属度 $T_A(u)$，不确定程度 $I_A(u)$ 和非隶属度 $F_A(u)$，表示为 $A=\{<u,\ T_A(u),\ I_A(u),\ F_A(u)>\ |\ u\in U\}$。其中 $T_A(u)$、$I_A(u)$ 和 $F_A(u)$ 均满足：$T_A(u)$，$I_A(u)$，$F_A(u)$：$U\rightarrow]0^-,\ 1^+[$。由于 $T_A(u)$、$I_A(u)$ 和 $F_A(u)$ 之间相互独立，故：$^-0\leqslant T_A(u)+I_A(u)+F_A(u)\leqslant 3^+$。

需要注意的是，定义中的 $]0^-,\ 1^+[$ 指非标准区间，即区间的左右边界是模糊和不确定的。其中，0^- 指小于 0 的无穷小，表示为 $(0^-)=\{0-x:\ x\in R^*,\ x$ 是无穷小数$\}$，1^+ 表示大于 1 的无穷小，表示为 $(1^+)=\{1+x:\ x\in R^*,\ x$ 是无穷小数$\}$。

为方便起见，我们用 $A(u)=<T_A(u),\ I_A(u),\ F_A(u)>$ 表示任意元素 $u\in U$ 对于中智集 A 的隶属程度，并称 $A(u)$ 为一个中智数。

定义 4-7(Molodtsov，1999) $(F,\ E)$ 为论域 U 上的一个软集合，当且仅当 F 是 E 到 U 的所有子集的一个映射。

换一种定义方式：令 U 为初始论域，E 为参数集。设 $P(U)$ 为论域 U 上的幂集，当且仅当 F 是 E 到 $P(U)$ 所有子集的一个映射时，称 $(F,\ E)$ 为论域 U 上的一个软集合。对于 $\forall e\in E$，则近似函数值集 $F(e)\subseteq U$ 都可解释为软集合 $(F,\ E)$ 中的 e − 近似元子集。

例 4-1 设 $U=\{u_1,\ u_2,\ u_3\}$ 为候选房子的集合，$E=\{e_1,\ e_2,\ e_3,\ e_4\}$ 为描述房子特性的一组参数集，e_1，e_2，e_3 和 e_4 分别表示“位置优”“美观”“建筑材料好”和“价格便宜”。假定购买者用软集合 $(F,\ E)$ 描述候选房子，F 表示依据所选参数对房子的评价，存在：

$F(e_1)=\{u_1,\ u_2\}$，表示房子 u_1 和 u_2 的位置优；

$F(e_2)=\{u_2,\ u_3\}$，表示房子 u_2 和 u_3 美观；

$F(e_3)=\{u_1,\ u_3\}$，表示房子 u_1 和 u_3 的建筑材料好；

$F(e_4)=\{u_1,\ u_2,\ u_3\}$，表示房子 u_1，u_2 和 u_3 的价格便宜。

定义 4-8(Maji，2103) 令 U 为初始论域，E 为参数集。设 $P(U)$ 为论域 U 上的所有中智集的集合，称 $(F,\ E)$ 为论域 U 上的一个中智软集合，当且仅当 F 是 E 到 $P(U)$ 所有子集的一个映射，记作 F：$E\rightarrow P(U)$。

例 4-2 考虑例 4-1，假定王先生对于各房子的评价用中智软集合 $(F,\ E)$ 描述，则有：

$$(F,E)=\begin{cases}F(e_1)=\left\{<\dfrac{u_1}{0.8,0.4,0.3}>,<\dfrac{u_2}{0.5,0.7,0.3}>,<\dfrac{u_3}{0.2,0.5,0.8}>\right\}\\F(e_2)=\left\{<\dfrac{u_1}{0.5,0.7,0,4}>,<\dfrac{u_2}{0.7,0.3,0.2}>,<\dfrac{u_3}{0.5,0.8,0.5}>\right\}\\F(e_3)=\left\{<\dfrac{u_1}{0.4,0.6,0.3}>,<\dfrac{u_2}{0.9,0.3,0.1}>,<\dfrac{u_3}{0.4,0.7,0.5}>\right\}\\F(e_4)=\left\{<\dfrac{u_1}{0.4,0.6,0.3}>,<\dfrac{u_2}{0.9,0.3,0.1}>,<\dfrac{u_3}{0.4,0.7,0.5}>\right\}\end{cases}$$

定义 4-9(Liu 和 Luo，2016) 设 A 为论域 U 上的一个中智集，对于任意 $u\in U$，称 $A(u)=<T_A(u),I_A(u),F_A(u)>$ 为一个中智数，则其分值函数、精确度函数和确定性函数分别定义如下：

$$s(A(u))=\frac{2+T_A(u)-I_A(u)-F_A(u)}{3} \tag{4-3}$$

$$a(A(u))=T_A(u)-F_A(u) \tag{4-4}$$

$$c(A(u))=T_A(u) \tag{4-5}$$

分值函数是评判中智数的重要指标。对于一个中智数 $A(u)$ 而言，$T_A(u)$ 与分值函数正相关，$I_A(u)$ 和 $F_A(u)$ 与分值函数负相关。关于精确度函数，$T_A(u)$ 与精确度函数正相关，$F_A(u)$ 与精确度函数负相关，且二者之间的差异越大，中智数的精确度越高。关于确定性函数，其只与 $T_A(u)$ 正相关。

基于以上定义，接下来将给出中智数的比较方法。

定义 4-10(Liu 和 Luo，2016) 对于论域 U 上的一个中智集 A，两个中智数 $A(u_1)=<T_A(u_1),I_A(u_1),F_A(u_1)>$ 和 $A(u_2)=<T_A(u_2),I_A(u_2),F_A(u_2)>$，二者的比较方法如下：

若 $s(A(u_1))>s(A(u_2))$，则 $A(u_1)$ 优于 $A(u_2)$，可记作 $A(u_1)\succ A(u_2)$；

若 $s(A(u_1))=s(A(u_2))$，$a(A(u_1))>a(A(u_2))$，则 $A(u_1)$ 优于 $A(u_2)$，可记作 $A(u_1)\succ A(u_2)$；

若 $s(A(u_1))=s(A(u_2))$，$a(A(u_1))=a(A(u_2))$，$c(A(u_1))>c(A(u_2))$，则 $A(u_1)$ 优于 $A(u_2)$，可记作 $A(u_1)\succ A(u_2)$；

若 $s(A(u_1))=s(A(u_2))$，$a(A(u_1))=a(A(u_2))$ 且 $c(A(u_1))=c(A(u_2))$，则 $A(u_1)$ 与 $A(u_2)$ 等价，可记作 $A(u_1)\sim A(u_2)$。

例 4-3 对于两个中智数 $A(u_1)=<0.8,0.2,0.4>$ 和 $A(u_2)=<0.7,0.4,0.1>$，基于定义 4-4，我们可以得到 $s(A(u_1))=\frac{2.2}{3}$，$s(A(u_2))=\frac{2.2}{3}$，$a(A(u_1))=0.4$，$a(A(u_2))=0.6$，$c(A(u_1))=0.8$，$c(A(u_2))=0.7$。考虑定义 4-10，可以推断 $A(u_2)$ 优于 $A(u_1)$，记作 $A(u_2)\succ A(u_1)$。

定义 4-11(Ye 和 Du，2017) 对于中智数 $A(u_1)=<T_A(u_1),I_A(u_1),F_A(u_1)>$ 和 $A(u_2)=<T_A(u_2),I_A(u_2),F_A(u_2)>$，二者之间的标准化汉明距离为：

$$D^{\Delta}(A(u_1), A(u_2)) = \frac{|T_A(u_1) - T_A(u_2)| + |I_A(u_1) - I_A(u_2)| + |F_A(u_1) - F_A(u_2)|}{3} \tag{4-6}$$

例 4-4　以例 4-3 为例，借助公式(4-6)，可以求得 $A(u_1)$ 和 $A(u_2)$ 之间的标准化汉明距离为 $D^{\Delta}(A(u_1), A(u_2)) = 0.2$。

4.1.3　区间值中智软集合的定义及基本运算

为介绍区间值中智软集合的相关定义及运算，本节首先对区间值中智集进行简单阐述，进而介绍区间值中智软集合。

定义 4-12(Wang 等，2005)　令 U 为初始论域，u 为论域 U 中的任意元素，定义在论域 U 上的区间值中智集 $A = \{<u, T_A(u), I_A(u), F_A(u)>, u \in U\}$ $(T, I, F: U \to [0, 1])$ 包含元素 u 对于区间值中智集 A 的隶属度 $T_A(u)$，不确定程度 $I_A(u)$ 和非隶属度 $F_A(u)$。其中，$T_A(u) = [\inf T_A(u), \sup T_A(u)]$，$I_A(u) = [\inf I_A(u), \sup I_A(u)]$，$F_A(u) = [\inf F_A(u), \sup F_A(u)]$。且对于 $\forall u \in U$，均满足 $0 \leqslant \sup T_A(u) + \sup I_A(u) + \sup F_A(u) \leqslant 3$。

为方便起见，我们用 $A(u) = <T_A(u), I_A(u), F_A(u)>$ 表示元素 u 对于中智集 A 的隶属程度，并称 $A(u)$ 为一个区间值中智数。其中，$T_A(u) = [\inf T_A(u), \sup T_A(u)]$，$I_A(u) = [\inf I_A(u), \sup I_A(u)]$，$F_A(u) = [\inf F_A(u), \sup F_A(u)]$。

定义 4-13(Deli，2017)　令 U 为初始论域，E 为参数集。设 $P(U)$ 为论域 U 上所有区间值中智集的集合，称 (F, E) 为论域 U 上的一个区间值中智软集合，当且仅当 F 是 E 到 $P(U)$ 所有子集的一个映射，记作 $F: E \to P(U)$。

例 4-5　假定 $U = \{u_1, u_2, u_3\}$ 为备选产品集合，$E = \{e_1, e_2, e_3\}$ 为描述产品特性的一组参数集，e_1，e_2 和 e_3 分别表示“性能优”，“价格便宜”和“美观”。假定用区间值中智软集合 (F, E) 描述备选产品，F 表示依据所选参数对房子的评价，存在：

$$F(e_1) = \left\{<\frac{u_1}{[0.1,0.3],[0.5,0.7],[0.1,0.4]}>, <\frac{u_2}{[0.3,0.5],[0.3,0.6],[0.2,0.7]}>, <\frac{u_3}{[0.5,0.6],[0.3,0.4],[0.7,0.8]}>\right\}$$

$$F(e_2) = \left\{<\frac{u_1}{[0.5,0.8],[0.3,0.6],[0.1,0.2]}>, <\frac{u_2}{[0.4,0.8],[0.2,0.5],[0.6,0.7]}>, <\frac{u_3}{[0.3,0.6],[0.3,0.6],[0.3,0.6]}>\right\}$$

$$F(e_3) = \left\{<\frac{u_1}{[0.4,0.5],[0.3,0.5],[0.3,0.6]}>, <\frac{u_2}{[0.2,0.4],[0.1,0.5],[0.3,0.6]}>, <\frac{u_3}{[0.6,0.7],[0.3,0.6],[0.2,0.5]}>\right\}$$

定义 4-14(Zhao 等，2015)　对于论域 U 上的区间值中智集 A，存在区间值中智数

$A(u) = <[\inf T_A(u), \sup T_A(u)], [\inf I_A(u), \sup I_A(u)], [\inf F_A(u), \sup F_A(u)]>$，其得分函数、精确度函数和确定性函数定义分别如下：

$$s(A(u)) = \left[\frac{2 + \inf T_A(u) - \sup I_A(u) - \sup F_A(u)}{3}, \frac{2 + \sup T_A(u) - \inf I_A(u) - \inf F_A(u)}{3}\right] \tag{4-7}$$

$$\begin{aligned} a(A(u)) = [&\min(\inf T_A(u) - \inf F_A(u), \sup T_A(u) - \sup F_A(u)), \\ &\max(\inf T_A(u) - \inf F_A(u), \sup T_A(u) - \sup F_A(u))] \end{aligned} \tag{4-8}$$

$$c(A(u)) = [\inf T_A(u), \sup T_A(u)] \tag{4-9}$$

对于区间值中智数 $A(u_1)$ 和 $A(u_2)$，假设 $A(u_1) = <[\inf T_A(u_1), \sup T_A(u_1)], [\inf I_A(u_1), \sup I_A(u_1)], [\inf F_A(u_1), \sup F_A(u_1)]> A(u_2) = <[\inf T_A(u_2), \sup T_A(u_2)], [\inf I_A(u_2), \sup I_A(u_2)], [\inf F_A(u_2), \sup F_A(u_2)]>$，则二者之间的优劣比较及距离测度定义如下。

定义 4-15(徐泽水和达庆利，2003) 对于区间值中智数 $A(u_1)$ 和 $A(u_2)$，假定二者的得分函数分别为 $s(A(u_1)) = [c_1, d_1]$ 和 $s(A(u_2)) = [c_2, d_2]$，记二者得分函数的长度为 $y_1 = d_1 - c_1$，$y_2 = d_2 - c_2$。则

$$p(A(u_1) > A(u_2)) = \frac{\min\{y_1 + y_2, \max(d_1 - c_2, 0)\}}{y_1 + y_2} \tag{4-10}$$

为 $A(u_1) > A(u_2)$ 的可能度。

定义 4-16(Ye，2014) 对于区间值中智数 $A(u_1)$ 和 $A(u_2)$，二者之间的标准化汉明距离为：

$$\begin{aligned} &D^{\Delta}(A(u_1), A(u_2)) \\ &= \frac{|\inf T_A(u_1) - \inf T_A(u_2)| + |\sup T_A(u_1) - \sup T_A(u_2)| + |\inf I_A(u_1) - \inf I_A(u_2)|}{6} \\ &+ \frac{|\sup I_A(u_1) - \sup I_A(u_2)| + |\inf F_A(u_1) - \inf F_A(u_2)| + |\sup F_A(u_1) - \sup F_A(u_2)|}{6} \end{aligned} \tag{4-11}$$

4.2 基于对偶犹豫模糊软集合和前景理论的静态信用评价理论和方法

针对互联网不一致数据下的信用评价问题，本节以对偶犹豫模糊软集合为分析工具。首先，为使评价结果达成一致，提出了对偶犹豫模糊软集合的一致性检验，以检验各平台数据的一致性。其次，基于各平台数据的群一致性水平和对偶犹豫模糊软集合的熵，依次确定各平台与参数的权重。最后，结合前景理论，构建基于对偶犹豫模糊软集合的静态信用评价方法。

4.2.1　前景理论

前景理论(Kahneman 和 Tversky，1979)作为行为科学的主流理论，通过对期望效用理论的修正得来，分别用价值函数、决策权重函数取代了效用函数和主观概率。该理论包含三个特征：参考依赖、敏感性递减和损失厌恶。

参考依赖指人们感知的变化依赖于相对价值的变化，也被称作现状偏见或禀赋效应，即人在判断收益或损失时往往内心会设置好一个参考点，进而依据参考点进行评判。假设有两个选项 A 和 B：选项 A“别人一年收入 9 万元，自己一年收入 10 万元”，选项 B“别人一年收入 12 万元，自己一年收入 11 万元”。面对以上情形，多数人选择选项 A，原因是在决策过程中下意识将别人的收入作为参照点来权衡各情形的价值。很明显，参照点的差异将会导致决策者的决策行为差异(曹志强等，2019)。这种现象也解释了股票市场中的投资者往往很少关注自己的绝对收益，而更加看重自己的投资回报率是否跑赢大盘。研究最终得到的结论是，在决策中人们常常会迷恋概率极小事件，在对其发生概率进行评估时，会高估其发生的概率。

敏感性递减指距离参考点越近，人们感受到的边际效用越强烈。经过大量实验论证：敏感性递减造成效用曲线以参照点为拐点，在参照点以上呈凹状，参照点以下呈凸状。该特征在酒店管理中的表现较明显。假设酒店销售 300 元/晚的房间，并试图向消费者售卖价值 30 元的附加服务(如早餐、本地服务优惠等)，此时消费者是比较容易接受的。而一旦在消费者入店后，再尝试销售 30 元的附加服务，就不那么容易了。很明显，在客人支付 300 元时再支付 30 元的心理损失，小于从 0 元到 30 元的心理损失。

损失厌恶指在决策中，面对确定收益和承担一定风险后获得更高收益的情形，人们会选择前者，即更加倾向于获得确定收益。假设人们面对以下两种选择：100%获得 160 元；75%获得 200 元，25%获得 100 元。若采用传统经济学中的期望效用理论进行分析，理性人应当选择后者；若采用前景理论分析，理性决策应当选择前者，即 100%获得 160 元。但通过大量的数据分析和统计后，发现大多数人会选择前者，前景理论的分析结果更加贴合实际。前景理论分析结果表明人们对于收益和损失的感觉是不一样的，与不愿承担风险不同，人们是损失厌恶的。即人们因得到 200 元而感受到的快乐与损失 200 元时感受到的痛苦是不一样的，后者的感情要明显强于前者，故会为了避免失去或者冒险不获利而选择 100%能够获得的收益。

前景理论在运用过程中包含两个阶段：编辑阶段和评价阶段，并基于此计算不同选项的前景值，通过对前景值进行比较并决策。首先编辑阶段是确定参考点，基于参考点对损失或收益进行量化，并依据客观概率计算决策权重。其次计算前景值进行评价，选择前景值高的选项为决策结果，即评价阶段。

前景值由价值函数和决策权重函数共同决定，定义为：

$$V = \sum v(x - r)\omega(p_t) \tag{4-12}$$

其中，$v(x - r)$ 为价值函数，指决策者对选项的主观感受而产生的效用。依上所示，这种效用不是绝对值，而是基于参照点的相对价值。参照点设置不同，价值函数也不同。

具体计算方法如下：

$$v(x-r)=\begin{cases}(x-r)^{\alpha}, & x \geqslant r \\ -\lambda(x-r)^{\beta}, & x<r\end{cases} \tag{4-13}$$

其中，x 表示对象的评价值，r 表示参照点，$(x-r)$ 表示损失或者收益。当 $x \geqslant r$ 时代表收益，价值函数是凹函数；当 $x<r$ 时表示损失，此时价值函数是凸函数。α 和 β 分别表示价格函数的凹凸程度。λ 为风险收益系数，$\lambda>1$ 代表专家更加看重风险。经过大量实验验证，Kahneman 和 Tversky 得到以上参数的最佳取值为：$\alpha=\beta=0.88$，$\lambda=2.25$。

$\omega(p_t)$ 为决策权重函数，指决策者对选项出现概率的主观评断，Kahneman 和 Tversky 研究得到：人们对于大概率事件往往会赋予较小的概率，而对于小概率事件却会赋予相对高于客观概率的值。具体定义如下：

$$\omega(p_t)=\frac{p_t^{\gamma}}{\left((p_t^{\gamma})+((1-p_t)^{\gamma})\right)^{\frac{1}{\gamma}}} \tag{4-14}$$

其中，p_t 表示客观概率。Kahneman 和 Tversky 经过实验验证得到参数 γ 的最优取值为 0.61。

由此可见，前景理论能够更加客观地分析不确定环境下人们面对风险进行决策时所采取的决策行为。

4.2.2 一致性检验

由于不同的决策者对对象的评价标准有所差异，为使最终评价结果达成一致，必须将各决策者评估意见的一致性水平纳入决策过程。一致性检验是多属性群决策中的一项重要工作，旨在甄别那些与群体评估意见差别较大的评估意见。本研究考虑决策者对对象 x_i 在参数 e_j 下的评估结果的一致性水平，以保证群体评估意见的一致性。

对偶犹豫模糊软数能很好地表达特定备选对象 x_i 在参数 e_j 下的评估信息，基于此，我们定义对偶犹豫模糊软数的基本运算。

定义 4-17 设 $\rho_{11}=(\{h_{11}\},\{g_{11}\})$，$\rho_{12}=(\{h_{12}\},\{g_{12}\})$ 为两个对偶犹豫模糊软数，其基本的运算如下：

(1)和运算：

$$\rho_{11}\oplus\rho_{12}=\bigcup_{\substack{\gamma_{11}\in h_{11},\ \gamma_{12}\in h_{12}\\ \delta_{11}\in h_{11},\ \delta_{12}\in h_{12}}}(\{\gamma_{11}+\gamma_{12}-\gamma_{11}\gamma_{12}\},\{\delta_{11}\delta_{12}\}) \tag{4-15}$$

(2)积运算：

$$\rho_{11}\otimes\rho_{12}=\bigcup_{\substack{\gamma_{11}\in h_{11},\ \gamma_{12}\in h_{12}\\ \delta_{11}\in h_{11},\ \delta_{12}\in h_{12}}}(\{\gamma_{11}\gamma_{12}\},\{\delta_{11}+\delta_{12}-\delta_{11}\delta_{12}\}) \tag{4-16}$$

(3)数乘运算：

$$\lambda\rho_{11}=\bigcup_{\substack{\gamma_{11}\in h_{11},\ \gamma_{12}\in h_{12}\\ \delta_{11}\in h_{11},\ \delta_{12}\in h_{12}}}(\{1-(1-\gamma_{11})^{\lambda}\},\{\delta_{11}{}^{\lambda}\}),\ \lambda\geqslant 0 \tag{4-17}$$

对偶犹豫模糊软数可以看作是对偶犹豫模糊软集合中只有一个元素时的特殊情况，因此，我们基于对偶犹豫模糊软集合的距离测度可以定义基于对偶犹豫模糊软数的距离测度，公式(4-1)中的距离测度是针对对偶犹豫模糊软集合的，我们令 $m=1$，$n=1$ 即可得到对偶犹豫模糊软数的距离测度公式。

定义 4-18　令 $\rho_{F(e_j)}(x_i)$ 和 $\rho_{G(e_j)}(x_i)$ 为关于对象 x_i 在属性 e_j 下的两个对偶犹豫模糊软数，那么这两个对偶犹豫模糊软数的距离和相似性测度定义如下：

标准汉明距离测度：

$$\operatorname{dnh}(\rho_{F(e_j)}(x_i), \rho_{G(e_j)}(x_i)) = \frac{1}{2}\left[\frac{1}{k}\sum_{s=1}^{k} \left| h_{F(e_j)}^{\sigma(s)}(x_i) - h_{G(e_j)}^{\sigma(s)}(x_i) \right| + \frac{1}{l}\sum_{t=1}^{l} \left| g_{F(e_j)}^{\sigma(t)}(x_i) - g_{G(e_j)}^{\sigma(t)}(x_i) \right| \right] \tag{4-18}$$

广义标准距离测度：

$$\operatorname{dgn}(\rho_{F(e_j)}(x_i), \rho_{G(e_j)}(x_i)) = \frac{1}{2}\left[\frac{1}{k}\sum_{s=1}^{k} \left| h_{F(e_j)}^{\sigma(s)}(x_i) - h_{G(e_j)}^{\sigma(s)}(x_i) \right|^{\lambda} + \frac{1}{l}\sum_{t=1}^{l} \left| g_{F(e_j)}^{\sigma(t)}(x_i) - g_{G(e_j)}^{\sigma(t)}(x_i) \right|^{\lambda} \right]^{1/\lambda} \tag{4-19}$$

其中 $\lambda > 0$，$h_{F(e_j)}^{\sigma(s)}(x_i)$ 和 $g_{F(e_j)}^{\sigma(t)}(x_i)$ 分别表示 $h_{F(e_j)}(x_i)$ 和 $g_{F(e_j)}(x_i)$ 中第 s 大和第 t 大的数值。$k=\max\{k(h_{F(e_j)}(x_i)), k(h_{G(e_j)}(x_i))\}$，$l=\max\{l(g_{F(e_j)}(x_i)), l(g_{G(e_j)}(x_i))\}$，$k(h_{F(e_j)}(x_i))$ 和 $k(h_{G(e_j)}(x_i))$ 分别代表 $h_{F(e_j)}(x_i)$ 和 $h_{G(e_j)}(x_i)$ 中数值的个数，$l(g_{F(e_j)}(x_i))$ 和 $l(g_{G(e_j)}(x_i))$ 分别代表 $g_{F(e_j)}(x_i)$ 和 $g_{G(e_j)}(x_i)$ 中数值的个数。$h_{F(e_j)}(x_i)$，$h_{G(e_j)}(x_i)$，$g_{F(e_j)}(x_i)$，$g_{G(e_j)}(x_i)$ 中的数值按降序排列。

在大多数情况下，一致性水平可以用距离测度来表示(Yager，1980；Zhou et al.，2019)。下面，我们将详细介绍一致性检验的计算过程，并用对偶犹豫模糊软数的标准汉明距离(Khameneh 和 Kilicman，2019)来计算决策者意见的一致性水平。

有两个对偶犹豫模糊软数 $\rho_{F(e_j)}(x_i)^p$ 和 $\rho_{F(e_j)}(x_i)^q$，表示决策者 ε_p 和 ε_q 对对象 x_i 在参数 e_j 下的评估值，可以简单表示为 ρ_{ij}^p 和 ρ_{ij}^q。

定义 4-19　决策者 ε_p 和 ε_q $(p, q=1, 2, \cdots, Q)$ 对对象 x_i $(i=1, 2, \cdots, m)$ 在参数 $e_j (j=1, 2, \cdots, n)$ 下第 c 轮 $\zeta_c (c=1, 2, \cdots, C)$ 的一致性水平检验如下所示：

$$\begin{aligned} \mathrm{cl}_{ij, \zeta_c}^{p, q} &= 1 - \operatorname{dnh}(\rho_{F(e_j)}\binom{x}{i}p, \rho_{F(e_j)}\binom{x}{i}q) \\ &= 1 - \frac{1}{2}\left[\frac{1}{k}\sum_{s=1}^{k} \left| h_{F(e_j)}^{\sigma(s)}(x_i)^p - h_{F(e_j)}^{\sigma(s)}(x_i)^q \right| + \frac{1}{l}\sum_{t=1}^{l} \left| g_{F(e_j)}^{\sigma(t)}(x_i)^p - g_{F(e_j)}^{\sigma(t)}(x_i)^q \right| \right] \end{aligned} \tag{4-20}$$

其中 $\mathrm{cl}_{ij, \zeta_c}^{p, q}$ 代表决策者 ε_p 和 ε_q 对对象 x_i 在参数 e_j 下第 c 轮检验的一致性水平。$\operatorname{dnh}(\rho_{F(e_j)}(x_i)^p, \rho_{F(e_j)}(x_i)^q)$ 为对偶犹豫模糊软数的标准汉明距离公式。

进一步地，决策者 ε_p 和 ε_q 之间一致性水平可通过以下公式获得：

$$\mathrm{cl}^{p, q} = \sum_{i=1}^{m}\sum_{j=1}^{n} \mathrm{cl}_{ij}^{p, q} \tag{4-21}$$

通过计算得到的一致性水平如果达到了管理者预先设定的可接受的一致性水平 cl^a，则表示决策者给出的评估意见是可接受的，一致性检验过程可以就此结束。反之则应用评估调整方法来调整决策者的评估意见，使其达到可接受的一致性水平。

定义 4-20 比较由定义 4-24 计算的一致性水平，如果 $cl_{ij,\zeta_c}^{p,q} < cl^{\alpha}$，说明决策者的意见是需要调整的。我们提出一种评估调整方法，用于调整决策者的评估意见，使决策者的意见达到可接受的一致性水平。决策者 ε_q 在第 ξ_{c+1} 轮检验中新的评估值可以表示为：

$$(\rho_{ij}^q)_{\zeta_{c+1}} = \varphi_{\zeta_c}^{1,q}(\rho_{ij}^1)_{\zeta_c} \oplus \varphi_{\zeta_c}^{2,q}(\rho_{ij}^2)_{\zeta_c} \oplus \cdots \oplus \varphi_{\zeta_c}^{p,q}(\rho_{ij}^q)_{\zeta_c} \oplus \cdots \oplus \varphi_{\zeta_c}^{Q,q}(\rho_{ij}^q)_{\zeta_c} \quad (4\text{-}22)$$

其中 $\varphi_{\zeta_c}^{p,q} \in [0, 1]$，$\varphi_{\zeta_c}^{1,q} + \varphi_{\zeta_c}^{2,q} + \cdots + \varphi_{\zeta_c}^{Q,q} = 1$，$\rho_{ij}^q(q = 1, 2, \cdots, Q)$ 表示决策者 ε_q 对对象 x_i 在参数 e_j 下的原始评估值。$\varphi_{\zeta_c}^{p,q}$ 代表决策者 ε_q 在第 ζ_{c+1} 轮一致性检验过程中的调整系数，$(\rho_{ij}^q)_{\zeta_{c+1}}$ 代表决策者 ε_q 新的评估值。决策者 ε_p 越同意 ε_q 的意见，调整系数 $\varphi_{\zeta_c}^{p,q}$ 越大。

4.2.3 基于对偶犹豫模糊软集合和前景理论的静态信用评价方法

考虑到信用评价过程中，各数据来源平台及指标的重要性差异，本节提出了为平台和参数客观赋权的方法。进一步地，引入能够有效克服评价主体非理性因素的前景理论，结合对偶犹豫模糊软集合的一致性检验，构建了基于对偶犹豫模糊软集合和前景理论的静态信用评价方法。

1. 平台权重确定

考虑到在信用评价过程中，各平台由于受信息的准确性、全面性等因素的限制，提供的数据往往具有差异性和不确定性，如果直接将数据集结对信用主体进行评价，可能会产生不合理的评价结果，降低了评价结果的可信度。因此，合理确定各平台权重显得尤为重要。

我们将各平台的评估意见与群体评估意见的一致性水平称为群一致性水平，群一致性水平越低，代表平台的评估意见与群体评估意见的偏离程度就越大。因此，本节根据群一致性水平来确定平台权重，认为群一致性水平越低，平台与群体评估意见的偏离程度越大，则赋予平台的权重也就越小。根据公式(4-21)计算平台数据的一致性水平，由此得到平台 ε_q 与群体评估意见的群一致性水平 R_q 为：

$$R_q = \sum_{p=1}^{Q} cl^{p,q} - 1 \quad (4\text{-}23)$$

注意 $cl^{p,q} = cl^{q,p}$，当 $p = q$，$cl^{p,q} = 1$，R_q 代表平台 ε_q 和群体评估意见的群一致性水平。R_q 越小，表示平台 ε_q 的群一致性水平越低，平台 ε_q 分配的权重应越小，从而得到平台的权重：

$$\eta_q = \frac{R_q}{\sum_{q=1}^{Q} R_q} \quad (4\text{-}24)$$

2. 指标权重确定

熵是模糊集的基本性质之一，它为衡量模糊集的不确定性程度提供了一种重要工具，现有的不确定性度量大多是基于熵的定义。熵权法的原理是依据不同参数携带的信息量大小赋予其相应的权重。各指标熵值与其所携带的信息量成反比，权重与其所携带的信息量成正比，故熵值与权重成反比。也就是说，指标的熵值越小，其携带的信息量越大，权重越大。为了客观地确定各指标的权重，我们首先定义对偶犹豫模糊软集合的熵。

Khameneh 和 Kilicman(2019)指出集合与其补集之间的相似性测度可以度量给定模糊集的不确定性，故本研究利用对偶犹豫模糊软集合的标准汉明距离和标准汉明相似性来定义对偶犹豫模糊软集合的熵，其中令对偶犹豫模糊软集合标准汉明相似性中的参数 $\lambda=1$。

定义 4-21　设 (F, E) 和 (G, E) 为两个非空的对偶犹豫模糊软集合，一个映射 H：$\mathrm{DHFSS}(U)\to[0, 1]$ 称为对偶犹豫模糊软集合的熵，并且具有以下性质：

① $H(F, E)=0$，当且仅当对于 $\forall\ h_{F(e_j)}(x_i)=1$，$g_{F(e_j)}(x_i)=0$ 或者 $\forall\ h_{F(e_j)}(x_i)=0$，$g_{F(e_j)}(x_i)=1$；

② $H(F, E)=1$，当且仅当 $h_{F(e_j)}(x_i)=g_{F(e_j)}(x_i)$；

③ $H(F, E)=H(F, E)^c$；

④ $H(F, E)\leqslant H(G, E)$，即 (F, E) 的模糊性小于 (G, E)，如果对于 $h_{G(e_j)}^{\sigma(s)}(x_i)\leqslant g_{G(e_j)}^{\sigma(t)}(x_i)$ 时，有 $h_{F(e_j)}^{\sigma(s)}(x_i)\leqslant h_{G(e_j)}^{\sigma(s)}(x_i)$ 和 $g_{F(e_j)}^{\sigma(t)}(x_i)\geqslant g_{G(e_j)}^{\sigma(t)}(x_i)$；或者对于 $h_{G(e_j)}^{\sigma(s)}(x_i)\geqslant g_{G(e_j)}^{\sigma(t)}(x_i)$，有 $h_{F(e_j)}^{\sigma(s)}(x_i)\geqslant h_{G(e_j)}^{\sigma(s)}(x_i)$ 和 $g_{F(e_j)}^{\sigma(t)}(x_i)\leqslant g_{G(e_j)}^{\sigma(t)}(x_i)$。

定理 4-1　设 (F, E) 为一个对偶犹豫模糊软集合，则定义对偶犹豫模糊软集合的熵为：

$$H(F, E)=\mathrm{Snh}((F, E), (F, E)^c)=1-\mathrm{Dnh}((F, E), (F, E)^c) \tag{4-25}$$

证明：利用对偶犹豫模糊软集合的标准汉明距离，我们有

$$\begin{aligned}\mathrm{Dnh}((F, E), (F, E)^c)=\frac{1}{2mn}\sum_{j=1}^{n}\sum_{i=1}^{m}\Bigg[&\frac{1}{k}\sum_{s=1}^{k}\left|h_{F(e_j)}^{\sigma(s)}(x_i)-g_{F(e_j)}^{\sigma(t)}(x_i)\right|\\&+\frac{1}{l}\sum_{t=1}^{l}\left|g_{F(e_j)}^{\sigma(t)}(x_i)-h_{F(e_j)}^{\sigma(s)}(x_i)\right|\Bigg]\end{aligned} \tag{4-26}$$

①如果对于 $\forall\ h_{F(e_j)}(x_i)=1$，$g_{F(e_j)}(x_i)=0$ 或者 $h_{F(e_j)}(x_i)=0$，$g_{F(e_j)}(x_i)=1$，根据公式(4-26)，我们能够得到 $\mathrm{Dnh}((F, E), (F, E)^c)=1$，显而易见地，$H(F, E)=0$。

如果 $H(F, E)=0$，我们能得到 $\mathrm{Dnh}((F, E), (F, E)^c)=1$。根据公式(4-26)，我们能够得到

$$\frac{1}{2mn}\sum_{j=1}^{n}\sum_{i=1}^{m}\left[\frac{1}{k}\sum_{s=1}^{k}\left|h_{F(e_j)}^{\sigma(s)}(x_i)-g_{F(e_j)}^{\sigma(t)}(x_i)\right|+\frac{1}{l}\sum_{t=1}^{l}\left|g_{F(e_j)}^{\sigma(t)}(x_i)-h_{F(e_j)}^{\sigma(s)}(x_i)\right|\right]=1 \tag{4-27}$$

根据对偶犹豫模糊软集合的定义，我们有 $0\leqslant\gamma, \delta\leqslant 1$，$0\leqslant\gamma^{+}+\delta^{+}\leqslant 1$，其中对于任意的 $x\in U$，$\gamma\in h_{F(e_j)}(x_i)$ 和 $\delta\in g_{F(e_j)}(x_i)$，$\gamma^{+}\in h_{F(e_j)}^{+}(x_i)=\bigcup_{\gamma\in h_{F(e_j)}(x_i)}\max\{\gamma\}$ 和 $\delta^{+}\in g_{F(e_j)}^{+}(x_i)=\bigcup_{\delta\in g_{F(e_j)}(x_i)}\max\{\delta\}$，因此我们能够得到 $0\leqslant\left|h_{F(e_j)}^{\sigma(s)}(x_i)-g_{F(e_j)}^{\sigma(t)}(x_i)\right|\leqslant 1$。结合公式(4-27)，我们能得到

$$\left|h_{F(e_j)}^{\sigma(s)}(x_i)-g_{F(e_j)}^{\sigma(t)}(x_i)\right|=1,\quad\left|g_{F(e_j)}^{\sigma(t)}(x_i)-h_{F(e_j)}^{\sigma(s)}(x_i)\right|=1 \tag{4-28}$$

公式(4-28)满足，$\forall\ h_{F(e_j)}(x_i)=1$，$g_{F(e_j)}(x_i)=0$ 或者 $\forall\ h_{F(e_j)}(x_i)=0$，$g_{F(e_j)}(x_i)=1$。

②如果 $H(F, E)=1$，我们有 $\mathrm{Dnh}((F, E), (F, E)^c)=0$。结合公式(4-28)，我们能得到

$$\frac{1}{2mn}\sum_{j=1}^{n}\sum_{i=1}^{m}\left[\frac{1}{k}\sum_{s=1}^{k}\left|h_{F(e_j)}^{\sigma(s)}(x_i)-g_{F(e_j)}^{\sigma(t)}(x_i)\right|+\frac{1}{l}\sum_{t=1}^{l}\left|g_{F(e_j)}^{\sigma(t)}(x_i)-h_{F(e_j)}^{\sigma(s)}(x_i)\right|\right]=0$$

由以上公式能够得到 $h_{F(e_j)}(x_i)=g_{F(e_j)}(x_i)$。

③这是显而易见的。

④这里有两种情况需要讨论：

第一种情况，如果对于 $h_{G(e_j)}^{\sigma(s)}(x_i)\leqslant g_{G(e_j)}^{\sigma(t)}(x_i)$ 时，$h_{F(e_j)}^{\sigma(s)}(x_i)\leqslant h_{G(e_j)}^{\sigma(s)}(x_i)$ 并且 $g_{F(e_j)}^{\sigma(t)}(x_i)\geqslant g_{G(e_j)}^{\sigma(t)}(x_i)$，我们有 $h_{F(e_j)}^{\sigma(s)}(x_i)-g_{F(e_j)}^{\sigma(t)}(x_i)\leqslant h_{G(e_j)}^{\sigma(s)}(x_i)-g_{G(e_j)}^{\sigma(t)}(x_i)\leqslant 0$，因此，我们能够得到：

$$\left|h_{F(e_j)}^{\sigma(s)}(x_i)-g_{F(e_j)}^{\sigma(t)}(x_i)\right|\geqslant\left|h_{G(e_j)}^{\sigma(s)}(x_i)-g_{G(e_j)}^{\sigma(t)}(x_i)\right| \tag{4-29}$$

第二种情况，如果对于 $h_{G(e_j)}^{\sigma(s)}(x_i)\geqslant g_{G(e_j)}^{\sigma(t)}(x_i)$ 时，$h_{F(e_j)}^{\sigma(s)}(x_i)\geqslant h_{G(e_j)}^{\sigma(s)}(x_i)$ 并且 $g_{F(e_j)}^{\sigma(t)}(x_i)\leqslant g_{G(e_j)}^{\sigma(t)}(x_i)$，我们有 $h_{F(e_j)}^{\sigma(s)}(x_i)-g_{F(e_j)}^{\sigma(t)}(x_i)\geqslant h_{G(e_j)}^{\sigma(s)}(x_i)-g_{G(e_j)}^{\sigma(t)}(x_i)\geqslant 0$，我们能够得到与公式(4-29)一样的结果。

利用公式(4-26)，我们能够得到

$$\begin{aligned}\mathrm{Dnh}((F, E), (F, E)^c)&=\frac{1}{2mn}\sum_{j=1}^{n}\sum_{i=1}^{m}\left[\frac{1}{k}\sum_{s=1}^{k}\left|h_{F(e_j)}^{\sigma(s)}(x_i)-g_{F(e_j)}^{\sigma(t)}(x_i)\right|+\right.\\&\qquad\left.\frac{1}{l}\sum_{t=1}^{l}\left|g_{F(e_j)}^{\sigma(t)}(x_i)-h_{F(e_j)}^{\sigma(s)}(x_i)\right|\right]\\&\geqslant\frac{1}{2mn}\sum_{j=1}^{n}\sum_{i=1}^{m}\left[\frac{1}{k}\sum_{s=1}^{k}\left|h_{G(e_j)}^{\sigma(s)}(x_i)-g_{G(e_j)}^{\sigma(t)}(x_i)\right|+\right.\\&\qquad\left.\frac{1}{l}\sum_{t=1}^{l}\left|g_{G(e_j)}^{\sigma(t)}(x_i)-h_{G(e_j)}^{\sigma(s)}(x_i)\right|\right]\\&=\mathrm{Dnh}((G, E), (G, E)^c)\end{aligned}$$

因此，$H(F, E)\leqslant H(G, E)$ 得到证明。

对偶犹豫模糊软集合的熵只能测度集合整体的模糊性，而不能精确描述特定属性的模糊性。另外，对偶犹豫模糊软集合的距离是测度两个集合之间的整体关系，但是在实际的决策过程中，不同属性在决策过程中的重要程度是不一样的。为了研究某一特定属性下的评价值对决策结果的影响，定义对偶犹豫模糊软集合的分离距离和分离相似性测度，并定义对偶犹豫模糊软集合的分离熵。

定义 4-22 对偶犹豫模糊软集合的分离距离和分离相似性测度如下：

标准汉明分离距离测度：

$$\begin{aligned}\mathrm{Dnh}_j^s((F, E)(G, E))&=\frac{1}{2m}\sum_{i=1}^{m}\left[\frac{1}{k}\sum_{s=1}^{k}\left|h_{F(e_j)}^{\sigma(s)}(x_i)-h_{G(e_j)}^{\sigma(s)}(x_i)\right|\right.\\&\qquad\left.+\frac{1}{l}\sum_{t=1}^{l}\left|g_{F(e_j)}^{\sigma(t)}(x_i)-g_{G(e_j)}^{\sigma(t)}(x_i)\right|\right]\end{aligned} \tag{4-30}$$

标准汉明分离相似性测度：

$$\mathrm{Snh}_j^s((F,\ E)(G,\ E)) = 1 - \frac{1}{2m}\sum_{i=1}^{m}\left[\frac{1}{k}\sum_{s=1}^{k}\left|h_{F(e_j)}^{\sigma(s)}(x_i) - h_{G(e_j)}^{\sigma(s)}(x_i)\right|^{\lambda} + \frac{1}{l}\sum_{t=1}^{l}\left|g_{F(e_j)}^{\sigma(t)}(x_i) - g_{G(e_j)}^{\sigma(t)}(x_i)\right|^{\lambda}\right]^{1/\lambda} \tag{4-31}$$

广义标准分离距离测度：

$$\mathrm{Dgn}_j^s((F,\ E)(G,\ E)) = \frac{1}{2m}\sum_{i=1}^{m}\left[\frac{1}{k}\sum_{s=1}^{k}\left|h_{F(e_j)}^{\sigma(s)}(x_i) - h_{G(e_j)}^{\sigma(s)}(x_i)\right|^{\lambda} + \frac{1}{l}\sum_{t=1}^{l}\left|g_{F(e_j)}^{\sigma(t)}(x_i) - g_{G(e_j)}^{\sigma(t)}(x_i)\right|^{\lambda}\right]^{1/\lambda} \tag{4-32}$$

其中 $\lambda > 0$，$j = 1,\ 2,\ \cdots,\ n$。

需要注意的是，标准汉明分离距离测度和标准汉明分离相似性测度有着密切的关系，当 $\lambda = 1$ 时，$\mathrm{Snh}_j^s = 1 - \mathrm{Dnh}_j^s$。

对偶犹豫模糊软集合的距离和相似性测度与其分离距离和分离相似性测度有着密切的关系：

$$\mathrm{Dnh}((F,\ E),\ (G,\ E)) = \sum_{j=1}^{n}\mathrm{Dnh}_j^s((F,\ E)(G,\ E)) \tag{4-33}$$

$$\mathrm{Snh}((F,\ E),\ (G,\ E)) = \sum_{j=1}^{n}\mathrm{Snh}_j^s((F,\ E)(G,\ E)) \tag{4-34}$$

定义 4-23　对偶犹豫模糊软集合的熵可以表示为：

$$H(F,\ E) = \frac{1}{n}\sum_{j=1}^{n}H(F,\ e_j) \tag{4-35}$$

我们称 $H(F,\ E)$ 为对偶犹豫模糊软集合的熵，$H(F,\ e_j)$ 为对偶犹豫模糊软集合的分离熵。其中

$$\begin{aligned} H(F,\ e_j) &= \mathrm{Snh}_j^s((F,\ E),\ (F,\ E)^c) = 1 - \mathrm{Dnh}_f^s((F,\ E),\ (F,\ E)^c) \\ &= 1 - \frac{1}{2m}\sum_{i=1}^{m}\left[\frac{1}{k}\sum_{s=1}^{k}\left|h_{F(e_j)}^{\sigma(s)}(x_i) - g_{F(e_j)}^{\sigma(t)}(x_i)\right| + \frac{1}{l}\sum_{t=1}^{l}\left|g_{F(e_j)}^{\sigma(t)}(x_i) - h_{F(e_j)}^{\sigma(s)}(x_i)\right|\right] \end{aligned} \tag{4-36}$$

该公式是由对偶犹豫模糊软集合的标准汉明分离相似性决定的，并令公式中的参数 $\lambda = 1$。

3. 评价方法构建

从以往的研究来看，TOPSIS 是一种逼近理想解的排序方法，在多属性群决策中得到了广泛的使用。前景理论将主观偏好对实际决策行为的影响整合到平价模型中，这更符合互联网不确定环境下的信用评价。鉴于此，我们将 TOPSIS 和前景理论结合，建立一个基于对偶犹豫模糊软集合的信用评价框架。

本节以选出信用状况最佳的信用主体为目标，首先邀请各平台评价主体对信用主体的各指标状况进行评价构成对偶犹豫模糊软集合评价矩阵，然后促成各平台评价主体评估意

见一致性水平的达成，并基于评价主体评估意见与群体评估意见的群一致性水平确定各平台的权重；其次定义对偶犹豫模糊软集合的熵，客观地确定各指标的权重；最后再结合TOPSIS和前景理论计算各信用主体的综合前景值，并对信用主体进行排序择优。

设某投资机构有 m 个贷款候选人，组成集合 $U=\{x_1, x_2, \cdots, x_m\}$，$n$ 个评价指标构成的指标集为 $E=\{e_1, e_2, \cdots, e_n\}$，指标权重 ω_j 完全未知，并且满足 $\sum_{j=1}^{n}\omega_j=1$ $(\omega_j \geqslant 0)$，$\omega_j \in [0, 1]$，$(j=1, 2, \cdots, n)$。设各信用数据来源平台为 $M=\{\varepsilon_1, \varepsilon_2, \cdots \varepsilon_Q\}$，$\eta_q$ 为平台权重，且满足 $\sum_{q=1}^{Q}\eta_q=1$ $(\eta_q \geqslant 0)$，$\eta_q \in [0, 1]$，$(q=1, 2, \cdots, Q)$。平台 ε_q 对候选人 $x_i(i=1, 2, \cdots, m)$ 在指标 $e_j(j=1, 2, \cdots, n)$ 下的评估值用对偶犹豫模糊软数 $\rho_{F(e_j)}(x_i)^q=(h_{F(e_j)}(x_i), g_{F(e_j)}(x_i))$ 表示。我们在论域 U 上构建对偶犹豫模糊软集合 (F_q, E)，其中 F_q: $E \to \mathrm{DHFSS}(U)$，则平台 ε_q 对 m 个候选人的指标进行评价，得到的基于对偶犹豫模糊软集合的评价矩阵可表示为：

$$
(F_q,E)=\begin{array}{c} \\ x_1 \\ x_2 \\ \vdots \\ x_m \end{array}
\begin{array}{c} \begin{array}{cccc} e_1 & e_2 & \cdots & e_n \end{array} \\
\begin{pmatrix}
<h_{F(e_1)}(x_1),g_{F(e_1)}(x_1)> & <h_{F(e_2)}(x_1),g_{F(e_2)}(x_1)> & \cdots & <h_{F(e_n)}(x_1),g_{F(e_n)}(x_1)> \\
<h_{F(e_1)}(x_2),g_{F(e_1)}(x_2)> & <h_{F(e_2)}(x_2),g_{F(e_2)}(x_2)> & \cdots & <h_{F(e_n)}(x_2),g_{F(e_n)}(x_2)> \\
\vdots & \vdots & \ddots & \vdots \\
<h_{F(e_1)}(x_m),g_{F(e_1)}(x_m)> & <h_{F(e_2)}(x_m),g_{F(e_2)}(x_m)> & \cdots & <h_{F(e_n)}(x_m),g_{F(e_n)}(x_m)>
\end{pmatrix}\end{array}
$$

该方法的具体评价步骤如下：

在得到对偶犹豫模糊软集合评价矩阵之后，我们应该将评价矩阵标准化，即将成本 (C) 型的指标值转换为收益 (B) 型的指标值来进行决策，其转换公式为：

$$
F(e)=\begin{cases}\{<x_i, h_{F(e_j)}(x_i), g_{F(e_j)}(x_i)>| x_i \in U\}, & e_j \in B \\ \{<x_i, g_{F(e_j)}(x_i), h_{F(e_j)}(x_i)>| x_i \in U\}, & e_j \in C\end{cases} \tag{4-37}
$$

其中 $F(e)=\{<x_i, g_{F(e_j)}(x_i), h_{F(e_j)}(x_i)> | x_i \in U\}$ 为 $F(e)=\{<x_i, h_{F(e_j)}(x_i), g_{F(e_j)}(x_i)> | x_i \in U\}$ 的补集。

接下来，我们计算客观的指标权重 ω_j，具体计算公式如下：

$$
\omega_j=\frac{1-H(F, e_j)}{n-\sum_{j=1}^{n}H(F, e_j)}, \quad (j=1, 2, \cdots, n) \tag{4-38}
$$

其中 $H(F, e_j)$ 由公式(4-36)确定。

然后，我们应用TOPSIS的决策思想，确定属性的正理想解(PIS)和负理想解(NIS)。在本节中，我们将基于对偶犹豫模糊软集合的正理想解 ρ^+ 和负理想解 ρ^- 表示为

$$
\rho^+=\{\rho_j^+ | j=1, 2, \cdots, n\} \tag{4-39}
$$

$$
\rho^-=\{\rho_j^- | j=1, 2, \cdots, n\} \tag{4-40}
$$

其中，$\rho_j^+=(\{h_j^+\}, \{g_j^+\})$，$\rho_j^-=(\{h_j^-\}, \{g_j^-\})$。

注意，如果指标 e_j 是效益型指标，我们令 $h_j^+=\{1\}$，$g_j^+=\{0\}$，$h_j^-=\{0\}$，$g_j^-=\{1\}$；如果指标 e_j 是成本型指标，我们令 $h_j^+=\{0\}$，$g_j^+=\{1\}$，$h_j^-=\{1\}$，$g_j^-=\{0\}$ $(j=1, 2, \cdots, n)$。可以看出，如果用正理想解作为理想点，每个解相对于正理想解都是有损失

的；相反，如果用负理想解作为理想点，每个解都是有收益的。

接下来，我们考虑各平台权重并整合平台评价主体意见，分别计算对于信用主体 x_i 在指标 e_j 下的评估值与正理想解 ρ_j^+ 和负理想解 ρ_j^- 之间的距离 $D(x_i, \rho_j^+)$，$D(x_i, \rho_j^-)$，

$$D(x_i, \rho_j^+) = \sum_{q=1}^{Q} \varepsilon_q \mathrm{dgn}^q(\rho_{ij}, \rho_j^+) \tag{4-41}$$

$$D(x_i, \rho_j^-) = \sum_{q=1}^{Q} \varepsilon_q \mathrm{dgn}^q(\rho_{ij}, \rho_j^-) \tag{4-42}$$

其中 $\mathrm{dgn}^q(\rho_{ij}, \rho_j^+)$，$\mathrm{dgn}^q(\rho_{ij}, \rho_j^-)$ 由公式(4-19)得出，表示平台 ε_q 关于信用主体 x_i 在指标 e_j 下的评估值与正理想解 ρ_j^+ 和负理想解 ρ_j^- 之间的距离。在计算过程中，如果令公式中的参数 $\lambda = 1$，对偶犹豫模糊软数的广义标准距离退化为对偶犹豫模糊软数的标准汉明距离。

在下一步评价过程中，我们考虑平台评价主体的心理因素，并计算信用主体 x_i 在指标 e_j 下的正负前景值，其具体计算方式如下所示：

$$V^-(D(x_i, \rho_j^+)) = -\theta(D(x_i, \rho_j^+))^{\beta} \tag{4-43}$$

$$V^+(D(x_i, \rho_j^-)) = (D(x_i, \rho_j^-))^{\alpha} \tag{4-44}$$

可以看出，若以正理想解为参考点，则各个信用主体相对于正理想解是“损失”的，评价主体表现出风险偏爱倾向；反之，若以负理想解为参考点，则各个候选人是“获益”的，评价主体具备风险规避倾向。进一步通过以下公式计算综合前景值 V_{ij}：

$$V_{ij} = \frac{|V^+(D(x_i, \rho_j^-))|}{\left|\sum_{j=1}^{n} V^-(D(x_i, \rho_j^+))\right|} \tag{4-45}$$

最后，我们考虑指标权重 ω_j 并计算信用主体 x_i 的加权综合前景值 T_i，最终通过该值的大小进行排序。

$$T_i = \sum_{j=1}^{n} \omega_j v_{ij} \tag{4-46}$$

综上所述，应用TOPSIS方法和前景理论的信用评价框架可以描述如下：

步骤1：构建基于对偶犹豫模糊软集合的评价矩阵；

步骤2：基于公式(4-20)计算平台之间的一致性水平；

步骤3：比较计算得出的一致性水平和设定的可接受的一致性水平，如果 $\mathrm{cl}_{ij,\zeta_c}^{q,r} < \mathrm{cl}^a$，到步骤4；否则，到步骤5；

步骤4：确定需要调整的评估值，并应用公式(4-22)进行评估调整，直到一致性水平可以接受为止；

步骤5：根据各平台意见与群体评估意见的群一致性水平，由公式(4-21)，公式(4-23)，公式(4-24)确定平台权重；

步骤6：标准化评价矩阵，即将成本型的指标值转换为收益型的指标值；

步骤7：基于公式(4-36)，公式(4-38)计算指标权重；

步骤8：基于公式(4-39)，公式(4-40)确定正理想解和负理想解；

步骤9：基于公式(4-19)，公式(4-41)和公式(4-42)计算对于信用主体 x_i 在指标 e_j 下

的评估值与正理想解 ρ_j^+ 和负理想解 ρ_j^- 之间的距离值 $D(x_i,\ \rho_j^+)$，$D(x_i,\ \rho_j^-)$；

步骤 10：基于公式(4-43)，公式(4-44)计算信用主体 x_i 在指标 e_j 下的正前景值 V^+ 和负前景值 V^-；

步骤 11：基于公式(4-45)计算信用主体 x_i 在指标 e_j 下的综合前景值 V_{ij}；

步骤 12：基于公式(4-46)计算信用主体 x_i 的加权综合前景值 T_i，并最终通过该值的大小进行排序。

4.2.4 实例分析

本节给出了一个信用评价问题的说明性例子来说明上述方法的应用，并进行了相应的敏感性分析，进而与已有方法进行了对比分析，以证明该方法的可行性和优越性。

1. 背景描述

M 公司是一家金融机构，近期打算为人工智能领域的创业者提供一笔信用贷款，但因符合贷款条件的候选人过多，公司先大致进行了初选，最终确定出 4 个候选人 $x_i(i=1,\ 2,\ 3,\ 4)$。M 公司依据信用评价指标“高工作年限” e_1、“高收入水平” e_2、“高学历水平” e_3、“高净资产” e_4 对候选人的信用状况进行评估。随后，M 公司从三个信贷平台收集候选人的相关信用数据，具体为：

$$(F_1,E)=\begin{pmatrix}
\langle\{0.7,0.6,0.5\},\{0.3,0.2,0.1\}\rangle & \langle\{0.6,0.5,0.4\},\{0.4,0.4,0.2\}\rangle & \langle\{0.5,0.4,0.2\},\{0.5,0.2,0.2\}\rangle & \langle\{0.8,0.6,0.5\},\{0.2,0.1\}\rangle \\
\langle\{0.6,0.5,0.4\},\{0.4,0.4,0.3\}\rangle & \langle\{0.7,0.6,0.5\},\{0.3,0.3,0.2\}\rangle & \langle\{0.8,0.7,0.6\},\{0.2,0.1,0.1\}\rangle & \langle\{0.7,0.6,0.4\},\{0.2,0.2,0.1\}\rangle \\
\langle\{0.8,0.7,0.6\},\{0.2,0.2,0.1\}\rangle & \langle\{0.6,0.5,0.4\},\{0.3,0.2,0.1\}\rangle & \langle\{0.8,0.8,0.6\},\{0.2,0.2,0.1\}\rangle & \langle\{0.8,0.7,0.5\},\{0.2,0.1\}\rangle \\
\langle\{0.7,0.7,0.6\},\{0.3,0.2,0.1\}\rangle & \langle\{0.6,0.5,0.4\},\{0.4,0.3,0.1\}\rangle & \langle\{0.6,0.4,0.4\},\{0.4,0.3,0.1\}\rangle & \langle\{0.8,0.5,0.5\},\{0.2,0.2,0.1\}\rangle
\end{pmatrix}$$

$$(F_2,E)=\begin{pmatrix}
\langle\{0.6,0.5,0.4\},\{0.4,0.3,0.2\}\rangle & \langle\{0.5,0.4,0.3\},\{0.5,0.4,0.3\}\rangle & \langle\{0.6,0.5,0.3\},\{0.2,0.2,0.1\}\rangle & \langle\{0.5,0.4,0.3\},\{0.4,0.3,0.2\}\rangle \\
\langle\{0.7,0.5,0.4\},\{0.3,0.3,0.2\}\rangle & \langle\{0.6,0.6,0.3\},\{0.4,0.3,0.1\}\rangle & \langle\{0.6,0.5,0.4\},\{0.4,0.3,0.1\}\rangle & \langle\{0.5,0.4,0.3\},\{0.4,0.2,0.1\}\rangle \\
\langle\{0.7,0.6,0.5\},\{0.3,0.2,0.1\}\rangle & \langle\{0.8,0.7,0.5\},\{0.2,0.2,0.1\}\rangle & \langle\{0.6,0.5,0.4\},\{0.3,0.1\}\rangle & \langle\{0.4,0.3,0.2\},\{0.3,0.2,0.2\}\rangle \\
\langle\{0.6,0.6,0.5\},\{0.2,0.2,0.1\}\rangle & \langle\{0.7,0.7,0.5\},\{0.2,0.1\}\rangle & \langle\{0.7,0.5,0.4\},\{0.3,0.2\}\rangle & \langle\{0.7,0.5,0.2\},\{0.3,0.2,0.1\}\rangle
\end{pmatrix}$$

$$(F_3,E)=\begin{pmatrix}
\langle\{0.8,0.7,0.6\},\{0.2,0.2,0.1\}\rangle & \langle\{0.7,0.4,0.2\},\{0.3,0.2,0.1\}\rangle & \langle\{0.7,0.6,0.5\},\{0.3,0.2,0.1\}\rangle & \langle\{0.6,0.5,0.4\},\{0.3,0.2,0.1\}\rangle \\
\langle\{0.7,0.7,0.6\},\{0.3,0.1\}\rangle & \langle\{0.7,0.5,0.3\},\{0.3,0.2\}\rangle & \langle\{0.4,0.4,0.3\},\{0.5,0.4\}\rangle & \langle\{0.7,0.6,0.5\},\{0.2,0.1\}\rangle \\
\langle\{0.7,0.6,0.4\},\{0.3,0.2\}\rangle & \langle\{0.6,0.5,0.3\},\{0.4,0.3\}\rangle & \langle\{0.6,0.4,0.3\},\{0.2,0.2,0.1\}\rangle & \langle\{0.6,0.4,0.3\},\{0.3,0.2,0.1\}\rangle \\
\langle\{0.8,0.5,0.4\},\{0.2,0.1\}\rangle & \langle\{0.6,0.4,0.3\},\{0.4,0.3\}\rangle & \langle\{0.6,0.4,0.4\},\{0.4,0.2,0.1\}\rangle & \langle\{0.7,0.5,0.3\},\{0.3,0.1,0.1\}\rangle
\end{pmatrix}$$

2. 评价过程

将本节所构建的信用评价方法对上述信贷问题进行分析，具体过程如下。

步骤 1：首先考虑平台评估意见的一致性水平，根据公式(4-20)计算两个评价的一致性水平，将未通过一致性检验的评估值用黑体表示，其计算结果如下：

$$\mathrm{cl}_{ij,\ \zeta_1}^{1,\ 2}=\begin{pmatrix}
0.80 & 0.83 & 0.77 & 0.60 \\
0.87 & 0.83 & 0.67 & 0.77 \\
0.87 & 0.80 & 0.70 & 0.53 \\
0.87 & 0.73 & 0.83 & 0.90
\end{pmatrix}\qquad cl_{ij,\ \zeta_1}^{1,\ 3}=\begin{pmatrix}
0.87 & 0.73 & 0.67 & 0.80 \\
0.63 & 0.87 & 0.37 & 0.93 \\
0.80 & 0.83 & 0.70 & 0.70 \\
0.77 & 0.93 & 0.97 & 0.90
\end{pmatrix}$$

$$cl_{ij,\zeta_1}^{2,3}=\begin{pmatrix}0.67 & 0.70 & 0.83 & 0.80\\ 0.77 & 0.83 & 0.70 & 0.70\\ 0.93 & 0.63 & 0.87 & 0.83\\ 0.83 & 0.60 & 0.87 & 0.93\end{pmatrix}$$

步骤 2：将当前的一致性水平与可接受的一致性水平进行比较，预先设定的一致性水平为 0.6。可见，平台对第三个候选人的第四个指标和第二个候选人的第三个指标的评估值需要进行调整。

步骤 3：根据公式(4-22)调整需要改变的评估值，直到一致性水平达到可以接受的程度为止。所有平台都愿意调整评估意见，平台 ε_1 的调整系数为 $\varphi_{\zeta_c}^{1,1}=0.2$，$\varphi_{\zeta_c}^{2,1}=0.4$，$\varphi_{\zeta_c}^{3,1}=0.4$，平台 ε_2 的调整系数为 $\varphi_{\zeta_c}^{1,2}=0.3$，$\varphi_{\zeta_c}^{2,2}=0.5$，$\varphi_{\zeta_c}^{3,2}=0.2$，平台 x_3 的调整系数为 $\varphi_{\zeta_c}^{1,3}=0.4$，$\varphi_{\zeta_c}^{2,3}=0.1$，$\varphi_{\zeta_c}^{3,3}=0.5$。经过一轮评估意见调整后，平台调整后的评价决策矩阵如下：

$$(F_1,E)=\begin{pmatrix}<\{0.7,0.6,0.5\},\{0.3,0.2,0.1\}> & <\{0.6,0.5,0.4\},\{0.4,0.4,0.2\}> & <\{0.5,0.4,0.2\},\{0.5,0.2,0.2\}> & <\{0.8,0.6,0.5\},\{0.2,0.1\}>\\ <\{0.6,0.5,0.4\},\{0.4,0.4,0.3\}> & <\{0.7,0.6,0.5\},\{0.3,0.3,0.2\}> & <\{0.59,0.44,0.31\},\{0.28,0.17,0.13\}> & <\{0.7,0.6,0.4\},\{0.2,0.2,0.1\}>\\ <\{0.8,0.7,0.6\},\{0.2,0.2,0.1\}> & <\{0.6,0.5,0.4\},\{0.3,0.2,0.1\}> & <\{0.8,0.8,0.6\},\{0.2,0.2,0.1\}> & <\{0.59,0.48,0.45\},\{0.38,0.27,17\}>\\ <\{0.7,0.7,0.6\},\{0.3,0.2,0.1\}> & <\{0.6,0.5,0.4\},\{0.4,0.3,0.1\}> & <\{0.6,0.4,0.4\},\{0.4,0.3,0.1\}> & <\{0.8,0.5,0.5\},\{0.2,0.2,0.1\}>\end{pmatrix}$$

$$(F_2,E)=\begin{pmatrix}<\{0.6,0.5,0.4\},\{0.4,0.3,0.2\}> & <\{0.5,0.4,0.3\},\{0.5,0.4,0.3\}> & <\{0.6,0.5,0.3\},\{0.2,0.2,0.1\}> & <\{0.5,0.4,0.3\},\{0.4,0.3,0.2\}>\\ <\{0.7,0.5,0.4\},\{0.3,0.3,0.2\}> & <\{0.6,0.6,0.3\},\{0.4,0.3,0.1\}> & <\{0.60,0.47,0.32\},\{0.27,0.16,0.14\}> & <\{0.5,0.4,0.3\},\{0.4,0.2,0.1\}>\\ <\{0.7,0.6,0.5\},\{0.3,0.2,0.1\}> & <\{0.8,0.7,0.5\},\{0.2,0.2,0.1\}> & <\{0.6,0.5,0.4\},\{0.3,0.1\}> & <\{0.65,0.51,0.50\},\{0.34,0.23,0.13\}>\\ <\{0.6,0.6,0.5\},\{0.2,0.2,0.1\}> & <\{0.7,0.7,0.5\},\{0.2,0.1\}> & <\{0.7,0.5,0.4\},\{0.3,0.2\}> & <\{0.7,0.5,0.2\},\{0.3,0.2,0.1\}>\end{pmatrix}$$

$$(F_3,E)=\begin{pmatrix}<\{0.8,0.7,0.6\},\{0.2,0.2,0.1\}> & <\{0.7,0.4,0.2\},\{0.3,0.2,0.1\}> & <\{0.7,0.6,0.5\},\{0.3,0.2,0.1\}> & <\{0.6,0.5,0.4\},\{0.3,0.2,0.1\}>\\ <\{0.7,0.7,0.6\},\{0.3,0.1\}> & <\{0.7,0.5,0.3\},\{0.3,0.2\}> & <\{0.68,0.54,0.38\},\{0.26,0.15,0.11\}> & <\{0.7,0.6,0.5\},\{0.2,0.1\}>\\ <\{0.7,0.6,0.4\},\{0.3,0.2\}> & <\{0.6,0.5,0.3\},\{0.4,0.3\}> & <\{0.6,0.4,0.3\},\{0.2,0.2,0.1\}> & <\{0.63,0.55,0.46\},\{0.34,0.22,0.20\}>\\ <\{0.8,0.5,0.4\},\{0.2,0.1\}> & <\{0.6,0.4,0.3\},\{0.4,0.3\}> & <\{0.6,0.4,0.4\},\{0.4,0.2,0.1\}> & <\{0.7,0.5,0.3\},\{0.3,0.1,0.1\}>\end{pmatrix}$$

经过一轮调整后，平台之间新的一致性水平如下：

$$\mathrm{cl}_{ij,\zeta_2}^{1,2}=\begin{pmatrix}0.80 & 0.83 & 0.77 & 0.60\\ 0.87 & 0.83 & 0.97 & 0.77\\ 0.87 & 0.80 & 0.70 & 0.91\\ 0.87 & 0.73 & 0.83 & 0.90\end{pmatrix}\quad \mathrm{cl}_{ij,\zeta_2}^{1,3}=\begin{pmatrix}0.87 & 0.73 & 0.67 & 0.80\\ 0.63 & 0.87 & 0.89 & 0.93\\ 0.80 & 0.83 & 0.70 & 0.92\\ 0.77 & 0.93 & 0.97 & 0.90\end{pmatrix}$$

$$\mathrm{cl}_{ij,\zeta_2}^{2,3}=\begin{pmatrix}0.67 & 0.70 & 0.83 & 0.80\\ 0.77 & 0.83 & 0.91 & 0.70\\ 0.93 & 0.63 & 0.87 & 0.94\\ 0.83 & 0.60 & 0.87 & 0.93\end{pmatrix}$$

显然，新的一致性水平是可以接受的。

步骤 4：根据各平台评估意见与群体评估意见的群一致性水平计算平台权重，根据公式(4-21)，公式(4-23)和公式(4-24)，计算出平台权重：

$$\eta=(0.3360,\ 0.3310,\ 0.3331)^{\mathrm{T}}$$

步骤 5：规范化评价矩阵，将成本型指标变为效益型指标。基于以上信息，各个指标是不需要调整的。

步骤6：基于对偶犹豫模糊软集合的熵，客观地计算其指标权重，根据公式(4-36)，公式(4-28)，计算出指标权重如下：

$$\omega = (0.2577,\ 0.2439,\ 0.2483,\ 0.2500)^{T}$$

步骤7：确定正负理想解，根据公式(4-39)、公式(4-40)，我们设正理想解为 $\rho_j^+ = \{\{1\},\ \{0\}\}$，负理想解为 $\rho_j^- = \{\{0\},\ \{1\}\}$。

步骤8：根据公式(4-19)，公式(4-41)和公式(4-42)计算候选人 x_i 在指标 e_j 下的评估值与正理想解 ρ_j^+ 和负理想解 ρ_j^- 之间的距离，并令公式(4-19)中的参数 $\lambda = 1$，则对偶犹豫模糊软数的广义标准距离退化为标准汉明距离，结果如表4-1和表4-2所示：

表4-1 与正理想解 ρ_j^+ 的距离

	e_1	e_2	e_3	e_4
x_1	0.1036	0.1444	0.1242	0.1165
x_2	0.1167	0.1203	0.1170	0.1092
x_3	0.0962	0.1149	0.1017	0.1199
x_4	0.0944	0.1168	0.1260	0.1129

表4-2 与负理想解 ρ_j^- 的距离

	e_1	e_2	e_3	e_4
x_1	0.2297	0.1890	0.2092	0.2168
x_2	0.2166	0.2130	0.2163	0.2242
x_3	0.2371	0.2184	0.2316	0.2135
x_4	0.2389	0.166	0.2074	0.2204

步骤9：根据公式(4-43)，公式(4-44)，计算备选候选人 x_i 在指标 e_j 下的正前景值 V^+ 和负前景值 V^-，结果如表4-3和表4-4所示：

表4-3 正前景值 V^+

	e_1	e_2	e_3	e_4
x_1	0.2740	0.2308	0.2524	0.2605
x_2	0.2602	0.2564	1.5978	0.2682
x_3	0.2818	0.2622	1.6441	0.2569
x_4	0.2837	0.2602	1.5701	0.2643

表 4-4　　负前景值 V^-

	e_1	e_2	e_3	e_4
x_1	−0. 3061	−0. 4098	−0. 3589	−0. 3393
x_2	−0. 3399	−0. 3491	−0. 3407	−0. 3204
x_3	−0. 2868	−0. 3351	−0. 3012	−0. 3479
x_4	−0. 2820	−0. 3400	−0. 3634	−0. 3301

步骤 10：根据公式(4-45)，计算备选候选人 x_i 在指标 e_j 下的综合前景值 V，结果如表 4-5 所示：

表 4-5　　综合前景值 V

	e_1	e_2	e_3	e_4
x_1	0. 1938	0. 1632	0. 1785	0. 1842
x_2	0. 1928	0. 1900	1. 1835	0. 1987
x_3	0. 2217	0. 2063	1. 2935	0. 2021
x_4	0. 2157	0. 1978	1. 1936	0. 2009

步骤 11：根据公式(4-46)，我们计算关于候选人 x_i 在指标 e_j 下的加权综合前景值 T，结果如表 4-6 所示：

表 4-6　　加权综合前景值

	x_1	x_2	x_3	x_4
T_i	0. 1801	0. 4396	0. 4792	0. 4505

通过表 4-6 中的加权综合前景值可以看到，四个候选人最后的排序为 $x_3 > x_4 > x_2 > x_1$。因此，综合考虑各因素的影响，M 公司应该选择的最佳候选人为 x_3。

3. 敏感性分析

敏感性分析用来检验在评价过程中各种心理因素，如损失厌恶、参照依赖、风险偏好等对选择最终候选人的影响，也就是说是通过改变代表各种心理因素的参数值来分析其变化会对选择最优的候选人产生的影响。敏感性分析考虑了评价主体变化的心理预期，能够减少因敏感数据的变动而造成选择错误的候选人的可能性，是一种能够选择出最佳候选人的可行方法，是判断评价框架是否具有广泛适用性和鲁棒性的重要环节。针对此方法，我们将关注在计算平台对备选候选人的评估值与正负理想解之间的距离时所用到的公式(4-

19)中的风险偏好参数 λ，以及前景理论中的损失厌恶参数 θ 在评价过程中产生的影响。为了了解这些参数对评价结果的影响，需要对它们进行敏感性分析。

首先，对于公式(4-19)中的风险偏好参数 λ，我们分别假设 $\lambda = 1, 2, 3, 4, 5, 6, 7$，其结果如图 4-1 所示：

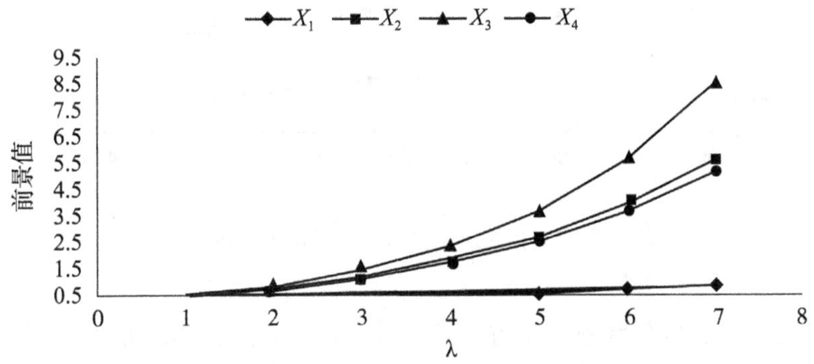

图 4-1 风险偏好参数 λ 的灵敏度分析

通过检验不同的风险偏好对候选人选择的影响，我们可以看出 x_3 总是最佳的候选人，而最差的候选人总是 x_1，该指标对候选人的最终排序影响不大。也可以看到，随着指标值的变大，其最终结果的值相差也越大。当指标 $\lambda = 5, 6, 7$ 时，候选人 x_2 的排序优于候选人 x_4，并且这种趋势将一直持续下去，产生这种现象的原因可能是评价主体的风险偏好值越大，绩效越好的候选人的优势越突出，各候选人的绩效评估结果差距越明显，越能对比出最优的候选人。也就是说，为了凸显各候选人的绩效差异，评价主体可适当增加评价时的风险偏好值，这更有利于对比并做出决策。即便如此，风险指标的变化也不会影响我们的评价，最佳的候选人仍是 x_3。因此，风险指标的变化不会影响候选人选择的最终结果。

在前景理论中考虑不同的损失厌恶参数 θ 对评价结果的影响。我们假设指标 $\theta = 1$, 1.25, 1.75, 2.25, 2.75, 3.25, 4.00，不同的指标得到的最终排名如图 4-2 所示。

显然，指标值越大，前景值越小。其原因可以解释为随着损失厌恶的指标值变大，评价主体面对损失越敏感，对未来的预期会变得更加悲观。重要的是，最佳的候选人并没有随着指标的变化而变化，候选人的排序具有稳定性。综上所述，本章候选人选择的结果对指标的改变相对不敏感，说明基于对偶犹豫模糊软集合和前景理论的信用评价框架具有鲁棒性。

4. 对比分析

为了进一步证明该方法的有效性和可行性，我们将本章提出的方法与其他现有方法进行对比分析。现有方法包括基于对偶犹豫模糊软集合的标准加权汉明距离测度(Garg 和 Arora，2017)和相关系数(Arora 和 Garg，2018)的决策方法，以及 Xu 和 Zhang(2013)提出的 TOPSIS 方法。

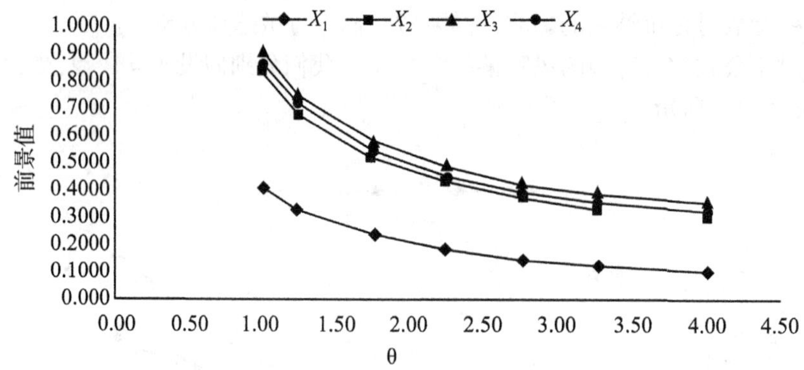

图 4-2　损失厌恶参数 θ 的灵敏度分析

在进行对比之前，需要注意三个方面的问题。(1)在基于标准加权汉明距离测度和相关系数的方法中，平台权重和指标权重是直接给出的。考虑到主观给出的权重不适用于本章的应用场景，因此，我们在进行对比分析时将本章获得的平台权重和指标权重应用于基于标准加权汉明距离测度和相关系数的方法中。(2)由于基于标准加权汉明距离测度和相关系数的方法中主观给出的理想点(参考集)也不适用于本章的研究对象，因此，我们使用本章给出的最优理想点，即用正理想解和负理想解代替基于汉明距离测度和相关系数的方法中的理想点(参考集)。(3)基于 TOPSIS 方法中的决策过程涉及两种情况，即指标权重信息完全未知或指标权重部分已知。在本章中，我们与指标权重完全未知的情况进行了比较。而且，基于 TOPSIS 的方法仅适用于单个数据来源平台，为了考虑不同权重的平台对最终结果的影响，并将该方法成功地应用于群体决策，我们将从本章中获得的平台权重应用于该方法中。需要注意的是，基于 TOPSIS 的方法是用于解决基于犹豫模糊集的多属性决策问题，该方法只包含隶属度而没有包含非隶属度。为了进行比较分析，我们提取了对偶犹豫模糊软集合的隶属度信息以构造犹豫模糊集。同时为了更好地对比分析，我们将对偶犹豫模糊软集合的非隶属度考虑进去，提出一种改进的 TOPSIS 方法。将本章的方法与上述三种方法进行比较，其结果如表 4-7 所示。

表 4-7　**与现有方法的比较分析**

方　法	最终排序结果	最优选择
本章所提方法	$x_3 > x_4 > x_2 > x_1$	x_3
相关系数(Arora 和 Garg，2018)	$x_3 > x_4 > x_2 > x_1$	x_3
标准加权汉明距离(Garg 和 Arora，2017)	$x_3 > x_4 > x_2 > x_1$	x_3
TOPSIS 方法(Xu 和 Zhang，2013)	$x_3 > x_2 > x_4 > x_1$	x_3
改进的 TOPSIS 方法	$x_3 > x_4 > x_2 > x_1$	x_3

从表中可以看出，基于相关系数、标准加权汉明距离和 TOPSIS 方法的最优候选人为 x_3，它们得到的结果与本章所提方法相同，证明了本研究方法的有效性和可行性。

通过比较，我们可以发现基于 TOPSIS 方法和改进的 TOPSIS 方法获得的最优和最差选择一样，但是中间的排名是不同的，形成这种差异的原因在于在基于 TOPSIS 的方法中，其所使用的犹豫模糊信息因未考虑评价信息的非隶属度而导致决策信息不够充分和不全面，从而影响最终的排名。然而，这样的排名也并不影响最优结果的选择，进一步显示了对偶犹豫模糊软集合可以包含更多信息的优势。

所有对比方法所得出的最优选择与本章方法所得结果完全一致，但本章方法有一定的优势。第一，本章所提出的评价框架在评价前考虑了平台评估意见的一致性水平，通过定义基于对偶犹豫模糊软数的一致性检验方法，促使平台评价前评估意见达成共识，减少了由于平台原因而造成的评估差异，使最终的评价结果达成一致，这更符合实际的综合评价情景。第二，以往研究关于平台权重和指标权重都是主观给出，具有强烈的主观性且不适用于其他场景的评价。考虑到平台权重和指标权重在信用评价问题中的重要性，本章采用客观的权重数据，分别通过计算平台评估意见与群体评估意见的群一致性水平确定平台权重和利用对偶犹豫模糊软集合的熵确定指标权重，增加评价过程的合理性，并且更适合本章评价问题的应用场景。第三，本章首次将 TOPSIS、前景理论和对偶犹豫模糊软集合相结合。对偶犹豫模糊软集合相较于其他集合更能充分描述评价主体在不确定环境中的犹豫不确定程度，TOPSIS 通过计算与理想解的距离能将评价结果量化排序，尤其是前景理论，考虑了信用主体选择过程中评价主体的心理预期，将评价主体对风险的态度考虑到评价过程中，这更符合实际的评价问题，更具有合理性和适用性。

因此，在复杂的信用评价问题中，本章所提方法比现有的其他方法更加合理。

4.2.5 研究结果

本节针对互联网不一致数据下的信用评价问题，选取对偶犹豫模糊软集合作为分析工具。在评价框架的构建中，为弥补现有研究方法的不足之处，进行了平台评估意见的一致性检验，使平台评估意见能够达成一致，并基于平台与群体评估意见的群一致性水平客观地确定平台权重。为客观地对各属性赋权，定义了对偶犹豫模糊软集合的熵。结合 TOPSIS 和情景理论，将平台评价主体的非理性因素纳入评价过程，构建了基于对偶犹豫模糊集的静态信用评价方法。最后，将所提方法应用于投资问题，并进行了敏感性分析与对比分析，以验证评价方法的合理性和适用性。

4.3 基于中智软环境余弦相似度测度的静态信用评价理论和方法

针对互联网不一致数据下的信用评价问题，考虑到在描述不确定数据时，常存在无法判断隶属度或非隶属度的情况，本节引入中智软集合作为基本分析方法。在分析现有与中智软集合相关的余弦相似度测度存在的缺陷的基础上，构建中智软环境下的余弦相似度测度方法。进一步提出反映评价主体主观偏好的客观度和可信度的概念，并结合证据理论融合主观评价信息，构建基于中智软环境余弦相似度测度的静态信用评价方法。

4.3.1　余弦相似度测度

由于目前对中智软集合余弦相似度测度的研究较少，且相关研究存在一定的缺陷。为此，本节重新定义了中智软环境下的余弦相似度测度方法。

1. 现有相关的余弦相似度测度及其缺陷

定义 4-24(Ye，2015)　令 A 和 B 为论域 $U=\{u_1, u_2, \cdots, u_n\}$ 中任意两个单值中智集，$A=\{<u_j, T_A(u_j), I_A(u_j), F_A(u_j)> \mid u_j \in U\}$，$B=\{<u_j, T_B(u_j), I_B(u_j), F_B(u_j)> \mid u_j \in U\}$。且分别对于 A 和 B 中任意的 $u_j \in U$，都有 $T_A(u_j), I_A(u_j), F_A(u_j) \in [0, 1]$，$T_B(u_j), I_B(u_j), F_B(u_j) \in [0, 1]$。则 A 和 B 之间的两种余弦相似度测度表示如下：

$$\mathrm{SC}_1(A,B)=\frac{1}{n}\sum_{j=1}^{n}\cos\left[\frac{\pi}{2}(|T_A(u_j)-T_B(u_j)| \vee |I_A(u_j)-I_B(u_j)| \vee |F_A(u_j)-F_B(u_j)|)\right] \tag{4-47}$$

$$\mathrm{SC}_2(A,B)=\frac{1}{n}\sum_{j=1}^{n}\cos\left[\frac{\pi}{6}(|T_A(u_j)-T_B(u_j)| + |I_A(u_j)-I_B(u_j)| + |F_A(u_j)-F_B(u_j)|)\right] \tag{4-48}$$

符号“$\vee$”表示最大值运算，可以发现两种方法得到的结果不一致，如下例所示：

例 4-6　对于两个单值中智集 $A=\{<u, 1, 0, 0> \mid u \in U\}$ 和 $B=\{<u, 1, 1, 0> \mid u \in U\}$，利用公式(4-47)和公式(4-48)，可以得到 $\mathrm{SC}_1(A, B)=\cos\frac{\pi}{2}=0$，$\mathrm{SC}_2(A, B)=\cos\frac{\pi}{6}\neq 0$。

Karaaslan(2018)提出了单值中智集的另外一种余弦相似度测度方法，定义如下：

定义 4-25(Karaaslan，2018)　令 A 和 B 为论域 $U=\{u_1, u_2, \cdots, u_n\}$ 中的任意两个单值中智集，那么 A 和 B 之间在向量空间中的余弦相似度测度为：

$$(A, B)_C=\frac{1}{n}\sum_{j=1}^{n}\frac{T_A(u_j)T_B(u_j)+I_A(u_j)I_B(u_j)+F_A(u_j)F_B(u_j)}{\left[\sqrt{T_A^2(u_j)+I_A^2(u_j)+F_A^2(u_j)}\cdot\sqrt{T_B^2(u_j)+I_B^2(u_j)+F_B^2(u_j)}\right]} \tag{4-49}$$

但是，从以下例子中可以发现其存在的缺陷。

例 4-7　如果 $T_A(u_j)=I_A(u_j)=F_A(u_j)=0$ 或者 $T_B(u_j)=I_B(u_j)=F_B(u_j)=0$，那么将无法运用公式(4-49)来进行计算。

另外，如果 $T_A(u)=0.80$，$I_A(u)=0.60$，$F_A(u)=0.40$，$T_B(u)=0.40$，$I_B(u)=0.30$，$F_B(u)=0.20$，根据公式(4-49)可以得到 $(A, B)_C=1$，但实际上 $A\neq B$。

与 Ye(2015)提出的方法(定义(4-24))类似，Sumathi 和 Arockiarani(2016)提出了中智

软集合的余弦相似度和加权余弦相似度的定义。

定义 4-26(Sumathi 和 Arockiarani, 2016) 令 $U=\{u_1, u_2, \cdots, u_n\}$ 为论域, $E=\{e_1, e_2, \cdots, e_m\}$ 为属性的集合, (F, A) 和 (G, B) 是论域 U 上的两个中智软集合，那么它们之间的余弦相似度被定义为：

$$CS_1((F, A), (G, B))=\frac{1}{mn}\sum_{i=1}^{m}\sum_{j=1}^{n}\cos\left[\frac{\pi}{2}\left(|T_{F(e_i)}(u_j)-T_{G(e_i)}(u_j)|\vee |I_{F(e_i)}(u_j)-I_{G(e_i)}(u_j)|\vee |F_{F(e_i)}(u_j)-F_{G(e_i)}(u_j)|\right)\right] \tag{4-50}$$

$$CS_2((F, A), (G, B))=\frac{1}{mn}\sum_{i=1}^{m}\sum_{j=1}^{n}\cos\left[\frac{\pi}{6}\left(|T_{F(e_i)}(u_j)-T_{G(e_i)}(u_j)|+ |I_{F(e_i)}(u_j)-I_{G(e_i)}(u_j)|+ |F_{F(e_i)}(u_j)-F_{G(e_i)}(u_j)|\right)\right] \tag{4-51}$$

(F, A) 和 (G, B) 之间的加权余弦相似度被定义为：

$$WCS_1((F, A), (G, B))=\frac{1}{m}\sum_{i=1}^{m}\sum_{j=1}^{n}\omega_j\cos\left[\frac{\pi}{2}\left(|T_{F(e_i)}(u_j)-T_{G(e_i)}(u_j)|\vee |I_{F(e_i)}(u_j)-I_{G(e_i)}(u_j)|\vee |F_{F(e_i)}(u_j)-F_{G(e_i)}(u_j)|\right)\right] \tag{4-52}$$

$$WCS_2((F, A), (G, B))=\frac{1}{m}\sum_{i=1}^{m}\sum_{j=1}^{n}\omega_j\cos\left[\frac{\pi}{6}\left(|T_{F(e_i)}(u_j)-T_{G(e_i)}(u_j)|+ |I_{F(e_i)}(u_j)-I_{G(e_i)}(u_j)|+ |F_{F(e_i)}(u_j)-F_{G(e_i)}(u_j)|\right)\right] \tag{4-53}$$

其中，符号“$\vee$”表示最大值运算, ω_j 是 $u_j(j=1, 2, \cdots, n)$ 的权重。然而，根据以上定义计算得到的结果有时是不一致的，如下例所示。

例 4-8 我们假设存在以下两个中智软集合 (F, A) 和 (G, B)，且令 $(F, A)=\begin{cases}F(e_1)=\{(u_1:1,0,0),(u_2:1,0,0)\}\\F(e_2)=\{(u_1:1,0,0),(u_2:1,0,0)\}\end{cases}$, $(G,B)=\begin{cases}G(e_1)=\{(u_1:1,1,0),(u_2:1,1,0)\}\\G(e_2)=\{(u_1:1,1,0),(u_2:1,1,0)\}\end{cases}$，利用公式(4-50)和(4-51)进行计算可发现 $CS_1((F, A), (G, B))=\cos\frac{\pi}{2}=0$, $CS_1((F, A), (G, B))=\cos\frac{\pi}{6}\neq 0$。

若我们令 $\omega_1=\omega_2=0.5$, 依据公式(4-52)和公式(4-53)进行计算可得 $WCS_1((F, A), (G, B))=\cos\frac{\pi}{2}=0$, $WCS_1((F, A), (G, B))=\cos\frac{\pi}{6}\neq 0$。

2. 中智软环境下的余弦相似度测度

若 (F, E) 为论域 $U=\{u_1, u_2, \cdots, u_n\}$ 上的一个中智软集合，其表示为 $F(e_k)(u_i)= < T_i(e_k), I_i(e_k), F_i(e_k) > (i = 1, 2, \cdots, j, \cdots, n; k = 1, 2, \cdots, m)$，令 $T_i = \{T_i(e_1), T_i(e_2), T_i(e_3), \cdots, T_i(e_k)\}$，$T_j = \{T_j(e_1), T_j(e_2), T_j(e_3), \cdots, T_j(e_k)\}$ 分别代表对象 u_i 和 u_j 在所有属性 e_k $(k = 1, 2, \cdots, m)$ 下的隶属度函数集合。同理，$I_i = \{I_i(e_1), I_i(e_2), I_i(e_3), \cdots, I_i(e_k)\}$ 和 $I_j = \{I_j(e_1), I_j(e_2), I_j(e_3), \cdots, I_j(e_k)\}$ 为不确定性函数集合，$F_i = \{F_i(e_1), F_i(e_2), F_i(e_3), \cdots, F_i(e_k)\}$ 和 $F_j = \{F_j(e_1), F_j(e_2), F_j(e_3), \cdots, F_j(e_k)\}$ 为非隶属度函数集合。

定义 4-27　两个隶属度函数集合、不确定性函数集合以及非隶属度函数集合之间的余弦相似度测度分别定义为：

$$\mathrm{SI}(T_i, T_j) = \begin{cases} \dfrac{1}{2}\left\{\dfrac{1}{1+\alpha} + \min\left(\dfrac{|T_i|}{|T_j|}, \dfrac{|T_j|}{|T_i|}\right)\right\} \mathrm{si}(T_i, T_j), & T_i \neq T_j \\ 1, & T_i = T_j \end{cases} \tag{4-54}$$

$$\mathrm{SI}(I_i, I_j) = \begin{cases} \dfrac{1}{2}\left\{\dfrac{1}{1+\alpha} + \min\left(\dfrac{|I_i|}{|I_j|}, \dfrac{|I_j|}{|I_i|}\right)\right\} \mathrm{si}(I_i, I_j), & I_i \neq I_j \\ 1, & I_i = I_j \end{cases} \tag{4-55}$$

$$\mathrm{SI}(F_i, F_j) = \begin{cases} \dfrac{1}{2}\left\{\dfrac{1}{1+\alpha} + \min\left(\dfrac{|F_i|}{|F_j|}, \dfrac{|F_j|}{|F_i|}\right)\right\} \mathrm{si}(F_i, F_j), & F_i \neq F_j \\ 1, & F_i = F_j \end{cases} \tag{4-56}$$

其中，$\mathrm{si}(T_i, T_j) = \cos\alpha = \sum_{k=1}^{m} T_i(e_k)T_j(e_k) / \sqrt{\sum_{k=1}^{m} T_i^2(e_k)} \sqrt{\sum_{k=1}^{m} T_j^2(e_k)}$，类似的有，$\mathrm{si}(I_i, I_j) = \cos\alpha = \sum_{k=1}^{m} I_i(e_k)I_j(e_k) / \sqrt{\sum_{k=1}^{m} I_i^2(e_k)} \sqrt{\sum_{k=1}^{m} I_j^2(e_k)}$，$\mathrm{si}(F_i, F_j) = \cos\alpha = \sum_{k=1}^{m} F_i(e_k)F_j(e_k) / \sqrt{\sum_{k=1}^{m} F_i^2(e_k)} \sqrt{\sum_{k=1}^{m} F_j^2(e_k)}$。$\alpha$ 为对应的两个集合之间的夹角，$|T_i|$、$|I_i|$、$|F_i|$、$|T_j|$、$|I_j|$、$|F_j|$ 分别为对应向量的模长。

定理 4-2　所提出的余弦相似度测度具有以下性质：

(1) $0 \leqslant \mathrm{SI}(T_i, T_j) \leqslant 1$，$0 \leqslant \mathrm{SI}(I_i, I_j) \leqslant 1$，$0 \leqslant \mathrm{SI}(F_i, F_j) \leqslant 1$；

(2) $\mathrm{SI}(T_i, T_j) = \mathrm{SI}(T_j, T_i)$，$\mathrm{SI}(I_i, I_j) = \mathrm{SI}(I_j, I_i)$，$\mathrm{SI}(F_i, F_j) = \mathrm{SI}(F_j, F_i)$；

(3) $\mathrm{SI}(T_i, T_j) = 1$ 当且仅当 $T_i = T_j$ 时，$\mathrm{SI}(I_i, I_j) = 1$ 当且仅当 $I_i = I_j$ 时，$\mathrm{SI}(F_i, F_j) = 1$ 当且仅当 $F_i = F_j$ 时；

(4) $\mathrm{SI}(T_i, T_j) = 0$ 当且仅当 $T_i \perp T_j$ 时，$\mathrm{SI}(I_i, I_j) = 0$ 当且仅当 $I_i \perp I_j$ 时，$\mathrm{SI}(F_i, F_j) = 0$ 当且仅当 $F_i \perp F_j$ 时。

证明如下：

(1) 因为 $\mathrm{si}(T_i, T_j) \in [0, 1]$，$0 < \dfrac{1}{1+\alpha} \leqslant 1$，且 $0 \leqslant \min\left(\dfrac{|T_i|}{|T_j|}, \dfrac{|T_j|}{|T_i|}\right) \leqslant 1$，因

此，当 $si(T_i, T_j)=0$ 时，有 $\alpha=\frac{\pi}{2}$，也即 $\min SI(T_i, T_j)=0$；当 $T_i=T_j$ 即 $\alpha=0$ 时，$\frac{1}{1+\alpha}=1$，$\min\left(\frac{|T_i|}{|T_j|}, \frac{|T_j|}{|T_i|}\right)=1$ 且 $si(T_i, T_j)=1$，那么 $\max SI(T_i, T_j)=1$。综上，$0\leqslant SI(T_i, T_j)\leqslant 1$。同理可证得 $0\leqslant SI(I_i, I_j)\leqslant 1$，$0\leqslant SI(F_i, F_j)\leqslant 1$。

(2)显然，$SI(T_i, T_j)=SI(T_j, T_i)$，$SI(I_i, I_j)=SI(I_j, I_i)$，$SI(F_i, F_j)=SI(F_j, F_i)$；

(3)如果 $T_i=T_j$，即 $si(T_i, T_j)=\cos\alpha=1$，$\alpha=0$，那么 $\min\left(\frac{|T_i|}{|T_j|}, \frac{|T_j|}{|T_i|}\right)=1$，因而 $SI(T_i, T_j)=1$。如果 $SI(T_i, T_j)=1$，那么 $si(T_i, T_j)=1$，$\frac{1}{1+\alpha}=1$ 且 $\min\left(\frac{|T_i|}{|T_j|}, \frac{|T_j|}{|T_i|}\right)=1$，也即 $|T_i|=|T_j|$ 且 $\alpha=0$，因而 $T_i=T_j$，综上，$SI(T_i, T_j)=1$ 当且仅当 $T_i=T_j$ 时。同理可证得 $SI(I_i, I_j)=1$ 当且仅当 $I_i=I_j$ 时，$SI(F_i, F_j)=1$ 当且仅当 $F_i=F_j$ 时。

(4)当 $SI(T_i, T_j)=0$ 时，即 $\frac{1}{2}\left\{\frac{1}{1+\alpha}+\min\left(\frac{|T_i|}{|T_j|}, \frac{|T_j|}{|T_i|}\right)\right\} si(T_i, T_j)=0$，又因为 $\frac{1}{1+\alpha}+\min\left(\frac{|T_i|}{|T_j|}, \frac{|T_j|}{|T_i|}\right)\neq 0$，因此，$si(T_i, T_j)=0$，即 $\alpha=\frac{\pi}{2}$ 且 $T_i\perp T_j$；如果 $T_i\perp T_j$，即 $\alpha=\frac{\pi}{2}$ 时，$si(T_i, T_j)=0$，那么 $SI(T_i, T_j)=0$，综上，$SI(T_i, T_j)=0$ 当且仅当 $T_i\perp T_j$ 时。同理可证得 $SI(I_i, I_j)=0$ 当且仅当 $I_i\perp I_j$ 时，$SI(F_i, F_j)=0$ 当且仅当 $F_i\perp F_j$ 时。

定义 4-28 在中智软环境下，对象 u_i 和 u_j 之间的相似度定义为：

$$SI_{u(ij)}=\frac{1}{2}\cdot(1-\lambda)\cdot(SI(T_i, T_j)+SI(I_i, I_j))+\lambda\cdot SI(F_i, F_j) \tag{4-57}$$

其中，λ 为总体不确定度，定义为：

$$\lambda=\frac{\sum_{i=1}^{n}\sum_{k=1}^{m}(T_i(e_k)+I_i(e_k)-F_i(e_k))}{\sum_{i=1}^{n}\sum_{k=1}^{m}(T_i(e_k)+I_i(e_k))} \tag{4-58}$$

显然，$0\leqslant\lambda\leqslant 1$。且当 $T_i(e_k)+I_i(e_k)=F_i(e_k)$ 时，$\lambda=0$；若 $F_i(e_k)=0$，$\lambda=1$。

4.3.2 证据理论

定义 4-29 (Shafer，1976)对于一个命题 $A\subseteq U$，信念函数 Bel：$2^U\rightarrow[0, 1]$ 被定义为：

$$Bel(A)=\sum_{B\subseteq A}m(B)$$

似然函数 Pl：$2^U\rightarrow[0, 1]$ 表示为：

$$\mathrm{Pl}(A) = \sum_{B \cap A \neq \varnothing} m(B) = 1 - \mathrm{Bel}(\bar{A})$$

它们之间的关系如图 4-3 所示。

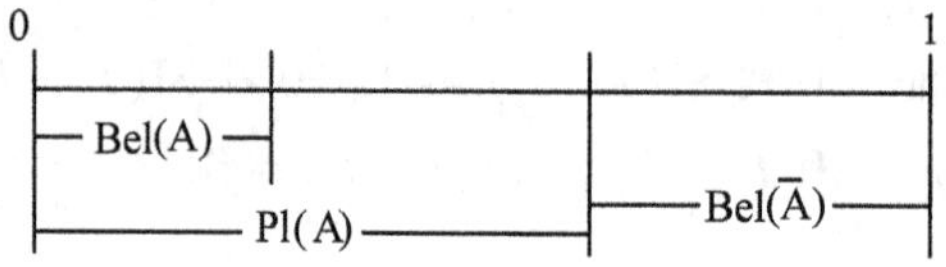

图 4-3　信念函数与似然函数之间的关系

信念函数和似然函数描述了信息的不确定性。信念函数描述了命题的最小不确定性，而似然函数描述了命题的最大确定性，$[\mathrm{Bel}(A), \mathrm{Pl}(A)]$ 是命题 A 的置信区间。

例 4-9　假设在识别框架 U 下，一条证据 m_1 的基本概率分配如下：

$$\begin{array}{lccc} & C_1 & C_2 & C_1,\ C_2 \\ m_1: & 0.2 & 0.3 & 0.5 \end{array}$$

其中，$A = \{C_1\}$，$B = \{C_2\}$，$D = \{C_1, C_2\}$。根据定义(4-29)可得 $\mathrm{Bel}(A) = 0.2$，$\mathrm{Bel}(B) = 0.3$，$\mathrm{Bel}(D) = 0.5$，$\mathrm{Pl}(A) = 0.7$，$\mathrm{Pl}(B) = 0.8$，$\mathrm{Pl}(D) = 1$。那么，A、B 和 D 的置信区间分别为 $[0.2, 0.7]$、$[0.3, 0.8]$ 以及 $[0.5, 1]$。

定义 4-30(Shafer，1976)　假设 m_1 和 m_2 为识别框架 U 中两个独立的 BPAs，则邓普斯特组合规则表示为 $m = m_1 \oplus m_2$，定义如下：

$$m(A) = \begin{cases} (1-K)^{-1} \sum\limits_{B \cap C = A} m_1(B) \cdot m_2(C), & A \neq \varnothing \\ 0, & A = \varnothing \end{cases}$$

$$K = \sum_{B \cap C = \varnothing} m_1(B) m_2(C)$$

4.3.3　基于中智软环境余弦相似度测度的静态信用评价方法

本节将在中智软环境下余弦相似度测度方法的基础上，提出评价主体偏好识别和消除的方法，从而构建基于中智软集合的静态信用评价方法。

1. 评价主体偏好识别和偏好消除

定义 4-31　根据定义(4-28)提出的相似度测度，构建如下相似度矩阵：

$$\mathrm{SMM} = \begin{bmatrix} \mathrm{SI}_{u(11)} & \mathrm{SI}_{u(12)} & \cdots & \mathrm{SI}_{u(1n)} \\ \mathrm{SI}_{u(21)} & \mathrm{SI}_{u(22)} & \cdots & \mathrm{SI}_{u(2n)} \\ \vdots & \vdots & \ddots & \vdots \\ \mathrm{SI}_{u(n1)} & \mathrm{SI}_{u(n2)} & \cdots & \mathrm{SI}_{u(nn)} \end{bmatrix} \tag{4-59}$$

定义 4-32　信用主体 $u_i(i = 1, 2, \cdots, j, \cdots, n)$ 的客观度 $\mathrm{OD}(u_i)$ 定义为：

$$\mathrm{OD}(u_i) = \sum_{j=1,\ j \neq i}^{n} \mathrm{SI}_{u(ij)} \tag{4-60}$$

定义 4-33 信用主体 $u_i(i=1, 2, \cdots, j, \cdots, n)$ 的可信度 $\mathrm{CD}(u_i)$ 定义为：

$$\mathrm{CD}(u_i)=\frac{\mathrm{OD}(u_i)}{\sum_{i=1}^{n}\mathrm{OD}(u_i)} \tag{4-61}$$

定义 4-34 指标权重 $\varpi(e_k)$ 定义为：

$$\varpi(e_k)=\sum_{i=1}^{n}\mathrm{OD}(u_i)T_i(e_k) \tag{4-62}$$

随后，需要对其进行如下标准化处理：

$$\varpi'(e_k)=\frac{\varpi(e_k)}{\sum_{k=1}^{m}\varpi(e_k)} \tag{4-63}$$

在群决策中，由于个体偏好的存在，不同的评价主体往往对于指标权重的分配意见不一致，因此，我们利用证据理论的融合规则来对各评价主体 $d_r(r=1, 2, \cdots, l)$ 主观给出的权重信息进行融合，以此获得融合指标权重 $\omega(e_k)$，融合规则如下：

$$\omega(e_k)=\varpi_1'(e_k)\oplus\varpi_2'(e_k)\oplus\cdots\oplus\varpi_l'(e_k) \tag{4-64}$$

其中，$\varpi_l'(e_k)$ 表示评价主体 d_l 经过标准化处理后的指标权重。

通过上述方法，实现了对指标的偏好识别和消除。接下来，进一步实现对信用主体的偏好识别和消除。

定义 4-35 假设 (F, E) 为论域 $U=\{u_1, u_2, \cdots, u_n\}$ 上的一个中智软集合，其表示为 $F(e_k)(u_i)=<T_i(e_k), I_i(e_k), F_i(e_k)>(i=1, 2, \cdots, j, \cdots, n; k=1, 2, \cdots, m)$，根据每个中智数的分值函数、精确度函数以及确定函数来获得中智软环境下各信用主体的分值函数、精确度函数以及确定函数，定义如下：

$$\mathrm{MS}_i=\mathrm{CD}(u_i)\cdot\sum_{k=1}^{m}s_{u_i(e_k)}\omega(e_k) \tag{4-65}$$

$$\mathrm{MA}_i=\mathrm{CD}(u_i)\cdot\sum_{k=1}^{m}a_{u_i(e_k)}\omega(e_k) \tag{4-66}$$

$$\mathrm{MC}_i=\mathrm{CD}(u_i)\cdot\sum_{k=1}^{m}c_{u_i(e_k)}\omega(e_k) \tag{4-67}$$

信用主体间的偏序关系可根据以下比较规则获得：

(1)若 $\mathrm{MS}_1>\mathrm{MS}_2$，表示 u_1 优于 u_2，记作 $u_1\succ u_2$；

(2)若 $\mathrm{MS}_1=\mathrm{MS}_2$，且 $\mathrm{MA}_1>\mathrm{MA}_2$，表示 u_1 优于 u_2，记作 $u_1\succ u_2$；

(3) 若 $\mathrm{MS}_1=\mathrm{MS}_2$，$\mathrm{MA}_1=\mathrm{MA}_2$，且 $\mathrm{MC}_1>\mathrm{MC}_2$，表示 u_1 优于 u_2，记作 $u_1\succ u_2$；

(4) 若 $\mathrm{MS}_1=\mathrm{MS}_2$，$\mathrm{MA}_1=\mathrm{MA}_2$，且 $\mathrm{MC}_1=\mathrm{MC}_2$，表示 u_1 等价于 u_2，记作 $u_1\sim u_2$。

令 MS 为分值矩阵，表示如下：

$$\mathrm{MS}=\begin{bmatrix}\mathrm{MS}_{11} & \mathrm{MS}_{12} & \cdots & \mathrm{MS}_{1n}\\ \mathrm{MS}_{21} & \mathrm{MS}_{22} & \cdots & \mathrm{MS}_{2n}\\ \vdots & \vdots & \ddots & \vdots\\ \mathrm{MS}_{l1} & \mathrm{MS}_{l2} & \cdots & \mathrm{MS}_{ln}\end{bmatrix} \tag{4-68}$$

其中，$MS_{ri}(r=1, 2, \cdots, l; i=1, 2, \cdots, n)$ 表示评价主体 d_r 下信用主体 u_i 的分值。然后进行标准化处理，$MS'_{ri}=MS_{ri}/\sum_{i=1}^{n} MS_{ri}$。类似地，可获得精确度矩阵以及确定值矩阵。

随后，利用证据理论融合规则对各评价主体的分值、精确度值以及确定值进行融合，据此获得信用主体 u_i 最终的分值、精确度值以及确定值。以分值为例，融合方法如下：

$$S_i = MS'_{1i} \oplus MS'_{2i} \oplus \cdots \oplus MS'_{li} \tag{4-69}$$

类似地，可获得信用主体 u_i 最终的精确度值以及确定值。进一步依据上述比较规则获得信用主体之间的最终偏序关系，据此实现了信用主体的偏好识别和消除。

2. 评价方法构建

根据上述定义，进一步构建基于中智软集合的信用评价方法，步骤如下：

输入：各平台对各信用主体的中智评价信息。

输出：评价主体之间的偏序关系。

步骤 1：根据公式(4-54)至公式(4-56)，计算评价主体 u_i 和 u_j 之间的相似度 $SI_{u(ij)}$，并构建相似度矩阵 SMM。

步骤 2：根据公式(4-60)和公式(4-61)，计算各评价主体的客观度 $OD(u_i)$ 和可信度 $CD(u_i)$。

步骤 3：依据公式(4-62)和公式(4-63)，确定指标权重 $\varpi'(e_k)$。

步骤 4：根据公式(4-64)，获得融合指标权重 $\omega(e_k)$。

步骤 5：根据公式(4-65)至公式(4-68)，获得不同平台下的各评价主体的分值、精确度值以及确定值，进行标准化处理后确定各评价主体之间的偏序关系。

步骤 6：根据公式(4-69)，获得各评价主体最终的分值、精确度值以及确定值，确定各评价主体之间的偏序关系。

4.3.4　实例分析

本节将采用上述方法对某金融机构的放款问题进行分析，通过对所提方法进行测试并与其他方法进行对比分析，验证所提评价方法的有效性和优越性。

1. 背景描述

某金融机构近期要对贷款候选人进行评价，以降低投资风险，获得高额投资回报率。经过初步筛选，该投资机构锁定 5 位候选人，并从“高工作年限”“低贷款额”“高学历水平”“高净资产”4 个维度对候选人进行评价。候选人的信用数据从 3 家信贷平台收集。

现假设 $U=\{u_1, u_2, u_3, u_4, u_5\}$ 为 5 个候选人的集合，$E=\{e_1, e_2, e_3, e_4\}$ 为评价指标集合，$D=\{d_1, d_2, d_3\}$ 为平台集合。3 家平台给出的评价值中智软集合如下：

$$(F_1,E)=\begin{cases}F_1(e_1)=\{(u_1:0.50,0.30,0.70),(u_2:0.60,0.40,0.60),(u_3:0.80,0.30,0.30),\\\quad(u_4:0.70,0.50,0.50),(u_5:0.75,0.35,0.55)\}\\F_1(e_2)=\{(u_1:0.55,0.60,0.45),(u_2:0.65,0.30,0.50),(u_3:0.70,0.40,0.40),\\\quad(u_4:0.80,0.30,0.30),(u_5:0.70,0.40,0.50)\}\\F_1(e_3)=\{(u_1:0.65,0.50,0.50),(u_2:0.70,0.45,0.30),(u_3:0.75,0.30,0.45),\\\quad(u_4:0.70,0.50,0.55),(u_5:0.80,0.35,0.60)\}\\F_1(e_4)=\{(u_1:0.50,0.50,0.65),(u_2:0.45,0.60,0.40),(u_3:0.60,0.35,0.60),\\\quad(u_4:0.80,0.40,0.35),(u_5:0.70,0.45,0.40)\}\end{cases}$$

$$(F_2,E)=\begin{cases}F_2(e_1)=\{(u_1:0.35,0.50,0.75),(u_2:0.70,0.40,0.65),(u_3:0.80,0.35,0.30),\\\quad(u_4:0.75,0.40,0.40),(u_5:0.60,0.60,0.50)\}\\F_2(e_2)=\{(u_1:0.40,0.55,0.65),(u_2:0.75,0.40,0.40),(u_3:0.80,0.40,0.45),\\\quad(u_4:0.70,0.50,0.50),(u_5:0.60,0.35,0.60)\}\\F_2(e_3)=\{(u_1:0.70,0.50,0.40),(u_2:0.60,0.45,0.60),(u_3:0.75,0.30,0.45),\\\quad(u_4:0.60,0.70,0.30),(u_5:0.80,0.55,0.45)\}\\F_2(e_4)=\{(u_1:0.50,0.45,0.60),(u_2:0.40,0.50,0.70),(u_3:0.70,0.45,0.55),\\\quad(u_4:0.80,0.30,0.40),(u_5:0.75,0.45,0.50)\}\end{cases}$$

$$(F_3,E)=\begin{cases}F_3(e_1)=\{(u_1:0.55,0.60,0.75),(u_2:0.50,0.65,0.70),(u_3:0.75,0.40,0.55),\\\quad(u_4:0.70,0.60,0.50),(u_5:0.80,0.70,0.40)\}\\F_3(e_2)=\{(u_1:0.40,0.45,0.65),(u_2:0.45,0.60,0.70),(u_3:0.70,0.30,0.50),\\\quad(u_4:0.60,0.50,0.45),(u_5:0.85,0.40,0.40)\}\\F_3(e_3)=\{(u_1:0.60,0.60,0.45),(u_2:0.65,0.40,0.50),(u_3:0.50,0.55,0.60),\\\quad(u_4:0.70,0.30,0.40),(u_5:0.75,0.45,0.50)\}\\F_3(e_4)=\{(u_1:0.60,0.50,0.55),(u_2:0.45,0.70,0.50),(u_3:0.80,0.45,0.55),\\\quad(u_4:0.65,0.60,0.30),(u_5:0.80,0.30,0.40)\}\end{cases}$$

2. 评价过程

根据本节构建的评价方法对以上问题进行分析,具体评价过程如下:

步骤 1:计算候选人 u_i 和 u_j 之间的相似度 $\mathrm{SI}_{u(ij)}$,并构建相似度矩阵 SMM,结果如下:

对于评价主体 d_1:

$$\mathrm{SMM}=\begin{bmatrix}1.0000 & 0.8096 & 0.7623 & 0.7553 & 0.8155\\0.8096 & 1.0000 & 0.7724 & 0.7996 & 0.8169\\0.7623 & 0.7724 & 1.0000 & 0.7943 & 0.8258\\0.7553 & 0.7996 & 0.7943 & 1.0000 & 0.8502\\0.8155 & 0.8169 & 0.8258 & 0.8502 & 1.0000\end{bmatrix}$$

对于评价主体 d_2:

$$\text{SMM}=\begin{bmatrix}1.0000 & 0.8113 & 0.7095 & 0.7614 & 0.8325\\ 0.8113 & 1.0000 & 0.7878 & 0.7262 & 0.7983\\ 0.7095 & 0.7878 & 1.0000 & 0.8034 & 0.8094\\ 0.7614 & 0.7262 & 0.8034 & 1.0000 & 0.9040\\ 0.8325 & 0.7983 & 0.8094 & 0.9040 & 1.0000\end{bmatrix}$$

对于评价主体 d_3：

$$\text{SMM}=\begin{bmatrix}1.0000 & 0.9121 & 0.8186 & 0.8022 & 0.7476\\ 0.9121 & 1.0000 & 0.7793 & 0.8277 & 0.7291\\ 0.8186 & 0.7793 & 1.0000 & 0.7881 & 0.8346\\ 0.8022 & 0.8277 & 0.7881 & 1.0000 & 0.8348\\ 0.7476 & 0.7291 & 0.8346 & 0.8348 & 1.0000\end{bmatrix}$$

步骤 2：计算各候选人的客观度 $OD(u_i)$ 和可信度 $CD(u_i)$，结果见表 4-8。

表 4-8　**客观度 $OD(u_i)$ 和可信度 $CD(u_i)$ 计算结果**

	评价主体	u_1	u_2	u_3	u_4	u_5
$OD(u_i)$	d_1	3.1426	3.1985	3.1548	3.1994	3.3083
	d_2	3.1148	3.1236	3.1100	3.1950	3.3442
	d_3	3.2805	3.2483	3.2206	3.2529	3.1461
$CD(u_i)$	d_1	0.1964	0.1999	0.1971	0.1999	0.2067
	d_2	0.1961	0.1966	0.1958	0.2011	0.2105
	d_3	0.2031	0.2012	0.1994	0.2014	0.1948

步骤 3：计算指标权重 $\varpi'(e_k)$，结果如表 4-9 所示。

表 4-9　**指标权重 $\varpi(e_k)$ 计算结果**

$\varpi'(e_k)$	e_1	e_2	e_3	e_4
d_1	0.2500	0.2536	0.2686	0.2277
d_2	0.2449	0.2486	0.2645	0.2420
d_3	0.2578	0.2340	0.2503	0.2578

步骤 4：获得融合指标权重 $\omega(e_k)$。

$$\omega(e_1)=0.2525,\omega(e_2)=0.2359,\omega(e_3)=0.2843,\omega(e_4)=0.2273$$

步骤 5：获得不同来源平台下的各候选人的分值、精确度值以及确定值，进行标准化处理后确定各候选人之间的偏序关系。

对于平台 1，由于 $MS_{1i}=\{0.0987,0.1129,0.1280,0.1255,0.1267\}$，因此，其认为 u_3 >

$u_5 > u_4 > u_2 > u_1$。

对于平台 2，由于 $MS_{2i}=\{0.0916, 0.1042, 0.1278, 0.1224, 0.1185\}$，因此，其认为 $u_3 > u_4 > u_5 > u_2 > u_1$。

对于平台 3，由于 $MS_{3i}=\{0.0950, 0.0901, 0.1127, 0.1182, 0.1097\}$，因此，其认为 $u_4 > u_3 > u_5 > u_1 > u_2$。

步骤 6：获得各候选人最终的分值、精确度值以及确定值，确定各候选人之间的偏序关系。

$$S_i=\{0.1190, 0.1467, 0.2551, 0.2512, 0.2279\}$$

即 $u_3 > u_4 > u_5 > u_2 > u_1$。由于仅仅依据分值就可以获得偏序关系，精确度值以及确定值不再详细列出。因此，依据以上结果可知，候选人 u_3 的信用状况最佳，候选人 u_1 的信用状况最差。

3. 方法测试

为了进一步验证所提方法的合理性，本节进行如下测试分析。

假设 $U=\{u_1, u_2, u_3\}$ 是候选人的集合，$E=\{e_1, e_2, e_3\}$ 是指标的集合。初始的中智软集合为：

$$(F,E)_1=\begin{cases}F(e_1)=\{(u_1:0.50,0.30,0.40),(u_2:0.80,0.30,0.40),(u_3:0.60,0.30,0.40)\}\\F(e_2)=\{(u_1:0.50,0.60,0.50),(u_2:0.50,0.60,0.50),(u_3:0.50,0.60,0.50)\}\\F(e_3)=\{(u_1:0.65,0.50,0.50),(u_2:0.65,0.50,0.50),(u_3:0.65,0.50,0.50)\}\end{cases}$$

很明显，只有在指标 e_1 下的三个候选人的隶属度值是存在差别的，因此，我们认为实际的偏序关系应该是 $u_2 > u_3 > u_1$。然后，使用本节所提方法进行计算，得到的各候选人的分值为 $MS_i=\{0.181571,\ 0.195509,\ 0.183219\}$，据此可知 $u_2 > u_3 > u_1$，与实际无差异。

然后，通过增加指标 e_1 下候选人 u_1 和 u_3 的隶属度值，降低指标 e_1 下候选人 u_2 的隶属度值，来比较他们之间新的偏序关系。改变后的中智软集合为：

$$(F,E)_2=\begin{cases}F(e_1)=\{(u_1:0.60,0.30,0.40),(u_2:0.75,0.30,0.40),(u_3:0.65,0.30,0.40)\}\\F(e_2)=\{(u_1:0.50,0.60,0.50),(u_2:0.50,0.60,0.50),(u_3:0.50,0.60,0.50)\}\\F(e_3)=\{(u_1:0.65,0.50,0.50),(u_2:0.65,0.50,0.50),(u_3:0.65,0.50,0.50)\}\end{cases}$$

同样依据指标 e_1 下的三个候选人的隶属度值，可以轻松得出存在偏序关系 $u_2 > u_3 > u_1$。通过本节所提方法计算得到的各候选人的分值为 $MS_i=\{0.189327,\ 0.196687,\ 0.190219\}$，因而 $u_2 > u_3 > u_1$，与实际无差异。

进一步增加指标 e_1 下候选人 u_1 和 u_3 的隶属度值，降低指标 e_1 下候选人 u_2 的隶属度值，改变后的中智软集合为：

$$(F,E)_3=\left\{\begin{matrix}F(e_1)=\{(u_1:0.70,0.30,0.40),(u_2:0.70,0.30,0.40),(u_3:0.70,0.30,0.40)\}\\F(e_2)=\{(u_1:0.50,0.60,0.50),(u_2:0.50,0.60,0.50),(u_3:0.50,0.60,0.50)\}\\F(e_3)=\{(u_1:0.65,0.50,0.50),(u_2:0.65,0.50,0.50),(u_3:0.65,0.50,0.50)\}\end{matrix}\right\}$$

显然，实际偏序关系应该是 $u_1 > u_2 > u_3$，通过本节所提方法计算得到的各候选人的分值为 $\mathrm{MS}_i = \{0.197582, 0.197582, 0.197582\}$，因而 $u_1 > \sim u_2 > u_3$，与实际无差异。

继续增加指标 e_1 下候选人 u_1 和 u_3 的隶属度值，降低指标 e_1 下候选人 u_2 的隶属度值，改变后的中智软集合为：

$$(F,E)_4 = \begin{cases} F(e_1) = \{(u_1:0.80,0.30,0.40),(u_2:0.65,0.30,0.40),(u_3:0.75,0.30,0.40)\} \\ F(e_2) = \{(u_1:0.50,0.60,0.50),(u_2:0.50,0.60,0.50),(u_3:0.50,0.60,0.50)\} \\ F(e_3) = \{(u_1:0.65,0.50,0.50),(u_2:0.65,0.50,0.50),(u_3:0.65,0.50,0.50)\} \end{cases}$$

显然，此时的实际偏序关系应该是 $u_1 > u_3 > u_2$，通过本节所提方法计算得到的各候选人的分值为 $\mathrm{MS}_i = \{0.206235, 0.200597, 0.202834\}$，因而 $u_1 > u_3 > u_2$，与实际无差异。

接着，继续增加指标 e_1 下候选人 u_1 和 u_3 的隶属度值，降低指标 e_1 下候选人 u_2 的隶属度值，改变后的中智软集合为：

$$(F,E)_5 = \left\{ \begin{array}{l} F(e_1) = \{(u_1:0.90,0.30,0.40),(u_2:0.60,0.30,0.40),(u_3:0.80,0.30,0.40)\} \\ F(e_2) = \{(u_1:0.50,0.60,0.50),(u_2:0.50,0.60,0.50),(u_3:0.50,0.60,0.50)\} \\ F(e_3) = \{(u_1:0.65,0.50,0.50),(u_2:0.65,0.50,0.50),(u_3:0.65,0.50,0.50)\} \end{array} \right\}$$

显然，此时的实际偏序关系应该仍然是 $u_1 > u_3 > u_2$，通过本节所提方法计算得到的各候选人的分值为 $\mathrm{MS}_i = \{0.215170, 0.203270, 0.208360\}$，因而偏序关系为 $u_1 > u_3 > u_2$，与实际无差异。

分值的变化趋势如图 4-4 所示。

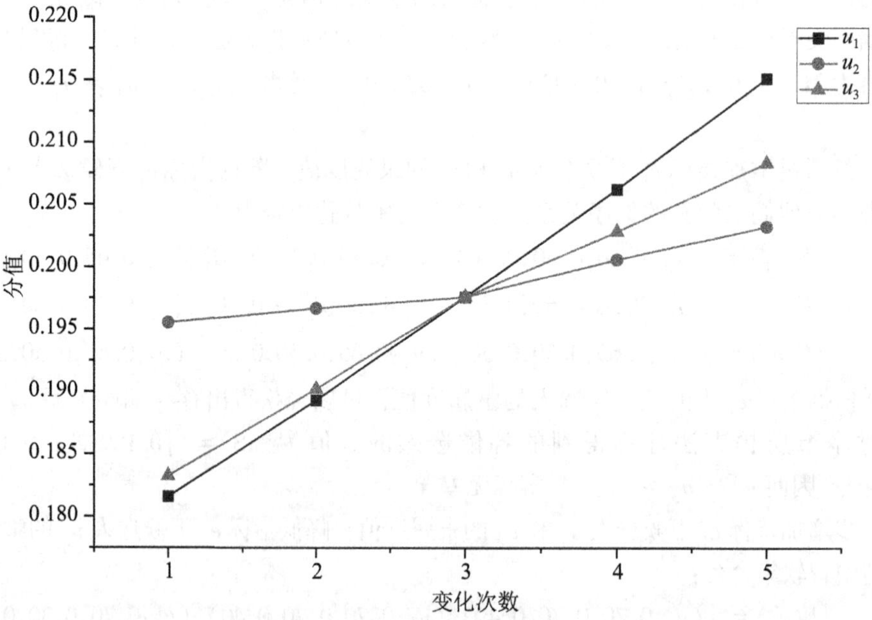

图 4-4　分值变化趋势图

4. 对比分析

为了进一步说明所提方法的优越性，本节选择几种现有方法来进行对比分析，具体包括 Maji(2013)、Ye(2013)、Peng 和 Liu(2017)以及 Jiang 等(2019)的方法。

在 Maji(2013)提出的方法中，通过对各候选人的隶属度函数、不确定性函数和非隶属度函数进行比较，得到比较矩阵并且进一步获得偏序关系；Peng 和 Liu(2017)提出了 EDAS、相似度测度、水平软集三种方法；Jiang 等(2019)定义了新的分值函数，并据此得到正负理想解，进一步利用 TOPSIS 方法来获得偏序关系。需要说明的是，以上方法只适用于基于单一数据来源平台的环境，为了与本节方法进行对比，我们将其得到的单一数据来源平台下的结果进行融合之后，得出最终偏序关系。在融合的过程中，对各平台评价主体的偏好进行了消除。

以上各种方法的计算结果如表 4-10 所示：

表 4-10 **对比结果**

方法	偏序关系	最佳候选人
本节所提方法	$u_3 > u_4 > u_5 > u_2 > u_1$	u_3
Maji(2013)提出的方法	$u_4 > u_5 > u_3 > u_2 > u_1$	u_4
Ye(2013)提出的方法	$u_3 > u_4 > u_5 > u_2 > u_1$	u_3
EDAS(Peng 和 Liu，2017)	$u_3 > u_4 > u_5 > u_2 \sim u_1$	u_3
相似度(Peng 和 Liu，2017)	$u_3 > u_5 > u_4 > u_2 > u_1$	u_3
水平软集(Peng 和 Liu，2017)	$u_3 > u_5 > u_4 > u_2 > u_1$	u_3
Jiang 等(2019)提出的方法	$u_3 > u_4 > u_5 > u_2 > u_1$	u_3

从以上对比结果可以看出，本节所提方法得到的结果与 Maji(2013)、EDAS(Peng 和 Liu，2017)、Jiang 等(2019)的方法得到的结果完全一致。关于相似度(Peng 和 Liu，2017)和水平软集(Peng 和 Liu，2017)两种方法得到的结果中关于候选人 u_4 和 u_5 与本节所提方法的结果不一致，我们认为可能是由于两种方法本身存在缺陷。在计算过程中，它们均使用了传统分值函数对三个特征函数的值进行加总计算，并没有考虑信息本身的可信度。另外，Maji(2013)所提方法得到的结果与本节方法有较大差别，主要原因有：其一，通过简单地比较候选人的隶属度函数就获得偏序关系，这在很大程度上忽略了评价信息的可信度。其二，该方法没有考虑指标的权重。在信用评价过程中，各个指标的权重势必不可能完全一致。

经过上述对比分析，本节所提方法的优势主要体现在以下几个方面：其一，采用群体评价方式对各平台的信用数据进行评价，更加符合实际评价过程，也更加客观；其二，方法构建中提出可信度和客观度的概念，并结合传统分值函数、精确度函数以及确定函数，获得中智软环境下各候选人的分值函数、精确度函数以及确定函数，考虑了实际评价中信息的可信度；其三，通过证据理论融合规则，实现了评价过程中评价主体偏好的消除，使得评价结果更加公平合理。

4.3.5　研究结果

本节针对互联网不一致数据下的信用评价问题，选取中智软集合为分析工具，在分析已有方法中关于中智软集合及其相关的单值中智集的余弦相似度测度缺陷的基础上，构建中智软环境下的余弦相似度测度方法，随后提出了反映决策者主观偏好的客观度和可信度的概念，并结合证据理论融合主观评价信息，从而构建中智软环境下消除决策者偏好的信用评价方法。最后，通过方法测试和对比分析，验证了所提方法的合理性和优越性。

4.4　基于中智软集合和前景理论的静态信用评价理论和方法

针对互联网不一致数据下的信用评价问题，本节仍以中智软集合作为基本分析方法。为克服不确定环境下决策者的非理性因素，引入前景理论作为分析框架。为更加客观地对平台和指标赋权，本研究对现有的中智软集合距离测度方法进行修正，并提出了中智软集合聚合法则。考虑到现有方法均基于期望效用理论，未考虑不确定环境下评价主体的非理性心理因素，本研究引入前景理论，构建了基于中智软集合的信用评价方法。

4.4.1　中智数的确定程度和冲突程度测度

本节中我们将引入中智数的确定程度和冲突程度测度。在此之前，定义了最小冲突中智数和最大冲突中智数。

定义 4-36　令 $\min = <1, 0, 0>$ 为最小冲突中智数，表示对象对于集合的隶属度为 1，不确定程度和非隶属度均为 0。此时，数据的冲突程度最小。

定义 4-37　令 $\max = <0.5, 1, 0.5>$ 为最大冲突中智数，表示对象对于集合的隶属度和非隶属度均为 0.5，不确定程度为 1。换句话说，数据的冲突程度最大。

定义 4-38　设 A 为论域 U 上的一个中智集，$A(u) = <T_A(u), I_A(u), F_A(u)>$ 为中智集 A 中的一个中智数，则中智数 $A(u)$ 的确定程度 $d^{\Delta}(A(u))$ 定义如下：

$$d^{\Delta}(A(u)) = \frac{|T_A(u) - 1| + I_A(u) + F_A(u)}{3} \tag{4-70}$$

由上式可知，中智数 $A(u)$ 的确定程度衡量的是其与最小冲突中智数 min 之间的标准化汉明距离。$A(u)$ 与最小冲突中智数 min 之间的距离越小，确定程度越大；反之，确定程度越小。

定义 4-39　对于定义(4-38)中的中智数 $A(u) = <T_A(u), I_A(u), F_A(u)>$，其冲突程度定义如下：

$$c^{\Delta}(A(u)) = \frac{|T_A(u) - 0.5| + |I_A(u) - 1| + |F_A(u) - 0.5|}{3} \tag{4-71}$$

即中智数 $A(u)$ 与最大冲突中智数 max 之间的距离越小，冲突程度越大；反之，冲突程度越小。

例 4-10 设中智数 $A(u_1) = <0.8, 0.2, 0.4>$，$A(u_2) = <0.7, 0.4, 0.1>$，则中智数 $A(x_1)$ 的确定程度和冲突程度分别为：

$$d^{\Delta}(A(u_1)) = \frac{|0.8-1| + 0.2 + 0.4}{3} = 0.27$$

$$c^{\Delta}(A(u_1)) = \frac{|0.8-0.5| + |0.2-1| + |0.4-0.5|}{3} = 0.4$$

同理，中智数 $A(u_2)$ 的确定程度和冲突程度分别为 $d^{\Delta}(A(u_2)) = 0.27$，$c^{\Delta}(A(u_2)) = 0.4$。

4.4.2 中智软集合聚合法则

为提高中智软集合处理不一致数据的能力，本节构建了两种中智软集合聚合法则：中智软集合加权平均聚合法则和加权几何聚合法则。

令 $U = \{u_1, u_2, \cdots, u_i, \cdots, u_m\}$ 为初始论域，$E = \{e_1, e_2, \cdots, e_j, \cdots, e_n\}$ 为参数集，(F, E) 为定义在论域 U 上的中智软集合。为方便，我们用 ρ_{ij} 表示对象 u_i 相对于参数 e_j 的取值，且定义 $\rho_{ij} = < T_{F(e_j)}(u_i), I_{F(e_j)}(u_i), F_{F(e_j)}(u_i) > (i = 1, 2, \cdots, m; j = 1, 2, \cdots, n)$。

定义 4-40 设中智软集合 (F, E) 的加权平均聚合法则定义为 $(F, E)^{\Gamma} = \{F^{\Gamma}(u_1), F^{\Gamma}(u_2), \cdots, F^{\Gamma}(u_m)\}$，其中

$$F^{\Gamma}(u_i) = \prod_{j=1}^{n}\rho_{ij}\omega_j = < 1 - \prod_{j=1}^{n}(1 - T_{F(e_j)}(u_i))^{\omega_j}, \prod_{j=1}^{n}(I_{F(e_j)}(u_i))^{\omega_j}, \prod_{j=1}^{n}(F_{F(e_j)}(u_i))^{\omega_j} > \tag{4-72}$$

上式中 ω_j 表示参数权重。

例 4-11 假定王先生欲从三辆备选车子中购买一辆，主要考虑价格、设备和油耗三个参数。令 $U = \{u_1, u_2, u_3\}$ 为备选车子集合，$E = \{e_1, e_2, e_3\}$ 为参数集合，e_1、e_2 和 e_3 分别表示“价格便宜”“设备优良”和“油耗小”。王先生对三辆车子的评价可以表示为中智软集合 (F, E)，具体评价内容如下：

$$(F, E) = \left\{\begin{array}{l} F(e_1) = \left\{ < \dfrac{u_1}{0.8, 0.4, 0.3} >, < \dfrac{u_2}{0.5, 0.7, 0.3} >, < \dfrac{u_3}{0.2, 0.5, 0.8} > \right\} \\ F(e_2) = \left\{ < \dfrac{u_1}{0.5, 0.7, 0.4} >, < \dfrac{u_2}{0.7, 0.3, 0.2}, < \dfrac{u_3}{0.5, 0.8, 0.5} > \right\} \\ F(e_3) = \left\{ < \dfrac{u_1}{0.5, 0.7, 0.4} >, < \dfrac{u_2}{0.9, 0.3, 0.1} >, < \dfrac{u_3}{0.4, 0.7, 0.5} > \right\} \end{array}\right\}$$

此时，采用中智软集合加权平均聚合法则对各车子所有参数的评价值进行聚合，可得：

$$(F, E)^{\Gamma} = \left\{ < \frac{u_1}{0.6077, 0.5537, 0.3584} >, < \frac{u_2}{0.7015, 0.4749, 0.2244} >, \right.$$

$$<\frac{u_3}{0.3169,\ 0.6512,\ 0.6467}>\Big\}$$

定义 4-41　设中智软集合 (F, E) 的加权几何聚合法则定义为 $(F, E)^{\Theta}=\{F^{\Theta}(u_1), F^{\Theta}(u_2), \cdots, F^{\Theta}(u_m)\}$，其中

$$F^{\Theta}(u_i)=\prod_{j=1}^{n}(\rho_{ij})^{\omega_j}=<\prod_{j=1}^{n}(T_{F(e_j)}(u_i))^{\omega_j},1-\prod_{j=1}^{n}(1-I_{F(e_j)}(u_i))^{\omega_j},1-\prod_{j=1}^{n}(1-F_{F(e_j)}(u_i))^{\omega_j}> \tag{4-73}$$

上式中 ω_j 表示参数权重。

例 4-12　考虑例4-11，采用中智软集合加权几何聚合法则对各车子所有参数的评价值进行聚合，可得：

$$(F, E)^{\Theta}=\Big\{<\frac{u_1}{0.6049,\ 0.9905,\ 0.9987}>,\ <\frac{u_2}{0.6837,\ 0.9973,\ 0.9998}>,$$
$$<\frac{u_3}{0.3474,\ 0.9798,\ 0.9885}>\Big\}$$

4.4.3　基于中智软集合和前景理论的静态信用评价方法

我们将在修正的距离测度及中智软集合聚合法则的基础上，以前景理论为评价框架，中智软集合基础分析方法，构建信用评价方法。

1. 背景介绍

近日，某金融机构欲对一组贷款申请人进行信用评估并提供贷款。设 $U=\{u_1, u_2, \cdots, u_i, \cdots, u_m\}$ 为 m 个候选人集合，$E=\{e_1, e_2, \cdots, e_j, \cdots, e_n\}$ 为评价贷款申请人信用状况的 n 个指标的集合。该机构从 p 个平台收集了候选人的相关信用数据，$R=\{r_1, r_2, \cdots, r_l, \cdots, r_p\}$ 表示 p 个平台的集合。平台 r_l 的中智权重为 $\omega_l=<T_{\omega}(l), I_{\omega}(l), F_{\omega}(l)>(l=1, 2, \cdots, p)$，平台 r_l 分配给指标 e_j 的中智主观权重为 $\delta_{jl}=<T_{\delta}(j, l), I_{\delta}(j, l), F_{\delta}(j, l)>(j=1, 2, \cdots, n;\ l=1, 2, \cdots, p)$，平台 r_l 给出的候选人评价值用中智软集合 $(F_l, E)(l=1, 2, \cdots, p)$ 描述。

为方便，我们用 $\rho_{ij}^{l}=<T_{F_l(e_j)}(u_i), I_{F_l(e_j)}(u_i), F_{F_l(e_j)}(u_i)>(i=1, 2, \cdots, m;\ j=1, 2, \cdots, n;\ l=1, 2, \cdots, p)$ 表示平台 r_l 对候选人 u_i 相对于指标 e_j 的评价值。

2. 平台权重确定

在互联网环境下的信用评价中，各数据源的重要性程度是随机和不确定的。因此，如何确定平台权重已成为一项重要的研究议题。我们用中智数描述平台的重要性，进而通过计算平台的重要性程度相对应中智数的确定程度代替传统权重。

考虑定义(4-38)，设 $\omega_l=<T_{\omega}(l), I_{\omega}(l), F_{\omega}(l)>(l=1, 2, \cdots, p)$ 为平台 r_l 的中智权重，则其确定程度为：

$$d^{\Delta}(r_l)=\frac{1-\dfrac{|T_{\omega}(l)|+I_{\omega}(l)+F_{\omega}(l)}{3}}{\sum_{l=1}^{p}1-\dfrac{|T_{\omega}(l)|+I_{\omega}(l)+F_{\omega}(l)}{3}}\ (l=1,\ 2,\ \cdots,\ p) \tag{4-74}$$

进而，各平台标准化的确定程度为：

$$\varphi_l=\frac{d^{\Delta}(r_l)}{\sum_{l=1}^{p}d^{\Delta}(r_l)} \tag{4-75}$$

3. 指标综合权重确定

本节采用组合赋权的方式，即通过融合指标的主观权重值和客观权重值，得到指标的综合权重值。关于主观权重值，本研究首先用中智数描述各平台对指标重要程度的判断(即参数中智主观权重)，进而将各平台的判断融合得到中智数形式的主观权重，最后通过分值函数求得参数主观权重值。与直接赋予参数主观权重确定值的方式不同，本节所采用的方法能够更加全面、客观地给出参数主观权重。关于客观权重值，本节直接采用被广泛应用于决策过程的熵权法计算参数的客观权重。最后，基于最小信息熵对主观权重值和客观权重值进行融合运算，求得参数综合权重值。

①指标主观权重值计算。为充分考虑面对互联网高度不确定环境下评价主体的非理性问题，本研究首先用中智数描述各平台对指标重要程度的判断(即指标中智主观权重)，进而将各平台的判断融合得到中智数形式的主观权重，最后通过分值函数求得指标主观权重值。与直接赋予指标主观权重确定值的方式不同，本节所采用的方法能够更加全面、客观地给出指标主观权重。

假定 $\delta_{jl}=<T_{\delta}(j,\ l),\ I_{\delta}(j,\ l),\ F_{\delta}(j,\ l)>(j=1,\ 2,\ \cdots,\ n)$ 为平台 r_l 分配给指标 e_j 的中智主观权重，φ_l 为平台 r_l 的确定程度。基于中智软集合的加权平均聚合法则，可得指标 e_j 的中智数形式的主观权重为：

$$\mathrm{nsw}_j=\prod_{l=1}^{p}\delta_{jl}^{\ \varphi_l}=<\prod_{l=1}^{p}T_{\delta}(j,\ l)^{\varphi_l},\ 1-\prod_{l=1}^{p}(1-I_{\delta}(j,\ l))^{\varphi_l},\ 1-\prod_{l=1}^{p}(1-F_{\delta}(j,\ l))^{\varphi_l}> \tag{4-76}$$

进而求得指标 e_j 的主观权重值为：

$$\mathrm{sw}_j=\frac{2+\prod_{l=1}^{p}T_{\delta}(j,\ l)^{\varphi_l}-\left(1-\prod_{l=1}^{p}(1-I_{\delta}(j,\ l))^{\varphi_l}\right)-\left(1-\prod_{l=1}^{p}(1-F_{\delta}(j,\ l))^{\varphi_l}\right)}{3} \tag{4-77}$$

②指标客观权重值计算。考虑到客观权重的计算不是本研究的重点，故直接采用客观赋权法——熵权法计算指标客观权重值。基于熵权法，可以求得平台 r_l 给出的中智软集合 $(F_l,\ E)$ 中指标 e_j 的信息熵为：

$$E_{jl}=1-\frac{1}{m}\sum_{i=1}^{m}(T_{F_l(e_j)}(u_i)+F_{F_l(e_j)}(u_i))\cdot|I_{F_l(e_j)}(u_i)-I_{F_l(e_j)}(u_i)^c| \tag{4-78}$$

则指标 e_j 的信息熵为：

$$E_j = \sum_{l=1}^{p} \varphi_l E_{jl}(j = 1,\ 2,\ \cdots,\ n) \tag{4-79}$$

其中，φ_l 表示平台的确定程度。

故指标 e_j 的客观权重值为：

$$\mathrm{ow}_j = \frac{1 - E_j}{\sum_{j=1}^{n} 1 - E_j}\ (j = 1,\ 2,\ \cdots,\ n) \tag{4-80}$$

③指标综合权重值计算。假定 $\mathrm{SW} = \{\mathrm{sw}_1,\ \mathrm{sw}_2,\ \cdots,\ \mathrm{sw}_j,\ \cdots,\ \mathrm{sw}_n\}$，$\mathrm{OW} = \{\mathrm{ow}_1,\ \mathrm{ow}_2,\ \cdots,\ \mathrm{ow}_j,\ \cdots,\ \mathrm{ow}_n\}$ 分别为指标集 $E = \{e_1,\ e_2,\ \cdots,\ e_j,\ \cdots,\ e_n\}$ 中各指标的主观权重向量和客观权重向量，且满足 $\sum_{j=1}^{n} \mathrm{sw}_j = 1,\ 0 \leqslant \mathrm{sw}_j \leqslant 1$；$\sum_{j=1}^{n} \mathrm{ow}_j = 1,\ 0 \leqslant \mathrm{ow}_j \leqslant 1$。依据最小信息熵原则，指标 e_j 的综合权重值为：

$$\varpi_j = \frac{\sqrt{\mathrm{ow}_j \cdot \mathrm{sw}_j}}{\sum_{j=1}^{n} \sqrt{\mathrm{ow}_j \cdot \mathrm{sw}_j}} \tag{4-81}$$

4. 候选人综合前景值的计算

候选人综合前景值由前景决策矩阵和指标综合权重值共同决定。接下来，我们将阐述如何构建前景决策矩阵并计算综合前景值。

①前景决策矩阵构建。构建前景决策矩阵的核心是计算价值函数和决策权重函数。就价值函数而言，我们需要分析候选人实际评价值与参照点之间的距离。本研究将最大冲突中智数作为参照点，计算候选人评价值的冲突程度，进而求得价值函数值。关于决策权重函数，由于本书探索互联网不确定环境下的信用评价问题，故将平台权重，即本书计算的平台确定程度作为客观概率。

考虑到候选人相对于各指标的评价值和指标的中智主观权重均由平台提出，故本研究将指标的中智主观权重引入冲突程度测度，提出修正的冲突程度测度，以构建更加科学的前景决策矩阵辅助决策。

假定 $\rho_{ij} = < T_{F(e_j)}(u_i),\ I_{F(e_j)}(u_i),\ F_{F(e_j)}(u_i) >$ 为候选人 u_i 关于指标 e_j 的评价值，$\alpha_j = < T_\alpha(j),\ I_\alpha(j),\ F_\alpha(j) >$ 为指标 e_j 的中智主观权重。考虑到 $T_\alpha(j)$，$I_\alpha(j)$，$F_\alpha(j)$ 的和可能不为 1，本节对其进行标准化处理以便更加与实际情况相符。由此，中智数 ρ_{ij} 的改进冲突程度测度为：

$$\begin{aligned}\mathrm{mc}^{\Delta}(\rho_{ij}) = &\frac{T_\alpha(j) \cdot |T_{F(e_j)}(u_i) - 0.5|}{T_\alpha(j) + I_\alpha(j) + F_\alpha(j)} + \frac{I_\alpha(j) \cdot |I_{F(e_j)}(u_i) - 1|}{T_\alpha(j) + I_\alpha(j) + F_\alpha(j)} \\ &+ \frac{F_\alpha(j) \cdot |F_{F(e_j)}(u_i) - 0.5|}{T_\alpha(j) + I_\alpha(j) + F_\alpha(j)}\end{aligned} \tag{4-82}$$

故前景决策矩阵中候选人相对于各指标的前景值为：

$$V_{ij} = \sum_{l=1}^{p} \sigma_l v(\rho_{ij}^l - \max) \tag{4-83}$$

上式中

$$v(\rho_{ij}^l - \max) = \begin{cases} (mc^{\Delta}(\rho_{ij}^l, \max))^{0.88}, & \rho_{ij}^l \geqslant \max \\ -2.25(mc^{\Delta}(\rho_{ij}^l, \max))^{0.88}, & \rho_{ij}^l < \max \end{cases} \tag{4-84}$$

$$\sigma_l = \frac{(\varphi_l)^{0.61}}{((\varphi_l)^{0.61} + (1-\varphi_l)^{0.61})^{\frac{1}{0.61}}} \tag{4-85}$$

②综合前景值计算。基于指标综合权重及前景决策矩阵，得到各候选人的综合前景值为：

$$V_i = \sum_{j=1}^{n} \varpi_j V_{ij} \tag{4-86}$$

(5)基于中智软集合和前景理论的静态信用评价方法

本节提出一个新的基于中智软集合和前景理论的静态信用评价方法，详细运算步骤如下：

步骤1：输入一个表示平台中智权重的中智集，一个描述候选人评价值的中智软集合及一个描述指标中智主观权重的中智软集合；

步骤2：标准化描述候选人评价值的中智软集合：

$$\beta_{ij} = \begin{cases} \rho_{ij}, & e_j\text{为效益型指标} \\ (\rho_{ij})^c, & e_j\text{为成本型指标} \end{cases} \tag{4-87}$$

步骤3：依据公式(4-75)计算平台的确定程度向量 $\varphi = (\varphi_1, \varphi_2, \cdots, \varphi_p)$；

步骤4：依据公式(4-83)构建前景决策矩阵；

步骤5：依据公式(4-81)计算指标综合权重向量 $\varpi_j = (\varpi_1, \varpi_2, \cdots, \varpi_n)$；

步骤6：依据公式(4-86)计算各候选人的综合前景值 V_i；

步骤7：依据综合前景值对候选人进行排序并评价。

4.4.4 实例分析

为了验证所提方法的有效性，本节将对某金融机构的贷款问题进行分析。同时，与现有的五种方法进行比较分析以验证本节所提方法的有效性和优越性。

1. 实例背景

近日，某金融机构计划投资一笔钱在一批贷款申请人中。该金融机构最初选择了五个借款者作为候选人，并基于四个指标："高工作年限"e_1、"高收入水平"e_2、"高学历水平"e_3、"高净资产"e_4 对五个候选人进行评估。随后，该机构从三个信贷平台收集借款人的相关信用数据。假设 $U=\{u_1, u_2, u_3, u_4, u_5\}$ 为借款人集合，$E=\{e_1, e_2, e_3, e_4\}$ 为指标集，$R=\{r_1, r_2, r_3\}$ 为平台集合。平台给出的候选人评价值的中智软集合为：

$$
(F_1,E)=\left\{\begin{aligned}
&F_1(e_1)=\left\{<\frac{u_1}{0.60,0.35,0.80}>,<\frac{u_2}{0.70,0.50,0.60}>,<\frac{u_3}{0.80,0.40,0.70}>,\right.\\
&\qquad\left.<\frac{u_4}{0.65,0.50,0.50}>,<\frac{u_5}{0.75,0.30,0.60}>\right\}\\
&F_1(e_2)=\left\{<\frac{u_1}{0.50,0.80,0.20}>,<\frac{u_2}{0.60,0.30,0.70}>,<\frac{u_3}{0.70,0.35,0.80}>,\right.\\
&\qquad\left.<\frac{u_4}{0.80,0.30,0.70}>,<\frac{u_5}{0.80,0.20,0.55}>\right\}\\
&F_1(e_3)=\left\{<\frac{u_1}{0.60,0.50,0.80}>,<\frac{u_2}{0.70,0.50,0.20}>,<\frac{u_3}{0.80,0.60,0.30}>,\right.\\
&\qquad\left.<\frac{u_4}{0.70,0.40,0.70}>,<\frac{u_5}{0.85,0.30,0.60}>\right\}\\
&F_1(e_4)=\left\{<\frac{u_1}{0.50,0.80,0.60}>,<\frac{u_2}{0.40,0.70,0.30}>,<\frac{u_3}{0.60,0.40,0.70}>,\right.\\
&\qquad\left.<\frac{u_4}{0.60,0.35,0.80}>,<\frac{u_5}{0.70,0.30,0.40}>\right\}
\end{aligned}\right\}
$$

$$
(F_2,E)=\left\{\begin{aligned}
&F_2(e_1)=\left\{<\frac{u_1}{0.30,0.60,0.70}>,<\frac{u_2}{0.70,0.35,0.60}>,<\frac{u_3}{0.80,0.40,0.20}>,\right.\\
&\qquad\left.<\frac{u_4}{0.70,0.40,0.30}>,<\frac{u_5}{0.60,0.50,0.80}>\right\}\\
&F_2(e_2)=\left\{<\frac{u_1}{0.40,0.60,0.80}>,<\frac{u_2}{0.70,0.60,0.30}>,<\frac{u_3}{0.80,0.30,0.60}>,\right.\\
&\qquad\left.<\frac{u_4}{0.70,0.65,0.50}>,<\frac{u_5}{0.60,0.30,0.80}>\right\}\\
&F_2(e_3)=\left\{<\frac{u_1}{0.70,0.60,0.30}>,<\frac{u_2}{0.60,0.50,0.70}>,<\frac{u_3}{0.70,0.35,0.60}>,\right.\\
&\qquad\left.<\frac{u_4}{0.60,0.80,0.40}>,<\frac{u_5}{0.80,0.50,0.40}>\right\}\\
&F_2(e_4)=\left\{<\frac{u_1}{0.70,0.80,0.60}>,<\frac{u_2}{0.50,0.40,0.80}>,<\frac{u_3}{0.30,0.70,0.60}>,\right.\\
&\qquad\left.<\frac{u_4}{0.40,0.30,0.80}>,<\frac{u_5}{0.50,0.40,0.60}>\right\}
\end{aligned}\right\}
$$

$$(F_3,E)=\begin{cases}F_3(e_1)=\left\{<\dfrac{u_1}{0.60,0.30,0.80}>,<\dfrac{u_2}{0.50,0.70,0.60}>,<\dfrac{u_3}{0.60,0.10,0.70}>,\right.\\ \qquad\left.<\dfrac{u_4}{0.80,0.60,0.40}>,<\dfrac{u_5}{0.80,0.65,0.50}>\right\}\\ F_3(e_2)=\left\{<\dfrac{u_1}{0.40,0.50,0.70}>,<\dfrac{u_2}{0.30,0.50,0.80}>,<\dfrac{u_3}{0.40,0.70,0.60}>,\right.\\ \qquad\left.<\dfrac{u_4}{0.70,0.30,0.50}>,<\dfrac{u_5}{0.90,0.40,0.30}>\right\}\\ F_3(e_3)=\left\{<\dfrac{u_1}{0.70,0.30,0.60}>,<\dfrac{u_2}{0.60,0.40,0.70}>,<\dfrac{u_3}{0.40,0.80,0.30}>,\right.\\ \qquad\left.<\dfrac{u_4}{0.40,0.30,0.70}>,<\dfrac{u_5}{0.75,0.40,0.30}>\right\}\\ F_3(e_4)=\left\{<\dfrac{u_1}{0.80,0.50,0.60}>,<\dfrac{u_2}{0.40,0.70,0.30}>,<\dfrac{u_3}{0.60,0.40,0.70}>,\right.\\ \qquad\left.<\dfrac{u_4}{0.80,0.60,0.30}>,<\dfrac{u_5}{0.80,0.35,0.20}>\right\}\end{cases}$$

中智集 D 表示平台中智权重，中智软集合 $(G,\ R)$ 表示指标的中智主观权重，二者的取值分别为：

$$D=\left\{<\frac{r_1}{0.30,\ 0.50,\ 0.70}>,\quad<\frac{r_2}{0.10,\ 0.40,\ 0.60}>,\quad<\frac{r_3}{0.60,\ 0.50,\ 0.20}>\right\}$$

$$(G,R)=\begin{cases}G(r_1)=\left\{<\dfrac{e_1}{0.40.0.60.050}>,<\dfrac{e_2}{0.35,0.70,0.60}>,<\dfrac{e_3}{0.40,0.60,0.55}>,<\dfrac{e_4}{0.40,0.60,0.75}>\right\}\\ G(r_2)=\left\{<\dfrac{e_1}{0.70,0.45,0.30}>,<\dfrac{e_2}{0.50,0.80,0.60}>,<\dfrac{e_3}{0.70,0.55,0.40}>,<\dfrac{e_4}{0.70,0.40,0.65}>\right\}\\ G(r_3)=\left\{<\dfrac{e_1}{0.65,0.70,0.40}>,<\dfrac{e_2}{0.60,0.35,0.75}>,<\dfrac{e_3}{0.40,0.65,0.70}>,<\dfrac{e_4}{0.35,0.60,0.50}>\right\}\end{cases}$$

2. 评价过程

用本节所构建的信用评价方法对上述金融机构贷款问题进行分析，具体过程如下。

步骤 1：输入中智软集合 $(F_l,\ E)$ $(l=1,\ 2,\ 3)$，$(G,\ R)$ 及中智集 D。

步骤 2：由于本研究采用的参数均为效益型指标，故无须对候选人的中智软集合 $(F_l,\ E)$ $(l=1,\ 2,\ 3)$ 进行标准化处理。

步骤 3：依据公式(4-75)计算平台的确定程度向量。

$$\varphi=\{0.3478,\ 0.4130,\ 0.2391\}$$

步骤 4：依据公式(4-83)构建前景决策矩阵。

$$V_{ij} = \begin{Bmatrix} 0.3878 & 0.2846 & 0.3574 & 0.2274 \\ 0.3035 & 0.3751 & 0.3571 & 0.2712 \\ 0.4536 & 0.3834 & 0.3226 & 0.3180 \\ 0.3345 & 0.3294 & 0.3120 & 0.3776 \\ 0.3482 & 0.4482 & 0.4055 & 0.3481 \end{Bmatrix}$$

步骤 5：依据公式(4-81)计算指标的综合权重向量 $\varpi_j = \{\varpi_1, \varpi_2, \cdots, \varpi_n\}$，其中指标的主观权重由公式(4-73)所示的加权几何聚合法则得来。

$$\varpi = \{0.2991, 0.2260, 0.2898, 0.1851\}$$

步骤 6：依据公式(4-85)计算各候选人的综合前景值 V_i。

$$V_1 = 0.3269, \quad V_2 = 0.3292, \quad V_3 = 0.3746, \quad V_4 = 0.3348, \quad V_5 = 0.3874$$

步骤 7：依据五个候选人的综合前景值对其进行排序并决策。

$$u_5 > u_3 > u_4 > u_2 > u_1$$

由上述结果可知：最优候选人为 u_5；次优候选人为 u_3 和 u_4；最劣候选人为 u_2 和 u_1。

进一步，我们采用加权平均聚合法则计算指标主观权重，并对五个候选人进行评价。

步骤 1~4：与上述步骤相同。

步骤 5：依据公式(4-81)计算指标的综合权重向量 $\varpi_j = \{\varpi_1, \varpi_2, \cdots, \varpi_n\}$，其中指标主观权重由公式(4-72)所示的加权平均聚合法则得来。

$$\varpi_j = \{0.2903, 0.2127, 0.2523, 0.2447\}$$

步骤 6：依据公式(4-86)计算五个候选人的综合前景值。

$$V_1 = 0.3254, \quad V_2 = 0.3295, \quad V_3 = 0.3744, \quad V_4 = 0.3348, \quad V_5 = 0.3876$$

步骤 7：依据五个候选人的综合前景值，对其进行排序并评价。

$$u_5 > u_3 > u_4 > u_2 > u_1$$

由上述结果可得：最优候选人仍为 u_5，接着是 u_3 和 u_4，最差的候选人为 u_2 和 u_1。

显然，基于两种中智软集合聚合法则得到的排序结果相同。

3. 对比分析

本节将通过与现有方法进行比较分析，证明所提方法的有效性和优越性。现有方法包括 Maji(2013)提出的方法，EDAS、相似性测度和水平软集合(Peng 和 Liu，2017)及 TOPSIS 方法(Jiang et al.，2019)。

Maji 提出的方法旨在通过对借款人的三个隶属度函数值的简单比较，进而得到基于比较矩阵的最终排序。Peng 和 Liu 提出的三种中智软决策方法均采用非线性加权综合法，通过将客观权重和主观权重结合确定参数综合权重。其中客观权重通过灰色系统法计算得到，主观权重直接给定确定的值。在此基础上，构建了基于 EDAS、相似性测度及水平软集合的三种中智软集合决策方法，并对实际问题进行决策分析。其中，EDAS 和相似性测度通过对借款人评价值的精确计算得到最终决策结果；水平软集合则通过借款人评价值与阈值的粗略比较进行决策。对于 TOPSIS 方法，首先采用算术平均聚合各借款人评价值，进而采用 TOPSIS 方法对其进行排序并决策。

上述方法应用于信用评价存在两个关键问题。一方面，上述方法的评价分析均只基于单个平台。为将上述方法成功应用于多个平台，本节基于所提方法计算得出的平台确定程度 $\varphi_t=\{0.3913, 0.2826, 0.3261\}$，对各候选人相对于各平台的最终评价值进行加权平均。另一方面，Maji 提出的方法和 TOPSIS 方法没有考虑指标权重。EDAS、相似性测度及水平软集合综合考虑了主观权重和客观权重，但是主观权重直接给定确定的值，没有考虑评价主体在不确定环境中的非理性因素。故在比较分析中，我们将本节得到的主观权重应用于 EDAS、相似性测度及水平软集合方法中。

接着，我们采用本节所提的方法与现有方法对上述金融机构贷款问题进行分析，并对排序结果进行比较，如表 4-11 所示。通过比较，本节所提方法与大多数比较方法的评价结果一致，证明了本节所提方法的有效性。

表 4-11　**本节所提方法与现有方法的比较分析**

方　法	最终排序结果	最优候选人
加权几何聚合法则(本节所提方法)	$x_5>x_3>x_4>x_2>x_1$	x_5
加权平均聚合法则(本节所提方法)	$x_5>x_3>x_4>x_2>x_1$	x_5
Maji(2013)提出的方法	$x_5>x_4>x_3>x_2>x_1$	x_5
EDAS(Peng 和 Liu，2017)	$x_5>x_3>x_4>x_2>x_1$	x_5
相似性测度(Peng 和 Liu，2017)	$x_5>x_3>x_4>x_2>x_1$	x_5
水平软集合(Peng 和 Liu，2017)	$x_5>x_4>x_3>x_2>x_1$	x_5
TOPSIS 方法(Jiang 等，2019)	$x_5>x_3>x_4>x_2>x_1$	x_5

从表 4-11 可以看出，本节所提方法的最终评价结果与 Maji 提出的方法及水平软集合两种方法的排序结果不一致。这种差异有两个原因。其一，两种方法均依据候选人评价值的近似比较进行评价，并没有最大限度地使用原始评价值。其二，水平软集合的阈值选择将会导致最终排名差异，但在实际评价过程中平台很难确定阈值。

通过比较，本节所提方法与其他三种方法的最终评价结果一致。其中，EDAS 也采用了与本节类似的聚合方法。但不同的是，本节所提方法将互联网随机不确定环境下评价主体的非理性因素纳入了评价分析过程。因此，在面对更加复杂的不一致数据下信用评价问题时，相比于现有方法，本节所提方法能够得出更加合理的评价结果。

4.4.5　研究结果

本节针对互联网不一致数据下的信用评价问题，以中智软集合为基础分析方法，前景理论为分析框架，构建了静态信用评价方法。为更好地将评价过程中的不确定性引入决策中，本研究用中智数描述参数主观权重和平台权重。此外，为构建前景决策矩阵，提出了中智数的确定程度测度和冲突程度测度，量化信用数据的“收益”或“损失”。同时，构建了中智软集合加权平均聚合法则和加权几何聚合法则，以完成各平台信用数据的聚合。最后，利用本节所提方法对某金融机构的贷款问题进行分析，并与现有方法进行比较，验证了本节所提方法的有效性和优越性。

4.5　基于区间值中智软集合和前景理论的动态信用评价理论和方法

随着信用评价体系的不断发展与完善，个体信用指标中包含越来越多的在线指标，如公共缴费记录(如水电费、通信费等)(李叔蓉，2019)、芝麻信用分、预约酒店及网约车违约情况(王梓骏，2019)等。这些指标可能一周内会发生几次变化，以周或月为更新时间跨度。针对此类指标，若沿用以上研究中的静态信用评价方法即使用某一时点的数据，将会造成评价偏差。基于此，本研究引入中智软集合的扩展理论——区间值中智软集合作为基础分析方法，采用区间值的形式描述冲突数据下的信用数据，以前景理论为评价指导，进行动态环境下的信用评价研究。

4.5.1　区间值中智数的确定程度和冲突程度测度

本节中我们将引入区间值中智数的确定程度和冲突程度测度。在此之前，我们先给出最小冲突区间值中智数和最大冲突区间值中智数的定义。

定义 4-42　令 $\min=<[1,\ 1],\ [0,\ 0][0,\ 0]>$ 为最小冲突区间值中智数，表示对象对于集合的隶属度为 1，不确定程度和非隶属度均为 0。也就是说，信息的冲突程度最小。

定义 4-43　令 $\max=<[0.5,\ 0.5],\ [1,\ 1],\ [0.5,\ 0.5]>$ 为最大冲突区间值中智数，表示对象对于集合的隶属度和非隶属度均为 0.5，不确定程度为 1。换句话说，信息的冲突程度最大。

定义 4-44　设 A 为论域 U 上的一个区间值中智集，$A(u)=<T_A(u),\ I_A(u),\ F_A(u)>$ 为一个区间值中智数，其中 $T_A(u)=[\inf T_A(u),\ \sup T_A(u)]$，$I_A(u)=[\inf I_A(u),\ \sup I_A(u)]$，$F_A(u)=[\inf F_A(u),\ \sup F_A(u)]$，则 $A(u)$ 的确定程度定义为：

$$d^{\Delta}(A(u))=\frac{(|\inf T_A(u)-1|+|\sup T_A(u)-1|+\inf I_A(u)}{6}+\frac{\sup I_A(u)+\inf F_A(u)+\sup F_A(u))}{6} \tag{4-88}$$

由上式可知，确定程度衡量的是区间值中智数 $A(u)$ 与最小冲突区间值中智数 min 之间的标准化汉明距离。中智数 $A(u)$ 与 min 之间的距离越小，确定程度越大；反之，确定程度越小。

定义 4-45 对于区间值中智数 $A(u)$，其冲突程度定义为：

$$c^{\Delta}(A(u))=\frac{|\inf T_A(u)-0.5|+|\sup T_A(u)-0.5|+|\inf I_A(u)-1|}{6}+\frac{|\sup I_A(u)-1|+|\inf F_A(u)-0.5|+|\sup F_A(u)-0.5|}{6} \tag{4-89}$$

即区间值中智数 $A(u)$ 与 max 之间的距离越小，冲突程度越大；反之，冲突程度越小。

例 4-13 设 $A(u_1)$ 为区间值中智集 A 中的一个区间值中智数，值为 $A(u_1)=<[0.6, 0.8], [0.1, 0.2], [0.4, 0.7]>$，则 $A(u_1)$ 的确定程度和冲突程度分别为：

$$d^{\Delta}(A(u_1))=\frac{|0.6-1|+|0.8-1|+0.1+0.2+0.4+0.7}{6}=0.33$$

$$c^{\Delta}(A(u_1))=\frac{|0.6-0.5|+|0.8-0.5|+|0.1-1|+|0.2-1|+|0.4-0.5|+|0.7-0.5|}{6}=0.4$$

4.5.2 区间值中智软集合邻近度测度

我们首先简单介绍模糊集的邻近度测度，进而在此基础上构建了区间值中智软集合的邻近度测度。

定义 4-46 (Smarandache, 1999)假定 U 为论域，cl 为 $F(U)\to[0, 1]$ 的一个映射，A、B、C 为论域 U 上的三个模糊集。其中，$A=\{x_{a_1}, x_{a_2}, \cdots, x_{a_m}, \cdots, x_{a_h}\}$，$B=\{x_{b_1}, x_{b_2}, \cdots, x_{b_m}, \cdots, x_{b_h}\}$，$C=\{x_{c_1}, x_{c_2}, \cdots, x_{c_m}, \cdots, x_{c_h}\}$。若 $F(U)\to[0, 1]$ 满足以下条件，则称 cl 为模糊集之间的邻近度测度。

(1) $\mathrm{cl}(A, A)=1$，$\mathrm{cl}(\phi, A)=0$；

(2) $\mathrm{cl}(A, B)=\mathrm{cl}(B, A)$；

(3) $A\subseteq B\subseteq C\Rightarrow \mathrm{cl}(A, C)\leqslant \mathrm{cl}(A, B)\cap \mathrm{cl}(B, C)$。

传统的邻近度测度方法如下：

$$\mathrm{cl}(A, B)=\frac{\sum_{m=1}^{h} x_{a_m}\wedge x_{b_m}}{\sum_{m=1}^{h} x_{a_m}\vee x_{b_m}} \tag{4-90}$$

$\mathrm{cl}(A, B)$ 称为 A 和 B 之间的邻近度，且 $\mathrm{cl}(A, B)\in[0, 1]$。当 $\mathrm{cl}(A, B)$ 越接近于 0 时，表明模糊集 A 和 B 之间的邻近度越低；反之，邻近度越高。

在模糊集邻近度定义的基础上，本节提出了区间值中智软集合的邻近度测度方法。

定义 4-47　假定集合 $U=\{u_1, u_2, \cdots, u_i, \cdots u_m\}$ 为论域，$E=\{e_1, e_2, \cdots, e_j, \cdots, e_n\}$ 为参数集，(F, E) 和 (G, E) 为论域 U 上的两个区间值中智软集合。

$$(F, E)=\{e, \{<u, [\inf T_{F(e)}(u), \sup T_{F(e)}(u)], [\inf I_{F(e)}(u), \sup I_{F(e)}(u)], [\inf F_{F(e)}(u), \sup F_{F(e)}(u)]>\} \mid e\in E, u\in U\}$$

$$(G, E)=\{e, \{<u, [\inf T_{G(e)}(u), \sup T_{G(e)}(u)], [\inf I_{G(e)}(u), \sup I_{G(e)}(u)], [\inf F_{G(e)}(u), \sup F_{G(e)}(u)]>\} \mid e\in E, u\in U\}$$

则 (F, E) 和 (G, E) 之间的邻近度测度为：

$$\begin{aligned}\mathrm{cl}((F,E),(G,E)) = \frac{1}{6mn}\sum_{i=1}^{m}\sum_{j=1}^{n} & \frac{\inf T_{F(e_j)}(u_i)\wedge \inf T_{G(e_j)}(u_i)}{\inf T_{F(e_j)}(u_i)\vee \inf T_{G(e_j)}(u_i)} + \frac{\sup T_{F(e_j)}(u_i)\wedge \sup T_{G(e_j)}(u_i)}{\sup T_{F(e_j)}(u_i)\vee \sup T_{G(e_j)}(u_i)} \\ & + \frac{\inf I_{F(e_j)}(u_i)\wedge \inf I_{G(e_j)}(u_i)}{\inf I_{F(e_j)}(u_i)\vee \inf I_{G(e_j)}(u_i)} + \frac{\sup I_{F(e_j)}(u_i)\wedge \sup I_{G(e_j)}(u_i)}{\sup I_{F(e_j)}(u_i)\vee \sup I_{G(e_j)}(u_i)} \\ & + \frac{\inf F_{F(e_j)}(u_i)\wedge \inf F_{G(e_j)}(u_i)}{\inf F_{F(e_j)}(u_i)\vee \inf F_{G(e_j)}(u_i)} + \frac{\sup F_{F(e_j)}(u_i)\wedge \sup F_{G(e_j)}(u_i)}{\sup F_{F(e_j)}(u_i)\vee \sup F_{G(e_j)}(u_i)}\end{aligned} \tag{4-91}$$

其中，$\wedge$ 表示取二者之间的最小值，$\vee$ 表示取二者之间的最大值。

4.5.3　基于区间值中智软集合和前景理论的动态信用评价方法

为提高信用评价方法对动态数据的分析能力，同时有效克服不确定环境下评价主体的非理性心理因素，本节基于区间值中智软集合和前景理论构建了动态信用评价方法。

1. 背景介绍

假定某金融机构欲对一组贷款申请人进行信用评估并提供贷款，设 $U=\{u_1, u_2, \cdots, u_i, \cdots, u_m\}$ 为 m 个候选人集合，$E=\{e_1, e_2, \cdots, e_j, \cdots, e_n\}$ 为评价候选人信用状况的 n 个指标的集合。为对候选人进行综合客观的评价，该机构从 p 个平台收集候选人相关数据，所有平台用集合 $R=\{r_1, r_2, \cdots, r_l, \cdots, r_p\}$ $(l=1, 2, \cdots, p)$ 表示。接着，p 个平台分别给出评估候选人的区间值中智软集合 (F_l, E)。

为方便，我们用 $\rho_{ij}^{l}=<T_{F_l(e_j)}(u_i), I_{F_l(e_j)}(u_i), F_{F_l(e_j)}(u_i)>$ $(i=1, 2, \cdots, m; j=1, 2, \cdots, n; l=1, 2, \cdots, p)$ 表示平台 r_l 对候选人 u_i 相对于指标 e_j 的评价值。其中，$T_{F_l(e_j)}(u_i)=[\inf T_{F_l(e_j)}(u_i), \sup T_{F_l(e_j)}(u_i)]$，$I_{F_l(e_j)}(u_i)=[\inf I_{F_l(e_j)}(u_i), \sup I_{F_l(e_j)}(u_i)]$，$F_{F_l(e_j)}(u_i)=[\inf F_{F_l(e_j)}(u_i), \sup F_{F_l(e_j)}(u_i)]$。

2. 平台权重的确定

关于平台权重的确定，本节基于邻近度的思想，构建了平台权重确定模型。即相对于各备选项，各平台给出的评价值与平均评价值之间的邻近度越大，平台权重越大；反之，平台权重越小。具体构建步骤如下：

步骤1：构建平台 r_l 评估候选人的区间值中智软集合 $(F_l, E)(l=1, 2, \cdots, p)$。

步骤2：计算各个平台给出的借款人相对于各指标评价值均值的区间值中智软集合 $(\tilde{F}, E)$。

$$\widetilde{p_{ij}} = <[\inf T_{\tilde{F}(e_j)}(u_i), \sup T_{\tilde{F}(e_j)}(u_i)], [\inf I_{\tilde{F}(e_j)}(u_i), \sup I_{\tilde{F}(e_j)}(u_i)], [\inf F_{\tilde{F}(e_j)}(u_i), \sup F_{\tilde{F}(e_j)}(u_i)]> \tag{4-92}$$

其中，$\inf T_{\tilde{F}(e_j)}(u_i) = \frac{1}{p}\sum_{l=1}^{p}\inf T_{F_l(e_j)}(u_i)$，$\sup T_{\tilde{F}(e_j)}(u_i) = \frac{1}{p}\sum_{l=1}^{p}\sup T_{F_l(e_j)}(u_i)$，$\inf I_{\tilde{F}(e_j)}(u_i) = \frac{1}{p}\sum_{l=1}^{p}\inf I_{F_l(e_j)}(u_i)$，$\sup I_{\tilde{F}(e_j)}(u_i) = \frac{1}{p}\sum_{l=1}^{p}\sup I_{F_l(e_j)}(u_i)$，$\inf F_{\tilde{F}(e_j)}(u_i) = \frac{1}{p}\sum_{l=1}^{p}\inf F_{F_l(e_j)}(u_i)$，$\sup F_{\tilde{F}(e_j)}(u_i) = \frac{1}{p}\sum_{l=1}^{p}\sup F_{F_l(e_j)}(u_i)$。

步骤3：依据公式(4-91)，测度区间值中智软集合 $(F_l, E)(l=1, 2, \cdots, p)$ 与 $(\tilde{F}, E)$ 之间的邻近度。

$$\begin{aligned}\mathrm{cl}((F_l,E),(\tilde{F},E)) = \frac{1}{6mn}\sum_{i=1}^{m}\sum_{j=1}^{n} & \frac{\inf T_{F_l(e_j)}(u_i) \wedge \inf T_{\tilde{F}(e_j)}(u_i)}{\inf T_{F_l(e_j)}(u_i) \vee \inf T_{\tilde{F}(e_j)}(u_i)} + \frac{\sup T_{F_l(e_j)}(u_i) \wedge \sup T_{\tilde{F}(e_j)}(u_i)}{\sup T_{F_l(e_j)}(u_i) \vee \sup T_{\tilde{F}(e_j)}(u_i)} \\ & + \frac{\inf I_{F_l(e_j)}(u_i) \wedge \inf I_{\tilde{F}(e_j)}(u_i)}{\inf I_{F_l(e_j)}(u_i) \vee \inf I_{\tilde{F}(e_j)}(u_i)} + \frac{\sup I_{F_l(e_j)}(u_i) \wedge \sup I_{\tilde{F}(e_j)}(u_i)}{\sup I_{F_l(e_j)}(u_i) \vee \sup I_{\tilde{F}(e_j)}(u_i)} \\ & + \frac{\inf F_{F_{lr}(e_j)}(u_i) \wedge \inf F_{\tilde{F}(e_j)}(u_i)}{\inf F_{F_l(e_j)}(u_i) \vee \inf F_{\tilde{F}(e_j)}(u_i)} + \frac{\sup F_{F_l(e_j)}(u_i) \wedge \sup F_{\tilde{F}(e_j)}(u_i)}{\sup F_{F_l(e_j)}(u_i) \vee \sup F_{\tilde{F}(e_j)}(u_i)}\end{aligned} \tag{4-93}$$

步骤4：计算平台权重向量 $\varphi = \{\varphi_1, \varphi_2, \cdots, \varphi_p\}$。其中，

$$\varphi_l = \frac{\mathrm{cl}((F_r, E), (\tilde{F}, E))}{\sum_{l=1}^{p} cl((F_r, E), (\tilde{F}, E))} \tag{4-94}$$

3. 指标综合权重的确定

本节中指标权重由主观权重和客观权重综合决定。考虑到权重不是本研究的重点，故指标的主观权重直接给定，客观权重由熵权法(Biswas，2014)求得。最后，采用最小信息熵原则将主观权重和客观权重相结合，计算指标综合权重。

①客观权重值计算。本节直接采用熵权法计算指标客观权重。基于公式(4-78)可推断平台 r_l 给出的指标 e_j 的熵值为：

$$E_{jl}=1-\frac{1}{2m}\sum_{i=1}^{m}\{[\inf T_{F_l(e_j)}(u_i)+\inf F_{F_l(e_j)}(u_i)]\mid \inf I_{F_l(e_j)}(u_i)-\inf I_{F_l(e_j)}(u_i)^c\mid$$
$$+[\sup T_{F_l(e_j)}(u_i)+\sup F_{F_l(e_j)}(u_i)]\mid \sup I_{F_l(e_j)}(u_i)-\sup I_{F_l(e_j)}(u_i)^c\mid\}$$
(4-95)

则指标 e_j 的熵值为：

$$E_j=\sum_{l=1}^{p}\varphi_l E_{jl} \tag{4-96}$$

其中，φ_l 表示各平台的权重。

因此，指标 e_j 的客观权重值为：

$$\mathrm{ow}_j=\frac{1-E_j}{\sum_{j=1}^{n}1-E_j} \tag{4-97}$$

② 指标综合权重值计算。本节将基于最小信息熵原理，将主观权重和客观权重结合得到指标综合权重。假定指标主观权重向量为 $\mathrm{SW}=\{\mathrm{sw}_1,\ \mathrm{sw}_2,\ \cdots,\ \mathrm{sw}_j,\ \cdots,\ \mathrm{sw}_n\}$，客观权重向量为 $\mathrm{OW}=\{\mathrm{ow}_1,\ \mathrm{ow}_2,\ \cdots,\ \mathrm{ow}_j,\ \cdots,\ \mathrm{ow}_n\}$，则指标的综合权重向量为 $\boldsymbol{\varpi}=\{\boldsymbol{\varpi}_1,\ \boldsymbol{\varpi}_2,\ \cdots,\ \boldsymbol{\varpi}_j,\ \cdots,\ \boldsymbol{\varpi}_n\}$，其中，

$$\boldsymbol{\varpi}_j=\frac{\sqrt{\mathrm{sw}_j\cdot \mathrm{ow}_j}}{\sum_{j=1}^{n}\sqrt{\mathrm{sw}_j\cdot \mathrm{ow}_j}} \tag{4-98}$$

4. 综合前景值的计算

在该方法中，候选人的综合前景值由前景决策矩阵和指标综合权重共同决定。接下来，我们将详细阐述如何构建前景决策矩阵，并计算各候选人的综合前景值。

①前景决策矩阵构建。前景决策矩阵构建的核心是计算价值函数和决策权重函数。就价值函数而言，我们需要分析候选人实际评价值与参照点之间的距离。本节选择将最大冲突区间中智数作为参照点，故距离可用候选人评价值的冲突程度来衡量。关于决策权重函数，由于本节考虑数据多平台来源的评价问题，故将平台确定程度视为客观概率。

依据公式(4-12)，前景决策矩阵中各候选人相对于各指标的前景值为：

$$V_{ij}=\sum_{l=1}^{p}\sigma_l v(\rho_{ij}^l-\max) \tag{4-99}$$

上式中

$$v(\rho_{ij}^l-\max)=\begin{cases}(c^{\Delta}(\rho_{ij}^l,\ \max))^{0.88}, & \rho_{ij}^l\geqslant \max\\ -2.25\,(c^{\Delta}(\rho_{ij}^l,\ \max))^{0.88}, & \rho_{ij}^l<\max\end{cases} \tag{4-100}$$

$$\sigma_l=\frac{(\varphi_l)^{0.61}}{((\varphi_l)^{0.61}+(1-\varphi_l)^{0.61})^{\frac{1}{0.61}}} \tag{4-101}$$

②综合前景值计算。基于指标权重和前景决策矩阵，各候选人的综合前景值可通过下

式计算。

$$V_i = \sum_{j=1}^{n} \varpi_j V_{ij} \tag{4-102}$$

5. 基于区间值中智软集合和前景理论的动态信用评价方法

本节提出一个新的基于区间值中智软集合和前景理论的动态信用评价方法，详细运算步骤如下。

步骤 1：输入平台对于候选人评价值的区间值中智软集合 (F_l, E)；

步骤 2：标准化描述候选人评价值的区间值中智软集合：

$$\beta_{ij} = \begin{cases} \rho_{ij}, & e_j\text{为效益型指标} \\ (\rho_{ij})^c, & e_j\text{为成本型指标} \end{cases} \tag{4-103}$$

步骤 3：依据公式(4-94)计算平台权重向量 $\varphi = \{\varphi_1, \varphi_2, \cdots, \varphi_p\}$；

步骤 4：依据公式(4-99)构建前景决策矩阵；

步骤 5：依据公式(4-98)计算指标综合权重向量 $\varpi = \{\varpi_1, \varpi_2, \cdots, \varpi_n\}$；

步骤 6：依据公式(4-102)计算各候选人的综合前景值 V_i；

步骤 7：依据综合前景值对各候选人进行排序并决策。

4.5.4 实例分析

本节将采用上述方法对某金融机构的贷款案例进行分析。

1. 实例背景

近期，某金融机构欲对 3 位借款人进行信用评价并放款。假定 $U = \{u_1, u_2, u_3\}$ 为 3 位候选人集合，$E = \{e_1, e_2, e_3, e_4, e_5, e_6, e_7\}$ 为描述候选人的指标集合，其中 7 个指标分别表示“高净资产”“良好的公共费用缴纳情况”“高社交平台账号等级”“社交平台高质量内容”“良好的实名认证情况”“高金融账户信用等级”和“低违法违规次数”。现该金融机构从 3 个平台收集候选人相关信用数据，基于共有指标 $E = \{e_1, e_2, e_3, e_4\}$ 对借款人 $U = \{u_1, u_2, u_3\}$ 进行信用评价并做出贷款决策，指标的主观权重向量为 sw $= \{0.1, 0.5, 0.3, 0.1\}$，平台集合用 $R = \{r_1, r_2, r_3\}$ 表示。

2. 评价过程

用本节所构建的动态信用评价方法对以上 3 名候选人 $U = \{u_1, u_2, u_3\}$ 进行评价，具体过程如下。

步骤 1：构建平台对于候选人评价值的区间值中智软集合 (F_1, E)，(F_2, E) 和 (F_3, E)。

$$
(F_1,E)=\left\{\begin{array}{l}
F_1(e_1)=\left\{<\dfrac{u_1}{[0.7,0.9],[0.4,0.5],[0.5,0.7]}>,<\dfrac{u_2}{[0.8,0.9],[0.3,0.4],[0.3,0.4]}>,\right.\\
\left.\qquad<\dfrac{u_3}{[0.6,0.7],[0.7,0.8],[0.6,0.8]}>\right\}\\
F_1(e_2)=\left\{<\dfrac{u_1}{[0.2,0.3],[0.3,0.4],[0.1,0.3]}>,<\dfrac{u_2}{[0.6,0.7],[0.2,0.4],[0.6,0.8]}>,\right.\\
\left.\qquad<\dfrac{u_3}{[0.4,0.6],[0.2,0.5],[0.2,0.3]}>\right\}\\
F_1(e_3)=\left\{<\dfrac{u_1}{[0.5,0.7],[0.3,0.4],[0.8,0.9]}>,<\dfrac{u_2}{[0.6,0.7],[0.2,0.6],[0.2,0.5]}>,\right.\\
\left.\qquad<\dfrac{u_3}{[0.5,0.6],[0.6,0.7],[0.3,0.4]}>\right\}\\
F_1(e_4)=\left\{<\dfrac{u_1}{[0.6,0.7],[0.3,0.4],[0.1,0.2]}>,<\dfrac{u_2}{[0.7,0.8],[0.3,0.5],[0.2,0.3]}>,\right.\\
\left.\qquad<\dfrac{u_3}{[0.3,0.5],[0.1,0.3],[0.3,0.5]}>\right\}
\end{array}\right\}
$$

$$
(F_3,E)=\left\{\begin{array}{l}
F_3(e_1)=\left\{<\dfrac{u_1}{[0.2,0.5],[0.3,0.4],[0.1,0.2]}>,<\dfrac{u_2}{[0.2,0.3],[0.2,0.5],[0.1,0.3]}>,\right.\\
\left.\qquad<\dfrac{u_3}{[0.7,0.9],[0.5,0.7],[0.4,0.7]}>\right\}\\
F_3(e_2)=\left\{<\dfrac{u_1}{[0.5,0.6],[0.2,0.5],[0.1,0.2]}>,<\dfrac{u_2}{[0.2,0.3],[0.2,0.3],[0.1,0.2]}>,\right.\\
\left.\qquad<\dfrac{u_3}{[0.8,0.9],[0.5,0.7],[0.1,0.2]}>\right\}\\
F_3(e_3)=\left\{<\dfrac{u_1}{[0.4,0.5],[0.8,0.9],[0.1,0.2]}>,<\dfrac{u_2}{[0.1,0.3],[0.6,0.7],[0.5,0.6]}>,\right.\\
\left.\qquad<\dfrac{u_3}{[0.5,0.7],[0.2,0.3],[0.2,0.3]}>\right\}\\
F_3(e_4)=\left\{<\dfrac{u_1}{[0.1,0.2],[0.3,0.6],[0.6,0.8]}>,<\dfrac{u_2}{[0.2,0.5],[0.8,0.9],[0.1,0.2]}>,\right.\\
\left.\qquad<\dfrac{u_3}{[0.7,0.9],[0.4,0.6],[0.5,0.7]}>\right\}
\end{array}\right\}
$$

步骤 2：本案例中指标均为效益型指标，故无须对 $(F_l, E)(l=1, 2, 3)$ 进行标准化处理。

步骤 3：依据公式(4-94)计算平台权重向量。

$$\varphi=\{0.35, 0.35, 0.30\}$$

步骤 4：依据公式(4-99)构建前景决策矩阵。

$$V_{ij}=\begin{Bmatrix}0.40 & 0.40 & 0.34 & -0.01\\ 0.46 & 0.40 & 0.10 & 0.34\\ 0.26 & 0.36 & -0.11 & -0.08\end{Bmatrix}$$

步骤 5：依据公式(4-98)计算指标综合权重向量 $\boldsymbol{\varpi}$。

$$\boldsymbol{\varpi}=\{0.08,\ 0.51,\ 0.31,\ 0.10\}$$

步骤 6：依据公式(4-102)计算各候选人的综合前景值 V_i。

$$V_1=0.34,\quad V_2=0.30,\quad V_3=0.16$$

步骤 7：依据各候选人的综合前景值对其进行排序并做出贷款决策。

$$u_1 > u_2 > u_3$$

因此，u_1 为最优候选人，u_2 次之，u_3 最劣。

3. 对比分析

本节将应用现有方法对上述实例进行分析，以证明所提方法的优越性，现有方法包括水平软集合法（Deli，2017）、测度方法（Ye 和 Du，2017）和超序关系法（Zhang 等，2016）。水平软集合法通过设置阈值，对各借款人的初始评价值进行粗略比较并决策。Ye 和 Du 提出了基于距离测度、相似性测度和熵测度的三种决策方法，这三种方法的本质均是基于标准化汉明距离进行测度并决策。Zhang 等构建了一种新的超序决策方法即超序关系法，该方法考虑到在某些情况下参数的重要性无法确定，提出通过借款人之间的两两比较，得到借款人强优势和弱优势的个数进而计算借款人得分并作出信用评价，保证评价方法简便的同时有效减少评估信息的损失。

需要注意的是，以上五种方法应用于互联网环境下信用评价问题中存在两个关键问题。一方面，上述五种方法均只能对单个平台的信用数据进行分析。考虑到信用评价旨在降低金融机构风险和坏账率，而单个平台的数据往往会存在一定的局限性导致评价偏差，故应当收集多平台数据，完成评价。另一方面，前四种方法在评价时未考虑指标权重，即视作各指标的重要程度相当。然而，在实际决策过程中，由于平台或评价目标的差异，指标的重要程度存在差异显著。因此，对指标准确赋权是科学决策的前提。

采用上述五种方法对本节的案例进行分析，最终结果如表 4-12 所示。

表 4-12　**本节所提方法与现有方法的比较分析**

方　法	最终排序结果	最优候选人
本节所提方法	$u_1 > u_2 > u_3$	u_1
水平软集合法（Deli，2017）	$u_2 > u_1 > u_3$	u_2
距离测度（Ye 和 Du，2017）	$u_1 > u_2 > u_3$	u_1
相似性测度（Ye 和 Du，2017）	$u_1 > u_2 > u_3$	u_1
熵测度（Ye 和 Du，2017）	$u_1 > u_2 > u_3$	u_1
超序关系法（Zhang 等，2016）	$u_1 > u_2 > u_3$	u_1

如表 4-12 所示，本节所提方法的最终评价结果与水平软集合法不一致，导致这种差异的原因可能是以下几点。首先，该方法是利用单个平台数据的评价，且未考虑指标的重要性差异。其次，该方法基于借款人初始评价值与阈值的比较进行评价决策，一方面原始数据没有得到最大程度的利用，无法客观公正地评价借款人；另一方面，阈值的设置尚未设立统一标准，这将直接导致决策结果差异。而本节所提方法与距离测度、相似性测度、熵测度和超序关系法的最终评价结果一致，不同的是，本节所提方法考虑了在互联网随机不确定环境下贷款评估阶段平台决策者的非理性因素对评价结果的影响。因此，在面对更加复杂的信用评价问题时，本节所提方法能够得到更加合理的结果。

经过上述对比分析，本研究所提方法的优势主要体现在三个方面。一是在评价时考虑到指标的重要性差异，采用组合赋权方式对参数赋权。主观权重由平台直接给定，客观权重采用熵权法计算得来，最终基于最小信息熵原则将主观权重和客观权重相结合，得到指标综合权重。二是采用群决策方式对借款人进行评估，以更加客观地分析借款人的信用状况。同时，本研究提出区间值中智软集合的邻近度，并依此计算平台权重。三是考虑了评价主体的非理性因素对信用评价结果的影响。因此，本研究所提方法能够更加客观地分析借款人的信用状况，并给出科学评价结果。

4.5.5　研究结果

本节针对互联网环境中信用评价中涉及的时间跨度较小的冲突信用数据，采用区间值中智软集合为基础分析方法，创新性地结合充分考虑不确定环境下决策者非理性因素的前景理论，构建了动态信用评价方法。同时，考虑到实际评价过程中平台重要性差异，本研究构建了区间值中智软集合之间的邻近度测度。最后，利用所提方法对某金融机构的贷款问题中的各贷款人进行评价，并与现有方法进行比较分析，验证了所提方法的可行性和优越性。

4.6　基于动态区间值中智软集合的多级动态信用评价理论和方法

随着互联网金融的不断发展与普及，越来越多的时间跨度极小、更新频率极快的实时指标被纳入信用评价体系中，如贷款页面浏览数、贷款详情页面浏览数 、银行卡账户余额(谢佳，2019)等。对于这类指标，若沿用 4.5 小节中基于区间值中智软集合构建的动态信用评价方法，即用区间值描述数据波动，有两种方式：其一，直接用区间值描述整体数据的波动，这将大大降低数据表达的准确度；其二，若直接用区间值描述最近的数据，则会由于覆盖数据不全面，而无法客观分析信用主体的信用状况，造成决策偏差。

为克服上述方法的缺陷，在评价过程中考虑更多的历史信用数据，同时避免上述因时间跨度极小而导致的信用数据不精确问题，本研究采用时间戳标示不同时间点，采用区间值描述各时间戳下快速变化的信用数据。为此，本研究选择以区间值中智软集合为基础分析方法，并引入时间戳，构建了动态区间值中智软集合。同时，考虑到实际评价过程中各时间点下数据的重要性差异，采用客观赋权法对时间戳客观赋权，进而结合动态区间值中智软集合的测度方法，构建多级动态信用评价方法。

4.6.1 动态区间值中智软集合的定义及基本运算

本节将时间戳的概念引入区间值中智软集合，据此定义了动态区间值中智软集合的概念及相关运算。

1. 动态区间值中智软集合的定义

定义 4-48 （Thong 等，2019）令 U 为初始论域，$T=\{t_1, t_2, \cdots, t_k, \cdots, t_n\}$ 为时间序列，动态区间值中智集 $A=\{<u, [\inf T_{A}(t), \sup T_A(t)], [\inf I_A(t), \sup I_A(t)], [\inf F_A(t), \sup F_A(t)]>, u\in U, t\in T\}$ 包含元素 $u\in U$ 在时间序列 T 下对于集合 A_T 的隶属度、不确定程度和非隶属度。其中，$\inf T_A(u, t)<\sup T_A(u, t)$，$\inf I_A(u, t)<\sup I_A(u, t)$，$\inf F_A(u, t)<\sup F_A(u, t)$，$[\inf T_A(u, t), \sup T_A(u, t)]$，$[\inf I_A(u, t), \sup I_A(u, t)]$，$[\inf F_A(u, t), \sup F_A(u, t)]\subseteq[0, 1]$。且对于 $\forall u\in U$，$t\in T$，均满足 $0\leqslant \sup T_A(u, t)+\sup I_A(u, t)+\sup F_A(u, t)\leqslant 3$。

为方便写作，我们简单表示为：$T_A(u, t)=[\inf T_A(u, t), \sup T_A(u, t)]$，$I_A(u, t)=[\inf I_A(u, t), \sup I_A(u, t)]$，$F_A(u, t)=[\inf F_A(u, t), \sup F_A(u, t)]$，其中 $T_A(u, t)$，$I_A(u, t)$，$F_A(u, t)$：$[0, +\infty)\to P([0, 1])$，$P([0, 1])$ 表示 $[0, 1]$ 的幂集。

为了更详细地描述动态区间值中智成分，我们还可以将动态区间值中智集表示为：

$$A=\{<u, <T_A(t_1), I_A(t_1), F_A(t_1)>, <T_A(t_2), I_A(t_2), F_A(t_2)>, \cdots, <T_A(t_q), I_A(t_q), F_A(t_q)>\}。$$

定义 4-49 令 U 为初始论域，E 为参数集，T 为时间序列，$\mathrm{DIN}(U)$ 为论域 U 上所有动态区间值中智集的集合。$(F, E)_T$ 为定义在论域 U 上的一个动态区间值中智软集合，当且仅当 F 是 E 到 U 在时间序列 T 下的所有动态区间值中智子集的一个映射，记作 F_T：$E\to \mathrm{DIN}(U)$。$(F, E)_T$ 集合表示为：

$$(F,E)_T=\{e, <u,[\inf T_{F(e)}(u,t),\sup T_{F(e)}(u,t)],[\inf I_{F(e)}(u,t),\sup I_{F(e)}(u,t)],$$
$$[\inf F_{F(e)}(u,t),\sup F_{F(e)}(u,t)]> \mid e\in E,u\in U,t\in T\}$$

例 4-14 令 $U=\{u_1,u_2,u_3\}$ 为一组房子的集合；$E=\{e_1,e_2,e_3\}$ 为描述房子特性的参数集合，其中 e_1 表示“房子的现代化程度”，e_2 表示“房子大”，e_3 表示“绿化好”；$T=\{t_1,t_2\}$ 为

时间序列集合，t_1 和 t_2 分别表示远期和近期的信息。设 $(F,E)_T$ 为定义在论域 U 上的一个动态区间值中智软集合。

在动态区间值中智软集合 $(F,E)_T$ 中，对于房子 u_1 而言，[0.1,0.2] 和 [0.3,0.5] 分别表示其在时间戳 t_1 和 t_2 下对于参数 e_1 的隶属度；[0.3,0.6] 和 [0.1,0.4] 分别表示其在时间戳 t_1 和 t_2 下对于参数 e_1 的不确定程度；[0.6,0.8] 和 [0.7,0.8] 分别表示其在时间戳 t_1 和 t_2 下对于参数 e_1 的非隶属度。

$$
(F,E)_T = \left\{
\begin{array}{l}
F(e_1) = \left\{
\begin{array}{l}
< \dfrac{u_1}{(<[0.1,0.2],[0.3,0.6],[0.6,0.8]>,\ <[0.3,0.5]),[0.1,0.4],[0.7,0.8]>)} > \\
< \dfrac{u_2}{(<[0.4,0.7],[0.2,0.4],[0.4,0.6]>,\ <[0.3,0.7],[0.1,0.5],[0.3,0.5]>)} > \\
< \dfrac{u_3}{(<[0.5,0.7],[0.5,0.6],[0.4,0.6]>,\ <[0.2,0.4],[0.5,0.7],[0.5,0.8]>)} >
\end{array}
\right\} \\
F(e_2) = \left\{
\begin{array}{l}
< \dfrac{u_1}{(<[0.5,0.7],[0.3,0.5],[0.1,0.3]>,\ <[0.8,0.9],[0.3,0.6],[0.3,0.6]>)} > \\
< \dfrac{u_2}{(<[0.4,0.5],[0.1,0.4],[0.4,0.6]>,\ <[0.2,0.4],[0.5,0.7],[0.7,0.8]>)} > \\
< \dfrac{u_3}{(<[0.6,0.7],[0.2,0.6],[0.4,0.6]>,\ <[0.4,0.5],[0.6,0.7],[0.5,0.7]>)} >
\end{array}
\right\} \\
F(e_3) = \left\{
\begin{array}{l}
< \dfrac{u_1}{(<[0.4,0.5],[0.2,0.5],[0.3,0.5]>,\ <[0.2,0.6],[0.4,0.6],[0.2,0.6]>)} > \\
< \dfrac{u_2}{(<[0.4,0.6],[0.3,0.4],[0.1,0.2]>,\ <[0.1,0.3],[0.3,0.5],[0.4,0.7]>)} > \\
< \dfrac{u_3}{(<[0.3,0.6],[0.4,0.8],[0.5,0.6]>,\ <[0.7,0.8],[0.1,0.2],[0.2,0.5]>)} >
\end{array}
\right\}
\end{array}
\right\}
$$

2. 动态区间值中智软集合的运算法则及性质

定义 4-50　对于论域 U 上的两个动态区间值中智软集合 $(F,\ A)_T$ 和 $(G,\ B)_T$，称 $(F,\ A)_T$ 为 $(G,\ B)_T$ 的动态区间值中智软子集，记作 $(F,\ A)_T \tilde{\subset} (G,\ B)_T$，当且仅当 $A \subset B$，且对于 $\forall u \in U$，$e \in A$，$t \in T$，均满足：

$$\inf T_{F(e)}(u,\ t) \leqslant \inf T_{G(e)}(u,\ t),\ \sup T_{F(e)}(u,\ t) \leqslant \sup T_{G(e)}(u,\ t)$$

$$\inf I_{F(e)}(u,\ t) \geqslant \inf I_{G(e)}(u,\ t),\ \sup I_{F(e)}(u,\ t) \geqslant \sup I_{G(e)}(u,\ t)$$

$$\inf F_{F(e)}(u,\ t) \geqslant \inf F_{G(e)}(u,\ t),\ \sup F_{F(e)}(u,\ t) \geqslant \sup F_{G(e)}(u,\ t)$$

定义 4-51　对于论域 U 上的两个动态区间值中智软集合 $(F,\ A)_T$ 和 $(G,\ B)_T$，如果 $(F,\ A)_T$ 是 $(G,\ B)_T$ 的一个动态区间值中智软子集，且 $(G,\ B)_T$ 也是 $(F,\ A)_T$ 的一个动

态区间值中智软子集，则称 $(F, A)_T$ 和 $(G, B)_T$ 等价，记作 $(F, A)_T \tilde{=} (G, B)_T$。

定义 4-52 设 $E=\{e_1, e_2, \cdots, e_n\}$ 是一个参数集族，E 的补集可表示为 $\rceil E$，定义为 $\rceil E=\{\neg e_1, \neg e_2, \cdots, \neg e_n\}$。需要注意的是，这里 $\rceil$ 与 $\neg$ 是不同的运算符号。动态区间值中智软集合 $(F, E)_T$ 的补集表示为 $((F, E)_T)^c$，并由 $((F, E)_T)^c=(F^c, \rceil E)_T$ 定义，这里 F^c：$\rceil E \to DIN(U)$ 是一个映射，映射为：$T_{F^c(\neg e)}(u, t)=F_{F(e)}(u, t)$，$I_{F^c(\neg e)}(u, t)=I_{F(e)}(u, t)$，$F_{F^c(\neg e)}(u, t)=T_{F(e)}(u, t)$。

定义 4-53 设 $(F, A)_T$ 和 $(G, B)_T$ 是描述论域 U 在时间序列 T 下的两个动态区间值中智软集合，$(F, A)_T$ 和 $(G, B)_T$ 的交运算可用 $(F, A)_T \tilde{\cap} (G, B)_T$ 表示，定义为 $(F, A)_T \tilde{\cap} (G, B)_T=(H, E)_T$，其中 $C=A \cap B$，且对于 $\forall e \in E$，$u \in U$，$t \in T$，$(H, E)_T$ 中各隶属度函数定义如下：

$$T_{H(e)}(u,t)=[\min(\inf T_{F(e)}(u,t), \inf T_{G(e)}(u,t)), \min(\sup T_{F(e)}(u,t), \sup T_{G(e)}(u,t))]$$
$$I_{H(e)}(u,t)=[\max(\inf I_{F(e)}(u,t), \inf I_{G(e)}(u,t)), \max(\sup I_{F(e)}(u,t), \sup I_{G(e)}(u,t))]$$
$$F_{H(e)}(u,t)=[\max(\inf F_{F(e)}(u,t), \inf F_{G(e)}(u,t)), \max(\sup F_{F(e)}(u,t), \sup F_{G(e)}(u,t))]$$

定义 4-54 设 $(F, A)_T$ 和 $(G, B)_T$ 是描述论域 U 在时间序列 T 下的两个动态区间值中智软集合，$(F, A)_T$ 和 $(G, B)_T$ 的并运算可用 $(F, A)_T \tilde{\cup} (G, B)_T$ 表示，定义为 $(F, A)_T \tilde{\cup} (G, B)_T=(R, E)_T$，其中 $E=A \cup B$，且对于 $\forall e \in E$，$u \in U$，$t \in T$，$(R, E)_T$ 中各隶属度函数定义如下：

$$T_{H(e)}(u, t)=\begin{cases}[\inf T_{F(e)}(u, t), \sup T_{F(e)}(u, t)], & e \in A-B \\ [\inf T_{G(e)}(u, t), \sup T_{G(e)}(u, t)], & e \in B-A \\ \begin{bmatrix}\max(\inf T_{F(e)}(u, t), \inf T_{G(e)}(u, t)), \\ \max(\sup T_{F(e)}(u, t), \sup T_{G(e)}(u, t))\end{bmatrix}, & e \in A \cap B\end{cases}$$

$$I_{H(e)}(u, t)=\begin{cases}[\inf I_{F(e)}(u, t), \sup I_{F(e)}(u, t)], & e \in A-B \\ [\inf I_{G(e)}(u, t), \sup I_{G(e)}(u, t)], & e \in B-A \\ \begin{bmatrix}\min(\inf T_{F(e)}(u, t), \inf T_{G(e)}(u, t)), \\ \min(\sup T_{F(e)}(u, t), \sup T_{G(e)}(u, t))\end{bmatrix}, & e \in A \cap B\end{cases}$$

$$F_{H(e)}(u, t)=\begin{cases}[\inf F_{F(e)}(u, t), \sup F_{F(e)}(u, t)], & e \in A-B \\ [\inf F_{G(e)}(u, t), \sup F_{G(e)}(u, t)], & e \in B-A \\ \begin{bmatrix}\min(\inf F_{F(e)}(u, t), \inf F_{G(e)}(u, t)), \\ \min(\sup F_{F(e)}(u, t), \sup F_{G(e)}(u, t))\end{bmatrix}, & e \in A \cap B\end{cases}$$

例 4-15 考虑例 4-14 中的动态区间值中智软集合 $(F, E)_T$。同时，假设定义在论域 U 上的另一个动态区间值中智软集合为 $(G, E)_T$，其集合表示如下：

$$
(G,E)_T = \left\{ \begin{array}{l}
G(e_1) = \left\{ \begin{array}{l}
\left\langle \dfrac{u_1}{(\langle[0.5,0.6],[0.5,0.7],[0.3,0.5]\rangle,\ \langle[0.1,0.3]),[0.5,0.7],[0.2,0.4]\rangle)} \right\rangle \\
\left\langle \dfrac{u_2}{(\langle[0.1,0.4],[0.8,0.9],[0.5,0.8]\rangle,\ \langle[0.6,0.7],[0.2,0.5],[0.3,0.6]\rangle)} \right\rangle \\
\left\langle \dfrac{u_3}{(\langle[0.4,0.7],[0.6,0.8],[0.2,0.4]\rangle,\ \langle[0.2,0.4],[0.3,0.5],[0.2,0.5]\rangle)} \right\rangle
\end{array} \right\} \\
G(e_2) = \left\{ \begin{array}{l}
\left\langle \dfrac{u_1}{(\langle[0.3,0.7],[0.3,0.6],[0.4,0.7]\rangle,\ \langle[0.2,0.4],[0.2,0.3],[0.3,0.6]\rangle)} \right\rangle \\
\left\langle \dfrac{u_2}{(\langle[0.4,0.5],[0.3,0.4],[0.4,0.7]\rangle,\ \langle[0.7,0.8],[0.2,0.7],[0.3,0.4]\rangle)} \right\rangle \\
\left\langle \dfrac{u_3}{(\langle[0.2,0.5],[0.2,0.4],[0.2,0.4]\rangle,\ \langle[0.4,0.7],[0.2,0.6],[0.3,0.6]\rangle)} \right\rangle
\end{array} \right\} \\
G(e_3) = \left\{ \begin{array}{l}
\left\langle \dfrac{u_1}{(\langle[0.2,0.6],[0.2,0.3],[0.2,0.4]\rangle,\ \langle[0.2,0.4],[0.2,0.7],[0.2,0.5]\rangle)} \right\rangle \\
\left\langle \dfrac{u_2}{(\langle[0.1,0.3],[0.2,0.4],[0.3,0.6]\rangle,\ \langle[0.1,0.6],[0.5,07],[0.3,0.7]\rangle)} \right\rangle \\
\left\langle \dfrac{u_3}{(\langle[0.4,0.6],[0.1,0.3],[0.2,0.4]\rangle,\ \langle[0.3,0.4],[0.4,0.6],[0.2,0.7]\rangle)} \right\rangle
\end{array} \right\}
\end{array} \right\}
$$

设 $(F,\ E)_T$ 和 $(G,\ E)_T$ 的交运算表示为 $(F,\ E)_T \tilde{\cap} (G,\ E)_T = (H,\ E)_T$，则 $(H,\ E)_T$ 的定义如下：

$$
(H,E)_T = \left\{ \begin{array}{l}
H(e_1) = \left\{ \begin{array}{l}
\left\langle \dfrac{u_1}{([0.1,0.2],[0.1,0.3]),([0.5,0.7],[0.5,0.7]),([0.6,0.8],[0.7,0.8])} \right\rangle \\
\left\langle \dfrac{u_2}{([0.1,0.4],[0.3,0.7]),([0.8,0.9],[0.2,0.5]),([0.5,0.8],[0.3,0.6])} \right\rangle \\
\left\langle \dfrac{u_3}{([0.4,0.7],[0.2,0.4]),([0.6,0.8],[0.5,0.7]),([0.4,0.6],[0.5,0.8])} \right\rangle
\end{array} \right\} \\
H(e_2) = \left\{ \begin{array}{l}
\left\langle \dfrac{u_1}{([0.3,0.7],[0.2,0.4]),([0.3,0.6],[0.3,0.6]),([0.4,0.7],[0.3,0.6])} \right\rangle \\
\left\langle \dfrac{u_2}{([0.3,0.5],[0.2,0.4]),([0.3,0.4],[0.5,0.7]),([0.4,0.7],[0.7,0.8])} \right\rangle \\
\left\langle \dfrac{u_3}{([0.2,0.5],[0.4,0.5]),([0.2,0.6],[0.6,0.7]),([0.4,0.6],[0.5,0.7])} \right\rangle
\end{array} \right\} \\
H(e_3) = \left\{ \begin{array}{l}
\left\langle \dfrac{u_1}{([0.2,0.5],[0.2,0.4]),([0.2,0.5],[0.4,0.7]),([0.3,0.5],[0.2,0.6])} \right\rangle \\
\left\langle \dfrac{u_2}{([0.1,0.3],[0.1,0.3]),([0.3,0.4],[0.5,0.7]),([0.3,0.6],[0.4,0.7])} \right\rangle \\
\left\langle \dfrac{u_3}{([0.3,0.6],[0.3,0.4]),([0.4,0.8],[0.4,0.6]),([0.5,0.6],[0.2,0.7])} \right\rangle
\end{array} \right\}
\end{array} \right\}
$$

同时，设 $(F,\ E)_T$ 和 $(G,\ E)_T$ 的并运算表示为 $(F,\ E)_T\ \tilde{\cup}\ (G,\ E)_T=(R,\ E)_T$，则 $(R,\ E)_T$ 的定义如下：

$$(R,E)_T=\left\{\begin{array}{l}R(e_1)=\left\{\begin{array}{l}<\dfrac{u_1}{([0.5,0.6],[0.3,0.5]),([0.3,0.6],[0.1,0.4]),([0.3,0.5],[0.2,0.4])}>\\<\dfrac{u_2}{([0.4,0.7],[0.6,0.7]),([0.2,0.4],[0.1,0.5]),([0.4,0.6],[0.3,0.5])}>\\<\dfrac{u_3}{([0.5,0.7],[0.2,0.4]),([0.5,0.6],[0.3,0.5]),([0.2,0.4],[0.2,0.5])}>\end{array}\right\}\\R(e_2)=\left\{\begin{array}{l}<\dfrac{u_1}{([0.5,0.7],[0.8,0.9]),([0.3,0.5],[0.2,0.3]),([0.1,0.3],[0.3,0.6])}>\\<\dfrac{u_2}{([0.4,0.5],[0.7,0.8]),([0.1,0.4],[0.2,0.7]),([0.4,0.6],[0.3,0.4])}>\\<\dfrac{u_3}{([0.6,0.7],[0.4,0.7]),([0.2,0.4],[0.2,0.6]),([0.2,0.4],[0.3,0.6])}>\end{array}\right\}\\R(e_3)=\left\{\begin{array}{l}<\dfrac{u_1}{([0.4,0.6],[0.2,0.6]),([0.2,0.3],[0.4,0.6]),([0.2,0.4],[0.2,0.5])}>\\<\dfrac{u_2}{([0.4,0.6],[0.1,0.6]),([0.2,0.4],[0.3,0.5]),([0.1,0.2],[0.3,0.7])}>\\<\dfrac{u_3}{([0.4,0.6],[0.7,0.8]),([0.1,0.3],[0.1,0.2]),([0.2,0.4],[0.2,0.5])}>\end{array}\right\}\end{array}\right\}$$

定义 4-55 设 $(F,\ A)_T$ 和 $(G,\ B)_T$ 是描述论域 U 在时间序列 T 下的两个动态区间值中智软集合，$(F,\ A)_T$ 和 $(G,\ B)_T$ 的 And-Product 运算表示为 $(F,\ A)_T\ \tilde{\wedge}\ (G,\ B)_T$，定义为：$(F,\ A)_T\ \tilde{\wedge}\ (G,\ B)_T=(H,\ E)_{TT}$，且对于 $\forall u\in U$，$e\in E$ 且 $e=(a,\ b)\in A\times B$，t_m，$t_n\in T$，$(H,\ E)_{TT}$ 中各隶属度函数的定义如下：

$$T_{H(e)}(u,t_mt_n)=[\min(\inf T_{F(a)}(u,t_m),\inf T_{G(b)}(u,t_n)),\min(\sup T_{F(a)}(u,t_m),\sup T_{G(b)}(u,t_n))]$$
$$I_{H(e)}(u,t_mt_n)=[\max(\inf I_{F(a)}(u,t_m),\inf I_{G(b)}(u,t_n)),\max(\sup I_{F(a)}(u,t_m),\sup I_{G(b)}(u,t_n))]$$
$$F_{H(e)}(u,t_mt_n)=[\max(\inf F_{F(a)}(u,t_m),\inf F_{G(b)}(u,t_n)),\max(\sup F_{F(a)}(u,t_m),\sup F_{G(b)}(u,t_n))]$$

定义 4-56 设 $(F,\ A)_T$ 和 $(G,\ B)_T$ 是描述论域 U 在时间序列 T 下的两个动态区间值中智软集合，$(F,\ A)_T$ 和 $(G,\ B)_T$ 的 Or-Product 运算表示为 $(F,\ A)_T\ \tilde{\vee}\ (G,\ B)_T$，定义为：$(F,\ A)_T\ \tilde{\vee}\ (G,\ B)_T=(H,\ E)_{TT}$，且对于 $\forall u\in U$，$e\in E$ 且 $e=(a,\ b)\in A\times B$，t_m，$t_n\in T$，$(H,\ E)_{TT}$ 中各隶属度函数的定义如下：

$$T_{H(e)}(u,t_mt_n)=[\max(\inf T_{F(a)}(u,t_m),\inf T_{G(b)}(u,t_n)),\max(\sup T_{F(a)}(u,t_m),\sup T_{G(b)}(u,t_n))]$$
$$I_{H(e)}(u,t_mt_n)=[\min(\inf I_{F(a)}(u,t_m),\inf I_{G(b)}(u,t_n)),\min(\sup I_{F(a)}(u,t_m),\sup I_{G(b)}(u,t_n))]$$
$$F_{H(e)}(u,t_mt_n)=[\min(\inf F_{F(a)}(u,t_m),\inf F_{G(b)}(u,t_n)),\min(\sup F_{F(a)}(u,t_m),\sup F_{G(b)}(u,t_n))]$$

3. 动态区间值中智软集合的加权距离测度

本节将给出动态区间值中智软集合的加权距离测度、相似性测度和熵测度的公理化定义。在此之前，我们先定义最小冲突动态区间值中智数、最小冲突动态区间值中智软集合以及最大冲突动态区间值中智数、最大冲突动态区间值中智软集合。

定义 4-57　令 min = < [1, 1], [0, 0], [0, 0] > 为最小冲突区间值中智数，$\Psi_{\min}$ = < ([1, 1], [0, 0], [0, 0]), …, ([1, 1], [0, 0], [0, 0]) > 为最小冲突动态区间中智数。它表示在各时间戳下，对象对于集合的隶属度始终为 1，对于集合的不确定程度和非隶属度均为 0，此时的冲突程度最小。

对于动态区间值中智软集合 $(\Omega, E)_T$，若对象 $u \in U$ 对于参数 $e \in E$ 在时间序列 T 下的隶属度、不确定程度和非隶属度均为最小冲突动态区间值中智数 $\Psi_{\min}$，则称 $(\Omega, E)_T$ 为最小冲突动态区间值中智软集合。

定义 4-58　令 max = < [0.5, 0.5], [1, 1], [0.5, 0.5] > 为最大冲突区间值中智数，$\Psi_{\max}$ = <([0.5, 0.5], [1, 1], [0.5, 0.5]), …, ([0.5, 0.5], [1, 1], [0.5, 0.5])> 为最大冲突动态区间值中智数。它表示在各时间戳下，对象对于集合的隶属度和非隶属度始终为 0.5，对于集合的不确定程度为 1，此时冲突程度最大。

对于动态区间值中智软集合 $(\Lambda, E)_T$，若对象 $u \in U$ 对于参数 $e \in E$ 在时间序列 T 下的隶属度、不确定程度和非隶属度均为最大冲突动态区间值中智数 $\Psi_{\max}$，则称 $(\Lambda, E)_t$ 为最大冲突动态区间值中智软集合。

接下来，我们将定义动态区间值中智软集合的加权距离测度方法。

对于论域 U 在时间序列 T 下的任意两个动态区间值中智软集合 $(F, E)_T$ 和 $(G, E)_T$，且 $U = \{u_1, u_2, \cdots, u_i, \cdots, u_m\}(i = 1, 2, \cdots, m)$，$E = \{e_1, e_2, \cdots, e_j, \cdots, e_n\}(j=1, 2, \cdots, n)$，$T=\{t_1, t_2, \cdots, t_h, \cdots, t_q\}(h=1, 2, \cdots, q)$。设一映射 d_δ：$(F, E)_T \times (G, E)_T \to [0, 1]$，称 d_δ 为 $(F, E)_T$ 和 $(G, E)_T$ 之间的加权距离，当且仅当 d_δ 满足以下性质：

(1) $0 \leqslant d_\delta((F, E)_T, (G, E)_T) \leqslant 1$；

(2) $d_\delta((F, E)_T, (G, E)_T) = 0$，当且仅当 $(F, E)_T = (G, E)_T$；

(3) $d_\delta((F, E)_T, (G, E)_T) = d_\delta((G, E)_T, (F, E)_T)$；

(4) 设 $(H, E)_T$ 为描述论域 U 在时间序列 T 下的一个动态区间值中智软集合，若 $(F, E)_T \subseteq (G, E)_T \subseteq (H, E)_T$，则存在 $d_\delta((F, E)_T, (G, E)_T) \leqslant d_\delta((F, E)_T, (H, E)_T)$ 且 $d_\delta((G, E)_T, (H, E)_T) \leqslant d_\delta((F, E)_T, (H, E)_T)$。

下面，将引入动态区间值中智软集合的加权距离测度。

设论域 U 在时间序列 T 下的两个动态区间值中智软集合 $(F, E)_T$ 和 $(G, E)_T$ 分别为：

$$(F,E)_T = \{e, < u, [\inf T_{F(e)}(u,t), \sup T_{F(e)}(u,t)], [\inf I_{F(e)}(u,t), \sup I_{F(e)}(u,t)], [\inf F_{F(e)}(u,t), \sup F_{F(e)}(u,t)] > \mid e \in E, u \in U, t \in T\}$$

$$(G,E)_T = \{e, < u, [\inf T_{G(e)}(u,t), \sup T_{G(e)}(u,t)], [\inf I_{G(e)}(u,t), \sup I_{G(e)}(u,t)], [\inf F_{G(e)}(u,t), \sup F_{G(e)}(u,t)] > \mid e \in E, u \in U, t \in T\}$$

则动态区间值中智软集合 $(F,E)_T$ 和 $(G,E)_T$ 的加权距离测度公式为：

$$d_\delta((F,E)_T,(G,E)_T)=\sum_{\mu=1}^{4}\beta_\mu d^\mu((F,E)_T,(G,E)_T) \tag{4-104}$$

其中，$d^\mu(\mu=1,2,3,4)$ 表示四种不同的距离测度公式，β_μ 表示 d^μ 的权重，$\beta_\mu\in[0,1]$ 且 $\sum_{\mu=1}^{4}\beta_\mu=1$。$d^\mu(\mu=1,2,3,4)$ 分别表示为：

$$\begin{aligned}
&d^1((F,E)_T,(G,E)_T)\\
&=\sum_{i=1}^{m}\sum_{j=1}^{n}\sum_{h=1}^{q}\frac{|\inf T_{F(e_j)}(u_i,t_h)-\inf T_{G(e_j)}(u_i,t_h)|+|\sup T_{F(e_j)}(u_i,t_h)-\sup T_{G(e_j)}(u_i,t_h)|}{6}\\
&\quad+\frac{|\inf I_{F(e_j)}(u_i,t_h)-\inf I_{G(e_j)}(u_i,t_h)|+|\sup F_{F(e_j)}(u_i,t_h)-\sup F_{G(e_j)}(u_i,t_h)|}{6}\\
&\quad+\frac{|\inf F_{F(e_j)}(u_i,t_h)-\inf F_{G(e_j)}(u_i,t_h)|+|\sup I_{F(e_j)}(u_i,t_h)-\sup I_{G(e_j)}(u_i,t_h)|}{6}
\end{aligned}$$

$$\begin{aligned}
&d^2((F,E)_T,(G,E)_T)\\
&=\sum_{i=1}^{m}\sum_{j=1}^{n}\sum_{h=1}^{q}\frac{|\inf T_{F(e_j)}(u_i,t_h)-\inf I_{F(e_j)}(u_i,t_h)|+|\sup T_{F(e_j)}(u_i,t_h)-\sup I_{F(e_j)}(u_i,t_h)|}{4}\\
&\quad-\frac{|\inf T_{G(e_j)}(u_i,t_h)-\inf I_{G(e_j)}(u_i,t_h)|+|\sup T_{G(e_j)}(u_i,t_h)-\sup I_{G(e_j)}(u_i,t_h)|}{4}
\end{aligned}$$

$$\begin{aligned}
&d^3((F,E)_T,(G,E)_T)\\
&=\sum_{i=1}^{m}\sum_{j=1}^{n}\sum_{h=1}^{q}\frac{|\inf T_{F(e_j)}(u_i,t_h)-\inf F_{F(e_j)}(u_i,t_h)|+|\sup T_{F(e_j)}(u_i,t_h)-\sup F_{F(e_j)}(u_i,t_h)|}{4}\\
&\quad-\frac{|\inf T_{G(e_j)}(u_i,t_h)-\inf F_{G(e_j)}(u_i,t_h)|+|\sup T_{G(e_j)}(u_i,t_h)-\sup F_{G(e_j)}(u_i,t_h)|}{4}
\end{aligned}$$

$$\begin{aligned}
&d^4((F,E)_T,(G,E)_T)\\
&=\sum_{i=1}^{m}\sum_{j=1}^{n}\sum_{h=1}^{q}\frac{\max(|\inf T_{F(e_j)}(u_i,t_h)-\inf T_{G(e_j)}(u_i,t_h)|,|\sup T_{F(e_j)}(u_i,t_h)-\sup T_{G(e_j)}(u_i,t_h)|)}{3}\\
&\quad+\frac{\max(|\inf I_{F(e_j)}(u_i,t_h)-\inf I_{G(e_j)}(u_i,t_h),|\sup I_{F(e_j)}(u_i,t_h)-\sup I_{G(e_j)}(u_i,t_h)|)}{3}\\
&\quad+\frac{\max(|\inf F_{F(e_j)}(u_i,t_h)-\inf F_{G(e_j)}(u_i,t_h)|,|\sup F_{F(e_j)}(u_i,t_h)-\sup F_{G(e_j)}(u_i,t_h)|)}{3}
\end{aligned}$$

动态区间值中智软集合 $(F,E)_T$ 和 $(G,E)_T$ 之间的距离测度 $d_\delta((F,E)_T,(G,E)_T)$ 由四种距离公式加权得来，其构造主要考虑到两个方面。与传统距离公式一致，距离测度 $d_\delta((F,E)_T,(G,E)_T)$ 不仅包含隶属度、不确定程度和非隶属度之间的差异 $d^1((F,E)_T,(G,E)_T)$，同时也体现了隶属度分别与不确定程度 $d^2((F,E)_T,(G,E)_T)$、非隶属度 $d^3((F,E)_T,(G,E)_T)$ 之间的差异。进一步，考虑到区间值的波动性，本书引入 $d^4((F,E)_T,(G,E)_T)$ 来描述这种不稳定性。其中，各隶属度函数之间的距离取决于两个区间值的上限之间及下限之间差值的最大值。两个动态区间值中智软集合之间信息的波动越大，差异就越大。

基于以上分析可得到如下定理：

定理 4-3　$d_\delta((F, E)_T, (G, E)_T)$ 是动态区间值中智软集合 $(F, E)_T$ 和 $(G, E)_T$ 的加权距离测度。

证明　不难看出 $d_\delta((F, E)_T, (G, E)_T)$ 满足 d_δ 中的性质 3。因此，只需要证明性质 1，性质 2 和性质 4。

性质 4-1：由 $d^\mu((F, E)_T, (G, E)_T)$ 的计算公式可得：$d^\mu((F, E)_T, (G, E)_T) \in [0, 1](\mu = 1, 2, 3, 4)$，因此可证明 $0 \leqslant ((F, E)_T, (G, E)_T) \leqslant 1$。

性质 4-2：考虑 $(F, E)_T = (G, E)_T \to d_\delta((F, E)_T, (G, E)_T) = 0$。当 $(F, E)_T = (G, E)_T$ 时，有 $\inf T_{F(e)}(u, t) = \inf T_{G(e)}(u, t)$，$\sup T_{F(e)}(u, t) = \sup T_{G(e)}(u, t)$，$\inf I_{F(e)}(u, t) = \inf I_{G(e)}(u, t)$，$\sup I_{F(e)}(u, t) = \sup I_{G(e)}(u, t)$，$\inf F_{F(e)}(u, t) = \inf F_{G(e)}(u, t)$，$\sup F_{F(e)}(u, t) = \sup F_{G(e)}(u, t)$，故 $d^\mu((F, E)_T, (G, E)_T) = 0(\mu = 1, 2, 3, 4)$，则 $d_\delta((F, E)_T, (G, E)_T) = 0$。即 $(F, E)_T = (G, E)_T \to d_\delta((F, E)_T, (G, E)_T) = 0$。

考虑 $d_\delta((F, E)_T, (G, E)_T) = 0 \to (F, E)_T = (G, E)_T$。当 $d_\delta((F, E)_T, (G, E)_T) = 0$ 时，即 $\inf T_{F(e)}(u, t) = \inf T_{G(e)}(u, t)$，$\sup T_{F(e)}(u, t) = \sup T_{G(e)}(u, t)$，$\inf I_{F(e)}(u, t) = \inf I_{G(e)}(u, t)$，$\sup I_{F(e)}(u, t) = \sup I_{G(e)}(u, t)$，$\inf F_{F(e)}(u, t) = \inf F_{G(e)}(u, t)$，$\sup F_{F(e)}(u, t) = \sup F_{G(e)}(u, t)$，由定义 4-51 可知 $(F, E)_T = (G, E)_T$。

故 $d_\delta((F, E)_T, (G, E)_T) = 0 \to (F, E)_T = (G, E)_T$。

性质 4-3：因为 $(F, E)_T \subseteq (G, E)_T \subseteq (H, E)_T$，所以存在：

$\inf T_{F(e)}(u, t) \leqslant \inf T_{G(e)}(u, t) \leqslant \inf T_{H(e)}(u, t)$，

$\sup T_{F(e)}(u, t) \leqslant \sup T_{G(e)}(u, t) \leqslant \sup T_{H(e)}(u, t)$，

$\inf I_{F(e)}(u, t) \leqslant \inf I_{G(e)}(u, t) \leqslant \inf I_{H(e)}(u, t)$，

$\sup I_{F(e)}(u, t) \leqslant \sup I_{G(e)}(u, t) \leqslant \sup I_{H(e)}(u, t)$，

$\inf F_{F(e)}(u, t) \leqslant \inf F_{G(e)}(u, t) \leqslant \inf F_{H(e)}(u, t)$，

$\sup F_{F(e)}(u, t) \leqslant \sup F_{G(e)}(u, t) \leqslant \sup F_{H(e)}(u, t)$。

则：

$$|\inf T_{G(e)}(u, t) - \inf T_{F(e)}(u, t)| \leqslant |\inf T_{H(e)}(u, t) - \inf T_{F_t(e)}(u)|,$$
$$|\sup T_{G(e)}(u, t) - \sup T_{F(e)}(u, t)| \leqslant |\sup T_{H(e)}(u, t) - \sup T_{F(e)}(u, t)|,$$
$$|\inf I_{G(e)}(u, t) - \inf I_{F(e)}(u, t)| \leqslant |\inf I_{H(e)}(u, t) - \inf I_{F(e)}(u, t)|,$$
$$|\sup I_{G(e)}(u, t) - \sup I_{F(e)}(u, t)| \leqslant |\sup I_{H(e)}(u, t) - \sup I_{F(e)}(u, t)|,$$
$$|\inf F_{G(e)}(u, t) - \inf F_{F(e)}(u, t)| \leqslant |\inf F_{H(e)}(u, t) - \inf F_{F(e)}(u, t)|,$$
$$|\sup F_{G(e)}(u, t) - \sup F_{F(e)}(u, t)| \leqslant |\sup F_{H(e)}(u, t) - \sup F_{F(e)}(u, t)|。$$

且 $0 \leqslant \dfrac{|\inf T_{F(e)}(u, t) - \inf I_{F(e)}(u, t)| + |\sup T_{F(e)}(u, t) - \sup I_{F(e)}(u, t)|}{4} -$

$$\frac{|\inf T_{G(e)}(u, t) - \inf I_{G(e)}(u, t)| + |\sup T_{G(e)}(u, t) - \sup I_{G(e)}(u, t)|}{4} \leqslant 1,$$

$$0 \leqslant \frac{|\inf T_{F(e)}(u,\ t) - \inf F_{F(e)}(u,\ t)| + |\sup T_{F(e)}(u,\ t) - \sup F_{F(e)}(u,\ t)|}{4} -$$

$$\frac{|\inf T_{G(e)}(u,\ t) - \inf F_{G(e)}(u,\ t)| + |\sup T_{G(e)}(u,\ t) - \sup F_{G(e)}(u,\ t)|}{4} \leqslant 1。$$

因此，可以得到：

$d^{\mu}((F,\ E)_T,\ (G,\ E)_T) \leqslant d^{\mu}((F,\ E)_T,\ (H,\ E)_T)$；

$d^{\mu}((G,\ E)_T,\ (H,\ E)_T) \leqslant d^{\mu}((F,\ E)_T,\ (G,\ E)_T)$，其中 $\mu = 1,\ 2,\ 3,\ 4$。

故可以推断：$d_{\delta}((F,\ E)_T,\ (G,\ E)_T) \leqslant d_{\delta}((F,\ E)_T,\ (H,\ E)_T)$，$d_{\delta}((G,\ E)_T,\ (H,\ E)_T) \leqslant d_{\delta}((F,\ E)_T,\ (H,\ E)_T)$。

于是，可以得到结论，因为满足性质4，所以 $d_{\delta}((F,\ E)_T,\ (G,\ E)_T)$ 是论域 U 在时间序列 T 下的两个动态区间值中智软集合 $(F,\ E)_T$ 和 $(G,\ E)_T$ 之间的加权距离测度。

4. 动态区间值中智软集合的相似性测度

考虑数学意义上距离测度和相似性测度的互补关系，本节基于加权距离测度引入动态区间值中智软集合 $(F,\ E)_T$ 和 $(G,\ E)_T$ 的相似性测度 $S((F,\ E)_T,\ (G,\ E)_T)$，定义如下：

$$S((F,\ E)_T,\ (G,\ E)_T) = \frac{1}{1 + d_{\delta}((F,\ E)_T,\ (G,\ E)_T)} \tag{4-105}$$

其中，$d_{\delta}((F,\ E)_T,\ (G,\ E)_T)$ 可由公式(4-104)计算求得。

由上述可得，距离测度和相似性测度的性质是互补的。因此，相似性测度存在以下性质：

(1) $0 \leqslant S((F,\ E)_T,\ (G,\ E)_T) \leqslant 1$；

(2) $S((F,\ E)_T,\ (G,\ E)_T) = 1$，当且仅当 $(F,\ E)_T = (G,\ E)_T$；

(3) $S((F,\ E)_T,\ (G,\ E)_T) = S((G,\ E)_T,\ (F,\ E)_T)$；

(4)设 $(H,\ E)_T$ 为描述论域 U 在时间序列 T 下的一个动态区间值中智软集合，若 $(F,\ E)_T \subseteq (G,\ E)_T \subseteq (H,\ E)_T$，则存在 $S((F,\ E)_T,\ (H,\ E)_T) \leqslant S((F,\ E)_T,\ (G,\ E)_T)$ 且 $S((F,\ E)_T,\ (H,\ E)_T) \leqslant S((G,\ E)_T,\ (H,\ E)_T)$。

5. 动态区间值中智软集合的熵测度

熵测度旨在度量信息的模糊程度。本节基于区间值中智软集合熵测度(Ye 和 Du，2019)，进一步构建了动态区间值中智软集合的熵测度方法。

设 $(F,\ E)_T$ 为论域 U 在时间序列 T 下的动态区间值中智软集合，称实值函数 R：$(F,\ A)_T \rightarrow [0,\ 1]$ 为 $(F,\ E)_T$ 的熵，定义为：

$$R((F,\ E)_T) = 1 - 2d_{\delta}((F,\ E)_T,\ (\Lambda,\ E)_T) \tag{4-106}$$

其中，$(\Lambda,\ E)_T$ 为最大冲突动态区间值中智软集合，$d_{\delta}((F,\ E)_T,\ (\Lambda,\ E)_T)$ 可由公式(4-104)计算得到。

依据加权距离测度的相关性质，可得到熵 $R((F,\ E)_T)$ 存在下述性质：

(1)若 $(F,\ E)_T$ 为一个精确动态区间值中智软集合，则 $R((F,\ E)_T) = 0$；

(2)若 $(F, E)_T$ 为最大冲突动态区间值中智软集合，则 $R((F, E)_T) = 1$；

(3) 对于动态区间值中智软集合 $(F, E)_T$ 和 $(G, E)_T$，若 $d_\delta((F, E)_T, (\Lambda, E)_T) \leqslant d_\delta((G, E)_T, (\Lambda, E)_T)$，则 $R((F, E)_T) \geqslant R((G, E)_T)$；

(4) $R((F, E)_T) = R(((F, E)_T)^c)$。

4.6.2 基于动态区间值中智软集合的多级动态信用评价方法

本节将聚焦互联网环境下变化极快的信用数据，基于动态区间值中智软集合构建多级动态信用评价方法。

1. 背景介绍

我们将对动态环境下的信用评价问题进行详细阐述。

设 $U = \{u_1, u_2, \cdots, u_i, \cdots, u_m\}(i = 1, 2, \cdots, m)$ 为候选人集合，$R = \{r_1, r_2, \cdots, r_l, \cdots, r_p\}$ $(l = 1, 2, \cdots, p)$ 为 p 个平台集合，平台 r_l 权重为 φ_l，且 $0 \leqslant \varphi_l \leqslant 1$，$\sum_{l=1}^{p} \varphi_l = 1$。$T = \{t_1, t_2, \cdots, t_h, \cdots, t_q\}(h = 1, 2, \cdots, q)$ 为时间戳集合，时间戳 t_h 的权重为 γ_h，且满足 $0 \leqslant \gamma_h \leqslant 1$，$\sum_{h=1}^{q} \gamma_h = 1$。$E = \{e_1, e_2, \cdots, e_j, \cdots, e_n\}(j = 1, 2, \cdots, n)$ 为描述候选人的指标集合，指标在时间序列 T 下的权重由平台用动态区间值中智数表示的语言变量描述，构成指标重要性评价值的动态区间值中智软集合 $(Z, R)_T$，且指标 e_j 在时间戳 t_h 下由决策者 r_l 给出的中智权重为：

$$z_{j,l}^T = \{ <[\inf T_{Z(r_l)}(e_j,t_h),\sup T_{Z(r_l)}(e_j,t_h)],[\inf I_{Z(r_l)}(e_j,t_h),\sup I_{Z(r_l)}(e_j,t_h)],[\inf F_{Z(r_l)}(e_j,t_h), \sup F_{Z(r_l)}(e_j,t_h)]> \mid j = 1,2,\cdots,n;l = 1,2,\cdots,p;h = 1,2,\cdots,q\}$$

同样，平台以动态区间值中智数表示的语言变量描述候选人相对于各指标的评价值，它们构成候选人评价值的动态区间值中智软集合 $(F, E)_T$。其中，$\rho_{ij}^{l,h}$ 描述平台 r_l 给出的候选人 u_i 在时间 t_h 下相对于指标 e_j 的评价值，表示为：

$$\rho_{ij}^{l,h} = <[\inf T_{F(e_j)}(r_l, t_h), \sup T_{F(e_j)}(r_l, t_h)], [\inf I_{F(e_j)}(r_l, t_h), \sup I_{F(e_j)}(r_l, t_h)], [\inf F_{F(e_j)}(r_l, t_h), \sup F_{F(e_j)}(r_l, t_h)] \mid i = 1, 2, \cdots, m;\ j = 1, 2, \cdots, n;\ l = 1, 2, \cdots, p;\ h = 1, 2, \cdots, q >$$

2. 时间戳权向量确定

互联网环境下信用评价问题中，各时间点下信用信息的重要程度存在差异，因此，对各时间戳科学赋权是合理进行信用评价研究的关键。本节将通过非线性规划模型(郭亚军等，2007)客观求解各时间戳权重。在给出确定时间戳权重向量 $\gamma = \{\gamma_1, \gamma_2, \cdots, \gamma_k\}$ 的数学规划模型前，先对时间戳权重向量的熵 I 和时间度 λ 的相关概念进行阐述。

熵的概念最早出现于热力学，旨在度量物理中分子运动的无序状态。在信息论中，熵又被称作平均信息量，熵值越大，说明所携带的信息量越小，不确定性越强。时间戳权重

向量的熵 I 反映了样本集结过程中指标所携带的信息量。熵 I 的定义式如下：

$$I=-\sum_{h=1}^{q}\gamma_h\ln\gamma_h \tag{4-107}$$

时间度 λ 用来描述样本集结过程中时序的重视程度。当 λ 越接近于0时，表明平台更加注重距离评价时刻较近的信息；相反，当 λ 越接近于1时，表明平台对距离评价时刻较远的信息更为重视。当 $\lambda=0.5$ 时，表明平台视各时序下的信息同等重要。时间度 λ 的定义式为：

$$\lambda=\sum_{h=1}^{q}\frac{q-l}{q-1}\gamma_h \tag{4-108}$$

特别地，当 $\gamma=\{1, 0, \cdots, 0\}$ 时，$\lambda=1$；当 $\gamma=\{0, 0, \cdots, 1\}$ 时，$\lambda=0$；当 $\alpha=\left\{\frac{1}{q}, \frac{1}{q}, \cdots, \frac{1}{q}\right\}$ 时，$\lambda=0.5$。

基于给定的时间度 λ，通过求解以下非线性规划问题，即可求得时间戳权重向量度 γ。

$$\max I=-\sum_{h=1}^{q}\gamma_h\ln\gamma_h$$

$$\begin{cases}\lambda=\sum_{h=1}^{q}\frac{q-l}{q-1}\gamma_h\\ \sum_{h=1}^{q}\gamma_h=1,\ \gamma_h\in[0,1]\\ h=1, 2, \cdots, q\end{cases}$$

3. 指标综合权重确定

在本节中，平台对于指标在各时间戳下的重要程度判断以区间值中智数表示的语言变量描述。为确定指标权重值，本研究构建了聚合规则以集聚所有平台在不同时间戳下的数据，求得以区间值中智数形式表示的指标平均权重 $\overline{\varpi_j}$。进而，计算聚合后的区间值中智数与最小冲突区间值中智数之间的加权距离，以此确定指标权重值 ϖ_j。

设平台在时间序列 T 下对于指标重要程度的判断构成动态区间值中智软集合 $(Z, R)_T$，且指标 e_j 在时间 t_h 下由平台 r_l 给出的中智权重为：

$$\overline{\varpi_j}=\{<[\overline{\inf T_{Z(r_l)}(e_j, t_h)}, \overline{\sup T_{Z(r_l)}(e_j, t_h)}], [\overline{\inf I_{Z(r_l)}(e_j, t_h)}, \overline{\sup I_{Z(r_l)}(e_j, t_h)}], [\overline{\inf F_{Z(r_l)}(e_j, t_h)}, \overline{\sup F_{Z(r_l)}(e_j, t_h)}]>|j=1, 2, \cdots, n;\ l=1, 2, \cdots, p;\ h=1, 2, \cdots, q\}$$

则参数 e_j 的以区间值中智数形式表示的平均权重 $\overline{\varpi_j}$ 可由聚合法则计算求得：

$$\overline{\varpi_j}=\frac{1}{\varphi_l\cdot\gamma_h}\Theta([\inf T_{Z(r_l)}(e_j, t_h), \sup T_{Z(r_l)}(e_j, t_h)], [\inf I_{Z(r_l)}(e_j, t_h), \sup I_{Z(r_l)}(e_j, t_h)], [\inf F_{Z(r_l)}(e_j, t_h)\sup F_{Z(r_l)}(e_j, t_h)]) \tag{4-109}$$

其中，

$$\overline{T_{Z(r_l)}(e_j,\ t_h)} = \begin{bmatrix} 1 - \prod_{h=1}^{q}\left[1 - \left(1 - \prod_{l=1}^{p}(1 - \inf T_{Z(r_l)}(e_j,\ t_h))^{\varphi_l}\right)\right]^{\gamma_h}, \\ 1 - \prod_{h=1}^{q}\left[1 - \left(1 - \prod_{l=1}^{p}(1 - \sup T_{Z(r_l)}(e_j,\ t_h))^{\varphi_l}\right)\right]^{\gamma_h} \end{bmatrix}$$

$$\overline{I_{Z(r_l)}(e_j,\ t_h)} = \left[\prod_{l=1}^{p}\prod_{h=1}^{q}\inf I_{Z(r_l)}(e_j,\ t_h)^{\varphi_l\gamma_h},\ \prod_{l=1}^{p}\prod_{h=1}^{q}\sup I_{Z(r_l)}(e_j,\ t_h)^{\varphi_l\gamma_h}\right]$$

$$\overline{F_{Z(r_l)}(e_j,\ t_h)} = \left[\prod_{l=1}^{p}\prod_{h=1}^{q}\inf F_{Z(r_l)}(e_j,\ t_h)^{\varphi_l\gamma_h},\ \prod_{l=1}^{p}\prod_{h=1}^{q}\sup F_{Z(r_l)}(e_j,\ t_h)^{\varphi_l\gamma_h}\right]$$

得到区间值中智数形式的指标平均权重 $\overline{\varpi_j}$ 后，计算其与最小冲突区间值中智数 min = <[1, 1], [0, 0], [0, 0]> 之间的加权距离，求得各指标权重值 ϖ_j，定义如下：

$$\varpi_j = \frac{1 - \hat{d}_\delta(\overline{\varpi_j},\ \min)}{\sum_{j=1}^{n}\hat{d}_\delta(\overline{\varpi_j},\ \min)} \tag{4-110}$$

与最小冲突区间值中智数 min 之间的加权距离越小，指标权重越大；反之，指标权重越小。依据公式(5.1)，$\overline{\varpi_j}$ 与 min 之间的加权距离 $\hat{d}_\delta(\overline{\varpi_j},\ \min)$ 定义为：

$$\hat{d}_\delta(\overline{\varpi_j},\ \min) = \sum_{\mu=1}^{4}\beta_\mu\,\hat{d}^\mu(\overline{\varpi_j},\ \min)\ (\mu = 1,\ 2,\ 3,\ 4)$$

其中，

$$\begin{aligned}\hat{d}^1(\overline{\varpi_j},\ \min) = & \frac{\left|\overline{\inf T_{Z(r_l)}(e_j,\ t_h)} - 1\right| + \left|\overline{\sup T_{Z(r_l)}(e_j,\ t_h)} - 1\right|}{6} \\ & + \frac{\left|\overline{\inf I_{Z(r_l)}(e_j,\ t_h)} - 0\right| + \left|\overline{\sup I_{Z(r_l)}(e_j,\ t_h)} - 0\right|}{6} \\ & + \frac{\left|\overline{\inf F_{Z(r_l)}(e_j,\ t_h)} - 0\right| + \left|\overline{\sup F_{Z(r_l)}(e_j,\ t_h)} - 0\right|}{6}\end{aligned}$$

$$\hat{d}^2(\overline{\varpi_j},\min) = \frac{\left|\overline{\inf T_{Z(r_l)}(e_j,t_h)} - \overline{\inf I_{Z(r_l)}(e_j,t_h)}\right| + \left|\overline{\sup T_{Z(r_l)}(e_j,t_h)} - \overline{\sup I_{Z(r_l)}(e_j,t_h)}\right| - |1-0| - |1-0|}{4}$$

$$\hat{d}^3(\overline{\varpi_j},\min) = \frac{\left|\overline{\inf T_{Z(r_l)}(e_j,t_h)} - \overline{\inf F_{Z(r_l)}(e_j,t_h)}\right| + \left|\overline{\sup T_{Z(r_l)}(e_j,t_h)} - \overline{\sup F_{Z(r_l)}(e_j,t_h)}\right| - |1-0| - |1-0|}{4}$$

$$\begin{aligned}\hat{d}^4(\overline{\varpi_j},\min) = & \frac{\max\left(\left|\overline{\inf T_{Z(r_l)}(e_j,t_h)} - 1\right|,\left|\overline{\sup T_{Z(r_l)}(e_j,t_h)} - 1\right|\right)}{3} \\ & + \frac{\max\left(\left|\overline{\inf I_{Z(r_l)}(e_j,t_h)} - 0\right|,\left|\overline{\sup I_{Z(r_l)}(e_j,t_h)} - 0\right|\right)}{3} \\ & + \frac{\max\left(\left|\overline{\inf F_{Z(r_l)}(e_j,t_h)} - 0\right|,\left|\overline{\sup F_{Z(r_l)}(e_j,t_h)} - 0\right|\right)}{3}\end{aligned}$$

故可以求得参数权重向量 $\varpi=\{\varpi_1,\varpi_2,\cdots,\varpi_n\}$。

4. 基于加权距离测度的多级动态信用评价方法

本节将基于加权距离测度，引入两个动态区间值中智软集合的加权距离测度。进而，基于动态区间值中智软集合的加权距离测度，构建3种多级动态信用评价方法。

对于论域 U 上的两个动态区间值中智软集合 $(F, E)_T$ 和 $(G, E)_T$，候选人 u_i 的评价信息 $u_i|(F, E)_T$ 和 $u_i|(G, E)_T$ 可以定义为：

$$u_i|(F,E)_T=\{<([\inf T_{F(e)}(u_i,t),\sup T_{F(e)}(u_i,t)],[\inf I_{F(e)}(u_i,t),\sup I_{F(e)}(u_i,t)],[\inf F_{F(e)}(u_i,t),\sup F_{F(e)}(u_i,t)])>|e\in E,t\in T\}$$

$$u_i|(G,E)_T=\{<([\inf T_{G(e)}(u_i,t),\sup T_{G(e)}(u_i,t)],[\inf I_{G(e)}(u_i,t),\sup I_{G(e)}(u_i,t)],[\inf F_{G(e)}(u_i,t),\sup F_{G(e)}(u_i,t)])>|e\in E,t\in T\}$$

依据公式(4-104)，可以求得 $u_i|(F,E)_T$ 和 $u_i|(G,E)_T$ 的加权距离为：

$$\widetilde{d_\delta}(u_i|(F,E)_T,u_i|(G,E)_T)=\sum_{\mu=1}^{4}\beta_\mu\widetilde{d^\mu}(u_i|(F,E)_T,u_i|(G,E)_T)\tag{4-111}$$

其中 $\beta_\mu\in[0,1]$，$\sum_{\mu=1}^{4}\beta_\mu=1$，且

$$\begin{aligned}&\widetilde{d^1}(u_i|(F,E)_T,u_i|(G,E)_T)\\&=\sum_{j=1}^{n}\sum_{h=1}^{q}\frac{|\inf T_{F(e_j)}(u_i,t_h)-\inf T_{G(e_j)}(u_i,t_h)|+|\sup T_{F(e_j)}(u_i,t_h)-\sup T_{G(e_j)}(u_i,t_h)|}{6}\\&+\frac{|\inf I_{F(e_j)}(u_i,t_h)-\inf I_{G(e_j)}(u_i,t_h)|+|\sup F_{F(e_j)}(u_i,t_h)-\sup F_{G(e_j)}(u_i,t_h)|}{6}\\&+\frac{|\inf F_{F(e_j)}(u_i,t_h)-\inf F_{G(e_j)}(u_i,t_h)|+|\sup I_{F(e_j)}(u_i,t_h)-\sup I_{G(e_j)}(u_i,t_h)|}{6}\end{aligned}$$

$$\begin{aligned}&\widetilde{d^2}(u_i|(F,E)_T,u_i|(G,E)_T)\\&=\sum_{j=1}^{n}\sum_{h=1}^{q}\frac{|\inf T_{F(e_j)}(u_i,t_h)-\inf I_{F(e_j)}(u_i,t_h)|+|\sup T_{F(e_j)}(u_i,t_h)-\sup I_{F(e_j)}(u_i,t_h)|}{4}\\&-\frac{|\inf T_{G(e_j)}(u_i,t_h)-\inf I_{G(e_j)}(u_i,t_h)|+|\sup T_{G(e_j)}(u_i,t_h)-\sup I_{G(e_j)}(u_i,t_h)|}{4}\end{aligned}$$

$$\begin{aligned}&\widetilde{d^3}(u_i|(F,E)_T,u_i|(G,E)_T)\\&=\sum_{j=1}^{n}\sum_{h=1}^{q}\frac{|\inf T_{F(e_j)}(u_i,t_h)-\inf F_{F(e_j)}(u_i,t_h)|+|\sup T_{F(e_j)}(u_i,t_h)-\sup F_{F(e_j)}(u_i,t_h)|}{4}\\&-\frac{|\inf T_{G(e_j)}(u_i,t_h)-\inf F_{G(e_j)}(u_i,t_h)|+|\sup T_{G(e_j)}(u_i,t_h)-\sup F_{G(e_j)}(u_i,t_h)|}{4}\end{aligned}$$

$$\widetilde{d}^4(u_i \mid (F,E)_T, u_i \mid (G,E)_T)$$
$$= \sum_{j=1}^{n}\sum_{h=1}^{q} \frac{\max(\mid \inf T_{F(e_j)}(u_i,t_h) - \inf T_{G(e_j)}(u_i,t_h)\mid, \mid \sup T_{F(e_j)}(u_i,t_h) - \sup T_{G(e_j)}(u_i,t_h)\mid)}{3}$$
$$+ \frac{\max(\mid \inf I_{F(e_j)}(u_i,t_h) - \inf I_{G(e_j)}(u_i,t_h), \mid \sup I_{F(e_j)}(u_i,t_h) - \sup I_{G(e_j)}(u_i,t_h)\mid)}{3}$$
$$+ \frac{\max(\mid \inf F_{F(e_j)}(u_i,t_h) - \inf F_{G(e_j)}(u_i,t_h)\mid, \mid \sup F_{F(e_j)}(u_i,t_h) - \sup F_{G(e_j)}(u_i,t_h)\mid)}{3}$$

基于加权距离测度的评价方法，具体运算步骤如下：

步骤 1：生成评价信息。输入候选人评价值的动态区间值中智软集合 $(F, E)_T$ 和指标重要性评价值的动态区间值中智软集合 $(Z, R)_T$；

步骤 2：求解非线性规划问题，确定时间戳权重向量 $\gamma = \{\gamma_1, \gamma_2, \cdots, \gamma_h\}$；

步骤 3：依据公式(4-107)和公式(4-108)计算指标权重向量 $\varpi = \{\varpi_1, \varpi_2, \cdots, \varpi_n\}$；

步骤 4：依据公式(4-111)计算借款人 u_i 与在动态区间值中智软集合 $(F, E)_T$ 和最小冲突动态区间值中智软集合 $(\Omega, E)_T$ 中借款人的信息之间的加权距离 $\widetilde{d_\delta}$；

步骤 5：基于加权距离测度结果对候选人进行评价并决策。

$d_\delta(u_i \mid (F, E)_T, u_i \mid (\Omega, E)_T)$ 的值越小，表明候选人越优；反之，候选人越劣。

5. 基于相似性测度的多级动态信用评价方法

本节将基于动态区间值中智软集合的相似性测度，构建动态区间值中智软集合下的多级动态信用评价方法。详细的运算步骤如下：

步骤 1：生成评价信息。输入候选人评价值的动态区间值中智软集合 $(F, E)_T$ 和参数重要性评价值的动态区间值中智软集合 $(Z, R)_T$；

步骤 2：求解非线性规划问题，确定时间戳权重向量 $\gamma = \{\gamma_1, \gamma_2, \cdots, \gamma_h\}$；

步骤 3：依据公式(4-107)和公式(4-108)计算指标权重向量 $\varpi = \{\varpi_1, \varpi_2, \cdots, \varpi_n\}$；

步骤 4：依据以下公式计算候选人 u_i 与在动态区间值中智软集合 $(F, E)_T$ 和最小冲突动态区间值中智软集合 $(\Omega, E)_T$ 中借款人的信息之间的相似性 $S(u_i \mid (F, E)_T, u_i \mid (\Omega, E)_T)$：

$$S(u_i \mid (F, E)_T, u_i \mid (\Omega, E)_T) = \frac{1}{1 + \widetilde{d_\delta}(u_i \mid (F, E)_T, u_i \mid (G, E)_T)} \quad (4\text{-}112)$$

步骤 5：基于相似性测度结果对候选人进行评价并决策。

与最小冲突动态区间值中智集 $(\Omega, E)_T$ 之间的相似度越高，即 $S(u_i \mid (F, E)_T, u_i \mid (\Omega, E)_T)$ 的值越大，表明候选人越优；反之，候选人越劣。

6. 基于熵测度的多级动态信用评价方法

本节将基于动态区间值中智软集合的熵测度，构建动态区间值中智软集合下的多级动态信用评价方法。具体评价步骤如下：

步骤1：生成评价信息。输入候选人评价值的动态区间值中智软集合 $(F, E)_T$ 和指标重要性评价值的动态区间值中智软集合 $(Z, R)_T$；

步骤2：求解非线性规划问题，确定时间戳权重向量 $\gamma = \{\gamma_1, \gamma_2, \cdots, \gamma_h\}$；

步骤3：依据公式(4-107)和公式(4-108)计算参数权重向量 $\varpi = \{\varpi_1, \varpi_2, \cdots, \varpi_n\}$；

步骤4：依据公式(4-106)计算动态区间值中智软集合 $(F, E)_T$ 中各候选人 u_i 的熵值 $R(u_i \mid (F, E)_T)$；

$$R(u_i \mid (F, E)_T) = 1 - 2\widetilde{d_\delta}(u_i \mid (F, E)_T) \tag{4-113}$$

步骤5：基于熵测度对候选人进行评价并决策。

$R(u_i \mid (F, E)_T)$ 越小，即候选人的不确定程度越小，表明候选人越优；反之，候选人越劣。

4.6.3 实例分析

为了说明基于动态区间值中智软集合的多级动态信用评价方法的有效性和可行性，本节给出一个金融机构的贷款算例。

1. 实例背景

信用评价能够帮助金融机构有效降低金融风险及违约贷款率。通常，金融机构基于贷款者的基本信息，如年龄、职业、收入等一系列指标对贷款申请人进行评价。

近日，某金融机构计划从四名贷款申请人中选择一人发放贷款，为此该机构从三个平台收集候选人相关信用数据，基于四个共性指标对候选人进行信用评估。假定 $U = \{u_1, u_2, u_3, u_4\}$ 为候选人集合，$R = \{r_1, r_2, r_3\}$ 为平台集合，且 r_1，r_2 和 r_3 的权重分别为0.3，0.2和0.5。$E = \{e_1, e_2, e_3, e_4\}$ 为参数集合，e_1 到 e_4 分别表示“低贷款页面浏览数”“低贷款详情页面浏览数”“低信用卡页面浏览数”和“高银行卡余额”。考虑到对候选人信用状况的评价需要同时评估近期信息和远期信息，各平台均收集了时间序列 $T = \{t_1, t_2, t_3\}$ 下的候选人相关信用信息并用区间值中智数表示的语言变量对候选人评价信息和参数的重要程度进行描述。对应关系分别如表4-13和表4-14所示。

表4-13 评价候选人的语言变量与区间值中智数的对应关系

语言变量	区间值中智数
非常差(V_PO)	<[0.1, 0.2], [0.6, 0.7], [0.7, 0.8]>
差(POOR)	<[0.2, 0.3], [0.5, 0.6], [0.6, 0.7]>
中等(Med)	<[0.3, 0.5], [0.4, 0.6], [0.4, 0.5]>
好(GOOD)	<[0.5, 0.6], [0.4, 0.5], [0.3, 0.4]>
非常好(V_GO)	<[0.6, 0.7], [0.2, 0.3], [0.2, 0.3]>

表 4-14　　　　评价指标重要程度的语言变量与区间值中智数的对应关系

语言变量	区间值中智数
不重要(U_IMP)	<[0.1, 0.2], [0.4, 0.5], [0.6, 0.7]>
一般重要(O_IMP)	<[0.2, 0.4], [0.5, 0.6], [0.4, 0.5]>
重要(IMP)	<[0.4, 0.6], [0.4, 0.5], [0.3, 0.4]>
非常重要(V_IMP)	<[0.6, 0.8], [0.3, 0.4], [0.2, 0.3]>
极其重要(A_IMP)	<[0.7, 0.9], [0.2, 0.3], [0.1, 0.2]>

2. 评价过程

将本节所构建的基于加权距离测度、相似性测度和熵测度的多级动态信用评价方法对以上四名贷款申请人 $U=\{u_1, u_2, u_3, u_4\}$ 进行评价，具体过程如下。

(1)算法 1 ：加权距离测度法

步骤 1：生成评价信息。平台依据候选人信用评价数据，基于表 4-13 和表 4-14 对候选人及指标重要程度进行评价，评价结果分别如表 4-15 和表 4-16 所示。

表 4-15　　　　候选人评价值的动态区间值中智软集合

候选人	参数	平台/时间戳								
		r_1			r_2			r_3		
		t_1	t_2	t_3	t_1	t_2	t_3	t_1	t_2	t_3
u_1	e_1	POOR	MED	MED	MED	MED	POOR	MED	GOOD	MED
	e_2	GOOD	GOOD	GOOD	V_GO	GOOD	GOOD	GOOD	V_GO	V_GO
	e_3	MED	GOOD	V_GO	GOOD	MED	GOOD	MED	GOOD	GOOD
	e_4	GOOD	V_GO	MED	V_GO	GOOD	V_GO	V_GO	GOOD	V_GO
u_2	e_1	MED	GOOD	MED	V_GO	GOOD	GOOD	GOOD	V_GO	GOOD
	e_2	MED	POOR	POOR	GOOD	MED	MED	GOOD	MED	MED
u_2	e_3	MED	MED	GOOD	MED	POOR	MED	POOR	MED	MED
	e_4	V_GO	MED	V_GO	POOR	V_GO	GOOD	MED	GOOD	V_GO
u_3	e_1	GOOD	MED	MED	V_GO	POOR	MED	MED	GOOD	GOOD
	e_2	MED	MED	POOR	POOR	GOOD	GOOD	POOR	MED	MED
	e_3	GOOD	POOR	MED	V_GO	POOR	POOR	V_GO	V_GO	MED
	e_4	V_GO	V_GO	V_GO	POOR	GOOD	V_GO	V_GO	GOOD	GOOD

续表

候选人	参数	平台/时间戳								
		r_1			r_2			r_3		
		t_1	t_2	t_3	t_1	t_2	t_3	t_1	t_2	t_3
u_4	e_1	V_GO	GOOD	GOOD	GOOD	V_GO	MED	GOOD	GOOD	GOOD
	e_2	MED	V_GO	MED	GOOD	MED	GOOD	POOR	MED	GOOD
	e_3	POOR	MED	GOOD	MED	POOR	V_GO	MED	POOR	V_GO
	e_4	MED	GOOD	MED	GOOD	GOOD	V_GO	MED	V_GO	POOR

表 4-16 **参数重要程度评价值的动态区间值中智软集合**

参数	时间/平台								
	r_1			r_2			r_3		
	t_1	t_2	t_3	t_1	t_2	t_3	t_1	t_2	t_3
e_1	U_IMP	U_IMP	O_IMP	O_IMP	O_IMP	U_IMP	O_IMP	U_IMP	O_IMP
e_2	O_IMP	IMP	O_IMP	O_IMP	O_IMP	O_IMP	IMP	O_IMP	IMP
e_3	V_IMP	V_IMP	V_IMP	V_IMP	IMP	A_IMP	IMP	V_IMP	V_IMP
e_4	IMP	O_IMP	IMP	V_IMP	IMP	IMP	O_IMP	IMP	O_IMP

步骤 2：确定时间戳权重向量 $\gamma=(\gamma_1, \gamma_2, \cdots, \gamma_h)$。考虑到信用评价中近期数据较远期数据更为重要，故令时间度 $\lambda=0.1$，求解非线性数学规划模型生成时间戳权重向量。

$$\alpha=\{0.026, 0.147, 0.826\}$$

步骤 3：求解指标权重向量 $\varpi=\{\varpi_1, \varpi_2, \cdots, \varpi_n\}$。依据公式(4-111)计算得到指标权重向量。

$$\varpi=(0.183, 0.231, 0.351, 0.236)$$

步骤 4：依据公式(4-111)计算 $\widetilde{d_\delta}(u_i \mid (F, E)_T, u_i \mid (\Omega, E)_T)$，分析候选人评价信息与最小冲突信息之间的加权距离，结果如表 4-17 所示。

表 4-17 **$u_i \mid (F,E)_T$ 和 $u_i \mid (\Omega,E)_T$ 之间的加权距离 $\widetilde{d_\delta}(u_i \mid (F,E)_T, u_i \mid (\Omega,E)_T)$**

	$d_\delta(t_1)$	$d_\delta(t_2)$	$d_\delta(t_3)$	$d_\delta(T)$
u_1	0.494	0.444	0.436	0.438
u_2	0.555	0.529	0.499	0.505
u_3	0.427	0.496	0.536	0.527
u_4	0.573	0.525	0.466	0.477

步骤 5：依据表 4-17 对候选人进行排序。

$$u_1 > u_4 > u_2 > u_3$$

故金融机构可对候选人 u_1 投资，u_4 和 u_2 次之，u_3 不可投资。

(2)算法 2 ：相似性测度

步骤 1 至步骤 3：与算法 1 相同。

步骤 4：依据公式(4-112)计算 $S(u_i \mid (F, E)_T, u_i \mid (\Omega, E)_T)$，分析候选人评价信息与最小冲突信息之间的相似性，结果如表 4-18 所示。

表 4-18　**$u_i \mid (F, E)_T$ 和 $u_i \mid (\Omega, E)_T$ 之间的相似性 $S(u_i \mid (F, E)_T, u_i \mid (\Omega, E)_T)$**

	$d_\delta(t_1)$	$d_\delta(t_2)$	$d_\delta(t_3)$	$d_\delta(t)$	$S(T)$
u_1	0.494	0.444	0.436	0.438	0.695
u_2	0.555	0.529	0.499	0.505	0.665
u_3	0.427	0.496	0.536	0.527	0.655
u_4	0.573	0.525	0.466	0.477	0.678

步骤 5：依据表 4-18 对候选人进行排序。

$$u_1 > u_4 > u_2 > u_3$$

由上述分析结果可知，候选人 u_1 最优，u_4 和 u_2 次之，u_3 最劣。

(3)算法 3 ：熵测度

步骤 1 至步骤 3：与算法 1 相同。

步骤 4：计算动态区间值中智软集合 $(F, E)_T$ 中借款人 u_i 评价信息的熵值 $R(u_i \mid (F, E)_T)$，结果如表 4-19 所示。

表 4-19　**借款人 u_i 评价信息的熵值 $R(u_i \mid (F, E)_T)$**

	$d_\delta(t_1)$	$d_\delta(t_2)$	$d_\delta(t_3)$	$d_\delta(t)$	$\mathbb{R}_T$
u_1	0.123	0.099	0.127	0.123	0.754
u_2	0.124	0.098	0.102	0.102	0.797
u_3	0.167	0.122	0.092	0.098	0.804
u_4	0.115	0.125	0.123	0.123	0.755

步骤 5：由表 4-19 可知，贷款候选人优劣的排序结果为：

$$u_1 > u_4 > u_2 > u_3$$

则金融机构的投资顺序依次为 u_1，u_4，u_2，u_3。

综上，三种评价方法得到的四位候选人的优先顺序一致，最值得贷款的候选人为 u_1。因此，本节所提的动态区间值中智软集合的三种信用评价方法是可行的。

3. 灵敏度分析

在本研究构建的评价方法中，表达对远期信息和近期信息重视程度的指标——时间度 λ，在动态环境中可能会由于评价主体或者具体评价事宜不同而发生变化。为了观察时间度 λ 对最终排序结果的影响，本节将其取值范围 [0，1] 按照 0.1 组间距划分为 11 组，并采用所提的三种信用评价方法基于不同的时间度 λ 分别对 4.6.3 中的实例进行分析，评价结果如图 4-5 至图 4-7 所示。

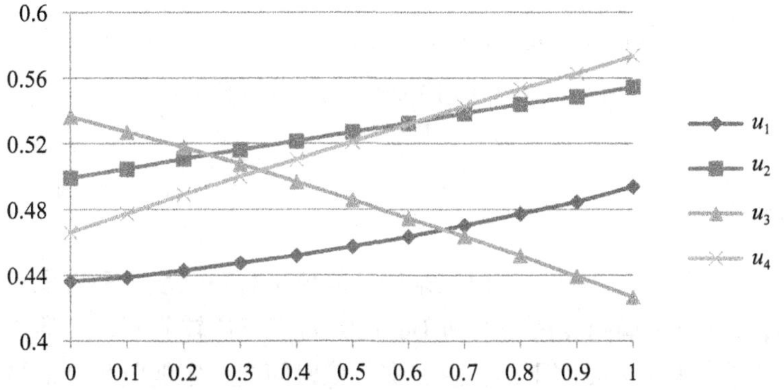

图 4-5 基于不同 λ 的距离测度方法评价结果

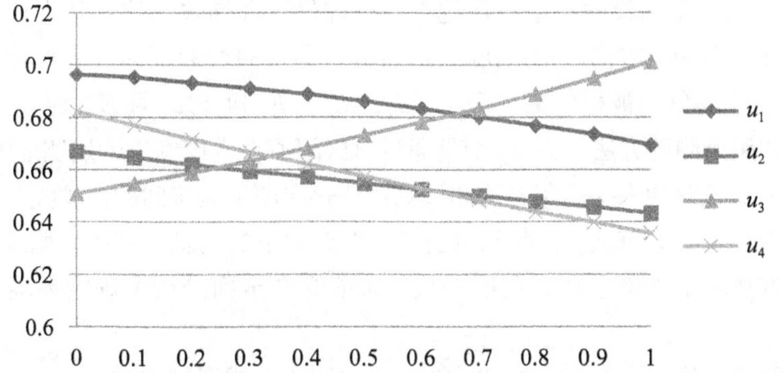

图 4-6 基于不同 λ 的相似性测度方法评价结果

如图 4-5 至图 4-7 所示，对于某一方法而言，最终的排序结果随着时间度 λ 的变化而变化，这正是由于对近期信息和远期信息的重视程度差异造成的。例如，对于距离测度方法而言，当时间度 $0 \leqslant \lambda \leqslant 0.2$ 时，最终的排序结果为 $u_1 > u_4 > u_2 > u_3$；当时间度 $\lambda = 0.3$ 时，最终的排序结果为 $u_1 > u_4 > u_3 > u_2$；当时间度 $0.4 \leqslant \lambda \leqslant 0.6$ 时，最终的排序结果为 $u_1 > u_3 > u_4 > u_2$；当时间度 $0.7 \leqslant \lambda \leqslant 1$ 时，最终的排序结果为 $u_3 > u_1 > u_2 > u_4$。同样，相似性测度方法和熵测度方法也存在排序结果变化的节点。进一步，不难发现三种评价方法的评价结果随着时间度 λ 的变化而变化。

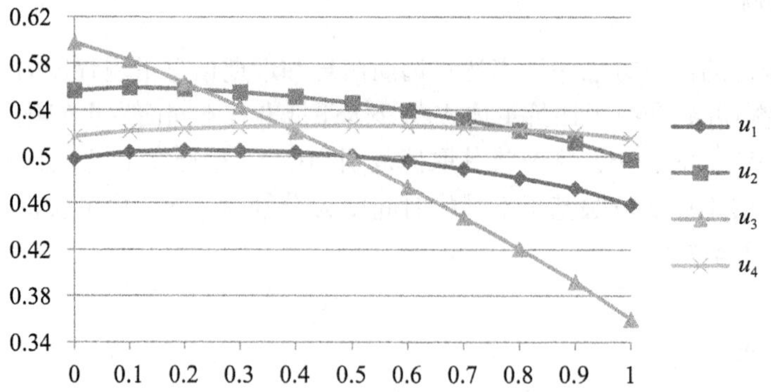

图 4-7 基于不同 λ 的熵测度方法评价结果

4. 对比分析

为了验证所提方法的优越性，本研究采用区间值中智集环境下只考虑单一时间的水平软集合法(Deli，2014)和熵测度法(Ye 和 Du，2019)进行比较分析。通常，如果某一方法在评价过程中只考虑了单一时间下的信息，那么该时间内一定能收集到的最近时间下的信息。本节，我们利用水平软集合法和熵测度法分别对上述实例中时间 t_1、t_2 和 t_3 下的信息进行分析。

水平软集合法基于预设的阈值对候选人进行评价，即通过对比候选人评价值和阈值的优劣对候选人进行打分并决策。熵测度法则是基于不同的熵测度提出了六种评价方法。其中，六种熵测度方法分别被称作 E_1，E_2，E_3，E_4，E_I 和 E_A，且 E_1，E_2，E_3，E_4 和 E_I 分别基于不同的距离测度方法，而 E_A 则是通过对区间值直觉模糊集的熵测度方法改进得来。

需要注意的是现存的水平软集合法和熵测度法存在两个关键问题。首先，这两类方法在评价过程中均未涉及历史信息，而是只分析了单个时间下的信息。其次，熵测度法中基于距离测度的五种方法均基于单个距离测度公式，未能综合全面分析不确定环境下信息的波动性。

接下来，我们采用水平软集合法和熵测度法分别对上述实例中时间 t_1、t_2 和 t_3 下的信息进行分析，并将评价结果与本节所提方法的评价结果进行比较。比较分析结果如表 4-20 所示。

表 4-20 **本节所提方法与现有方法的比较分析**

本节所提方法		
方法	最终排序结果	最优候选人
距离测度	$u_1 > u_4 > u_2 > u_3$	u_1
相似性测度	$u_1 > u_4 > u_2 > u_3$	u_1
熵测度	$u_1 > u_4 > u_2 > u_3$	u_1

续表

现有方法						
方法	t_1		t_2		t_3	
	最终排序结果	最优候选人	最终排序结果	最优候选人	最终排序结果	最优候选人
熵测度方法 E_1	$u_3>u_1>u_2>u_4$	u_3	$u_4>u_3>u_2>u_1$	u_4	$u_1>u_4>u_2>u_3$	u_1
熵测度方法 E_2	$u_3>u_1>u_2>u_4$	u_3	$u_4>u_3>u_2>u_1$	u_4	$u_1>u_4>u_2>u_3$	u_1
熵测度方法 E_3	$u_3>u_1>u_2>u_4$	u_3	$u_4>u_3>u_2>u_1$	u_4	$u_1>u_4>u_2>u_3$	u_1
熵测度方法 E_4	$u_3>u_1>u_2>u_4$	u_3	$u_4>u_3>u_1>u_2$	u_4	$u_1>u_4>u_2>u_3$	u_1
熵测度方法 E_I	$u_3>u_1>u_2>u_4$	u_3	$u_4>u_2>u_3>u_1$	u_4	$u_1>u_2>u_4>u_3$	u_1
熵测度方法 E_A	$u_3>u_1>u_2>u_4$	u_3	$u_4>u_3>u_1>u_2$	u_4	$u_1>u_4>u_2>u_3$	u_1
水平软集合法	$u_3>u_1>u_2>u_4$	u_3	$u_1>u_4>u_3>u_2$	u_1	$u_1>u_4>u_2>u_3$	u_1

由表4-20可以看出，首先，相较于本节所提方法分析的排序结果及最后候选人，t_3 时刻下的水平软集合法和熵测度法的评价结果与其高度一致；而 t_1 和 t_2 时刻下的水平软集合法和熵测度法的评价结果与其存在较大差异。其次，对于熵测度法中基于单个距离测度分析的熵测度 E_1，E_2，E_3，E_4 和 E_I，E_I 的分析结果与其他四种方法不一致。

本研究认为导致上述现象的原因有两点。第一，本节所提方法基于时间序列 $T=\{t_1, t_2, t_3\}$ 下的信息对贷款候选人进行评价并分析，且更加注重近期信息即 t_3 时刻下的信息，所以造成本节所提方法分析的结果与现有方法单独对 t_3 时刻下信息分析的结果一致，而与 t_1 和 t_2 时刻下信息分析的结果存在较大差异。第二，由于区间值自身的波动性，单个距离测度公式无法分析不确定环境下的评价信息，因此，五种熵测度方法的分析结果存在差异。

综上，与未考虑信息动态性的现有方法相比，动态区间值中智软集合在分析动态环境中涉及不一致信息的问题时更加精确，同时基于加权距离测度的评价方法能够充分反映区间值信息的波定性，使评价结果更为客观。

4.6.4 研究结果

针对互联网环境下信用评价体系中时间跨度极小、更新频率极快的实时指标，本研究将时间戳引入区间值中智软集合，构建了动态区间值中智软集合。为对信用数据进行分析，本研究构建了动态区间值中智软集合的三种信息测度方法：加权距离测度、相似性测度和熵测度法。同时，考虑到实际评价过程中各数据来源平台的重要性，采用求解非线性规划模型对时间戳客观赋权，进而构建了基于信息测度的多级动态信用评价方法。最后，利用本节所提方法对某金融机构的贷款问题中的各候选人进行评价，并与现有方法进行比较分析，验证了历史数据对于评价结果的影响，证明了本节所提方法的可行性和优越性。

4.7 本章小结

本章研究了互联网不一致数据下的信用评价理论与方法。第一，引入对偶犹豫模糊软集合为基础分析方法，同时选择能够克服不确定环境下评价主体非理性心理因素的前景理论作为分析框架，构建了基于对偶犹豫模糊软集合和前景理论的静态信用评价方法。该方法提出了对偶犹豫模糊软集合的一致性度量方法，保证评价结果的可接受性。且能够有效消除评价中评价主体的非理性因素，得到科学合理的评价结果。第二，考虑互联网环境下信用评价的不确定性，常存在无法确定隶属度和非隶属度的情况，进一步选择具有不一致数据分析优势的中智软集合为基础分析方法。为弥补现有的中智软集合测度方法的缺陷，同时对信用数据的可信度进行衡量，构建了新的中智软集合余弦测度方法，并结合证据理论融合评价信息，有效消除评价偏好，最后提出了基于中智软环境余弦相似度测度的静态信用评价方法。第三，考虑到现有基于中智软集合的评价方法大多基于期望效用理论，并未考虑不确定环境下评价主体的心理因素，故将中智软集合与前景理论结合构建基于中智软集合和前景理论的静态信用评价方法。同时，为实现对评价主体和评价指标的客观赋权，提出了中智软集合的加权距离测度、冲突程度及聚合法则等概念。第四，聚焦信用数据的动态性，针对互联网信用评价中时间跨度较小、更新速度相对较快的信用指标，引入区间值中智软集合作为基础分析方法，同时结合前景理论构建了基于区间值中智软集合与前景理论的动态信用评价方法；针对时间跨度极小、更新速度相对较快的信用指标，将时间戳引入区间值中智软集合，创造性地提出了动态区间值中智软集合及相关测度方法，进而结合非线性规划模型对时间戳客观赋权，构建基于动态区间值中智软集合的多级动态信用评价方法。

第 5 章　互联网不完备不一致数据下的信用评价理论和方法

互联网环境下的信用数据不仅常常存在不一致的现象，往往会兼具不完备性。信用数据来源于线上和线下，采集数据的机构和业务不同、采集时间不同，或者采集、存储、调用多源数据时某个环节出现问题，都会导致同一个信用主体的某个指标值出现不完备或者不一致情况。不完备和不一致数据属于不确定数据的两种重要形式。软集合理论(Molodtsov，1999)是一种新兴的处理不确定性问题的数学工具，它可以克服传统数学工具的参数化不足的缺点。但到目前为止，软集合的应用都忽视了数据集中可能存在不完备不一致数据的情况。

针对不完备不一致数据，本研究将次协调推理引入软集合中提出了次协调软集合，使其可以同时对不完备和不一致数据进行分析。次协调方法可以在存在不一致数据的情况下进行推理，可以在无须平凡化的情况下，推断或引入不一致信息。次协调软集合运用一个广泛承认的次协调推理方法——four-valued logic(Belnap，1977)，扩展了参数表达能力。经典软集合的参数只能表达两个含义，对象近似具有参数属性和近似不具有参数属性。但是在次协调软集合中的参数除了可以表达经典软集合的这两个含义外，还可以表示不完备和不一致数据，即对象缺少关于该参数的数据和对象在该参数上存在不一致数据。为此，我们构建了基于次协调软集合的信用评价方法。

本节首先运用四值逻辑扩展了软集合的参数表达范围，并据此提出了次协调软集合的定义及相关运算。为处理不完备不一致数据下的评价问题，提出了相关决策概念，包括次协调决策系统及其选择值、决策值、选择集合和淘汰集合。随后，构建了基于次协调软集合的静态信用评价方法，并将该算法应用于互联网不完备不一致数据下的信用评价中。

然而，在实际应用过程中，评价主体往往会要求评价对象不仅需要具备良好的信用水平，同时还要满足某些个性化的要求，即除了要求与信用评价直接挂钩的数据，还可能涉及如婚姻状况等其他维度的数据。但传统的次协调软集合无法处理二维指标问题。因此，急需构建次协调软集合的扩展方法为包含二维不完备不一致数据的信用评价问题提供指导。另外，互联网环境下信用评价中常常存在时间跨度较小、更新速度相对较快的指标，而次协调软集合的参数结构只能描述某一时点的数据，限制了其在互联网环境下信用评价中的应用。因此，要求对次协调软集合进一步扩展，以便为信用评价问题提供分析工具。为进一步提高次协调软集合的数据分析和评价能力，本节做了如下研究。

针对互联网环境下信用评价中二维评价指标，本研究在次协调软集合原有参数集 E

中加入优先参数集 Q 进而提出 Q -次协调软集合。根据 Q -次协调软集合的定义，进一步构建其相关的运算法则和基本性质，如定义 Q -次协调软集合的交、并等运算，或、与和非等逻辑运算等，并基于此信用评价算法，通过与先前已有的方法进行对比分析，证明了该方法的优越性与有效性。该方法为处理多维的不完备不一致数据问题提供了思路，具有较大的应用价值。

聚焦互联网环境下信用评价中存在时间跨度较小、更新速度相对较快的指标，考虑数据的不完备不一致性，采用时间戳标示小跨度时间下不同的时间节点，并将时间戳引入次协调软集合，构建动态次协调软集合。依据软集合自身的性质和运算法则，同时结合次协调推理的运算法则，提出动态次协调软集合的相关性质和运算，如并、交等运算，或、与和非等逻辑运算等。随后，为构建基于动态次协调软集合的动态信用评价方法，定义了动态次协调软决策系统、复合时间权向量等。最后，将本章所提方法与现有方法进行对比，验证该方法的可行性和有效性。

针对以上研究内容，本章首先对次协调软集合的定义及基本运算进行简要介绍，并基于此构建三种基于次协调软集合及其扩展理论的信用评价方法。

5.1　不完备不一致数据的集合表示及相关定义

本节将介绍可以对不完备不一致数据进行集合表示的次协调软集合的相关定义及基本运算。

5.1.1　次协调逻辑

次协调推理是分析不一致数据最有效的方法之一(Blair 和 Subrahmanian，1989；Costa 和 Carnielli，1986；Costa et al.，2004；Abe et al.，2005；Kamide 和 Wansing，2011)。次协调推理中具有很多种次协调逻辑。其中，四值逻辑(four-valued logic)是一种基本的、有效的并被广泛承认的次协调逻辑（Amo 和 Pais，2007；Kamide 和 Wansing，2011；Arieli，2002)。四值推理可以追溯到 20 世纪 50 年代(Bialynicki-Birula 和 Rasiowa，1957；Kalman，1958)。这里我们运用了 Belnap 提出的四值逻辑结构 four。这个结构由四个元素组成，包括 +， -， ⊥ 和 T。直观上讲，+ 和 - 分别表示经典逻辑真值中的“真” 和 “假” 。⊥ 代表“未定义” 或者“未知”。T 代表“矛盾”。需要说明的是 “矛盾” 是指经典逻辑中的真值不一致。

四值逻辑是最简单的非平凡双格(nontrivial bilattice)。图 5-1 表示四值逻辑 four 的一个 Double-Hasse 图。

four 上的否定运算¬，定义如下 ¬ + = -，¬ - = +，¬ ⊥ = ⊥，¬ T = T。

four 上的 AND operator ∧ 和 OR operator ∨，定义如表 5-1 所示。

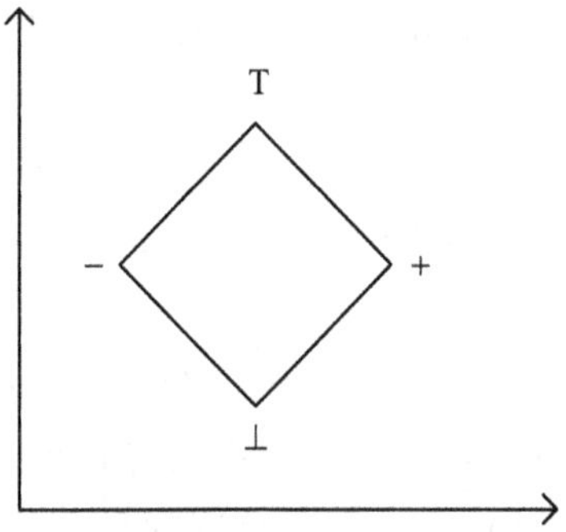

图 5-1 four

表 5-1 **four 上的 AND 和 OR 运算**

	∧				∨			
	T	+	−	⊥	T	+	−	⊥
T	T	T	−	−	T	+	T	+
+	T	+	−	⊥	+	+	+	+
−	−	−	−	−	T	+	−	⊥
⊥	−	⊥	−	⊥	+	+	⊥	⊥

5.1.2 次协调软集合的定义

本小节运用四值逻辑扩展了软集合的参数表达范围，将经典软集合只能表示“属于”和“不属于”含义的参数集扩展为不仅可以表示经典软集合的两种含义，还可以表示对象“不完备”和“不一致”信息的参数集族。据此，定义了次协调软集合的基本概念。

定义 5-1 令 (F, P) 是论域 U 上的一个软集合，这里 F 是一个映射 $F: P \to P(U)$，并且 P 是一个参数集族，称 (F, P) 是一个次协调软集合，如果 (F, P) 满足如下条件：

$$\varepsilon = \{\varepsilon^{+}, \varepsilon^{-}, \varepsilon^{\perp}, \varepsilon^{\mathrm{T}}\}, \quad \varepsilon \in P$$

其中，称 ε^{*} 为一个细胞参数。ε^{+} 和 ε^{-} 分别代表“近似属于参数 ε”和“近似不属于参数 ε”；$\varepsilon^{\perp}$ 表示“缺失关于参数 ε 的数据”；ε^{T} 表示“参数 ε 存在矛盾数据”。

$$\cup_{\varepsilon^{*} \in \varepsilon \in P} F(\varepsilon) = U$$

同一个参数下的任意两个细胞参数 ε^{i}，$\varepsilon^{j} \in \varepsilon$，$\varepsilon^{i} \neq \varepsilon^{j}$，$F(\varepsilon^{i}) \cap F(\varepsilon^{j}) = \phi$。

例 5-1 假设初始论域 U 是一组有 6 家房地产公司的集合，用 $U = \{u_1, u_2, u_3, u_4, u_5, u_6\}$ 表示。

P 是一个参数的集合族，并且每个集合中的参数是一个词或一个句子。

$P = \{e_1, e_2, e_3\}$，这里 e_1 表示运营能力；e_2 代表盈利能力；e_3 代表发展能力。

以 e_2 的四个细胞参数为例，e_2^+ 近似表示“房地产公司盈利能力良好”；e_2^- 近似表示“房地产公司盈利能力差”；$e_2^\perp$ 近似表示“缺失房地产公司盈利的相关数据”；e_2^T 近似表示“房地产公司盈利能力的相关数据存在矛盾”。

在这个例子中定义次协调软集合 (F, P) 来描述房地产公司不同的综合能力，具体的次协调软集合 (F, P) 的集值映射如下：

$$F(e_1^+) = \{u_1, u_3\},\ F(e_1^-) = \{u_2, u_4, u_6\},\ F(e_1^\perp) = \{u_5\},\ F(e_1^\mathrm{T}) = \phi$$

$$F(e_2^+) = \{u_1\},\ F(e_2^-) = \{u_2, u_4, u_6\},\ F(e_2^\perp) = \{u_5\},\ F(e_2^\mathrm{T}) = \{u_3\}$$

$$F(e_3^+) = \{u_1, u_3\},\ F(e_3^-) = \{u_2, u_4, u_6\},\ F(e_3^\perp) = \{u_5\},\ F(e_3^\mathrm{T}) = \{u_3\}$$

根据定义 5-1，$(F, \{e_1, e_2\})$ 是一个次协调软集合，然而 $(F, \{e_1, e_3\})$ 和 $(F, \{e_2, e_3\})$ 则不是次协调软集合。进一步地，$F(e_2^+) = \{u_1\}$ 近似表示房地产公司 u_1 具有盈利能力，相反地，$F(e_2^-) = \{u_2, u_4, u_6\}$ 近似表示房地产公司 u_2，u_4，u_6 盈利能力较差。$F(e_2^\perp) = \{u_5\}$ 近似表示房地产公司 u_5 缺少关于盈利能力的相关数据；$F(e_2^\mathrm{T}) = \{u_3\}$ 表示房地产公司 u_3 在有关盈利能力的数据上存在矛盾，这种矛盾结果可能是由于数据来自不同的评价机构或者是来自不同时期的评估。

次协调软集合可以用表格表示，表 5-2 表示次协调软集合 $(F, \{e_1, e_2\})$。

表 5-2　**次协调软集合 $(F, \{e_1, e_2\})$ 的表格形式**

	e_1	e_2
u_1	+	+
u_2	−	−
u_3	+	T
u_4	−	−
u_5	⊥	⊥
u_6	−	−

定义 5-2　设 (F, P) 和 (G, Q) 是论域 U 上的两个次协调软集合，称 (F, P) 和 (G, Q) 是一个 $N2$-次协调软集合，这里 $H(\alpha^i, \beta^j) = F(\alpha^i) \cap G(\beta^j)$，$\forall (\alpha^i, \beta^j) \in (\alpha, \beta) \in P \times Q$，$(i, j \in \{+, -, \perp, \mathrm{T}\})$。其中，$(\alpha^i, \beta^j)$ 叫作 $N2$-细胞参数。

例 5-2　假设 (F, P) 和 (G, Q) 是相同论域 $U = \{u_1, u_2, u_3, u_4, u_5, u_6\}$ 上的两个次协调软集合，并且 $P = \{e_1, e_2\}$，$Q = \{e_1, e_3\}$。

Let $F(e_1^+) = \{u_1, u_3\}$，$F(e_1^-) = \{u_2, u_4, u_6\}$，$F(e_1^\perp) = \{u_5\}$，$F(e_1^\mathrm{T}) = \phi$，$F(e_2^+) = \{u_1\}$，$F(e_2^-) = \{u_2, u_4, u_6\}$，$F(e_2^\perp) = \{u_5\}$，$F(e_2^\mathrm{T}) = \{u_3\}$ and $G(e_1^+) = \{u_2\}$，$G(e_1^-) = \{u_1, u_3, u_4, u_6\}$，$G(e_1^\perp) = \{u_5\}$，$G(e_1^\mathrm{T}) = \phi$，$G(e_3^+) = \{u_3\}$，$G(e_3^-) = \{u_2, u_4, u_6\}$，$G(e_3^\perp) = \{u_5\}$，$G(e_3^\mathrm{T}) = \{u_1\}$。

由定义 5-2，(F, P) 和 (G, Q) 的 $N2$-次协调软集合 $(H, P \times Q)$，这里

$H(e_1^+, e_1^+)=\phi$, $H(e_1^+, e_1^-)=\{u_1, u_3\}$, $H(e_1^+, e_1^\perp)=\phi$, $H(e_1^+, e_1^T)=\phi$; $H(e_1^-, e_1^+)=\{u_2\}$, $H(e_1^-, e_1^-)=\{u_4, u_6\}$, $H(e_1^-, e_1^\perp)=\phi$, $H(e_1^-, e_1^T)=\phi$; $H(e_1^\perp, e_1^+)=\phi$, $H(e_1^\perp, e_1^-)=\phi$, $H(e_1^\perp, e_1^\perp)=\{u_5\}$, $H(e_1^\perp, e_1^T)=\phi$; $H(e_1^T, e_1^+)=\phi$, $H(e_1^T, e_1^-)=\phi$, $H(e_1^T, e_1^\perp)=\phi$, $H(e_1^T, e_1^T)=\phi$;

$H(e_1^+, e_3^+)=\{u_3\}$, $H(e_1^+, e_3^-)=\phi$, $H(e_1^+, e_3^\perp)=\phi$, $H(e_1^+, e_3^T)=\{u_1\}$; $H(e_1^-, e_3^+)=\phi$, $H(e_1^-, e_3^-)=\{u_2, u_4, u_6\}$, $H(e_1^-, e_3^\perp)=\phi$, $H(e_1^-, e_3^T)=\phi$; $H(e_1^\perp, e_3^+)=\phi$, $H(e_1^\perp, e_3^-)=\phi$, $H(e_1^\perp, e_3^\perp)=\{u_5\}$, $H(e_1^\perp, e_3^T)=\phi$; $H(e_1^T, e_3^+)=\phi$, $H(e_1^T, e_3^-)=\phi$, $H(e_1^T, e_3^\perp)=\phi$, $H(e_1^T, e_3^T)=\phi$;

$H(e_2^+, e_1^+)=\phi$, $H(e_2^+, e_1^-)=\{u_1\}$, $H(e_2^+, e_1^\perp)=\phi$, $H(e_2^+, e_1^T)=\phi$; $H(e_2^-, e_1^+)=\{u_2\}$, $H(e_2^-, e_1^-)=\{u_4, u_6\}$, $H(e_2^-, e_1^\perp)=\phi$, $H(e_2^-, e_1^T)=\phi$; $H(e_2^\perp, e_1^+)=\phi$, $H(e_2^\perp, e_1^-)=\phi$, $H(e_2^\perp, e_1^\perp)=\{u_5\}$, $H(e_2^\perp, e_1^T)=\phi$; $H(e_2^T, e_1^+)=\phi$, $H(e_2^T, e_1^-)=\{u_3\}$, $H(e_2^T, e_1^\perp)=\phi$, $H(e_2^T, e_1^T)=\phi$;

$H(e_2^+, e_3^+)=\{u_1, u_3\}$, $H(e_2^+, e_3^-)=\phi$, $H(e_2^+, e_3^\perp)=\phi$, $H(e_2^+, e_3^T)=\phi$; $H(e_2^-, e_3^+)=\phi$, $H(e_2^-, e_3^-)=\{u_2, u_4, u_6\}$, $H(e_2^-, e_3^\perp)=\phi$, $H(e_2^-, e_3^T)=\phi$; $H(e_2^\perp, e_3^+)=\phi$, $H(e_2^\perp, e_3^-)=\phi$, $H(e_2^\perp, e_3^\perp)=\{u_5\}$, $H(e_2^\perp, e_3^T)=\phi$; $H(e_2^T, e_3^+)=\phi$, $H(e_2^T, e_3^-)=\phi$, $H(e_2^T, e_3^\perp)=\phi$, $H(e_2^T, e_3^T)=\phi$;

根据定义 5-1 和定义 5-2, $N2$-次协调软集合 $(H, P\times Q)$ 满足如下性质:

① $\cup_{(\alpha^i, \beta^j)\in(\alpha, \beta)\in P\times Q}H(\alpha^i, \beta^j)=U\ (i, j\in\{+, -, \perp, T\})$

② 对于任意两个不同的 $N2$-细胞参数 (α^i, β^j), $(\alpha^m, \beta^n)\in(\alpha, \beta)$, $(\alpha^i, \beta^j)\neq(\alpha^m, \beta^n)$, $H(\alpha^i, \beta^j)\cap H(\alpha^m, \beta^n)=\phi\ (i, j, m, n\in\{+, -, \perp, T\})$

证明: 根据定义 5-2, $H(\alpha^i, \beta^j)=F(\alpha^i)\cap G(\beta^j)$, $\forall(\alpha^i, \beta^j)\in(\alpha, \beta)\in P\times Q\ (i, j\in\{+, -, \perp, T\})$

假设 $e\in P\times Q$ 是 (H, Y) 中的一个参数。

因此, $H(e)=F(\alpha^i)\cap G(\beta^j)$

$$\begin{aligned}\cup_{e\in Y}H(e)&=\cup_{\alpha^i\in\alpha\in P}\cup_{\beta^j\in\beta\in Q}F(\alpha^i)\cap G(\beta^j)\\&=\cup_{\alpha^i\in\alpha\in P}F(\alpha^i)\cap(\cup_{\beta^j\in\beta\in Q}G(\beta^j))\\&=\cup_{\alpha^i\in\alpha\in P}F(\alpha^i)\cap U\\&=U\end{aligned}$$

假设 e_i, $e_j\in Y$, $e_i\neq e_j$, e_i 是 $\alpha(\alpha\in P)$ 和 $\beta(\beta\in Q)$ 的笛卡儿积, e_j 是 $\delta(\delta\in P)$ 和 $\gamma(\gamma\in Q)$ 的笛卡儿积。有 $H(e_i)\cap H(e_j)=(F(\alpha)\cap G(\beta))\cap(F(\delta)\cap G(\gamma))=\phi$

类似地, 可以定义 $N3$-次协调软集合, $N4$-次协调软集合, $N5$-次协调软集合, ……, Nn-次协调软集合。

定义 5-3 设 (F, P) 和 (G, Q) 是论域 U 上的两个次协调软集合, 称 (F, P) 是 (G, Q) 的一个次协调子集, 如果满足 $P\subseteq Q$, 且 $\varepsilon^*\in\varepsilon\in P$, $F(\varepsilon^*)$ 和 $G(\varepsilon^*)$ 近似相等, 记作 $(F, P)\tilde{\subseteq}(G, Q)$。

类似地，如果(G, Q)是(F, P)的一个次协调子集，称(F, P)是(G, Q)的一个次协调超集，记作$(F, P)\tilde{\supseteq}(G, Q)$。

定义 5-4　设 (F, P) 和 (G, Q) 是论域 U 上的两个次协调软集合，如果 (F, P) 是 (G, Q) 的一个次协调子集，并且 (G, Q) 也是 (F, P) 的一个次协调子集，称 (F, P) 和 (G, Q) 次协调软等价。

例 5-3　设 (F, P) 和 (G, Q) 是论域 $U=\{u_1, u_2, u_3, u_4, u_5, u_6\}$ 上的两个次协调软集合，且 $P=\{e_1, e_2\}$，$Q=\{e_1, e_2, e_3\}$。

显然，$P\subseteq Q$。

$$F(e_1^+)=\{u_1, u_3\},\ F(e_1^-)=\{u_2, u_4, u_6\},\ F(e_1^\perp)=\{u_5\},\ F(e_1^\mathrm{T})=\phi$$

$$F(e_2^+)=\{u_1\},\ F(e_2^-)=\{u_2, u_4, u_6\},\ F(e_2^\perp)=\{u_5\},\ F(e_2^\mathrm{T})=\{u_3\}$$

$$G(e_1^+)=\{u_1, u_3\},\ G(e_1^-)=\{u_2, u_4, u_6\},\ G(e_1^\perp)=\{u_5\},\ G(e_1^\mathrm{T})=\phi$$

$$G(e_2^+)=\{u_1\},\ G(e_2^-)=\{u_2, u_4, u_6\},\ G(e_2^\perp)=\{u_5\},\ G(e_2^\mathrm{T})=\{u_3\}$$

$$G(e_3^+)=\{u_3\},\ G(e_3^-)=\{u_2, u_4, u_6\},\ G(e_3^\perp)=\{u_5\},\ G(e_3^\mathrm{T})=\{u_1\}$$

因此，$(F, P)\tilde{\subseteq}(G, Q)$。

定义 5-5　设 $P=\{\{e_1^+, e_1^-, e_1^\perp, e_1^\mathrm{T}\}, \{e_2^+, e_2^-, e_2^\perp, e_2^\mathrm{T}\}, \{e_3^+, e_3^-, e_3^\perp, e_3^\mathrm{T}\}, \cdots, \{e_n^+, e_n^-, e_n^\perp, e_n^\mathrm{T}\}\}$ 是一个参数集族。P 的补集表示为$\rceil P$，并由下面的式子定义：

$\rceil P=\{\{\neg e_1^+, \neg e_1^-, \neg e_1^\perp, \neg e_1^\mathrm{T}\}, \{\neg e_2^+, \neg e_2^-, \neg e_2^\perp, \neg e_2^\mathrm{T}\}, \{\neg e_3^+, \neg e_3^-, \neg e_3^\perp, \neg e_3^\mathrm{T}\}, \cdots, \{\neg e_n^+, \neg e_n^-, \neg e_n^\perp, \neg e_n^\mathrm{T}\}\}$

这里$\neg e^+=e^-$，$\neg e^-=e^+$，$\neg e^\perp=e^\perp$ and $\neg e^\mathrm{T}=e^\mathrm{T}$。

定义 5-6　次协调软集合 (F, P) 的补集表示为 $(F, P)^c$，并且定义为 $(F, P)^c=(F^c, \rceil P)$，其中 F^c 是一个映射，映射为 F^c：$\rceil P\to P(U)$，那么对于 $\forall\varepsilon^*\in\varepsilon\in P$，$F^c(\varepsilon^*)=F(\neg\varepsilon^*)$，则称 F^c 是 F 的次协调软补函数。显然，$(F^c)^c=F$ 且 $((F, P)^c)^c=(F, P)$。

例 5-4　根据例 5-1，次协调软集合$(F, \{e_1, e_2\})$的补集如下：

$(F, \{e_1, e_2\})^c=\{(e_1^+=\{u_2, u_4, u_6\}, e_1^-=\{u_1, u_3\}, e_1^\perp=\{u_5\}, e_1^\mathrm{T}=\phi), (e_2^+=\{u_2, u_4, u_6\}, e_2^-=\{u_1\}, e_2^\perp=\{u_5\}, e_2^\mathrm{T}=\{u_3\})\}$

定义 5-7　设 (F, P) 和 (G, Q) 是论域 U 上的两个次协调软集合，“(F, P) AND (G, Q)”用 $(F, P)\wedge(G, Q)$ 表示，定义如下：

$(F, P)\wedge(G, Q)=(H, P\times Q)$，

这里 $H(\alpha^i, \beta^j)=F(\alpha^i)\cap G(\beta^j)$，$\forall(\alpha^i, \beta^j)\in(\alpha, \beta)\in P\times Q\ (i, j\in\{+, -, \perp, \mathrm{T}\})$。

根据定义 5-2，$(F, P)\wedge(G, Q)=(H, P\times Q)$ 是一个 $N2$-次协调软集合。

5.1.3　次协调软集合的基本运算

本小节在次协调软集合的相关基本定义上，进一步定义了次协调软集合的有关运算。

定义 5-8(两个次协调软集合的严格交运算) 设 (F, P) 和 (G, Q) 是论域 U 上的两个次协调软集合,(F, P) 和 (G, Q) 的严格交运算用 $(F, P)\ \tilde{\cap}_S(G, Q)$ 表示,定义如下:

$(F, P)\ \tilde{\cap}_S(G, Q)=(H, Y)_S$, 这里 $Y=P\cap Q$, 且 $\forall \varepsilon^* \in \varepsilon \in Y$, $H(\varepsilon^*)$ 由下式给出:

$H(\varepsilon^+)=F(\varepsilon^+)\cap G(\varepsilon^+)$

$H(\varepsilon^-)=(F(\varepsilon^-)\cap G(\varepsilon^-))\cup(F(\varepsilon^+)\cap G(\varepsilon^-))\cup(F(\varepsilon^-)\cap G(\varepsilon^+))\cup(F(\varepsilon^\perp)\cap G(\varepsilon^-))\cup(F(\varepsilon^-)\cap G(\varepsilon^\perp))\cup(F(\varepsilon^\mathrm{T})\cap G(\varepsilon^-))\cup(F(\varepsilon^-)\cap G(\varepsilon^\mathrm{T}))\cup(F(\varepsilon^\perp)\cap G(\varepsilon^\mathrm{T}))\cup(F(\varepsilon^\mathrm{T})\cap G(\varepsilon^\perp))$

$H(\varepsilon^\perp)=(F(\varepsilon^+)\cap G(\varepsilon^\perp))\cup(F(\varepsilon^\perp)\cap G(\varepsilon^+))\cup(F(\varepsilon^\perp)\cap G(\varepsilon^\perp))$

$H(\varepsilon^\mathrm{T})=(F(\varepsilon^+)\cap G(\varepsilon^\mathrm{T}))\cup(F(\varepsilon^\mathrm{T})\cap G(\varepsilon^+))\cup(F(\varepsilon^\mathrm{T})\cap G(\varepsilon^\mathrm{T}))$

在上面的例 5-2 中,$(F, P)\ \tilde{\cap}_S(G, Q)=(H, Y)$, 这里 $H(e_1^+)=\phi$, $H(e_1^-)=\{u_1, u_2, u_3, u_4, u_6\}$, $H(e_1^\perp)=\{u_5\}$, $H(e_1^\mathrm{T})=\phi$。

定义 5-9(两个次协调软集合的松散交运算) 设 (F, P) 和 (G, Q) 是论域 U 上的两个次协调软集合,(F, P) 和 (G, Q) 的松散交运算用 $(F, P)\ \tilde{\cap}_L(G, Q)$ 表示,定义如下:

$(F, P)\ \tilde{\cap}_L(G, Q)=(H, Y)_L$, 这里 $Y=P\cap Q$, 且 $\forall \varepsilon^* \in \varepsilon \in Y$, $H(e_1^*)$ 由下式给出:

$H(\varepsilon^+)=(F(\varepsilon^+)\cap G(\varepsilon^+))\cup(F(\varepsilon^+)\cap G(\varepsilon^-))\cup(F(\varepsilon^-)\cap G(\varepsilon^+))\cup(F(\varepsilon^+)\cap G(\varepsilon^\perp))\cup(F(\varepsilon^\perp)\cap G(\varepsilon^+))\cup(F(\varepsilon^+)\cap G(\varepsilon^\mathrm{T}))\cup(F(\varepsilon^\mathrm{T})\cap G(\varepsilon^+))\cup(F(\varepsilon^\perp)\cap G(\varepsilon^\mathrm{T}))\cup(F(\varepsilon^\mathrm{T})\cap G(\varepsilon^\perp))$

$H(\varepsilon^-)=(F(\varepsilon^-)\cap G(\varepsilon^-))$

$H(\varepsilon^\perp)=(F(\varepsilon^\perp)\cap G(\varepsilon^\perp))\cup(F(\varepsilon^\perp)\cap G(\varepsilon^-))\cup(F(\varepsilon^-)\cap G(\varepsilon^\perp))$

$H(\varepsilon^\mathrm{T})=(F(\varepsilon^\mathrm{T})\cap G(\varepsilon^\mathrm{T}))\cup(F(\varepsilon^\mathrm{T})\cap G(\varepsilon^-))\cup(F(\varepsilon^-)\cap G(\varepsilon^\mathrm{T}))$

在例 5-2 中,$(F, P)\ \tilde{\cap}_L(G, Q)$, 这里 $H(e_1^+)=\{u_1, u_2, u_3\}$, $H(e_1^-)=\{u_4, u_6\}$, $H(e_1^\perp)=\{u_5\}$, $H(e_1^T)=\phi$。

定义 5-10(两个次协调软集合的严格交叉运算) 设 (F, P) 和 (G, Q) 是论域 U 上的两个次协调软集合,(F, P) 和 (G, Q) 的严格交叉运算,记为 $(F, P)\sim_S(G, Q)=(C, R)_S$, 其中,

$R=\cup_{\varepsilon_i\in P,\ \varepsilon_j\in Q,\ \varepsilon_m\in P\cap Q}\{e_{mj}, e_{im}: e_{mj}=\{\varepsilon_m, \varepsilon_j\}; e_{im}=\{\varepsilon_i, \varepsilon_m\}; m\neq i, m\neq j\}$,

这里 $\forall e_{ij}{}^* \in e_{ij}\in R$, $C(e_{ij}^*)$ 定义为:

$C(e_{ij}^+)=F(\varepsilon_i^+)\cap G(\varepsilon_j^+)$

$C(e_{ij}^-)=(F(\varepsilon_i^-)\cap G(\varepsilon_j^-))\cup(F(\varepsilon_i^+)\cap G(\varepsilon_j^-))\cup(F(\varepsilon_i^-)\cap G(\varepsilon_j^+))\cup(F(\varepsilon_i^\perp)\cap G(\varepsilon_j^-))\cup(F(\varepsilon_i^-)\cap G(\varepsilon_j^\perp))\cup(F(\varepsilon_i^\mathrm{T})\cap G(\varepsilon_j^-))\cup(F(\varepsilon_i^-)\cap G(\varepsilon_j^\mathrm{T}))\cup(F(\varepsilon_i^\perp)\cap G(\varepsilon_j^\mathrm{T}))\cup(F(\varepsilon_i^\mathrm{T})\cap G(\varepsilon_j^\perp))$

$C(e_{ij}^\perp)=(F(\varepsilon_i^+)\cap G(\varepsilon_j^\perp))\cup(F(\varepsilon_i^\perp)\cap G(\varepsilon_j^+))\cup(F(\varepsilon_i^\perp)\cap G(\varepsilon_j^\perp))$

$C(e_{ij}^{\mathrm{T}})=(F(\varepsilon_i^+)\cap G(\varepsilon_j^{\mathrm{T}}))\cup(F(\varepsilon_i^{\mathrm{T}})\cap G(\varepsilon_j^+))\cup(F(\varepsilon_i^{\mathrm{T}})\cap G(\varepsilon_j^{\mathrm{T}}))$

在例5-2中，$(F, P)\sim_S(G, Q)=(C, R)$，这里 $C(e_{13}^+)=\{u_3\}$，$C(e_{13}^-)=\{u_2, u_4, u_6\}$，$C(e_{13}^{\perp})=\{u_5\}$，$C(e_{13}^{\mathrm{T}})=\{u_1\}$；$C(e_{21}^+)=\phi$，$C(e_{21}^-)=\{u_1, u_2, u_3, u_4, u_6\}$，$C(e_{21}^{\perp})=\{u_5\}$，$C(e_{21}^{\mathrm{T}})=\phi$。

定义5-11(两个次协调软集合的松散交叉运算)　设 (F, P) 和 (G, Q) 是论域 U 上的两个次协调软集合，(F, P) 和 (G, Q) 的松散交叉运算，记为 $(F, P)\sim_L(G, Q)=(C, R)_L$，其中，

$R=\cup_{\varepsilon_i\in P,\ \varepsilon_j\in Q,\ \varepsilon_m\in P\cap Q}\{e_{mj},\ e_{im}:\ e_{mj}=\{\varepsilon_m,\ \varepsilon_j\};\ e_{im}=\{\varepsilon_i,\ \varepsilon_m\};\ m\neq i,\ m\neq j\}$，

这里 $\forall e_{ij}{}^{*}\in e_{ij}\in R$，$C(e_{ij}^{*})$ 定义为

$C(e_{ij}^+)=(F(\varepsilon_i^+)\cap G(\varepsilon_j^+))\cup(F(\varepsilon_i^+)\cap G(\varepsilon_j^-))\cup(F(\varepsilon_i^-)\cap G(\varepsilon_j^+))\cup(F(\varepsilon_i^{\perp})\cap G(\varepsilon_j^+))\cup(F(\varepsilon_i^+)\cap G(\varepsilon_j^{\perp}))(F(\varepsilon_i^{\mathrm{T}})\cap G(\varepsilon_j^+))\cup(F(\varepsilon_i^+)\cap G(\varepsilon_j^{\mathrm{T}}))\cup(F(\varepsilon_i^{\perp})\cap G(\varepsilon_j^{\mathrm{T}}))\cup(F(\varepsilon_i^{\mathrm{T}})\cap G(\varepsilon_j^{\perp}))$

$C(e_{ij}^-)=F(\varepsilon_i^-)\cap G(\varepsilon_j^-)$

$C(e_{ij}^{\perp})=(F(\varepsilon_i^-)\cap G(\varepsilon_j^{\perp}))\cup(F(\varepsilon_i^{\perp})\cap G(\varepsilon_j^-))\cup(F(\varepsilon_i^{\perp})\cap G(\varepsilon_j^{\perp}))$

$C(e_{ij}^{\mathrm{T}})=(F(\varepsilon_i^-)\cap G(\varepsilon_j^{\mathrm{T}}))\cup(F(\varepsilon_i^{\mathrm{T}})\cap G(\varepsilon_j^-))\cup(F(\varepsilon_i^{\mathrm{T}})\cap G(\varepsilon_j^{\mathrm{T}}))$

在上面的例5-2中，$(F, P)\sim_L(G, Q)=(C, R)$，这里 $C(e_{13}^+)=\{u_1, u_3\}$，$C(e_{13}^-)=\{u_2, u_4, u_6\}$，$C(e_{13}^{\perp})=\{u_5\}$，$C(e_{13}^{\mathrm{T}})=\phi$；$C(e_{21}^+)=\{u_1, u_2\}$，$C(e_{21}^-)=\{u_4, u_6\}$，$C(e_{21}^{\perp})=\{u_5\}$，$C(e_{21}^{\mathrm{T}})=\{u_3\}$。

5.2　基于次协调软集合的静态信用评价理论和方法

为了对互联网环境下不完备不一致数据进行分析，并提出基于次协调软集合的信用评价方法，本节首先定义了次协调软决策系统、选择值、决策值、选择集合和淘汰集合的概念。

5.2.1　次协调软决策系统

定义5-12(不完备不一致数据下的次协调软决策系统)　令 (H, Y) 是两个次协调软集合 (F, P) 和 (G, Q) 的交，(C, R) 是两个次协调软集合 (F, P) 和 (G, Q) 的交叉。假设 n_+ 和 n_- 分别代表论域 U 中元素 u 属于 $C(e_{ij}^+)$ 和 $C(e_{ij}^-)$ 的元素个数，次协调软决策系统定义为 (H_d, Y)，这里 $\forall\varepsilon^*\in\varepsilon\in Y$，不完备不一致数据下的次协调决策规则如下：

如果 $u\in H(\varepsilon^+)$，那么 $u\in H_d(\varepsilon^+)$

如果 $u\in H(\varepsilon^-)$，那么 $u\in H_d(\varepsilon^-)$

如果 $n_+>n_-$　$u\in H(\varepsilon^{\perp})\cup H(\varepsilon^{\mathrm{T}})$，那么 $u\in H_d(\varepsilon^+)$

如果 $n_->n_+$　$u\in H(\varepsilon^{\perp})\cup H(\varepsilon^{\mathrm{T}})$，那么 $u\in H_d(\varepsilon^-)$

如果 $n_+=n_-$　$u\in H(\varepsilon^{\perp})$，那么 $u\in H_d(\varepsilon^{\perp})$

如果 $n_+ = n_-$　$u \in H(\varepsilon^{\mathrm{T}})$，那么 $u \in H_d(\varepsilon^{\mathrm{T}})$

当 (H, Y) 和 (C, R) 分别是两个次协调软集合 (F, P) 和 (G, Q) 的严格交和严格交叉时，称 (H_d, Y) 是严格次协调软决策系统，记为 $(H_d, Y)_S$。

当 (H, Y) 和 (C, R) 分别是两个次协调软集合 (F, P) 和 (G, Q) 的松散交和松散交叉时，称 (H_d, Y) 是松散次协调软决策系统，记为 $(H_d, Y)_L$。

通过应用上面的决策规则，可以减少不完备或者不一致数据在决策系统中的数量。

定义 5-13（次协调软决策系统的选择值）　(H_d, Y) 是一个次协调软决策系统，且 (C, R) 是 (F, P) 和 (G, Q) 的交叉。假设 n_+，n_-，$n_\perp$ 和 n_{T} 分别代表论域 U 中元素 u 属于 $C(e_{ij}^+)$，$C(e_{ij}^-)$，$C(e_{ij}^\perp)$ 和 $C(e_{ij}^{\mathrm{T}})$ 的元素个数。论域 U 中元素 u_p 且 $\varepsilon_q \in P \cap Q$ 的选择值定义如下：

$$c_{pq} = \begin{cases} \dfrac{n_+}{n_+ + n_- + n_\perp + n_{\mathrm{T}}} & u_p \in H_d(\varepsilon_q^+) \\ \dfrac{n_-}{n_+ + n_- + n_\perp + n_{\mathrm{T}}} \times (-1) & u_p \in H_d(\varepsilon_q^-) \\ 0 & u_p \in H_d(\varepsilon_q^\perp) \cup H_d(\varepsilon_q^{\mathrm{T}}) \end{cases} \tag{5-1}$$

这里，$\varepsilon_q \in P \cap Q$。

定义 5-14（次协调软决策系统的决策值）　(H_d, Y) 是一个次协调软决策系统，论域 U 中元素 u_p 的决策值定义如下：

$$d_p = \sum_q c_{pq} \tag{5-2}$$

根据决策值 d_p 的正负，可以对论域中的对象进行决策。如果某对象的决策值 $d_p > 0$，那么该对象被认为是优秀的，应该被选择。由这些优秀的对象所组成的集合叫作选择集合，用 S 表示。相反地，如果某对象的选择值 $d_p < 0$，那么该对象被认为是不好的，应该被删除。由这些劣质对象所组成的集合叫作淘汰集合，用 E 表示。

5.2.2 基于次协调软集合的静态信用评价方法

根据次协调软集合的基本定义及相关运算，可以对不完备和不一致数据进行分析。基于此，本节提出互联网不完备不一致数据下的信用评价方法，具体步骤如下：

步骤 1：选择实际问题约束下的可行的指标族子集。

步骤 2：建立每个指标族子集的次协调软集合。

步骤 3：根据定义 5-8 和定义 5-9，对构建的次协调软集合分别进行严格交运算和松散交运算。根据定义 5-10 和定义 5-11，对构建的次协调软集合分别进行严格交叉运算和松散交叉运算。

步骤 4：根据定义 5-12，分别构建严格次协调软决策系统和松散次协调软决策系统。

步骤 5：根据定义 5-13 和定义 5-14，分别计算严格次协调软决策系统和松散次协调软决策系统的选择值和决策值。

步骤 6：分别确定严格次协调软决策系统和松散次协调软决策系统的选择集合 S_S 和

S_L，以及它们的淘汰集合，E_S 和 E_L。

需要说明的是，当需要做一个更加细分的数据分类以支持更加复杂的决策时，可以更进一步计算最优选择集合 S_{best}，次优选择集合 S_{medium} 和最差淘汰集合 E_{low}。其中，S_{best}，S_{medium} 和 E_{low} 定义如下：

$S_{\text{best}} = S_s \cap S_L$，表示最优的选择对象所组成的集合。

$S_{\text{medium}} = S_L \cap S_S$，表示次优的选择对象所组成的集合。

$E_{\text{low}} = E_S \cap E_L$，表示应该被淘汰的对象所组成的集合。

5.2.3　实例分析

为了说明基于次协调软集合的不完备不一致数据分析及决策方法的可行性和有效性，这里给出一个商业投资决策的实例。

金融机构拟对6位候选人进行贷款决策。因此，这家金融机构需要评估这些候选人的信用水平。金融机构分别从两个信息渠道收集相关数据：一个来自金融机构自身收集的数据，另一个来自第三方征信机构。由于数据丢失，或者收集的时间和方式不同，两个数据集都包括不完备数据和不一致数据。该机构主要考虑影响信用水平的7个指标："高工作年限""金融账户高信用等级""低贷款额""低电子商务平台违约次数""高收入""高学历水平"和"高净资产"。分别用 e_1 到 e_7 来表示。假设论域 U 为候选集组成的集合 $U=\{u_1, u_2, u_3, \cdots, u_6\}$，可以在 U 上建立两个次协调软集合 (F, P) 和 (G, Q)。

步骤1：金融机构和第三方征信机构关注不同的因素。金融机构主要考虑指标集 $P=\{e_1, e_2, e_3, e_4\}$ 包含的"高工作年限""金融账户高信用等级""低贷款额"和"低电子商务平台违约次数"4个指标，第三方征信机构主要考虑指标集 $Q=\{e_3, e_4, e_5, e_6, e_7\}$ 所包含的"低贷款额""低电子商务平台违约次数""高收入""高学历水平"和"高净资产"5个指标。

步骤2：金融机构和第三方征信机构都基于自身收集的数据和评价指标来评价6位候选人的信用水平。它们各自建立了论域 U 上的两个次协调软集合 (F, P) 和 (G, Q)，如表5-3所示。

表5-3　**次协调软集合 (F, P) 和 (G, Q) 的表格形式**

	(F, P)				(G, Q)				
	e_1	e_2	e_3	e_4	e_3	e_4	e_5	e_6	e_7
u_1	−	+	+	−	+	−	+	+	−
u_2	T	+	T	+	+	+	+	−	+
u_3	+	−	−	⊥	−	T	+	−	−
u_4	+	+	+	+	+	+	+	+	T

续表

	(F, P)				(G, Q)				
	e_1	e_2	e_3	e_4	e_3	e_4	e_5	e_6	e_7
u_5	⊥	T	+	T	⊥	+	−	+	−
u_6	+	+	⊥	+	−	+	⊥	−	−

步骤3：为了分别建立严格和松散次协调软决策系统，首先计算严格交 $(F, P)\ \tilde{\cap}_S(G, Q)$ 和松散交 $(F, P)\ \tilde{\cap}_L(G, Q)$，如表5-4所示。类似地，计算严格交叉 $(F, P)\sim_S(G, Q)$ 和松散交叉 $(F, P)\sim_L(G, Q)$，如表5-5和表5-6所示。

表5-4　　$(F, P)\,\tilde{\cap}\,(G, Q)$ 的表格形式

	$(F, P)\ \tilde{\cap}_S(G, Q)$		$(F, P)\ \tilde{\cap}_L(G, Q)$	
	e_3	e_4	e_3	e_4
u_1	+	−	+	−
u_2	T	+	+	+
u_3	−	−	−	+
u_4	+	+	+	+
u_5	⊥	T	+	+
u_6	−	+	⊥	+

表5-5　　$(F, P)\sim_S(G, Q)$ 的表格形式

	e_{34}	e_{35}	e_{36}	e_{37}	e_{13}	e_{23}	e_{43}	e_{44}	e_{45}	e_{46}	e_{47}	e_{14}	e_{24}	e_{34}
u_1	−	+	+	−	−	+	−	−	−	−	−	−	−	−
u_2	T	T	−	T	T	+	+	+	+	−	+	T	+	T
u_3	−	+	−	−	−	−	−	−	−	−	⊥	T	−	−
u_4	+	+	+	T	+	+	+	+	+	+	−	+	+	+
u_5	+	−	+	−	⊥	−	−	−	−	T	−	⊥	T	−
u_6	⊥	⊥	−	−	−	−	−	−	⊥	−	−	+	−	⊥

表5-6　　$(F, P)\sim_L(G, Q)$ 的表格形式

	e_{34}	e_{35}	e_{36}	e_{37}	e_{13}	e_{23}	e_{43}	e_{44}	e_{45}	e_{46}	e_{47}	e_{14}	e_{24}	e_{34}
u_1	+	+	+	+	+	+	+	+	+	+	−	−	+	+
u_2	+	+	T	+	+	+	+	+	+	+	+	+	+	+

续表

	e_{34}	e_{35}	e_{36}	e_{37}	e_{13}	e_{23}	e_{43}	e_{44}	e_{45}	e_{46}	e_{47}	e_{14}	e_{24}	e_{34}
u_3	T	+	−	−	+	−	⊥	⊥	+	⊥	−	+	T	T
u_4	+	+	+	+	+	+	+	+	+	+	+	+	+	+
u_5	+	+	+	+	⊥	+	+	+	T	+	T	+	+	+
u_6	+	⊥	⊥	⊥	+	+	+	+	+	+	+	+	+	+

步骤 4：根据步骤 3 的结果，分别建立严格次协调软决策系统 $(H_d, Y)_S$ 和松散次协调软决策系统 $(H_d, Y)_L$，如表 5-7 和表 5-8 所示。

表 5-7　　**严格次协调软决策系统 $(H_d, Y)_S$**

	$(H, Y) = (F, P)\tilde{\cap}_S(G, Q)$	e_3^d	$(H, Y) = (F, P)\tilde{\cap}_S(G, Q)$	e_4^d
u_1	$u_1 \in H(e_3^+)$	+	$u_1 \in H(e_4^-)$	−
u_2	$n_+ > n_-$　$u_2 \in H(e_3^\perp) \cup H(e_3^T)$	+	$u_2 \in H(e_4^+)$	+
u_3	$u_3 \in H(e_3^-)$	−	$u_3 \in H(e_4^-)$	−
u_4	$u_4 \in H(e_3^+)$	+	$u_4 \in H(e_4^+)$	+
u_5	$n_- > n_+$　$u_5 \in H(e_3^\perp) \cup H(e_3^T)$	−	$n_- > n_+$　$u_5 \in H(e_4^\perp) \cup H(e_4^T)$	−
u_6	$u_6 \in H(e_3^-)$	−	$u_6 \in H(e_4^+)$	+

表 5-8　　**松散次协调决策系统 $(H_d, Y)_L$**

	$(H, Y) = (F, P)\tilde{\cap}_L(G, Q)$	e_3^d	$(H, Y) = (F, P)\tilde{\cap}_L(G, Q)$	e_4^d
u_1	$u_1 \in H(e_3^+)$	+	$u_1 \in H(e_4^-)$	−
u_2	$u_2 \in H(e_3^+)$	+	$u_2 \in H(e_4^+)$	+
u_3	$u_3 \in H(e_3^-)$	−	$u_3 \in H(e_3^+)$	+
u_4	$u_4 \in H(e_3^+)$	+	$u_4 \in H(e_4^+)$	+
u_5	$u_5 \in H(e_3^+)$	+	$u_5 \in H(e_3^+)$	+
u_6	$n_- > n_+$　$u_6 \in H(e_3^\perp) \cup H(e_3^T)$	+	$u_6 \in H(e_4^+)$	+

步骤 5：分别计算选择值 C_{p3} 和 C_{p4}，以及 $(H_d, Y)_S$ 和 $(H_d, Y)_L$ 的决策值 d_p，结果如表 5-9 所示。

表 5-9 **$(H_d, Y)_S$ 和 $(H_d, Y)_L$ 的选择值和决策值**

	$(H_d, Y)_S$			$(H_d, Y)_L$		
	c_{p3}	c_{p4}	d_p	c_{p3}	c_{p4}	d_p
u_1	3/7	-1	-4/7	1	-2/7	5/7
u_2	2/7	4/7	6/7	6/7	1	13/7
u_3	-6/7	-5/7	-11/7	-3/7	2/7	-1/7
u_4	6/7	6/7	12/7	1	1	14/7
u_5	-4/7	-4/7	-8/7	6/7	5/7	11/7
u_6	-5/7	1/7	-4/7	4/7	1	11/7

步骤 6：根据表 5-9 中的结果，可以得到严格次协调软决策系统和松散次协调软决策系统的选择集合 S_S 和 S_L 以及它们的淘汰集合 E_S 和 E_L。

$S_S = \{u_2, u_4\}$，$E_S = \{u_1, u_3, u_5, u_6\}$；

$S_L = \{u_1, u_2, u_4, u_5, u_6\}$，$E_L = \{u_3\}$。

因此，若经济环境相对较差，对于金融机构而言，在选择贷款人时应该采取更高和更严格的标准。金融机构将按照严格次协调软决策系统中得到的选择集合和淘汰集合进行决策，其会选择对候选人 u_2，u_4 发放贷款，放弃候选人 u_1，u_3，u_5，u_6。相反地，如果经济环境好，金融机构不需要用严格标准要求候选人，将按照松散次协调软决策系统中得到的选择集合和淘汰集合进行决策，其会选择对候选人 u_1，u_2，u_4，u_5，u_6 进行放贷，而不选择 u_3。

当金融机构需要采取更加复杂的放贷策略时，可以对严格次协调软决策系统和松散次协调软决策系统的选择集合和淘汰集合进行进一步运算，得到：

$S_{\text{best}} = S_S \cap S_L = \{u_2, u_4\}$

$S_{\text{medium}} = S_L \cap E_S = \{u_1, u_5, u_6\}$

$S_{\text{low}} = E_S \cap E_L = \{u_3\}$

根据决策集合，显然候选人 u_2，u_4 应该优先被放贷，候选人 u_1，u_5，u_6 是进行放贷的次优选择，而 u_3 是应该被淘汰的候选人。

5.2.4 研究结果

软集合理论已经被认为是一种处理不确定信息的有效工具，并已经广泛应用于数据分析挖掘中。但是到目前为止，软集合无法分析不一致数据。本节将次协调推理引入软集合中，提出了一种扩展软集合——次协调软集合，并定义了 N2-次协调软集合、次协调软子集、补集，以及一些次协调软集合的相关运算，如“And”、严格交运算、松散交运算、严格交叉运算和松散交叉运算。为了构建信用评价研究中的不完备不一致数据方法，本节也定义了次协调软决策系统、选择值、决策值、选择集和淘汰集。之后，将该方法应用于信用评价的实例中。根据这个实例，可以看出次协调软集合的参数比经典软集合更加充足，其参数除了可以表达经典软集合中描述对象近似具有和不具有某种性质外，还可以表示对象的参数性质未知和不一致，且保证信用评价不会丢失重要的信息。

5.3　基于 Q-次协调软集合的二维静态信用评价理论和方法

互联网环境下，信用数据除了具有不完备不一致性外，还具有多维性。比如除了与信用主体的信用水平直接挂钩的数据外，还涉及其婚姻状况、工作性质等其他维度的数据。在许多现实场景下，不仅要求信用主体具有良好的信用水平，还对其他维度的数据有个性化的要求，进而综合判断信用主体的信用状况。但传统的次协调软集合无法处理互联网环境下包含多维指标的信用评价问题，该缺陷限制了对部分问题的建模。为克服此缺陷，本节提出了次协调软集合的扩展——Q-次协调软集合，同时定义了相关的定义和运算。最后构建了基于 Q-次协调软集合的二维静态信用评价方法，并将其应用于多维指标的信用评价问题，通过对比分析证明了该方法的有效性和合理性。

5.3.1　Q-次协调集

为了提出 Q-次协调软集合的定义，本节首先定义了次协调集和 Q-次协调集，重新定义了次协调软集合，并分别给出了它们的并和交运算以及相关的说明性例子。

1. 次协调集

定义 5-15　设 U 为初始论域，u 为论域 U 中任意元素，定义在论域 U 上的 A 表示为 $A=\{<u,\ f_A(u)>:\ u\in U\}$，其中 f_A 是一个映射 f_A：$U\rightarrow V$，且 $V=\{+,\ -,\ \perp,\ \mathrm{T}\}$。$+$ 表示 u 近似属于某个参数，$-$ 表示 u 近似不属于某个参数，$\perp$ 表示 u 缺失某个参数的相关数据，T 表示 u 在某个参数下存在不一致数据。如果 A 满足如下条件，那么称 A 是一个次协调集。

①任意的 $u_1,\ u_2\in U$，$f_A(u_1)\neq f_A(u_2)$。

② $\bigcup_{u\in U}=U$。

例 5-5　设 $U=\{u_1,\ u_2,\ u_3,\ u_4\}$ 为学生的集合，次协调集 A 表示学生“学习能力”的情况，若次协调集 A 记为：$A=\{<u_1,\ ->,\ <u_2,\ \perp>,\ <u_3,\ +>,\ <u_4,\ \mathrm{T}>\}$。

次协调集 A 表示学生 u_1 的学习能力差；学生 u_2 缺少关于学习能力的数据，这种缺失结果可能是学生 u_2 本次未参加考试；学生 u_3 的学习能力好；学生 u_4 在有关学习能力的数据上存在不一致，造成这种不一致结果的原因可能是学生 u_4 的数学学习能力好，但是物理学习能力差等。

2. 次协调集的相关运算

定义 5-16　设 A 和 B 是论域 U 上的两个次协调集，A 和 B 的并运算记作 $A\cup B=C$，其

中 $C=\{(u, f_A(u) \vee f_B(u)): u \in U\}$。

例 5-6 设 $U=\{u_1, u_2, u_3, u_4\}$ 是一个初始论域。如果次协调集 $A=\{<u_1, ->, <u_2, \perp>, <u_3, +>, <u_4, T>\}$，次协调集 $B=\{<u_1, +>, <u_2, T>, <u_3, +>, <u_4, ->\}$，那么 $A \cup B=\{<u_1, +>, <u_2, +>, <u_3, +>, <u_4, T>\}$。

定义 5-17 设 A 和 B 是论域 U 上的两个次协调集，A 和 B 的交运算记作 $A \cap B=C$，其中 $C=\{(u, f_A(u) \wedge f_B(u)): u \in U\}$。

例 5-7 在例 5-2 中，次协调集 A 和 B 进行交运算可以得到 $A \cap B=\{<u_1, ->, <u_2, ->, <u_3, +>, <u_4, ->\}$。

3. Q-次协调集

定义 5-18 设 U 为初始论域，Q 是一个非空集。在论域 U 和非空集 Q 上的 Q-次协调集 A_Q 记作 $A_Q=\{<(u, q), f_{A_Q}(u, q)>: (u, q) \in U \times Q\}$，其中 f_{A_Q} 是一个映射 $f_{A_Q}: U \times Q \rightarrow V$，且 $V=\{+, -, \perp, T\}$。需要注意的是如果 B 是 $U \times Q$ 的子集即 $B \subseteq U \times Q$ 时，$\bigcup_{u \times q \in U \times Q}=B$。

所有的 Q- 次协调集的组成集合记作 QPS(U)。

例 5-8 设 $U=\{u_1, u_2, u_3, u_4\}$ 为初始论域，非空集 $Q=\{p, q\}$，那么 $A_Q=\{<(u_1, p), +>, <(u_1, q), \perp>, <(u_2, p), \perp>, <(u_3, q), ->, <(u_4, q), T>\}$ 是一个 Q-次协调集。

4. Q-次协调集的相关运算

定义 5-19 设 A_Q 和 B_Q 是论域 U 上的两个 Q-次协调集，A_Q 和 B_Q 的并运算记作 $A_Q \cup B_Q=C_Q$，其中 $C_Q=\{<(u, q), f_{A_Q}(u, q) \vee f_{B_Q}(u, q)>: u \in U, q \in Q\}$。值得注意的是，如果 $f_{A_Q}(u, q) \neq \phi$，$f_{B_Q}(u, q)=\phi$，那么 $f_{A_Q}(u, q) \vee f_{B_Q}(u, q)=f_{A_Q}(u, q)$。

例 5-9 令 $U=\{u_1, u_2, u_3, u_4\}$ 是一个初始论域，且非空集 $Q=\{p, q\}$。如果 $A_Q=\{<(u_1, p), +>, <(u_1, q), \perp>, <(u_2, p), \perp>, <(u_3, q), ->, <(u_4, q), T>\}$，$B_Q=\{<(u_1, p), \perp>, <(u_2, p), +>, <(u_3, q), T>, <(u_4, q), +>\}$，那么 $A_Q \cup B_Q=\{<(u_1, p), +>, <(u_1, q), \perp>, <(u_2, p), +>, <(u_3, q), T>, <(u_4, q), +>\}$。

定义 5-20 设 A_Q 和 B_Q 是论域 U 上的两个 Q-次协调集，A_Q 和 B_Q 的交运算记作 $A_Q \cap B_Q=C_Q$，其中 $C_Q=\{<(u, q), f_{A_Q}(u, q) \wedge f_{B_Q}(u, q)>: u \in U, q \in Q\}$。值得注意的是，如果 $f_{A_Q}(u, q) \neq \phi$，$f_{B_Q}(u, q)=\phi$，那么 $f_{A_Q}(u, q) \wedge f_{B_Q}(u, q)=\phi$。

例 5-10 在例 5-9 中，Q-次协调集 A_Q 和 B_Q 进行交运算可以得到 $A_Q \cap B_Q=\{<(u_1, p), \perp>, <(u_2, p), \perp>, <(u_3, q), ->, <(u_4, q), T>\}$。

5.3.2 Q-次协调软集合的定义及基本运算

接下来，本节介绍了次协调软集合的另一种定义方式和 Q-次协调软集合的定义，并分别给出了两个说明性例子。

1. 次协调软集合的另一种定义方式

定义 5-21(次协调软集合的另一种定义方式)　设 U 为初始论域，E 为参数集。考虑到 $B \subseteq E$，令 $P(U)$ 表示所有次协调集的集合，则 (F, B) 是论域 U 上的一个次协调软集合，其中 F 是一个映射 $F: B \rightarrow P(U)$。

例 5-11　令 $U=\{u_1, u_2, u_3, u_4, u_5, u_6\}$ 是一个初始论域，$E=\{e_1, e_2, e_3, e_4\}$ 是一个参数集。

如果，$B=\{e_1, e_2, e_3\} \subset E$，$F(e_1)=\{(u_1, +), (u_2, -), (u_3, +), (u_4, -), (u_5, \perp), (u_6, -)\}$，$F(e_2)=\{(u_1, +), (u_2, +), (u_3, \mathrm{T}), (u_4, \mathrm{T}), (u_5, \perp), (u_6, +)\}$，$F(e_3)=\{(u_1, -), (u_2, +), (u_3, \perp), (u_4, \mathrm{T}), (u_5, +), (u_6, -)\}$，

那么

$(F, B)=\{<e_1, \{(u_1, +), (u_2, -), (u_3, +), (u_4, -), (u_5, \perp), (u_6, -)\}>, <e_2, \{(u_1, +), (u_2, +), (u_3, \mathrm{T}), (u_4, \mathrm{T}), (u_5, \perp), (u_6, +)\}>, <e_3, \{(u_1, -), (u_2, +), (u_3, \perp), (u_4, \mathrm{T}), (u_5, +), (u_6, -)\}>\}$ 是一个次协调软集合。

2. *Q*-次协调软集合的定义

定义 5-22　设 U 是一个初始论域，E 是一个参数集，Q 是一个非空集。若 $B \subseteq E$，(F_Q, B) 称作论域 U 上的 Q-次协调软集合，其中 F_Q 是一个映射 $F_Q: B \rightarrow \mathrm{QPS}(U)$，这样，若 $e \notin B$，则 $F_Q(e)=\phi$。Q-次协调软集合还可以表示为有序对的集合 $(F_Q, B)=\{(e, F_Q(e)): e \in B, F_Q(e) \in \mathrm{QPS}(U)\}$。

所有的 Q-次协调软集合组成的集合记作 $\mathrm{QPSS}(U)$。

例 5-12　令 $U=\{u_1, u_2, u_3, u_4, u_5, u_6\}$ 是一个初始论域，$Q=\{p, q\}$ 是一个非空集，$E=\{e_1, e_2, e_3, e_4\}$ 是一个参数集。

如果 $B=\{e_1, e_2\} \subset E$，

$F_Q(e_1)=\{((u_1, p), +), ((u_1, q), -), ((u_2, p), \perp), ((u_3, p), +), ((u_3, q), \mathrm{T}), ((u_4, p), -), ((u_6, q), +)\}$；

$F_Q(e_2)=\{((u_1, q), \perp), ((u_2, p), \mathrm{T}), ((u_2, q), +), ((u_3, q), \perp), ((u_4, p), \perp), ((u_5, p), +), ((u_5, q), +), ((u_6, p), +), ((u_6, q), -)\}$，

那么，

$(F_Q, B)=\{<e_1, \{((u_1, p), +), ((u_1, q), -), ((u_2, p), \perp), ((u_3, p), +), ((u_3, q), \mathrm{T}), ((u_4, p), -), ((u_6, q), +)\}>, <e_2, \{((u_1, q), \perp), ((u_2, p), \mathrm{T}), ((u_2, q), +), ((u_3, q), \perp), ((u_4, p), \perp), ((u_5, p), +), ((u_5, q), +), ((u_6, p), +), ((u_6, q), -)\}>\}$ 是一个 Q-次协调软集合。

3. Q-次协调软集合的相关运算

接下来，我们介绍一些 Q-次协调软集合的相关运算。

定义 5-23 令 $(F_Q, B) \in QPSS(U)$，如果对于所有的 $e \in B$，$F_Q(e)=\phi$，那么称 (F_Q, B) 是一个空值 Q-次协调软集合，并记作 (ϕ, B)。

例 5-13 $(\phi, B)=\{<e_1, \{((u_1, p), -), ((u_1, q), -), ((u_2, p), -), ((u_3, p), -), ((u_3, q), -), ((u_4, p), -), ((u_6, q), -)\}>, <e_2, \{((u_1, q), -), ((u_2, p), -), ((u_2, q), -), ((u_3, q), -), ((u_4, p), -), ((u_5, p), -), ((u_5, q), -), ((u_6, p), -), ((u_6, q), -)\}>\}$。

定义 5-24 令 $(F_Q, B) \in QPSS(U)$，如果对于所有的 $e \in B$，$F_Q(e)=U$，那么称 (F_Q, B) 是一个绝对 Q-次协调软集合，并记作 (U, B)。

例 5-14 $(U, B)=\{<e_1, \{((u_1, p), +), ((u_1, q), +), ((u_2, p), +), ((u_3, p), +), ((u_3, q), +), ((u_4, p), +), ((u_6, q), +)\}>, <e_2, \{((u_1, q), +), ((u_2, p), +), ((u_2, q), +), ((u_3, q), +), ((u_4, p), +), ((u_5, p), +), ((u_5, q), +), ((u_6, p), +), ((u_6, q), +)\}>\}$。

定义 5-25 令 (F_Q, M)，$(G_Q, N) \in QPSS(U)$，如果对于所有的 $e \in M$ 都有 $M \subseteq N$ 且 $F_Q(e)=G_Q(e)$，则称 (F_Q, M) 是 (G_Q, N) 的 Q-次协调软子集，记作 $(F_Q, M) \subseteq (G_Q, N)$。

例 5-15 设 (F_Q, M) 和 (G_Q, N) 是两个在相同论域 $U=\{u_1, u_2, u_3, u_4, u_5, u_6\}$ 上的 Q-次协调软集合，且 $M=\{e_1, e_2\}$，$N=\{e_1, e_2, e_3\}$。

显然，$M \subset N$。

$(F_Q, M)=\{<e_1, \{((u_1, p), +), ((u_1, q), -), ((u_2, p), \perp), ((u_3, p), +), ((u_3, q), \mathrm{T}), ((u_4, p), -), ((u_6, q), +)\}>, <e_2, \{((u_1, q), \perp), ((u_2, p), \mathrm{T}), ((u_2, q), +), ((u_3, q), \perp), ((u_4, p), \perp), ((u_5, p), +), ((u_5, q), +), ((u_6, p), +), ((u_6, q), -)\}>\}$;

$(G_Q, N)=\{<e_1, \{((u_1, p), +), ((u_1, q), -), ((u_2, p), \perp), ((u_3, p), +), ((u_3, q), \mathrm{T}), ((u_4, p), -), ((u_6, q), +)\}>, <e_2, \{((u_1, q), \perp), ((u_2, p), \mathrm{T}), ((u_2, q), +), ((u_3, q), \perp), ((u_4, p), \perp), ((u_5, p), +), ((u_5, q), +), ((u_6, p), +), ((u_6, q), -)\}>, <e_3, \{((u_1, p), \perp), ((u_2, q), -), ((u_3, p), \mathrm{T}), ((u_3, q), \perp), ((u_4, p), +), ((u_4, q), -), ((u_5, p), \mathrm{T}), ((u_5, q), -), ((u_6, p), +)\}>\}$。

因此，$(F_Q, M) \subseteq (G_Q, N)$。

定义 5-26 令 (F_Q, M)，$(G_Q, N) \in QPSS(U)$，当且仅当 $(F_Q, M) \subseteq (G_Q, N)$ 和 $(G_Q, N) \subseteq (F_Q, M)$ 时，(F_Q, M) 和 (G_Q, N) 是等价的，记作 $(F_Q, M)=(G_Q, N)$。

性质 5-1 令 (F_Q, M)、(G_Q, N)、$(H_Q, Y) \in QPSS(U)$，有以下性质：

①如果 $(F_Q, M) \subseteq (G_Q, N)$ 和 $(G_Q, N) \subseteq (H_Q, Y)$，那么 $(F_Q, M) \subseteq (H_Q, Y)$。

②如果 $(F_Q, M)=(G_Q, N)$ 和 $(G_Q, N)=(H_Q, Y)$，那么 $(F_Q, M)=(H_Q, Y)$。

证明：

①由 $(F_Q, M) \subseteq (G_Q, N)$ 我们可知 $M \subseteq N$ 和 $F_Q(e) = G_Q(e)$；由 $(G_Q, N) \subseteq (H_Q, Y)$ 我们可知 $N \subseteq Y$ 和 $G_Q(e) = H_Q(e)$。所以可得 $M \subseteq Y$ 和 $F_Q(e) = H_Q(e)$，通过定义 5-25 可得 $(F_Q, M) \subseteq (H_Q, Y)$。

②由 $(F_Q, M) = (G_Q, N)$ 我们可知 $(F_Q, M) \subseteq (G_Q, N)$ 和 $(G_Q, N) \subseteq (F_Q, M)$；由 $(G_Q, N) = (H_Q, Y)$ 我们可知 $(G_Q, N) \subseteq (H_Q, Y)$ 和 $(H_Q, Y) \subseteq (G_Q, N)$。所以可得 $(F_Q, M) \subseteq (H_Q, Y)$ 和 $(H_Q, Y) \subseteq (F_Q, M)$，通过定义 5-26 可得 $(F_Q, M) = (H_Q, Y)$。

接下来介绍 Q-次协调软集合的补集。

定义 5-27　令 $(F_Q, B) \in \mathrm{QPSS}(U)$，$Q$-次协调软集合 (F_Q, B) 的补集表示为 $(F_Q, B)^c = (F_Q^c, B)$，具体定义为 $(F_Q, B)^c = \{ < e, \{(u, q), f_{F_Q}^c(u, q)\} > : e \in B, (u, q) \in U \times Q\}$，且 $\forall e \in B$，$(u, q) \in U \times Q$，$\neg + = -$，$\neg - = +$，$\neg \perp = \perp$ 和 $\neg \mathrm{T} = \mathrm{T}$。

例 5-16　设 $U = \{u_1, u_2, u_3, u_4, u_5, u_6\}$ 是一个初始论域，参数集 $B = \{e_1, e_2\}$，且非空集 $Q = \{p, q\}$。

当 $(F_Q, B) = \{ < e_1, \{((u_1, p), +), ((u_1, q), -), ((u_2, p), \perp), ((u_3, p), +), ((u_3, q), \mathrm{T}), ((u_4, p), -), ((u_6, q), +)\} >, < e_2, \{((u_1, q), \perp), ((u_2, p), \mathrm{T}), ((u_2, q), +), ((u_3, q), \perp), ((u_4, p), \perp), ((u_5, p), +), ((u_5, q), +), ((u_6, p), +), ((u_6, q), -)\} >\}$ 是一个 Q-次协调软集合时，(F_Q, B) 的补集为 $(F_Q^c, B) = \{ < e_1, \{((u_1, p), -), ((u_1, q), +), ((u_2, p), \perp), ((u_3, p), -), ((u_3, q), \mathrm{T}), ((u_4, p), +), ((u_6, q), -)\} >, < e_2, \{((u_1, q), \perp), ((u_2, p), \mathrm{T}), ((u_2, q), -), ((u_3, q), \perp), ((u_4, p), \perp), ((u_5, p), -), ((u_5, q), -), ((u_6, p), -), ((u_6, q), +)\} >\}$。

性质 5-2　令 $(F_Q, B) \in \mathrm{QPSS}(U)$，有以下性质：

① $((F_Q, B)^c)^c = (F_Q, B)$；

② $(\phi, B)^c = (U, B)$；

③ $(U, B)^c = (\phi, B)$。

证明：

①通过定义 5-27 我们得到 $(F_Q, B)^c = \{ < e, \{(u, q), f_{F_Q}^c(u, q)\} > : e \in B, (u, q) \in U \times Q\}$，且 $f_{F_Q}(u, q) \in V$，又 $\neg(\neg +) = +$，$\neg(\neg -) = -$，$\neg(\neg \perp) = \perp$ 和 $\neg(\neg \mathrm{T}) = \mathrm{T}$，则 $(f_{F_Q}^c(u, q))^c = f_{F_Q}(u, q)$，所以 $((F_Q, B)^c)^c = \{ < e, \{(u, q), (f_{F_Q}^c(u, q))^c\} > : e \in B, (u, q) \in U \times Q\} = \{ < e, \{(u, q), (f_{F_Q}(u, q))\} > : e \in B, (u, q) \in U \times Q\} = (F_Q, B)$。

②通过定义 5-23 和定义 5-24 我们得到 $(\phi, B) = \{ < e, \{(u, q), -\} > : e \in B, (u, q) \in U \times Q\}$ 和 $(U, B) = \{ < e, \{(u, q), +\} > : e \in B, (u, q) \in U \times Q\}$ 又 $\neg - = +$，所以 $(\phi, B)^c = (U, B)$。

③ 通过定义 5-23 和定义 5-24 我们得到 $(\phi, B) = \{ < e, \{(u, q), -\} > : e \in B, (u, q) \in U \times Q\}$ 和 $(U, B) = \{ < e, \{(u, q), +\} > : e \in B, (u, q) \in U \times Q\}$ 又

$\neg - = +$，所以 $(\phi, B)^c = (U, B)$。

接下来本节讨论 Q-次协调软集合的并、交、AND 和 OR 运算，并给出相关的说明性例子。

定义 5-28　令 (F_Q, M)，$(G_Q, N) \in \mathrm{QPSS}(U)$，两个 Q-次协调软集合 (F_Q, M) 和 (G_Q, N) 的并定义为 $(F_Q, M) \cup (G_Q, N) = (H_Q, Y)$，其中对于所有的 $e \in Y$，$Y = M \cup N$ 和

$$H_Q(e) = \begin{cases} F_Q(e) & \text{if } e \in M - N; \\ G_Q(e) & \text{if } e \in N - M; \\ F_Q(e) \cup G_Q(e) & \text{if } e \in M \cap N。\end{cases}$$

这里 $F_Q(e) \cup G_Q(e) = \{ < e, \{(u, q), f_{F_Q}(u, q) \vee f_{G_Q}(u, q)\} >: e \in M \cap N, (u, q) \in U \times Q\}$。

例 5-17　设 $U = \{u_1, u_2\}$ 是一个初始论域，参数集 $E = \{e_1, e_2, e_3\}$ 和非空集 $Q = \{p, q\}$。如果 $M = \{e_1, e_2\} \subset E$，$N = \{e_1, e_3\} \subset E$。

若 $(F_Q, M) = \{ < e_1, \{((u_1, p), +), ((u_2, p), \perp), ((u_2, q), -)\} >, < e_2, \{((u_1, q), \mathrm{T}), ((u_2, p), +)\} >\}$，$(G_Q, N) = \{ < e_1, \{((u_1, p), \perp), ((u_2, p), +), ((u_2, q), +)\} >, < e_3, \{((u_1, q), +), ((u_2, p), -)\} >\}$，

那么 $(F_Q, M) \cup (G_Q, N) = \{ < e_1, \{((u_1, p), +), ((u_2, p), +), ((u_2, q), +)\} >, \{((u_1, q), \mathrm{T}), ((u_2, p), +)\} >, < e_3, \{((u_1, q), +), ((u_2, p), -)\} >\}$。

性质 5-3　令 (F_Q, M)、(G_Q, N)、$(H_Q, Y) \in \mathrm{QPSS}(U)$，有以下性质：

① $(F_Q, M) \cup (\phi, M) = (F_Q, M)$；

② $(F_Q, M) \cup (U, M) = (U, M)$；

③ $(F_Q, M) \cup (F_Q, M) = (F_Q, M)$；

④ $(F_Q, M) \cup (G_Q, N) = (G_Q, N) \cup (F_Q, M)$；

⑤ $((F_Q, M) \cup (G_Q, N)) \cup (H_Q, Y) = (F_Q, M) \cup ((G_Q, N) \cup (H_Q, Y))$。

证明：

①根据定义 5-28，若 $(F_Q, M) = \{ < e, \{(u, q), f_{F_Q}(u, q)\} >: e \in M, (u, q) \in U \times Q\}$，$(\phi, M) = \{ < e, \{(u, q), -\} >: e \in M, (u, q) \in U \times Q\}$，那么 $(F_Q, M) \cup (\phi, M) = \{ < e, \{(u, q), (f_{F_Q}(u, q) \vee -)\} >: e \in M, (u, q) \in U \times Q\} = \{ < e, \{(u, q), f_{F_Q}(u, q)\} >: e \in M, (u, q) \in U \times Q\} = (F_Q, M)$。

②根据定义 5-28，若 $(F_Q, M) = \{ < e, \{(u, q), f_{F_Q}(u, q)\} >: e \in M, (u, q) \in U \times Q\}$，

$(U, M) = \{ < e, \{(u, q), +\} >: e \in M, (u, q) \in U \times Q\}$，那么 $(F_Q, M) \cup (\phi, M) = \{ < e, \{(u, q), (f_{F_Q}(u, q) \vee +)\} >: e \in M, (u, q) \in U \times Q\} = \{ < e, \{(u, q), +\} >: e \in M, (u, q) \in U \times Q\} = (U, M)$。

③根据定义 5-28，若 $(F_Q, M) = \{ < e, \{(u, q), f_{F_Q}(u, q)\} >: e \in M, (u, q) \in U \times Q\}$，$(F_Q, M) \cup (F_Q, M) = \{ < e, \{(u, q), (f_{F_Q}(u, q) \vee f_{F_Q}(u, q))\} >: e \in$

M, $(u, q) \in U \times Q\} = \{<e, \{(u, q), f_{F_Q}(u, q)\}>: e \in M, (u, q) \in U \times Q\} = (F_Q, M)$。

④根据定义 5-28 可得到 $(F_Q, M) \cup (G_Q, N) = (G_Q, N) \cup (F_Q, M)$。仅考虑 $e \in M \cap N$，其他情况无关紧要。

$(F_Q, M) = \{<m, \{(u, q), f_{F_Q}(u, q)\}>: m \in M, (u, q) \in U \times Q\}$，

$(G_Q, N) = \{<n, \{(u, q), f_{G_Q}(u, q)\}>: n \in N, (u, q) \in U \times Q\}$，

$(F_Q, M) \cup (G_Q, N) = \{<e, \{(u, q), f_{F_Q}(u, q) \vee f_{G_Q}(u, q)\}>: e \in M \cap N, (u, q) \in U \times Q\} = \{<e, \{(u, q), f_{G_Q}(u, q) \vee f_{F_Q}(u, q)\}>: e \in N \cap M, (u, q) \in U \times Q\} = (G_Q, N) \cup (F_Q, M)$。

⑤根据定义 5-28 可得到 $((F_Q, M) \cup (G_Q, N)) \cup (H_Q, Y) = (F_Q, M) \cup ((G_Q, N) \cup (H_Q, Y))$。仅考虑 $a \in M \cap N$ 和 $b \in M \cap N \cap Y$，其他情况可以忽略。

$(F_Q, M) = \{<m, \{(u, q), f_{F_Q}(u, q)\}>: m \in M, (u, q) \in U \times Q\}$，

$(G_Q, N) = \{<n, \{(u, q), f_{G_Q}(u, q)\}>: n \in N, (u, q) \in U \times Q\}$，

$(H_Q, Y) = \{<y, \{(u, q), f_{H_Q}(u, q)\}>: y \in Y, (u, q) \in U \times Q\}$，

$(F_Q, M) \cup (G_Q, N) = \{<a, \{(u, q), f_{F_Q}(u, q) \vee f_{G_Q}(u, q)\}>: a \in M \cap N, (u, q) \in U \times Q\}$，

$((F_Q, M) \cup (G_Q, N)) \cup (H_Q, Y) = \{<b, \{(u, q), (f_{F_Q}(u, q) \vee f_{G_Q}(u, q)) \vee f_{H_Q}(u, q)\}>: b \in M \cap N \cap Y$，

$(u, q) \in U \times Q\} = \{<b, \{(u, q), f_{F_Q}(u, q) \vee f_{G_Q}(u, q) \vee f_{H_Q}(u, q)\}>: b \in M \cap N \cap Y, (u, q) \in U \times Q\}$

$= \{<b, \{(u, q), f_{F_Q}(u, q) \vee (f_{G_Q}(u, q) \vee f_{H_Q}(u, q))\}>: b \in M \cap N \cap Y, (u, q) \in U \times Q\} = (F_Q, M) \cup ((G_Q, N) \cup (H_Q, Y))$。

定义 5-29　令 $(F_Q, M), (G_Q, N) \in \mathrm{QPSS}(U)$，两个 Q-次协调软集合 (F_Q, M) 和 (G_Q, N) 的交是 (H_Q, Y)，记作 $(F_Q, M) \cap (G_Q, N) = (H_Q, Y)$，其中对于所有的 $e \in Y$，$Y = M \cap N$ 且 $(H_Q, Y) = \{<e, \{(u, q), f_{F_Q}(u, q) \wedge f_{G_Q}(u, q)\}>: e \in M \cap N, (u, q) \in U \times Q\}$。

例 5-18　在上面的例 5-17 中，两个 Q-次协调软集合 (F_Q, M) 和 (G_Q, N) 的计算结果如下：

$(F_Q, M) \cap (G_Q, N) = \{<e_1, \{((u_1, p), +), ((u_2, p), \perp), ((u_2, q), ->\}$。

性质 5-4　令 (F_Q, M)、(G_Q, N)、$(H_Q, Y) \in \mathrm{QPSS}(U)$，有以下性质：

① $(F_Q, M) \cap (\phi, M) = (\phi, M)$；

② $(F_Q, M) \cap (U, M) = (F_Q, M)$；

③ $(F_Q, M) \cap (F_Q, M) = (F_Q, M)$；

④ $(F_Q, M) \cap (G_Q, N) = (G_Q, N) \cap (F_Q, M)$；

⑤ $((F_Q, M) \cap (G_Q, N)) \cap (H_Q, Y) = (F_Q, M) \cap ((G_Q, N) \cap (H_Q, Y))$。

证明：

①根据定义 5-29，若 $(F_Q, M) = \{<e, \{(u, q), f_{F_Q}(u, q)\}>: e \in M, (u, q) \in$

$U\times Q\}$，$(\phi, M)=\{<e, \{(u, q), -\}>: e\in M, (u, q)\in U\times Q\}$，那么 $(F_Q, M)\cap(\phi, M)=\{<e, \{(u, q), (f_{F_Q}(u, q)\wedge -)\}>: e\in M, (u, q)\in U\times Q\}=\{<e, \{(u, q), -\}>: e\in M, (u, q)\in U\times Q\}=(\phi, M)$。

②根据定义 5-29，若 $(F_Q, M)=\{<e, \{(u, q), f_{F_Q}(u, q)\}>: e\in M, (u, q)\in U\times Q\}$，$(U, M)=\{<e, \{(u, q), +\}>: e\in M, (u, q)\in U\times Q\}$，那么 $(F_Q, M)\cap(\phi, M)=\{<e, \{(u, q), (f_{F_Q}(u, q)\wedge +)\}>: e\in M, (u, q)\in U\times Q\}=\{<e, \{(u, q), f_{F_Q}(u, q)\}>: e\in M, (u, q)\in U\times Q\}=(F_Q, M)$。

③根据定义 5-29，若 $(F_Q, M)=\{<e, \{(u, q), f_{F_Q}(u, q)\}>: e\in M, (u, q)\in U\times Q\}$，$(F_Q, M)\cap(F_Q, M)=\{<e, \{(u, q), (f_{F_Q}(u, q)\wedge f_{F_Q}(u, q))\}>: e\in M, (u, q)\in U\times Q\}=\{<e, \{(u, q), f_{F_Q}(u, q)\}>: e\in M, (u, q)\in U\times Q\}=(F_Q, M)$。

④据定义 5-29 可以得到 $(F_Q, M)\cap(G_Q, N)=(G_Q, N)\cap(F_Q, M)$，考虑 $e\in M\cap N$。

$(F_Q, M)=\{<m, \{(u, q), f_{F_Q}(u, q)\}>: m\in M, (u, q)\in U\times Q\}$，

$(G_Q, N)=\{<n, \{(u, q), f_{G_Q}(u, q)\}>: n\in N, (u, q)\in U\times Q\}$，

$(F_Q, M)\cap(G_Q, N)=\{<e, \{(u, q), f_{F_Q}(u, q)\wedge f_{G_Q}(u, q)\}>: e\in M\cap N, (u, q)\in U\times Q\}=\{<e, \{(u, q), f_{G_Q}(u, q)\wedge f_{F_Q}(u, q)\}>: e\in N\cap M, (u, q)\in U\times Q\}=(G_Q, N)\cap(F_Q, M)$。

⑤根据定义 5-29 可以得到

$((F_Q, M)\cap(G_Q, N))\cap(H_Q, Y)=(F_Q, M)\cap((G_Q, N)\cap(H_Q, Y))$。考虑 $a\in M\cap N$ 和 $b\in M\cap N\cap Y$。

$(F_Q, M)=\{<m, \{(u, q), f_{F_Q}(u, q)\}>: m\in M, (u, q)\in U\times Q\}$，

$(G_Q, N)=\{<n, \{(u, q), f_{G_Q}(u, q)\}>: n\in N, (u, q)\in U\times Q\}$，

$(H_Q, Y)=\{<y, \{(u, q), f_{H_Q}(u, q)\}>: y\in Y, (u, q)\in U\times Q\}$，

$(F_Q, M)\cap(G_Q, N)=\{<a, \{(u, q), f_{F_Q}(u, q)\wedge f_{G_Q}(u, q)\}>: a\in M\cap N, (u, q)\in U\times Q\}$

$((F_Q, M)\cap(G_Q, N))\cap(H_Q, Y)=\{<b, \{(u, q), (f_{F_Q}(u, q)\wedge f_{G_Q}(u, q))\wedge f_{H_Q}(u, q)\}>: b\in M\cap N\cap Y, (u, q)\in U\times Q\}=\{<b, \{(u, q), f_{F_Q}(u, q)\wedge f_{G_Q}(u, q)\wedge f_{H_Q}(u, q)\}>: b\in M\cap N\cap Y, (u, q)\in U\times Q\}=(F_Q, M)\cap((G_Q, N)\cap(H_Q, Y))$。

定义 5-30 若 (F_Q, M) 和 (G_Q, N) 是论域 U 上两个 Q-次协调软集合，那么 (F_Q, M) AND (G_Q, N) 记作 $(F_Q, M)\wedge(G_Q, N)$，并定义为 $(F_Q, M)\wedge(G_Q, N)=(H_Q, M\times N)$，其中对于所有的 $(m, n)\in M\times N$，$H_Q(m, n)=F_Q(m)\cap G_Q(n)$ 是两个 Q-次协调软集合的交运算。

例 5-19 在上面的例 5-17 中，若 (F_Q, M) 和 (G_Q, N) 是论域 U 上两个 Q-次协调软集合，那么 (F_Q, M) AND (G_Q, N) 记作 $(F_Q, M)\wedge(G_Q, N)$，并定义为 $(F_Q, M)\wedge(G_Q, N)=(H_Q, M\times N)$，其中对于所有的 $(m, n)\in M\times N$，$H_Q(m, n)=F_Q(m)\cap$

$G_Q(n)$ 是两个 Q-次协调软集合的交运算。

定义 5-31 若 (F_Q, M) 和 (G_Q, N) 是论域 U 上两个 Q-次协调软集合，那么 (F_Q, M) OR (G_Q, N) 记作 $(F_Q, M) \vee (G_Q, N)$，并定义为 $(F_Q, M) \vee (G_Q, N) = (H_Q, M \times N)$，其中对于所有的 $(m, n) \in M \times N$，$H_Q(m, n) = F_Q(m) \cup G_Q(n)$ 是两个 Q-次协调软集合的并运算。

例 5-20 在上面的例 5-17 中，两个 Q-次协调软集合以及 (F_Q, M) 和 (G_Q, N) 的 OR 运算计算结果如下：

$(H_Q, M \times N) = \{<(e_1, e_1), \{((u_1, p), +), ((u_2, p), +), ((u_2, q), +)\}>, <(e_1, e_3), \{((u_1, p), +), ((u_1, q), +), ((u_2, p), \bot), ((u_2, q), -)\}>, <(e_2, e_1), \{((u_1, p), \bot), ((u_1, q), \mathrm{T}), ((u_2, p), +), ((u_2, q), +)\}>, <(e_2, e_3), \{((u_1, q), +), ((u_2, p), +)\}>\}$。

性质 5-5 令 (F_Q, M)、(G_Q, N)、$(H_Q, Y) \in \mathrm{QPSS}(U)$，有以下性质：

① $((F_Q, M) \wedge (G_Q, N)) \wedge (H_Q, Y) = (F_Q, M) \wedge ((G_Q, N) \wedge (H_Q, Y))$；

② $((F_Q, M) \vee (G_Q, N)) \vee (H_Q, Y) = (F_Q, M) \vee ((G_Q, N) \vee (H_Q, Y))$。

证明：

① $(F_Q, M) \wedge (G_Q, N) = (A_Q, M \times N)$，其中 $A_Q(m, n) = F_Q(m) \cap G_Q(n)$。

现在 $((F_Q, M) \wedge (G_Q, N)) \wedge (H_Q, Y) = (A_Q, M \times N) \wedge (H_Q, Y) = (B_Q, M \times N \times Y)$，

其中，$B_Q(m \times n \times y) = F_Q(m) \cap G_Q(n) \cap H_Q(y)$。

同样，$(G_Q, N) \wedge (H_Q, Y) = (C_Q, N \times Y)$，其中 $C_Q(n, y) = G_Q(n) \cap H_Q(y)$。

因此，$(F_Q, M) \wedge ((G_Q, N) \wedge (H_Q, Y)) = (F_Q, M) \wedge (C_Q, N \times Y) = (E_Q, M \times N \times Y)$，

其中，$E_Q(m, n, y) = F_Q(m) \cap C_Q(n, y) = F_Q(m) \cap G_Q(n) \cap H_Q(y) = B_Q(m \times n \times y)$。

因此，$((F_Q, M) \wedge (G_Q, N)) \wedge (H_Q, Y) = (F_Q, M) \wedge ((G_Q, N) \wedge (H_Q, Y))$。

② 用同①中类似的方式证明。

5.3.3 基于 Q-次协调软集合的二维静态信用评价方法

本节提出了偏好排序、得分函数、选择集和淘汰集的概念，并给出了具体评价步骤。

(1)偏好排序

不同的评价主体对 $V = \{+, -, \bot, \mathrm{T}\}$ 中的 $\bot$ 和 T 偏好不同，一般会出现 $\bot > \mathrm{T}$ 和 $\mathrm{T} > \bot$ 两种情况。

第一种情况，对于冲突规避型的评价主体，它们不善于处理不一致数据，则这类评价主体的偏好排序为 $+ > \bot > \mathrm{T} > - > \phi$。就是对冲突规避型评价主体来说，信用主体 u 在某个指标下表现良好优于在某个指标下的相关数据不完备，信用主体 u 在某个指标下的相关数据不完备优于在某个指标下的相关数据不一致，信用主体 u 在某个指标下的相关数据不一致优于在某个指标下表现差，信用主体 u 在某个指标下表现差优于某个指标下不存在

信用主体 u。

第二种情况，对于未知规避型的评价主体，它们不善于处理不完备数据，则这类评价主体的偏好排序为 $+ > T > \perp > - > \phi$。就是对未知规避型评价主体来说，信用主体 u 在某个指标下表现良好优于在某个指标下的相关数据不一致，信用主体 u 在某个指标下的相关数据不一致优于在某个指标下的相关数据不完备，信用主体 u 在某个指标下的相关数据不完备优于在某个指标下表现差，信用主体 u 在某个指标下表现差优于某个指标下不存在信用主体 u。

2. 基于 Q-次协调软集合的相关定义

定义 5-32（得分值和最终得分值） 根据偏好排序得到每一对指标下的最优信用主体。如果信用主体 (u, q) 是指标对 (e_i, e_j) 下的最优时，则信用主体 (u, q) 的得分值 $\text{Score}_{(e_i, e_j)}(u, q) = 1$，否则得分值 $\text{Score}_{(e_i, e_j)}(u, q) = 0$，那么该信用主体 (u, q) 的最终得分值为 $\text{FScore}(u, q) = \sum_{i=1}^{m} \sum_{j=1}^{n} \text{Score}_{(e_i, e_j)}(u, q)$。

定义 5-33（选择集合和淘汰集合） 我们将选择最终得分值最大的信用主体作为选择集合 S，即 $S = \max_{(u, q) \in U \times Q} \{\text{FScore}(u, q)\}$，并将剩余的信用主体作为淘汰集合 E，即 $S = \max_{(u, q) \in U \times Q} \{\text{FScore}(u, q)\}$。

3. 基于 Q-次协调软集合的二维静态评价方法

本节将在 Q-次协调软集合偏好排序及相关定义的基础上，提出基于 Q-次协调软集合的二维静态评价方法。具体步骤如下：

步骤 1：构建论域 U 上两个 Q-次协调软集合 (F_Q, M) 和 (G_O, N)。

步骤 2：通过计算 (F_Q, M) 和 (G_O, N) 的 AND 和 OR 运算得到严格决策表和松散决策表。

步骤 3：根据评价主体偏好排序在决策表中选出每一指标对下的最优信用主体 (u, q)。

步骤 4：计算信用主体 (u, q) 在每个指标对下的严格得分值 $\text{Score}_{\text{restricted}}(u, q)$ 和松散得分值 $\text{Score}_{\text{relaxed}}(u, q)$。

步骤 5：计算得到信用主体 (u, q) 的最终严格得分值 $\text{FScore}_{\text{restricted}}(u, q)$ 和最终松散严格得分值 $\text{FScore}_{\text{relaxed}}(u, q)$。

步骤 6：确定严格选择集合 S_α，严格淘汰集合 E_ψ，松散选择集合 S_β 和松散淘汰集合 E_ζ

严格选择集合 $S_\alpha = \max_{(u, q) \in U \times Q}\{\text{FScore}_{\text{restricted}}(u, q)\}$；

严格淘汰集合 $E_\psi = U \times Q - S_\alpha$；

松散选择集合 $S_\beta = \max_{(u, q) \in U \times Q}\{\text{FScore}_{\text{relaxed}}(u, q)\}$；

松散淘汰集合 $E_\zeta = U \times Q - S_\beta$。

注意，如果需要更细分的信息分类来支持复杂的评价，我们可以进一步计算最优选择集合 M_{best}、次优选择集合 M_{medium} 和最差淘汰集合 M_{low}。其中，$M_{\text{best}} = S_\alpha \cap S_\beta$，$M_{\text{medium}} =$

$S_\beta \cap E_\psi$，$M_{\text{low}} = E_\psi \cap E_\zeta$。

5.3.4　实例分析

为验证上述基于 Q-次协调软集合的信用评价方法的有效性，本节给出一个金融机构投资案例。

1. 背景描述

近日，某金融投资机构拟对 6 位贷款申请人进行放款，因此，需要评估 6 位候选人的信用水平。该机构基于 6 个指标对候选人进行评估，分别为“高电子商务平台成功交易比例”“高学历水平”“高工作年限”“低贷款额”“高净资产”“低金融账户违约次数”，依次表示为 e_1，e_2，e_3，e_4，e_5，e_6。此外，评估还需要考虑候选人的性别。相关研究显示，相较于男性而言，女性的违约概率相对较低。候选人的相关信用数据来源于第三方评估机构和商业银行。假设 $U = \{u_1, u_2, u_3, u_4, u_5\}$ 代表候选人集合，$Q = \{p, q\}$ 代表性别，$E = \{e_1, e_2, e_3, e_4, e_5, e_6\}$ 是指标集合。

由于数据丢失和收集时间的差异，这两个来源平台的数据都存在不完备和不一致性。同时，考虑到候选人的性别状况，对第三方评估机构建议考虑参数集 $M = \{e_1, e_2\}$，对商业银行建议考虑参数集 $N = \{e_3, e_5, e_6\}$，故有必要采用基于 Q-次协调软集合的信用评价方法进行评价。构建论域 U 上的两个 Q-次协调软集合 (F_Q, M) 和 (G_Q, N)，假设 (F_Q, M) 描述了特定选择下基于“高电子商务平台成功交易比例”“高学历水平”指标的候选人信用水平，(G_Q, N) 描述了特定选择下基于“高工作年限”“高净资产”“低金融账户违约次数”指标的候选人信用水平。

2. 评价过程

步骤 1：根据实例构建论域 U 上的两个 Q-次协调软集合 (F_Q, M) 和 (G_Q, N) 来描述候选人的信用水平。

$(F_Q, M) = \{<e_1, \{((u_1, p), -), ((u_1, q), +), ((u_2, p), \perp), ((u_2, q), -), ((u_3, q), \perp), ((u_4, p), \mathrm{T}), ((u_4, q), +), ((u_5, p), +), ((u_5, q), +)\}>, <e_2, \{((u_1, p), +), ((u_2, p), -), ((u_2, q), \mathrm{T}), ((u_3, p), +), ((u_3, q), -), ((u_4, q), +), ((u_5, q), +)\}>\}$。

$(G_Q, N) = \{<e_3, \{((u_2, p), +), ((u_2, q), \perp), ((u_3, p), -), ((u_3, q), \mathrm{T}), ((u_4, p), +), ((u_5, q) +)\}>, <e_5, \{((u_1, p), -), ((u_1, q), \perp), ((u_2, p), +), ((u_2, q), \perp), ((u_3, p), +), ((u_4, p), +), ((u_4, q), +), ((u_5, p), +), ((u_5, q), \mathrm{T})\}>, <e_6, \{((u_1, q), +), ((u_2, p), \mathrm{T}), ((u_3, q), -), ((u_4, q), \mathrm{T}), ((u_5, p), +), ((u_5, q), \perp)\}>\}$。

步骤 2：通过计算 (F_Q, M) 和 (G_Q, N) 的 AND 和 OR 运算得到严格决策表和松散决策表，分别如表 5-10 和表 5-11 所示。

表 5-10 **严格决策表**

$U \times Q$	(e_1, e_3)	(e_1, e_5)	(e_1, e_6)	(e_2, e_3)	(e_2, e_5)	(e_2, e_6)
(u_1, p)	ϕ	$-$	ϕ	ϕ	$+$	ϕ
(u_1, q)	ϕ	$\perp$	$+$	ϕ	ϕ	ϕ
(u_2, p)	ϕ	$\perp$	$-$	$-$	$-$	$-$
(u_2, q)	$-$	$-$	ϕ	$-$	$-$	ϕ
(u_3, p)	ϕ	ϕ	ϕ	$-$	$+$	ϕ
(u_3, q)	$-$	ϕ	$-$	$-$	ϕ	$-$
(u_4, p)	T	T	ϕ	ϕ	ϕ	ϕ
(u_4, q)	ϕ	$+$	T	ϕ	$+$	T
(u_5, p)	ϕ	$+$	$+$	ϕ	ϕ	ϕ
(u_5, q)	$+$	T	$\perp$	$+$	T	$\perp$

表 5-11 **松散决策表**

$U \times Q$	(e_1, e_3)	(e_1, e_5)	(e_1, e_6)	(e_2, e_3)	(e_2, e_5)	(e_2, e_6)
(u_1, p)	$-$	$-$	$-$	$+$	$+$	$+$
(u_1, q)	$+$	$+$	$+$	ϕ	$\perp$	$+$
(u_2, p)	$+$	$+$	$+$	$+$	$+$	$+$
(u_2, q)	$\perp$	$-$	$-$	$+$	$+$	T
(u_3, p)	$-$	$+$	ϕ	$+$	$+$	$+$
(u_3, q)	$+$	$\perp$	$\perp$	T	$-$	$-$
(u_4, p)	$+$	$+$	T	$+$	$+$	ϕ
(u_4, q)	$+$	$+$	$+$	$+$	$+$	$+$
(u_5, p)	$+$	$+$	$+$	ϕ	$+$	$+$
(u_5, q)	$+$	$+$	$+$	$+$	$+$	$+$

步骤 3：候选人的偏好排序是 $+ > \perp > \mathrm{T} > - > \phi$，我们在决策表中根据候选人的偏好排序选出每一指标对下的最优候选人。

步骤 4：计算对象 (u, q) 在每个参数对下的严格得分值 $\mathrm{Score}_{\mathrm{restricted}}(u, q)$ 和松散得分值 $\mathrm{Score}_{\mathrm{relaxed}}(u, q)$，分别用表 5-12 和表 5-13 表示。

表 5-12　　**严格得分值**

$U \times Q$	(e_1, e_3)	(e_1, e_5)	(e_1, e_6)	(e_2, e_3)	(e_2, e_5)	(e_2, e_6)
(u_1, p)	0	0	0	0	1	0
(u_1, q)	0	0	1	0	0	0
(u_2, p)	0	0	0	0	0	0
(u_2, q)	0	0	0	0	0	0
(u_3, p)	0	0	0	0	1	0
(u_3, q)	0	0	0	0	0	0
(u_4, p)	0	0	0	0	0	0
(u_4, q)	0	1	0	0	1	0
(u_5, p)	0	1	1	0	0	0
(u_5, q)	1	0	0	1	0	1

表 5-13　　**松散得分值**

$U \times Q$	(e_1, e_3)	(e_1, e_5)	(e_1, e_6)	(e_2, e_3)	(e_2, e_5)	(e_2, e_6)
(u_1, p)	0	0	0	1	1	1
(u_1, q)	1	1	1	0	0	1
(u_2, p)	1	1	1	1	1	1
(u_2, q)	0	0	0	1	1	0
(u_3, p)	0	1	0	1	1	1
(u_3, q)	1	0	0	0	0	0
(u_4, p)	1	1	0	1	1	0
(u_4, q)	1	1	1	1	1	1
(u_5, p)	1	1	1	0	1	1
(u_5, q)	1	1	1	1	1	1

步骤 5：计算得到候选人 (u, q) 的最终严格得分值 $\text{FScore}_{\text{restricted}}(u, q)$ 和最终松散得分值 $\text{FScore}_{\text{relaxed}}(u, q)$，分别如表 5-14 和表 5-15 所示。

表 5-14　　**最终严格得分值 $FScore_{restricted}(u, q)$**

$U \times Q$	$FScore_{restricted}$	$U \times Q$	$FScore_{restricted}$
(u_1, p)	1	(u_3, q)	0
(u_1, q)	1	(u_4, p)	0
(u_2, p)	0	(u_4, q)	2
(u_2, q)	0	(u_5, p)	2
(u_3, p)	1	(u_5, q)	3

表 5-15　　**最终松散得分值 $FScore_{relaxed}(u, q)$**

$U \times Q$	$FScore_{relaxed}$	$U \times Q$	$FScore_{relaxed}$
(u_1, p)	3	(u_3, q)	4
(u_1, q)	4	(u_4, p)	1
(u_2, p)	6	(u_4, q)	6
(u_2, q)	2	(u_5, p)	5
(u_3, p)	2	(u_5, q)	6

步骤 6：根据步骤 5，我们可以得到 S_α、E_ψ、S_β 和 E_ζ。

$S_\alpha = \{(u_5, q)\}$；

$E_\psi = \{(u_1, p), (u_1, q), (u_2, p), (u_2, q), (u_3, p), (u_3, q), (u_4, p), (u_4, q), (u_5, p)\}$；

$S_\beta = \{(u_2, p), (u_4, q), (u_5, q)\}$；

$E_\zeta = \{(u_1, p), (u_1, q), (u_2, q), (u_3, p), (u_3, q), (u_4, p), (u_5, p)\}$；

因此，当经济状况相对较差时，该金融投资机构对候选人应有着更严格和更高的选择标准，最终将选择投资候选人 (u_5, q) 而不是 (u_1, p)，(u_1, q)，(u_2, p)，(u_2, q)，(u_3, p)，(u_3, q)，(u_4, p)，(u_4, q)，(u_5, p)。相反，当经济向好时，该机构应采取稍宽松一些的标准选择投资候选人，最终将选择投资的候选人是 (u_2, p)，(u_4, q)，(u_5, q)，而不是 (u_1, p)，(u_1, q)，(u_2, q)，(u_3, p)，(u_3, q)，(u_4, p)，(u_5, p)。

如果针对市场经济状况在选择候选人时需要更复杂的策略，我们可以获得以下 M_{best}，M_{medium} 和 M_{low}：

$M_{best} = \{(u_5, q)\}$；

$M_{medium} = \{(u_2, p), (u_4, q)\}$；

$M_{low} = \{(u_1, p), (u_1, q), (u_2, q), (u_3, p), (u_3, q), (u_4, p), (u_5, p)\}$。

显然，应该优先考虑 (u_5, q)，(u_2, p) 和 (u_4, q) 是投资的次优选择，(u_1, p)，(u_1, q)，(u_2, q)，(u_3, p)，(u_3, q)，(u_4, p)，(u_5, p) 则不予考虑投资。

3. 对比分析

将本节所提方法与次协调软集合(PSS)(Dong and Hou, 2019)、*Q*-模糊软集合(QFSS)(Adam and Hassan, 2015)、*Q*-直觉模糊软集合(QIFSS)(Broumi, 2015)和 *Q*-中智软集合(QNSS)(Abu Qamar 和 Hassan, 2018)进行比较。与使用 PSS 表征决策数据的次协调软集合方法相比，*Q*-次协调软集合方法引入了一个新的参数集，即 QPSS，以满足个性化的多目标评价需要。从应用实例中可以看出，PSS 只能够实现对一维目标问题的分析，而 QPSS 可以处理二维目标下的问题。

在实际复杂问题中，常存在信息不完备不一致情况。模糊软集合可以处理不完备的信息，因此 QFSS 和 QIFSS 可以与更深层次的不完备信息进行交互。中智软集合能够有效分析不一致信息，即 QNSS 可以与更深层的不一致信息进行交互。但现有研究均忽略了同时存在不完备和不一致数据的情况。为克服这一缺陷，本节提出了次协调软集合的概念，而 QPSS 具有同时处理二维集合中不完备和不一致信息的能力，因此，QPSS 能够与更深层次的不完备和不一致信息进行交互。

我们将 QPSS 的基本特征与 PSS，QFSS，QIFSS 和 QNSS 进行比较，如表 5-16 所示。

表 5-16　　比较分析

方法	域	值域	有无 Q	不完备	不一致	不完备和不一致
本节方法	论域 U	$\{+, -, \perp, T\}$	有	是	是	是
PSS	论域 U	$[0, 1]$	无	是	否	否
QFSS	论域 U	$[0, 1]^2$	有	是	否	否
QIFSS	论域 U	$[0, 1]^3$	有	否	是	否
QNSS	论域 U	$\{+, -, \perp, T\}$	有	是	是	否

5.3.5　研究结果

Q-次协调软集合是二维通用集上的次协调软集合。因此，*Q*-次协调软集合在同时处理不完备和不一致数据的基础上还可以处理二维数据。本节首先提出了次协调集和 *Q*-次协调集以及它们的交集和并集运算，重新定义了次协调软集合并提出了 *Q*-次协调软集合。其次讨论了 *Q*-次协调软集合的一些运算，即空值、绝对、子集、等价、补集、并、交、AND 和 OR 运算。最后定义了 *Q*-次协调软集合的信用评价方法，并将该方法应用于金融机构投资决策问题。这种新模型为处理包含不完备不一致数据的问题提供了重要的扩展思路，从而为进一步的相关研究提供了参考。

5.4 基于动态次协调软集合的动态信用评价理论和方法

互联网环境下的在线信用数据，常常包括用户交易数据、行为数据和用户创造内容。这些数据都会随时间而变化并呈现出动态性。然而，次协调软集合只能在某一时间内描述信息，却没有考虑数据的动态性。该缺陷限制了一些涉及动态不完整和不一致数据的问题的建模。在上一节的基础上，本节首先将时间戳引入次协调软集合，构建了动态次协调软集合来描述随时间变化并同时涉及不完备和不一致数据的问题。其次定义了一些基本运算，如补集、和、严格交、松散交、严格交叉和松散交叉。再次本章介绍了动态次协调软决策系统、复合时间选择值、复合时间决策值、复合时间加权向量和最终决策值的概念。最后在此基础上构建了相应的决策方法，并将该方法应用于一个互联网信用评价问题中。

5.4.1 动态次协调软集合的定义及基本运算

本节提出了动态次协调软集合的定义和相关运算，为动态信用评价方法的构建奠定基础。

1. 动态次协调软集合的定义

在这节我们介绍了动态次协调软集合的概念，为帮助读者理解，通过一个案例进行说明。

定义 5-34 为了解决同时涉及动态不完备和不一致数据的问题，我们提出了动态次协调软集合的概念。令 (F, P) 是论域 U 上的一个软集合，P 是一个参数集族，并且 F 是一个映射，映射关系是 $F: P \rightarrow P(U)$。考虑到时间集 $T=\{t_1, t_2, \cdots, t_n\}$，如果 $(F, P)_t$ 满足下列条件，那么我们称 $(F, P)_t$ 是一个单时间动态次协调软集合。

① $\varepsilon=\{\varepsilon^{+}, \varepsilon^{-}, \varepsilon^{\perp}, \varepsilon^{\mathrm{T}}\}$，$\varepsilon \in P$。

② $U_{\varepsilon^{*} \in \varepsilon \in P} F_{t_i}(\varepsilon)=U$，$t_i \in T$。

③ 对于任何两个细胞参数 ε^{i}，$\varepsilon^{j} \in \varepsilon$，$\varepsilon^{i} \neq \varepsilon^{j}$，$F_{t_i}(\varepsilon^{i}) \cap \mathrm{F}_{t_i}(\varepsilon^{j})=\phi$，$t_i \in T$。

进一步地，我们称 $(F, P)_{t_m t_n}$ 是一个复合时间动态次协调软集合，$t_m t_n(t_m, t_n \in T)$ 是一个复合时间。

例 5-21 假定论域 $U=\{u_1, u_2, u_3, u_4, u_5, u_6\}$ 是时间集 $T=\{t_1, t_2\}$ 下的六个信用主体，$P=\{e_1, e_2, e_3\}$ 是一个指标集族，其中 e_1，e_2 和 e_3 分别代表对象的资产状况、金融平台等级和电商平台成交率。

在这个例子中，我们定义了单时间动态次协调软集合 $(F, P)_t$ 来描述对象的信用水平，具体的单时间动态次协调软集合 $(F, P)_t$ 的映射关系表示如下：

$F_{t_1}(e_1^+)=\{u_1, u_2\}$，$F_{t_1}(e_1^-)=\{u_4\}$，$F_{t_1}(e_1^\perp)=\{u_3, u_5\}$，$F_{t_1}(e_1^\mathrm{T})=\{u_6\}$；

$F_{t_2}(e_1^+)=\{u_2\}$，$F_{t_2}(e_1^-)=\{u_3, u_4\}$，$F_{t_2}(e_1^\perp)=\{u_1, u_6\}$，$F_{t_2}(e_1^\mathrm{T})=\{u_5\}$；

$F_{t_1}(e_2^+)=\{u_1\}$，$F_{t_1}(e_2^-)=\{u_6\}$，$F_{t_1}(e_2^\perp)=\{u_3\}$，$F_{t_1}(e_2^\mathrm{T})=\{u_2, u_4, u_5\}$；

$F_{t_2}(e_2^+)=\{u_4\}$，$F_{t_2}(e_2^-)=\{u_5, u_6\}$，$F_{t_2}(e_2^\perp)=\{u_1\}$，$F_{t_2}(e_2^\mathrm{T})=\{u_2, u_3\}$；

$F_{t_1}(e_3^+)=\{u_1\}$，$F_{t_1}(e_3^-)=\{u_3\}$，$F_{t_1}(e_3^\perp)=\{u_2, u_5\}$，$F_{t_1}(e_3^\mathrm{T})=\{u_6\}$；

$F_{t_2}(e_3^+)=\{u_1, u_3\}$，$F_{t_2}(e_3^-)=\{u_2, u_4, u_6\}$，$F_{t_2}(e_3^\perp)=\{u_5\}$，$F_{t_2}(e_3^\mathrm{T})=\{u_3\}$。

根据定义 5-34，我们可知仅 $(F, \{e_1, e_2\})_t$ 是一个单时间动态次协调软集合，$(F, \{e_1, e_3\})_t$ 和 $(F, \{e_2, e_3\})_t$ 则不是单时间动态次协调软集合。进一步地，$F_{t_1}(e_1^+)=\{u_1, u_2\}$ 近似表示信用主体 u_1 和 u_2 在时间 t_1 下具有较多的资产；$F_{t_1}(e_1^-)=\{u_4\}$ 近似表示信用主体 u_4 在时间 t_1 下资产状况较差；$F_{t_1}(e_1^\perp)=\{u_3, u_5\}$ 近似表示信用主体 u_3 和 u_5 在时间 t_1 下缺失资产状况的相关数据；$F_{t_1}(e_1^T)=\{u_6\}$ 近似表示时间 t_1 下在有关信用主体 u_6 资产状况的数据中存在矛盾，造成这种结果的原因可能是资产状况数据来源于不同的机构。单时间动态次协调软集合 $(F, \{e_1, e_2\})_t$ 可以用表 5-17 表示。

表 5-17　　单时间次协调软集合 $(F, \{e_1, e_2\})_t$ 的表格表示

t_1	e_1	e_2	t_2	e_1	e_2
u_1	+	+	u_1	⊥	⊥
u_2	+	T	u_2	+	T
u_3	⊥	⊥	u_3	−	T
u_4	−	T	u_4	−	+
u_5	⊥	T	u_5	T	−
u_6	T	−	u_6	⊥	−

定义 5-35　设 $(F, P)_t$ 和 $(G, Q)_t$ 是论域 U 上在时间集 $T=\{t_1, t_2, \cdots, t_n\}$ 下的两个单时间动态次协调软集合，如果满足 $P\subseteq Q$，且 $\forall t_i\in T$，$\varepsilon^*\in\varepsilon\in P$，$F_{t_i}(\varepsilon^*)$ 和 $G_{t_i}(\varepsilon^*)$ 近似相等，我们称 $(F, P)_t$ 是 $(G, Q)_t$ 的单时间动态次协调软子集，并可记作 $(F, P)_t \tilde{\subseteq} (G, Q)_t$。

类似地，如果 $(G, Q)_t$ 是 $(F, P)_t$ 的单时间动态次协调软子集，我们则称 $(F, P)_t$ 是 $(G, Q)_t$ 的单时间动态次协调软超集，并可记作 $(F, P)_t \tilde{\supseteq} (G, Q)_t$。

定义 5-36　设 $(F, P)_t$ 和 $(G, Q)_t$ 是论域 U 上在时间集 $T=\{t_1, t_2, \cdots, t_n\}$ 下的两个单时间动态次协调软集合，如果 $(F, P)_t$ 是 $(G, Q)_t$ 的单时间动态次协调软子集，且 $(G, Q)_t$ 也是 $(F, P)_t$ 的单时间动态次协调软子集，我们则称 $(F, P)_t$ 和 $(G, Q)_t$ 是等价的。

例 5-22 假定 $(F, P)_t$ 和 $(G, Q)_t$ 是论域 $U=\{u_1, u_2, u_3, u_4, u_5, u_6\}$ 上在时间集 $T=\{t_1, t_2\}$ 下的两个单时间动态次协调软集合，且 $P=\{e_1\}$ 和 $Q=\{e_1, e_2\}$ 为两个参数集。

显然，$P \subseteq Q$，

$F_{t_1}(e_1^+)=\{u_1, u_2\}$，$F_{t_1}(e_1^-)=\{u_4\}$，$F_{t_1}(e_1^\perp)=\{u_3, u_5\}$，$F_{t_1}(e_1^\mathrm{T})=\{u_6\}$；

$F_{t_2}(e_1^+)=\{u_2\}$，$F_{t_2}(e_1^-)=\{u_3, u_4\}$，$F_{t_2}(e_1^\perp)=\{u_1, u_6\}$，$F_{t_2}(e_1^\mathrm{T})=\{u_5\}$；

$G_{t_1}(e_1^+)=\{u_1, u_2\}$，$G_{t_1}(e_1^-)=\{u_4\}$，$G_{t_1}(e_1^\perp)=\{u_3, u_5\}$，$G_{t_1}(e_1^\mathrm{T})=\{u_6\}$；

$G_{t_2}(e_1^+)=\{u_2\}$，$G_{t_2}(e_1^-)=\{u_3, u_4\}$，$G_{t_2}(e_1^\perp)=\{u_1, u_6\}$，$G_{t_2}(e_1^\mathrm{T})=\{u_5\}$；

$G_{t_1}(e_2^+)=\{u_3, u_5\}$，$G_{t_1}(e_2^-)=\{u_2\}$，$G_{t_1}(e_2^\perp)=\{u_1\}$，$G_{t_1}(e_2^\mathrm{T})=\{u_4, u_6\}$；

$G_{t_2}(e_2^+)=\{u_4\}$，$G_{t_2}(e_2^-)=\{u_5, u_6\}$，$G_{t_2}(e_2^\perp)=\{u_2, u_3\}$，$G_{t_2}(e_2^\mathrm{T})=\{u_1\}$。

因此，$(F, P)_t \tilde{\subseteq} (G, Q)_t$。

定义 5-37 单时间动态次协调软集合 $(F, P)_t$ 的补集表示为 $(F, P)_t^c$，并且由 $(F,P)_t^c=(F_t^c, \urcorner P)$ 定义，这里 F_t^c：$\urcorner P \to P(U)$ 是一个映射，映射为 $F_t^c(\varepsilon^*)=F_t(\neg\varepsilon^*)$，$\forall t \in T$，$\forall \varepsilon^* \in \varepsilon \in P$。

F_t^c 称为 F_t 的单时间动态次协调软补函数，显然 $(F_t^c)^c$ 就是 F_t，且 $((F, P)_t^c)^c=(F, P)_t$。

例 5-23 根据例 5-21，单时间动态次协调软集合 $(F, \{e_1, e_2\})_t$ 的补集如下：

$F_{t_1}^c(e_1^+)=\{u_4\}$，$F_{t_1}^c(e_1^-)=\{u_1, u_2\}$，$F_{t_1}^c(e_1^\perp)=\{u_3, u_5\}$，$F_{t_1}^c(e_1^\mathrm{T})=\{u_6\}$；

$F_{t_2}^c(e_1^+)=\{u_3, u_4\}$，$F_{t_2}^c(e_1^-)=\{u_2\}$，$F_{t_2}^c(e_1^\perp)=\{u_1, u_6\}$，$F_{t_2}^c(e_1^\mathrm{T})=\{u_5\}$；

$F_{t_1}^c(e_2^+)=\{u_6\}$，$F_{t_1}^c(e_2^-)=\{u_1\}$，$F_{t_1}^c(e_2^\perp)=\{u_3\}$，$F_{t_1}^c(e_2^\mathrm{T})=\{u_2, u_4, u_5\}$；

$F_{t_2}^c(e_2^+)=\{u_5, u_6\}$，$F_{t_2}^c(e_2^-)=\{u_4\}$，$F_{t_2}^c(e_2^\perp)=\{u_1\}$，$F_{t_2}^c(e_2^\mathrm{T})=\{u_2, u_3\}$。

定义 5-38 设 $(F, P)_t$ 和 $(G, Q)_t$ 是论域 U 在时间集 $T=\{t_1, t_2, \cdots, t_n\}$ 上的两个单时间动态次协调软集合，“$(F, P)_t$AND $(G, Q)_t$”用 $(F, P)_t \wedge (G, Q)_t$ 表示，定义为 $(F, P)_{t_m} \wedge (G, Q)_{t_n}=(H_{t_mt_n}, P \times Q)$。

这里 $H_{t_mt_n}(\alpha^i \times \beta^j)=F_{t_m}(\alpha^i) \cap G_{t_n}(\beta^j)$，$\forall(\alpha^i, \beta^j) \in (\alpha, \beta) \in P \times Q(i, j \in \{+, -, \perp, T\})$。

例 5-24 设 $(F, P)_t$ 和 $(G, Q)_t$ 是论域 $U=\{u_1, u_2, u_3, u_4, u_5, u_6\}$ 在时间集 $T=\{t_1, t_2\}$ 上的两个单时间动态次协调软集合，而且 $P=\{e_1, e_2\}$，$Q=\{e_1, e_3\}$。这里

$F_{t_1}(e_1^+)=\{u_1, u_2\}$，$F_{t_1}(e_1^-)=\{u_4\}$，$F_{t_1}(e_1^\perp)=\{u_3, u_5\}$，$F_{t_1}(e_1^\mathrm{T})=\{u_6\}$；

$F_{t_2}(e_1^+)=\{u_2\}$，$F_{t_2}(e_1^-)=\{u_3, u_4\}$，$F_{t_2}(e_1^\perp)=\{u_1, u_6\}$，$F_{t_2}(e_1^\mathrm{T})=\{u_5\}$；

$F_{t_1}(e_2^+)=\{u_1\}$，$F_{t_1}(e_2^-)=\{u_6\}$，$F_{t_1}(e_2^\perp)=\{u_3\}$，$F_{t_1}(e_2^\mathrm{T})=\{u_2, u_4, u_5\}$；

$F_{t_2}(e_2^+)=\{u_4\}$，$F_{t_2}(e_2^-)=\{u_5, u_6\}$，$F_{t_2}(e_2^\perp)=\{u_1\}$，$F_{t_2}(e_2^\mathrm{T})=\{u_2, u_3\}$。

而且 $G_{t_1}(e_1^+)=\{u_1\}$，$G_{t_1}(e_1^-)=\{u_3\}$，$G_{t_1}(e_1^\perp)=\{u_2, u_5\}$，$G_{t_1}(e_1^\mathrm{T})=\{u_4, u_6\}$；

$G_{t_2}(e_1^+)=\{u_5, u_6\}$，$G_{t_2}(e_1^-)=\{u_1\}$，$G_{t_2}(e_1^\perp)=\{u_3, u_4\}$，$G_{t_2}(e_1^\mathrm{T})=\{u_2\}$；

$G_{t_1}(e_3^+)=\{u_3, u_5\}$，$G_{t_1}(e_3^-)=\{u_2\}$，$G_{t_1}(e_3^\perp)=\{u_1\}$，$G_{t_1}(e_3^\mathrm{T})=\{u_4, u_6\}$；

$G_{t_2}(e_3^+)=\{u_4\}$，$G_{t_2}(e_3^-)=\{u_5, u_6\}$，$G_{t_2}(e_3^{\perp})=\{u_2, u_3\}$，$G_{t_2}(e_3^{\mathrm{T}})=\{u_1\}$。

考虑到 $F_{t_1}(e_1)$ 和 $G_{t_2}(e_3)$ 之间的 AND 运算，计算可得：

$H_{t_1t_2}(e_1^+, e_3^+)=\phi$，$H_{t_1t_2}(e_1^+, e_3^-)=\phi$，$H_{t_1t_2}(e_1^+, e_3^{\perp})=\{u_2\}$，$H_{t_1t_2}(e_1^+, e_3^{\mathrm{T}})=\{u_1\}$；

$H_{t_1t_2}(e_1^-, e_3^+)=\{u_4\}$，$H_{t_1t_2}(e_1^-, e_3^-)=\phi$，$H_{t_1t_2}(e_1^-, e_3^{\perp})=\phi$，$H_{t_1t_2}(e_1^-, e_3^{\mathrm{T}})=\phi$；

$H_{t_1t_2}(e_1^{\perp}, e_3^+)=\phi$，$H_{t_1t_2}(e_1^{\perp}, e_3^-)=\{u_5\}$，$H_{t_1t_2}(e_1^{\perp}, e_3^{\perp})=\{u_3\}$，$H_{t_1t_2}(e_1^{\perp}, e_3^{\mathrm{T}})=\phi$；

$H_{t_1t_2}(e_1^{\mathrm{T}}, e_3^+)=\phi$，$H_{t_1t_2}(e_1^{\mathrm{T}}, e_3^-)=\{u_6\}$，$H_{t_1t_2}(e_1^{\mathrm{T}}, e_3^{\perp})=\phi$，$H_{t_1t_2}(e_1^{\mathrm{T}}, e_3^{\mathrm{T}})=\phi$。

2. 动态次协调软集合的运算

本节在动态次协调软集合的相关基本定义上进一步定义了动态次协调软集合的有关运算。

定义 5-39（两个动态次协调软集合的严格交运算）　设 $(F, P)_t$ 和 $(G, Q)_t$ 是论域 U 在时间集 $T=\{t_1, t_2, \cdots, t_n\}$ 上的两个单时间动态次协调软集合，$(F, P)_t$ 和 $(G, Q)_t$ 的严格交运算用 $(F, P)_t\ \tilde{\cap}_S\ (G, Q)_t$ 表示，定义为：$(F, P)_{t_m}\ \tilde{\cap}_S\ (G, Q)_{t_n}=(H_{t_mt_n}, Y)_S$。这里，$Y=P\cap Q$ 且 $\forall \varepsilon^*\in\varepsilon\in Y$，$H_{t_mt_n}(\varepsilon^*)$ 由下式给出：

$H_{t_mt_n}(\varepsilon^+)=F_{t_m}(\varepsilon^+)\cap G_{t_n}(\varepsilon^+)$；

$H_{t_mt_n}(\varepsilon^-)=(F_{t_m}(\varepsilon^-)\cap G_{t_n}(\varepsilon^-))\cup(F_{t_m}(\varepsilon^+)\cap G_{t_n}(\varepsilon^-))\cup(F_{t_m}(\varepsilon^-)\cap G_{t_n}(\varepsilon^+))\cup(F_{t_m}(\varepsilon^{\perp})\cap G_{t_n}(\varepsilon^-))\cup(F_{t_m}(\varepsilon^-)\cap G_{t_n}(\varepsilon^{\perp}))\cup(F_{t_m}(\varepsilon^{\mathrm{T}})\cap G_{t_n}(\varepsilon^-))\cup(F_{t_m}(\varepsilon^-)\cap G_{t_n}(\varepsilon^{\mathrm{T}}))\cup(F_{t_m}(\varepsilon^{\perp})\cap G_{t_n}(\varepsilon^{\mathrm{T}}))\cup(F_{t_m}(\varepsilon^{\mathrm{T}})\cap G_{t_n}(\varepsilon^{\perp}))$；

$H_{t_mt_n}(\varepsilon^{\perp})=(F_{t_m}(\varepsilon^+)\cap G_{t_n}(\varepsilon^{\perp}))\cup(F_{t_m}(\varepsilon^{\perp})\cap G_{t_n}(\varepsilon^+))\cup(F_{t_m}(\varepsilon^{\perp})\cap G_{t_n}(\varepsilon^{\perp}))$；

$H_{t_mt_n}(\varepsilon^{\mathrm{T}})=(F_{t_m}(\varepsilon^+)\cap G_{t_n}(\varepsilon^{\mathrm{T}}))\cup(F_{t_m}(\varepsilon^{\mathrm{T}})\cap G_{t_n}(\varepsilon^+))\cup(F_{t_m}(\varepsilon^{\mathrm{T}})\cap G_{t_n}(\varepsilon^{\mathrm{T}}))$。

例 5-25　在例 5-24 中对 $(F, P)_t$ 和 $(G, Q)_t$ 进行严格交运算，结果如下所示：

$H_{t_1t_1}(e_1^+)=F_{t_1}(e_1^+)\cap G_{t_1}(e_1^+)=\{u_1\}$；$H_{t_1t_2}(e_1^+)=\phi$；$H_{t_2t_1}(e_1^+)=\phi$；$H_{t_2t_2}(e_1^+)=\phi$。

$H_{t_1t_1}(e_1^-)=(F_{t_1}(e_1^-)\cap G_{t_1}(e_1^-))\cup(F_{t_1}(e_1^+)\cap G_{t_1}(e_1^-))\cup(F_{t_1}(e_1^-)\cap G_{t_1}(e_1^+))\cup(F_{t_1}(e_1^{\perp})\cap G_{t_1}(e_1^-))\cup(F_{t_1}(e_1^-)\cap G_{t_1}(e_1^{\perp}))\cup(F_{t_1}(e_1^{\mathrm{T}})\cap G_{t_1}(e_1^-))\cup(F_{t_1}(e_1^-)\cap G_{t_1}(e_1^{\mathrm{T}}))\cup(F_{t_1}(e_1^{\perp})\cap G_{t_1}(e_1^{\mathrm{T}}))\cup(F_{t_1}(e_1^{\mathrm{T}})\cap G_{t_1}(e_1^{\perp}))=\{u_3, u_4\}$；

$H_{t_1t_2}(e_1^-)=\{u_1, u_4\}$；$H_{t_2t_1}(e_1^-)=\{u_3, u_4, u_5, u_6\}$；$H_{t_2t_2}(e_1^-)=\{u_1, u_3, u_4\}$。

$H_{t_1t_1}(e_1^{\perp})=(F_{t_1}(e_1^+)\cap G_{t_1}(e_1^{\perp}))\cup(F_{t_1}(e_1^{\perp})\cap G_{t_1}(e_1^+))\cup(F_{t_1}(e_1^{\perp})\cap G_{t_1}(e_1^{\perp}))=\{u_2, u_5\}$；

$H_{t_1t_2}(e_1^{\perp})=\{u_3, u_5\}$；$H_{t_2t_1}(e_1^{\perp})=\{u_1, u_2\}$；$H_{t_2t_2}(e_1^{\perp})=\{u_6\}$。

$H_{t_1t_1}(e_1^{\mathrm{T}})=(F_{t_1}(e_1^+)\cap G_{t_1}(e_1^{\mathrm{T}}))\cup(F_{t_1}(e_1^{\mathrm{T}})\cap G_{t_1}(e_1^+))\cup(F_{t_1}(e_1^{\mathrm{T}})\cap G_{t_1}(e_1^{\mathrm{T}}))=\{u_6\}$；

$H_{t_1t_2}(e_1^{\mathrm{T}})=\{u_2, u_6\}$；$H_{t_2t_1}(e_1^{\mathrm{T}})=\phi$；$H_{t_2t_2}(e_1^{\mathrm{T}})=\{u_2, u_5\}$。

定义 5-40（两个动态次协调软集合的松散交运算）　设 $(F, P)_t$ 和 $(G, Q)_t$ 是论域 U 在时间集 $T=\{t_1, t_2, \cdots, t_n\}$ 上的两个单时间动态次协调软集合，$(F, P)_t$ 和 $(G, Q)_t$ 的松散交运算用 $(F, P)_{t_m}\ \tilde{\cap}_L\ (G, Q)_{t_n}$ 表示，定义为：$(F, P)_{t_m}\ \tilde{\cap}_L\ (G, Q)_{t_n}=(H_{t_mt_n}, Y)_L$。这里，$Y=P\cap Q$ 且 $\forall \varepsilon^*\in\varepsilon\in Y$，$H_{t_mt_n}(\varepsilon^*)$ 由下式给出：

$H_{t_mt_n}(\varepsilon^+)=(F_{t_m}(\varepsilon^+)\cap G_{t_n}(\varepsilon^+))\cup(F_{t_m}(\varepsilon^+)\cap G_{t_n}(\varepsilon^-))\cup(F_{t_m}(\varepsilon^-)\cap G_{t_n}(\varepsilon^+))\cup(F_{t_m}(\varepsilon^+)\cap G_{t_n}(\varepsilon^\perp))\cup(F_{t_m}(\varepsilon^\perp)\cap G_{t_n}(\varepsilon^+))\cup(F_{t_m}(\varepsilon^+)\cap G_{t_n}(\varepsilon^{\mathrm{T}}))\cup(F_{t_m}(\varepsilon^{\mathrm{T}})\cap G_{t_n}(\varepsilon^+))\cup(F_{t_m}(\varepsilon^\perp)\cap G_{t_n}(\varepsilon^{\mathrm{T}}))\cup(F_{t_m}(\varepsilon^{\mathrm{T}})\cap G_{t_n}(\varepsilon^\perp))$；

$H_{t_mt_n}(\varepsilon^-)=(F_{t_m}(\varepsilon^-)\cap G_{t_n}(\varepsilon^-))$；

$H_{t_mt_n}(\varepsilon^\perp)=(F_{t_m}(\varepsilon^\perp)\cap G_{t_n}(\varepsilon^\perp))\cup(F_{t_m}(\varepsilon^\perp)\cap G_{t_n}(\varepsilon^-))\cup(F_{t_m}(\varepsilon^-)\cap G_{t_n}(\varepsilon^\perp))$；

$H_{t_mt_n}(\varepsilon^{\mathrm{T}})=(F_{t_m}(\varepsilon^{\mathrm{T}})\cap G_{t_n}(\varepsilon^{\mathrm{T}}))\cup(F_{t_m}(\varepsilon^{\mathrm{T}})\cap G_{t_n}(\varepsilon^-))\cup(F_{t_m}(\varepsilon^-)\cap G_{t_n}(\varepsilon^{\mathrm{T}}))$。

例 5-26 在例 5-24 中对 $(F, P)_t$ 和 $(G, Q)_t$ 进行松散交运算，结果如下所示：

$H_{t_1t_1}(e_1^+)=(F_{t_1}(e_1^+)\cap G_{t_1}(e_1^+))\cup(F_{t_1}(e_1^+)\cap G_{t_1}(e_1^-))\cup(F_{t_1}(e_1^-)\cap G_{t_1}(e_1^+))\cup(F_{t_1}(e_1^+)\cap G_{t_1}(e_1^\perp))\cup(F_{t_1}(e_1^\perp)\cap G_{t_1}(e_1^+))\cup(F_{t_1}(e_1^+)\cap G_{t_1}(e_1^{\mathrm{T}}))\cup(F_{t_1}(e_1^{\mathrm{T}})\cap G_{t_1}(e_1^+))\cup(F_{t_1}(e_1^\perp)\cap G_{t_1}(e_1^{\mathrm{T}}))\cup(F_{t_1}(e_1^{\mathrm{T}})\cap G_{t_1}(e_1^\perp))=\{u_1, u_2\}$；

$H_{t_1t_2}(e_1^+)=\{u_1, u_2, u_5, u_6\}$；$H_{t_2t_1}(e_1^+)=\{u_1, u_2, u_5, u_6\}$；$H_{t_2t_2}(e_1^+)=\{u_2, u_5, u_6\}$。

$H_{t_1t_1}(e_1^-)=(F_{t_1}(e_1^-)\cap G_{t_1}(e_1^-))=\phi$；$H_{t_1t_2}(e_1^-)=\phi$；$H_{t_2t_1}(e_1^-)=\{u_3\}$；$H_{t_2t_2}(e_1^-)=\phi$。

$H_{t_1t_1}(e_1^\perp)=(F_{t_1}(e_1^\perp)\cap G_{t_1}(e_1^\perp))\cup(F_{t_1}(e_1^\perp)\cap G_{t_1}(e_1^-))\cup(F_{t_1}(e_1^-)\cap G_{t_1}(e_1^\perp))=\{u_3, u_5\}$；

$H_{t_1t_2}(e_1^\perp)=\{u_3, u_4\}$；$H_{t_2t_1}(e_1^\perp)=\phi$；$H_{t_2t_2}(e_1^\perp)=\{u_1, u_3, u_4\}$。

$H_{t_1t_1}(e_1^{\mathrm{T}})=(F_{t_1}(e_1^{\mathrm{T}})\cap G_{t_1}(e_1^{\mathrm{T}}))\cup(F_{t_1}(e_1^{\mathrm{T}})\cap G_{t_1}(e_1^-))\cup(F_{t_1}(e_1^-)\cap G_{t_1}(e_1^{\mathrm{T}}))=\{u_4, u_6\}$；

$H_{t_1t_2}(e_1^\perp)=\phi$；$H_{t_2t_1}(e_1^\perp)=\{u_4\}$；$H_{t_2t_2}(e_1^\perp)=\phi$。

定义 5-41（两个动态次协调软集合的严格交叉运算） 设 $(F, P)_t$ 和 $(G, Q)_t$ 是论域 U 在时间集 $T=\{t_1, t_2, \cdots, t_n\}$ 上的两个单时间动态次协调软集合，$(F, P)_t$ 和 $(G, Q)_t$ 的严格交叉运算记为 $(F, P)_{t_m}\sim_S(G, Q)_{t_n}=(C_{t_mt_n}, R)_S$，其中：

$R=\cup_{\varepsilon_i\in P,\ \varepsilon_j\in Q,\ \varepsilon_m\in P\cap Q}\{\varepsilon_{mj}, \varepsilon_{im};\ \varepsilon_{mj}=\{\varepsilon_m, \varepsilon_j\},\ \varepsilon_{im}=\{\varepsilon_i, \varepsilon_m\};\ m\neq i;\ m\neq j\}$。对于 $\forall\varepsilon_{ij}^*\in\varepsilon_{ij}\in R$，$C_{t_mt_n}(\varepsilon_{ij}^*)$ 由下式给出：

$C_{t_mt_n}(\varepsilon_{ij}^+)=(F_{t_m}(\varepsilon_i^+)\cap G_{t_n}(\varepsilon_j^\perp))$；

$C_{t_mt_n}(\varepsilon_{ij}^-)=(F_{t_m}(\varepsilon_i^-)\cap G_{t_n}(\varepsilon_j^-))\cup(F_{t_m}(\varepsilon_i^+)\cap G_{t_n}(\varepsilon_j^-))\cup(F_{t_m}(\varepsilon_i^-)\cap G_{t_n}(\varepsilon_j^+))\cup(F_{t_m}(\varepsilon_i^\perp)\cap G_{t_n}(\varepsilon_j^-))\cup(F_{t_m}(\varepsilon_i^-)\cap G_{t_n}(\varepsilon_j^\perp))\cup(F_{t_m}(\varepsilon_i^{\mathrm{T}})\cap G_{t_n}(\varepsilon_j^-))\cup(F_{t_m}(\varepsilon_i^-)\cap G_{t_n}(\varepsilon_j^{\mathrm{T}}))\cup(F_{t_m}(\varepsilon_i^\perp)\cap G_{t_n}(\varepsilon_j^{\mathrm{T}}))\cup(F_{t_m}(\varepsilon_i^{\mathrm{T}})\cap G_{t_n}(\varepsilon_j^\perp))$；

$C_{t_mt_n}(\varepsilon_{ij}^\perp)=(F_{t_m}(\varepsilon_i^+)\cap G_{t_n}(\varepsilon_j^\perp))\cup(F_{t_m}(\varepsilon_i^\perp)\cap G_{t_n}(\varepsilon_j^+))\cup(F_{t_m}(\varepsilon_i^\perp)\cap G_{t_n}(\varepsilon_j^\perp))$；

$C_{t_mt_n}(\varepsilon_{ij}^{\mathrm{T}})=(F_{t_m}(\varepsilon_i^+)\cap G_{t_n}(\varepsilon_j^{\mathrm{T}}))\cup(F_{t_m}(\varepsilon_i^{\mathrm{T}})\cap G_{t_n}(\varepsilon_j^+))\cup(F_{t_m}(\varepsilon_i^{\mathrm{T}})\cap G_{t_n}(\varepsilon_j^{\mathrm{T}}))$。

例 5-27 在例 5-24 中对 $(F, P)_t$ 和 $(G, Q)_t$ 进行严格交叉运算，结果如下所示：

$C_{t_1t_1}(e_{13}^+)=F_{t_1}(e_1^+)\cap G_{t_1}(e_3^+)=\phi$；$C_{t_1t_2}(e_{13}^+)=\phi$；$C_{t_2t_1}(e_{13}^+)=\phi$；$C_{t_2t_2}(e_{13}^+)=\phi$。

$C_{t_1t_1}(e_{13}^-)=(F_{t_1}(e_1^-)\cap G_{t_1}(e_3^-))\cup(F_{t_1}(e_1^+)\cap G_{t_1}(e_3^-))\cup(F_{t_1}(e_1^-)\cap G_{t_1}(e_3^+))\cup(F_{t_1}(e_1^\perp)\cap G_{t_1}(e_3^-))\cup(F_{t_1}(e_1^-)\cap G_{t_1}(e_3^\perp))\cup(F_{t_1}(e_1^{\mathrm{T}})\cap G_{t_1}(e_3^-))\cup(F_{t_1}(e_1^-)\cap G_{t_1}(e_3^{\mathrm{T}}))\cup(F_{t_1}(e_1^\perp)\cap G_{t_1}(e_3^{\mathrm{T}}))\cup(F_{t_1}(e_1^{\mathrm{T}})\cap G_{t_1}(e_3^\perp))=\{u_2, u_4\}$；

$C_{t_1t_2}(e_{13}^-)=\{u_4, u_5, u_6\}$；$C_{t_2t_1}(e_{13}^-)=\{u_2, u_3, u_4, u_6\}$；$C_{t_2t_2}(e_{13}^-)=\{u_1, u_3, u_4, u_5, u_6\}$。

$C_{t_1t_1}(e_{13}^{\perp})=(F_{t_1}(e_1^+)\cap G_{t_1}(e_3^{\perp}))\cup(F_{t_1}(e_1^{\perp})\cap G_{t_1}(e_3^+))\cup(F_{t_1}(e_1^{\perp})\cap G_{t_1}(e_3^{\perp}))=\{u_1, u_3, u_5\}$；

$C_{t_1t_2}(e_{13}^{\perp})=\{u_2, u_3\}$；$C_{t_2t_1}(e_{13}^{\perp})=\{u_1\}$；$C_{t_2t_2}(e_{13}^{\perp})=\{u_2\}$。

$C_{t_1t_1}(e_{13}^{\mathrm{T}})=(F_{t_1}(e_1^+)\cap G_{t_1}(e_3^{\mathrm{T}}))\cup(F_{t_1}(e_1^{\mathrm{T}})\cap G_{t_1}(e_3^+))\cup(F_{t_1}(e_1^{\mathrm{T}})\cap G_{t_1}(e_3^{\mathrm{T}}))=\{u_6\}$；

$C_{t_1t_2}(e_{13}^{\mathrm{T}})=\{u_1\}$；$C_{t_2t_1}(e_{13}^{\mathrm{T}})=\{u_5\}$；$C_{t_2t_2}(e_{13}^{\mathrm{T}})=\phi$。

$C_{t_1t_1}(e_{21}^+)=F_{t_1}(e_2^+)\cap G_{t_1}(e_1^+)=\{u_1\}$；$C_{t_1t_2}(e_{21}^+)=\phi$；$C_{t_2t_1}(e_{21}^+)=\phi$；$C_{t_2t_2}(e_{21}^+)=\phi$。

$C_{t_1t_1}(e_{21}^-)=(F_{t_1}(e_2^-)\cap G_{t_1}(e_1^-))\cup(F_{t_1}(e_2^+)\cap G_{t_1}(e_1^-))\cup(F_{t_1}(e_2^-)\cap G_{t_1}(e_1^+))\cup(F_{t_1}(e_2^{\perp})\cap G_{t_1}(e_1^-))\cup(F_{t_1}(e_2^-)\cap G_{t_1}(e_1^{\perp}))\cup(F_{t_1}(e_2^{\mathrm{T}})\cap G_{t_1}(e_1^-))\cup(F_{t_1}(e_2^-)\cap G_{t_1}(e_1^{\mathrm{T}}))\cup(F_{t_1}(e_2^{\perp})\cap G_{t_1}(e_1^{\mathrm{T}}))\cup(F_{t_1}(e_2^{\mathrm{T}})\cap G_{t_1}(e_1^{\perp}))=\{u_2, u_3, u_5, u_6\}$；

$C_{t_1t_2}(e_{21}^-)=\{u_1, u_4, u_6\}$；$C_{t_2t_1}(e_{21}^-)=\{u_2, u_3, u_5, u_6\}$；$C_{t_2t_2}(e_{21}^-)=\{u_1, u_3, u_5, u_6\}$。

$C_{t_1t_1}(e_{21}^{\perp})=(F_{t_1}(e_2^+)\cap G_{t_1}(e_1^{\perp}))\cup(F_{t_1}(e_2^{\perp})\cap G_{t_1}(e_1^+))\cup(F_{t_1}(e_2^{\perp})\cap G_{t_1}(e_1^{\perp}))=\phi$；

$C_{t_1t_2}(e_{21}^{\perp})=\{u_3\}$；$C_{t_2t_1}(e_{21}^{\perp})=\{u_1\}$；$C_{t_2t_2}(e_{21}^{\perp})=\{u_4\}$。

$C_{t_1t_1}(e_{21}^{\mathrm{T}})=(F_{t_1}(e_2^+)\cap G_{t_1}(e_1^{\mathrm{T}}))\cup(F_{t_1}(e_2^{\mathrm{T}})\cap G_{t_1}(e_1^+))\cup(F_{t_1}(e_2^{\mathrm{T}})\cap G_{t_1}(e_1^{\mathrm{T}}))=\{u_4\}$；

$C_{t_1t_2}(e_{21}^{\mathrm{T}})=\{u_2, u_5\}$；$C_{t_2t_1}(e_{21}^{\mathrm{T}})=\{u_4\}$；$C_{t_2t_2}(e_{21}^{\mathrm{T}})=\{u_2\}$。

定义 5-42(两个动态次协调软集合的松散交叉运算)　设 $(F, P)_t$ 和 $(G, Q)_t$ 是论域 U 在时间集 $T=\{t_1, t_2, \cdots, t_n\}$ 上的两个单时间动态次协调软集合，$(F, P)_t$ 和 $(G, Q)_t$ 的松散交叉运算记为 $(F, P)_{t_m}\sim_L(G, Q)_{t_n}=(C_{t_mt_n}, R)_L$，其中：

$R=\cup_{\varepsilon_i\in P,\ \varepsilon_j\in Q,\ \varepsilon_m\in P\cap Q}\{\varepsilon_{mj}, \varepsilon_{im}: \varepsilon_{mj}=\{\varepsilon_m, \varepsilon_j\}, \varepsilon_{im}=\{\varepsilon_i, \varepsilon_m\}; m\neq i; m\neq j\}$。对于 $\forall\varepsilon_{ij}^*\in\varepsilon_{ij}\in R$，$C_{t_mt_n}(\varepsilon_{ij}^*)$ 由下式给出：

$C_{t_mt_n}(\varepsilon_{ij}^+)=F_{t_m}(\varepsilon_i^+)\cap G_{t_n}(\varepsilon_j^+)$；

$C_{t_mt_n}(\varepsilon_{ij}^-)=(F_{t_m}(\varepsilon_i^-)\cap G_{t_n}(\varepsilon_j^-))\cup(F_{t_m}(\varepsilon_i^+)\cap G_{t_n}(\varepsilon_j^-))\cup(F_{t_m}(\varepsilon_i^-)\cap G_{t_n}(\varepsilon_j^+))\cup(F_{t_m}(\varepsilon_i^{\perp})\cap G_{t_n}(\varepsilon_j^-))\cup(F_{t_m}(\varepsilon_i^-)\cap G_{t_n}(\varepsilon_j^{\perp}))\cup(F_{t_m}(\varepsilon_i^{\mathrm{T}})\cap G_{t_n}(\varepsilon_j^-))\cup(F_{t_m}(\varepsilon_i^-)\cap G_{t_n}(\varepsilon_j^{\mathrm{T}}))\cup(F_{t_m}(\varepsilon_i^{\perp})\cap G_{t_n}(\varepsilon_j^{\mathrm{T}}))\cup(F_{t_m}(\varepsilon_i^{\mathrm{T}})\cap G_{t_n}(\varepsilon_j^{\perp}))$；

$C_{t_mt_n}(\varepsilon_{ij}^+)=(F_{t_m}(\varepsilon_i^+)\cap G_{t_n}(\varepsilon_j^+))\cup(F_{t_m}(\varepsilon_i^+)\cap G_{t_n}(\varepsilon_j^-))\cup(F_{t_m}(\varepsilon_i^-)\cap G_{t_n}(\varepsilon_j^+))\cup(F_{t_m}(\varepsilon_i^{\perp})\cap G_{t_n}(\varepsilon_j^+))\cup(F_{t_m}(\varepsilon_i^+)\cap G_{t_n}(\varepsilon_j^{\perp}))\cup(F_{t_m}(\varepsilon_i^{\mathrm{T}})\cap G_{t_n}(\varepsilon_j^+))\cup(F_{t_m}(\varepsilon_i^+)\cap G_{t_n}(\varepsilon_j^{\mathrm{T}}))\cup(F_{t_m}(\varepsilon_i^{\perp})\cap G_{t_n}(\varepsilon_j^{\mathrm{T}}))\cup(F_{t_m}(\varepsilon_i^{\mathrm{T}})\cap G_{t_n}(\varepsilon_j^{\perp}))$；

$C_{t_mt_n}(\varepsilon_{ij}^-)=F_{t_m}(\varepsilon_i^-)\cap G_{t_n}(\varepsilon_j^-)$；

$C_{t_mt_n}(\varepsilon_{ij}^{\perp})=(F_{t_m}(\varepsilon_i^-)\cap G_{t_n}(\varepsilon_j^{\perp}))\cup(F_{t_m}(\varepsilon_i^{\perp})\cap G_{t_n}(\varepsilon_j^-))\cup(F_{t_m}(\varepsilon_i^{\perp})\cap G_{t_n}(\varepsilon_j^{\perp}))$；

$C_{t_mt_n}(\varepsilon_{ij}^{\mathrm{T}})=(F_{t_m}(\varepsilon_i^-)\cap G_{t_n}(\varepsilon_j^{\mathrm{T}}))\cup(F_{t_m}(\varepsilon_i^{\mathrm{T}})\cap G_{t_n}(\varepsilon_j^-))\cup(F_{t_m}(\varepsilon_i^{\mathrm{T}})\cap G_{t_n}(\varepsilon_j^{\mathrm{T}}))$。

例 5-28　在例 5-24 中对 $(F, P)_t$ 和 $(G, Q)_t$ 进行松散交叉运算，结果如下所示：

$C_{t_1t_1}(e_{13}^+)=(F_{t_1}(e_1^+)\cap G_{t_1}(e_3^+))\cup(F_{t_1}(e_1^+)\cap G_{t_1}(e_3^-))\cup(F_{t_1}(e_1^-)\cap G_{t_1}(e_3^+))\cup(F_{t_1}(e_1^{\perp})\cap G_{t_1}(e_3^+))\cup(F_{t_1}(e_1^+)\cap G_{t_1}(e_3^{\perp}))\cup(F_{t_1}(e_1^{\mathrm{T}})\cap G_{t_1}(e_3^+))\cup(F_{t_1}(e_1^+)\cap$

$G_{t_1}(e_3^{\mathrm{T}})) \cup (F_{t_1}(e_1^{\perp}) \cap G_{t_1}(e_3^{\mathrm{T}})) \cup (F_{t_1}(e_1^{\mathrm{T}}) \cap G_{t_1}(e_3^{\perp})) = \{u_1, u_2, u_3, u_5\}$;

$C_{t_1t_2}(e_{13}^{+}) = \{u_1, u_2, u_4\}$; $C_{t_2t_1}(e_{13}^{+}) = \{u_2, u_3, u_5, u_6\}$; $C_{t_2t_2}(e_{13}^{+}) = \{u_1, u_2, u_4\}$。

$C_{t_1t_1}(e_{13}^{-}) = F_{t_1}(e_1^{-}) \cap G_{t_1}(e_3^{-}) = \phi$; $C_{t_1t_2}(e_{13}^{-}) = \phi$; $C_{t_2t_1}(e_{13}^{-}) = \phi$; $C_{t_2t_2}(e_{13}^{-}) = \phi$。

$C_{t_1t_1}(e_{13}^{\perp}) = (F_{t_1}(e_1^{-}) \cap G_{t_1}(e_3^{\perp})) \cup (F_{t_1}(e_1^{\perp}) \cap G_{t_1}(e_3^{-})) \cup (F_{t_1}(e_1^{\perp}) \cap G_{t_1}(e_3^{\perp})) = \phi$;

$C_{t_1t_2}(e_{13}^{\perp}) = \{u_3, u_5\}$; $C_{t_2t_1}(e_{13}^{\perp}) = \{u_1\}$; $C_{t_2t_2}(e_{13}^{\perp}) = \{u_3, u_6\}$。

$C_{t_1t_1}(e_{13}^{\mathrm{T}}) = (F_{t_1}(e_1^{-}) \cap G_{t_1}(e_3^{\mathrm{T}})) \cup (F_{t_1}(e_1^{\mathrm{T}}) \cap G_{t_1}(e_3^{-})) \cup (F_{t_1}(e_1^{\mathrm{T}}) \cap G_{t_1}(e_3^{\mathrm{T}})) = \{u_4, u_6\}$;

$C_{t_1t_2}(e_{13}^{\mathrm{T}}) = \{u_6\}$; $C_{t_2t_1}(e_{13}^{\mathrm{T}}) = \{u_4\}$; $C_{t_2t_2}(e_{13}^{\mathrm{T}}) = \{u_5\}$。

$C_{t_1t_1}(e_{21}^{+}) = (F_{t_1}(e_2^{+}) \cap G_{t_1}(e_1^{+})) \cup (F_{t_1}(e_2^{+}) \cap G_{t_1}(e_1^{-})) \cup (F_{t_1}(e_2^{-}) \cap G_{t_1}(e_1^{+})) \cup (F_{t_1}(e_2^{\perp}) \cap G_{t_1}(e_1^{+})) \cup (F_{t_1}(e_2^{+}) \cap G_{t_1}(e_1^{\perp})) \cup (F_{t_1}(e_2^{\mathrm{T}}) \cap G_{t_1}(e_1^{+})) \cup (F_{t_1}(e_2^{+}) \cap G_{t_1}(e_1^{\mathrm{T}})) \cup (F_{t_1}(e_2^{\perp}) \cap G_{t_1}(e_1^{\mathrm{T}})) \cup (F_{t_1}(e_2^{\mathrm{T}}) \cap G_{t_1}(e_1^{\perp})) = \{u_1, u_2, u_5\}$;

$C_{t_1t_2}(e_{21}^{+}) = \{u_1, u_4, u_5, u_6\}$; $C_{t_2t_1}(e_{21}^{+}) = \{u_1, u_2, u_4\}$; $C_{t_2t_2}(e_{21}^{+}) = \{u_3, u_4, u_5, u_6\}$。

$C_{t_1t_1}(e_{21}^{-}) = F_{t_1}(e_2^{-}) \cap G_{t_1}(e_1^{-}) = \phi$; $C_{t_1t_2}(e_{21}^{-}) = \phi$; $C_{t_2t_1}(e_{21}^{-}) = \phi$; $C_{t_2t_2}(e_{21}^{-}) = \phi$。

$C_{t_1t_1}(e_{21}^{\perp}) = (F_{t_1}(e_2^{-}) \cap G_{t_1}(e_1^{\perp})) \cup (F_{t_1}(e_2^{\perp}) \cap G_{t_1}(e_1^{-})) \cup (F_{t_1}(e_2^{\perp}) \cap G_{t_1}(e_1^{\perp})) = \{u_3\}$;

$C_{t_1t_2}(e_{21}^{\perp}) = \{u_3\}$; $C_{t_2t_1}(e_{13}^{\perp}) = \{u_5\}$; $C_{t_2t_2}(e_{13}^{\perp}) = \{u_1\}$。

$C_{t_1t_1}(e_{21}^{\mathrm{T}}) = (F_{t_1}(e_2^{-}) \cap G_{t_1}(e_1^{\mathrm{T}})) \cup (F_{t_1}(e_2^{\mathrm{T}}) \cap G_{t_1}(e_1^{-})) \cup (F_{t_1}(e_2^{\mathrm{T}}) \cap G_{t_1}(e_1^{\mathrm{T}})) = \{u_4, u_6\}$;

$C_{t_1t_2}(e_{21}^{\mathrm{T}}) = \{u_2\}$; $C_{t_2t_1}(e_{21}^{\mathrm{T}}) = \{u_3, u_6\}$; $C_{t_2t_2}(e_{21}^{\mathrm{T}}) = \{u_2\}$。

5.4.2 基于动态次协调软集合的动态信用评价方法

为构建基于动态次协调软集合的动态信用评价方法，本节首先定义了动态次协调软决策系统、选择值、决策者、选择集合和淘汰集合的概念。

1. 动态次协调软决策系统

定义 5-43 令 $(H_{t_mt_n}, Y)$ 是两个单时间动态次协调软集合 $(F, P)_{t_m}$ 和 $(G, Q)_{t_n}$ 的交，$(C_{t_mt_n}, R)$ 是两个单时间动态次协调软集合 $(F, P)_{t_m}$ 和 $(G, Q)_{t_n}$ 的交叉。假设 n_+ 和 n_- 分别代表论域 U 中属于 $C_{t_mt_n}(\varepsilon_{ij}^{+})$ 和 $C_{t_mt_n}(\varepsilon_{ij}^{-})$ 的元素个数，动态次协调软决策系统定义为 $(H_{t_mt_n}^{d}, Y)$，其中 $T=\{t_1, t_2, \cdots, t_n\}$。对于 $\forall \varepsilon^{*} \in \varepsilon \in Y$，针对不完备和不一致数据的动态次协调软决策规则如下所示：

如果 $u \in H_{t_mt_n}(\varepsilon^{+})$，那么 $u \in H_{t_mt_n}^{d}(\varepsilon^{+})$；

如果 $u \in H_{t_mt_n}(\varepsilon^{-})$，那么 $u \in H_{t_mt_n}^{d}(\varepsilon^{-})$；

如果 $n_+ > n_-$，$u \in H_{t_mt_n}(\varepsilon^{\perp}) \cup H_{t_mt_n}(\varepsilon^{\mathrm{T}})$，那么 $u \in H_{t_mt_n}^{d}(\varepsilon^{+})$；

如果 $n_+ < n_-$，$u \in H_{t_mt_n}(\varepsilon^{\perp}) \cup H_{t_mt_n}(\varepsilon^{\mathrm{T}})$，那么 $u \in H_{t_mt_n}^{d}(\varepsilon^{-})$；

如果 $n_+ = n_-$，$u \in H_{t_m t_n}(\varepsilon^{\perp})$，那么 $u \in H^d_{t_m t_n}(\varepsilon^{\perp})$；

如果 $n_+ = n_-$，$u \in H_{t_m t_n}(\varepsilon^{\mathrm{T}})$，那么 $u \in H^d_{t_m t_n}(\varepsilon^{\mathrm{T}})$。

当 $(H_{t_m t_n}, Y)$ 和 $(C_{t_m t_n}, R)$ 分别是两个单时间动态次协调软集合 $(F, P)_{t_m}$ 和 $(G, Q)_{t_n}$ 的严格交和严格交叉时，称 $(H^d_{t_m t_n}, Y)$ 是严格动态次协调软决策系统，记为 $(H^d_{t_m t_n}, Y)_S$。

当 $(H_{t_m t_n}, Y)$ 和 $(C_{t_m t_n}, R)$ 分别是两个单时间动态次协调软集合 $(F, P)_{t_m}$ 和 $(G, Q)_{t_n}$ 的松散交和松散交叉时，称 $(H^d_{t_m t_n}, Y)$ 是松散动态次协调软决策系统，记为 $(H^d_{t_m t_n}, Y)_L$。

定义 5-44　$(H^d_{t_m t_n}, Y)$ 是一个动态次协调软决策系统，且 $(C_{t_m t_n}, R)$ 是 $(F, P)_{t_m}$ 和 $(G, Q)_{t_n}$ 的交叉运算结果。假设 n_+，n_-，$n_{\perp}$ 和 n_{T} 分别代表论域 U 中属于 $C_{t_m t_n}(\varepsilon^+_{ij})$，$C_{t_m t_n}(\varepsilon^-_{ij})$，$C_{t_m t_n}(\varepsilon^{\perp}_{ij})$ 和 $C_{t_m t_n}(\varepsilon^{T}_{ij})$ 的元素个数。论域 U 元素 u_p $(\varepsilon_q \in P \cap Q)$ 的选择值定义如下：

$$c^{pq}_{t_m t_n} = \begin{cases} \dfrac{n_+}{n_+ + n_- + n_{\perp} + n_{\mathrm{T}}}, & u_p \in H^d_{t_m t_n}(\varepsilon^+_q) \\ \dfrac{n_-}{n_+ + n_- + n_{\perp} + n_{\mathrm{T}}} \times (-1), & u_p \in H^d_{t_m t_n}(\varepsilon^+_q) \\ 0, & u_p \in H^d_{t_m t_n}(\varepsilon^{\perp}_q) \cup H^d_{t_m t_n}(\varepsilon^{\mathrm{T}}_q) \end{cases}$$

定义 5-45　$(H^d_{t_m t_n}, Y)$ 是一个动态次协调软决策系统，论域 U 中元素 u_p 的复合时间决策值定义如下：

$$d^p_{t_m t_n} = \sum_q c^{pq}_{t_m t_n}$$

其中 $\varepsilon_q \in P \cap Q$。

考虑到决策过程中近期数据远比远期数据重要，故本节基于时间权向量提出复合时间权向量。

定义 5-46　对于时间集 $T = \{t_1, t_2, \cdots, t_m, t_n, \cdots, t_p\}$ 有 p^2 个复合时间 $t_m t_n$ 可以描述为 $T^c = \{t^c_1, \cdots, t^c_k, \cdots, t^c_{p^2}\}$ $(t^c_k = t_m t_n,\ m \in [1, p],\ n \in [1, p])$。之后本节构建复合时间权向量 $W = \{\omega_1, \omega_2, \cdots, \omega_{p^2}\}^{\mathrm{T}}$。复合时间权向量的熵定义为 $I = -\sum\limits_{k=1}^{p^2} \omega_k \ln \omega_k$，时间度定义为 $\lambda = \sum\limits_{k=1}^{p^2} \dfrac{p^2 - k}{p^2 - 1} \omega_k$。

考虑复合时间 $t_m t_n$ 和 $t_l t_r$ 的权重分别是 ω_i，ω_j。如果 $m + n > l + r$，则 $\omega_i > \omega_j$；如果 $m + n = l + r$，则 $\omega_i = \omega_j$。

在事先给定时间度 λ 的情况下，我们通过求解以下非线性规划模型（郭亚军，2007）可得到复合时间权向量 $W = \{\omega_1, \omega_2, \cdots, \omega_{p^2}\}^{\mathrm{T}}$。

$$\max I = -\sum_{k=1}^{p^2} \omega_k \ln \omega_k$$

$$\begin{cases}\lambda = \sum_{k=1}^{p^2} \frac{p^2 - k}{p^2 - 1}\omega_k \\ \sum_{k=1}^{p^2} \omega_k = 1,\ \omega_k \in [0,\ 1] \\ \omega_i = \omega_j,\ m + n = l + r \\ k = 1,\ 2,\ \cdots,\ p^2 \end{cases}$$

定义 5-47 $(H^d_{t_mt_n},\ Y)$ 是一个动态次协调软决策系统。论域 U 中元素 u_p 的最终决策值定义如下：

$$d_p = \sum \omega_i d^p_{t_mt_n}$$

这里元素 u_p 在复合时刻 t_mt_n 的权重为 $\boldsymbol{\omega}_i$。

根据最终决策值 d_p 的正负，可以对论域中的对象进行决策。如果某对象的选择值 $d_p > 0$，那么该对象被认为是优秀的，并应该被选择。由这些优秀的对象所组成的集合叫作选择集合，用 S 表示。相反，如果某对象的选择值 $d_p < 0$，那么该对象被认为是不好的，并且应该被删除。由这些劣质对象所组成的集合叫作淘汰集合，用 E 表示。值得注意的是，如果 $d_p = 0$，在严格决策时该对象应该被淘汰，在松散决策时该对象应该被选择。

2. 评价步骤

根据动态次协调软集合的基本定义及相关运算，可以对不完备和不一致数据进行分析，并提出互联网不完备不一致数据下的动态信用评价方法。具体评价步骤如下：

步骤 1：选择实际问题约束下的可行指标族子集。

步骤 2：建立每个指标族子集的动态次协调软集合。

步骤 3：根据定义(5-39)至定义(5-42)，对构建的动态次协调软集合分别进行严格交运算、松散交运算、严格交叉运算和松散交叉运算。

步骤 4：根据定义(5-43)，分别构建严格动态次协调软决策系统和松散动态次协调软决策系统。

步骤 5：根据定义(5-44)和定义(5-45)，分别计算严格动态次协调软决策系统和松散动态次协调软决策系统在各个复合时刻下的选择值和决策值。

步骤 6：根据定义(5-46)，计算复合时间权向量。

步骤 7：根据定义(5-47)，确定最终决策值。

步骤 8：分别确定严格动态次协调软决策系统和松散动态次协调软决策系统的选择集合 S_S 和 S_L，以及它们的淘汰集合 E_S 和 E_L。

需要说明的是，如果需要一个更加细分的数据类型以支持更加复杂的评价时，可以更进一步计算最优选择集合 S_{best}，次优选择集合 S_{medium} 和最差淘汰集合 E_{low}。其中 S_{best}，S_{medium} 和 E_{low} 的定义如下：

$S_{\text{best}} = S_S \cap S_L$，表示最优的候选人所组成的集合。

$S_{\text{medium}} = S_L \cap E_S$，表示次优的候选人所组成的集合。

$S_{\text{low}} = E_S \cap E_L$，表示应该被淘汰的候选人所组成的集合。

5.4.3　实例分析

1. 背景描述

为了说明本节所提方法的可行性和有效性，这里给出一个金融机构决策的实例。

金融机构拟对 6 位网商从业人员进行贷款决策，因此这家金融机构需要评估这 6 位候选人的信用水平。金融机构分别从两个互联网购物平台收集了这 6 位候选人的相关交易数据。一些影响信用水平的指标需要被考虑，具体有“高产品好评率”“高服务态度好评率”“高成功交易比例”“高保证金额”“高纠纷率”“低违约率”和“低恶意退换货次数”。由于数据丢失或者数据收集方式不同导致两个数据集中的数据呈现不完备和不一致，同时考虑到数据呈现动态性，因此，需要采用动态次协调软决策系统来做决策。若我们考虑两个时刻的数据，即 $T=\{t_1, t_2\}$，其中 t_1 近似表示远期数据，t_2 近似表示近期数据，可以在 U 上建立两个动态次协调软集合 $(F, P)_t$ 和 $(G, Q)_t$。

2. 评价步骤

步骤 1：基于金融机构和第三方征信机构提供的数据分别考虑指标集 $P=\{e_1, e_2, e_3, e_4\}$ 和 $Q=\{e_3, e_4, e_5, e_6, e_7\}$。

步骤 2：基于金融机构和第三方征信机构提供的数据以及评价标准来判断金融机构是否会给予候选人贷款。分别建立了基于 t_1，t_2 时刻论域 U 上的两个动态次协调软集合 $(F, P)_t$ 和 $(G, Q)_t$，如表 5-18 和表 5-19 所示。

表 5-18　**动态次协调软集合 $(F, P)_{t_1}$ 和 $(G, Q)_{t_1}$ 的表格形式**

t_1	$(F, P)_{t_1}$				$(G, Q)_{t_1}$				
	e_1	e_2	e_3	e_4	e_3	e_4	e_5	e_6	e_7
u_1	+	−	T	+	+	+	−	−	T
u_2	−	+	−	⊥	+	⊥	+	+	⊥
u_3	+	+	−	−	−	−	⊥	+	−
u_4	+	+	+	+	+	+	+	−	+
u_5	−	⊥	⊥	T	T	−	T	+	+
u_6	⊥	T	+	+	+	+	+	⊥	+

表 5-19　**动态次协调软集合 $(F, P)_{t_2}$ 和 $(G, Q)_{t_2}$ 的表格形式**

t_2	$(F, P)_{t_2}$				$(G, Q)_{t_2}$				
	e_1	e_2	e_3	e_4	e_3	e_4	e_5	e_6	e_7
u_1	−	⊥	−	T	−	+	+	−	+

续表

t_2	$(F,P)_{t_2}$				$(G,Q)_{t_2}$				
	e_1	e_2	e_3	e_4	e_3	e_4	e_5	e_6	e_7
u_2	⊥	−	+	+	+	+	−	+	−
u_3	+	+	−	−	−	−	+	⊥	−
u_4	+	+	+	+	+	+	−	+	+
u_5	T	+	+	−	T	⊥	+	+	−
u_6	+	T	+	+	+	+	⊥	−	+

步骤3：为了分别建立严格和松散的动态次协调软决策系统，首先计算严格交 $(F,P)_{t_m}\tilde{\cap}_S(G,Q)_{t_n}$ 和松散交 $(F,P)_{t_m}\tilde{\cap}_L(G,Q)_{t_n}$，如表5-20至表5-23所示。类似地，计算严格交叉 $(F,P)_{t_m}\sim_S(G,Q)_{t_n}$ 和松散交叉 $(F,P)_{t_m}\sim_L(G,Q)_{t_n}$，如表5-24至表5-31所示。

表5-20　**$(F,P)_{t_1}\tilde{\cap}_S(G,Q)_{t_1}$ 和 $(F,P)_{t_1}\tilde{\cap}_L(G,Q)_{t_1}$ 的表格形式**

t_1t_1	$(F,P)_{t_1}\tilde{\cap}_S(G,Q)_{t_1}$		$(F,P)_{t_1}\tilde{\cap}_L(G,Q)_{t_1}$	
	e_3	e_4	e_3	e_4
u_1	T	+	+	+
u_2	−	⊥	+	⊥
u_3	−	−	−	−
u_4	+	+	+	+
u_5	−	−	+	T
u_6	+	+	+	+

表5-21　**$(F,P)_{t_1}\tilde{\cap}_S(G,Q)_{t_2}$ 和 $(F,P)_{t_1}\tilde{\cap}_L(G,Q)_{t_2}$ 的表格形式**

t_1t_2	$(F,P)_{t_1}\tilde{\cap}_S(G,Q)_{t_2}$		$(F,P)_{t_1}\tilde{\cap}_L(G,Q)_{t_2}$	
	e_3	e_4	e_3	e_4
u_1	−	+	T	+
u_2	−	⊥	+	+
u_3	−	−	−	−
u_4	+	+	+	+
u_5	−	−	+	+
u_6	+	+	+	+

表 5-22　　$(\boldsymbol{F}, \boldsymbol{P})_{t_2} \tilde{\cap}_S (\boldsymbol{G}, \boldsymbol{Q})_{t_1}$ 和 $(\boldsymbol{F}, \boldsymbol{P})_{t_2} \tilde{\cap}_L (\boldsymbol{G}, \boldsymbol{Q})_{t_1}$ 的表格形式

$t_2 t_1$	$(F, P)_{t_2} \tilde{\cap}_S (G, Q)_{t_1}$		$(F, P)_{t_2} \tilde{\cap}_L (G, Q)_{t_1}$	
	e_3	e_4	e_3	e_4
u_1	−	T	+	+
u_2	+	⊥	+	+
u_3	−	−	−	−
u_4	+	+	+	+
u_5	T	−	+	−
u_6	+	+	+	+

表 5-23　　$(\boldsymbol{F}, \boldsymbol{P})_{t_2} \tilde{\cap}_S (\boldsymbol{G}, \boldsymbol{Q})_{t_2}$ 和 $(\boldsymbol{F}, \boldsymbol{P})_{t_2} \tilde{\cap}_L (\boldsymbol{G}, \boldsymbol{Q})_{t_2}$ 的表格形式

$t_2 t_2$	$(F, P)_{t_2} \tilde{\cap}_S (G, Q)_{t_2}$		$(F, P)_{t_2} \tilde{\cap}_L (G, Q)_{t_2}$	
	e_3	e_4	e_3	e_4
u_1	−	T	−	+
u_2	+	+	+	+
u_3	−	−	−	−
u_4	+	+	+	+
u_5	T	−	+	⊥
u_6	+	+	+	+

表 5-24　　$(\boldsymbol{F}, \boldsymbol{P})_{t_1} \sim_S (\boldsymbol{G}, \boldsymbol{Q})_{t_1}$ 的表格形式

$t_1 t_1$	e_{34}	e_{35}	e_{36}	e_{37}	e_{13}	e_{23}	e_{43}	e_{44}	e_{45}	e_{46}	e_{47}	e_{14}	e_{24}	e_{34}
u_1	T	−	−	T	+	−	+	+	−	−	T	+	−	T
u_2	−	−	−	−	−	+	⊥	⊥	⊥	⊥	⊥	−	⊥	−
u_3	−	−	−	−	−	−	−	−	−	−	−	−	−	−
u_4	+	+	−	+	+	+	+	+	+	−	+	+	+	+
u_5	−	−	⊥	⊥	−	−	T	T	T	T	T	−	−	−
u_6	+	+	⊥	+	⊥	T	+	+	+	⊥	+	⊥	T	+

表 5-25　　$(F, P)_{t_1} \sim_S (G, Q)_{t_2}$的表格形式

t_1t_2	e_{34}	e_{35}	e_{36}	e_{37}	e_{13}	e_{23}	e_{43}	e_{44}	e_{45}	e_{46}	e_{47}	e_{14}	e_{24}	e_{34}
u_1	T	T	−	T	−	−	−	−	+	−	+	+	−	T
u_2	−	−	−	−	−	+	⊥	⊥	−	⊥	−	−	−	−
u_3	−	−	−	−	−	−	−	−	−	−	−	−	−	−
u_4	+	−	+	+	+	+	+	+	−	+	+	+	+	+
u_5	⊥	⊥	⊥	−	−	−	T	T	T	T	−	−	⊥	⊥
u_6	+	⊥	−	+	⊥	T	+	+	⊥	−	+	⊥	T	+

表 5-26　　$(F, P)_{t_2} \sim_S (G, Q)_{t_1}$的表格形式

t_2t_1	e_{34}	e_{35}	e_{36}	e_{37}	e_{13}	e_{23}	e_{43}	e_{44}	e_{45}	e_{46}	e_{47}	e_{14}	e_{24}	e_{34}
u_1	−	−	−	−	−	⊥	T	T	−	−	T	−	−	−
u_2	⊥	+	+	⊥	⊥	−	+	+	+	+	⊥	⊥	−	⊥
u_3	−	−	−	−	−	−	−	−	−	−	−	−	−	−
u_4	+	+	−	+	+	+	+	+	+	−	+	+	+	+
u_5	−	T	+	+	T	T	−	−	−	−	−	−	⊥	−
u_6	+	+	⊥	+	+	T	+	+	+	⊥	+	+	T	+

表 5-27　　$(F, P)_{t_2} \sim_S (G, Q)_{t_2}$的表格形式

t_2t_2	e_{34}	e_{35}	e_{36}	e_{37}	e_{13}	e_{23}	e_{43}	e_{44}	e_{45}	e_{46}	e_{47}	e_{14}	e_{24}	e_{34}
u_1	T	−	−	−	−	−	−	−	T	−	T	−	⊥	T
u_2	+	−	+	−	⊥	−	+	+	−	+	−	⊥	−	+
u_3	−	−	−	−	−	−	−	−	−	−	−	−	−	−
u_4	+	−	+	+	+	+	+	+	−	+	+	+	+	+
u_5	−	+	+	−	T	T	−	−	−	−	−	−	⊥	−
u_6	+	⊥	−	+	+	T	+	+	⊥	−	+	+	T	+

表 5-28　　$(F, P)_{t_1} \sim_L (G, Q)_{t_1}$的表格形式

t_1t_1	e_{34}	e_{35}	e_{36}	e_{37}	e_{13}	e_{23}	e_{43}	e_{44}	e_{45}	e_{46}	e_{47}	e_{14}	e_{24}	e_{34}
u_1	+	−	T	T	+	+	+	+	+	+	+	+	+	+
u_2	⊥	+	+	⊥	+	+	+	+	+	+	⊥	⊥	+	⊥

续表

t_1t_1	e_{34}	e_{35}	e_{36}	e_{37}	e_{13}	e_{23}	e_{43}	e_{44}	e_{45}	e_{46}	e_{47}	e_{14}	e_{24}	e_{34}
u_3	−	⊥	+	−	+	+	−	−	⊥	+	−	+	+	−
u_4	+	+	+	+	+	+	+	+	+	+	+	+	+	+
u_5	⊥	+	+	+	T	+	+	+	T	+	+	−	⊥	⊥
u_6	+	+	+	+	+	+	T	T	+	+	+	+	+	+

表 5-29　$(F, P)_{t_1} \sim_L (G, Q)_{t_2}$的表格形式

t_1t_2	e_{34}	e_{35}	e_{36}	e_{37}	e_{13}	e_{23}	e_{43}	e_{44}	e_{45}	e_{46}	e_{47}	e_{14}	e_{24}	e_{34}
u_1	+	+	T	+	+	−	+	+	+	+	+	+	+	+
u_2	+	−	+	−	+	+	+	+	⊥	+	⊥	+	+	+
u_3	−	+	⊥	−	+	+	−	−	+	⊥	−	+	+	−
u_4	+	+	+	+	+	+	+	+	+	+	+	+	+	+
u_5	⊥	+	+	⊥	T	+	T	T	+	+	T	⊥	⊥	⊥
u_6	+	+	+	+	+	+	+	+	+	+	+	+	+	+

表 5-30　$(F, P)_{t_2} \sim_L (G, Q)_{t_1}$的表格形式

t_2t_1	e_{34}	e_{35}	e_{36}	e_{37}	e_{13}	e_{23}	e_{43}	e_{44}	e_{45}	e_{46}	e_{47}	e_{14}	e_{24}	e_{34}
u_1	+	−	−	T	+	+	+	+	T	T	T	+	+	+
u_2	+	+	+	+	+	+	+	+	+	+	+	⊥	⊥	+
u_3	−	⊥	+	−	+	+	−	−	⊥	+	−	+	+	−
u_4	+	+	+	+	+	+	+	+	+	+	+	+	+	+
u_5	+	+	+	+	T	+	T	T	T	+	+	T	+	+
u_6	+	+	+	+	+	+	+	+	+	+	+	+	+	+

表 5-31　$(F, P)_{t_2} \sim_L (G, Q)_{t_2}$的表格形式

t_2t_2	e_{34}	e_{35}	e_{36}	e_{37}	e_{13}	e_{23}	e_{43}	e_{44}	e_{45}	e_{46}	e_{47}	e_{14}	e_{24}	e_{34}
u_1	+	+	−	+	−	⊥	T	T	+	T	+	+	+	+
u_2	+	+	+	+	+	+	+	+	+	+	+	+	+	+
u_3	−	+	⊥	−	+	+	−	−	+	⊥	−	+	+	−
u_4	+	+	+	+	+	+	+	+	+	+	+	+	+	+

续表

t_2t_2	e_{34}	e_{35}	e_{36}	e_{37}	e_{13}	e_{23}	e_{43}	e_{44}	e_{45}	e_{46}	e_{47}	e_{14}	e_{24}	e_{34}
u_5	+	+	+	+	T	+	T	T	+	+	-	+	+	+
u_6	+	+	+	+	+	+	+	+	+	+	+	+	+	+

步骤4：构建严格动态次协调软决策系统 $(H^d_{t_mt_n}, Y)_S$ 和松散动态次协调软决策系统 $(H^d_{t_mt_n}, Y)_L$，如表5-32至表5-39所示。

表5-32　　$(H^d_{t_1t_1}, Y)_S$ 的表格形式

t_1t_1	$(H_{t_1t_1}, Y) = (F, P)_{t_1} \tilde{\cap}_S (G, Q)_{t_1}$	e^d_3	$(H_{t_1t_1}, Y) = (F, P)_{t_1} \tilde{\cap}_S (G, Q)_{t_1}$	e^d_4
u_1	$n_- > n_+$ $u_1 \in H_{t_1t_1}(e_3^{\perp}) \cup H_{t_1t_1}(e_3^{\mathrm{T}})$	-	$u_1 \in H_{t_1t_1}(e_4^+)$	+
u_2	$u_2 \in H_{t_1t_1}(e_3^-)$	-	$n_- > n_+$ $u_2 \in H_{t_1t_1}(e_4^{\perp}) \cup H_{t_1t_1}(e_4^{\mathrm{T}})$	-
u_3	$u_3 \in H_{t_1t_1}(e_3^-)$	-	$u_3 \in H_{t_1t_1}(e_4^-)$	-
u_4	$u_4 \in H_{t_1t_1}(e_3^+)$	+	$u_4 \in H_{t_1t_1}(e_4^+)$	+
u_5	$u_5 \in H_{t_1t_1}(e_3^-)$	-	$u_5 \in H_{t_1t_1}(e_4^-)$	-
u_6	$u_6 \in H_{t_1t_1}(e_3^+)$	+	$u_6 \in H_{t_1t_1}(e_4^+)$	+

表5-33　　$(H^d_{t_1t_2}, Y)_S$ 的表格形式

t_1t_2	$(H_{t_1t_2}, Y) = (F, P)_{t_1} \tilde{\cap}_S (G, Q)_{t_2}$	e^d_3	$(H_{t_1t_2}, Y) = (F, P)_{t_1} \tilde{\cap}_S (G, Q)_{t_2}$	e^d_4
u_1	$u_2 \in H_{t_1t_2}(e_3^-)$	-	$u_1 \in H_{t_1t_2}(e_4^+)$	+
u_2	$u_2 \in H_{t_1t_2}(e_3^-)$	-	$n_- > n_+$ $u_2 \in H_{t_2t_1}(e_4^{\perp}) \cup H_{t_2t_1}(e_4^{\mathrm{T}})$	-
u_3	$u_3 \in H_{t_1t_2}(e_3^-)$	-	$u_3 \in H_{t_1t_2}(e_4^-)$	-
u_4	$u_4 \in H_{t_1t_2}(e_3^+)$	+	$u_3 \in H_{t_1t_2}(e_4^+)$	+
u_5	$u_5 \in H_{t_1t_2}(e_3^-)$	-	$u_5 \in H_{t_1t_2}(e_4^-)$	-
u_6	$u_6 \in H_{t_1t_2}(e_3^+)$	+	$u_6 \in H_{t_1t_2}(e_4^+)$	+

表 5-34　$(H_{t_2t_1}^d, Y)_S$ 的表格形式

t_2t_1	$(H_{t_2t_1}, Y) = (F, P)_{t_2} \tilde{\cap}_S (G, Q)_{t_1}$	e_3^d	$(H_{t_2t_1}, Y) = (F, P)_{t_2} \tilde{\cap}_S (G, Q)_{t_1}$	e_4^d
u_1	$u_1 \in H_{t_2t_1}(e_3^-)$	−	$n_- > n_+$ $u_1 \in H_{t_2t_1}(e_4^\perp) \cup H_{t_2t_1}(e_4^T)$	−
u_2	$u_1 \in H_{t_2t_1}(e_3^+)$	+	$n_+ > n_-$ $u_2 \in H_{t_2t_1}(e_4^\perp) \cup H_{t_2t_1}(e_4^T)$	+
u_3	$u_3 \in H_{t_2t_1}(e_3^-)$	−	$u_3 \in H_{t_2t_1}(e_4^-)$	−
u_4	$u_4 \in H_{t_2t_1}(e_3^+)$	+	$u_4 \in H_{t_2t_1}(e_4^+)$	+
u_5	$n_+ = n_-$ $u_5 \in H_{t_2t_1}(e_3^T)$	T	$u_5 \in H_{t_2t_1}(e_4^-)$	−
u_6	$u_6 \in H_{t_2t_1}(e_3^+)$	+	$u_6 \in H_{t_2t_1}(e_4^+)$	+

表 5-35　$(H_{t_2t_2}^d, Y)_S$ 的表格形式

t_2t_2	$(H_{t_2t_2}, Y) = (F, P)_{t_2} \tilde{\cap}_S (G, Q)_{t_2}$	e_3^d	$(H_{t_2t_2}, Y) = (F, P)_{t_2} \tilde{\cap}_S (G, Q)_{t_2}$	e_4^d
u_1	$u_1 \in H_{t_2t_2}(e_3^-)$	−	$n_- > n_+$ $u_1 \in H_{t_2t_2}(e_4^-)$	−
u_2	$u_2 \in H_{t_2t_2}(e_3^+)$	+	$u_2 \in H_{t_2t_2}(e_4^+)$	+
u_3	$u_3 \in H_{t_2t_2}(e_3^-)$	−	$u_3 \in H_{t_2t_2}(e_4^-)$	−
u_4	$u_4 \in H_{t_2t_2}(e_3^+)$	+	$u_4 \in H_{t_2t_2}(e_4^+)$	+
u_5	$n_- > n_+$ $u_5 \in H_{t_2t_2}(e_3^\perp) \cup H_{t_2t_2}(e_3^T)$	−	$u_5 \in H_{t_2t_2}(e_4^-)$	−
u_6	$u_6 \in H_{t_2t_2}(e_3^+)$	+	$u_6 \in H_{t_2t_2}(e_4^+)$	+

表 5-36　$(H_{t_1t_1}^d, Y)_L$ 的表格形式

t_1t_1	$(H_{t_1t_1}, Y) = (F, P)_{t_1} \tilde{\cap}_L (G, Q)_{t_1}$	e_3^d	$(H_{t_1t_1}, Y) = (F, P)_{t_1} \tilde{\cap}_L (G, Q)_{t_1}$	e_4^d
u_1	$u_1 \in H_{t_1t_1}(e_3^+)$	+	$u_1 \in H_{t_1t_1}(e_4^+)$	+
u_2	$u_2 \in H_{t_1t_1}(e_3^+)$	+	$n_+ > n_-$ $u_2 \in H_{t_1t_1}(e_4^\perp) \cup H_{t_1t_1}(e_4^T)$	+
u_3	$u_3 \in H_{t_1t_1}(e_3^-)$	−	$u_3 \in H_{t_1t_1}(e_4^-)$	−

续表

t_1t_1	$(H_{t_1t_1}, Y) = (F, P)_{t_1} \tilde{\cap}_L (G, Q)_{t_1}$	e_3^d	$(H_{t_1t_1}, Y) = (F, P)_{t_1} \tilde{\cap}_L (G, Q)_{t_1}$	e_4^d
u_4	$u_4 \in H_{t_1t_1}(e_3^+)$	+	$u_4 \in H_{t_1t_1}(e_4^+)$	+
u_5	$u_5 \in H_{t_1t_1}(e_3^+)$	+	$n_+ > n_-$ $u_5 \in H_{t_1t_1}(e_4^\perp) \cup H_{t_1t_1}(e_4^T)$	+
u_6	$u_6 \in H_{t_1t_1}(e_3^+)$	+	$u_6 \in H_{t_1t_1}(e_4^+)$	+

表 5-37　　**$(H_{t_1t_2}^d, Y)_L$ 的表格形式**

t_1t_2	$(H_{t_1t_2}, Y) = (F, P)_{t_1} \tilde{\cap}_L (G, Q)_{t_2}$	e_3^d	$(H_{t_1t_2}, Y) = (F, P)_{t_1} \tilde{\cap}_L (G, Q)_{t_2}$	e_4^d
u_1	$n_+ > n_-$ $u_1 \in H_{t_1t_2}(e_3^T) \cup H_{t_1t_2}(e_3^T)$	+	$u_1 \in H_{t_1t_2}(e_4^+)$	+
u_2	$u_2 \in H_{t_1t_2}(e_3^+)$	+	$u_2 \in H_{t_1t_2}(e_4^+)$	+
u_3	$u_3 \in H_{t_1t_2}(e_3^-)$	−	$u_3 \in H_{t_1t_2}(e_4^-)$	−
u_4	$u_4 \in H_{t_1t_2}(e_3^+)$	+	$u_4 \in H_{t_1t_2}(e_4^+)$	+
u_5	$u_5 \in H_{t_1t_2}(e_3^+)$	+	$u_5 \in H_{t_1t_2}(e_4^+)$	+
u_6	$u_6 \in H_{t_1t_2}(e_3^+)$	+	$u_6 \in H_{t_1t_2}(e_4^+)$	+

表 5-38　　**$(H_{t_2t_1}^d, Y)_L$ 的表格形式**

t_2t_1	$(H_{t_2t_1}, Y) = (F, P)_{t_2} \tilde{\cap}_L (G, Q)_{t_1}$	e_3^d	$(H_{t_2t_1}, Y) = (F, P)_{t_2} \tilde{\cap}_L (G, Q)_{t_1}$	e_4^d
u_1	$u_1 \in H_{t_2t_1}(e_3^+)$	+	$u_1 \in H_{t_2t_1}(e_4^+)$	+
u_2	$u_2 \in H_{t_2t_1}(e_3^+)$	+	$u_2 \in H_{t_2t_1}(e_4^+)$	+
u_3	$u_3 \in H_{t_2t_1}(e_3^-)$	−	$u_3 \in H_{t_2t_1}(e_4^-)$	−
u_4	$u_4 \in H_{t_2t_1}(e_3^+)$	+	$u_4 \in H_{t_2t_1}(e_4^+)$	+
u_5	$u_5 \in H_{t_2t_1}(e_3^+)$	+	$u_5 \in H_{t_2t_1}(e_4^-)$	−
u_6	$u_6 \in H_{t_2t_1}(e_3^+)$	+	$u_6 \in H_{t_2t_1}(e_4^+)$	+

表 5-39　　**$(H_{t_2t_2}^d, Y)_L$ 的表格形式**

t_2t_2	$(H_{t_2t_2}, Y) = (F, P)_{t_2} \tilde{\cap}_L (G, Q)_{t_2}$	e_3^d	$(H_{t_2t_2}, Y) = (F, P)_{t_2} \tilde{\cap}_L (G, Q)_{t_2}$	e_4^d
u_1	$u_1 \in H_{t_2t_2}(e_3^-)$	−	$u_1 \in H_{t_2t_2}(e_4^+)$	+

续表

t_2t_2	$(H_{t_2t_2},\ Y)=(F,\ P)_{t_2}\ \tilde{\cap}_L\ (G,\ Q)_{t_2}$	e_3^d	$(H_{t_2t_2},\ Y)=(F,\ P)_{t_2}\ \tilde{\cap}_L\ (G,\ Q)_{t_2}$	e_4^d
u_2	$u_2\in H_{t_2t_2}(e_3^+)$	+	$u_2\in H_{t_2t_2}(e_4^+)$	+
u_3	$u_3\in H_{t_2t_2}(e_3^-)$	−	$u_3\in H_{t_2t_2}(e_4^-)$	−
u_4	$u_4\in H_{t_2t_2}(e_3^+)$	+	$u_4\in H_{t_2t_2}(e_4^+)$	+
u_5	$u_5\in H_{t_2t_2}(e_3^+)$	+	$n_+>n_-$ $u_5\in H_{t_2t_2}(e_4^{\perp})\cup H_{t_2t_2}(e_4^{\mathrm{T}})$	+
u_6	$u_6\in H_{t_2t_2}(e_3^+)$	+	$u_6\in H_{t_2t_2}(e_4^+)$	+

步骤 5：分别计算选择值 $c_{t_1t_1}^{p3}$ 和 $c_{t_1t_1}^{p4}$，以及 $(H_{t_mt_n}^d,\ Y)_S$ 和 $(H_{t_mt_n}^d,\ Y)_L$ 的决策值 $d_{t_mt_n}^p$，如表 5-40 至表 5-41 所示。

表 5-40　　t_1t_1 和 t_1t_2 下的选择值和决策值

t_1t_1	$(H_{t_1t_1}^d,\ Y)_S$			$(H_{t_1t_1}^d,\ Y)_L$			t_1t_2	$(H_{t_1t_2}^d,\ Y)_S$			$(H_{t_1t_2}^d,\ Y)_L$		
	$c_{t_1t_1}^{p3}$	$c_{t_1t_1}^{p4}$	$d_{t_1t_1}^p$	$c_{t_1t_1}^{p3}$	$c_{t_1t_1}^{p4}$	$d_{t_1t_1}^p$		$c_{t_1t_2}^{p3}$	$c_{t_1t_2}^{p4}$	$d_{t_1t_2}^p$	$c_{t_1t_2}^{p3}$	$c_{t_1t_2}^{p4}$	$d_{t_1t_2}^p$
u_1	−3/7	2/7	−1/7	4/7	1	11/7	u_1	−4/7	3/7	−1/7	5/7	1	12/7
u_2	−5/7	−2/7	−1	5/7	4/7	9/7	u_2	−5/7	−4/7	−9/7	5/7	5/7	10/7
u_3	−1	−1	−2	−3/7	−3/7	−6/7	u_3	−1	−1	−2	−3/7	−3/7	−6/7
u_4	6/7	6/7	12/7	1	1	2	u_4	5/7	6/7	11/7	1	1	2
u_5	−4/7	−3/7	−1	5/7	3/7	8/7	u_5	−3/7	2/7	−1/7	3/7	2/7	5/7
u_6	4/7	4/7	8/7	6/7	6/7	12/7	u_6	3/7	3/7	6/7	1	1	2

表 5-41　　t_2t_1 和 t_2t_2 下的选择值和决策值

t_2t_1	$(H_{t_2t_1}^d,\ Y)_S$			$(H_{t_2t_1}^d,\ Y)_L$			t_2t_2	$(H_{t_2t_2}^d,\ Y)_S$			$(H_{t_2t_2}^d,\ Y)_L$		
	$c_{t_2t_1}^{p3}$	$c_{t_2t_1}^{p4}$	$d_{t_2t_1}^p$	$c_{t_2t_1}^{p3}$	$c_{t_2t_1}^{p4}$	$d_{t_2t_1}^p$		$c_{t_2t_2}^{p3}$	$c_{t_2t_2}^{p4}$	$d_{t_2t_2}^p$	$c_{t_2t_2}^{p3}$	$c_{t_2t_2}^{p4}$	$d_{t_2t_2}^p$
u_1	−5/7	−5/7	−10/7	4/7	4/7	8/7	u_1	−6/7	−3/7	−9/7	−2/7	5/7	3/7
u_2	3/7	3/7	6/7	1	5/7	12/7	u_2	3/7	3/7	−6/7	1	1	2
u_3	−1	−1	−2	−3/7	−3/7	−6/7	u_3	−1	−1	−2	−3/7	−3/7	−6/7
u_4	6/7	6/7	12/7	1	1	2	u_4	6/7	6/7	12/7	1	1	2
u_5	0	−6/7	−6/7	5/7	0	5/7	u_5	−3/7	−6/7	−9/7	5/7	5/7	10/7
u_6	5/7	5/7	10/7	1	1	2	u_6	4/7	4/7	8/7	1	1	2

步骤 6：确定时间权向量。经征求有关专家的意见认为取“时间度” $\lambda = 0.1$ 比较适合，此时由非线性规划模型求得复合时间权向量 $W = (0.01, 0.09, 0.09, 0.81)^{\mathrm{T}}$。

步骤 7：结合复合时间权向量对各个复合时刻的决策值加权得到最终决策值 d_p，如表 5-42 所示。

表 5-42 **最终决策值 d_p 的表格形式**

	$(H_d, Y)_S$	$(H_d, Y)_L$
	d_p	d_p
u_1	-8.29/7	4.34/7
u_2	-5.2/7	13.41/7
u_3	-2	-6/7
u_4	11.91/7	2
u_5	-7.99/7	9.08/7
u_6	8/7	13.98/7

步骤 8：确定严格动态次协调软决策系统和松散动态次协调软决策系统的选择集合 S_S 和 S_L，以及淘汰集合 E_S 和 E_L。

$S_S = \{u_4, u_6\}$；$S_L = \{u_1, u_2, u_4, u_5, u_6\}$；$E_S = \{u_1, u_2, u_3, u_5\}$；$E_L = \{u_3\}$。

如果金融机构采取严格的标准审核候选人，那么金融机构仅会对候选人 u_4，u_6 发放贷款；如果金融机构采取相对松散的标准审核候选人，那么金融机构会对候选人 u_1，u_2，u_4，u_5 和 u_6 发放贷款。

如果金融机构需要进行更加复杂的审核，那么我们需要进行进一步运算，得到：

$$S_{\text{best}} = S_S \cap S_L = \{u_4, u_6\};$$
$$S_{\text{medium}} = S_L \cap E_S = \{u_1, u_2, u_5\};$$
$$S_{\text{low}} = E_S \cap E_L = \{u_3\}。$$

显然候选人 u_4 和 u_6 应该优先发放贷款，候选人 u_1、u_2 和 u_5 是发放贷款的次优选择，而候选人 u_3 不能发放贷款。

3. 灵敏度分析

在本节所提出的信用评价方法中，有一个可能在动态环境中变化的参数，即时间度 λ。原因是评价主体在评价过程中不同的复合时间下对信息的重视程度不同。

为了观察时间度 λ 的变化对选择结果和排序结果的影响，本节首先计算了不同时间度 λ 下严格决策和松散决策的最终决策值，并将计算结果显示在表 5-43 和表 5-44 以及图 5-2 和图 5-3 中。最后，得到了不同时间度 λ 不同下的排序结果，如表 5-45 所示。

如图 5-3 和图 5-4 所示，无论是严格决策还是松散决策，在不同时间度 λ 下得到的选择集合和淘汰集合是相同的，但排序结果随时间度 λ 而变化，如表 5-45 所示。对于严格决策，当时间度 λ 的值分别为 0、0.1、0.2、0.3 和 0.4 时，排序结果大致相同。当时间度 λ 的值为 0.5 时，排名结果为 $u_4 > u_6 > u_2 > u_1 > u_5 > u_3$。当时间度 λ 的值分别为 0.6、0.7、0.8、0.9 和 1 时，排序结果大致相同。对于松散决策，当时间度 λ 的值分别为 0、0.1、0.2 和 0.3 时，排序结果大致相同。当时间度 λ 的值分别为 0.4、0.5、0.6 和 0.7 时，排序结果相同。当时间度 λ 的值分别为 0.8、0.9 和 1 时，排序结果大致相同。

从上文可以看出，无论是严格决策还是松散决策，基于时间度 λ 的值，排序结果可以分为三种情况。当时间度 λ 接近 0 时，这就意味着决策者更加关注近期数据。当时间度 λ 在 0.5 附近时，决策者在每个复合时间对数据的重视程度相同。当时间度 λ 接近 1 时，这就意味着决策者更加关注远期数据。总而言之，可以看出，对远期数据和近期数据重视程度的不同，导致排序结果在不同的时间度 λ 下呈现出三种情况。

表 5-43　**严格决策时不同 λ 下的最终决策值**

d_p	λ = 0	λ = 0.1	λ = 0.2	λ = 0.3	λ = 0.4	λ = 0.5	λ = 0.6	λ = 0.7	λ = 0.8	λ = 0.9	λ = 1
u_1	−9/7	−8.29/7	−7.56/7	−6.81/7	−6.04/7	−5.25/7	−4.6/7	−3.61/7	−2.76/7	−1.89/7	−1/7
u_2	−6/7	−5.2/7	−4.6/7	−4.2/7	−4/7	−4/7	−5.64/7	−4.6/7	−5.2/7	−6/7	−1
u_3	−14/7	−2	−2	−2	−2	−2	−16.24/7	−2	−2	−2	−2
u_4	12/7	11.91/7	11.84/7	11.79/7	11.76/7	11.75/7	13.52/7	11.79/7	11.84/7	11.91/7	12/7
u_5	−9/7	−7.99/7	−7.16/7	−6.51/7	−6.04/7	−5.75/7	−5.8/7	−5.71/7	−5.96/7	−6.39/7	−1
u_6	8/7	8/7	8/7	8/7	8/7	8/7	8.96/7	8/7	8/7	8/7	8/7

表 5-44　**松散决策时不同 λ 下的最终决策值**

d_p	λ = 0	λ = 0.1	λ = 0.2	λ = 0.3	λ = 0.4	λ = 0.5	λ = 0.6	λ = 0.7	λ = 0.8	λ = 0.9	λ = 1
u_1	3/7	4.34/7	5.56/7	6.66/7	7.64/7	8.5/7	11.16/7	9.86/7	10.36/7	10.74/7	11/7
u_2	2	13.41/7	12.84/7	12.29/7	11.76/7	11.25/7	12.36/7	10.29/7	9.84/7	9.41/7	9/7
u_3	−6/7	−6/7	−6/7	−6/7	−6/7	−6/7	−6.96/7	−6/7	−6/7	−6/7	−6/7
u_4	2	2	2	14/7	2	2	16.24/7	2	2	2	2
u_5	10/7	9.08/7	8.32/7	7.72/7	7.28/7	1	7.68/7	6.92/7	7.12/7	7.48/7	8/7
u_6	2	13.98/7	13.92/7	13.82/7	13.68/7	13.5/7	15.52/7	13.02/7	12.72/7	12.38/7	12/7

表 5-45　**不同 λ 下的排序结果**

	严格决策	松散决策
λ = 0	$u_4 > u_6 > u_2 > u_5 = u_1 > u_3$	$u_4 = u_6 = u_2 > u_5 > u_1 > u_3$
λ = 0.1	$u_4 > u_6 > u_2 > u_5 > u_1 > u_3$	$u_4 > u_6 > u_2 > u_5 > u_1 > u_3$

续表

	严格决策	松散决策
$\lambda = 0.2$	$u_4 > u_6 > u_2 > u_5 > u_1 > u_3$	$u_4 > u_6 > u_2 > u_5 > u_1 > u_3$
$\lambda = 0.3$	$u_4 > u_6 > u_2 > u_5 > u_1 > u_3$	$u_4 > u_6 > u_2 > u_5 > u_1 > u_3$
$\lambda = 0.4$	$u_4 > u_6 > u_2 > u_5 = u_1 > u_3$	$u_4 > u_6 > u_2 > u_1 > u_5 > u_3$
$\lambda = 0.5$	$u_4 > u_6 > u_2 > u_1 > u_5 > u_3$	$u_4 > u_6 > u_2 > u_1 > u_5 > u_3$
$\lambda = 0.6$	$u_4 > u_6 > u_1 > u_2 > u_5 > u_3$	$u_4 > u_6 > u_2 > u_1 > u_5 > u_3$
$\lambda = 0.7$	$u_4 > u_6 > u_1 > u_2 > u_5 > u_3$	$u_4 > u_6 > u_2 > u_1 > u_5 > u_3$
$\lambda = 0.8$	$u_4 > u_6 > u_1 > u_2 > u_5 > u_3$	$u_4 > u_6 > u_1 > u_2 > u_5 > u_3$
$\lambda = 0.9$	$u_4 > u_6 > u_1 > u_2 > u_5 > u_3$	$u_4 > u_6 > u_1 > u_2 > u_5 > u_3$
$\lambda = 1$	$u_4 > u_6 > u_1 > u_2 = u_5 > u_3$	$u_4 > u_6 > u_1 > u_2 > u_5 > u_3$

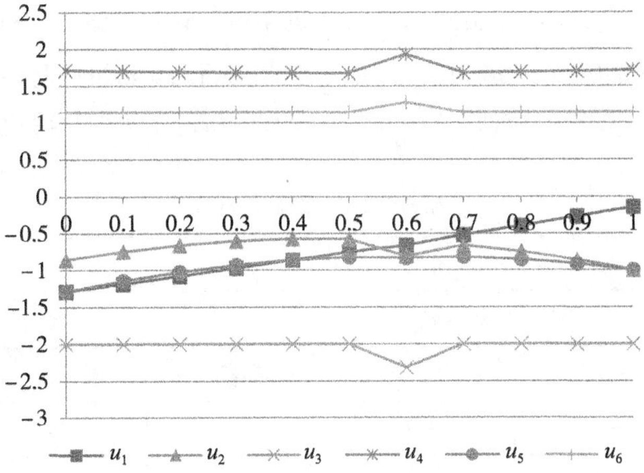

图 5-2 严格决策时不同 λ 下的最终决策值

4. 对比分析

通过与以往方法的对比分析，我们验证了本节所提方法的有效性和优越性。考虑到很少有研究能同时解决动态不完备和不一致的问题，本节将所提出的方法与 Dong 和 Hou(2019)仅考虑单一时间的次协调软集合方法进行了比较。Dong 和 Hou(2019)的方法没有考虑数据的动态性，只考虑了单一时间下的数据，为此本研究分别采用了 t_1 和 t_2 下的数据，它们分别近似代表了远期数据和近期数据。然后，本节将 Dong 和 Hou(2019)分别考虑 t_1 和 t_2 下的数据得到的结果与本研究所提方法同时考虑 t_1 和 t_2 下的数据得到的结果进行比较。

为方便起见，基于严格次协调软决策系统的决策称为严格决策，基于松散次协调软决策系统的决策称为松散决策。

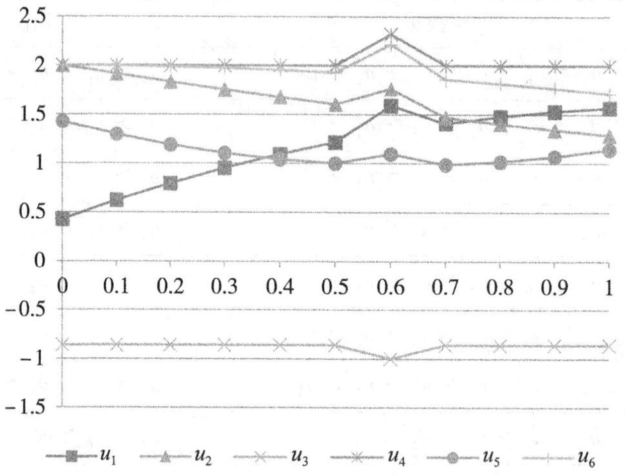

图 5-3　松散决策时不同 λ 下的最终决策值

根据基于次协调软集合的基础方法，我们基于单一时间 t_1 和 t_2 下的数据在进行严格决策和松散决策时得到的决策值 d_S^p 和 d_L^p，如表 5-46 所示。然后我们分别基于表 5-46 中的决策值和表 5-42 中的最终决策值对六个候选人进行排名，排序结果如表 5-47 所示。

表 5-46　**t_1 和 t_2 下的决策值 d_S^p 和 d_L^p**

t_1			t_2		
	d_S^p	d_L^p		d_S^p	d_L^p
u_1	−1/7	11/7	u_1	−9/7	3/7
u_2	−1	9/7	u_2	−6/7	2
u_3	−2	−6/7	u_3	−2	−6/7
u_4	12/7	2	u_4	12/7	2
u_5	−1	8/7	u_5	−9/7	10/7
u_6	8/7	12/7	u_6	8/7	2

表 5-47　**与现有方法的比较分析**

	严格决策	松散决策
考虑时间 t_1（Dong 和 Hou，2019）	$u_4 > u_6 > u_1 > u_2 = u_5 > u_3$	$u_4 > u_6 > u_1 > u_2 > u_5 > u_3$
考虑时间 t_2（Dong 和 Hou，2019）	$u_4 > u_6 > u_2 > u_5 = u_1 > u_3$	$u_4 = u_6 = u_2 > u_5 > u_1 > u_3$

续表

	严格决策	松散决策
考虑时间集 $T = \{t_1, t_2\}$（本节所提方法）	$u_4 > u_6 > u_2 > u_5 > u_1 > u_3$	$u_4 > u_6 > u_2 > u_5 > u_1 > u_3$

接下来，我们尝试描述和分析表 5-47 中的排序结果。对于严格决策，三种排序结果的不同表现在候选人 u_1、u_2 和 u_5 上，具体结果分别是 $u_1 > u_2 = u_5$、$u_2 > u_5 = u_1$ 和 $u_2 > u_5 > u_1$。对于松散决策，三种排序结果的不同表现在候选人 u_1、u_2、u_4、u_5 和 u_6 上，具体结果分别是 $u_4 > u_6 > u_1 > u_2 > u_5$、$u_4 = u_6 = u_2 > u_5 > u_1$ 和 $u_4 > u_6 > u_2 > u_5 > u_1$。

从表 5-47 中可以看出，不论是严格决策还是松散决策，基于传统次协调软集合的方法与本节所提出方法的排序结果之间的差异主要体现在两个方面。一方面，在 t_1 下基于传统次协调软集合的方法获得的排序结果与其他两种方法显著不同。但是其他两种方法得到的排序结果并没有太大差异。对于严格决策差异体现在 u_1 和 u_5 上，对于松散决策差异体现在 u_2、u_4 和 u_6 上。另一方面，与本节所提出的方法相比，基于传统次协调软集合的方法只考虑单一时间不能很好地区分候选人，这表现在单一时间 t_1 和 t_2 下存在等价关系。对于严格决策，t_1 下 u_2 和 u_5 的排序结果以及 t_2 下 u_1 和 u_5 的排序结果是一样的。对于松散决策，t_2 下 u_2、u_4 和 u_6 的排序结果是一样的。相反，本节所提方法具有更好的区分能力，这表现在候选人之间不存在等价关系。造成这种差异的主要原因有两个。第一，本节提出的方法是基于时间集 $T = \{t_1, t_2\}$ 做出决策的，它充分考虑了数据的动态性。同时，所提出的方法更加关注 t_2 下的近期数据。就数据的实时程度而言，单一时间 t_1 下的数据相对于单一时间 t_2 相对滞后。这就是基于传统次协调软集合的方法在单一时间 t_1 下得到的排序结果不同于另外两种方法的原因。此外，单一时间 t_2 和时间集下 $T = \{t_1, t_2\}$ 的数据都偏向于近期数据，因此基于传统次协调软集合的方法在单一时间 t_2 下和本节所提方法在时间集 $T = \{t_1, t_2\}$ 下所计算的排序结果差异较小。第二，可以看出，基于传统次协调软集合的方法的排序结果只考虑了单一时间 t_1 或 t_2 下的数据。然而通过本节所提方法获得的排序结果不仅考虑了单一时间下 t_1 和 t_2 的数据，还考虑了复合时间 t_1t_2 和 t_2t_1 下的数据。从数据覆盖的角度来看，本节所提出的方法包含更全面的数据，因此，比基于传统次协调软集合的方法具有更强的区分能力。

总的来说，与只考虑单一时间的基于传统次协调软集合的方法相比，本节所提出的方法显著改善了它们的缺点，并使结果更加科学和符合事实。因此，本节提出的方法具有明显的有效性和优越性。

5.4.4 研究结果

次协调软集合是解决涉及数据不完备和不一致问题的有效工具。但是，它只能在特定时间下描述数据，而不能分析随时间变化并在真实世界中呈现动态变化的数据。考虑到时间因素，本节将次协调软集合的概念扩展到动态次协调软集合。然后，本节定义了动态次协调软子集、补集、“AND”、严格交、松散交、严格交叉和松散交叉。为了将动态次协调软集合应用于决策，本节还给出了动态次协调软决策系统、复合时间选择值、复合时间决策值、复合时间权向量和最终决策值的定义。本节构建了基于动态次协调软集合的信用评价算法，以解决随时间变化且涉及不完备和不一致数据的问题。此外，为证明可行性和有效性，本节将该方法应用于金融机构的贷款问题。最后，进行灵敏度分析和与先前方法的比较分析。

5.5 本章小结

本章研究了互联网不完备不一致数据下的信用评价理论及方法。第一，将次协调推理引入软集合中，构建次协调软集合，并定义了次协调软子集、补集，以及一些次协调软集合的相关运算。同时，也定义了次协调软决策系统、选择值、决策值、选择集和淘汰集等概念，并构建了基于次协调软集合的静态信用评价方法。第二，考虑到评价过程中可能涉及个性化的评价需求(如二维评价指标)，故在次协调软集合原有参数集 E 中加入优先参数集 Q 提出 Q-次协调软集合，同时提出了相关定义及运算，并基于相关性质和运算法则构建了基于 Q-次协调软集合的信用评价算法。第三，聚焦互联网环境下信用评价中存在时间跨度较小、更新速度相对较快的指标，考虑数据的不完备不一致性，将时间戳概念引入次协调软集合，提出了动态次协调软集合，并定义了运算法则，进而构建了基于动态次协调软集合的动态信用评价方法。

第 6 章　互联网语言信息下的信用评价理论和方法

考虑到在实际信用评价过程中，评价主体可能会使用如“好”“一般”等语言术语来对信用主体进行描述。为此，本研究选择对处理语言信息具有优势的概率语言数据集进行建模，从而拓展传统的信用评价方法。目前，关于概率语言术语集的研究主要集中在比较方法和运算法则(Pang, 2016；Wu 和 Liao, 2019；Feng et al., 2020；Lin et al., 2020)、测度方法(Zhang, 2018；朱峰，2021；王志平等，2021；Xu et al., 2021)、偏好关系理论(Zhang et al., 2016；Gao et al., 2018；Zhao et al., 2021)以及决策方法(沈玲玲等，2019；Ma et al., 2020；方冰等，2022)等方面，其中在不确定环境下的决策应用最广泛。

然而，现有方法存在以下缺陷。第一，已有决策方法的指标体系构建大多是基于机器学习的智能识别方法、大数据环境下的属性约简方法及基于统计学的识别方法。其中，基于机器学习和粗糙集约简的方法可以扩展到大数据领域，但存在较高的时间和空间复杂度。基于统计学的方法均需要数据集满足严格的统计假设，对数据集的要求很高，具有 4V 特征的互联网环境下的数据集很难满足要求。且上述三种方法均无法简明扼要地反映因素间的关系。第二，现有决策方法大多基于期望效用理论，未考虑不确定环境下评价主体的非理性心理状态。第三，不确定环境下不同来源的数据可能会存在冲突，但现有方法并未考虑如何识别并消除因评价主体的认知差异而导致的信息冲突问题。

为有效解决现有研究中存在的上述问题，本章进行了如下研究。

1. 基于概率语言术语集和 TODIM 的静态信用评价理论与方法

考虑 DEMATEL 方法处理不确定环境下的指标具有优势，且能够分析指标间的相互关系，并筛选出核心指标。因此，本研究创造性地将 PLTS 与 DEMATEL 方法结合构建评价指标体系，并采用熵权法客观计算指标权重。进一步，充分考虑不确定环境下评价主体的非理性心理因素，选择 TODIM 方法作为分析框架。同时，定义了优势度和整体优势度的概念，并进行优先度排序。最后，构建基于概率语言术语集和 TODIM 的静态信用评价方法，并将其应用于信用评价问题，验证所提方法的可行性。

另外，在概率语言数据集的决策环境中，由于决策者的知识和认知存在差异，尤其是在涉及多个语言术语的决策问题中，决策者们很难区分多个相邻的语言术语，传统的将概率信息与语言信息直接相乘的计算方法可能存在偏差。因此，需要寻求概率语言术语集新的解释方法以降低信息不确定性程度。同时，现有概率语言术语集之间的比较方法大多基于分值函数或偏差度，通常会导致概率语言术语集序列绝对优先现象的产生。因而有必要扩展概率语言术语集的比较方法。且现有概率语言术语集在决策领域的应用研究并未关注决策者给出的初始评价信息中固有的偏好，因此，如何在评价过程中对其进行识别并消除的问题有待深入研究。

2. 基于概率语言术语集消除评价偏好的信用评价理论与方法

为有效识别和消除评价主体偏好，首先提出概率语言术语集的置信区间解释，使得概率语言术语集上的数学运算转化为置信区间上的运算，这可以减少评价主体因认知差异而导致的数据不一致性程度。其次，提出两种置信区间测度方法，一种是距离测度，它被用来测度各评价主体主观认为的准则权重，从而识别出各评价方对准则的偏好，进而采用证据理论对权重进行融合，消除评价主体的偏好，求得参数综合权重。然后，结合概率语言术语集的距离测度计算评价主体的权重。另一种是可能度测度，用于得到各评价主体对待评价对象的偏序关系，进而识别出各评价主体对待评价对象的偏好。最后，将证据理论融合规则和图论相结合，构建基于概率语言术语集消除评价偏好的信用评价方法。

6.1　基于概率语言术语集和TODIM的信用评价理论和方法

为保证信用评价指标体系更加科学，本节引入DEMATEL方法进行核心指标选择。针对互联网环境下信用评价中的语言信息，选择以概率语言术语集为基础分析方法，结合能够克服评价主体非理性因素的TODIM方法，构建信用评价方法。

6.1.1　概率语言术语集的相关测度

为更好地分析指标间的相互关系，本节基于概率语言术语集的评分函数和偏离度，提出了相对重要度、标准相对重要度、重要度离差和影响度概念。

定义 6-1　$L(p)=\{l^{(k)}(p^{(k)})\}\mid k=1,2,\cdots,\#l(p)\}$ 是概率语言术语集，$r^{(k)}$ 是第 k 个概率语言术语的下标，$p^{(k)}$ 表示第 k 个概率语言术语对应的概率值，$\#l(p)$ 是概率语言术语集中语言术语的个数，则概率语言术语集的相对重要度定义为：

$$I(L(p))=\frac{\sum_{k=1}^{\#l(p)} r^{(k)}p^{(k)}}{\#l(p)},\ k=1,2,\cdots,\#l(p) \tag{6-1}$$

定义 6-2　给定概率语言术语集 $L(p)=\{l^{(k)}(p^{(k)})\}\mid k=1,2,\cdots,\#l(p)\}$，则其标准相对重要度定义为：

$$\mathrm{SI}(L(p))=\frac{\sum\limits_{k=1}^{\#l(p)} p^{(k)}}{\#l(p)}\sqrt{\frac{\sum_{k=1}^{\#l(p)} r^{(k)}p^{(k)}}{\#l(p)}} \tag{6-2}$$

对于用PLTS评价的两个对象，标准相对重要度显示了一个对象对于另一个对象的重要性。

定义 6-3　SI是概率语言术语集 $L(p)$ 的标准相对重要度，在由SI数值构成的标准相对重要度矩阵 $[\mathrm{SI}_{ij}]_{n\times n}(i,j=1,2,\cdots,n)$ 中，本节定义其重要度离差为：

$$\tilde{\rho} = SI^{+} - SI^{-} \tag{6-3}$$

其中 $SI^{+} = \underset{i}{Max}(\underset{j}{max}[SI_{ij}])(i, j = 1, 2, \cdots, n)$ 表示极优标准相对重要程度，$SI^{-} = \underset{i}{Min}(\underset{j}{max}[SI_{ij}])(i, j = 1, 2, \cdots, n)$ 表示极差标准相对重要程度。

定义 6-4 $\tilde{\rho}$ 是基于标准相对重要度矩阵 $[SI_{ij}]_{n\times n}(i, j = 1, 2, \cdots, n)$ 的重要度离差，则概率语言术语集 $L(p)$ 的影响度定义为：

$$\S(L(p)) = \frac{\sum_{k=1}^{\#l(p)} p^{(k)}}{\#l(p)} \frac{\sqrt{\sum_{k=1}^{\#l(p)} (r^{(k)}p^{(k)} - \tilde{\rho})^2}}{\#l(p)}, \quad k = 1, 2, \cdots, \#l(p) \tag{6-4}$$

6.1.2 关键指标确定

为充分考虑指标间的交互关系，本节采用 DEMATEL 方法进行关键指标筛选，在节约公司决策成本的同时使企业集中注意力于核心指标，提高了决策的精准性。本研究在 PLTS 的基础上采用 DEMATEL 方法进行关键指标筛选，具体步骤如下：

步骤 1：对各指标之间的交互关系进行初步的语言评价。

采用 k_i 来代表指标。获得平台对指标之间相互影响的评价需要建立语言评价尺度量表来让平台参考。如表 6-1 所示，语言评价尺度量表包括“无影响”“极低影响”“低影响”“高影响”和“极高影响”等用于两两比较的语言尺度和相应的符号，它们用以评估任何两个指标之间的直接影响。在文献研究法和专家访谈法的基础上，确定初始指标并根据其构建的指标体系设计调查问卷来收集平台评价信息，生成初始语言评价矩阵。

步骤 2：计算相对重要度矩阵。

将平台的语言评价转换为相应的概率语言术语集。为了让不同的 PLTS 具有相同数量的语言术语，本节需要将概率语言术语集转换为标准概率语言术语集。在标准概率语言术语集的基础上，利用公式(6-1)生成相对重要度矩阵。

表 6-1 **语言评价尺度量表**

语言变量	对应项的符号
无影响	S_0
极低影响	S_1
低影响	S_2
高影响	S_3
极高影响	S_4

步骤 3：得到标准的相对重要度矩阵。

利用公式(6-2)计算生成标准相对重要度矩阵。

步骤 4：用 DEMATEL 方法生成初始直接关系矩阵。

在标准相对重要度矩阵的基础上，利用重要度偏差公式(6-3)和影响度公式(6-4)，采用 DEMATEL 方法计算得到显示各指标之间影响关系的初始直接关系矩阵。本研究用 M_{ij} 表示非负 $n \times n$ 维矩阵 M 中第 i 个指标对第 j 个指标的影响程度。

步骤 5：归一化初始直接关系矩阵。

计算归一化初始直接关系矩阵 M'：

$$M' = \frac{M}{\max\limits_{i=1}^{n}\left\{\sum\limits_{j=1}^{n} m_{ij}\right\}} \tag{6-5}$$

步骤 6：构造总关系矩阵。

通过公式(6-6)，计算得到总关系矩阵 T，其中 I 是 $n \times n$ 维的单位矩阵，M' 表示归一化初始直接关系矩阵。随着矩阵 M' 幂次的变化，问题的直接影响会持续降低。例如，$(M')^2$，$(M')^3$，$(M')^4$，…，生成矩阵反演的收敛解(Wu 和 Chang，2015)，这类似于吸收马尔可夫链矩阵。

$$\begin{aligned} T &= \sum_{k=1}^{\infty} M'^{i} = M' + M'^{2} + M'^{3} + \cdots + M'^{\mathrm{k}} = \frac{M'(I - M'^{\mathrm{k}})}{(I - M')} \\ &= \frac{M'(I - M'^{\infty})}{(I - M')} = \frac{M'}{(I - M')} = M'(I - M')^{-1} \end{aligned} \tag{6-6}$$

其中 $T = [t_{ij}]_{n \times n}(i, j = 1, 2, \cdots, n)$。

步骤 7：识别关键指标。

从总关系矩阵 T 中确定每个行 i 和列 j 的行和列和：

$$R_i = \sum_{i=1}^{n} t_{ij}, \ j = 1, 2, \cdots, n \tag{6-7}$$

$$C_j = \sum_{j=1}^{n} t_{ji}, \ i = 1, 2, \cdots, n \tag{6-8}$$

完成上述计算后，总关系矩阵 T 中的 R_i $(i = 1, 2, \cdots, n)$ 显示了第 i 个指标对其他指标直接和间接的影响；C_j $(j = 1, 2, \cdots, n)$ 显示了第 j 个指标受到的其他指标直接和间接的影响。根据 R_i 和 C_j 的值，使用公式(6-9)和公式(6-10)确定 DEMATEL 方法中的中心度 P_i 和因果度 E_i。

$$P_i = \{R_i + C_j, \ i = j\} \tag{6-9}$$

$$E_i = \{R_i - C_j, \ i = j\} \tag{6-10}$$

P_i 值越大，则该指标相对于其他指标的影响越大，该指标就越有优势。若第 i 个指标因果度 $E_i < 0$，则指标是净影响指标；相反地，当 $E_i > 0$ 时，第 i 个指标是净原因指标。因此，拥有正的 E_i 值的指标属于原因组且对其他指标产生影响(Tzeng 等，2007)。因为关键指标要具有影响力，所以关键指标是属于原因组的指标。本节用 $k'_{\lambda}(\lambda = 1, 2, \cdots, s; 1 \leqslant s \leqslant n)$ 代表用 PLTS 和 DEMATEL 方法识别出来的关键指标。

6.1.3 基于概率语言术语集和TODIM的信用评价方法

本节首先介绍关键指标权重确定方法，进而结合TODIM方法，构建基于概率语言术语集的信用评价方法。

1. 关键指标权重的确定

熵权法是通过计算指标的熵值，并依据指标在系统中的影响确定指标权重的客观赋值方法。作为一种被广泛应用于各个领域的方法，熵权法消除了DEMATEL、AHP、ANP等其他权重确定方法的主观性。在关键指标的因果度被确定后，本研究使用熵权法进行熵值计算并确定关键指标的初始权重来保证结果的有效性。权重计算的具体步骤可以总结如下：

步骤1：初始数据标准化。

以总关系矩阵中关键指标的因果度数值作为初始值。因此，本节只需要计算某一指标在关键指标系统中的比例。

$$V_{ij}=\frac{E_i}{\sum_{i=1}^{n}E_i} \tag{6-11}$$

上式实际上反映了该指标的变化程度。

步骤2：计算各关键指标的熵值。

$$e_j=-\Lambda\sum_{i=1}^{6}V_{ij}\ln(V_{ij}) \tag{6-12}$$

其中 $\Lambda=\frac{1}{\ln n}$，且 e_j 的取值范围是 $[0,\ 1]$。

步骤3：计算第 λ 个指标的权重。

$$W_{\lambda}=\frac{1-e_j}{n-\sum_{j=1}^{n}e_j}(\lambda=1,\ 2,\ \cdots,\ s,\ 1\leqslant s\leqslant n) \tag{6-13}$$

2. 评价步骤

为了充分考虑评价主体的心理状态，本节构建了基于前景理论的决策框架TODIM方法来进行信用评价。在此过程中，根据定义(6-4)、定义(6-8)和比较定律(Zhang等，2019)，本节重新定义了经典TODIM中的优势度进行决策。

定义6-5 根据经典的TODIM方法，本研究提出了一种新的规则来衡量第 x 个候选人 π_x 对第 y 个候选人 π_y 的优势度。结合识别出的关键指标 $\kappa'_{\lambda}(\lambda=1,\ 2,\ \cdots,\ s;\ 1\leqslant s\leqslant n)$，将优势度重新定义为：

$$\varphi'_{\lambda}(o_x,o_y)=\begin{cases}\sqrt{\dfrac{w_{\lambda/\lambda*}\Gamma(\mathrm{SI}(L(p)_{x_j}),\mathrm{SI}(L(p)_{y_j}))}{\sum_{\lambda=1}^{s}w_{\lambda/\lambda*}}}, & \text{if } S^{\zeta}(L(p)_{x_j})-S^{\zeta}(L(p)_{y_j})>0\\ 0, & \text{if } S^{\zeta}(L(p)_{x_j})-S^{\zeta}(L(p)_{y_j})=0\\ -\dfrac{1}{\mu}\sqrt{\dfrac{\sum_{\lambda=1}^{s}w_{\lambda/\lambda*}\Gamma(\mathrm{SI}(L(p)_{x_j}),\mathrm{SI}(L(p)_{y_j}))}{w_{\lambda/\lambda*}}}, & \text{if } S^{\zeta}(L(p)_{x_j})-S^{\zeta}(L(p)_{y_j})<0\end{cases}$$

(6-14)

表达式 $w_{\lambda/\lambda*}=\dfrac{w_{\lambda}}{\max w_{\lambda}}(\lambda=1,\ 2,\ \cdots,\ s;\ 1\leqslant s\leqslant n)$ 表示的是关键指标 κ'_{λ} 的相对权重。参数 $\mu(\mu>0)$ 是损耗的衰减因子，与厌恶损耗的程度成反比。根据定义 6-8，$\Gamma(\mathrm{SI}(L(p)_{x_j}),\ \mathrm{SI}(L(p)_{y_j}))$ 为两个 PLTS 的标准相对重要度之差，它等于 $\Gamma(\mathrm{SI}(L(p)_{x_j}),\ \mathrm{SI}(L(p)_{y_j}))=|\mathrm{SI}(L(p)_{x_j})-\mathrm{SI}(L(p)_{y_j})|$。

根据上述定义，基于所提评价框架的信用评价步骤如下：

步骤 1：收集平台对候选人的评价，根据概率语言评价尺度量表 $S=\{s_{\alpha}|\alpha=-\tau,\ \cdots,\ 0,\ \cdots,\ \tau\}$ 将平台评价转化为概率语言术语的初始矩阵 $D=(L(p)_{ij})_{m\times n}$，其中 τ 为正整数。

步骤 2：对初始概率语言术语矩阵进行标准化处理，将矩阵中的成本指标转化为收益指标(Xu 等，2018)。

步骤 3：确定关键指标的相对权重。应用公式(6-13)计算关键指标的权重；然后，选择权重最大的指标作为参考指标(标记为 $\max w_{\lambda}$)，计算 κ'_{λ} 的相对权重：

$$w_{\lambda/\lambda^*}=\frac{w_{\lambda}}{\max w_{\lambda}}(\lambda=1,\ 2,\ \cdots,\ s;\ 1\leqslant s\leqslant n) \tag{6-15}$$

步骤 4：确定优势矩阵 $\phi'_{\lambda}(\pi_x,\ \pi_y)$，并通过公式(6-14)对每个关键指标下的候选人进行两两比较。

步骤 5：利用公式(6-16)计算候选人 π_x 对候选人 π_y 的整体优势度 $\varphi'(\pi_x,\ \pi_y)$。整体优势度计算公式为：

$$\varphi'(\pi_x,\ \pi_y)=\sum_{\lambda=1}^{s}\varphi'_{\lambda}(\pi_x,\ \pi_y) \tag{6-16}$$

步骤 6：计算第 i 行的整体价值 $\Phi'(\pi_x)$ $(x=1,\ 2,\ \cdots,\ n)$，并对所有数值进行排序以获得最优候选人。候选人 π_x 的整体价值通过以下公式计算：

$$\Phi'(\pi_x)=\frac{\sum_{y=1}^{m}\varphi'(\pi_x,\ \pi_y)-\min_i\left\{\sum_{y=1}^{m}\varphi'(\pi_x,\ \pi_y)\right\}}{\max_i\left\{\sum_{y=1}^{m}\varphi'(\pi_x,\ \pi_y)\right\}-\min_i\left\{\sum_{y=1}^{m}\varphi'(\pi_x,\ \pi_y)\right\}} \tag{6-17}$$

其中，$0\leqslant\Phi'(\pi_x)\leqslant 1$。

6.1.4 实例分析

为了说明基于概率语言术语集和 TODIM 的信用评价方法的可行性和有效性，这里给出一个互联网语言信息下的信用评价实例。

1. 背景描述

M 公司是一家金融机构，近期打算为创业者提供一笔信用贷款。为降低决策风险，公司首先从三维信用评价指标体系中选取 15 个指标(见表 6-2)，随后采用 DEMATEL 方法提炼出关键指标，同时保证最大程度降低对评价结果的影响。假定 $U=\{\pi_1, \pi_2, \pi_3, \pi_4, \pi_5\}$ 为候选人集合，$K=\{k_1, k_2, \cdots, k_{15}\}$ 为指标集合。

表 6-2　　**初始信用评价指标体系**

	信用维度	一级指标	二级指标
k_1	诚信度	身份特质体系	收入情况
k_2			资产情况
k_3			贷款情况
k_4		社交网络活跃度体系	账号等级
k_5			用户创造内容
k_6		社交关联用户体系	好友评分
k_7			所属群的用户情况
k_8	合规度	行为记录体系	公共费用缴费情况
k_9			实名认证情况
k_{10}		社交网络信誉体系	举报实践严重程度
k_{11}	践约度	电子商务交易体系	用户评价内容
k_{12}			产品好评率
k_{13}			违约严重程度
k_{14}		金融账户体系	信用等级
k_{15}			抵押担保情况

本研究分为三个阶段：首先，采用 DEMATEL 方法结合概率语言术语集来识别关键指标；然后结合 DEMATEL 法和熵权法确定各指标的权重；其次，采用由 DEMATEL 和 TODIM 方法结合构成的评价框架对信用主体进行优势度计算并排序进而选择最优候选人。

2. 基于 DEMATEL 方法的关键指标确定

本节通过将概率语言术语集下的 DEMATEL 方法应用于互联网环境下的信用评价案

例，完成了关键指标确定。具体步骤如下：

步骤 1：建立初始语言评价矩阵，以确定指标之间的相互作用。

使用已建立的语言评价尺度量表，通过问卷收集了五位评价主体的初步语言评价。然后，本研究将评价主体的评价汇集生成评价矩阵(见表 A1)。

步骤 2：构造相对重要度矩阵。

将表 A1 中的初始语言评价矩阵转换为概率语言术语集的形式(见表 A2)。根据归一化计算法则，然后计算生成标准概率语言术语集(见表 A3)。利用公式(6-1)，本节计算出包含 15 个指标的相对重要度矩阵(见表 A4)。

步骤 3：计算标准相对重要度矩阵。

为了更准确地计算指标之间的重要程度，采用公式(6-2)计算标准相对重要度矩阵(见表 A5)。

步骤 4：计算初始直接关系矩阵。

指标之间的初始直接关系描述了它们之间相互作用的程度。表 A6 给出了利用公式(6-3)和公式(6-4)生成的初始直接关系矩阵。

步骤 5：将初始直接关系矩阵归一化。

采用公式(6-5)对初始直接关系矩阵进行归一化处理。

步骤 6：构造总关系矩阵。

使用公式(6-6)生成总关系矩阵(见表 6-3)。

步骤 7：识别关键指标。

利用公式(6-5)和公式(6-6)计算 R_i 和 C_j，得出总体影响度 P_i 和因果程度 E_i(见表 6-4)。从表 6-4 可以看出，指标 κ_1，κ_4，κ_7，κ_8，κ_9 和 κ_{12} 的列之和 R_i 的值都超过 2. 3，这表明它们对其他指标有显著影响。相反地，指标 κ_4，κ_6，κ_8 和 κ_{15} 的行之和 C_j 的值都超过 2. 3，这就意味着它们是三个很容易受其他指标影响的指标。

表 6-3　　总关系矩阵

No.	κ_1	κ_2	κ_3	κ_4	κ_5	κ_6	κ_7	κ_8
κ_1	0. 1268	0. 1882	0. 1557	0. 2272	0. 1629	0. 2158	0. 1905	0. 2191
κ_2	0. 1194	0. 0911	0. 1259	0. 1380	0. 1306	0. 1246	0. 1511	0. 1208
κ_3	0. 1054	0. 1401	0. 0796	0. 1497	0. 1569	0. 1440	0. 1210	0. 1122
κ_4	0. 2262	0. 2221	0. 1706	0. 1731	0. 2083	0. 2528	0. 2083	0. 2202
κ_5	0. 1205	0. 1598	0. 1516	0. 1745	0. 0945	0. 1493	0. 1430	0. 1276
κ_6	0. 1655	0. 1153	0. 1207	0. 1490	0. 1193	0. 1182	0. 1687	0. 2019
κ_7	0. 2037	0. 1476	0. 1260	0. 2299	0. 1668	0. 1938	0. 1335	0. 2136
κ_8	0. 1351	0. 1911	0. 1774	0. 1554	0. 1612	0. 1611	0. 1940	0. 1212
κ_9	0. 1725	0. 1514	0. 1144	0. 2066	0. 1471	0. 1781	0. 1521	0. 1964

续表

No.	κ_1	κ_2	κ_3	κ_4	κ_5	κ_6	κ_7	κ_8
κ_{10}	0. 1195	0. 1501	0. 1078	0. 1806	0. 1549	0. 1362	0. 1396	0. 1251
κ_{11}	0. 1203	0. 1159	0. 1063	0. 1172	0. 1079	0. 1745	0. 1704	0. 1840
κ_{12}	0. 1780	0. 1807	0. 1603	0. 1979	0. 2062	0. 1847	0. 1561	0. 1553
κ_{13}	0. 1292	0. 0783	0. 0926	0. 1289	0. 0931	0. 0995	0. 1001	0. 1277
κ_{14}	0. 1253	0. 1515	0. 1369	0. 1397	0. 1345	0. 1828	0. 1525	0. 1284
κ_{15}	0. 1062	0. 0945	0. 0971	0. 1513	0. 1102	0. 1348	0. 0977	0. 1073
No.	κ_9	κ_{10}	κ_{11}	κ_{12}	κ_{13}	κ_{14}	κ_{15}	
κ_1	0. 1599	0. 1413	0. 2021	0. 1455	0. 1237	0. 1199	0. 1868	
κ_2	0. 1282	0. 1309	0. 1246	0. 0902	0. 1216	0. 1049	0. 1730	
κ_3	0. 1540	0. 1188	0. 1100	0. 0938	0. 0976	0. 0860	0. 1348	
κ_4	0. 2044	0. 2362	0. 2359	0. 1583	0. 1469	0. 1675	0. 2434	
κ_5	0. 1071	0. 1236	0. 1256	0. 0979	0. 0933	0. 0928	0. 1177	
κ_6	0. 1171	0. 1869	0. 1727	0. 1047	0. 1231	0. 1128	0. 1655	
κ_7	0. 1637	0. 1910	0. 2124	0. 1129	0. 1149	0. 1195	0. 2240	
κ_8	0. 1582	0. 1772	0. 1409	0. 1556	0. 1169	0. 1717	0. 1377	
κ_9	0. 1117	0. 1756	0. 1799	0. 1058	0. 1461	0. 1757	0. 1746	
κ_{10}	0. 1520	0. 0992	0. 1247	0. 1418	0. 0909	0. 1115	0. 1137	
κ_{11}	0. 1059	0. 1541	0. 0987	0. 0807	0. 0876	0. 1560	0. 1397	
κ_{12}	0. 2024	0. 1446	0. 1857	0. 0909	0. 1318	0. 1736	0. 1586	
κ_{13}	0. 0914	0. 1027	0. 1348	0. 0609	0. 0556	0. 0675	0. 0985	
κ_{14}	0. 1320	0. 1148	0. 1307	0. 0989	0. 1154	0. 0820	0. 1568	
κ_{15}	0. 1082	0. 0900	0. 1108	0. 0804	0. 0822	0. 1065	0. 0849	

表 6-4 **指标之间的因果关系**

No.	R_i	C_j	P_i	E_i
κ_1	2. 57	2. 15	4. 72	0. 41
κ_2	1. 87	2. 18	4. 05	-0. 30
κ_3	1. 80	1. 92	3. 73	-0. 12
κ_4	3. 07	2. 52	5. 59	0. 56

续表

No.	R_i	C_j	P_i	E_i
κ_5	1.88	2.15	4.03	−0.28
κ_6	2.14	2.45	4.59	−0.31
κ_7	2.55	2.28	4.83	0.27
κ_8	2.35	2.36	4.72	−0.01
κ_9	2.39	2.10	4.48	0.29
κ_{10}	1.95	2.19	4.13	−0.24
κ_{11}	1.92	2.29	4.21	−0.37
κ_{12}	2.51	1.62	4.13	0.89
κ_{13}	1.46	1.65	3.11	−0.19
κ_{14}	1.98	1.85	3.83	0.13
κ_{15}	1.56	2.31	3.87	−0.75

根据表 6-4 中 P_i 和 E_i 值，本节绘制出了将指标划分为两组的因果关系图(见图 6-1)。根据因果度 $E_i(i=2,\ 3,\ 5,\ 6,\ 8,\ 10,\ 11,\ 13,\ 15)$ 数值，指标 κ_2，κ_3，κ_5，κ_6，κ_8，κ_{10}，κ_{11}，κ_{13} 和 κ_{15} 的值为负值因而被划分到净影响组；而 $i=1,\ 4,\ 7,\ 9,\ 12,\ 14$ 时，$E_i>0$，则指标 κ_1，κ_4，κ_7，κ_9，κ_{12} 和 κ_{14} 被划分到净原因组且它们对整个指标系统有全面的影响。金融机构应该集中注意力于净原因组中的指标，即指标 κ'_1，κ'_4，κ'_7，κ'_9，κ'_{12} 和 κ'_{14} 被作为金融机构选择投资候选人的关键指标。

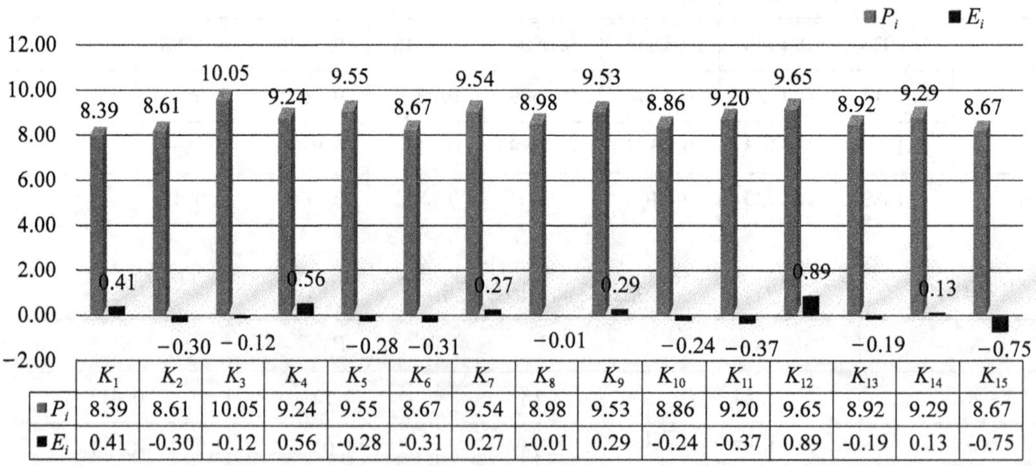

	K_1	K_2	K_3	K_4	K_5	K_6	K_7	K_8	K_9	K_{10}	K_{11}	K_{12}	K_{13}	K_{14}	K_{15}
■P_i	8.39	8.61	10.05	9.24	9.55	8.67	9.54	8.98	9.53	8.86	9.20	9.65	8.92	9.29	8.67
■E_i	0.41	-0.30	-0.12	0.56	-0.28	-0.31	0.27	-0.01	0.29	-0.24	-0.37	0.89	-0.19	0.13	-0.75

图 6-1　候选人选择指标的因果关系图

3. 评价过程

在使用概率语言术语集和 DEMATEL 方法完成计算后，指标 κ'_1，κ'_2，κ'_4，κ'_7，κ'_9 和 κ'_{10} 被确定为关键指标。基于此，对各候选人进行评价：

步骤 1：汇总各平台评价，生成初始概率语言评价矩阵。

收集五个平台使用语言评价尺度量表对候选人的判断。语言评价尺度量表为 $S=\{S_{-3}, S_{-2}, S_{-1}, S_0, S_1, S_2, S_3\}$，其中 S_{-3} =“很差”、S_{-2} =“差”、S_{-1} =“有点差”、S_0 =“中等”、S_1 =“有点好”、S_2 =“好”、S_3 =“很好”。本研究收集调查问卷然后将平台的评价转化为初始概率语言评价矩阵(见表 6-5)。

表 6-5　　**初始概率语言评价矩阵**

	κ'_1	κ'_4	κ'_7
π_1	$\{S_1(0.2), S_2(0.6), S_3(0.2)\}$	$\{S_{-1}(0.2), S_1(0.2), S_2(0.6)\}$	$\{S_{-3}(0.4), S_{-1}(0.2), S_2(0.4)\}$
π_2	$\{S_{-3}(1)\}$	$\{S_{-2}(0.4), S_0(0.4)\}$	$\{S_{-2}(0.5), S_{-1}(0.5)\}$
π_3	$\{S_2(0.2), S_3(0.8)\}$	$\{S_0(0.6), S_2(0.4)\}$	$\{S_{-2}(0.2), S_0(0.6)\}$
π_4	$\{S_1(0.4), S_3(0.6)\}$	$\{S_0(0.4), S_2(0.4), S_3(0.2)\}$	$\{S_{-1}(0.8), S_0(0.2)\}$
π_5	$\{S_1(0.4), S_2(0.6)\}$	$\{S_{-1}(0.4), S_2(0.4), S_3(0.2)\}$	$\{S_{-2}(0.6), S_{-1}(0.2), S_3(0.2)\}$
	κ'_9	κ'_{12}	κ'_{14}
π_1	$\{S_{-3}(0.4), S_{-2}(0.4)\}$	$\{S_{-2}(0.5), S_0(0.5)\}$	$\{S_1(0.2), S_2(0.6)\}$
π_2	$\{S_0(0.4), S_2(0.2), S_3(0.4)\}$	$\{S_{-2}(0.2), S_{-1}(0.6), S_0(0.2)\}$	$\{S_{-2}(0.8), S_0(0.2)\}$
π_3	$\{S_{-3}(0.2), S_{-2}(0.4), S_1(0.2)\}$	$\{S_0(0.6), S_2(0.2)\}$	$\{S_{-3}(0.2), S_{-2}(0.6), S_0(0.2)\}$
π_4	$\{S_{-2}(0.4), S_{-1}(0.6)\}$	$\{S_1(0.8), S_2(0.2)\}$	$\{S_0(0.2), S_2(0.6), S_3(0.2)\}$
π_5	$\{S_{-2}(0.2), S_0(0.2), S_3(0.6)\}$	$\{S_1(0.6), S_2(0.2), S_3(0.2)\}$	$\{S_{-1}(0.6), S_0(0.2), S_2(0.2)\}$

步骤 2：PLTS 矩阵标准化。

使用标准化方法，将初始概率语言评价矩阵转换为 NPLTS。指标 κ'_1 和 κ'_{10} 是成本型指标，根据否定运算(Xu，2012)，使用转换函数将两个成本型指标转换为效益型指标。经过属性转化和标准化运算，标准概率语言术语集评价矩阵如表 6-6 所示。

表 6-6　　**NPLTS 评价矩阵**

	κ'_1	κ'_4	κ'_7
π_1	$\{S_1(0.2), S_2(0.6), S_3(0.2)\}$	$\{S_{-1}(0.2), S_1(0.2), S_2(0.6)\}$	$\{S_{-2}(0.4), S_1(0.2), S_3(0.4)\}$
π_2	$\{S_{-3}(0), S_{-3}(0), S_{-3}(1)\}$	$\{S_{-2}(0), S_{-2}(0.4), S_0(0.4)\}$	$\{S_1(0.5), S_2(0), S_2(0.5)\}$

续表

	κ'_1	κ'_4	κ'_7
π_3	$\{S_2(0), S_2(0.2), S_3(0.8)\}$	$\{S_0(0), S_0(0.2), S_2(0.8)\}$	$\{S_0(0.6), S_2(0), S_2(0.2),\}$
π_4	$\{S_1(0), S_1(0.4), S_3(0.6)\}$	$\{S_0(0.4), S_2(0.4), S_3(0.2)\}$	$\{S_0(0.2), S_1(0), S_1(0.8)\}$
π_5	$\{S_1(0), S_1(0.4), S_2(0.6)\}$	$\{S_{-1}(0.4), S_2(0.4), S_3(0.2)\}$	$\{S_{-2}(0.6), S_{-1}(0.2), S_3(0.2)\}$
	κ'_9	κ'_{12}	κ'_{14}
π_1	$\{S_2(0.4), S_3(0), S_3(0.4)\}$	$\{S_{-2}(0), S_{-2}(0.5), S_1(0.5)\}$	$\{S_1(0), S_1(0.2), S_2(0.6)\}$
π_2	$\{S_0(0.4), S_2(0.2), S_3(0.4)\}$	$\{S_{-2}(0.2), S_{-1}(0.6), S_2(0.2)\}$	$\{S_{-2}(0), S_{-2}(0.8), S_1(0.2)\}$
π_3	$\{S_{-1}(0.2), S_2(0.4), S_3(0.2)\}$	$\{S_0(0.2), S_1(0.6), S_2(0.2)\}$	$\{S_{-3}(0.2), S_{-2}(0.6), S_0(0.2)\}$
π_4	$\{S_1(0.6), S_2(0), S_2(0.4)\}$	$\{S_1(0), S_1(0.8), S_2(0.2)\}$	$\{S_1(0.2), S_2(0.6), S_3(0.2)\}$
π_5	$\{S_{-2}(0.2), S_0(0.2), S_3(0.6)\}$	$\{S_1(0.6), S_2(0.2), S_3(0.2)\}$	$\{S_{-1}(0.6), S_0(0.2), S_2(0.2)\}$

步骤3：计算关键指标权重。

在PLTS和DEMATEL方法的基础上，选择熵权法对本节中关键指标的权重进行计算，可得权重向量 $w_\lambda = (0.164, 0.160, 0.170, 0.169, 0.156, 0.180)^T$。本节选择最大的权重作为参考权重 $\max w_\lambda = w_6$，然后用公式 $w_{\lambda/\lambda*} = \dfrac{w_\lambda}{\max w_\lambda}(\lambda = 1, 2, \cdots, s;\ 1 \leqslant s \leqslant n)$ 对关键指标的相对权重 $w_{\lambda/\lambda*}$ 进行计算。

经计算可得：$w_{1/\lambda*} = 0.915$，$w_{2/\lambda*} = 0.892$，$w_{3/\lambda*} = 0.948$，$w_{4/\lambda*} = 0.943$，$w_{5/\lambda*} = 0.870$，并且 $w_{6/\lambda*} = 1.000$.

步骤4：计算优势矩阵 $\varphi'_\lambda(\pi_x, \pi_y)$。

使用定义6-4和定义6-5，本节比较这两个候选人的评估值。为比较潜在的第 x 个和第 y 个候选人，本节给 ζ 赋值0.1以确保在不失一般性的情况下获得任意两个候选人的比较结果。例如，候选人 π_1、π_2 在关键指标 κ'_1 下的评价分别是 $\{s_1(0.2), s_2(0.6), s_3(0.2)\}$，$\{s_{-3}(0), s_{-3}(0), s_{-3}(1)\}$。运用公式(6-4)去计算 $S^\zeta(L(p))$ 值可得 $S^{0.1}(L(p)_{11}) = 31797.8629 > S^{0.1}(L(p)_{21}) = 3.0000$。这意味着潜在候选人 π_1 在 κ'_1 的标准上被评为优于候选人 π_2，记为 $(\pi_1 > \pi_2)^{\kappa'_{12}}$。相似地，不同关键指标下各个潜在候选人两两比较如表6-7所示。

为不失一般性，本节给 μ 赋值1。根据表6-6和表6-7，采用公式(6-15)来确定可持续候选人 π_x 对其他候选人 π_y 的优势度。表(6-8)至表(6-13)显示了考虑六个关键指标时的结果。

表 6-7 **候选人的利益和损失的两两比较**

	π_1/π_2	π_1/π_3	π_1/π_4	π_1/π_5	π_2/π_3
κ'_1	$(\pi_1>\pi_2)\kappa'_4$	$(\pi_1>\pi_3)\kappa'_4$	$(\pi_1>\pi_4)\kappa'_4$	$(\pi_1>\pi_5)\kappa'_4$	$(\pi_2<\pi_3)\kappa'_4$
κ'_4	$(\pi_1>\pi_2)\kappa'_7$	$(\pi_1>\pi_3)\kappa'_7$	$(\pi_1>\pi_4)\kappa'_7$	$(\pi_1<\pi_5)\kappa'_7$	$(\pi_2<\pi_3)\kappa'_7$
κ'_7	$(\pi_1>\pi_2)\kappa'_1$	$(\pi_1>\pi_3)\kappa'_1$	$(\pi_1>\pi_4)\kappa'_1$	$(\pi_1>\pi_5)\kappa'_1$	$(\pi_2>\pi_3)\kappa'_1$
κ'_9	$(\pi_1>\pi_2)\kappa'_{10}$	$(\pi_1<\pi_3)\kappa'_{10}$	$(\pi_1>\pi_4)\kappa'_{10}$	$(\pi_1>\pi_5)\kappa'_{10}$	$(\pi_2<\pi_3)\kappa'_{10}$
κ'_{12}	$(\pi_1<\pi_2)\kappa'_9$	$(\pi_1<\pi_3)\kappa'_9$	$(\pi_1<\pi_4)\kappa'_9$	$(\pi_1>\pi_5)\kappa'_9$	$(\pi_2<\pi_3)\kappa'_9$
κ'_{14}	$(\pi_1<\pi_2)\kappa'_2$	$(\pi_1>\pi_3)\kappa'_2$	$(\pi_1>\pi_4)\kappa'_2$	$(\pi_1<\pi_5)\kappa'_2$	$(\pi_2>\pi_3)\kappa'_2$
	π_2/π_4	π_2/π_5	π_3/π_4	π_3/π_5	π_4/π_5
κ'_1	$(\pi_2<\pi_4)\kappa'_4$	$(\pi_2<\pi_5)\kappa'_4$	$(\pi_3>\pi_4)\kappa'_4$	$(\pi_3>\pi_5)\kappa'_4$	$(\pi_4>\pi_5)\kappa'_4$
κ'_4	$(\pi_2<\pi_4)\kappa'_7$	$(\pi_2<\pi_5)\kappa'_7$	$(\pi_3<\pi_4)\kappa'_7$	$(\pi_3<\pi_5)\kappa'_7$	$(\pi_4<\pi_5)\kappa'_7$
κ'_7	$(\pi_2>\pi_4)\kappa'_1$	$(\pi_2<\pi_5)\kappa'_1$	$(\pi_3<\pi_4)\kappa'_1$	$(\pi_3<\pi_5)\kappa'_1$	$(\pi_4<\pi_5)\kappa'_1$
κ'_9	$(\pi_2>\pi_4)\kappa'_{10}$	$(\pi_2<\pi_5)\kappa'_{10}$	$(\pi_3>\pi_4)\kappa'_{10}$	$(\pi_3>\pi_5)\kappa'_{10}$	$(\pi_4<\pi_5)\kappa'_{10}$
κ'_{12}	$(\pi_2<\pi_4)\kappa'_9$	$(\pi_2>\pi_5)\kappa'_9$	$(\pi_3<\pi_4)\kappa'_9$	$(\pi_3>\pi_5)\kappa'_9$	$(\pi_4>\pi_5)\kappa'_9$
κ'_{14}	$(\pi_2>\pi_4)\kappa'_2$	$(\pi_2>\pi_5)\kappa'_2$	$(\pi_3<\pi_4)\kappa'_2$	$(\pi_3<\pi_5)\kappa'_2$	$(\pi_4<\pi_5)\kappa'_2$

表 6-8 **候选人 π_x 对候选人 π_y 在关键指标 κ'_1 下的优势程度**

κ'_1	π_1	π_2	π_3	π_4	π_5
π_1	0.0000	0.1002	0.0905	0.0467	0.0687
π_2	-0.6102	0.0000	-0.2623	-0.5398	-0.7397
π_3	-0.5509	0.0431	0.0000	0.0775	0.1136
π_4	-0.2843	0.0887	-0.4719	0.0000	0.0831
π_5	-0.4182	0.1215	-0.6916	-0.5057	0.0000

表 6-9 **候选人 π_x 对候选人 π_y 在关键指标 κ'_4 下的优势程度**

κ'_4	π_1	π_2	π_3	π_4	π_5
π_1	0.0000	0.1301	0.0000	0.1975	-0.3036
π_2	-0.8124	0.0000	-0.8124	-0.7496	-0.8673
π_3	0.0000	0.1301	0.0000	-0.3133	-0.3036
π_4	-0.3133	0.1201	0.0502	0.0000	-0.4363
π_5	0.0486	0.1389	0.0486	0.0699	0.0000

表 6-10　　候选人 π_x 对候选人 π_y 在关键指标 κ_7' 下的优势程度

κ_7'	π_1	π_2	π_3	π_4	π_5
π_1	0.0000	0.0920	0.1789	0.1389	0.0476
π_2	−0.5405	0.0000	0.1535	0.1040	−0.4628
π_3	−1.0510	−0.9014	0.0000	−0.6626	−1.0132
π_4	−0.8158	−0.6110	0.1128	0.0000	−0.7665
π_5	−0.2793	0.0788	0.1725	0.1305	0.0000

表 6-11　　候选人 π_x 对候选人 π_y 在关键指标 κ_9' 下的优势程度

κ_9'	π_1	π_2	π_3	π_4	π_5
π_1	0.0000	0.0660	−0.3895	0.0411	0.1071
π_2	−0.3895	0.0000	0.0000	0.0516	−0.4980
π_3	0.0660	0.0000	0.0000	0.0516	0.0844
π_4	−0.2427	−0.3046	−0.3046	0.0000	−0.4980
π_5	−0.6322	0.0844	−0.4980	0.0989	0.0000

表 6-12　　候选人 π_x 对候选人 π_y 在关键指标 κ_{12}' 下的优势程度

κ_{12}'	π_1	π_2	π_3	π_4	π_5
π_1	0.0000	−0.2218	0.0838	0.0636	−0.2181
π_2	0.0360	0.0000	0.0757	0.0524	−0.3110
π_3	−0.5159	−0.4658	0.0000	−0.3362	−0.5601
π_4	−0.3913	−0.3224	0.0546	0.0000	−0.4480
π_5	0.0354	0.0505	0.0910	0.0728	0.0000

表 6-13　　候选人 π_x 对候选人 π_y 在关键指标 κ_{14}' 下的优势程度

κ_{14}'	π_1	π_2	π_3	π_4	π_5
π_1	0.0000	−0.6507	−0.6507	−0.7079	0.0430
π_2	0.1168	0.0000	0.0000	−0.2789	0.1087
π_3	0.1168	0.0000	0.0000	−0.2789	0.1087
π_4	0.1271	0.0501	0.0501	0.0000	0.1196
π_5	−0.2393	−0.6051	−0.6051	−0.6663	0.0000

步骤5：计算整体优势度矩阵 $\varphi'(\pi_x, \pi_y)$。

利用公式(6-17)综合计算关键指标下的候选人 π_x 对 π_y 的优势度，由此产生表6-14中的候选人 $\pi_x(x=1, 2, \cdots, 5)$ 对 $\pi_y(y=1, 2, \cdots, 5)$ 的总体优势度。

表6-14 **候选人 π_x 对候选人 π_y 的整体优势度数值**

	π_1	π_2	π_3	π_4	π_5
π_1	0.0000	-0.4840	-0.6869	-0.2201	-0.2554
π_2	-2.1997	0.0000	-0.8456	-1.3603	-2.7702
π_3	-1.9350	-1.1939	0.0000	-1.4619	-1.5703
π_4	-1.9203	-0.9792	-0.5088	0.0000	-1.9461
π_5	-1.4850	-0.1309	-1.4826	-0.7999	0.0000

从表6-14可以看出，所有整体优势度数值都小于零。

步骤6：确定整体值 $\Phi(\pi_x)$ $(x=1, 2\cdots, 5)$。

接下来，利用公式(6-16)将整体优势度(见表6-13)转化为每个候选人 $\pi_x(x=1, 2, \cdots, 5)$ 在六个关键指标下的整体值，如表6-15所示。

表6-15 **每个候选人的整体值**

候选人	π_1	π_2	π_3	π_4	π_5
$\Phi(\pi x)$	1.0000	0.0000	0.1835	0.3294	0.5927

最后，对所有的候选人进行排序：$\pi_1 > \pi_5 > \pi_4 > \pi_3 > \pi_2$。候选人 π_1 表现最好；第二好的候选人是 π_5，然后是 π_4，π_3 和 π_2。候选人 π_1 和 π_5 的整体值大于0.5，说明这两个候选人在关键指标方面的表现优于其他候选人。候选人 π_4 排名第三，π_3 与候选人 π_4 差距较小。候选人 π_4，π_3 和 π_2 的排名较低。

4. 灵敏度分析

本研究提出了一种基于概率语言术语集和TODIM的信用评价方法。该方法中有两个参数 ζ 和 μ，因此，需要验证参数取不同值时结果是否会发生变化。在评价框架中将 ζ 的值设为0.1，在本节灵敏度分析中分别给 ζ 赋值0.1、0.01、0.001来观察候选人排名是否发生变化。

从表6-16可以看出，不同的 ζ 值对应的候选人排名结果是一致的：$\pi_1 > \pi_5 > \pi_4 > \pi_3 > \pi_2$。在不同的指标影响下，参数 μ 可以影响候选人 π_x 对 π_y 的优势程度 $\varphi'_\lambda(\pi_x, \pi_y)$。参数 μ 被称为损耗的衰减系数。本节给参数 μ 赋不同的值：1、2和3。从表6-17可知，μ 数值的变化不会引起候选人排名变化。这说明了模型的鲁棒性和有效性。

表 6-16　　**ζ 取不同值的排序结果**

ζ	排　序
0.1	$\pi_1 > \pi_5 > \pi_4 > \pi_3 > \pi_2$
0.01	$\pi_1 > \pi_5 > \pi_4 > \pi_3 > \pi_2$
0.001	$\pi_1 > \pi_5 > \pi_4 > \pi_3 > \pi_2$

表 6-17　　**μ 取不同值的排序结果($\mu>0$)**

μ	排　序
1	$\pi_1 > \pi_5 > \pi_4 > \pi_3 > \pi_2$
2	$\pi_1 > \pi_5 > \pi_4 > \pi_3 > \pi_2$
3	$\pi_1 > \pi_5 > \pi_4 > \pi_3 > \pi_2$

5. 对比分析

本节将分别从方法层面和指标层面进行对比分析，以验证该方法的有效性和合理性。

① 方法层面：基于 DEMATEL-TOPSIS 方法的结果分析。TOPSIS 方法是由 Hwang 和 Yoon(1981)提出的，与概率语言术语集相结合的 TOPSIS 方法在实际决策中也是常用的，所以本节选择 TOPSIS 方法进行对比分析。

在上述以 DEMATEL 和 TODIM 方法构成的决策框架基础上，构建 DEMATEL-TOPSIS 方法来进行互联网环境下的信用评价。采用 6 项重要指标对 5 个候选人进行概率语言评价。然后，本节使用公式(6-2)计算每个候选人的标准相对重要度($\mathrm{SI}(L(p))$)(见表 6-18)。根据表 6-18，得到了每个指标下候选人标准相对重要度的最大值 $\max\mathrm{SI}(L(p))$ 和最小值 $\min\mathrm{SI}(L(p))$。

表 6-18　　**候选人的标准相对重要度 $\mathrm{SI}(L(p))$ 数值**

$\mathrm{SI}(L(p))$	π_1	π_2	π_3	π_4	π_5
κ'_1	0.2722	0.3333	0.3220	0.2854	0.2434
κ'_4	0.2434	0.1377	0.2434	0.2277	0.2582
κ'_7	0.2854	0.2357	0.0974	0.1721	0.2722
κ'_9	0.2177	0.2434	0.2434	0.2277	0.2854
κ'_{12}	0.1822	0.2582	0.2582	0.2722	0.1925
κ'_{14}	0.2357	0.2277	0.1925	0.2108	0.2434

表 6-19　　　　**候选人最大最小标准相对重要度**

	π_1	π_2	π_3	π_4	π_5
max $SI(L(p))$	0.2854	0.3333	0.3220	0.2854	0.2854
min $SI(L(p))$	0.1822	0.1377	0.0974	0.1721	0.1925

在表 6-18 和表 6-19 的基础上，本研究提出候选人 $\pi_r(r=1, 2, \cdots, 5)$ 的标准相对重要度 $SI(L(p))$ 与其最大值 $\max SI(L(p))$ 的离差度：

$\Delta(\pi_r, \max SI(L(p)))=\sum_{\lambda=1,2,4,9,10} w_\lambda \Delta(SI(L(p)), \max SI(L(p)))=\sum_{\lambda=1,2,4,9,10} w_\lambda \left(\sqrt{\frac{(\max SI(L(p))-SI(L(p)))^2}{\#l(p)}}\right)^3$，其中 $\#l(p)$ 是 NPLTS 中的概率语言术语个数。

相似地，候选人 $\pi_r(r=1, 2, \cdots, 5)$ 的标准相对重要度 $SI(L(p))$ 与其最小值 $\min SI(L(p))$ 的离差度可定义为：

$\Delta(\pi_r, \min SI(L(p)))=\sum_{\lambda=1,2,4,9,10} w_\lambda \Delta(SI(L(p)), \min SI(L(p)))=\sum_{\lambda=1,2,4,9,10} w_\lambda \left(\sqrt{\frac{(SI(L(p))-\min SI(L(p)))^2}{\#l(p)}}\right)^3$，此外，本节将每个候选人的贴近度系数定义为

$$C(\pi_r)=\frac{\Delta(\pi_r, \min SI(L(p)))}{\max\Delta(\pi_r, \min SI(L(p)))}-\frac{\Delta(\pi_r, \max SI(L(p)))}{\min\Delta(\pi_r, \max SI(L(p)))}$$

这里 $C(\pi_r)\leqslant 0(r=1, 2, \cdots, 5)$，$\max\Delta(o_r, \max SI(L(p)))$ 是候选人 π_r 与其最大标准相对重要度 $\max SI(L(p))$ 之间的最大离差度；且 $\max(\pi_r, \max SI(L(p)))=\max_{1\leqslant r\leqslant 5}\Delta(\pi_r, \min SI(L(p)))$。相反地，$\min\Delta(\pi_r, \max SI(L(p)))$ 代表候选人 π_r 与其最大标准相对重要度 $\max SI(L(p))$ 之间的最小离差度；且 $\min(\pi_r, \max SI(L(p)))=\min_{1\leqslant r\leqslant 5}\Delta(\pi_r, \max SI(L(p)))$。最后，根据贴近度系数 $C(\pi_r)$ 计算，本节对 5 位候选人进行排序。贴近度系数 $C(\pi_r)$ 越大的候选人的信用度越高。

表 6-20　　　　**贴近度系数**

$\Delta(\pi_r, \min SI(L(p)))$	$\Delta(\pi_r, \max SI(L(p)))$	$C(\pi_r)$	Ranking
0.00026	0.00004	-0.02903	1
0.00011	0.00006	-1.14143	3
0.00005	0.00023	-5.67167	5
0.00004	0.00006	-1.39054	4
0.00024	0.00004	-0.05562	2

采用 DEMATEL-TOPSIS 方法，对 5 位候选人进行排名：$\pi_1 \succ \pi_3 \succ \pi_5 \succ \pi_4 \succ \pi_2$。表 6-20 给出了 DEMATEL-TOPSIS 方法的详细结果。

从两种方法的排序结果中，比较得出最优候选人为 π_1，与采用由 DEMATEL 和 TODIM 方法框架得到的结果相同；且排名最后的候选人均为 π_2，这说明了本节所提出的决策框架方法的有效性。

但是，候选人 π_3，π_4，π_5 的排名有所不同。在本节提出的框架模型中候选人 π_4，π_5 绩效优于 π_3。相比之下，使用 DEMATEL-TOPSIS 方法 π_3 比 π_4，π_5 性能更好。

造成这种差异的主要原因是 TOPSIS 方法没有考虑评价主体的心理因素对评价结果的影响。因为评价主体无法做到完全理性，所以在选择候选人时不能忽视决策者的心理状态。整体来看，采用 DEMATEL 和 TODIM 方法的决策框架比 DEMATEL-TOPSIS 方法更有效。

② 指标层面：未识别关键指标的信用评价方法。为了验证该评价方法的有效性和简洁性，本节构建未进行关键指标筛选的评价框架。本研究收集了 15 个指标下对 5 个候选人的语言评价信息并将评价转化为概率语言术语集矩阵，从而对其进行标准化转换。进一步地，计算了反映各指标与指标系统之间的影响程度的因果度 E_i。根据因果度数值且为更好地反映指标变化，本框架采用各指标均为正值的因果度计算熵值，即 $V_{ij} = |E_i| / \sum_{i=1}^{n} |E_i|$。在概率语言术语集的基础上，结合熵权法和 DEMATEL 方法得到 15 个指标的初始权值。根据标准相对重要度计算出新的优势度和初始权重以及候选人的总体优势度并进行排序。结果如表 6-21 和表 6-22 所示。

表 6-21　**考虑 15 个指标的候选人 π_x 对 π_y 总体优势度**

供应商	π_1	π_2	π_3	π_4	π_5
π_1	0.0000	−1.5538	−0.0079	−1.0410	−1.4366
π_2	−14.9799	0.0000	−6.0382	−5.9552	−14.0438
π_3	−13.4783	−3.8533	0.0000	−6.1121	−9.9524
π_4	−13.3861	−1.9817	−5.4436	0.0000	−11.3529
π_5	−6.6670	−0.5130	−4.4296	−1.5723	0.0000

表 6-22　**15 个指标下的候选人的总体优势度**

供应商	π_1	π_2	π_3	π_4	π_5
$\Phi(\pi_x)$	1.0000	0.0000	0.2061	0.2394	0.7528

从表 6-22 可以看出，未进行关键指标筛选的评价框架得到的候选人的排名结果为 $\pi_1 > \pi_3 > \pi_5 > \pi_4 > \pi_2$，这一结果与本研究构建的进行关键指标筛选的评价框架得到的结果相同。

因为评价结果相同，且进行关键性指标筛选会减少计算量，并使评价主体集中注意力于关键指标进而减少人力精力浪费，所以本研究提出的评价框架在确保计算准确性的同时具有简洁性。

6.1.5 研究结果

针对语言环境下的信用评价问题，本节选用概率语言术语集作为基本分析方法。在评价框架的构建中，为弥补现有方法的不足，首先采用基于 PLTS 的 DEMATEL 方法对信用评价关键指标进行筛选，其次采用熵权法对各指标进行客观赋权。最后考虑到评价主体在不确定环境下的非理性因素，结合基于前景理论的 TODIM 方法，构建基于概率语言术语集和 TODIM 的信用评价方法，并应用于投资决策问题，证明了所提方法的可行性和有效性。

6.2 基于概率语言术语集消除评价偏好的信用评价理论和方法

针对语言信息下的信用评价问题，本节选择以概率语言术语集为分析工具，首先提出概率语言术语集的置信区间解释，使得概率语言术语集上的数学运算转化为置信区间上的运算。其次提出两种置信区间的距离测度和可能度测度，识别出评价主体对各信用主体的偏好。最后结合证据理论以及图论，构建基于概率语言术语集消除评价偏好的可视化信用评价方法。

6.2.1 概率语言术语集的置信区间解释以及置信区间测度

概率语言术语集被定义为 $L(p)=\{L^{(k)}(p^{(k)})\mid L^{(k)}\in S,\ p^{(k)}\geqslant 0,\ k=1,2,\cdots,\#l(p),\ \sum_{k=1}^{\#L(p)}p^{(k)}\leqslant 1\}$，其中，$S=\{s_t\mid t=-\tau,\cdots,-1,0,1,\cdots,\tau\}$。例如，$L_1(p)=\{s_{-2}(0.1),\ s_{-1}(0.2),\ s_0(0.3),\ s_1(0.1),\ s_2(0.3)\}$ 中与之相对应的语言术语集为 $S=\{s_{-2}=$ 极差(VP)，$s_{-1}=$ 差(P)，$s_0=$ 一般(M)，$s_1=$ 好(G)，$s_2=$ 极好$(VG)\}$。Li 和 Wei (2019)发现可以将概率语言术语集中的概率与 D-S 证据理论中的质量函数进行相互转换，也即 $m(s_{-2})=0.1$，$m(s_{-1})=0.2$，$m(s_0)=0.3$，$m(s_1)=0.1$，$m(s_2)=0.3$ 或 $m(VP)=0.1$，$m(P)=0.2$，$m(M)=0.3$，$m(G)=0.1$，$m(VG)=0.3$。而 $m(s_0)$ 或 $m(M)$ 被认为是一种犹豫的情况，即可以同时表示“差”和“好”这两个语言术语。此外，由于决策者对语言术语的理解存在差异，尤其是当存在多个语言术语时，可能会导致评估信息出现偏差。因此，如果语言术语能以某种方式进行组合，那么偏差就会在一定程度上有所减少。在证据理论中，信念函数表示信息的最小不确定性，而似然函数表示信息的最大确定性。因此，自然而然地，我们可以得到 $\mathrm{Bel}(P)=m(VP)+m(P)=0.1+0.2=0.3$，$\mathrm{Pl}(P)=m(VP)+m(M)=0.1+0.2+0.3=0.6$，$\mathrm{Bel}(G)=m(G)+m(VG)=0.1+0.3=0.4$，$\mathrm{Pl}(G)=m(G)+m(VG)+m(P,G)=m(G)+m(VG)+m(M)=0.1+0.3+0.3=0.7$。

基于以上分析，本节提出以下定义：

定义 6-6 若 $S=\{s_t \mid t=-\tau, \cdots, -1, 0, 1, \cdots, \tau\}$ 是一个语言术语集，那么概率语言术语集 $L(p)=\{L^{(k)}(p^{(k)}) \mid L^{(k)} \in S, p^{(k)} \geqslant 0, k=1, 2, \cdots, \#l(p), \sum_{k=1}^{\#L(p)} p^{(k)} \leqslant 1\}$ 的置信区间解释定义如下：

$$f: L(p) \to \mathrm{BI}(L(p)) \tag{6-18}$$

其中，$\mathrm{BI}(L(p))=<[\mathrm{Bel}^-, \mathrm{Pl}^-], [\mathrm{Bel}^+, \mathrm{Pl}^+]>$ 是置信区间数，$[\mathrm{Bel}^-, \mathrm{Pl}^-]=\left[\sum_{t=-\tau}^{-1} m(s_t), \sum_{t=-\tau}^{0} m(s_t)\right]$ 为负置信区间，$[\mathrm{Bel}^+, \mathrm{Pl}^+]=\left[\sum_{t=1}^{\tau} m(s_t), \sum_{t=0}^{\tau} m(s_t)\right]$ 为正置信区间。

例 6-1 假设 $L_1(p)=\{s_{-2}(0.1), s_{-1}(0.2), s_0(0.1), s_1(0.2), s_2(0.2)\}$ 和 $L_2(p)=\{s_{-2}(0.3), s_0(0.1), s_1(0.2), s_2(0.1)\}$ 为两个概率语言术语集，根据定义 6-5，我们可以得到 $\mathrm{BI}(L_1(p))=<[0.3, 0.4], [0.4, 0.5]>$，$\mathrm{BI}(L_2(p))=<[0.3, 0.4], [0.3, 0.4]>$。

定义 6-7 令 $\min[\mathrm{Bel}, \mathrm{Pl}]=[0, 0]$ 表示最小置信区间，$\max[\mathrm{Bel}, \mathrm{Pl}]=[1, 1]$ 表示最大置信区间，$\Psi_{\min}=\mathrm{BI}(L(p))_{\min}=<\max[\mathrm{Bel}, \mathrm{Pl}], \min[\mathrm{Bel}, \mathrm{Pl}]>=<[1, 1], [0, 0]>$ 表示负理想置信区间数，$\Psi_{\max}=\mathrm{BI}(L(p))_{\max}=<\min[\mathrm{Bel}, \mathrm{Pl}], \max[\mathrm{Bel}, \mathrm{Pl}]>=<[0, 0], [1, 1]>$ 表示正理想置信区间数。

定义 6-8 假设 $A=\mathrm{BI}(L_1(p))=<[\mathrm{Bel}_A^-, \mathrm{Pl}_A^-], [\mathrm{Bel}_A^+, \mathrm{Pl}_A^+]>$ 和 $B=\mathrm{BI}(L_2(p))=<[\mathrm{Bel}_B^-, \mathrm{Pl}_B^-], [\mathrm{Bel}_B^+, \mathrm{Pl}_B^+]>$ 是 $L_1(p)$ 和 $L_2(p)$ 的置信区间解释。若 $A \subseteq B$，则有：

$$\mathrm{Bel}_A^- \geqslant \mathrm{Bel}_B^-, \mathrm{Pl}_A^- \geqslant \mathrm{Pl}_B^-; \mathrm{Bel}_A^+ \leqslant \mathrm{Bel}_B^+, \mathrm{Pl}_A^+ \leqslant \mathrm{Pl}_B^+ \tag{6-19}$$

定义 6-9 令 $A=\mathrm{BI}(L_1(p))=<[\mathrm{Bel}_A^-, \mathrm{Pl}_A^-], [\mathrm{Bel}_A^+, \mathrm{Pl}_A^+]>$ 和 $B=\mathrm{BI}(L_2(p))=<[\mathrm{Bel}_B^-, \mathrm{Pl}_B^-], [\mathrm{Bel}_B^+, \mathrm{Pl}_B^+]>$ 是 $L_1(p)$ 和 $L_2(p)$ 的置信区间解释，那么它们之间的距离测度被定义如下：

$$d(A, B)=\frac{\max(|\mathrm{Bel}_A^- - \mathrm{Bel}_B^-| + |\mathrm{Bel}_A^+ - \mathrm{Bel}_B^+|, |\mathrm{Pl}_A^- - \mathrm{Pl}_B^-| + |Pl_A^+ - \mathrm{Pl}_B^+|)}{2} \tag{6-20}$$

定理 6-1 $L_1(p)$ 和 $L_2(p)$ 的置信区间解释 A 和 B 之间的距离定义为一个函数 $d: A \times B \to [0, 1]$，满足以下性质：

① $0 \leqslant d(A, B) \leqslant 1$；

② $d(A, B)=d(B, A)$；

③ $d(A, B)=0$ 当且仅当 $A=B$；

④若 $A \subseteq B \subseteq C$，则 $d(A, B) \leqslant d(A, C)$，$d(B, C) \leqslant d(A, C)$。

证明如下：

①由于 $\mathrm{Bel} \in [0, 1]$，$\mathrm{Pl} \in [0, 1]$，因此 $|\mathrm{Bel}_A - \mathrm{Bel}_B| \in [0, 1]$，$|\mathrm{Pl}_A - \mathrm{Pl}_B| \in [0, 1]$，那么依据公式(6-20)，可得 $0 \leqslant d(A, B) \leqslant 1$。

②显然 $d(A, B)=d(B, A)$。

③首先，对于 $d(A, B)=0 \Rightarrow A=B$，如果 $d(A, B)=0$，我们可以得到 $|\mathrm{Bel}_A^- - \mathrm{Bel}_B^-|=|\mathrm{Bel}_A^+ - \mathrm{Bel}_B^+|=|\mathrm{Pl}_A^- - \mathrm{Pl}_B^-|=|\mathrm{Pl}_A^+ - \mathrm{Pl}_B^+|=0$，也即 $\mathrm{Bel}_A^-=\mathrm{Bel}_B^-$，$\mathrm{Bel}_A^+=\mathrm{Bel}_B^+$，$\mathrm{Pl}_A^-=\mathrm{Pl}_B^-$，$\mathrm{Pl}_A^+=\mathrm{Pl}_B^+$，因此，可得 $A=B$；其次，对于 $A=B \Rightarrow d(A, B)=0$，如果 $A=B$，

那么满足 $Bel_A^-=Bel_B^-$，$Bel_A^+=Bel_B^+$，$Pl_A^-=Pl_B^-$，$Pl_A^+=Pl_B^+$，因此，可得 $d(A,B)=0$。

④如果存在 $A\subseteq B\subseteq C$，那么满足 $Bel_A^-\geqslant Bel_B^-\geqslant Bel_C^-$，$Pl_A^-\geqslant Pl_B^-\geqslant Pl_C^-$，$Bel_A^+\leqslant Bel_B^+\leqslant Bel_C^+$，$Pl_A^+\leqslant Pl_B^+\leqslant Pl_C^+$，也即 $|Bel_A^- - Bel_B^-|\leqslant|Bel_A^- - Bel_C^-|$，$|Bel_A^+ - Bel_B^+|\leqslant|Bel_A^+ - Bel_C^+|$，$|Pl_A^- - Pl_B^-|\leqslant|Pl_A^- - Pl_C^-|$，$|Pl_A^+ - Pl_B^+|\leqslant|Pl_A^+ - Pl_C^+|$，$|Bel_B^- - Bel_C^-|\leqslant|Bel_A^- - Bel_C^-|$，$|Bel_B^+ - Bel_C^+|\leqslant|Bel_A^+ - Bel_C^+|$，$|Pl_B^- - Pl_C^-|\leqslant|Pl_A^- - Pl_C^-|$，$|Pl_B^+ - Pl_C^+|\leqslant|Pl_A^+ - Pl_C^+|$，因此，可以得到 $d(A,B)\leqslant d(A,C)$ 且 $d(B,C)\leqslant d(A,C)$。

定义 6-10 令 $A=BI(L_1(p))=<[Bel_A^-,Pl_A^-],[Bel_A^+,Pl_A^+]>$ 和 $B=BI(L_2(p))=<[Bel_B^-,Pl_B^-],[Bel_B^+,Pl_B^+]>$ 是两个概率语言术语集的置信区间解释，则模糊偏好关系 $A\geqslant B$ 的较低可能度 $P^-(A\geqslant B)$ 定义为：

$$P^-(A\geqslant B)=\max\left\{1-\max\left(\frac{(1-Bel_B^-)-Bel_A^+}{(1-Bel_A^+-Pl_A^-)+(1-Pl_B^+-Bel_B^-)},0\right),0\right\} \tag{6-21}$$

较高可能度 $P^+(A\geqslant B)$ 定义为：

$$P^+(A\geqslant B)=\max\left\{1-\max\left(\frac{(1-Pl_B^-)-Pl_A^+}{(1-Pl_A^+-Bel_A^-)+(1-Bel_B^+-Pl_B^-)},0\right),0\right\} \tag{6-22}$$

定理 6-2 模糊偏好关系 $A\geqslant B$ 的较低可能度 $P^-(A\geqslant B)$ 和较高可能度 $P^+(A\geqslant B)$，满足以下性质：

① $0\leqslant P^-(A\geqslant B)\leqslant 1$；

② $0\leqslant P^+(A\geqslant B)\leqslant 1$；

③ $P^-(A\geqslant B)\leqslant P^+(A\geqslant B)$；

④ $P^-(A\geqslant B)+P^+(B\geqslant A)=1$。

证明如下：

①依据公式(6-21)，显然易知 $\max\left(\frac{(1-Bel_B^-)-Bel_A^+}{(1-Bel_A^+-Pl_A^-)+(1-Pl_B^+-Bel_B^-)},0\right)\geqslant 0$，也即 $1-\max\left(\frac{(1-Bel_B^-)-Bel_A^+}{(1-Bel_A^+-Pl_A^-)+(1-Pl_B^+-Bel_B^-)},0\right)\leqslant 1$，因此 $0\leqslant P^-(A\geqslant B)\leqslant 1$。

②证明同上。

③因为 $Pl_A^+-Bel_A^+=Pl_A^--Bel_A^-$，也即 $-Bel_A^+-Pl_A^-=-Pl_A^+-Bel_A^-$。同样地，因为 $Pl_B^+-Bel_B^+=Pl_B^--Bel_B^-$，也即 $Pl_B^++Bel_B^-=Bel_B^++Pl_B^-$。可得 $(1-Bel_A^+-Pl_A^-)+(1-Pl_B^+-Bel_B^-)=(1-Pl_A^+-Bel_A^-)+(1-Bel_B^+-Pl_B^-)$。又因为满足 $(1-Bel_B^-)-Bel_A^+\geqslant(1-Pl_B^-)-Pl_A^+$，因此

$$\max\left(\frac{(1-Bel_B^-)-Bel_A^+}{(1-Bel_A^+-Pl_A^-)+(1-Pl_B^+-Bel_B^-)},0\right)\geqslant\max\left(\frac{(1-Pl_B^-)-Pl_A^+}{(1-Pl_A^+-Bel_A^-)+(1-Bel_B^+-Pl_B^-)},0\right)$$

从而可得 $P^-(A\geqslant B)\leqslant P^+(A\geqslant B)$。

④ $P^{+}(B\geqslant A)=\max\left\{1-\max\left(\frac{(1-\mathrm{Pl}_A^-)-\mathrm{Pl}_B^+}{(1-\mathrm{Pl}_B^+-\mathrm{Bel}_B^-)+(1-\mathrm{Bel}_A^+-\mathrm{Pl}_A^-)},0\right),0\right\}$，因为 $0\leqslant \mathrm{Bel}_A^+ + \mathrm{Pl}_A^- \leqslant 1$，$0\leqslant \mathrm{Pl}_B^+ + \mathrm{Bel}_B^- \leqslant 1$，$0\leqslant \mathrm{Pl}_A^+ + \mathrm{Bel}_A^- \leqslant 1$，$0\leqslant \mathrm{Bel}_B^+ + \mathrm{Pl}_B^- \leqslant 1$ 且 $(1-\mathrm{Bel}_B^-)-\mathrm{Bel}_A^+ \geqslant (1-\mathrm{Pl}_B^-)-\mathrm{Pl}_A^+$，具体包括以下三种情形：

a. $(1-\mathrm{Bel}_B^-)-\mathrm{Bel}_A^+\geqslant 0$，$(1-\mathrm{Pl}_A^-)-\mathrm{Pl}_B^+\geqslant 0$；

b. $(1-\mathrm{Bel}_B^-)-\mathrm{Bel}_A^+\geqslant 0$，$(1-\mathrm{Pl}_A^-)-\mathrm{Pl}_B^+\leqslant 0$；

c. $(1-\mathrm{Bel}_B^-)-\mathrm{Bel}_A^+\leqslant 0$，$(1-\mathrm{Pl}_A^-)-\mathrm{Pl}_B^+\geqslant 0$。

对于情形 a，由于 $(1-\mathrm{Bel}_B^-)-\mathrm{Bel}_A^+\geqslant 0$，$(1-\mathrm{Pl}_A^-)-\mathrm{Pl}_B^+\geqslant 0$，因此

$$\max\left(\frac{(1-\mathrm{Bel}_B^-)-\mathrm{Bel}_A^+}{(1-\mathrm{Bel}_A^+-\mathrm{Pl}_A^-)+(1-\mathrm{Pl}_B^+-\mathrm{Bel}_B^-)},0\right)=\frac{(1-\mathrm{Bel}_B^-)-\mathrm{Bel}_A^+}{(1-\mathrm{Bel}_A^+-\mathrm{Pl}_A^-)+(1-\mathrm{Pl}_B^+-\mathrm{Bel}_B^-)},$$

$$\max\left(\frac{(1-\mathrm{Pl}_A^-)-\mathrm{Pl}_B^+}{(1-\mathrm{Pl}_B^+-\mathrm{Bel}_B^-)+(1-\mathrm{Bel}_A^+-\mathrm{Pl}_A^-)},0\right)=\frac{(1-\mathrm{Pl}_A^-)-\mathrm{Pl}_B^+}{(1-\mathrm{Pl}_B^+-\mathrm{Bel}_B^-)+(1-\mathrm{Bel}_A^+-\mathrm{Pl}_A^-)},$$

$$1-\max\left(\frac{(1-\mathrm{Bel}_B^-)-\mathrm{Bel}_A^+}{(1-\mathrm{Bel}_A^+-\mathrm{Pl}_A^-)+(1-\mathrm{Pl}_B^+-\mathrm{Bel}_B^-)},0\right)=\frac{1-\mathrm{Pl}_A^- -\mathrm{Pl}_B^+}{(1-\mathrm{Bel}_A^+-\mathrm{Pl}_A^-)+(1-\mathrm{Pl}_B^+-\mathrm{Bel}_B^-)}\geqslant 0,$$

$$1-\max\left(\frac{(1-\mathrm{Pl}_A^-)-\mathrm{Pl}_B^+}{(1-\mathrm{Pl}_B^+-\mathrm{Bel}_B^-)+(1-\mathrm{Bel}_A^+-\mathrm{Pl}_A^-)},0\right)=\frac{1-\mathrm{Bel}_B^- -\mathrm{Bel}_A^+}{(1-\mathrm{Pl}_B^+-\mathrm{Bel}_B^-)+(1-\mathrm{Bel}_A^+-\mathrm{Pl}_A^-)}\geqslant 0。$$

据此可以得到，$P^{-}(A\geqslant B)=\frac{1-\mathrm{Pl}_A^- -\mathrm{Pl}_B^+}{(1-\mathrm{Bel}_A^+-\mathrm{Pl}_A^-)+(1-\mathrm{Pl}_B^+-\mathrm{Bel}_B^-)}$，$P^{+}(B\geqslant A)=\frac{1-\mathrm{Bel}_B^- -\mathrm{Bel}_A^+}{(1-\mathrm{Pl}_B^+-\mathrm{Bel}_B^-)+(1-\mathrm{Bel}_A^+-\mathrm{Pl}_A^-)}$。因此 $P^{-}(A\geqslant B)+P^{+}(B\geqslant A)=1$。

在情形 b 中，满足

$$1-\max\left(\frac{(1-\mathrm{Bel}_B^-)-\mathrm{Bel}_A^+}{(1-\mathrm{Bel}_A^+-\mathrm{Pl}_A^-)+(1-\mathrm{Pl}_B^+-\mathrm{Bel}_B^-)},0\right)=\frac{1-\mathrm{Pl}_A^- -\mathrm{Pl}_B^+}{(1-\mathrm{Bel}_A^+-\mathrm{Pl}_A^-)+(1-\mathrm{Pl}_B^+-\mathrm{Bel}_B^-)}$$

又因为 $(1-\mathrm{Pl}_A^-)-\mathrm{Pl}_B^+\leqslant 0$，那么可得 $P^{-}(A\geqslant B)=0$。

另外，$\max\left(\frac{(1-\mathrm{Pl}_A^-)-\mathrm{Pl}_B^+}{(1-\mathrm{Pl}_B^+-\mathrm{Bel}_B^-)+(1-\mathrm{Bel}_A^+-\mathrm{Pl}_A^-)},0\right)=0$，从而可得 $P^{+}(B\geqslant A)=1$。因此 $P^{-}(A\geqslant B)+P^{+}(B\geqslant A)=1$。

对于情形 c，由于 $\max\left(\frac{(1-\mathrm{Bel}_B^-)-\mathrm{Bel}_A^+}{(1-\mathrm{Bel}_A^+-\mathrm{Pl}_A^-)+(1-\mathrm{Pl}_B^+-\mathrm{Bel}_B^-)},0\right)=0$，因此可得 $P^{-}(A\geqslant B)=1$。另外由于 $(1-\mathrm{Bel}_B^-)-\mathrm{Bel}_A^+\leqslant 0$，$(1-\mathrm{Pl}_A^-)-\mathrm{Pl}_B^+\geqslant 0$，满足

$$\max\left(\frac{(1-\mathrm{Pl}_A^-)-\mathrm{Pl}_B^+}{(1-\mathrm{Pl}_B^+-\mathrm{Bel}_B^-)+(1-\mathrm{Bel}_A^+-\mathrm{Pl}_A^-)},0\right)=\frac{(1-\mathrm{Pl}_A^-)-\mathrm{Pl}_B^+}{(1-\mathrm{Pl}_B^+-\mathrm{Bel}_B^-)+(1-\mathrm{Bel}_A^+-\mathrm{Pl}_A^-)}\geqslant 0,$$ 即

$$1-\max\left(\frac{(1-\mathrm{Pl}_A^-)-\mathrm{Pl}_B^+}{(1-\mathrm{Pl}_B^+-\mathrm{Bel}_B^-)+(1-\mathrm{Bel}_A^+-\mathrm{Pl}_A^-)},0\right)=\frac{1-\mathrm{Bel}_B^- -\mathrm{Bel}_A^+}{(1-\mathrm{Pl}_B^+-\mathrm{Bel}_B^-)+(1-\mathrm{Bel}_A^+-\mathrm{Pl}_A^-)}\leqslant 0,$$ 从而可得 $P^{+}(A\geqslant B)=0$。因此 $P^{-}(A\geqslant B)+P^{+}(B\geqslant A)=1$。

定义 6-11 令 $A = BI(L_1(p)) = <[Bel_A^-, Pl_A^-], [Bel_A^+, Pl_A^+]>$ 和 $B = BI(L_2(p)) = <[Bel_B^-, Pl_B^-], [Bel_B^+, Pl_B^+]>$ 是两个概率语言术语集的置信区间解释，模糊偏好关系 $A \geqslant B$ 的可能度 $P(A \geqslant B)$ 定义为：

$$P(A \geqslant B) = \frac{P^-(A \geqslant B) + P^+(A \geqslant B)}{2} \tag{6-23}$$

若 $P(A \geqslant B) > P(B \geqslant A)$，则说明 A 优于 B，表示为 $A > B$；若 $P(A \geqslant B) = P(B \geqslant A)$，说明 A 等价于 B，表示为 $A = B$。

6.2.2 图论

图论起源于 18 世纪著名的古典数学问题——柯尼斯堡(Konigsberg)问题。1738 年，瑞典数学家欧拉对此问题的解决标志着图论的诞生，欧拉也成为图论的创始人。

图论是应用数学的一部分，本身有着极为广泛的应用。下面简单介绍本节方法构建中需用到的关于图论的几个概念。

定义 6-12 （Wasserman 和 Faust，1994)节点和边：在图论中，节点表示事物或对象，边表示事物或对象之间的关系。

入度和出度：一个节点的入度 $d_I(A_i)$ 是指指向节点 A_i 的相邻节点的个数，出度 $d_O(A_i)$ 是指由节点 A_i 出发的相邻节点的个数。

例 6-2 假设关于五个节点的图表示如下：

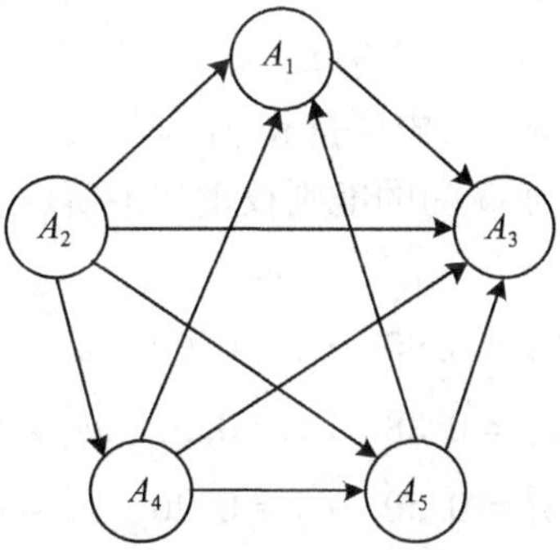

图 6-2 节点图表示

那么，依据上述定义，现以节点 A_1 为例，可以得出其入度 $d_I(A_1) = 3$，出度 $d_O(A_1) = 1$。

6.2.3 基于概率语言术语集消除评价偏好的信用评价方法

在实际评价问题中，不同的评价主体有不同的主观偏好，这也将会产生不同的指标权重和不同的信用主体偏序关系。因此，本节在概率语言术语集置信区间解释和置信区间测度的基础上，提出评价主体偏好识别和偏好消除方法。假设 $U=\{u_1,\ u_2,\ \cdots,\ u_i\}$，$(i=1,\ 2,\ \cdots,\ m)$ 是信用主体的集合，$E=\{e_1,\ e_2,\ \cdots,\ e_j\}$，$(j=1,\ 2,\ \cdots,\ n)$ 为准则的集合，$D=\{d_1,\ d_2,\ \cdots,\ d_r\}$，$(r=1,\ 2,\ \cdots,\ l)$ 是评价主体的集合。

1. 评价主体偏好识别和偏好消除

定义 6-13　假设 $\Psi_{\max}=<[0,\ 0],\ [1,\ 1]>$ 表示正理想置信区间数，且 $BI_{ij}^r=<[\mathrm{Bel}_{ij}^{r-},\ \mathrm{Pl}_{ij}^{r-}],\ [\mathrm{Bel}_{ij}^{r+},\ \mathrm{Pl}_{ij}^{r+}]>$ 为置信区间数，则 BI_{ij}^r 和 $\Psi_{\max}$ 之间的距离定义如下：

$$d(\mathrm{BI}_{ij}^r,\ \Psi_{\max})=\frac{\max(|\mathrm{Bel}_{ij}^{r-}-0|+|\mathrm{Bel}_{ij}^{r+}-1|,\ |\mathrm{Pl}_{ij}^{r-}-0|+|\mathrm{Pl}_{ij}^{r+}-1|)}{2} \tag{6-24}$$

定义 6-14　假设评价主体 d_r 认为的指标权向量为 $w=(w_1^r,\ w_2^r,\ \cdots,\ w_j^r)^T$，其中，指标权重 w_j^r 定义为：

$$w_j^r=\frac{m-\sum_{i=1}^{m}d(\mathrm{BI}_{ij}^r,\ \Psi_{\max})}{mn-\sum_{i=1}^{m}\sum_{j=1}^{n}d(\mathrm{BI}_{ij}^r,\ \Psi_{\max})} \tag{6-25}$$

在实际评价过程中，不同的评价主体往往有不同的主观偏好，对指标权重的分配也有不同的看法。因此，融合他们的意见并确定指标权重后再进行评价是非常必要的。首先根据定义(6-13)中关于指标权重 $w_j^r(j=1,\ 2,\ \cdots,\ n;\ r=1,\ 2,\ \cdots,\ l)$ 的计算，并结合定义(4-35)中的证据理论融合规则，我们定义了融合准则权重 $\omega_j(j=1,\ 2,\ \cdots,\ n)$，满足：

$$\omega_j=w_j^1\oplus w_j^2\oplus\cdots\oplus w_j^r \tag{6-26}$$

其中，$\oplus$ 是正交和，准则的融合权向量表示为 $\omega=(\omega_1,\ \omega_2,\ \cdots,\ \omega_j)^T(j=1,\ 2,\ \cdots,\ n)$。

例 6-3　假设各评价主体主观认为的准则权重如下所示：

	e_1	e_2	e_3
d_1	$w_1^1=0.90$	$w_2^1=0.00$	$w_3^1=0.10$
d_2	$w_1^2=0.88$	$w_2^2=0.01$	$w_3^2=0.11$
d_3	$w_1^3=0.50$	$w_2^3=0.20$	$w_3^3=0.30$

根据证据理论融合规则计算可得：

$$\begin{aligned}K&=0.90\times0.88\times(1-0.50)+0.90\times0.01+0.90\times0.11+0.00\times0.88+0.00\times0.01\times(1-0.20)+0.00\times0.11+0.10\times0.88+0.10\times0.01+0.10\times0.11\times(1-0.30)\\&=0.6007\end{aligned}$$

$$\omega_1=\frac{0.90\times0.88\times0.50}{1-0.6007}=0.9917,\quad \omega_2=\frac{0.00\times0.01\times0.20}{1-0.6007}=0,$$

$$\omega_3=\frac{0.10\times0.11\times0.30}{1-0.6007}=0.0083。$$

通过上述方法，实现了对指标的偏好识别和消除。接下来，进一步实现对信用主体的偏好识别和消除。

定义 6-15 对于信用主体 u_i，在评价主体 d_r 下的加权置信区间数表示为 $\mathrm{WBI}_i^r(L(p)) = <[\mathrm{Bel}_i^{r-}, \mathrm{Pl}_i^{r-}]^w, [\mathrm{Bel}_i^{r+}, \mathrm{Pl}_i^{r+}]^w>$，其中

$$\begin{aligned}[\mathrm{Bel}_i^{r-}, \mathrm{Pl}_i^{r-}]^w &= \left[\sum_{j=1}^{n} w_j^r \mathrm{Bel}_{ij}^{r-}, \sum_{j=1}^{n} w_j^r \mathrm{Pl}_{ij}^{r-}\right] \\ [\mathrm{Bel}_i^{r+}, \mathrm{Pl}_i^{r+}]^w &= \left[\sum_{j=1}^{n} w_j^r \mathrm{Bel}_{ij}^{r+}, \sum_{j=1}^{n} w_j^r \mathrm{Pl}_{ij}^{r+}\right]\end{aligned} \tag{6-27}$$

定义 6-16 根据定义 6-9 和定义 6-10，可能度矩阵 PM 表示如下：

$$\mathrm{PM} = \begin{bmatrix} P_{11} & P_{12} & \cdots & P_{1m} \\ P_{21} & P_{22} & \cdots & P_{2m} \\ \vdots & \vdots & \ddots & \vdots \\ P_{m1} & P_{m2} & \cdots & P_{mm} \end{bmatrix} \tag{6-28}$$

模糊偏好关系 $u_1 \geqslant u_i$ 的可能度 $P(u_1 \geqslant u_i)$ 简写为 P_{1i}，且满足 $P_{1i} + P_{i1} = 1$，(P_{1i}, P_{i1}) 称为一对可能度。

定义 6-17 假设 $u_i(i = 1, 2, \cdots, m)$ 被认为是图论中的 m 个节点，则 u_i 的入度和出度分别被表示为 $d_I(u_i)$ 和 $d_O(u_i)$。若 $P(u_1 \geqslant u_i) > P(u_i \geqslant u_1)$，我们可以添加一个实心弧，其中箭头为 u_i，箭尾为 u_1，u_i 的箭头总数是入度，箭尾总数是出度。基于 u_i 的入度和出度，我们可以得到信用主体之间的偏序关系。

①若 $d_O(u_1) > d_O(u_i)$，表示 u_1 优于 u_i，记作 $u_1 \succ u_i$；

② 若 $d_O(u_1) = d_O(u_i)$ 且 $d_I(u_1) < d_I(u_i)$，表示 u_1 优于 u_i，记作 $u_1 \succ u_i$；

③若 $d_O(u_1) = d_O(u_i)$ 且 $d_I(u_1) = d_I(u_i)$，那么需要与其他信用主体的入度或出度进行比较。如果存在一个信用主体 u_2 使得其满足以下四种情形：

a. 若可以判断出 $u_1 \succ u_2$ 且 $u_i \succ u_2$，但是 $P(u_1 \geqslant u_2) > P(u_i \geqslant u_2)$，则认为 u_1 优于 u_i，记作 $u_1 \succ u_i$；

b. 若可以判断出 $u_2 \succ u_1$ 且 $u_2 \succ u_i$，但是 $P(u_2 \geqslant u_1) < P(u_2 \geqslant u_i)$，则认为 u_1 优于 u_i，记作 $u_1 \succ u_i$；

c. 若可以判断出 $u_1 \succ u_2$ 且 $u_i \succ u_2$，但是 $P(u_1 \geqslant u_2) = P(u_i \geqslant u_2)$，则认为 u_1 等价于 u_i，记作 $u_1 \sim u_i$；

d. 若可以判断出 $u_2 \succ u_1$ 且 $u_2 \succ u_i$，但是 $P(u_2 \geqslant u_1) = P(u_2 \geqslant u_i)$，则认为 u_1 等价于 u_i，记作 $u_1 \sim u_i$。

同理在本节中，若指标权重满足 $w_1 > w_j$，我们可以添加一个实心弧，其中箭头为 e_j，箭尾为 e_1。

例 6-4 假设一个可能度矩阵 PM 为：

$$\mathrm{PM} = \begin{bmatrix} 0.5000 & 0.5000 & \underline{0.5254} & 0.5000 \\ 0.5000 & 0.5000 & \underline{0.6389} & 0.5000 \\ 0.4746 & 0.3611 & 0.5000 & 0.4538 \\ 0.5000 & 0.5000 & \underline{0.5462} & 0.5000 \end{bmatrix}$$

我们以节点 u_1 和 u_3 为例来进行说明。因为 $P_{13}=0.5254$，$P_{31}=0.4746$，所以 $P(u_1 \geqslant u_3) > P(u_3 \geqslant u_1)$，我们可以添加一个实心弧，其中箭头为 u_3，箭尾为 u_1，如图 6-3 所示：

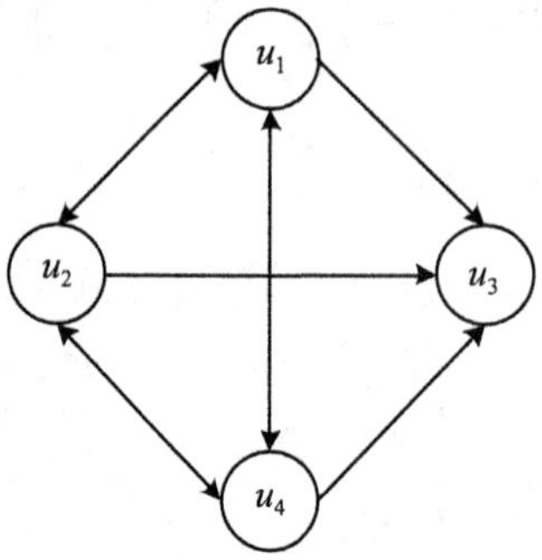

图 6-3　图表示(一)

各待评价对象 $u_i(i=1, 2, 3, 4)$ 的入度和出度如表 6-23 所示。

表 6-23　**入度和出度**

待评价对象	$d_O(u_i)$	$d_I(u_i)$
u_1	3	2
u_2	3	2
u_3	0	3
u_4	3	2

从上表中可以看出最小的出度是 $d_O(u_3)$，$d_O(u_1)=d_O(u_2)=d_O(u_4)=3$，且 $d_I(u_1)=d_I(u_2)=d_I(u_4)=2$，但是由于 $P(u_1 \geqslant u_3)=0.5254$，$P(u_2 \geqslant u_3)=0.6389$，$P(u_4 \geqslant u_3)=0.5462$，$P(u_1 \geqslant u_3) < P(u_4 \geqslant u_3) < P(u_2 \geqslant u_3)$，因此，各信用主体之间的偏序关系为 $u_2 \succ u_4 \succ u_1 \succ u_3$。

定义 6-18　平台权向量表示为 $\varpi=(\varpi^1, \varpi^2, \cdots, \varpi^r)^{\mathrm{T}}(r=1, 2, \cdots, l)$，平台权重 ϖ^r 定义为：

$$\varpi^r = \frac{1-\sum_{j=1}^{n}|w_j^r-\omega_j|}{l-\sum_{r=1}^{l}\sum_{j=1}^{n}|w_j^r-\omega_j|} \tag{6-29}$$

定义 6-19　信用主体 u_i 的综合加权置信区间数定义为 $\mathrm{WBI}_i(L(p)) = <[\mathrm{Bel}_i^{r-}, \mathrm{Pl}_i^{r-}]^{W}, [\mathrm{Bel}_i^{r+}, \mathrm{Pl}_i^{r+}]^{W}>$，其中

$$
\begin{aligned}
[\mathrm{Bel}_i^{r-},\ \mathrm{Pl}_i^{r-}]^W &= \left[\sum_{r=1}^{l}\sum_{j=1}^{n}\varpi^r\omega_j\mathrm{Bel}_{ij}^{r-},\ \sum_{r=1}^{l}\sum_{j=1}^{n}\varpi^r\omega_j\mathrm{Pl}_{ij}^{r-}\right]\\
[\mathrm{Bel}_i^{r+},\ \mathrm{Pl}_i^{r+}]^W &= \left[\sum_{r=1}^{l}\sum_{j=1}^{n}\varpi^r\omega_j\mathrm{Bel}_{ij}^{r+},\ \sum_{r=1}^{l}\sum_{j=1}^{n}\varpi^r\omega_j\mathrm{Pl}_{ij}^{r+}\right]
\end{aligned} \tag{6-30}
$$

根据定义(6-16)可获得综合可能度矩阵 PM′，然后根据定义(6-17)可获得信用主体之间的最终偏序关系，据此实现了信用主体的偏好识别和消除。

2. 评价方法构建

在指标 e_j 下，评价主体 d_r 对于信用主体 u_i 的评价值表示为一个概率语言术语集 $L_{ij}^r(p)=\{L_{ij}^{r\,(k)}(p_{ij}^{r\,(k)})\mid k=1,2,\cdots,\#l_{ij}^r(p)\}$。为此，信用主体的指标评价值可以表示为：

$$
L^r=(L_{ij}^r(p))_{m\times n}=\begin{bmatrix} & e_1 & e_2 & \cdots & e_n\\ u_1 & L_{11}^r(p) & L_{12}^r(p) & \cdots & L_{1n}^r(p)\\ u_2 & L_{21}^r(p) & L_{22}^r(p) & \cdots & L_{2n}^r(p)\\ \vdots & \vdots & \vdots & \ddots & \vdots\\ u_m & L_{m1}^r(p) & L_{m2}^r(p) & \cdots & L_{mn}^r(p)\end{bmatrix}
$$

随后构建决策框架，其中包括的步骤如下：

步骤 1：建立评价小组，确定信用主体和指标。

步骤 2：获取各平台的评价信息，并转化为概率语言术语集。

步骤 3：将概率语言术语集转换为置信区间数。

步骤 4：对指标偏好的识别。不同的评价主体对指标权重有不同的看法。获取每个评价主体主观认为的指标权重 $w_j^r(j=1,2,\cdots,n;r=1,2,\cdots,l)$。

步骤 5：对指标偏好的消除。融合指标权重并获得指标的融合权向量 $\omega=(\omega_1,\omega_2,\cdots,\omega_j)^{\mathrm{T}}$。

步骤 6：对信用主体偏好的识别。确定每个评价主体认为的初始偏序关系。

步骤 7：对信用主体偏好的消除。确定最终的信用主体偏序关系和最佳信用主体。

所提出的评价方法由以下步骤组成：

输入：各评价主体对于各信用主体的语言评价信息。

输出：各信用主体之间的偏序关系。

步骤 1：根据定义 6-6，将概率语言术语集转换为置信区间数。那么信用主体的信用指标评价值可以表示为：

$$
\mathrm{BI}^r=(\mathrm{BI}_{ij}^r(L_{ij}^r(p)))_{m\times n}=
$$

$$
\begin{array}{ccccc}
 & e_1 & e_2 & \cdots & e_n\\
u_1 & <[\mathrm{Bel}_{11}^{r-},\mathrm{Pl}_{11}^{r-}],[\mathrm{Bel}_{11}^{r+},\mathrm{Pl}_{11}^{r+}]> & <[\mathrm{Bel}_{12}^{r-},\mathrm{Pl}_{12}^{r-}],[\mathrm{Bel}_{12}^{r+},\mathrm{Pl}_{12}^{r+}]> & \cdots & <[\mathrm{Bel}_{1n}^{r-},\mathrm{Pl}_{1n}^{r-}],[\mathrm{Bel}_{1n}^{r+},\mathrm{Pl}_{1n}^{r+}]>\\
u_2 & <[\mathrm{Bel}_{21}^{r-},\mathrm{Pl}_{21}^{r-}],[\mathrm{Bel}_{21}^{r+},\mathrm{Pl}_{21}^{r+}]> & <[\mathrm{Bel}_{22}^{r-},\mathrm{Pl}_{22}^{r-}],[\mathrm{Bel}_{22}^{r+},\mathrm{Pl}_{22}^{r+}]> & \cdots & <[\mathrm{Bel}_{2n}^{r-},\mathrm{Pl}_{2n}^{r-}],[\mathrm{Bel}_{2n}^{r+},\mathrm{Pl}_{2n}^{r+}]>\\
\vdots & \vdots & \vdots & \ddots & \vdots\\
u_m & <[\mathrm{Bel}_{m1}^{r-},\mathrm{Pl}_{m1}^{r-}],[\mathrm{Bel}_{m1}^{r+},\mathrm{Pl}_{m1}^{r+}]> & <[\mathrm{Bel}_{m2}^{r-},\mathrm{Pl}_{m2}^{r-}],[\mathrm{Bel}_{m2}^{r+},\mathrm{Pl}_{m2}^{r+}]> & \cdots & <[\mathrm{Bel}_{mn}^{r-},\mathrm{Pl}_{mn}^{r-}],[\mathrm{Bel}_{mn}^{r+},\mathrm{Pl}_{mn}^{r+}]>
\end{array}
$$

步骤 2：通过定义 6-13 计算 BI_{ij}^r 和 Ψ_{max} 之间的距离 $d(BI_{ij}^r, \Psi_{max})$。

步骤 3：基于定义 6-14 获取指标权重 $w_j^r(j=1, 2, \cdots, n; r=1, 2, \cdots, l)$。

步骤 4：根据定义 6-15 计算加权置信区间数 $WBI_i^r(L(p))$。

步骤 5：通过定义 6-16 获得可能度矩阵 PM。

步骤 6：获得图表示并计算 $u_i(i=1, 2, \cdots, m)$ 的入度和出度，然后确定每个评价主体主观认为的信用主体初始偏序关系。

步骤 7：融合指标权重 $w_j^r(j=1, 2, \cdots, n; r=1, 2, \cdots, l)$，然后根据公式(6-26)得到指标的融合权向量 $\omega=(\omega_1, \omega_2, \cdots, \omega_j)^T$。

步骤 8：通过定义 6-18 计算评价主体权向量 $\varpi=(\varpi^1, \varpi^2, \cdots, \varpi^r)^T$。

步骤 9：根据定义 6-19 计算综合加权置信区间数 $WBI_i(L(p))$。

步骤 10：基于定义 6-16 获得综合可能度矩阵 PM′。

步骤 11：获得图表示并计算 $u_i(i=1, 2, \cdots, m)$ 的入度和出度，确定信用主体的最终偏序关系和最佳信用主体。

6.2.4　实例分析

本节进一步对语言信息下某金融机构的投资问题进行分析评价，并且通过与其他方法的对比分析来验证所提评价方法的有效性。

1. 背景描述

近日，M 金融机构打算为人工智能领域的创业者发放一笔贷款，为了解各候选人的信用状况，该机构从银行和第三方机构 $D=\{d_1, d_2, d_3\}$ 收集关于 5 个候选人 $U=\{u_1, u_2, u_3, u_4, u_5\}$ 的信用数据，评价的 4 个指标 $E=\{e_1, e_2, e_3, e_4\}$ 为：“高学历水平”“高收入水平”“高净资产”和“高工作年限”。各平台将通过使用语言术语集 $S=\{s_{-2}=$很低，$s_{-1}=$低，$s_0=$一般，$s_1=$高，$s_2=$很高$\}$ 对 5 个候选人的信用水平进行评估。概率语言决策矩阵见表 6-24 至表 6-26。

表 6-24　　**概率语言决策矩阵 L^1**

	e_1	e_2	e_3	e_4
u_1	$\{s_{-1}(0.2), s_0(0.3), s_1(0.3), s_2(0.2)\}$	$\{s_{-1}(0.1), s_0(0.2), s_1(0.2), s_2(0.1)\}$	$\{s_{-1}(0.2), s_0(0.5), s_1(0.1)\}$	$\{s_{-1}(0.3), s_0(0.3), s_1(0.2)\}$
u_2	$\{s_0(0.2), s_1(0.6)\}$	$\{s_{-1}(0.2), s_0(0.4), s_1(0.3)\}$	$\{s_0(0.4), s_1(0.3)\}$	$\{s_{-1}(0.2), s_0(0.4), s_1(0.3)\}$
u_3	$\{s_{-1}(0.3), s_0(0.3), s_1(0.3)\}$	$\{s_{-2}(0.2), s_{-1}(0.2), s_0(0.4)\}$	$\{s_{-1}(0.4), s_0(0.3)\}$	$\{s_{-1}(0.3), s_0(0.5)\}$

续表

	e_1	e_2	e_3	e_4
u_4	$\{s_{-2}(0.2), s_{-1}(0.1), s_0(0.2), s_1(0.3)\}$	$\{s_{-1}(0.2), s_0(0.4), s_1(0.3)\}$	$\{s_{-1}(0.1), s_0(0.3), s_1(0.5), s_2(0.1)\}$	$\{s_{-1}(0.2), s_0(0.4), s_1(0.3), s_2(0.1)\}$
u_5	$\{s_{-1}(0.3), s_0(0.2), s_1(0.1), s_2(0.1)\}$	$\{s_{-1}(0.2), s_0(0.2), s_1(0.3), s_2(0.1)\}$	$\{s_{-1}(0.1), s_0(0.2), s_1(0.3), s_2(0.1)\}$	$\{s_{-1}(0.1), s_0(0.3), s_1(0.4), s_2(0.2)\}$

表 6-25 **概率语言决策矩阵 L^2**

	e_1	e_2	e_3	e_4
u_1	$\{s_{-1}(0.1), s_0(0.2), s_1(0.4), s_2(0.2)\}$	$\{s_{-1}(0.1), s_0(0.3), s_1(0.1), s_2(0.1)\}$	$\{s_{-1}(0.2), s_0(0.3), s_1(0.1)\}$	$\{s_{-1}(0.3), s_0(0.5), s_1(0.1)\}$
u_2	$\{s_0(0.3), s_1(0.5)\}$	$\{s_{-1}(0.2), s_0(0.1), s_1(0.3)\}$	$\{s_0(0.5), s_1(0.3)\}$	$\{s_{-1}(0.1), s_0(0.5), s_1(0.3)\}$
u_3	$\{s_{-1}(0.5), s_0(0.3), s_1(0.2)\}$	$\{s_{-2}(0.1), s_{-1}(0.2), s_0(0.3)\}$	$\{s_{-1}(0.3), s_0(0.2), s_1(0.3)\}$	$\{s_{-1}(0.4), s_0(0.3), s_2(0.1)\}$
u_4	$\{s_{-2}(0.3), s_{-1}(0.1), s_0(0.1), s_1(0.4)\}$	$\{s_{-1}(0.3), s_0(0.2), s_1(0.3)\}$	$\{s_{-1}(0.1), s_0(0.2), s_1(0.4), s_2(0.1)\}$	$\{s_{-1}(0.1), s_0(0.3), s_1(0.2), s_2(0.1)\}$
u_5	$\{s_{-1}(0.2), s_0(0.3), s_1(0.1), s_2(0.1)\}$	$\{s_{-1}(0.2), s_0(0.2), s_1(0.4), s_2(0.2)\}$	$\{s_{-1}(0.2), s_0(0.2), s_1(0.4), s_2(0.1)\}$	$\{s_{-1}(0.2), s_0(0.3), s_1(0.2), s_2(0.1)\}$

表 6-26 **概率语言决策矩阵 L^3**

	e_1	e_2	e_3	e_4
u_1	$\{s_{-1}(0.2), s_0(0.3), s_1(0.3), s_2(0.2)\}$	$\{s_{-1}(0.2), s_0(0.2), s_1(0.2), s_2(0.1)\}$	$\{s_{-1}(0.3), s_0(0.5), s_1(0.1)\}$	$\{s_{-1}(0.4), s_0(0.5), s_1(0.1)\}$
u_2	$\{s_0(0.3), s_1(0.5), s_2(0.1)\}$	$\{s_{-1}(0.3), s_0(0.1), s_1(0.5)\}$	$\{s_{-2}(0.2), s_{-1}(0.2), s_0(0.1), s_1(0.1)\}$	$\{s_{-1}(0.1), s_0(0.2), s_1(0.4)\}$
u_3	$\{s_{-1}(0.4), s_0(0.1), s_1(0.3)\}$	$\{s_{-2}(0.3), s_{-1}(0.2), s_0(0.1)\}$	$\{s_{-1}(0.2), s_0(0.4), s_1(0.2)\}$	$\{s_{-1}(0.3), s_0(0.3), s_2(0.1)\}$
u_4	$\{s_{-2}(0.2), s_{-1}(0.2), s_0(0.1), s_1(0.3)\}$	$\{s_{-2}(0.3), s_{-1}(0.1), s_0(0.2), s_1(0.4)\}$	$\{s_{-2}(0.1), s_{-1}(0.4), s_0(0.2), s_1(0.3)\}$	$\{s_{-2}(0.1), s_{-1}(0.1), s_0(0.3), s_1(0.4)\}$
u_5	$\{s_{-1}(0.4), s_0(0.3), s_1(0.1), s_2(0.1)\}$	$\{s_{-1}(0.2), s_0(0.2), s_1(0.2), s_2(0.1)\}$	$\{s_{-1}(0.2), s_0(0.3), s_1(0.4), s_2(0.1)\}$	$\{s_{-1}(0.2), s_0(0.2), s_1(0.3), s_2(0.3)\}$

2. 评价过程

根据本节构建的评价方法对以上实例进行评价分析，具体评价过程如下：
步骤1：将概率语言术语集转化为置信区间数 BI_{ij}^{r}（见表(6-27)至表(6-29)）。

表6-27　　**置信区间数 BI_{ij}^{1}**

	e_1	e_2	e_3	e_4
u_1	<[0.2,0.5],[0.5,0.8]>	<[0.1,0.3],[0.3,0.5]>	<[0.2,0.7],[0.1,0.6]>	<[0.3,0.6],[0.2,0.5]>
u_2	<[0.0,0.2],[0.6,0.8]>	<[0.2,0.6],[0.3,0.7]>	<[0.0,0.4],[0.3,0.7]>	<[0.2,0.6],[0.3,0.7]>
u_3	<[0.3,0.6],[0.3,0.6]>	<[0.4,0.8],[0.0,0.4]>	<[0.4,0.7],[0.0,0.3]>	<[0.3,0.8],[0.0,0.5]>
u_4	<[0.3,0.5],[0.3,0.5]>	<[0.2,0.6],[0.3,0.7]>	<[0.1,0.4],[0.6,0.9]>	<[0.2,0.6],[0.4,0.8]>
u_5	<[0.3,0.5],[0.2,0.4]>	<[0.2,0.4],[0.4,0.6]>	<[0.1,0.3],[0.4,0.6]>	<[0.1,0.4],[0.6,0.9]>

表6-28　　**置信区间数 BI_{ij}^{2}**

	e_1	e_2	e_3	e_4
u_1	<[0.1,0.3],[0.6,0.8]>	<[0.1,0.4],[0.2,0.5]>	<[0.2,0.5],[0.1,0.4]>	<[0.3,0.8],[0.1,0.6]>
u_2	<[0.0,0.3],[0.5,0.8]>	<[0.2,0.3],[0.3,0.4]>	<[0.0,0.5],[0.3,0.8]>	<[0.1,0.6],[0.3,0.8]>
u_3	<[0.5,0.8],[0.2,0.5]>	<[0.3,0.6],[0.0,0.3]>	<[0.3,0.5],[0.3,0.5]>	<[0.4,0.7],[0.1,0.4]>
u_4	<[0.4,0.5],[0.4,0.5]>	<[0.3,0.5],[0.3,0.5]>	<[0.1,0.3],[0.5,0.7]>	<[0.1,0.4],[0.3,0.6]>
u_5	<[0.2,0.5],[0.2,0.5]>	<[0.2,0.4],[0.6,0.8]>	<[0.2,0.4],[0.5,0.7]>	<[0.2,0.5],[0.3,0.6]>

表6-29　　**置信区间数 BI_{ij}^{3}**

	e_1	e_2	e_3	e_4
u_1	<[0.2,0.5],[0.5,0.8]>	<[0.2,0.4],[0.3,0.5]>	<[0.3,0.8],[0.1,0.6]>	<[0.4,0.9],[0.1,0.6]>
u_2	<[0.0,0.3],[0.6,0.9]>	<[0.3,0.4],[0.5,0.6]>	<[0.4,0.5],[0.1,0.2]>	<[0.1,0.3],[0.4,0.6]>
u_3	<[0.4,0.5],[0.3,0.4]>	<[0.5,0.6],[0.0,0.1]>	<[0.2,0.6],[0.2,0.6]>	<[0.3,0.6],[0.1,0.4]>
u_4	<[0.4,0.5],[0.3,0.4]>	<[0.4,0.6],[0.4,0.6]>	<[0.5,0.7],[0.3,0.5]>	<[0.2,0.5],[0.4,0.7]>
u_5	<[0.4,0.7],[0.2,0.5]>	<[0.2,0.4],[0.3,0.5]>	<[0.2,0.5],[0.5,0.8]>	<[0.2,0.4],[0.6,0.8]>

步骤2：计算距离 $d(BI_{ij}^{r},\Psi_{max})$（见表6-30）。

表 6-30　　距离 $d(\mathbf{BI}_{ij}^{r},\boldsymbol{\Psi}_{\max})$

	e_1			e_2			e_3			e_4		
	d_1	d_2	d_3	d_1	d_2	d_3	d_1	d_2	d_3	d_1	d_2	d_3
u_1	0.35	0.25	0.35	0.40	0.45	0.45	0.55	0.55	0.60	0.55	0.60	0.65
u_2	0.20	0.25	0.20	0.45	0.45	0.40	0.35	0.35	0.65	0.45	0.40	0.35
u_3	0.50	0.65	0.55	0.70	0.65	0.75	0.70	0.50	0.50	0.65	0.65	0.60
u_4	0.50	0.50	0.55	0.45	0.50	0.50	0.25	0.30	0.60	0.40	0.40	0.40
u_5	0.55	0.50	0.60	0.40	0.30	0.45	0.35	0.35	0.35	0.25	0.45	0.30

步骤 3：获得准则权重 w_j^r 如下：

$$\begin{array}{ccccc} & e_1 & e_2 & e_3 & e_4 \\ d_1 & 0.2636 & 0.2364 & 0.2545 & 0.2455 \\ d_2 & 0.2603 & 0.2420 & 0.2694 & 0.2283 \\ d_3 & 0.2696 & 0.2402 & 0.2255 & 0.2647 \end{array}$$

步骤 4：计算加权置信区间数 $\mathrm{WBI}_i^r(L(p))$（见表 6-31）。

表 6-31　　加权置信区间数

	d_1	d_2	d_3
u_1	<[0.2009,0.5282],[0.2773,0.6045]>	<[0.1726,0.4922],[0.2543,0.5740]>	<[0.2755,0.6495],[0.2559,0.6299]>
u_2	<[0.0964,0.4436],[0.3791,0.7264]>	<[0.0712,0.4224],[0.3521,0.7032]>	<[0.1887,0.3691],[0.4103,0.5907]>
u_3	<[0.3491,0.7218],[0.0791,0.4518]>	<[0.3749,0.6479],[0.1557,0.4288]>	<[0.3525,0.5730],[0.1525,0.3730]>
u_4	<[0.2009,0.5227],[0.4009,0.7227]>	<[0.2265,0.4233],[0.3799,0.5767]>	<[0.3696,0.5691],[0.3505,0.5500]>
u_5	<[0.1764,0.4009],[0.3964,0.6209]>	<[0.2000,0.4489],[0.4005,0.6493]>	<[0.2539,0.5034],[0.3975,0.6471]>

步骤 5：获得可能度矩阵 PM。

对于评价主体 d_1：

$$\mathrm{PM}=\begin{bmatrix} 0.5000 & 0.5000 & \underline{0.5254} & 0.5000 & 0.5000 \\ 0.5000 & 0.5000 & \underline{0.6389} & 0.5000 & 0.5000 \\ 0.4746 & 0.3611 & 0.5000 & 0.4538 & 0.3167 \\ 0.5000 & 0.5000 & \underline{0.5462} & 0.5000 & 0.5000 \\ 0.5000 & 0.5000 & \underline{0.6833} & 0.5000 & 0.5000 \end{bmatrix}$$

对于评价主体 d_2：

$$PM = \begin{bmatrix} 0.5000 & 0.4962 & 0.5878 & 0.4970 & 0.5000 \\ 0.5038 & 0.5000 & 0.6764 & 0.5011 & 0.5000 \\ 0.4122 & 0.3236 & 0.5000 & 0.3118 & 0.3237 \\ 0.5030 & 0.4989 & 0.6882 & 0.5000 & 0.5000 \\ 0.5000 & 0.5000 & 0.6763 & 0.5000 & 0.5000 \end{bmatrix}$$

对于评价主体 d_3：

$$PM = \begin{bmatrix} 0.5000 & 0.4984 & 0.5000 & 0.5000 & 0.5000 \\ 0.5016 & 0.5000 & 0.7604 & 0.6344 & 0.5000 \\ 0.5000 & 0.2396 & 0.5000 & 0.4185 & 0.3346 \\ 0.5000 & 0.3656 & 0.5815 & 0.5000 & 0.5000 \\ 0.5000 & 0.5000 & 0.6654 & 0.5000 & 0.5000 \end{bmatrix}$$

步骤 6：获得图表示并计算 $u_i(i=1, 2, \cdots, 5)$ 的入度和出度，确定初始偏序关系，见图 6-4 和表 6-32。

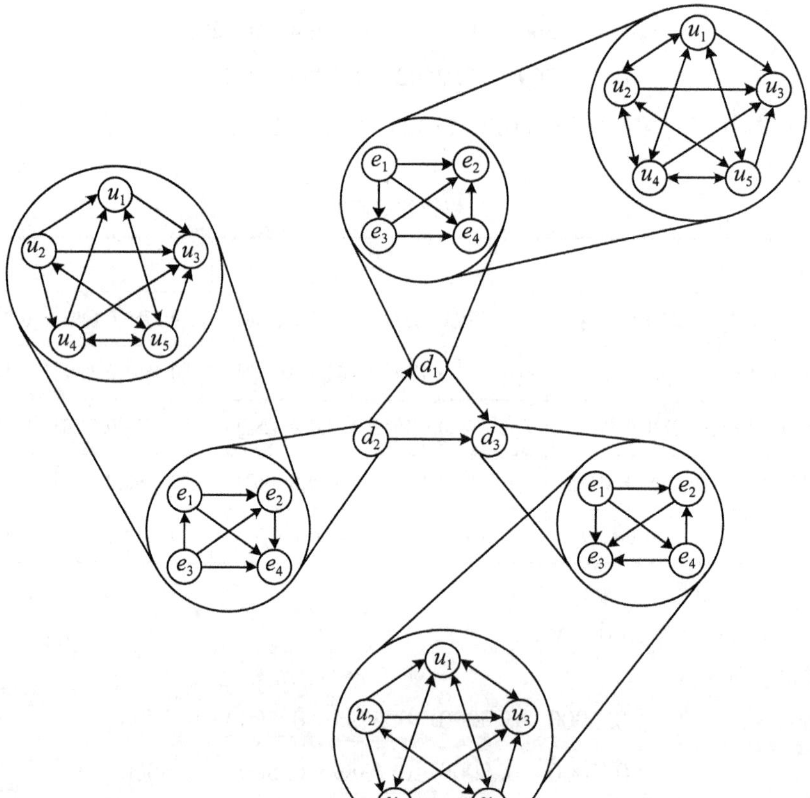

图 6-4　图表示(二)

表 6-32 **入度、出度和偏序关系**

	d_1		d_2		d_3	
	$d_O(u_i)$	$d_I(u_i)$	$d_O(u_i)$	$d_I(u_i)$	$d_O(u_i)$	$d_I(u_i)$
u_1	4	3	2	3	3	4
u_2	4	3	4	1	4	1
u_3	0	4	0	4	1	4
u_4	4	3	3	2	3	3
u_5	4	3	4	3	4	3
偏序关系	$u_5 > u_2 > u_4 > u_1 > u_3$		$u_2 > u_5 > u_4 > u_1 > u_3$		$u_2 > u_5 > u_4 > u_1 > u_3$	

步骤 7：获得准则的融合权重向量 $\omega = (\omega_1, \omega_2, \cdots, \omega_j)^{\mathrm{T}}$。

$\omega = (0.2958, 0.2197, 0.2473, 0.2372)^{\mathrm{T}}$

每个决策者主观认为的准则权重以及融合准则权重如图 6-5 所示。

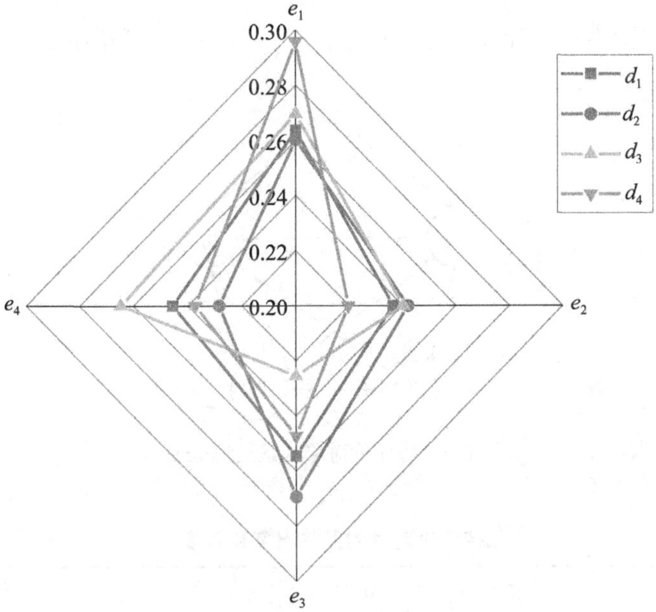

图 6-5 准则权重以及融合准则权重雷达图

步骤 8：获得决策者的权重向量 $\varpi = (\varpi^1, \varpi^2, \cdots, \varpi^r)^{\mathrm{T}}$。

$$\varpi = (0.3401, 0.3312, 0.3286)^{\mathrm{T}}$$

步骤 9：计算最终的加权置信区间数 $\mathrm{WBI}_i(L(p))$（见表 6-33）。

表 6-33　　最终的加权置信区间数

	$\mathrm{WBI}_i(L(p))$
u_1	< [0.2151, 0.5550], [0.2729, 0.6127] >
u_2	< [0.1155, 0.4084], [0.3849, 0.6779] >
u_3	< [0.3594, 0.6490], [0.1354, 0.4251] >
u_4	< [0.2707, 0.5064], [0.3745, 0.6101] >
u_5	< [0.2130, 0.4566], [0.3884, 0.6319] >

步骤 10：获得最终的可能度矩阵 PM′。

$$\mathrm{PM}' = \begin{bmatrix} 0.5000 & 0.5000 & \underline{0.5257} & 0.5000 & 0.5000 \\ 0.5000 & 0.5000 & \underline{0.6972} & 0.5000 & 0.5000 \\ 0.4743 & 0.3028 & 0.5000 & 0.3976 & 0.3404 \\ 0.5000 & 0.5000 & \underline{0.6024} & 0.5000 & 0.5000 \\ 0.5000 & 0.5000 & \underline{0.6596} & 0.5000 & 0.5000 \end{bmatrix}$$

步骤 11：获得图表示并计算 $u_i(i=1, 2, \cdots, 5)$ 的入度和出度(见图 6-6、表 6-34)。

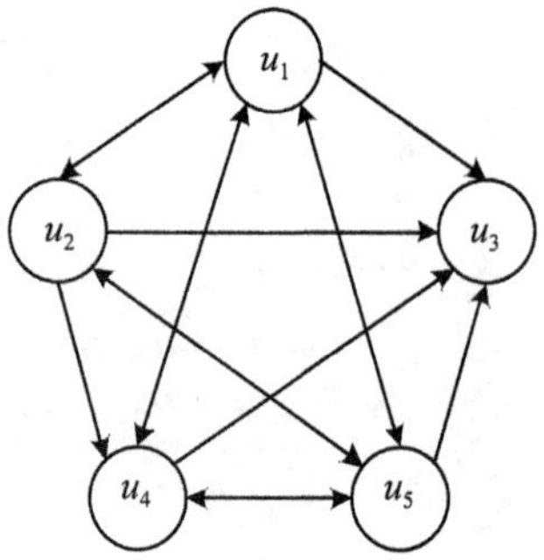

图 6-6　待评价对象的最终图表示

表 6-34　　待评价对象的最终出度和入度

	$d_O(u_i)$	$d_I(u_i)$
u_1	4	3
u_2	4	3
u_3	0	4
u_4	4	3
u_5	4	3

基于以上结果，各候选人之间最终的偏序关系为 $u_2 > u_5 > u_4 > u_1 > u_3$，且信用状况最佳的候选人为 u_2，最差的候选人为 u_3。

3. 对比分析

为了证明本节所提方法的实用性和有效性，我们将其与其他三种方法(Pang 等，2016；Xian 等，2019；Lei 等，2020)进行比较。Pang 等(2016)首次提出了概率语言术语集的概念，并提出了多属性群决策的扩展 TOPSIS 法；Xian 等(2019)提出了多准则决策中概率语言术语集的相似度法；Lei 等(2020)研究了不完全权重信息下的概率语言多属性群决策问题并构建 PL-TOPSIS 法。需要注意的是，Lei 等(2020)的方法中原始评价信息的表示方式与本节不一致。其原始评价信息是决策者给出的语言术语，通过对原始评价信息进行加工后生成一个概率语言决策矩阵。但在本节中，原始评价信息为概率语言术语集，每个决策者给出的评价值都会生成一个概率语言决策矩阵。因此，我们利用其提出的方法，分别获得每个决策矩阵下的偏序关系，然后对结果进行加权以获得最终偏序关系，从而与本节所提方法得到的结果进行对比。基于不同方法得到的偏序关系如表 6-28 所示。

可以发现，本节所提方法得到的结果与扩展 TOPSIS 法和相似度法得到结果在很大程度上是一致的。信用状况最好的候选人是 u_2，最差的候选人是 u_3。但是候选人 u_1 和 u_4 的排序与本节所提方法并不一致。我们认为可能是以下原因造成的：

首先，以上三种对比方法在决策过程中都没有考虑决策者偏好；其次，扩展 TOPSIS 法中没有考虑决策者权重。在相似度法中，决策者和准则均被赋予相同的权重。事实上，从本节所提方法的计算结果(见表 6-33)来看，每个决策者都认为候选人 u_1 和 u_4 的偏序关系是 $u_4 > u_1$；扩展 TOPSIS 法中提出的偏离度的概念存在不足。例如，我们假设 $L_1(p) = \{s_0(0.2), s_2(0.6)\}$ 和 $L_2(p) = \{s_0(0.3), s_3(0.4)\}$ 为两个概率语言术语集。显然，它们并不完全相同，但依据其中的方法计算得到的偏离度 $d(L_1(p), L_2(p)) = 0$。利用本节所提出的方法进行计算，可以得到距离测度 $d(L_1(p), L_2(p)) = 0.1$ 和可能度 $P(L_1(p) \geq L_2(p)) = 0.9$，因此，可以证明扩展 TOPSIS 法的不足。

此外，通过 Lei 等(2020)提出的 PL-TOPSIS 法计算得到的最佳候选人为 u_5，最差候选人为 u_3。但是在本节所提出的方法中，最佳候选人为 u_2。这可能是由于 Lei 等提出的方法对准则权重范围的限制，他们将准则权重预先限定在一定范围内，然后基于传统 TOPSIS 建立多目标优化模型，从而得到准则权重。他们的方法也没有考虑决策者偏好。由此导致结果与本节所提方法不一致。

因此，本节所提方法的优势主要体现在以下几方面：其一，基于概率语言术语集置信区间解释方法，减少评价主体因知识和认知差异而导致的评价信息不确定性程度，提高信用评价的准确性；其二，实现了评价主体偏好识别和消除，使得对于各候选人的信用评价更加客观；其三，利用图论使评价过程实现可视化，一定程度上也使得信用评价过程变得公开透明。

表 6-35　　不同方法得到的偏序关系

方法	计算结果	偏序关系
本节所提方法	$d_O(u_1)=4$, $d_I(u_1)=3$, $d_O(u_2)=4$, $d_I(u_2)=3$, $d_O(u_3)=0$, $d_I(u_3)=4$, $d_O(u_4)=4$, $d_I(u_4)=3$, $d_O(u_5)=4$, $d_I(u_5)=3$	$u_2 > u_5 > u_4 > u_1 > u_3$
扩展 TOPSIS 法(Pang 等, 2016)	$\mathrm{CI}(u_1)=-0.6119$, $\mathrm{CI}(u_2)=0.0000$, $\mathrm{CI}(u_3)=-1.4193$, $\mathrm{CI}(u_4)=-0.6221$, $\mathrm{CI}(u_5)=-0.4933$	$u_2 > u_5 > u_1 > u_4 > u_3$
相似度法(Xian 等, 2019)	$\mathrm{RC}(u_1)=0.5859$, $\mathrm{RC}(u_2)=0.5985$, $\mathrm{RC}(u_3)=0.5383$, $\mathrm{RC}(u_4)=0.5767$, $\mathrm{RC}(u_5)=0.5973$	$u_2 > u_5 > u_1 > u_4 > u_3$
PL-TOPSIS 法 (Lei 等, 2020)	$\mathrm{PLRCD}(\mathrm{PL}u_1, \mathrm{PLPIS})=0.4396$, $\mathrm{PLRCD}(\mathrm{PL}u_2, \mathrm{PLPIS})=0.4997$, $\mathrm{PLRCD}(\mathrm{PL}u_3, \mathrm{PLPIS})=0.7865$, $\mathrm{PLRCD}(\mathrm{PL}u_4, \mathrm{PLPIS})=0.5082$, $\mathrm{PLRCD}(\mathrm{PL}u_5, \mathrm{PLPIS})=0.2582$	$u_5 > u_1 > u_2 > u_4 > u_3$

6.2.5　研究结论

本节针对语言信息下的信用评价问题，以概率语言术语集为工具进行分析。为了降低决策者因知识和认知差异所导致的信息不确定性程度，本节首先提出了概率语言术语集置信区间解释，使得在概率语言术语集上的数学运算转化为置信区间上的运算。其次提出了两种置信区间测度方法即距离测度和可能度测度。考虑到实际评价过程中，由于评价主体的主观性，可能会出现对准则和待评价对象的偏好问题。为此我们提出了偏好识别和消除的方法，并建立了语言信息下消除评价偏好的信用评价方法。最后通过与其他方法的比较，证明了本节所提方法的有效性。

6.3　本章小结

针对语言信息下的互联网信用评价问题，本章引入概率语言术语集作为基础分析方法。第一，构建了基于概率语言术语集和 TODIM 方法的信用评价方法。该方法首先采用 DEMATEL 方法进行评价指标筛选并构建信用评价指标体系。其次为消除评价主体的不确定性心理因素，以 TODIM 为基础分析框架构建了信用评价方法，并将其应用于信用评价问题，验证其有效性和鲁棒性。第二，为消除评价主体的偏好，本章提出了概率语言术语集的置信区间解释，并构建了两种置信区间测度方法用以识别评价主体对参数和信用主体的偏好。随后，采用证据理论融合规则对偏好进行消除，并结合图论构建了基于概率语言术语集消除评价偏好的可视化信用评价方法。

第 7 章　面向信用修复的大规模群体决策方法

现实世界中，很多失信主体的失信行为并非主观产生的，且他们对于已经被认定为失信的行为有强烈的改正或弥补的意愿，以降低或消除失信行为带来的不良影响，改善自身形象。信用修复是一种允许失信主体进行主动自新、自我弥补的重要机制，能够有效鼓励和引导失信主体努力保持并积极提升自身的信用水平。

互联网环境下的征信数据来源丰富多样。除了传统的银行、征信机构和信用卡公司等机构收集的数据外，如今越来越多的数据源也被纳入信用评价的范畴中，比如社交媒体、电商平台、出行服务等。这些数据的获取和分析需要依赖多家机构的协同配合，以确保数据的真实性和客观性。因此，需要多家机构之间的协同配合，共同收集和分析各种数据，以提供更加客观、全面和准确的信用评价服务。同时，多家机构的参与可以提高信用评价的精度和准确性。不同的机构可能有不同的数据来源和评估指标，通过多方协同可以在数据收集和分析方面取得相互补充和协同的效果，以提高信用评价的准确度。例如，一个征信机构可能更专注于贷款方面的评估，而一个电商平台可能更专注于消费者行为和购买能力方面的评估，通过多家机构的协同配合，可以将这些不同的数据整合起来提供更加全面和精准的信用评价服务。多家机构的参与也可以增强信用评价的公正性和透明度。在单一机构的评估中，可能会存在评估标准和利益关系的偏差，而多家机构的协同配合可以减少这种偏差，使评估更加公正和透明。此外，我国相关法律法规要求信用修复需要多方配合，包括相关政府部门、金融机构、征信机构等。但是不同机构之间存在信息不对称、合作难度大等问题，往往导致信用修复进展缓慢。例如，个人需要向金融机构提供证明材料证明自己的还款能力，但是金融机构可能不愿意接受个人提供的证明材料，导致信用修复无法进行。因此，互联网环境下的信用修复可以看作是一个大规模群体决策(large-scale group decision making，LSGDM)的问题。大规模群体决策是包含 20 个甚至更多决策者的群体决策，其目标在于在大规模决策者之间对方案进行评价并达成共识。

在互联网环境下，多部门或机构之间参与信用修复通常会形成一种网络结构。这种网络结构可以被视为一个社会网络，其中各个机构之间存在着复杂的关系和互动。在这种情况下，可以利用社会网络原理和算法来优化信用评价的效果，进一步提高信用修复的准确性和可靠性。首先，社会网络原理和算法可以帮助确定网络中的关键节点。在一个复杂的社会网络中，有些节点比其他节点更加重要，它们对网络的结构和功能起到了至关重要的作用。这些关键节点通常具有较高的中心性、影响力和可控性，因此，在信用修复中也非常重要。社会网络原理和算法可以帮助我们确定这些关键节点，从而提高信用评价的精度和准确性。其次，社会网络原理和算法可以帮助构建信用修复模型。社会网络中存在着各种不同的关系和互动，这些关系和互动对信用修复的结果产生了影响。通过利用社会网络原理和算法，我们可以将这些关系和互动纳入信用修复模型中，建立更加准确和全面的评价模型。因此，本书将社会网络分析作为解决基于大规模群体决策的信用评价问题的新思路。目前，许多学者将决策者之间的社会关系对决策的影响作为大规模群体决策的重点研究内容，无论是在关系传播、强度度量、信任关系还是在网络结构划分方面都有一定的成果，但存在与决策者观点结合不紧密、传播时未考虑衰减度、信任关系来源不够全面等问题。

作为进行群体决策的第一步，表达信息不确定性的方法研究也获得长足发展。自 Zadeh 于 1975 年引入语言变量表达决策信息，开启了决策理论的定性分析后，逐渐发展出二型模糊集(Zadeh，1975)、犹豫模糊语言术语集(Rodriguez et al.，2012)、区间二型模糊集(Mendel et al.，2016)、概率语言术语集(Pang et al.，2016)、双层犹豫模糊语言术语集(Gou et al.，2017)等方法，并广泛应用于大规模群决策中。其中，概率语言术语集(probabilistic linguistic term set，PLTS)既能反映决策者对方案或属性的犹豫模糊语言评价或比较偏好，又能体现各语言术语的概率信息，较为贴近决策者的思维认知过程。因此，本书选择概率语言术语集作为互联网环境下信用修复信息的表示方法。

面向互联网环境的信用修复，针对具有社会网络关系的大规模群体决策问题，本章实现以下研究目标：①面向互联网环境的信用修复，解决社会网络环境下大规模决策者子组划分问题。在决策者利用概率语言术语集表达评价的基础上，针对一般社会网络关系，考虑关系传播衰减，提出结合决策者节点相似度和观点相似度的子组划分算法，在此基础上识别子组的领导者和跟随者；针对决策者的信任关系，考虑情感信任和认知信任产生的影响，提出三种信任来源以获取完整的决策者信任网络，并构建综合信任评分矩阵，在此基础上划分子组，降低大规模决策者维度，减少大规模群体决策的复杂性。②面向互联网环境的信用修复，解决社会网络环境下大规模决策者达成共识的问题。以概率语言术语集和社会网络分析为基本分析方法，针对一般社会关系和信任关系，研究大规模决策者共识达成过程。针对一般社会关系，在人工蜂群算法的启发下提出基于跟随概率的共识达成过程以及基于选择概率的方案选择过程。针对信任关系，在综合信任评分矩阵的基础上，构建具有多策略劝说反馈机制的共识模型以提高达成共识的效率，保证方案选择阶段的决策质量。

本章以大规模群体决策研究为基本框架，以概率语言术语集和社会网络分析为基础方法，结合人工蜂群算法和劝说模型，解决互联网环境下多主体信用修复问题。本章进行了如下研究。

一般社会关系下基于人工蜂群算法的大规模群体决策方法研究。由于信用修复来自不同机构，决策方提供的信用信息具有很强的差异性和不确定性。针对大量机构参与及评价的不确定性问题，本章基于概率语言术语集和社会网络分析，考虑关系传播的衰减程度，提出了结合决策方节点相似度和观点相似度的子组划分算法，并识别出每个子组的领导者和跟随者。接下来，受到人工蜂群算法的启发，提出基于跟随概率的共识达成过程和基于选择概率的选择过程。

信任关系下具有多策略劝说反馈机制的大规模群体决策方法研究。针对大量决策方的信任关系，本章考虑情感信任和认知信任的影响，综合三种信任来源——直接信任、间接信任和概率语言互评信任以获得决策方的综合信任评分，并在此基础上计算信任信息熵和PLTS 信息熵以获得客观决策方权重和属性权重。借鉴商务智能领域中协商谈判的劝说模型，根据综合信任评分及决策方个体 PLTS 评价与群体评价之间的偏差度确定采取的反馈调整策略，构建具有多策略劝说反馈机制的共识模型帮助决策方达成一致，然后通过计算决策方群体对备选方案的优势度进行方案排序，完成决策过程。

7.1　相关理论基础

7.1.1　概率语言术语集

1. 概率语言术语集的定义

定义 7-1　设 $S=\{s_r \mid r=-\tau, \cdots, -1, 0, 1, \cdots, \tau, \tau\in Z\}$ 为语言术语集，则 PLTS 的定义为(Pang et al.，2016)：

$$L(p)=\left\{L^{(l)}(p^{(l)}) \mid L^{(l)}\in S,\ p^{(l)}\geqslant 0,\ l=1, 2, \cdots, \#l(p),\ \sum_{l=1}^{\#l(p)} p^{(l)}\leqslant 1\right\} \tag{7-1}$$

公式(7-1)中，$L^{(l)}(p^{(l)})$ 表示具有概率 $p^{(l)}$ 的语言术语 $l^{(l)}$，$\#L(p)$ 为 $L(p)$ 中语言术语的个数。

定义 7-2　给出一个 PLTS $L(p)$，$\sum_{l=1}^{\#l(p)} p^{(l)}<1$，标准化 PLTS 的定义为(Pang et al.，2016)：

$$\dot{L}(p)=\{L^{(l)}(\dot{p}^{(l)}) \mid l=1, 2, \cdots, \#L(p)\} \tag{7-2}$$

其中 $\dot{p}^{(l)}=p^{(l)}/\sum_{l=1}^{\#l(p)} p^{(l)}$，$l=1, 2, \cdots, \#l(p)$。

定义 7-3　设 $L_1(p)$ 和 $L_2(p)$ 为两个不同的 PLTS，$L_1(p)=\{L_1^{(l)}(p_1^{(l)}) \mid l=1, 2, \cdots, \#l_1(p)\}$，$L_2(p)=\{L_2^{(l)}(p_2^{(l)}) \mid l=1, 2, \cdots, \#l_2(p)\}$，$\#l_1(p)$ 及 $\#l_2(p)$ 分别为 $l_1(p)$ 和 $l_2(p)$ 中语言术语的个数。若 $\#l_1(p)>\#L_2(p)$，则在 $L_2(p)$ 中添加 $\#l_1(p)-\#l_2(p)$ 个语言术语使得 $L_1(p)$ 和 $L_2(p)$ 的语言术语的个数相等，并添加 $L_2(p)$ 中最小的语言术语，其概率值为 0。

PLTS 的标准化过程可以总结为如下两步(Pang et al.，2016)：

(1)若 $\sum_{l=1}^{\#l(p)} p_i^{(l)}<1$，则根据公式(7-2)计算 $\dot{L}(p)$，$i=1, 2$；

(2)若 $\#l_1(p)\neq\#l_2(p)$，则根据定义 7.3 在语言术语较少的 PLTS 中添加语言术语。为表达方便，标准化后的 PLTS 依旧表示为 $L_1(p)$ 和 $L_2(p)$。

2. 概率语言术语集的相关运算

定义 7-4　设 $S=\{s_r \mid r=-\tau, \cdots, -1, 0, 1, \cdots, \tau, \tau\in Z\}$ 为一个语言术语集，元

素 s_r 可以用下标变换函数 $I(\cdot)$ 表示为实数(Gou et al., 2017)。

$$I(s_r)=\frac{r+\tau}{2\tau} \tag{7-3}$$

定义 7-5 设 $L(P)=\{L^{(l)}(p^{(l)})\mid l=1,2,\cdots,\#l(p)\}$ 为一个 PLTS，$r^{(l)}$ 为语言术语 $L^{(l)}$ 的下标，则 $L(P)$ 的分数定义为(Pang et al., 2016)：

$$E(L(P))=s_{\bar{\alpha}} \tag{7-4}$$

$\bar{\alpha}=\sum_{l=1}^{\#l(p)}r^{(l)}p^{(l)}/\sum_{l=1}^{\#l(p)}p^{(l)}$。

定义 7-6 $L(P)$ 的偏差度定义为：

$$\sigma(L(P))=\left(\sum_{l=1}^{\#l(p)}\left(p^{(l)}(r^{(l)}-\bar{\alpha})\right)^2\right)^{1/2}/\sum_{l=1}^{\#l(p)}p^{(l)} \tag{7-5}$$

对于任意两个 PLTS，它们之间的比较方法描述如下：

若 $E(L_1(P))>E(L_2(P))$，则 $L_1(p)$ 优于 $L_2(p)$，表示为 $L_1(p)\succ L_2(p)$；

若 $E(L_1(P))<E(L_2(P))$，则 $L_1(p)$ 劣于 $L_2(p)$，表示为 $L_1(p)\prec L_2(p)$；

若 $E(L_1(P))=E(L_2(P))$，

$\sigma(L_1(P))>\sigma(L_2(P))$，则 $L_1(p)$ 劣于 $L_2(p)$，表示为 $L_1(p)\prec L_2(p)$；

$\sigma(L_1(P))<\sigma(L_2(P))$，则 $L_1(p)$ 优于 $L_2(p)$，表示为 $L_1(p)\succ L_2(p)$；

$\sigma(L_1(P))=\sigma(L_2(P))$，则 $L_1(p)$ 与 $L_2(p)$ 无差别，表示为 $L_1(p)\sim L_2(p)$。

定义 7-7 设 $L_1(p)=\{L_1^{(l)}(p_1^{(l)})\mid l=1,2,\cdots,\#l_1(p)\}$ 和 $L_2(p)=\{L_2^{(l)}(p_2^{(l)})\mid l=1,2,\cdots,\#l_2(p)\}$ 为两个不同的 PLTS，且 $\#l_1(p)=\#l_2(p)$，则 $L_1(p)$ 和 $L_2(p)$ 之间的偏差度定义为(Pang et al., 2016)：

$$d(L_1(p),L_2(p))=\sqrt{\sum_{l=1}^{\#l_1(p)}(p_1^{(l)}r_1^{(l)}-p_2^{(l)}r_2^{(l)})^2/\#l_1(p)} \tag{7-6}$$

$r_1^{(l)}$ 和 $r_2^{(l)}$ 分别为 $L_1^{(l)}$ 和 $L_2^{(l)}$ 的下标。

定义 7-8 概率语言加权平均算子(PLWA)定义为(Xu et al., 2020)：

$$\begin{aligned}L(p)&=\mathrm{PLWA}(L_1(p),L_2(p),\cdots,L_m(p))\\&=\lambda_1L_1(p)\oplus\lambda_2L_2(p)\oplus\cdots\oplus\lambda_mL_m(p)\end{aligned} \tag{7-7}$$

其中 $L(p)=\{L^{(l)}(p^{(l)})\mid L^{(l)}=L_1^{(l)},\ l=1,2,\cdots,\#l(p)\}$，$p^{(l)}=\sum_{i=1}^{m}\lambda_ip_i^{(l)}-\sum_{1\leqslant i\leqslant j\leqslant m}\lambda_ip_i^{(l)}\lambda_jp_j^{(l)}+\sum_{1\leqslant i\leqslant j\leqslant u\leqslant m}\lambda_ip_i^{(l)}\lambda_jp_j^{(l)}\lambda_up_u^{(l)}+\cdots+(-1)^{n-1}\prod_{i=1}^{m}\lambda_ip_i^{(l)}$

7.1.2 大规模群决策

由于科学技术和社会需求的快速发展，包含大量专家的 LSGDM 问题受到广泛关注。一般来说，一个 LSGDM 问题包括如下元素：

(1)一组备选方案集合 $X=\{x_1,x_2,\cdots,x_m\}(m\geqslant 2)$，作为问题的可能解决方案；与备选方案相关的属性集合 $C=\{c_1,c_2,\cdots,c_n\}$；

(2)一组专家集合 $V=\{v_1,v_2,\cdots,v_k\}$ $(k\geqslant 20)$，他们受邀提供对备选方案的评价

信息。

在社会网络背景下，解决 LSGDM 问题通常包含以下步骤：

(1)收集评估信息；

(2)将网络划分为多个子组；

(3)计算专家和子组的权重；

(4)实施 CRP。如果共识水平没有达到预设的阈值，那么将进行反馈调整，否则进入下一步；

(5)选择最优备选方案。

7.1.3　社会网络分析相关理论

1. 社会网络分析的基本概念

社会网络分析是研究一组行动者的关系的研究方法，一组行动者可以是人、社区、群体、组织、国家等，它们的关系模式反映出的现象或数据是网络分析的焦点。从社会网络的角度出发，人在社会环境中的相互作用可以表达为基于关系的一种模式或规则，而基于这种关系的有规律模式反映了社会结构，这种结构的量化分析是社会网络分析的出发点，研究者能够考察包括中心性、声望、结构平衡、信任关系等在内的结构属性和位置属性。社会网络主要由三个要素组成(Wasserman and Faust 1994)：节点集合、节点之间的关系和相应的属性，表 7.1 显示了五个社会成员之间的社会关系及其不同表达形式，其中关系图和矩阵法是最基本的描述社会网络的数学表达形式。

表 7-1　　社会网络分析中的表达形式

	关系图	代数表示	邻接矩阵
一般关	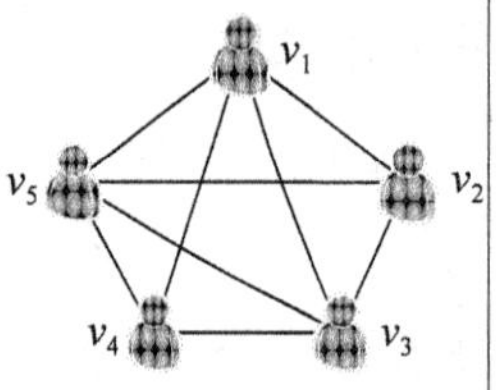	v_1Rv_2 v_1Rv_3 v_1Rv_4 v_1Rv_5 v_2Rv_3 v_2Rv_4 v_2Rv_5 v_3Rv_5 v_4Rv_5	$A=\begin{pmatrix} & v_1 & v_2 & v_3 & v_4 & v_5 \\ v_1 & 0 & 1 & 1 & 1 & 1 \\ v_2 & 1 & 0 & 1 & 1 & 1 \\ v_3 & 1 & 1 & 0 & 0 & 1 \\ v_4 & 1 & 1 & 0 & 0 & 1 \\ v_5 & 1 & 1 & 1 & 1 & 0 \end{pmatrix}$
信[illegible]	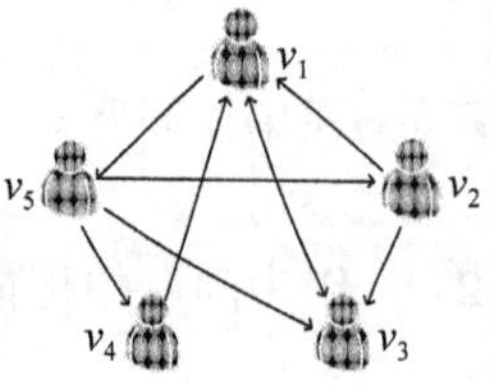	v_1Rv_5 v_1Rv_3 v_2Rv_1 v_2Rv_3 v_3Rv_1 v_4Rv_1 v_5Rv_2 v_5Rv_3 v_5Rv_4	$B=\begin{pmatrix} & v_1 & v_2 & v_3 & v_4 & v_5 \\ v_1 & 0 & 0 & 1 & 0 & 1 \\ v_2 & 1 & 0 & 1 & 0 & 0 \\ v_3 & 1 & 0 & 0 & 0 & 0 \\ v_4 & 1 & 0 & 0 & 0 & 0 \\ v_5 & 0 & 1 & 1 & 1 & 0 \end{pmatrix}$

2. 节点重要性指标与相似性指标

(1)节点重要性指标

定义 7-9 度中心性(degree centrality)(Wasserman and Faust, 1994)表示某一行动者与其他行动者之间关系连接数量，它反映了节点在网络中的主导地位。度中心性越大表明该行动者与其他行动者的联系越多，在网络中的重要性也越大。在含有 n 个节点的网络中，具有度为 π_i 的节点的标准化度中心性定义为

$$\mathrm{DC}_i = \frac{\pi_i}{n-1} \tag{7-8}$$

定义 7-10 介数中心性(betweenness centrality)(Brandes, 2001)表示关系网络图中某一行动者与其他行动者相间隔的程度，描述的是节点对关系属性的控制程度，即节点扮演"桥梁"的角色。介数中心性越高的节点，其信息越多，对网络的控制力也越大。

$$\mathrm{BC}_i = \frac{2}{(n-1)(n-2)}\sum_{s\neq i\neq t}\frac{n_{st}^i}{\mathrm{gd}_{st}} \tag{7-9}$$

式中 gd_{st} 表示节点 s 到节点 t 的测地距离数量，在含有 n 个节点的网络中，测地距离总数为 $\frac{(n-1)(n-2)}{2}$，n_{st}^i 表示 gd_{st} 条测地距离中经过节点 i 的路径数量。

定义 7-11 接近中心性(closeness centrality)(Freeman, 1978)表示某一行动者与其他行动者之间的联系密切度，可用以表达行动者在网络中分享资源、信息方法等内容的能力。在含有 n 个节点的网络中，标准化接近中心性定义为

$$\mathrm{CC}_i = \frac{1}{\sum_{v-1}^{n-1} d(i, j)} \tag{7-10}$$

$d(i, j)$ 是节点 i 到节点 j 之间的最短距离。

(2)节点相似性指标

定义 7-12 Jaccard 相似度定义如下(Jaccard, 1901)：

$$s_{i,j}^{\mathrm{Jac}} = \frac{|\Gamma(i) \cap \Gamma(j)|}{|\Gamma(i) \cup \Gamma(j)|} \tag{7-11}$$

$|\Gamma(i) \cap \Gamma(j)|$ 为节点 i 和节点 j 的共同邻居，$|\Gamma(i) \cup \Gamma(j)|$ 表示节点 i 和节点 j 的所有邻居节点的集合。

7.1.4 人工蜂群算法

1. 人工蜂群算法的生物背景

人工蜂群(artificial bee colony, ABC)算法是 Karaboga(2005)提出的一种新的群体智能优化算法，通过模拟蜜蜂采蜜机制进行优化。蜜蜂是社会性群居动物，单个蜜蜂能力虽然有限，但是其群体显示出极其复杂的智慧行为。蜜蜂通过分工合作和共享信息来识别最佳蜜源。ABC 算法包括三类蜜蜂：引领蜂、跟随蜂和侦察蜂，主要包含三个步骤：(1)引领

蜂负责寻找蜜源，并将信息分享给跟随蜂。(2)跟随蜂根据这些信息选择蜜源进行采蜜。跟随蜂离某引领蜂越近，就越有可能选择与引领蜂相对应的蜜源(Diwold et al.，2011)。(3)当引领蜂发现蜜源在有限的时间内没有改善时就会改变自己的身份为侦察蜂，继续寻找新的蜜源。

2. 人工蜂群算法的基本原理

在优化问题中，蜜源的位置对应研究问题的可能解决方案，蜜源的质量代表解决方案的质量(Lin 和 Li，2021)，对应于解的适应度值。在 ABC 算法中，求解最小化优化问题时，解的适应度值按公式(7-12)计算。

$$\mathrm{fit}_i = \begin{cases} 1 + \mathrm{abs}(f_i),\ f_i < 0 \\ 1/(1 + f_i),\ f_i \geqslant 0 \end{cases} \tag{7-12}$$

f_i 为解的函数值。

跟随蜂根据引领蜂提供的信息跟随，其概率由公式(7-13)计算。

$$\hat{p}_i = \mathrm{fit}_i / \sum_{i=1}^{\mathrm{NP}} \mathrm{fit}_i \tag{7-13}$$

NP 为蜜源数量。

7.1.5　主要符号释义

本节中出现的主要符号及其释义总结见表 7.2。

表 7-2　**主要符号释义**

符　号	释　义	符　号	释　义
X	备选方案集合	$\lambda_S = (\lambda_1, \lambda_2, \cdots, \lambda_q)^{\mathrm{T}}$	子组权重向量
m	备选方案个数	G^q	子组
C	属性集合	v^q_{leader}	子组 G^q 中的领导者
n	属性个数	L'	关系传播路径长度
V	决策方集合	v_κ	节点 v_i 到 v_j 最短路径中的第 κ 个节点
k	决策方个数	$\gamma(\kappa)$	衰减度
$r^{(l)}$	语言术语的下标	$\mathrm{IMs}^{\mathrm{Jac}}_{v_i,v_j}$	节点相似度
$\boldsymbol{\varpi}_A = (\boldsymbol{\varpi}_1, \boldsymbol{\varpi}_2, \cdots, \boldsymbol{\varpi}_n)^T$	属性权重向量	sim_{v_1,v_2}	观点相似度
$\omega_D = (\omega_1, \omega_2, \cdots, \omega_k)^T$	决策方权重向量	DC_i	度中心性
BC_i	介数中心性	DT	直接信任关系
SD_{v_1,v_2}	子组度	TT	传递信任关系

续表

符　号	释　义	符　号	释　义
$\overline{\mathrm{SD}}$	子组度阈值	TS	信任关系得分
SC_i	综合中心度	LT	概率语言互评信任
β	中心性参数	CTS	综合信任评分
$\overline{\mathrm{CD}}$	子组内共识度阈值	FM	融合信息矩阵
φ	群体共识度阈值	QL	概率语言信息熵
fp_h	跟随概率	Q_h	信息熵
$\#G^q$	子组 G^q 内决策方的数量	α	劝说策略
$\#G$	子组个数	$f(\alpha)$	劝说策略对应隶属度
L^h	初始 PLTS 评价矩阵	L^c_{Score}	分数矩阵
$\widetilde{L}^h$	跟随后 PLTS 评价矩阵	$\Psi(x_i)$	备选方案优势度
L^{l_c}	领导者集体 PLTS	CA^h_i	备选方案层次共识度
L^{q_c}	子组集体 PLTS 评价矩阵	CI_h	个体层次共识度
L^c	决策方群体 PLTS 评价矩阵	CD^q	子组层次共识度
$\bar{L}^B(\bar{p})$	基准 PLTS	GCL	群体共识度
ξ_1, ξ_2	子组权重的比重系数	t	反馈调整轮次
fit_i	适应度	η	修正系数
sp_i	选择概率		

7.2 面向信用修复的一般社会关系网络下基于人工蜂群算法的大规模群体决策方法

7.2.1 具有 PLTS 信息的 LSGDM 问题描述

令 $G(V, E)$ 为一个社会网络，其中 $V=\{v_1, v_2, \cdots, v_k\}$ 为节点(决策方)集合，E 为节点之间边的集合，即决策方之间的社会关系。$X=\{x_1, x_2, \cdots, x_m\}$ $C=\{c_1, c_2, \cdots, c_n\}$ 分别表示备选方案集合和属性集合。决策方 v_h 的属性权重向量表示为 $\varpi_A=(\varpi^h_1, \varpi^h_2, \cdots, \varpi^h_n)^T$，$\varpi_j \geqslant 0, j=1, 2, \cdots, n$，且 $\sum_{j=1}^{n} \varpi_j = 1$。$A=(a_{ij})_{k\times k}$ 为邻接矩阵。$L^h_{ij}(p)=\{L^{h\ (l)}_{ij}(p^{h\ (l)}_{ij}) \mid l=1, 2, \cdots, \#l^h_{ij}(p)\}$ 表示决策方 v_h 对备选方案 x_i 有关属性 c_j 的

PLTS 评价，其中 $h=1, 2, \cdots, k$；$i=1, 2, \cdots, m$；$j=1, 2, \cdots, n$。决策方的 PLTS 评价可以表示为如下形式：

$$L^h = (L_{ij}^h(p))_{m\times n} = \begin{bmatrix} & c_1 & c_2 & \cdots & c_n \\ x_1 & L_{11}^h(p) & L_{12}^h(p) & \cdots & L_{1n}^h(p) \\ x_2 & L_{21}^h(p) & L_{22}^h(p) & \cdots & L_{2n}^h(p) \\ \vdots & \vdots & \vdots & \ddots & \vdots \\ x_m & L_{m1}^h(p) & L_{m2}^h(p) & \cdots & L_{mn}^h(p) \end{bmatrix}。$$

7.2.2　结合节点相似度和观点相似度的子组划分算法

由于在 LSGDM 中有大量的决策方参与，因此，在一个特定的决策问题上达成一致意见存在一定困难。为了降低决策难度，本节介绍了一种结合外部节点相似度和内部观点相似度的子组划分算法。该算法用考虑关系传播衰减度的改进 Jaccard 相似度作为节点相似度，用 PLTS 偏差度计算观点相似度。

该算法将大量决策方划分为不同的子组 G^1，G^2，…，G^q（$1\leqslant q\leqslant k$）并识别出每个子组中的领导者 v_{leader}^q。子组满足以下条件：

(1) 对于任一子组 G^q，$v_{\text{leader}}^q\neq\varnothing$；

(2) G^{q_1} 和 G^{q_2} 为不同的两个子组，它们满足 $G^{q_1}\cap G^{q_2}=\varnothing$。也就是说在两个不同的子组中没有相同的成员；

(3) $V=\bigcup_{q=1}^{\#G} G^q$ 表示所有成员都属于其子组。

步骤1：确定节点相似度。

Jaccard 相似度用来描述决策方节点之间的相似度，该相似度易于计算，并且包含图的度量空间。两个节点的相似度是由它们的邻居节点决定的，与图中的其他节点无关。显然，如果两个节点足够相似，就应该把它们放在一起，这与相似网络的基本概念是一致的。但一般情况下，很多节点没有共同的邻居，即节点相似度为 0。在现实的社交网络中，很有可能出现"朋友的朋友也是朋友"的情况，因此，我们引入衰减函数改进节点相似度的计算，以避免出现上述相似度为 0 的情况。

定义 7-13　由于关系的传播强度会随着路径长度的增加而减小，因此，根据路径长度 L' 设计了衰减函数(Yu et al., 2020)。

$$\gamma(L')=\begin{cases}1, & L'=1\\ 1-\exp(L'-\text{Max}-1), & L'\geqslant 2\end{cases} \tag{7-14}$$

根据"六度分离"理论(Liu et al., 2014)，设置传播路径的最大长度(Max=6)，以保证社交网络中传播关系的质量。

这里采用最短路径进行关系传输。改进的节点相似度定义为：

$$\text{IMs}_{v_i,v_j}^{\text{Jac}}=\begin{cases} s_{v_i,v_j}^{\text{Jac}}, & |\Gamma(v_i)\cap\Gamma(v_j)|\neq 0\\ \prod_{\kappa=1}^{L'}\gamma(\kappa)\cdot s_{v_{\kappa-1},v_\kappa}^{\text{Jac}}, & |\Gamma(v_i)\cap\Gamma(v_j)|=0\end{cases} \tag{7-15}$$

公式(7-15)中 $s^{\text{Jac}}_{v_i, v_j}$ 表示决策方节点 v_i 和 v_j 的 Jaccard 相似度，$|\Gamma(v_i) \cap \Gamma(v_j)|$ 表示节点 v_i 和 v_j 之间共同邻居的数量，$\gamma(\kappa)$ 是由公式(7-14)计算的衰减度，L' ($L' \leqslant \text{Max}$) 为路径长度，v_κ 表示节点 v_i 到 v_j 的最短路径中的第 κ 个节点，$s^{\text{Jac}}_{v_{\kappa-1}, v_\kappa}$ 为节点 $v_{\kappa-1}$ 到节点 v_κ 的 Jaccard 相似度。

步骤 2：利用 PLTS 计算决策方评价之间的观点相似度。

两个决策方节点 v_1 和 v_2 之间的 PLTS 偏差度为

$$d(v_1, v_2) = \frac{1}{mn} \sum_{j=1}^{n} \sum_{i=1}^{m} \sqrt{\sum_{l=1}^{\#l^{h_1}(p)} \left(p_{ij}^{h_1(l)} r_{ij}^{h_1(l)} - p_{ij}^{h_2(l)} r_{ij}^{h_2(l)}\right)^2 / \#l^{h_1}(p)} \tag{7-16}$$

根据偏差度计算决策方 PLTS 的观点相似度为：

$$\text{sim}_{v_1, v_2} = 1 - d(v_1, v_2) \tag{7-17}$$

通过公式(7-17)计算得到相似度矩阵

$$\text{SIM}_{k\times k} = \begin{pmatrix} \text{sim}_{v_1, v_1} & \cdots & \text{sim}_{v_1, v_k} \\ \vdots & \ddots & \vdots \\ \text{sim}_{v_k, v_1} & \cdots & \text{sim}_{v_k, v_k} \end{pmatrix}。$$

显然，相似度矩阵具有以下性质：

(1) $\text{sim}_{v_1, v_1} = 1$；

(2) $0 < \text{sim}_{v_1, v_2} < 1$；

(3) $\text{sim}_{v_1, v_2} = \text{sim}_{v_2, v_1}$。

在一个社交网络中，如果两个决策方节点具有较高的节点相似度和观点相似度，那么它们很有可能被划分为相同的子组。

定义 7-14　给定节点相似度 $\text{IMs}^{\text{Jac}}_{v_1, v_2}$ 和观点相似度 sim_{v_1, v_2}，子组度定义为：

$$\text{SD}_{v_1, v_2} = \text{sim}_{v_1, v_2} \cdot \text{IMs}^{\text{Jac}}_{v_1, v_2} \tag{7-18}$$

SD_{v_1, v_2} 用来描述节点 v_1 和 v_2 属于同一子组的程度。

步骤 3：计算每个子组中每个节点的综合中心度，确定子组中的领导者。

定义 7-15　综合中心度 SC_i 是度中心性和介数中心性的线性组合，同时表现了节点在网络中对信息的控制程度和重要性，这和 LSGDM 中领导者的实际作用保持一致。

$$\text{SC}_i = \beta \text{DC}_i + (1 - \beta) \text{BC}_i \tag{7-19}$$

公式(7-19)中 DC_i 和 BC_i 分别代表度中心性和介数中心性。β 被称作中心性参数。本节中，考虑到领导者在网络中的重要性及其对信息的掌握程度，设 $\beta = 0.5$。综合中心度最大的节点为该子组中的领导者节点。

详细的子组划分算法总结为算法 1。子组划分流程图如图 7.1 所示。

算法 1：基于社交网络和决策方 PLTS 评价的子组划分算法

输入：决策方的评价矩阵 $(L_{ij}^{h}(p))_{m\times n}$

输出：子组 G^q 和相应的领导者 v^q_{leader}

步骤 1：根据公式(7-15)计算节点相似度。

步骤 2：根据公式(7-17)得到相似度矩阵 $\text{SIM}_{k\times k}$。

步骤 3：根据公式(7-18)，结合节点相似度和观点相似度计算子组度。

步骤 4：设初始子组为 $G^1 = \{v_1\}$，遍历每个节点的子组度。

步骤 5：如果子组度大于阈值 $\overline{\text{SD}}$，则将其分配给该组。然后核对已分配到子组 G^1 内的节点与其他节点的子组度，若仍存在子组度大于阈值$\overline{SD}$的节点，则添加该节点至 G^1，直到没有新节点可添加。执行步骤 6。

步骤 6：选择未分组节点中下标最小的作为一个新的子组中的节点。返回步骤 5。直到所有节点均被分配至子组内。执行步骤 7。

步骤 7：计算综合中心度以得到子组 G^q 的领导者 v_{leader}^q。

步骤 8：结束。

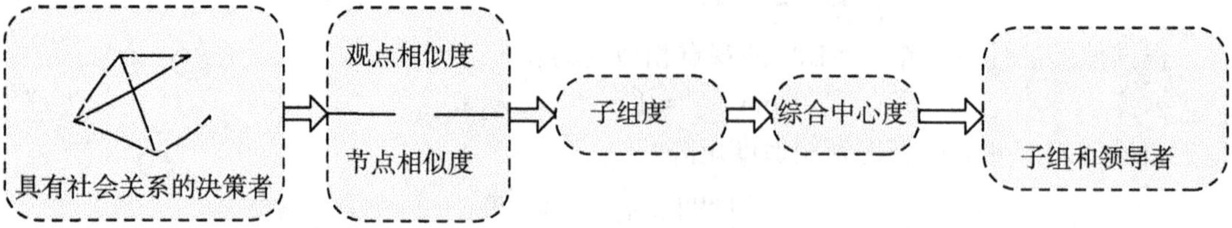

图 7-1 子组划分过程

7.2.3 一般社会关系网络下基于人工蜂群算法的大规模群体决策方法

决策方对备选方案评价的一致性可以用来保证 LSGDM 问题中得到的解决方案的质量。如果决策方个体与子组间的共识程度高，则得到的解决方案将优于低共识水平的解决方案。这一部分介绍了基于跟随概率的 CRP 模型和考虑选择概率的备选方案选择过程，它们都是受到 ABC 算法的启发。在本节中，领导者对应于 ABC 算法中的引领蜂，跟随者对应于跟随蜂。在计算跟随概率、适应度值和选择概率时，本节做了相应的改变以适应本研究的决策过程。

首先，定义跟随概率来表示追随者跟随领导者的程度。其次，根据跟随概率计算子组内部和子组之间的共识度，并提出相应的策略来修改评价以达成共识。如果子组内或子组间的共识未达到阈值，则说明 DM 的共识程度较低，下一阶段无法进行。此时，领导者会引导差异最大的追随者修改对备选方案的评价。最后，根据 PLTS 的评价确定个体权重和属性权重，并考虑子组规模和子组内部的共识程度以确定子组权重。

1. 子组内共识

这一小节主要介绍子组内共识度的计算和调整策略。设 $\overline{\text{CD}}$ 为子组内共识程度的阈值。如果子组内的共识度大于 $\overline{\text{CD}}$，表示子组内决策方的一致性较高。否则，说明共识度不够高，决策方的 PLTS 评价需要调整。

步骤 1：确定跟随者跟随领导者后的决策矩阵。

在决策过程中，跟随者会以一定的概率跟随领导者做出决策。

定义 7-16 给定跟随者 v_h 及其子组领导者 v_{leader}^q 的观点相似度 $\text{sim}_{v_h, v_{\text{leader}}^q}$，则跟随概率定义为：

$$fp_h = \frac{\text{sim}_{v_h,\ v^q_{\text{leader}}}}{\sum_{h=1,\ h\neq \text{leader}}^{\#G^q} \text{sim}_{v_h,\ v^q_{\text{leader}}}} \tag{7-20}$$

$\#G^q$ 为子组 G^q 内决策方的个数。

跟随者跟随领导者后的 LSGDM 问题可以表示为：

$$\tilde{L}^h = (\tilde{L}^h_{ij}(\tilde{p}))_{m\times n} = \begin{bmatrix} & c_1 & c_2 & \cdots & c_n \\ x_1 & \tilde{L}^h_{11}(\tilde{p}) & \tilde{L}^h_{12}(\tilde{p}) & \cdots & \tilde{L}^h_{1n}(\tilde{p}) \\ x_2 & \tilde{L}^h_{21}(\tilde{p}) & \tilde{L}^h_{22}(\tilde{p}) & \cdots & \tilde{L}^h_{2n}(\tilde{p}) \\ \vdots & \vdots & \vdots & \ddots & \vdots \\ x_m & \tilde{L}^h_{m1}(\tilde{p}) & \tilde{L}^h_{m2}(\tilde{p}) & \cdots & \tilde{L}^h_{mn}(\tilde{p}) \end{bmatrix},$$

其中 $\tilde{p} = p \cdot fp_h$，p 为跟随者初始 PLTS 评价中相应的概率值。

步骤 2：计算子组内的共识度。

给定跟随者 v_h 及其子组领导者 v^q_{leader} 关于备选方案 x_i 的偏差度 $d_i(v_h,\ v^q_{\text{leader}})$，定义下述几种形式的共识度。

① 备选方案层次上的决策方个体共识度。决策方 v_h 关于备选方案 x_i 的共识度计算为：

$$\text{CA}^h_i = 1 - \frac{1}{n}\sum_{j=1}^{n} d_i(v_h,\ v^q_{\text{leader}}) \tag{7-21}$$

② 个体层次的共识度。决策方 v_h 共识度计算为

$$\text{CI}_h = \frac{1}{m}\sum_{i=1}^{m} \text{CA}^h_i \tag{7-22}$$

③ 子组层次的共识度。子组 G^q 共识度计算为

$$\text{CD}^q = \frac{1}{\#G^q}\sum_{h=1}^{\#G^q} \text{CI}_h \tag{7-23}$$

$\#G^q$ 为子组 G^q 决策方的数量。

步骤 3：调整决策方的评价。在子组内没有足够高的共识情况下，即 $\text{CD}^q < \overline{\text{CD}}$，子组内的领导者会指示个体层面共识度最低的追随者修改其评价。

首先，确定需要改变对替代方案的评价的决策方。

$$\text{DM}^t = \{v_h \mid \text{CD}^q < \overline{\text{CD}} \wedge \text{CI}^t_h = \min\{\text{CI}^t_h\}\} \tag{7-24}$$

然后，决策方根据公式(7-24)调整其对备选方案的评价。

$$\tilde{L}^h_{ij}(\tilde{p})^{t+1} = \begin{cases} (1-\eta)\tilde{L}^h_{ij}(\tilde{p})^t + \eta \left| L^{\text{leader}(q)}_{ij}(p) - \tilde{L}^h_{ij}(\tilde{p})^t \right|, & \text{CD}^q < \overline{\text{CD}} \\ \tilde{L}^h_{ij}(\tilde{p})^t, & \text{CD}^q \geq \overline{\text{CD}} \end{cases} \tag{7-25}$$

$L^{\text{leader}(q)}_{ij}(p)$ 和 $\tilde{L}^h_{ij}(p)$ 分别为子组 G^q 中领导者 v^q_{leader} 和跟随者 v_h 关于备选方案 x_i 在属性

c_j 上的 PLTS 评价。η 为修正系数。

2. 权重确定

在这一小节中首先得到领导者的初始权重值，并根据聚合的领导者意见计算其他决策方的属性权值，然后在每个子组中计算跟随者的权重。最后结合子组中决策方的数量和子组内部的共识程度，得到子组权重。

步骤 1：子组 G^q 领导者 v^q_{leader} 的初始权重向量表示为 $\omega_{\text{leader}} = (\omega^1_{\text{leader}}, \omega^2_{\text{leader}}, \cdots, \omega^q_{\text{leader}})^{\mathrm{T}}$，领导者权重可以计算为：

$$\omega^q_{\text{leader}} = \frac{1 - d(L_{ij}^{\text{leader}(q)}(p), L_{ij}^{\text{leader}}(p_{\min}))}{\sigma - \sum_{q=1}^{\sigma} d(L_{ij}^{\text{leader}(q)}(p), L_{ij}^{\text{leader}}(p_{\min}))} \tag{7-26}$$

公式(7-26)中 σ 为领导者数量；$d(L_{ij}^{\text{leader}(q)}(p), L_{ij}^{\text{leader}}(p_{\min}))$ 为子组 G^q 的领导者 v^q_{leader} 和所有领导者对于备选方案 x_i 的属性 c_j 最低概率的偏差度。

步骤 2：根据公式(7-7)得到领导者集体决策矩阵 L^{l_c}。

步骤 3：决策方 v_h 的属性向量表示为 $\varpi_A = (\varpi^h_1, \varpi^h_2, \cdots, \varpi^h_n)^{\mathrm{T}}$，则决策方属性权重计算为：

$$\varpi^h_j = \frac{1 - \sum_{i=1}^{m} d_j(\tilde{L}^h_{ij}(p), L^{l_c}_{ij}(p))}{n - \sum_{j=1}^{n} d_j(\tilde{L}^h_{ij}(p), L^{l_c}_{ij}(p))} \tag{7-27}$$

属性权重为

$$\varpi_j = \frac{1}{l}\sum_{h=1}^{l} \varpi^h_j \tag{7-28}$$

$d_j(\tilde{L}^h_{ij}(p), L^{l_c}_{ij}(p))$ 表示决策方 v_h 和领导者集体 PLTS 评价对于属性 c_j 的偏差度。

步骤 4：子组 G^q 中个体决策方 v_h 的权重向量表示为 $\omega_D = (\omega_1, \omega_2, \cdots, \omega_{\#G^q})^{\mathrm{T}}$，则决策方权重计算为：

$$\omega^h = \frac{1 - \sum_{j=1}^{n} |\varpi^h_j - \overline{\varpi^q_j}|}{\#G^q - \sum_{h=1}^{\#G^q}\sum_{j=1}^{n} |\varpi^h_j - \overline{\varpi^q_j}|} \tag{7-29}$$

公式(7-29)中，$\overline{\varpi^q_j} = \frac{1}{\#G^q}\sum_{h=1}^{\#G^q} \varpi^h_j$，$\#G^q$ 为子组 G^q 的决策方数量。

步骤 5：给定子组 G^q 的决策方数量 $\#G^q$，已经达成子组内共识阈值 $\overline{\text{CD}}$ 的子组层次上的共识度 CD^q，子组权重向量表示为 $\lambda_S = (\lambda_1, \lambda_2, \cdots, \lambda_q)^{\mathrm{T}}$，则子组权重 λ_q 计算为：

$$\lambda_q = \left(\frac{\#G^q}{l}\right)^{\xi_1} \cdot \left(\frac{\text{CD}^q}{\max\{\text{CD}^q\}}\right)^{\xi_2} \tag{7-30}$$

公式(7-30)中，$0 \leqslant \xi_1$，$\xi_2 \leqslant 1$ 且 $\xi_1 + \xi_2 = 1$。将子组权重标准化：$\bar{\lambda}_q = \lambda_q \Big/ \sum_{q=1}^{\#G} \lambda_q$，以满足 $0 \leqslant \bar{\lambda}_q \leqslant 1$，$\sum_{q=1}^{\#G} \bar{\lambda}_q = 1$，$\#G$ 为子组数量。

3. 子组间共识

在计算子组间共识之前需要得到群体 PLTS 评价，在这里依旧使用公式(7-7)对决策方评价进行聚合，L^{q_c} 表示子组 G^q 的集体评价，L^c 表示群体评价。此外，提前设定阈值 φ 以确定预期的共识。如果群体共识度没有达到阈值，则意味着存在需要修改的子组群体，以使决策结果更加可靠。

定义 7-17 令 $d(L_{ij}^{q_c}(p),\ L_{ij}^{C}(p))$ 为子组 G^q 的集体评价 $L_{ij}^{q_c}(p)$ 与群体评价 $L_{ij}^{C}(p)$ 对于备选方案 x_i 关于属性 c_j 之间的偏差度，则群体共识水平计算为：

$$\mathrm{GCL} = 1 - \frac{1}{\#G}\sum_{q=1}^{\#G} d(L_{ij}^{q_c}(p),\ L_{ij}^{C}(p)) \tag{7-31}$$

$\#G$ 为子组数量。

接下来，确定需要改变关于备选方案的集体评估的子组。

$$\mathrm{SG} = \{G^q \mid d(\tilde{L}_{ij}^{q_c}(\tilde{p}),\ L_{ij}^{c}(p)) = \max\{d(\tilde{L}_{ij}^{q_c}(\tilde{p}),\ L_{ij}^{c}(p))\}\} \tag{7-32}$$

然后，子组根据公式(7-33)调整 PLTS 评价。

$$L_{ij}^{q_c}(p)^{t+1} = (1-\eta)L_{ij}^{q_c}(p)^t + \eta \mid L_{ij}^{l_c}(p) - L_{ij}^{q_c}(p)^t \mid \tag{7-33}$$

其中 η 同公式(7-25)中的修正系数。

最后将基于跟随概率的 CRP 总结为算法 2。

算法 2：基于跟随概率的 CRP

输入：由算法 1 得到的子组 G^q 及其领导者 v_{leader}^q。

输出：达到阈值 φ 的群体共识度 GCL。

步骤 1：根据公式(7-20)，计算子组 G^q 中跟随者 v_h 跟随领导者 v_{leader}^q 的跟随概率 fp_h，并得到新的决策矩阵 $\tilde{L}^h$。

步骤 2：根据公式(7-21)、公式(7-23)，计算子组内共识度 CD^q。如果 $\mathrm{CD}^q \geqslant \overline{CD}$，进行步骤 4，否则进行步骤 3。

步骤 3：找出个体共识度最低的决策方，通过公式(7-24)和公式(7-25)对其评价进行调整。返回步骤 2。

步骤 4：用公式(7-26)至公式(7-30)计算出初始领导者权重、属性权重 ϖ_j、个体权重 ω_h 和子组权重 λ_q。执行步骤 5。

步骤 5：计算群体共识水平 GCL，若 $\mathrm{GCL} \geqslant \varphi$，进行步骤 6；否则根据公式(7-32)和公式(7-33)达成子组间的调整。

步骤 6：结束。

4. 基于选择概率的选择过程

在这一小节中，我们提出了一个新的选择过程，它不仅包括对方案质量的衡量，而且还包括决策方选择某个方案的概率。具体来说，子组之间达成一致后，由公式(7-7)得到总体属性值 $L(p)_i$。接下来获取基准 PLTS，用来计算适应度函数和选择概率。通过计算总体属性值与基准 PLTS 之间的距离，得到适应度函数值，该值用来表示备选方案的质量。进一步计算选择概率，得到最终的备选方案排序。

步骤 1：根据公式(7-7)，利用属性的权重计算各个备选方案的总体属性值 $L(p)_i$。

步骤 2：获得备选方案的基准 PLTS $\bar{L}^B(\bar{p})$。$\bar{p}$ 的值由公式(7-34)求得，r 为基准 PLTS 中语言术语的下标。

$$\bar{p} = \begin{cases} \min\{p_i\}, & r < 0 \\ \max\{p_i\}, & r \geqslant 0 \end{cases} \tag{7-34}$$

步骤 3：计算各个备选方案的总体属性值 $L(p)_i$ 与基准 PLTS $\bar{L}^B(\bar{p})$ 之间的偏差度 $d_i(L(p)_i, \bar{L}^B(\bar{p}))$。

步骤 4：计算方案的最终选择概率。

首先，适应度函数定义为：

$$\text{fit}_i = 1/(1 + d(L(p)_i, \bar{L}_{ij}^B(\bar{p}))) \tag{7-35}$$

然后，选择概率计算为：

$$\text{sp}_i = \text{fit}_i \Big/ \sum_{i=1}^{m} \text{fit}_i \tag{7-36}$$

步骤 5：根据选择概率 sp_i 对备选方案进行排序。显然，如果 $\text{sp}_1 > \text{sp}_2$，则 $x_1 \succ x_2$；如果 $\text{sp}_1 < \text{sp}_2$，则 $x_1 \prec x_2$。

CRP 和选择过程流程图如图 7-2 所示。

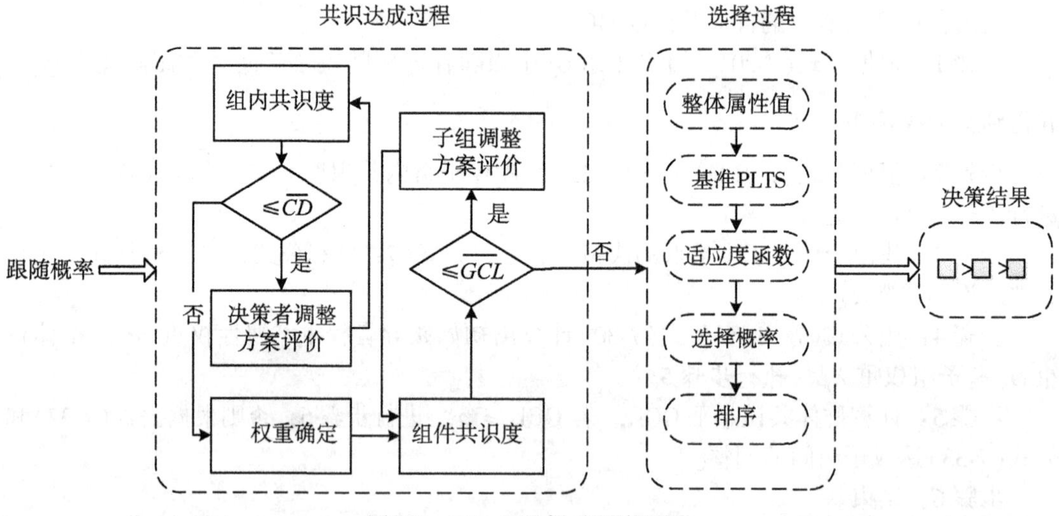

图 7-2　CRP 和选择过程流程图

7.2.4 一般社会关系网络下基于人工蜂群算法的LSGDM方法主要框架

本小节总结了本章提出的解决LSGDM问题框架的主要步骤。

阶段1：识别LSGDM问题。

步骤1：明确备选方案集及其属性。

步骤2：邀请相关领域的决策方。

步骤3：获得决策方的PLTS决策信息。

步骤4：设置公式(7-25)中的修正系数η、公式(7-30)中的参数ξ_1、算法1中的子组度阈值$\overline{\mathrm{SD}}$、子组内共识度阈值$\overline{\mathrm{CD}}$、群体共识度阈值φ。

阶段2：利用算法1获得子组和领导者。

阶段3：根据算法2，基于跟随概率完成CRP。

步骤1：使用公式(7-20)至公式(7-25)在子组内达成一致。

步骤2：分别用公式(7-26)至公式(7-30)确定属性权重、个体权重和子组权重。

步骤3：利用公式(7-31)至公式(7-33)达成子组间的共识。

阶段4：利用公式(7-34)至公式(7-36)完成选择过程。

完整程序流程图如图7-3所示。

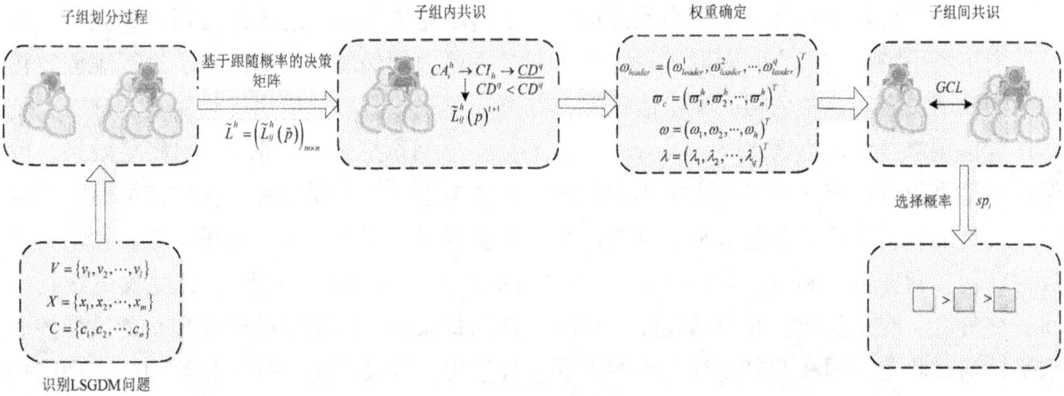

图7-3 一般社会网络关系下基于人工蜂群算法的LSGDM决策框架

7.2.5 算例分析

1. 算例背景

随着全球化的深入推进和供应链的复杂化，供应链管理已经成为现代企业不可或缺的一部分。供应链中的每个环节都需要企业之间相互协作，以确保整个供应链的正常运转。

然而，当供应链企业中出现失信行为时，其危害也会波及整个供应链中的其他企业，甚至会对整个市场造成不可估量的影响。首先，供应链企业失信会导致合作关系的破裂。在供应链中各企业之间的合作关系是建立在相互信任的基础上的。但是，当某个企业出现失信行为时，其他企业可能会失去信任，并拒绝与该企业继续合作。这将导致整个供应链的破裂，给所有参与者带来损失。其次，供应链企业失信会对整个市场造成负面影响。一旦某个企业出现失信行为，它的信用评级就会下降，其他企业可能会因此提高对其的风险溢价或减少与该企业的交易，这将影响到市场的供需关系，导致价格波动、市场扭曲等问题。再次，供应链企业失信会给企业自身带来负面影响。在市场竞争激烈的环境下，企业需要不断提升自身的竞争力。而企业失信会导致客户流失、销售下滑等问题，最终影响企业的经营状况和盈利能力。最后，供应链企业失信还会带来法律风险。在一些国家和地区，失信行为已经成为一种犯罪行为，一旦企业被判定为失信，就可能面临行政处罚或法律制裁，这将直接影响企业的声誉和财务状况。因此，对供应链失信企业进行信用修复是维护整个供应链稳定和可持续性的关键因素之一。供应链企业信用修复是一种纠正企业信用记录中负面信息的过程，以提高企业信誉度和可信度，以便在供应链中获得更多的合作机会和优惠条件。

2. 评价过程

阶段 1：识别 LSGDM 问题。

在某个供应链上存在 5 家中小型公司，由于市场竞争激烈，这 5 家公司互相竞争，为了扩大市场份额，它们之间采取了一些不正当的手段，例如恶意抬高价格、进行虚假宣传等，导致消费者对这些公司产生不信任感，并造成了这些公司的信用记录受损。这 5 家公司作为信用修复备选方案 $X=\{x_1, x_2, x_3, x_4, x_5\}$，评估每家公司的信用修复效果，确保信用记录得到恢复。对于每家中小型公司，需要考虑三个主要因素：供应商的财务稳定性、交货准确度和质量控制水平、企业声誉和社会责任。其中，通过收集每家公司的财务数据，包括营业额、利润、资产负债表等评估备选公司的财务稳定性；通过收集交货时间、交货量、交货品质，客户满意度等指标，评估每家公司的交货准确度和交货质量控制水平；通过收集公司在业界和社会中的声誉、公信力，以及环境、社会和治理等方面的指标，评估公司声誉和社会责任。假设有来自银行、保险公司等金融机构，供应链上的生产企业、物流企业、分销企业、零售企业等以及相关政府机构的 20 家决策方参与信用评价，这些决策方具有网络关系，共同参与评估这 5 家公司的信用状况，并实施信用修复。决策方 $V=\{v_1, v_2, \cdots, v_{20}\}$ 之间的初始社会网络如图 7-4 所示。受邀决策方使用语言术语集 $S=\{s_{-2}=\text{pretty bad}, s_{-1}=\text{bad}, s_0=\text{medium}, s_1=\text{good}, s_2=\text{pretty good}\}$ 对每个备选方案的相关属性进行评估。设定子组度阈值 $\overline{\mathrm{SD}}=0.3$，子组内共识度阈值 $\overline{\mathrm{CD}}=0.80$，群体共识度阈值 $\varphi=0.90$，修正系数 $\eta=0.8$。

阶段 2：利用算法 1 获得子组和领导者。

采用算法 1 将 20 个决策方划分为 4 个子组 G^1，G^2，G^3，G^4。子组划分结果见表 7-3。

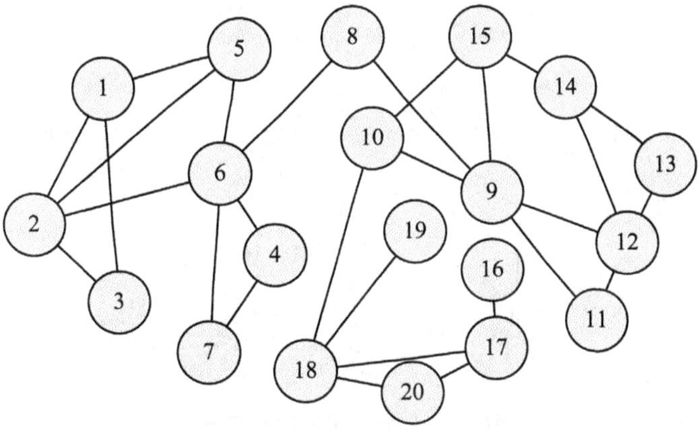

图 7-4 20 位决策方的初始社会网络

此外，我们描述了决策方之间的网络关系(见图 7-5)，图中相同表现形式的节点代表的决策方组成一个子组，虚线圈内的节点代表不同子组的领导者。图 7-6 中横轴和纵轴分别表示节点 v_1 到 v_{20}。显然，图中颜色越深，两个节点越相似。可以看出，图 7-6(c)与图 7-6(a)相似，说明节点相似度会影响子组划分的结果。

表 7-3 **子组划分结果**

子组	G^q	v^q_{leader}
G^1	$\{v_1, v_2, v_3, v_5, v_6, v_8\}$	v_5
G^2	$\{v_4, v_7\}$	v_7
G^3	$\{v_9, v_{10}, v_{11}, v_{12}, v_{13}, v_{14}, v_{15}\}$	v_9
G^4	$\{v_{16}, v_{17}, v_{18}, v_{19}, v_{20}\}$	v_{18}

阶段 3：根据算法 2，基于跟随概率完成 CRP。

步骤 1：在子组内达成共识。

根据公式(7-21)至公式(7-23)计算子组内的初始共识度，结果如表 7-4 所示。显然，$CD^3 < \overline{CD}$ 表明子组 G^3 内没有达成共识。因此，我们根据公式(7.24)至公式(7-25)对子组 G^3 中个体共识 CI_h 最低的决策方进行了修正。如表 7-5 所示，初始的最小个体共识度 $\min\{CI_h^0\} = CI_{15}^0$，所以决策方 v_{15} 会在第一轮修改其 PLTS 评价。经过调整后，子组 G^3 的共识度为 $CD^3 = 0.8155 > \overline{CD}$，表明子组体已经达成共识。

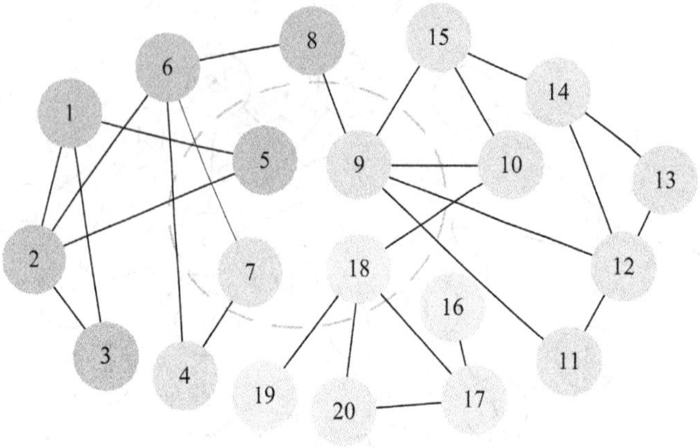

图 7-5　划分子组后的网络图

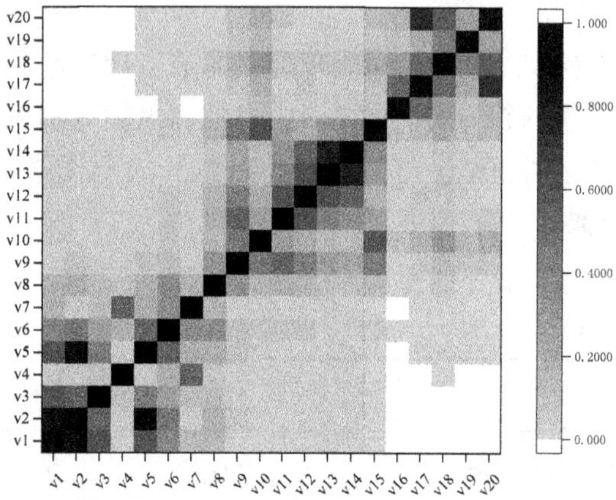

(a) 节点相似度

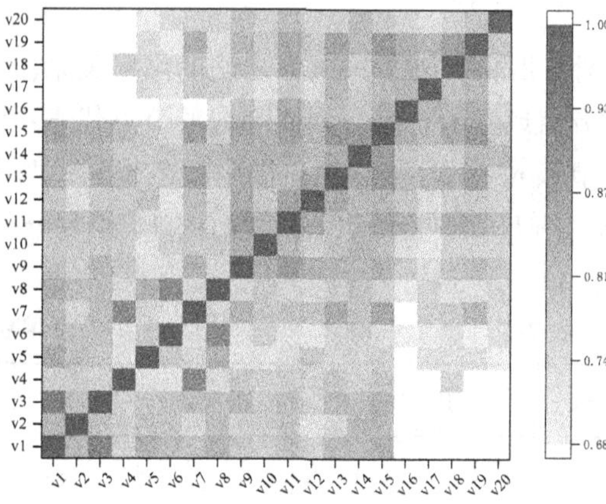

(b) 观点相似度

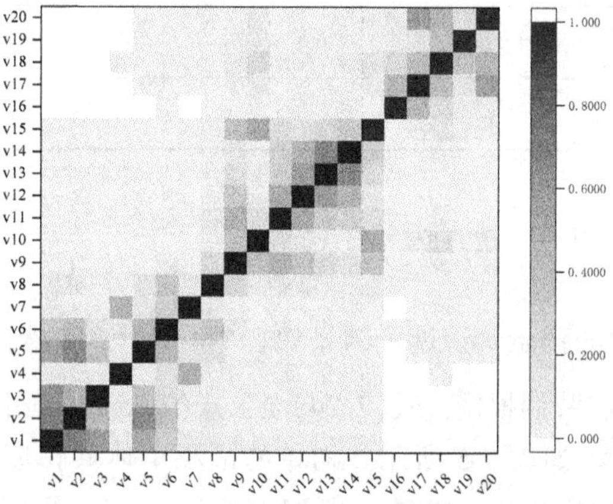

(c) 子组度

图 7-6　节点相似度、观点相似度和子组度图

注：图中白色区域为缺失值，表示对应节点之间不存在社会关系

表 7-4 **子组内部初始共识度**

子组	CD^1	CD^2	CD^3	CD^4
共识度	0.8073	0.9484	0.7893	0.8181

表 7-5 **子组 G^3 中的个体共识度**

决策方	v_9	v_{10}	v_{11}	v_{12}	v_{13}	v_{14}	v_{15}
CI_h^0	1.0000	0.7606	0.7607	0.7584	0.7544	0.7512	0.7396

步骤 2：确定属性权重、个体权重和子组权重。

根据公式(7-26)至公式(7-30)计算属性权重、个体权重和子组权重。属性的权重向量为 $\varpi=(0.3347, 0.3273, 0.3379)^T$，个体权重和子组权重如表 7-6 所示。

表 7-6 **决策方个体权重及子组权重**

子组	领导者	跟随者						子组权重
G^1	v_5	v_1	v_2	v_3	v_6	v_8		0.2802
	0.1649	0.1668	0.1667	0.1672	0.1671	0.1673		
G^2	v_7	v_4						0.1703
	0.5000	0.5000						
G^3	v_9	v_{10}	v_{11}	v_{12}	v_{13}	v_{14}	v_{15}	0.2955
	0.1429	0.1433	0.1430	0.1425	0.1433	0.1439	0.1411	
G^4	v_{18}	v_{16}	v_{17}	v_{19}	v_{20}			0.2541
	0.1977	0.2020	0.1996	0.1998	0.2009			

步骤 3：在子组之间达成共识。

如步骤 1 所示，群体共识度阈值为 $\varphi=0.90$。根据公式(7-31)计算群体共识度后，$GCL=0.8624<\overline{GCL}$ 表明子组之间没有达成足够的一致意见。此时需要进一步调整来促进共识。每一轮需要调整的子组和群体共识度见表 7-7。经过三轮调整，$GCL=0.9054>\varphi$，群体的共识程度有所提高，此时可以认为决策方群体已经达成一致，可以结束共识过程进行方案选择。

表 7-7　　3 轮调整的群体共识度

轮次	需要调整的子组	GCL
$t=0$	—	0.8624
$t=1$	G^1	0.8803
$t=2$	G^3	0.8974
$t=3$	G^4	0.9054

阶段 4：完成选择过程。

首先，使用定义 7-8 中的聚合算子 PLWA，获得总体属性值 $L(p)_i(i=1,2,3,4,5)$。

$$L(p)_1=\{s_{-2}(0.0000),\ s_{-1}(0.1864),\ s_0(0.2972),\ s_1(0.2109),\ s_2(0.1049)\}$$
$$L(p)_2=\{s_{-2}(0.0853),\ s_{-1}(0.1691),\ s_0(0.2146),\ s_1(0.2798),\ s_2(0.0518)\}$$
$$L(p)_3=\{s_{-2}(0.0994),\ s_{-1}(0.2292),\ s_0(0.2731),\ s_1(0.1709),\ s_2(0.0358)\}$$
$$L(p)_4=\{s_{-2}(0.0440),\ s_{-1}(0.1131),\ s_0(0.2592),\ s_1(0.2616),\ s_2(0.1001)\}$$
$$L(p)_5=\{s_{-2}(0.1073),\ s_{-1}(0.1584),\ s_0(0.2805),\ s_1(0.1902),\ s_2(0.0493)\}.$$

根据公式(7-34)计算基准 PLTS 为 $\overline{L}^B(\overline{p})=\{s_{-2}(0.0000),\ s_{-1}(0.1131),\ s_0(0.2972),\ s_1(0.2798),\ s_2(0.1049)\}$。适应度值和备选方案的选择概率在表 7-8 中呈现。

表 7-8　　备选方案的最终结果

	选择概率	方案排序
x_1	0.2074	$x_4>x_1>x_2>x_5>x_3$
x_2	0.1983	
x_3	0.1919	
x_4	0.2084	
x_5	0.1940	

通过以上计算，最终确定了解决方案 x_4。在这里，我们在图 7-7 中可视化选择概率，扇形区域的大小代表选择概率，面积越大，概率值越高。

3. 对比分析

本小节将本节提出的框架与不同的方法进行比较，以证明其有效性。

Yu 等(2020)构建了分级惩罚驱动下的共识模型，他们利用 PLTS 处理不确定信息，制定了三个级别的共识测度和两个修改策略来达成共识，并使用不同于上文的分层聚类方法将大规模决策方划分为多个子组。Xu 等(2020)提出了一种基于经验的信息补充方法。

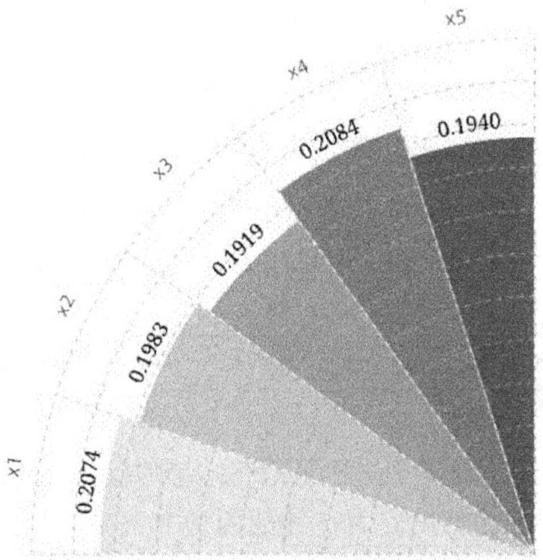

图 7-7 选择概率

值得注意的是，由于在本节中没有信息补充过程，因此，主要使用这种方法来获得分组和排序结果。他们提出了一种两阶段相似度度量方法，即测量两位专家评价值的相似度和两位专家在不同素质下的距离差程度，以及距离加权过程。

从表 7-9 中可以清楚地发现，本节所提方法与分级惩罚驱动法(Yu 等，2020)和两阶段相似度度量法(Xu 等，2020)得到的子组划分结果有很大的不同。排名结果与 Xu 等的完全相同，但与 Yu 等的结果存在一些差异。经过分析，我们认为这些结果存在差异有如下几个原因。

表 7-9 **不同方法的分组和排序结果**

方法	本节所提方法	分级惩罚驱动法（Yu 等，2020）	两阶段相似度度量法（Xu 等，2020）
子组划分结果	$G^1\{v_1, v_2, v_3, v_5, v_6, v_8\}$ $G^2\{v_4, v_7\}$ $G^3\{v_9, v_{10}, v_{11}, v_{12}, v_{13}, v_{14}, v_{15}\}$ $G^4\{v_{16}, v_{17}, v_{18}, v_{19}, v_{20}\}$	$G^1\{v_1, v_2, v_3, v_{16}, v_{17}, v_{18}, v_{19}, v_{20}\}$ $G^2\{v_4, v_7\}$ $G^3\{v_5\}$ $G^4\{v_6, v_8\}$ $G^5\{v_9, v_{10}, v_{11}, v_{12}, v_{13}, v_{14}, v_{15}\}$	$G^1\{v_1, v_2, v_{14}, v_{20}\}$ $G^2\{v_3, v_4, v_7, v_9, v_{11}, v_{13}, v_{16}, v_{18}, v_{19}\}$ $G^3\{v_5\}$ $G^4\{v_6, v_8\}$ $G^5\{v_{10}\}$ $G^6\{v_{12}\}$ $G^7\{v_{15}\}$ $G^8\{v_{17}\}$

续表

方法	本节所提方法	分级惩罚驱动法（Yu 等，2020）	两阶段相似度度量法（Xu 等，2020）
计算结果	$sp_1 = 0.2074$,	$E(Z(x_1)) = s_{0.2752}$	$E(x_1) = 0.2443$
	$sp_2 = 0.1983$,	$E(Z(x_2)) = s_{0.1166}$	$E(x_2) = 0.1931$
	$sp_3 = 0.1919$,	$E(Z(x_3)) = s_{-0.2869}$	$E(x_3) = -0.4031$
	$sp_4 = 0.2084$,	$E(Z(x_4)) = s_{0.3709}$	$E(x_4) = 0.3038$
	$sp_5 = 0.1940$	$E(Z(x_5)) = s_{0.1944}$	$E(x_5) = 0.0735$
排序结果	$x_4 > x_1 > x_2 > x_5 > x_3$	$x_4 > x_1 > x_5 > x_2 > x_3$	$x_4 > x_1 > x_2 > x_5 > x_3$

首先，由于划分子组的方法不同造成了最终结果的差异。本节子组划分方法同时考虑了节点之间的相似度和观点相似度。而在其他两种方法中，只考虑了专家评价之间的距离。将决策方分组的目的是使决策更容易。相比于 Yu 等和 Xu 等划分出更多孤立节点的方法，本节提出的方法能够更好地聚集决策方，达到降低决策复杂度的目的。

其次，选择过程的不同也可能导致不同的结果。在计算最终的排序结果时，上述方法都使用了 PLTS 理论中的评分函数。Yu 等和 Xu 等在聚合决策方观点时只考虑了子组的权重，并且两者都预先设置了属性的权重。本节提出的选择概率也导致了排序结果的不一致性。如前所述，适应度函数表示解决方案的质量。此外，决策方根据通过适应度值得到的选择概率来选择方案，既能保证方案的质量，又能在方案选择时考虑决策方的偏好。

4. 灵敏度分析

在子组划分阶段，我们将阈值 $\overline{\mathrm{SD}}$ 设置为 0.3，将决策方划分为 4 个子组。我们将讨论不同 $\overline{\mathrm{SD}}$ 对子组划分的影响，以及在这种情况下结果如何变化。如图 7-8 所示，当 $\overline{\mathrm{SD}} \leqslant 0.2$ 时大规模决策方并不能被划分出子组。$\overline{\mathrm{SD}}$ 设为 0.25，可以得到三个子组，领导者分别为 v_5，v_9，v_{18}。$\overline{\mathrm{SD}}$ 设为 0.4，可以得到 8 个子组，领导者分别为 v_5，v_7，v_6，v_8，v_9，v_{10}，v_{18}，v_{19}。为避免出现过多孤立节点，保证分组的有效性，阈值范围应控制在 0.2 ~ 0.4。不同阈值下的子组划分结果如图 7-9 所示。

如公式(7-30)所示，子组权重由子组大小和子组内部的一致程度共同决定。参数 ξ_1 表示子组大小和子组内一致程度在确定子组权重时所占的比例。$\xi_1 = 0$ 表示子组权重只考虑子组大小；否则，$\xi_1 = 1$ 表明只考虑子组内的一致程度。由于参数 ξ_1 取值范围为 0 到 1，每个子组的权重也随之变化。很明显，从图 7-9 可以看出，随着参数 ξ_1 的增加，权重值逐渐减小。从图 7-10 的变化趋势可以看出，当参数 ξ_1 非常接近 1 时，子组权重值会变得非常小。但是，标准化后的权重变化范围并不大。这说明参数 ξ_1 的变化只对初始权重值有较大的影响。为了保持子组大小和子组内共识程度之间的平衡，本节选择 $\xi_1 = 0.5$。

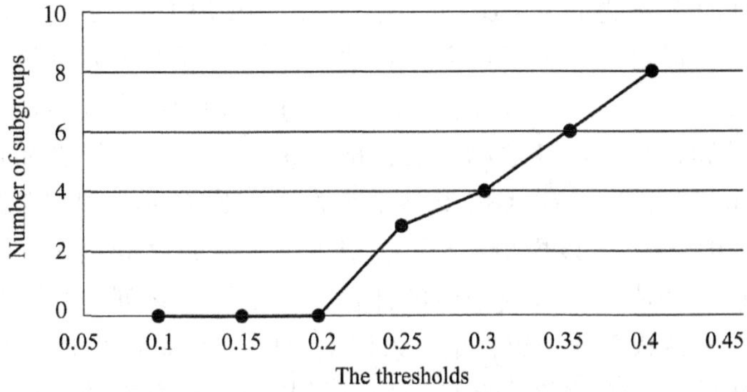

图 7-8　不同阈值下的子组个数趋势

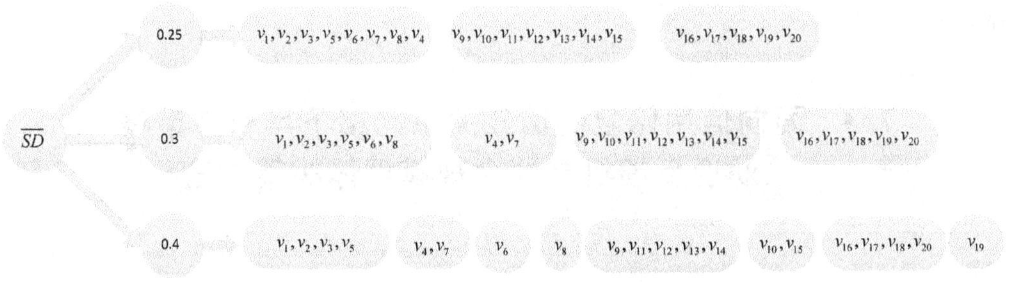

图 7-9　不同阈值下的子组划分结果

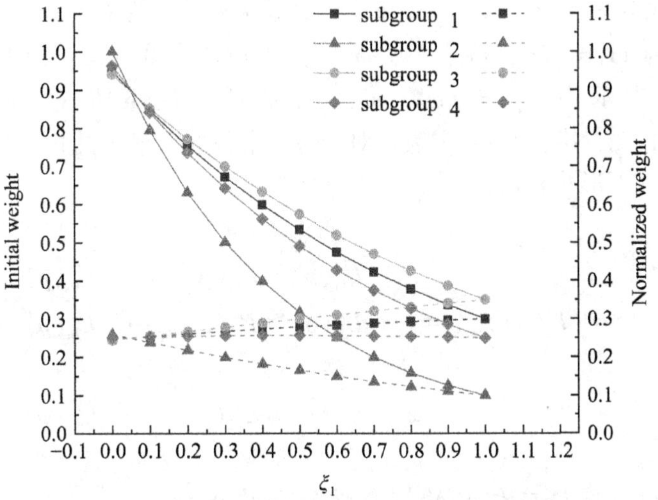

图 7-10　参数 ξ_1 对子组权重的影响(实线表示初始权重，虚线表示归一化权重)。

7.2.6　研究结论

为了更好地响应互联网环境下信用修复的决策问题，本节提出了一种在社交网络背景下基于 PLTS 和 ABC 算法的 LSGDM 框架。首先，用 PLTS 表示具有不确定性的专家评价；在此前提下，提出了一种子组划分算法，该算法可以将大量的专家划分为不同的子组，降低了 LSGDM 的复杂性。该算法结合了节点相似度和观点相似度，同时考虑了专家的社会关系和评价。在算法的最后，确定每个子组的领导者和跟随者，以确保达到足够的共识水平。其次，在 ABC 算法的启发下，建立了一种基于跟随者与领导者之间跟随概率的 CRP 模型。该模型计算了子组内部和子组之间的共识程度，提出了相应的调整机制来修改个体决策方或子组的评价，提出了一系列的权重计算方法，包括个体决策方权重、属性权重和子组权重。该模型既保证了每个子组内部有足够的共识，又保证了整个群体的一致性水平。此外，提出了基于选择概率的选择过程。在这个过程中，提出了基准 PLTS 来计算备选方案的适应度值，该适应度值可以反映备选方案的质量。随后计算选择概率对备选方案进行排序，该选择概率表明决策方群体认为某一方案最好的程度。

7.3　面向信用修复的信任关系网络下具有多策略劝说反馈机制的大规模群体决策方法

7.3.1　具有概率语言信息的问题描述

设备选方案集为 $X=\{x_1,\ x_2,\ \cdots,\ x_m\}$，其相关属性集为 $C=\{c_1,\ c_2,\ \cdots,\ c_n\}$，属性权重向量表示为 $\varpi_A=(\varpi_1,\ \varpi_2,\ \cdots,\ \varpi_n)^{\mathrm{T}}$。拟邀请决策方集合为 $V=\{v_1,\ v_2,\ \cdots,\ v_k\}$，权重向量表示为 $\omega_D=(\omega_1,\ \omega_2,\ \cdots,\ \omega_k)^{\mathrm{T}}$。决策方 v_h 利用 PLTS$L_{ij}^h(p)=\{L_{ij}^{h(l)}(p_{ij}^{h(l)})\mid l=1,\ 2,\ \cdots,\ \#l_{ij}^h(p)\}$ 表达对于每一个备选方案 x_i 的相关属性 c_j 的评价，则 LSGDM 问题可用如下形式表述：

$$
L^h=(L_{ij}^h(p))_{m\times n}=\begin{array}{c} \\ x_1 \\ x_2 \\ \vdots \\ x_m \end{array}\begin{array}{cccc} c_1 & c_2 & \cdots & c_n \\ L_{11}^h(p) & L_{12}^h(p) & \cdots & L_{1n}^h(p) \\ L_{21}^h(p) & L_{22}^h(p) & \cdots & L_{2n}^h(p) \\ \vdots & \vdots & \ddots & \vdots \\ L_{m1}^h(p) & L_{m2}^h(p) & \cdots & L_{mn}^h(p) \end{array}
$$

7.3.2　基于概率语言信息的综合信任网络模型

1. 综合信任评分矩阵的构建

在心理学上信任分为情感和认知两个维度。情感信任是指两者之间的关系链接强度，因为情感上的联系而产生信任；认知信任是由于对方的身份地位或做出的行为与自己的认知相匹配而产生的信任。通常情况下，一个人对另一个人存在情感信任时，他的认知信任也会存在，但当一个人对另一个人无情感信任时也可能因为认同对方的言行从而产生认知信任。直接信任关系可为专家决策奠定基础，也是 LSGDM 问题中可以直接获取的信息。然而，现实的信任关系网络往往不是完整的，在复杂的社会关系中无直接信任关系可能占据大多数，此时便需要建立一种机制获得间接的信任关系，从而获得完整信任关系网络。过去的研究多利用关系强度的传递来解决这一问题。但考虑到信任来源的多源性，本节将在信任传播时考虑递减性并引入互评信任关系建立间接信任关系，进而在考虑情感信任、认知信任的影响下，从直接信任关系、传递信任关系和互评信任关系三个方面综合描述决策方的信任关系网络，以尽可能保证信任度的客观性与完整性。

定义 7-18 直接信任关系(direct trust, DT)。直接信任关系矩阵用 $DT=[(ET_{hh'}, CT_{hh'})]_{k\times k}$ 表示，其中 $ET_{hh'}$ 表示决策方的直接情感信任，$CT_{hh'}$ 表示直接认知信任，$ET_{hh'}$，$CT_{hh'}\in[0, 1]$，数值为 0 表示没有产生直接情感或认知信任。

定义 7-19 传递信任关系(transitive trust, TT)。传递信任关系矩阵表示为 $TT=(\overline{ET}_{hh'}, \overline{CT}_{hh'})_{k\times k}$，$\overline{ET}_{hh'}$，$\overline{CT}_{hh'}\in[0, 1]$。决策方通过信任关系网络进行关系传播来获得间接信任。根据“六度分离”理论，并考虑到情感信任传播时的衰减程度，间接信任值计算如下：

$$(\overline{ET}_{hh'}, \overline{CT}_{hh'})=\left(\frac{2\prod_{\kappa=1}^{L'}\gamma(\kappa)\cdot ET_{v_{\kappa-1}, v_\kappa}}{\prod_{h}^{h'}(2-ET_h)+\prod_{h}^{h'}ET_h}, \frac{\prod_{h}^{h'}(1+CT_h)-\prod_{h}^{h'}(1-CT_h)}{\prod_{h}^{h'}(1+CT_h)+\prod_{h}^{h'}(1-CT_h)}\right) \tag{7-37}$$

公式(7-37)中，$ET_{v_{\kappa-1}, v_\kappa}$，$CT_{v_{\kappa-1}, v_\kappa}$ 分别表示节点 $v_{\kappa-1}$ 到节点 v_κ 的情感信任度和认知信任度，$\gamma(\kappa)$ 为由公式(7-14)计算的传播衰减度。信任传播时采用节点之间的最短距离传播，L' ($L'\leqslant \text{Max}$)为路径长度。

由此可得组合信任矩阵 $T=(\overline{\overline{ET}}_{hh'}, \overline{\overline{CT}}_{hh'})_{k\times k}$，其中，$\overline{\overline{CT}}_{hh'}=\vartheta CT_{hh'}+(1-\vartheta)\overline{CT}_{hh'}$，即直接认知信任与传递认知信任的线性组合，$\vartheta\in[0, 1]$，本节设 $\vartheta=0.5$。

定义 7-20 信任关系得分矩阵 $TS=(TS_{hh'})_{k\times k}$。

$$TS_{hh'}=(\overline{\overline{ET}}_{hh'}+\overline{\overline{CT}}_{hh'})/2 \tag{7-38}$$

从理论上讲，由于信任网络为有向网络，可能存在节点之间不存在通路，因此，也就无法获得传递信任关系，且在现实生活中，人与人之间建立信任关系不仅仅局限于上述两种方法，除上述两种信任外，本节扩展了信任来源，引入互评信任获取进一步的信任关系。决策方的互评信任关系可以参考他人推荐或社交媒体中的信息，并形成对其他决策方的概率语言信任互评矩阵 $LT=(LT_{hh'}(p))_{k\times k}$。

融合以上三部分信任来源构成综合信任评分。

定义 7-21　综合信任评分矩阵 $\mathrm{CTS}=(\mathrm{CTS}_{hh'})_{k\times k}$。

$$\mathrm{CTS}_{hh'}=\begin{cases}\mathrm{TS}_{hh'}+\sum_{r=-\tau}^{\tau}p_{hh'}^{r}I(s_r), & h\neq h'\\ 1, & h=h'\end{cases} \tag{7-39}$$

其中，$\mathrm{TS}_{hh'}$ 为信任关系得分，$I(s_r)$ 为定义 7-4 所描述的下标变换函数，$p_{hh'}^{r}$ 为语言术语 s_r 对应的概率值。

2. 基于信息熵的权重确定方法

信息熵表示评价信息的不确定性和随机性，信息熵越小，确定性越大，说明相应的决策方发挥了更重要的作用，有必要赋予其更大的权重。在本节中，我们将决策方的概率语言信息和信任信息进行融合计算信息熵，从而得到决策方的权重。此外，本节定义了 PLTS 的信息熵，以获得客观的属性权重。

首先，依据公式(7-17)计算决策方包含概率语言信息的观点相似度，得到相似度矩阵 $\mathrm{SIM}_{k\times k}$。

其次，融合决策方的综合信任和观点，得到融合信息矩阵 $\mathrm{FM}=(\mathrm{FM}_{hh'})_{k\times k}$，其中

$$\mathrm{FM}=(\mathrm{CTS}+\mathrm{SIM})/2 \tag{7-40}$$

再次，基于上述融合信息矩阵计算信息熵。

$$Q_{h'}=-\frac{1}{\ln k}\sum_{h=1}^{k}\frac{\mathrm{FM}_{hh'}}{\sum_{h=1}^{k}\mathrm{FM}_{hh'}}\ln\frac{\mathrm{FM}_{hh'}}{\sum_{h=1}^{k}\mathrm{FM}_{hh'}} \tag{7-41}$$

最后，决策方权重向量表示为 $\omega_D=(\omega_1,\ \omega_2,\ \cdots,\ \omega_h)^{\mathrm{T}}$，将熵值标准化后计算的决策方权重为：

$$\omega_{h'}=\frac{1-\overline{Q}_h}{k-\sum_{h=1}^{k}\overline{Q}_h} \tag{7-42}$$

其中 $\overline{Q}_h=Q_h\Big/\sum_{h=1}^{k}Q_h$。

利用 Xu 等(2008)的方法，根据融合信息矩阵 $\mathrm{FM}=(\mathrm{FM}_{hh'})_{k\times k}$ 将大规模决策方划分为若干个子组 G^1，G^2，…，G^q，$1\leqslant q\leqslant k$，子组权重向量为 $\lambda_S=(\lambda_1,\ \lambda_2,\ \cdots,\ \lambda_q)^{\mathrm{T}}$，每个子组的权重计算为：

$$\lambda_q=\frac{(\#G^q)^2}{\sum_{q=1}^{\#G^q}(\#G^q)^2} \tag{7-43}$$

$\#G^q$ 表示每个组内决策方的数量，$\#G$ 表示子组个数。

定义 7-22　决策方 v_h 对于每一个备选方案 x_i 的相关属性 c_j 的评价为 $L^h=(L_{ij}^h(p))_{m\times n}$，则概率语言信息熵定义为：

$$QL_j^h = -\frac{1}{\ln(m)}\sum_{i=1}^{m}\frac{\sum_{r=-\tau}^{\tau}p_{ij}^rI(s_r)}{\sum_{j=1}^{n}\sum_{r=-\tau}^{\tau}p_{ij}^rI(s_r)}\ln\frac{\sum_{r=-\tau}^{\tau}p_{ij}^rI(s_r)}{\sum_{j=1}^{n}\sum_{r=-\tau}^{\tau}p_{ij}^rI(s_r)} \tag{7-44}$$

其中 $I(s_r)$ 为定义 7-4 中表述的下标变换函数，p_{ij}^r 表示第 i 个备选方案 x_i 有关第 j 个属性 c_j 的 PLTS 中第 r 个语言术语 s_r 对应的概率。

定义 7-23 属性的权重向量表示为 $\varpi_A=(\varpi_1, \varpi_2, \cdots, \varpi_n)^{\mathrm{T}}$，则属性权重 ϖ_j 定义为

$$\varpi_j=\sum_{h=1}^{k}\frac{1-QL_j^h}{n-\sum_{j=1}^{n}QL_j^h} \tag{7-45}$$

7.3.3 信任关系网络下具有多策略劝说反馈机制的共识达成模型

1. 共识测度

根据定义 7-8 聚合个体观点得到每一子组的 PLTS 评价 L^{q_c} 以及群体 PLTS 评价 L^c，然后通过几个层次的共识度来有效地衡量各子组的意见一致程度。

(1)备选方案层次上的决策方个体共识度。决策方 v_h 关于备选方案 x_i 的共识度计算为：

$$\mathrm{CA}_i^h=1-\frac{1}{n}\sum_{j=1}^{n}d_i(L_{ij}^h(p)-L_{ij}^{q_c}(p)) \tag{7-46}$$

$d_i(L_{ij}^h(p)-L_{ij}^{q_c}(p))$ 表示决策方 v_h 与子组 G^q 集体 PLTS 评价 L^{q_c} 之间有关备选方案 x_i 的偏差度。

(2)个体层次的共识度。决策方 v_h 共识度计算为：

$$\mathrm{CI}_h=\frac{1}{m}\sum_{i=1}^{m}CA_i^h \tag{7-47}$$

(3)子组层次的共识度。子组 G^q 共识度计算为：

$$\mathrm{CD}^q=\frac{1}{\#G^q}\sum_{h=1}^{\#G^q}\mathrm{CI}_h \tag{7-48}$$

$\#G^q$ 为子组 G^q 内决策方的数量。

(4)群体层次共识度计算为：

$$\mathrm{GCL}=1-\frac{1}{\#G^q}\sum_{q=1}^{\#G^q}\mathrm{CD}^q \tag{7-49}$$

2. 多策略劝说反馈机制

当子组共识度或群体共识度小于阈值，说明大规模决策方并未达成一致。为了更有效地达成共识，本节提出了具有四种劝说策略的反馈机制，决策方需要根据劝说策略等因素的动态变化不断调整相应评价，以达成共识。以群体意见为基准，劝说模型可以表示为四元函数：$F(L_{ij}^c\rightarrow\bar{v}_h)^t=\{L_{ij}^c, \bar{v}_h, \alpha, f(\alpha)\}$，各元素的含义如下：

(1) L_{ij}^{c} 表示群体 PLTS 评价，$\bar{v}_h$ 为需要调整意见的决策方；

(2) $F(L_{ij}^{c} \to \bar{v}_h)^t$ 表示第 t 轮调整中，决策方 $\bar{v}_h$ 需要根据群体评价采取的劝说建议；

(3) α 表示采取的劝说策略；

(4) $f(\alpha)$ 表示劝说建议的隶属度。

设共识阈值为 φ，多策略劝说反馈机制步骤如下：

步骤 1：若 GCL $< \varphi$ 且 $\mathrm{CD}^q < \varphi$，则甄别出需要调整意见的决策方为：

$$\mathrm{DM}^t = \{v_h \mid \mathrm{CD}^q < \varphi \wedge \mathrm{CD}^{q,t} = \min\{\mathrm{CD}^{q,t}\} \wedge \mathrm{CI}_h^t = \min\{\mathrm{CI}_h^t\}\} \tag{7-50}$$

步骤 2：确定劝说模型。表 7-10 中给出了不同情况下的劝说策略，它是根据决策方的个体 PLTS 评价与群体 PLTS 评价之间的偏差度 $d(L_{ij}^{h}(p), L_{ij}^{c}(p))$ 来确定的。

表 7-10　　**劝 说 策 略**

偏差度	策略
$d > 0.7$	忽略 $f(1)$
$0.5 < d \leqslant 0.7$	惩罚 $f(2)$
$0.2 < d \leqslant 0.5$	呼吁 $f(3)$
$d \leqslant 0.2$	鼓励 $f(4)$

本节假设 α 为不同的劝说策略，采用模糊隶属度函数计算方法，取偏大型柯西分布及对数函数作为隶属函数，通过公式(7-51)对劝说策略进行测度：

$$f(\alpha) = \begin{cases} (1 + \mu(\alpha - \sigma)^{-2})^{-1}, & 1 \leqslant \alpha \leqslant 2 \\ a\ln\alpha + b, & 3 \leqslant \alpha \leqslant 4 \end{cases} \tag{7-51}$$

其中 μ，σ，a，b 均为常数，当采取忽略的劝说策略，隶属度为 0.2 时，即 $f(1) = 0.2$；当采取惩罚的劝说策略，隶属度为 0.5 时，即 $f(2) = 0.5$；当采取呼吁的劝说策略，隶属度为 0.8 时，即 $f(3) = 0.8$；当采取鼓励的劝说策略，隶属度为 1 时，即 $f(4) = 1$。联立解得 $\mu = 1$，$\sigma = 3$，$a = 0.6952$，$b = 0.0362$。则劝说策略测度为：

$$f(\alpha) = \begin{cases} (1 + (\alpha - 3)^{-2})^{-1}, & 1 \leqslant \alpha \leqslant 2 \\ 0.6952\ln x + 0.0362, & 2 < \alpha \leqslant 4 \end{cases} \tag{7-52}$$

步骤 3：决策方根据公式(7-53)调整其评价方案

$$L_{ij}^{h}(p)^{t+1} = f(\alpha)L_{ij}^{h}(p)^t + [1 - f(\alpha)](L_{ij}^{c}(p)^t - L_{ij}^{h}(p)^t) \tag{7-53}$$

$L_{ij}^{h}(p)$ 为决策方 v_h 关于备选方案 x_i 在属性 c_j 上的 PLTS 评价。

当群体共识度 GCL $\geqslant \varphi$ 表明决策方群体已经在一定程度上达成一致意见，此时进入下一阶段。

3. 方案选择阶段

本节构建了基于决策方群体 PLTS 观点分数优势度的方案选择过程。

首先计算群体 PLTS 观点 L^c 的分数矩阵 $L_{\mathrm{Score}}^{c} = (\mathrm{sc}_{ij})_{m \times n}$

$$\mathrm{sc}_{ij} = \sum_{r=-\tau}^{\tau} p_{ij}^{r} I(s_r) \tag{7-54}$$

其中 $I(s_r)$ 为定义 7-4 所描述的下标变换函数，p_{ij}^{r} 为语言术语 s_r 对应的概率值。

其次定义观点分数的优势度。

定义 7-24 决策方关于备选方案 x_i 的优势度为：

$$\Psi(x_i) = \sum_{j=1}^{n} \varpi_j \left(\sum\nolimits_{k=1}^{m} (\mathrm{sc}_{ij} - \mathrm{sc}_{kj})^2 \right)^{\frac{1}{2}} \tag{7-55}$$

其中 $k = 1, 2, \cdots, m$。若 $\Psi(x_1) > \Psi(x_2)$，则 $x_1 \succ x_2$。

7.3.4 信任关系网络下具有多策略劝说反馈机制的 LSGDM 模型

阶段 1：识别 LSGDM 问题：

(1)明确备选方案集及其属性。

(2)邀请相关领域的决策方，获取它们之间的信任关系。

(3)获得决策方的 PLTS 决策信息。

阶段 2：构建决策方综合信任网络。

(1)获取决策方之间的直接信任关系矩阵 DT，以及根据他人推荐或社交媒体等渠道构建的概率语言互评信任矩阵 $\mathrm{LT} = (\mathrm{LT}_{hh'}(p))_{k \times k}$。

(2)融合各类信任来源，依据公式(7.37)至公式(7-39)构建综合信任评分矩阵。

(3)根据公式(7-42)和公式(7-43)确定决策方及子组权重，根据公式(7-45)确定属性权重。

阶段 3：完成共识达成过程。

(1)设置阈值 φ，根据公式(7-46)至公式(7-49)进行共识测度；

(2)进行反馈调整。首先识别出需要进行劝说调整的决策方，其次确定劝说策略(见表 7-10)并进行测度，最后进行意见调整。

阶段 4：方案选择。

(1)根据公式(7-54)计算决策方群体观点的分数矩阵 $L_{\mathrm{Score}}^{c} = (\mathrm{sc}_{ij})_{m \times n}$。

(2)根据公式(7-55)计算备选方案的优势度进行方案排序。

完整的流程图如图 7-11 所示。

7.3.5 算例分析

1. 评价过程

阶段 1：识别 LSGDM 问题。

供应链上有五家失信中小企业 $X = \{x_1, x_2, x_3, x_4, x_5\}$，需要供应链上其他企业、

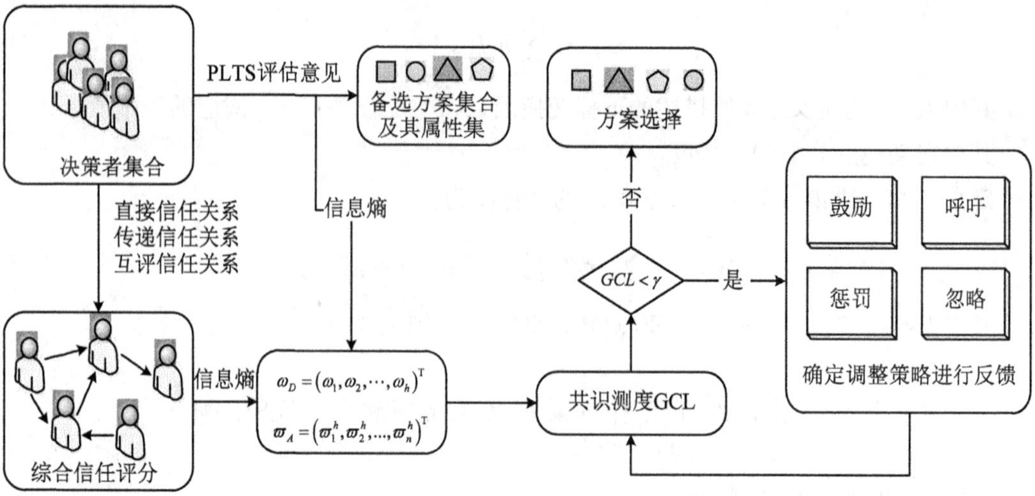

图 7-11　信任关系网络下具有多策略劝说反馈机制的 LSGDM 方法流程图

金融机构和相关政府部门对其信用状况进行评价，以实施信用修复。信用修复主要关注以下三方面指标：供应商的财务稳定性、交货准确度和质量控制水平、企业声誉和社会责任。假设邀请来自相关企业、机构和政府部门的 20 名决策者参加此次决策。决策方 $V=\{v_1, v_2, \cdots, v_{20}\}$ 之间的初始信任网络如图 7-12 所示。受邀决策方使用语言术语集 $S=\{s_{-2}=\text{pretty bad}, s_{-1}=\text{bad}, s_0=\text{medium}, s_1=\text{good}, s_2=\text{pretty good}\}$ 对每个备选方案的相关属性进行评估。

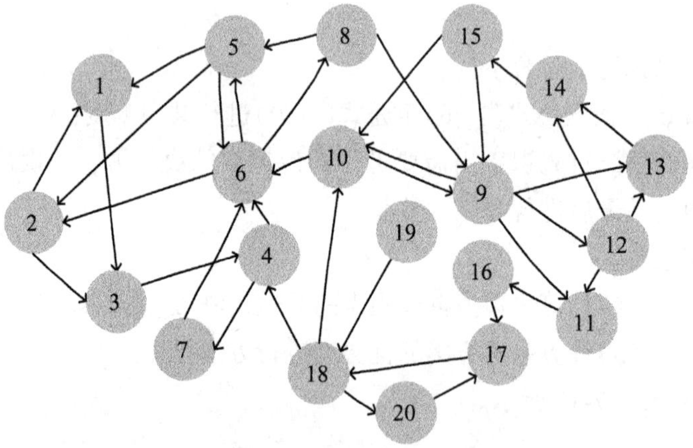

图 7-12　决策方信任网络图

阶段 2：构建决策方综合信任网络。

① 获取决策方之间的直接信任关系矩阵 DT，以及根据他人推荐或社交媒体等渠道构建的概率语言信任互评矩阵 $\text{LT}=(\text{LT}_{hh'}(p))_{k\times k}$。决策方采用的语言术语集为 $S=\{s_{-1}=\text{"unreliable"}, s_0=\text{"medium"}, s_1=\text{"reliable"}\}$。

$$DT=\left(\begin{array}{cccccccccccccccccccc}
(1,1) & (0,0) & (0.5,0.6) & (0,0) & (0,0) & (0,0) & (0,0.4) & (0,0) & (0,0.6) & (0,0) & (0,0) & (0,0) & (0,0) & (0,0) & (0,0) & (0,0) & (0,0) & (0,0) & (0,0) & (0,0) \\
(0.6,0.7) & (1,1) & (0.7,0.6) & (0,0) & (0,0) & (0,0.7) & (0,0) & (0,0) & (0,0) & (0,0) & (0,0.3) & (0,0) & (0,0.6) & (0,0) & (0,0) & (0,0) & (0,0) & (0,0) & (0,0) & (0,0) \\
(0,0) & (0,0) & (1,1) & (0.8,0.6) & (0,0) & (0,0) & (0,0) & (0,0) & (0,0) & (0,0) & (0,0) & (0,0) & (0,0.5) & (0,0) & (0,0) & (0,0) & (0,0) & (0,0) & (0,0) & (0,0) \\
(0,0) & (0,0) & (0,0) & (1,1) & (0,0) & (0.4,0.6) & (0.5,0.6) & (0,0) & (0,0) & (0,0.5) & (0,0) & (0,0) & (0,0) & (0,0) & (0,0) & (0,0.4) & (0,0) & (0,0) & (0,0) & (0,0) \\
(0.5,0.5) & (0.5,0.3) & (0,0) & (0,0) & (1,1) & (0,0.5) & (0,0) & (0,0) & (0,0) & (0,0) & (0,0) & (0,0) & (0,0) & (0,0.3) & (0,0) & (0,0) & (0,0) & (0,0) & (0,0) & (0,0) \\
(0,0) & (0.6,0.4) & (0,0) & (0,0) & (0.6,0.7) & (1,1) & (0,0) & (0.7,0.4) & (0,0) & (0,0) & (0,0) & (0,0) & (0,0) & (0,0) & (0,0) & (0,0) & (0,0) & (0,0) & (0,0) & (0,0) \\
(0,0) & (0,0) & (0,0) & (0,0) & (0,0) & (0.4,0.8) & (1,1) & (0,0) & (0,0) & (0,0) & (0,0) & (0,0) & (0,0) & (0,0) & (0,0) & (0,0) & (0,0) & (0,0) & (0,0) & (0,0) \\
(0,0) & (0,0) & (0,0) & (0,0) & (0.7,0.5) & (0,0) & (0,0) & (1,1) & (0.8,0.8) & (0,0.6) & (0,0) & (0,0) & (0,0) & (0,0) & (0,0) & (0,0) & (0,0) & (0,0) & (0,0) & (0,0) \\
(0,0) & (0,0) & (0,0.7) & (0,0) & (0,0) & (0,0) & (0,0) & (0,0) & (1,1) & (0.5,0.4) & (0.4,0.3) & (0.5,0.6) & (0.7,0.7) & (0,0) & (0,0) & (0,0) & (0,0) & (0,0) & (0,0) & (0,0) \\
(0,0) & (0,0) & (0,0) & (0,0) & (0,0) & (0.8,0.5) & (0,0) & (0,0) & (0.7,0.6) & (1,1) & (0,0) & (0,0) & (0,0) & (0,0) & (0,0) & (0,0) & (0,0) & (0,0) & (0,0) & (0,0) \\
(0,0.5) & (0,0) & (0,0) & (0,0) & (0,0) & (0,0) & (0,0) & (0,0) & (0,0) & (0,0) & (1,1) & (0,0) & (0,0) & (0,0) & (0,0) & (0.6,0.7) & (0,0) & (0,0) & (0,0) & (0,0) \\
(0,0) & (0,0) & (0,0.3) & (0,0) & (0,0) & (0,0.5) & (0,0) & (0,0) & (0,0) & (0,0) & (0.7,0.5) & (1,1) & (0.5,0.5) & (0.7,0.6) & (0,0) & (0,0) & (0,0) & (0,0) & (0,0) & (0,0.5) \\
(0,0) & (0,0.6) & (0,0) & (0,0) & (0,0) & (0,0) & (0,0) & (0,0) & (0,0) & (0,0) & (0,0) & (0,0) & (1,1) & (0.6,0.6) & (0,0) & (0,0) & (0,0) & (0,0) & (0,0) & (0,0) \\
(0,0) & (0,0) & (0,0) & (0,0) & (0,0) & (0,0) & (0,0) & (0,0) & (0,0) & (0,0) & (0,0) & (0,0) & (0,0) & (1,1) & (0.9,0.4) & (0,0) & (0,0) & (0,0) & (0,0) & (0,0) \\
(0,0) & (0,0.5) & (0,0) & (0,0) & (0,0) & (0,0.4) & (0,0) & (0,0) & (0.6,0.6) & (0.5,0.5) & (0,0) & (0,0) & (0,0.3) & (0,0) & (1,1) & (0,0) & (0,0) & (0,0) & (0,0) & (0,0) \\
(0,0) & (0,0) & (0,0) & (0,0) & (0,0) & (0,0) & (0,0) & (0,0) & (0,0) & (0,0) & (0,0) & (0,0) & (0,0) & (0,0.5) & (0,0) & (1,1) & (0.6,0.7) & (0,0) & (0,0) & (0,0) \\
(0,0) & (0,0.6) & (0,0) & (0,0) & (0,0) & (0,0) & (0,0) & (0,0) & (0,0) & (0,0) & (0,0) & (0,0) & (0,0.6) & (0,0) & (0,0) & (0,0) & (1,1) & (0.5,0.5) & (0,0) & (0,0) \\
(0,0) & (0,0) & (0,0) & (0.5,0.6) & (0,0) & (0,0) & (0,0) & (0,0) & (0,0) & (0.8,0.4) & (0,0) & (0,0) & (0,0) & (0,0) & (0,0) & (0,0) & (0,0) & (1,1) & (0,0) & (0.8,0.3) \\
(0,0) & (0,0) & (0,0) & (0,0) & (0,0) & (0,0.5) & (0,0) & (0,0) & (0,0) & (0,0) & (0,0) & (0,0) & (0,0) & (0,0) & (0,0) & (0,0) & (0,0) & (0.7,0.4) & (1,1) & (0,0) \\
(0,0) & (0,0) & (0,0) & (0,0) & (0,0) & (0,0) & (0,0) & (0,0) & (0,0) & (0,0) & (0,0) & (0,0.6) & (0,0) & (0,0) & (0,0) & (0,0) & (0.4,0.6) & (0,0) & (0,0) & (1,1)
\end{array}\right)$$

② 融合各类信任来源，依据公式(7-37)至公式(7-39)构建综合信任评分矩阵。

$$CTS=\left(\begin{array}{cccccccccccccccccccc}
1.0000 & 0.7944 & 0.9254 & 0.1635 & 0.1801 & 0.6725 & 0.2373 & 0.5905 & 0.3105 & 0.1041 & 0.1046 & 0.5903 & 0.1877 & 0.1586 & 0.7629 & 0.5047 & 0.4225 & 0.9264 & 0.4943 & 0.5714 \\
0.7502 & 1.0000 & 0.5424 & 0.3588 & 0.0882 & 0.6777 & 0.4280 & 0.9442 & 0.5600 & 0.1876 & 0.7156 & 0.5280 & 0.1690 & 0.0617 & 0.1598 & 0.5571 & 0.0236 & 0.3817 & 0.2351 & 0.0505 \\
0.3397 & 0.3115 & 1.0000 & 0.8140 & 0.7802 & 0.5042 & 0.5557 & 0.4819 & 0.7317 & 0.1102 & 0.0681 & 0.1474 & 0.1659 & 0.2331 & 0.1600 & 0.1266 & 0.6537 & 0.4372 & 0.2238 & 0.2689 \\
0.6736 & 0.6891 & 0.0671 & 1.0000 & 0.1082 & 0.1677 & 0.3670 & 0.1280 & 0.3707 & 0.4922 & 0.1357 & 0.2733 & 0.8440 & 0.9679 & 0.3643 & 0.3795 & 0.1860 & 0.0900 & 0.4597 & 0.0494 \\
0.4576 & 0.5281 & 0.1787 & 0.0950 & 1.0000 & 0.6517 & 0.0768 & 0.2146 & 0.3453 & 0.1054 & 0.1117 & 0.1002 & 0.3598 & 0.3901 & 0.8417 & 0.5074 & 0.0808 & 0.7754 & 0.1244 & 0.5254 \\
0.1979 & 0.4734 & 0.1740 & 0.2781 & 0.5142 & 1.0000 & 0.1252 & 0.2558 & 0.6292 & 0.6022 & 0.1410 & 0.2902 & 0.3738 & 0.2459 & 0.2508 & 0.1050 & 0.2204 & 0.0752 & 0.6524 & 0.7526 \\
0.5172 & 0.1115 & 0.5606 & 0.0682 & 0.1744 & 0.2673 & 1.0000 & 0.6296 & 0.5655 & 0.7769 & 0.6489 & 0.7029 & 0.4994 & 0.6932 & 0.1490 & 0.8044 & 0.0984 & 0.0211 & 0.0150 & 0.6032 \\
0.6133 & 0.1324 & 0.8648 & 0.2803 & 0.2354 & 0.2269 & 0.2197 & 1.0000 & 0.9148 & 0.8737 & 0.1410 & 0.5965 & 0.2549 & 0.4372 & 0.1473 & 0.3857 & 0.3763 & 0.0665 & 0.6400 & 0.0641 \\
0.0926 & 0.1336 & 0.6323 & 0.2390 & 0.8952 & 0.2711 & 0.0723 & 0.1832 & 1.0000 & 0.2071 & 0.4579 & 0.3886 & 0.3708 & 0.4591 & 0.1638 & 0.6850 & 0.0825 & 0.7883 & 0.0100 & 0.2258 \\
0.1089 & 0.1892 & 0.3221 & 0.2979 & 0.1962 & 0.2918 & 0.1273 & 0.8157 & 0.3056 & 1.0000 & 0.1400 & 0.1407 & 0.2444 & 0.7293 & 0.3626 & 0.2689 & 0.8213 & 0.6052 & 0.0022 & 0.5425 \\
0.0973 & 0.5732 & 0.3773 & 0.5753 & 0.0723 & 0.1538 & 0.0207 & 0.0710 & 0.0755 & 0.4185 & 1.0000 & 0.1739 & 0.5770 & 0.0025 & 0.6627 & 0.7948 & 0.2208 & 0.7416 & 0.6872 & 0.5613 \\
0.0729 & 0.1352 & 0.1751 & 0.3073 & 0.1416 & 0.2986 & 0.6583 & 0.7365 & 0.3623 & 0.6734 & 0.4875 & 1.0000 & 0.1861 & 0.3467 & 0.4306 & 0.4798 & 0.1331 & 0.2378 & 0.4923 & 0.7869 \\
0.2243 & 0.3469 & 0.2967 & 0.0000 & 0.4178 & 0.2193 & 0.1658 & 0.4588 & 0.1684 & 0.3459 & 0.1490 & 0.9407 & 1.0000 & 0.3141 & 0.2863 & 0.5621 & 0.0641 & 0.0550 & 0.1660 & 0.0090 \\
0.1693 & 0.2167 & 0.1199 & 0.5834 & 0.2051 & 0.5884 & 0.2025 & 0.3260 & 0.9723 & 0.6157 & 0.5642 & 0.1565 & 0.9794 & 1.0000 & 0.6866 & 0.4953 & 0.5585 & 0.3416 & 0.3795 & 0.7256 \\
0.4567 & 0.3533 & 0.3717 & 0.2234 & 0.3438 & 0.6298 & 0.0886 & 0.6314 & 0.6269 & 0.3374 & 0.1448 & 0.3709 & 0.9517 & 0.1211 & 1.0000 & 0.0927 & 0.4622 & 0.8572 & 0.5239 & 0.1671 \\
0.0945 & 0.7767 & 0.1849 & 0.2361 & 0.0978 & 0.1317 & 0.4044 & 0.0773 & 0.2960 & 0.2000 & 0.5568 & 0.5545 & 0.7262 & 0.5369 & 0.1405 & 1.0000 & 0.6811 & 0.3126 & 0.0166 & 0.1020 \\
0.2412 & 0.6576 & 0.3749 & 0.4468 & 0.3520 & 0.5298 & 0.2178 & 0.1308 & 0.1177 & 0.1355 & 0.4540 & 0.6587 & 0.3421 & 0.1614 & 0.1069 & 0.6869 & 1.0000 & 0.5267 & 0.4603 & 0.4282 \\
0.4760 & 0.1954 & 0.6340 & 0.4349 & 0.2058 & 0.6252 & 0.2506 & 0.4963 & 0.2778 & 0.2659 & 0.6460 & 0.2952 & 0.5557 & 0.2212 & 0.0977 & 0.0889 & 0.1131 & 1.0000 & 0.1800 & 0.6582 \\
0.7308 & 0.2559 & 0.7546 & 0.2620 & 0.1817 & 0.6174 & 0.1713 & 0.5278 & 0.7499 & 0.5473 & 0.0875 & 0.3304 & 0.1231 & 0.1817 & 0.4253 & 0.2692 & 0.3971 & 0.2185 & 1.0000 & 0.2567 \\
0.5822 & 0.2288 & 0.1254 & 0.2051 & 0.4763 & 0.5375 & 0.2390 & 0.1972 & 0.1216 & 0.3432 & 0.6036 & 0.2907 & 0.8440 & 0.1268 & 0.5494 & 0.4931 & 0.2936 & 0.1034 & 0.4121 & 1.0000
\end{array}\right)$$

③ 根据公式(7-42)和公式(7-43)确定决策方权重(见表 7-11)及子组权重(见表 7-12)，根据公式(7-45)确定属性权重向量为 $\varpi_A = (0.3431,\ 0.3306,\ 0.3263)^{T}$。

表 7-11　　**决策方权重**

决策方	v_1	v_2	v_3	v_4	v_5	v_6	v_7	v_8	v_9	v_{10}
权重	0.0491	0.0496	0.0494	0.0503	0.0501	0.0498	0.0500	0.0499	0.0505	0.0506
决策方	v_{11}	v_{12}	v_{13}	v_{14}	v_{15}	v_{16}	v_{17}	v_{18}	v_{19}	v_{20}
权重	0.0505	0.0499	0.0507	0.0504	0.0496	0.0501	0.0498	0.0495	0.0499	0.0499

表 7-12　　**子组划分结果及权重**

子组	G^q	权重
G^1	$\{v_1,\ v_2,\ v_3,\ v_4,\ v_5\}$	0.2336
G^2	$\{v_6,\ v_7,\ v_{11}\}$	0.0841
G^3	$\{v_8,\ v_9,\ v_{10}\}$	0.0841
G^4	$\{v_{12},\ v_{13},\ v_{14},\ v_{15},\ v_{16},\ v_{18},\ v_{19},\ v_{20}\}$	0.5981

阶段 3：完成共识达成过程。

① 设置阈值 $\varphi = 0.8$，根据公式(7-46)至公式(7-49)进行共识测度，初始结果见表 7-13。

表 7-13　　**初始($t=0$)子组与群体共识度**

共识度	CD^1	CD^2	CD^3	CD^4	GCL
	0.7769	0.7584	0.7570	0.8125	0.7762

②进行反馈调整。首先识别出需要进行劝说调整的决策方，其次确定劝说策略并进行测度，最后进行意见调整(见表 7-14)。

表 7-14　　**反馈调整过程**

调整轮次	调整子组	调整个体	反馈策略	调整后 GCL
$t=1$	G^3	$CI^h_{min} = CI^{10} = 0.7474$	呼吁 $f(3)$	0.7837
$t=2$	G^2	$CI^h_{min} = CI^6 = 0.7351$	呼吁 $f(3)$	0.7918
$t=3$	G^1	$CI^h_{min} = CI^4 = 0.7449$	呼吁 $f(3)$	0.7964
$t=4$	G^3	$CI^h_{min} = CI^9 = 0.7504$	呼吁 $f(3)$	0.8009

阶段 4：方案选择。

① 根据公式(7-54)计算决策方群体观点的分数矩阵 $L_{\text{Score}}^{c}=(\mathrm{sc}_{ij})_{m\times n}$。

$$L_{\text{Score}}^{c}=\begin{pmatrix}0.2125 & 0.2045 & 0.1555\\0.2424 & 0.1783 & 0.1146\\0.1619 & 0.1010 & 0.1787\\0.1850 & 0.2167 & 0.2164\\0.2321 & 0.2321 & 0.1684\end{pmatrix}$$

② 根据公式(7-55)计算备选方案的优势度进行方案排序(见表 7-15)。

表 7-15　**备选方案的最终结果**

优势度	方案排序
0.0854	$x_3 \succ x_2 \succ x_4 \succ x_5 \succ x_1$
0.1154	
0.1389	
0.1127	
0.1021	

2. 对比分析

① 与本章第 2 节所提方法的对比。为方便比较，本章中决策方群体对备选方案的概率语言术语集评价是相同的，最终方法一(即本章第 2 节提出的大规模群体决策方法)经过三次反馈调整达成阈值，且共识程度更高，方法二(即本节所提出的大规模群体决策方法)经过四次反馈调整达成阈值，两种方法产生的备选方案的最终排序结果也存在差异，经比较两种方法的决策过程，产生差异的原因可能在于：第一，社会关系网络的影响。方法一中决策方之间为无向的社会关系，即两者之间的关系是相互且对等的，而方法二中有向的信任关系改变了这种状态，进而影响子组划分的结果。第二，方法一提出的子组划分算法识别出了领导者和跟随者，进而产生跟随概率以达成共识，这在一定程度上影响了共识达成的效率。当决策方以一定概率追随领导者意见时，这表明已经向群体共识靠拢，因此，迭代的轮次相较于方法二更少。由于子组划分结果和共识阶段的差异，备选方案最终的排序结果差别较大。

② 与其他文献方法的对比。Tang 等(2019)根据不同层次的内部和群体共识程度(分为高-高、高-低、低-高、低-低四种情况)为子群体建立由混合策略组成的自适应共识模型，并根据不同的情况提出不同的反馈建议。徐选华和余紫昕(2022)提出了社会网络环境下基于公众行为大数据属性挖掘的大规模群体决策方法，首先通过对社交平台上公众行为的大数据分析确定属性信息，其次构建决策方之间基于信任关系和观点相似度的社会网络进行聚类，最后基于决策方的自信度和信任关系达成共识并进行方案排序。为了满足计算要求，本节仍用概率语言术语集的偏差度来计算对比文献中的观点相似度，用直接情感

信任表示信任度，并重新建立不信任度。具体计算结果见表 7-16。

表 7-16　不同文献方法的计算结果

	本节提出的方法	混合策略方法（Tang 等，2019）	基于公众行为大数据的方法（徐选华和余紫昕，2022）
子组划分结果	$G^1=\{v_1,v_2,v_3,v_4,v_5\}$ $G^2=\{v_6,v_7,v_{11}\}$ $G^3=\{v_8,v_9,v_{10}\}$ $G^4=\{v_{12},v_{13},v_{14},v_{15},v_{16},v_{18},v_{19},v_{20}\}$	$c_1=\{v_1,v_4,v_5,v_{17},v_{19},v_{20}\}$ $c_2=\{v_3,v_7,v_{16},v_{18}\}$ $c_3=\{v_2,v_8,v_{12},v_{13},v_{15}\}$ $c_4=\{v_6,v_9,v_{10},v_{11},v_{14}\}$	$c_1=\{v_2,v_4,v_5,v_8,v_9,v_{13},v_{14},v_{15}\}$ $c_2=\{v_6,v_7,v_{11},v_{16},v_{18},v_{20}\}$ $c_3=\{v_3,v_{12}\}$ $c_4=\{v_1,v_{10},v_{17},v_{19}\}$
方案排序	$x_3>x_2>x_4>x_5>x_1$	$x_3>x_2>x_4>x_5>x_1$	$x_3>x_2>x_4>x_5>x_1$

经过对比发现，本节所提方法具有一定有效性和优越性。本节所提方法与其他两种方法的最终排序结果是相同的，但聚类结果出现明显差异。基于公众行为大数据的方法是在初始完整的信任度矩阵的基础上构建的，未考虑到大规模决策方之间的信任关系存在缺失的情况，而本节的方法综合了多种信任来源来获取完整的信任关系，因此导致了与本节子组划分结果的差异。混合策略方法没有建立在社会网络环境下，本节利用该文献中的聚类方法用以进行后续的计算。

在共识阶段，混合策略方法考虑了子组内部和子组间不同共识度情况并提出相应的调整策略，且关注群体观点的修正；而本节所提方法则是根据决策方个体观点与群体观点的偏差度来确定劝说反馈模型，更关注决策方个体的观点和行为。

7.3.6　研究结论

本节提出了一种信任关系网络背景下具有多策略劝说反馈机制的 LSGDM 方法。首先，鉴于决策方之间的信任关系存在多种来源，本节在考虑情感信任和认知信任影响的情况下，综合信任关系的三种不同来源，即直接信任关系、传递信任关系和互评信任关系，构建决策方综合信任评分。在此基础上，利用信任信息和评价信息的熵值确定决策方权重，并定义概率语言信息熵来获得客观的属性权重。其次，建立了一个具有多策略劝说反馈机制的 CRP 模型。该模型对不同层次上的共识度进行测度，随后基于决策方个体与群体观点之间的偏差度确定所采取的反馈策略。不同的反馈策略帮助达成共识的同时充分考虑到决策方的个体意见，避免了在调整过程中对不同观点只采取忽略或惩罚的措施。最后，在群体观点的分数矩阵的基础上计算备选方案的优势度进行方案排序。与其他方法的比较表明，本节提出的信任关系网络下具有多策略劝说反馈机制的 LSGDM 方法具有一定优势。

7.4 本章小结

由于信用修复过程中信用数据来源于多机构和部门，且信用修复需要多方配合，包括相关政府部门、金融机构、征信机构等。因此，互联网环境下的信用修复可以看作是一个大规模群体决策问题。本章关注决策方的社会网络关系，提出两种大规模群体决策方法。第一，在子组划分阶段，为降低大规模决策的复杂性，基于社会网络分析和概率语言术语集两种方法，考虑关系传播衰减度，提出同时考虑节点相似度和观点相似度的子组划分算法，并识别出每个子组的领导者和跟随者，为后续达成共识阶段奠定基础。针对决策者的信任关系，本章考虑信任来源的多样性，构建融合直接情感信任、直接认知信任、传递信任和包含概率语言信息的互评信任的综合信任评分矩阵。此外，定义了概率语言信息熵来获取客观的属性权重。第二，构建针对不同类型社会关系的大规模群体决策方法。针对一般社会关系，在人工蜂群算法的启发下，提出一般社会关系下基于人工蜂群算法的大规模群体决策方法。本章在子组划分的基础上提出跟随概率以方便决策者之间更快达成共识，并满足子组内和子组间均达成共识。接着提出基于选择概率的选择方法，既反映备选方案的质量，又表示该方案被选择的程度。针对信任关系，构建信任关系下具有多策略劝说反馈机制的大规模群体决策方法。在达成共识过程中，根据决策者观点偏差度的不同情况采取鼓励、呼吁、惩罚或忽略策略进行反馈调整，避免意见调整的单一性，帮助决策者迅速达成共识。在方案选择阶段利用计算的备选方案的优势度表示方案的优劣，从而进行排序选择。

第 8 章　互联网环境下基于代币经济的信用消费生态

虽然我国信用消费起步较晚，但从 2012 年起信贷规模整体呈上升趋势，信贷的服务范围也由房屋贷款、汽车贷款延伸至旅游、教育等领域。值得注意的是，在我国信用消费迅速发展和普及的同时，仍然面临着数据安全隐患大等诸多问题，而现存的信用消费机制很难从根本上解决这些问题。随着区块链技术的不断发展，从中衍生出的代币经济凭借交易可靠、隐私保护、高速流通、利益普惠等特点引起了社会的极大关注。代币经济中数据、活动及价值观等都在共享、互信、公开的环境下呈现被记录、被数据化的特点，与我国信用消费发展契合，为从根本上改善我国信用消费发展现状提供了新的思路。

8.1　互联网环境下信用消费风险管理现存问题分析

信用消费是社会信用体系建设的关键一环，也是发展普惠金融的重要着力点。但是，目前发展过程中存在的诸如数据安全隐患大等问题严重阻碍了信用消费的发展。

第一，数据安全隐患大(谢尔曼等，2015)。互联网环境下，信用信息的存储在很大程度上依赖于互联网技术。互联网技术越成熟，数据安全隐患相对越小。

第二，数据滥用现象严重(李文红和蒋则沈，2017)。目前我国有关互联网环境下用户信息的使用途径、方法和范围的法律法规有待完善。由于缺乏有针对性的约束，互联网环境下用户在社交或电商平台的信息均被互联网企业任意采集甚至交易，严重损坏了信息主体的权益。而且，用户信息的存储、处理、交易等均在线上进行，信息丢失或被篡改的风险极大。

第三，信息孤岛现象严重(程鑫，2014；中国区块链产业白皮书，2018)。中国人民银行与传统金融机构、企业与公共事业单位的信用信息共享问题一直以来都是制约信用消费全面发展的关键所在。现如今，由于互联网环境下央行的信用数据覆盖面不够广，且众多企业信用信息不共享，许多互联网企业尝试建立私有信用数据库。对于中国人民银行、公共事业单位而言，虽持有大量信用信息，但出于信息安全等的考虑未能将信用信息透明化。对于企业而言，互联网环境下企业数据作为企业私有资产，是企业核心竞争力的体现。而现实又缺乏相应的激励机制，故各企业均不愿共享信用信息。

8.2 基于代币经济的双循环信用消费新生态构建

目前存在的数据安全隐患大、数据滥用现象严重、信息孤岛现象严重等问题，严重阻碍了信用消费的发展。而代币经济下分布式数据存储方式、数据确权、资产自由流通等优势为从根本上解决信用消费领域中存在的发展障碍提供了可能。因此，本节利用代币经济理念，从信用消费流程的各参与方出发，构建双循环信用消费生态模型，从消费信贷到信用消费服务提供商全方位地满足参与方的需求，实现信用消费生态模式创新。

8.2.1 信用消费生态模型参与方行为描述

信用消费生态模型涉及五个参与方，分别是消费信贷、公证服务提供商、信用调查机构、信用评分评级机构和信用消费服务提供商，各参与方在模型中的行为见表8-1。

表8-1 **模型参与方及参与方行为描述**

参与方	参与方行为
消费信贷	享受信用消费服务，同时可为信用评分评级机构提供数据获取收益
公证服务提供商	为消费信贷提供资产上链服务获取收益
信用调查机构	为消费信贷收集、整理信用数据获取收益
信用评分评级机构	为信用消费服务提供商提供信用评分和评级结果获取收益
信用消费服务提供商	为消费信贷提供信用消费服务获取收益或竞争力

(1)消费信贷指所有自愿参与该生态体系的消费者，可以是个人也可以是企业等组织。作为该生态体系的核心，消费信贷利用代币确权资产，在享受信用消费服务的同时也可为信用评分评级机构提供数据获取收益。

(2)公证服务提供商包括公证机构、律所及资产服务机构，旨在为消费信贷提供资产上链服务获取收益。

(3)信用调查机构主要是采集、整理、加工消费信贷生态体系外的信用数据，并将信用数据确权给消费信贷。

(4)信用评分评级机构通过购买已经被确权给消费信贷的相关信用数据，对其进行全面分析后，得出信用评分和评级结果，帮助信用消费服务提供商控制风险。其中，信用评分业务主要针对个人和小微企业，评级业务主要针对企业和金融机构等。

(5)信用消费服务提供商，可以是金融机构、互联网企业或传统服务业等，也可以是提供信用交易的消费信贷方。信用消费服务提供商旨在为消费信贷提供信用消费服务以获取收益或竞争力。其中，收益与传统信用消费金融机构盈利模式类似，主要以利息、租金等名义获利；竞争力主要表现为提高服务的效率，增加服务的便利性，比如租赁企业和共享单车的“免押金”服务、酒店行业的“信用住”“信用服务”等先服务后付款的业务。

8.2.2　双循环信用消费生态模型的构建

该模型以消费信贷为边界，将代币经济下信用消费生态模型一分为二，将以消费信贷生态体系外的资产上链和信用数据收集为核心的循环称为外循环生态模型；将以消费信贷生态体系内的信用消费过程为核心的循环称为内循环生态模型，两者联动构成双循环信用消费生态模型。模型的运作可以归纳为两条链条，分别为外循环链条即消费信贷→公证服务提供商→信用调查机构和内循环链条即消费信贷→信用消费服务提供商→信用评分评级机构，如图 8-1 所示。

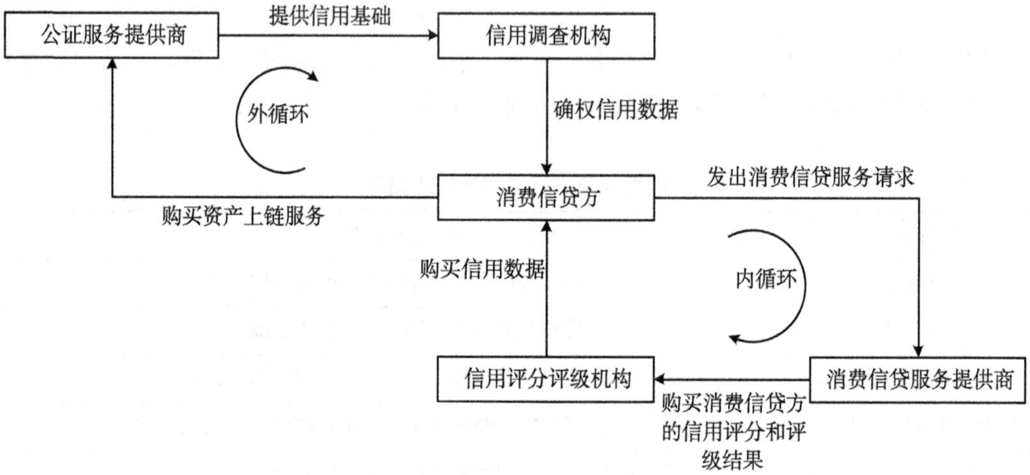

图 8-1　双循环信用消费生态模型

外循环链条旨在实现生态体系与外部的交互作用，使消费信贷位于生态体系外部的实物和数字资产通过上链的方式进入生态体系，成为其信用基础。循环分为三个阶段，阶段一，生态体系外的消费方首次融入该生态体系时，向公证服务提供商支付货币购买资产上链服务，由此成为该生态体系中的消费信贷。消费信贷的资产经过公证后按照一定标准转化为代币并上链存储，同时收获公证服务提供商赠予的代币。对于生态体系中的消费信贷，若生态体系外的资产发生变化，仍然可以通过该方式将资产上链并获得代币。阶段二，消费信贷向信用调查机构发出请求并支付代币，信用调查机构依照消费信贷需求收集、整理信用数据。阶段三，信用调查机构将整理好的信用数据确权给消费信贷。

阶段三涉及信用数据来源及真实性检验，实现过程如图 8-2 所示。信用调查机构利用哈希算法计算出信用数据的摘要信息，并用私钥对其进行加密，产生数字签名，而后将数字签名附在信用数据后发送给消费信贷。消费信贷收到信息后，一方面，利用发送方的公钥对摘要信息进行解密得出摘要信息 1，另一方面，利用哈希函数计算信用数据的摘要信息 2，对比摘要信息 1、摘要信息 2 是否相同，若相同，证明信息由信用调查机构发出，且在传输过程中未被篡改。消费信贷即可将信用数据及信用调查机构的数字签名交由公证服务提供商上链存储，如阶段一，实现信用数据的确权。

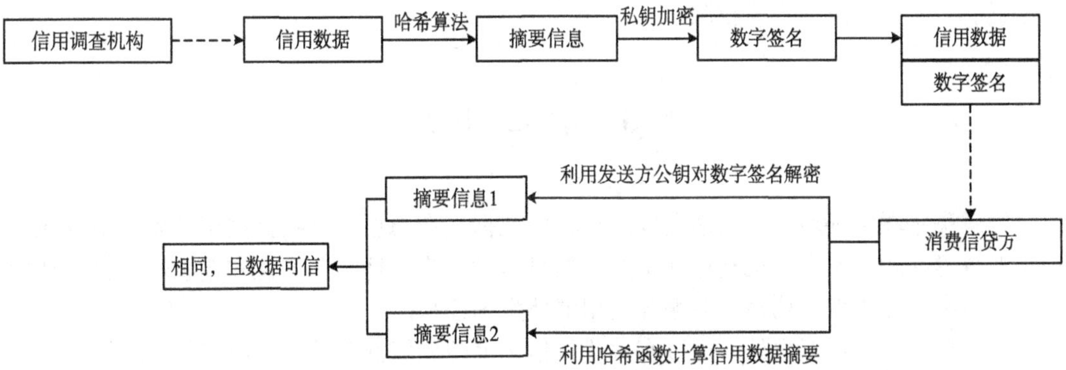

图 8-2 信用数据来源及真实性检验子模型

内循环链条旨在描述生态体系内部消费信贷的信用消费过程。内循环分为三个阶段，阶段一，当消费信贷产生信用消费需求时，向信用消费服务提供商发出服务请求。阶段二，信用消费服务提供商为降低风险，向信用评分评级机构支付代币购买消费信贷的相关信用评分和评级结果，并以此为依据决定是否提供信用消费服务。阶段三，信用评分评级机构收到信用消费服务提供商的请求后，向消费信贷支付代币购买信用数据，利用信用评分或评级模型对消费信贷的信用情况进行全面分析，并反馈给服务提供商相应的信用评分和评级结果。

除此之外，在双循环信用消费生态模型中还涉及信用评分评级机构间的数据共享，如图 8-3 所示。由于信用评分评级机构业务侧重点的不同，其所拥有的数据类型不完全一致，故可以通过数据共享来获取收益或竞争力。首先，参与数据共享的信用评分评级机构间需搭建一个数据共享平台，信用评分评级机构对自己所拥有的数据添加标签，并将标签公布在平台上，方便数据识别与共享，进而机构间可通过签订智能合约实现数据共享。当

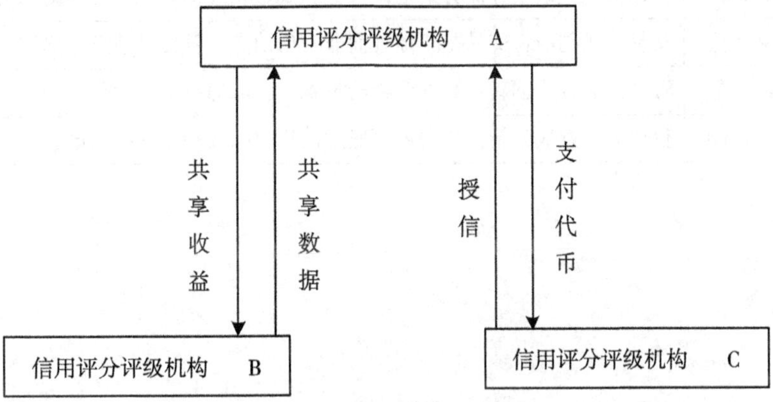

图 8-3 信用评分评级机构间数据共享子模型

信用评分评级机构在平台上的数据标签中发现所需数据时，可向数据拥有方发出数据请求，其分为数据获取请求和数据查看请求。数据获取请求指与数据拥有方共享数据，并将所获收益按照智能合约条款与数据拥有方共享；数据查看请求指向数据拥有方支付代币，数据拥有方授权请求方查看权限。

8.3　本章小结

为解决互联网环境下信用消费发展过程中数据安全隐患大、数据滥用现象及信息孤岛现象严重等问题，本章尝试利用代币经济的可靠性、隐私性、流通性和普惠性优势，从信用消费各参与方出发，构建了双循环信用消费生态模型。

该模型有四大创新之处，可以有效化解信用消费领域现存的问题(如表 8-2 所示)。一是信用数据记录及存储方式创新。不同于传统的信用数据存储方式，该模型采取分布式存储方式，每一笔交易都包含资产的历史交易记录且加盖时间戳，保证交易可追溯。同时，这种分布式数据存储方式使得信息极难篡改，保证交易数据的安全、公开、透明。二是交易方式创新。在该模型中，所有交易基于地址而非身份信息，且交易数据全部加密处理由消费者自主保管，对数据的任何操作均需要消费者授权。三是资产流通方式创新。消费者实体资产和虚拟资产都可以进行通证化后上链，各种资产可以实现跨企业验证、交易，因此，信用数据作为虚拟资产可以实现自由流通。同时信用评分评级机构之间可通过签订智能合约实现加密信用数据的授信或共享。四是价值创造方式创新。在传统的信用消费模式下，消费者的交易数据均归各互联网企业所有，但在“双循环”模型中，信用数据全部确权给消费信贷方，消费者一方面可以通过将数据出售给信用评分评级机构获取收益；另一方面可以将荣誉、信用等虚拟资产确权作为信用证明而获得价值。

表 8-2　　**消费信贷发展困境与双循环生态模型创新之处**

消费信贷发展困境	双循环生态模型创新之处
数据安全隐患大	信用数据记录及存储方式创新：分布式数据存储方式，交易均加盖时间戳
数据滥用现象严重	交易方式创新：交易基于地址而非身份信息，且交易信息全部加密
信息孤岛现象严重	资产流通方式创新：数据确权给消费者，流通范围扩大化
消费者获得价值有限	价值创造方式创新：消费者可通过出售数据或利用虚拟资产获得价值

第9章　主要结论与进一步研究方向

9.1 主要结论

随着互联网技术的发展，互联网金融迅速崛起，成功覆盖传统金融业未覆盖的学生、个体工商户等群体，互联网环境下的信用评价体系可以更为广泛地缓解借贷双方之间的信息不对称，降低交易成本，优化金融资源配置。信用评价的高效性和可靠性主要取决于征信模式的先进性、信用数据的优质性、信用评价方法的合理性和有效性。

互联网环境下的征信，由于可以纳入信用主体的行为、社交关系、支付习惯等在线数据，使建立覆盖每个社会主体的征信体系成为可能，已经远超出了传统金融的征信范畴。在互联网金融快速发展的大背景下，信用评价体系不仅包括传统线下信用征信模式以及评价体系的指标和模型，也包括互联网线上的相应内容，以及线下线上信用体系的相互影响方式和作用机理，传统的基于财务指标的信用评价指标已经不适合新环境下的信用风险管理。

由于互联网金融机构众多、金融业务多样，用户的互联网信用数据不仅来自不同金融机构，也来自不同的金融业务(在线信用消费等)，乃至社交信息。采集、存储、调用多源数据是一个庞大复杂的过程，任何环节出现问题都会影响数据的质量，因此信用数据常常存在不完备、不一致等低质情况，甚至在无法用数据描述信息时，会通过语言信息进行描述，从而产生异构数据。同时，互联网环境下部分信用数据由于变化迅速而呈现动态性，由于产生时间较短而存在稀疏性。传统的基于财务数据，利用统计分析或机器学习的信用评价方法，无法处理历史数据较少，稀疏性较高，同时又具有不完备、不一致、异构和动态特征的信用数据。

因此，本书对互联网环境下的征信模式、信用评价理论和方法进行了研究。主要得到以下四方面研究结论：

第一，互联网有助于提高征信系统运行效率；在互联网环境下，市场主导的征信系统效率优于政府主导的征信系统效率，且市场主导能力越强，征信系统越有效率；信用信息共享程度对互联网征信有正向影响，且互联网征信占全社会征信的比例越大，征信系统越有效率；社会信用水平越高，征信系统越有效率。互联网环境下，包括线下和线上两个层面的信用指标体系，可以收集海量的、分散的、多元化的数据，有助于服务缺少信用记录的长尾用户，使其可以获得贷款等金融服务，从而实现普惠金融。

第二，运用中智集、中智软集、次协调软集合和概率语言术语集等不确定数据分析工具，结合D-S证据理论、四值逻辑推理、前景理论、时间戳和信息熵等理论和工具，构建了一系列静态和动态的不确定决策方法，可以有效分析互联网环境下包含多源、动态、低质和语言信息等复杂特征的信用数据，提高信用风险管理方法在大数据背景下的应用能力。

第三，信用修复数据来源于多个机构和部门，且信用修复需要多方配合，包括相关政府部门、金融机构、征信机构等。因此，互联网环境下的信用修复可以看作是一个大规模群体决策问题。基于社会网络分析和概率语言术语集两种方法，考虑关系传播衰减度，提出同时考虑节点相似度和观点相似度的子组划分算法；构建包含概率语言信息的互评信任的综合信任评分矩阵。针对一般社会关系，在人工蜂群算法的启发下，提出一般社会关系下基于人工蜂群算法的大规模群体决策方法；针对信任关系，构建信任关系下具有多策略劝说反馈机制的大规模群体决策方法。

第四，信用消费作为社会信用体系建设的关键一环，可体现信用的经济价值，服务于缺乏实物资本但具有信用的学生、农户和小微企业等群体。将以区块链为底层技术的代币经济体系与信用消费相结合构建代币经济下双循环信用消费生态模型，可有效化解互联网环境下信用消费存在的数据安全隐患、数据滥用、信息孤岛现象等问题，解决当前我国信用消费发展瓶颈。

9.2 进一步研究方向

尽管本书对互联网环境下征信模式、信用评价理论与方法进行了系统性的研究，但是由于时间限制，加之互联网环境下的信用评价是一个复杂问题，本书的研究成果仍然存在一定的局限性，在今后的研究工作中需要继续探索和完善的问题有以下几个方面：

第一，本书运用的征信数据主要还是结构化数据，或是经过预处理后将半结构和非结构化数据转化为可以用二维表表示的结构化数据。下一步的工作方向是充分应用软集合近似描述的特征，将研究领域扩展到包括语义、行为、图像、音频、视频等的半结构化和非结构化征信数据。

第二，在我国相继出台《数据安全法》和《个人信息保护法》的背景下，数据安全和隐私保护的重要性已升至历史新高度，如何运用区块链、加密算法和联邦学习等新技术实现信用风险管理中的隐私保护将是未来本领域重要研究方向。

第三，针对信用修复模式及方法的研究，本书确立了“实现顶层设计—规范修复体系—提高修复效率—进行风险管理—建立长效机制”的研究路径。下一步工作方向是基于该思路更加深入地开展相关研究，推进涵盖信用评价、惩戒和修复的多环节闭环式信用社会治理体系的形成。

参考文献

[1] Abdulhafiz W A, Khamis A. Handling Data Uncertainty and Inconsistency Using Multisensor Data Fusion [J]. Advances in Artificial Intelligence (16877470), 2013.

[2] Abe J M, Ortega N R S, Mário M C, et al. Paraconsistent artificial neural network: An application in cephalometric analysis [C] //International Conference on Knowledge-Based and Intelligent Information and Engineering Systems. Springer, Berlin, Heidelberg, 2005: 715-723.

[3] Abedin M Z, Guotai C, Hajek P, et al. Combining weighted SMOTE with ensemble learning for the class-imbalanced prediction of small business credit risk [J]. Complex & Intelligent Systems, 2022: 1-21.

[4] Abu Qamar M, Hassan N. An approach toward a Q-neutrosophic soft set and its application in decision making [J]. Symmetry, 2019, 11 (2): 139.

[5] Abu Qamar M, Hassan N. Q-Neutrosophic soft relation and its application in decision making [J]. Entropy, 2018, 20 (3): 172.

[6] Acar U., Koyuncu F., Tanay B. Soft sets and soft rings [J]. Comput. Math. Appl, 2010 (59): 3458-3463.

[7] Adam F, Hassan N. Multi Q-fuzzy soft set and its application [J]. Far East J. Math. Sci, 2015, 97 (7): 871-881.

[8] Akram M, Ali G, Alcantud J C R. Parameter reduction analysis under interval-valued m-polar fuzzy soft information [J]. Artificial Intelligence Review, 2021, 54 (7): 5541-5582.

[9] Aktaş H. Some algebraic applications of soft sets [J]. Applied Soft Computing, 2015, 28: 327-331.

[10] Aktas H., Cagman N. Soft sets and soft groups [J]. Information Sciences, 2007, 177 (13): 2726-2735.

[11] Ala'raj M, Abbod M F, Majdalawieh M, et al. A deep learning model for behavioural credit scoring in banks [J]. Neural Computing and Applications, 2022, 34 (8): 5839-5866.

[12] Ala'raj M, Abbod M F. Classifiers consensus system approach for credit scoring [J]. Knowledge-Based Systems, 2016, 104: 89-105.

[13] Ala'raj M., Abbod M. F., Majdalawieh M., Jum'a L.. A deep learning model for behavioural credit scoring in banks [J]. Neural Computing and Applications, 2022.

[14] Alcantud J C R. The relationship between fuzzy soft and soft topologies [J]. International

Journal of Fuzzy Systems, 2022: 1-16.
[15] Ali G, Afzal M, Asif M, et al. Attribute reduction approaches under interval-valued q-rung orthopair fuzzy soft framework [J]. Applied Intelligence, 2021: 1-26.
[16] Ali G., Akram M., Koam Ali N. A., Alcantud Jose Carlos R. Parameter Reductions of Bipolar Fuzzy Soft Sets with Their Decision-Making Algorithms [J]. Symmetry-basel, 2019, 11 (8).
[17] Ali S, Kousar M, Xin Q, et al. Belief and possibility belief interval-valued N-soft set and their applications in multi-attribute decision-making problems [J]. Entropy, 2021, 23 (11): 1498.
[18] Alkhazaleh S, Hazaymeh A A. N-valued refined neutrosophic soft sets and their applications in decision making problems and medical diagnosis [J]. Journal of Artifical Intelligence and Soft Computing Research, 2018.
[19] Alkhazaleh S, Salleh A R, Hassan N. Possibility fuzzy soft set [J]. Advances in Decision Sciences, 2011.
[20] Alkhazaleh S. Time-neutrosophic soft set and its applications [J]. Journal of Intelligent & Fuzzy Systems, 2016, 30 (2): 1087-1098.
[21] Al-Quran A, Hassan N, Marei E. A novel approach to neutrosophic soft rough set under uncertainty [J]. Symmetry, 2019, 11 (3): 384.
[22] Al-Sharqi F, Ahmad A G, Al-Quran A. Interval complex neutrosophic soft relations and their application in decision-making [J]. Journal of Intelligent & Fuzzy Systems, 2022 (Preprint): 1-22.
[23] Al-Sharqi F, Al-Quran A, Ahmad A G, et al. Interval-valued complex neutrosophic soft set and its applications in decision-making [J]. Neutrosophic Sets and Systems, 2021, 40 (1): 9.
[24] Altman E I, Haldeman R G, Narayanan P. ZETATM analysis: A new model to identify bankruptcy risk of corporations [J]. Journal of Banking & Finance, 1977, 1 (1): 29-54.
[25] Altman E I. Financial ratios, discriminant analysis and the prediction of corporate bankruptcy [J]. The Journal of Finance, 1968, 23 (4): 589-609.
[26] Amo S D, Pais M S. A paraconsistent logic programming approach for querying inconsistent databases - ScienceDirect [J]. International Journal of Approximate Reasoning, 2007, 46 (2): 366-386.
[27] Andrea Rodriguez M., Leopoldo Bertossi, Monica Caniupan. Consistent query answering under spatial semantic constraints [J]. Information Systems, 2013, 38 (2): 244-263.
[28] Arieli O. Paraconsistent declarative semantics for extended logic programs [J]. Annals of Mathematics and Artificial Intelligence, 2002, 36 (4): 381-417.
[29] Arora N, Kaur P D. GeoCredit: a novel fog assisted IoT based framework for credit risk assessment with behaviour scoring and geodemographic analysis [J]. Journal of Ambient Intelligence and Humanized Computing, 2022: 1-25.

[30] Arora R, Garg H. A robust correlation coefficient measure of dual hesitant fuzzy soft sets and their application in decision making [J]. Engineering Applications of Artificial Intelligence, 2018, 72: 80-92.

[31] Arora, R., Garg, H. Prioritized averaging/geometric aggregation operators under the intuitionistic fuzzy soft set environment [J]. Scientia Iranica, 2018, 25 (1): 466-482.

[32] Baghfalaki T., Ganjali M.. An EM Estimation Approach for Analyzing Bivariate Skew Normal Data with Non monotone Missing Values [J]. Communications in Statistics-Theory and Methods, 2011, 40 (9): 1671-1686.

[33] Bai C Z, Zhang R, Qian L X, et al. Comparisons of probabilistic linguistic term sets for multi-criteria decision making [J]. Knowledge-Based Systems, 2017 (119): 284-291.

[34] Batini C., Scannapieco M. Data Quality: Concepts, Methodologies and Techniques [M]. Cham: Springer-Verlag, 2010.

[35] Batista G E, Monard M C. An analysis of four missing data treatment methods for supervised learning [J]. Applied Artificial Intelligence, 2003, 17 (5-6): 519-533.

[36] Beaver W. H. Financial Ratios as Predictors of Failure [J]. Journal of Finance, 1968, 23 (4): 589-609.

[37] Belnap N D. A useful four-valued logic [M] //Modern uses of multiple-valued logic. Dordrecht: Springer, 1977: 5-37.

[38] Bialynicki-Birula A, Rasiowa H. On the representation of quasi-Boolean algebras [J]. Journal of Symbolic Logic, 1957, 22 (4).

[39] Biswas B, Bhattacharyya S, Chakrabarti A, et al. Colonoscopy contrast-enhanced by intuitionistic fuzzy soft sets for polyp cancer localization [J]. Applied Soft Computing, 2020, 95: 106492.

[40] Biswas B, Ghosh S K, Bhattacharyya S, et al. Chest X-ray enhancement to interpret pneumonia malformation based on fuzzy soft set and Dempster-Shafer theory of evidence [J]. Applied Soft Computing, 2020 (86): 105889.

[41] Biswas P, Pramanik S, Giri B C. Entropy based grey relational analysis method for multi-attribute decision making under single valued neutrosophic assessments [J]. Neutrosophic Sets and Systems, 2014 (2): 102-110.

[42] Blair H A, Subrahmanian V S. Paraconsistent logic programming [J]. Theoretical Computer Science, 1989, 68 (2): 135-154.

[43] Blaszczynski J., Greco S., Slowinski R., Szelag M. Monotonic Variable Consistency Rough Set Approaches [J]. International Journal of Approximate Reasoning, 2009, 50 (7): 979-999.

[44] Bohannon P., Fan WF, Flaster M., Rastogi R. A cost-based model and effective heuristic for repairing constraints by value modification [C] //SIGMOD international conference on management of data Baltimore, 2005: 143-154.

[45] Bottani E, Rizzi A. A fuzzy multi-attribute framework for supplier selection in an e-

procurement environment [J]. International Journal of Logistics Research & Applications, 2005, 8 (3): 249-266.

[46] Boufares F., Ben Salem A. Heterogeneous data-integration and data quality: overview of conflicts [R]. International Conference on Sciences of Electronics, 2012.

[47] Boughaci D, Alkhawaldeh A A K, Jaber J J, et al. Classification with segmentation for credit scoring and bankruptcy prediction [J]. Empirical Economics, 2021, 61 (3): 1281-1309.

[48] Brandes U. A faster algorithm for betweenness centrality [J]. Journal of Mathematical Sociology, 2011, 25 (2): 163-177.

[49] Broumi S. Q-intuitionistic fuzzy soft sets [J]. Journal of New Theory, 2015 (5): 80-91.

[50] Cagman N., Enginoglu S. Soft set theory and uni-int decision making [J]. European Journal of Operational Research, 2010, 207 (2): 848-855.

[51] Çağman N., Karataş S., Enginoglu S. Soft topology [J]. Comput. Math. Appl., 2011 (62): 351-358.

[52] Cai C G, Xu X H, Wang P, Chen X H. A multi-stage conflict style large group emergency decision-making method [J]. Soft Computing, 2016 (21): 5765-5778.

[53] Cai L, Zhu L, Jiang F, et al. Research on multi-source POI data fusion based on ontology and clustering algorithms [J]. Applied Intelligence, 2022, 52 (5): 4758-4774.

[54] Cai S, Zhang J. Exploration of credit risk of P2P platform based on data mining technology [J]. Journal of Computational and Applied Mathematics, 2020 (372): 112718.

[55] Camacho R, Carreira P, Lynce I, et al. An ontology-based approach to conflict resolution in Home and Building Automation Systems [J]. Expert Systems with Applications, 2014, 41 (14): 6161-6173.

[56] Carlos S C, Begoña G N. Partial least square discriminant analysis for bankruptcy prediction [J]. Decision Support Systems, 2013, 54 (3): 1245-1255.

[57] Cetkin V, Aygün H. A topological view on L-fuzzy soft sets: Connectedness degree [J]. Journal of Intelligent & Fuzzy Systems, 2018, 34 (3): 1975-1983.

[58] Cetkin V, Aygünoğlu A, Aygün H. A topological view on application of L-fuzzy soft sets: Compactness [J]. Journal of Intelligent & Fuzzy Systems, 2017, 32 (1): 781-790.

[59] Chang K H. A novel supplier selection method that integrates the intuitionistic fuzzy weighted averaging method and a soft set with imprecise data [J]. Annals of Operations Research, 2019, 272 (1): 139-157.

[60] Chao X R, Kou G, Peng Y, Herrer-Viedma E. Large-scale group decision-making with non-cooperative behaviors and heterogeneous preferences: an application in financial inclusion [J]. European Journal of Operational Research, 2021 (288): 271-293.

[61] Chao X R, Kou G, Peng Y, Herrer-Viedma E, Herrera F. An efficient consensus reaching framework for large-scale social network group decision making and its application in urban resettlement [J]. Information Sciences, 2021 (575): 499-527.

[62] Chen A, Hong A. Sample-efficient regression trees (SERT) for semiconductor yield loss analysis [J]. IEEE Transactions on Semiconductor Manufacturing, 2010, 23 (3): 358-369.

[63] Chen D G, Tsang E. C. C. , Yeung D. S. , Wang X Z. The parameterization reduction of soft sets and its applications [J]. Computers & Mathematics with Applications, 2005, 49 (5-6): 757-763.

[64] Chen S, Guo Z, Zhao X. Predicting mortgage early delinquency with machine learning methods [J]. European Journal of Operational Research, 2021, 290 (1): 358-372.

[65] Chen Y, Li Y, King M, et al. Identification methods of key contributing factors in crashes with high numbers of fatalities and injuries in China [J]. Traffic Injury Prevention, 2016, 17 (8): 878-883.

[66] Cheng X, Gu J, Xu Z S. Venture capital group decision making with interaction under probabilistic linguistic environment [J]. Knowledge-Based Systems, 2018, 140: 82-91.

[67] Cheng Y S, Zhang Y S, Hu X G. The relationships between variable precision value and knowledge reduction based on variable precision rough sets model [C]. International Conference on Rough Sets and Knowledge Technology, 2006.

[68] Chmielewski M R, Grzymala-Busse J W, Peterson N W, et al. The rule induction system LERS-a version for personal computers [J]. Foundations of Computing and Decision Sciences, 1993, 18 (3-4): 181-212.

[69] Chomicki J. , Marcinkowski J. Minimal-change integrity maintenance using tuple deletions [J]. Information and Computation, 2005, 197 (1-2): 90-121.

[70] Choong M K, Charbit M, Yan H. Autoregressive-model-based missing value estimation for DNA microarray time series data [J]. IEEE Transactions on Information Technology in Biomedicine, 2009, 13 (1): 131-137.

[71] Chu J F, Wang Y M, Liu X W, Liu Y C. Social network community analysis based large-scale group decision making approach with incomplete fuzzy preference relations [J]. Information Fusion, 2020 (60): 98-120.

[72] Codd E F. Relational completeness of data base sublanguages [M]. IBM Corporation, 1972.

[73] Costa N, Carnielli W A. On paraconsistent deontic logic [J]. Philosophia, 1986, 16 (3-4): 293-305.

[74] Costa N C A, Bueno O, Volkov A. Outline of a paraconsistent category theory [M] // Alternative Logics: Do Sciences Need Them? Berlin: Springer, 2004: 95-114.

[75] Danenas P, Garsva G. Selection of support vector machines based classifiers for credit risk domain [J]. Expert Systems with Applications, 2015, 42 (6): 3194-3204.

[76] Danjuma S. , Ismail M. A. , Herawan T. An alternative approach to normal parameter reduction algorithm for soft set theory [J]. IEEE Access, 2017 (5): 4732-4746.

[77] Das A K, Granados C. IFP-intuitionistic multi fuzzy N-soft set and its induced IFP-hesitant

N-soft set in decision-making [J]. Journal of Ambient Intelligence and Humanized Computing, 2022: 1-10.

[78] Das A K. Weighted fuzzy soft multiset and decision-making [J]. International Journal of Machine Learning and Cybernetics, 2018, 9 (5): 787-794.

[79] Debnath S. Application of Intuitionistic Neutrosophic Soft Sets in Decision Making Based on Game Theory [J]. International Journal of Neutrosophic Science, 2021, 14 (2): 83-97.

[80] Delen D, Kuzey C, Uyar A. Measuring firm performance using financial ratios: A decision tree approach [J]. Expert Systems with Applications, 2013, 40 (10): 3970-3983.

[81] Deli I, Broumi S. Neutrosophic soft matrices and NSM-decision making [J]. Journal of Intelligent & Fuzzy Systems, 2015, 28 (5): 2233-2241.

[82] Deli I. Interval-valued neutrosophic soft sets and its decision making [J]. International Journal of Machine Learning and Cybernetics, 2017, 8 (2): 665-676.

[83] Demirtaş N, Dalkılıç O, Riaz M. A mathematical model to the inadequacy of bipolar soft sets in uncertainty environment: n-polar soft set [J]. Computational and Applied Mathematics, 2022, 41 (1): 1-19.

[84] Dempster A P, Laird N M, Rubin D B. Maximum likelihood from incomplete data via the EM algorithm [J]. Journal of the Royal Statistical Society Series B-Methodological, 1977, 39 (1): 1-38.

[85] Dempster A P. Upper and lower probabilities induced by a multi-valued mapping [J]. The Annals of Mathematical Statistics, 1967 (38): 325-339.

[86] Dempster A. P., Laird N. M., Rubin D. B. Maximum likelihood from incomplete data via em algorithm [J]. Journal of the Royal Statistical Society Series B-Methodological, 1977, 39 (1): 1-38.

[87] Deng T, Wang X. An object-parameter approach to predicting unknown data in incomplete fuzzy soft sets [J]. Applied Mathematical Modelling, 2013, 37 (6): 4139-4146.

[88] Diwold K., Aderhold A., Scheidler A., Middendorf M. Performance evaluation of artificial bee colony optimization and new selection schemes [J]. Memetic Computing, 2011 (3): 149-162.

[89] Dong L, Chen D. Incremental attribute reduction with rough set for dynamic datasets with simultaneously increasing samples and attributes [J]. International Journal of Machine Learning and Cybernetics, 2020.

[90] Dong Y X, Cheng X T, Xu Z S, et al. Belief interval interpretation of probabilistic linguistic term sets and a visual method for solving the preference problem in multicriteria group decision making [J]. International Journal of Intelligent Systems, 2021, 36 (8): 4364-4391.

[91] Dong Y, Cheng X, Hou C, et al. Distance, similarity and entropy measures of dynamic interval-valued neutrosophic soft sets and their application in decision making [J].

International Journal of Machine Learning and Cybernetics, 2021, 12 (7): 2007-2025.

[92] Dong Y, Deng X, Hu X, et al. A novel stochastic group decision-making framework with dual hesitant fuzzy soft set for resilient supplier selection [J]. Journal of Intelligent & Fuzzy Systems, 2021, 41 (1): 1049-1067.

[93] Dong Y, Hou C. A useful method for analyzing incomplete and inconsistent information: Paraconsistent soft sets and corresponding decision making methods [J]. Journal of Intelligent & Fuzzy Systems, 2019, 37 (1): 901-912.

[94] Durand D. Risk Elements in Consumer Instalment Financing [J]. National Bureau of Economic Research, Inc. , 1941.

[95] Du Y W, Chen Q, Sun Y L, Li C H. Knowledge structure-based consensus-reaching method for large-scale multiattribute group decision-making [J]. Knowledge-Based Systems, 2021, 219: 106885.

[96] Du Z J, Luo H Y, Lin X D et al. A trust-similarity analysis-based clustering method for large-scale group decision-making under a social network [J]. Information Fusion, 2020, 63.

[97] Du Z J, Yu S M, Xu X H. Managing noncooperative behaviors in large-scale group decision-making: integration of independent and supervised consensus-reaching models [J]. Information Sciences, 2020, 531: 119-138.

[98] Edward R. Dewey, Edwin F. Dakin. Cyles: the science of prediction [M]. New York: Henry Holt and Company, Inc., 1947.

[99] Efremov R, Insua D R, Lotov A. A framework for participatory decision support using Pareto frontier visualization, goal identification and arbitration [J]. European Journal of Operational Research, 2009, 199 (2): 459-467.

[100] Fan W, Geerts F, Jia X. Improving data quality: consistency and accuracy [C]. Proceedings of the 33rd International Conference on Very Large Data Bases, University of Vienna, 2007.

[101] Fan W. G. , Lu H. J. , Madnick S. E. , Cheung D. Discovering and reconciling value conflicts for numerical data integration [J]. Information Systems, 2001, 26 (8): 635-656.

[102] Fan X, Chen Q, Qiao Z, et al. Attribute reduction for multi-label classification based on labels of positive region [J]. Soft Computing, 2020, 24 (18): 14039-14049.

[103] Fatimah F, Alcantud J C R. The multi-fuzzy N-soft set and its applications to decision-making [J]. Neural Computing and Applications, 2021, 33 (17): 11437-11446.

[104] Fatimah F, Rosadi D, Hakim R B F, et al. N-soft sets and their decision making algorithms [J]. Soft Computing, 2018, 22 (12): 3829-3842.

[105] Feng F, Cho J, Pedrycz W, et al. Soft set based association rule mining [J]. Knowledge-Based Systems, 2016, 111: 268-282.

[106] Feng F, Li YM, Cagman N. Generalized uni-int decision making schemes based on

choice value soft sets [J]. European Journal of Operational Research, 2012, 220 (1): 162-170.

[107] Feng X Q, Zhang Q, Jin L S. Aggregation of pragmatic operators to support probabilistic linguistic multi-criteria group decision-making problems [J]. Soft Computing, 2020, 24 (10): 7735-7755.

[108] Feng X, Xiao Z, Zhong B, et al. Dynamic ensemble classification for credit scoring using soft probability [J]. Applied Soft Computing, 2018, 65: 139-151.

[109] Feng X, Xiao Z, Zhong B, et al. Dynamic weighted ensemble classification for credit scoring using Markov chain [J]. Applied Intelligence, 2019, 49 (2): 555-568.

[110] Freeman L C. Centrality in social networks conceptual clarification [J]. Social Networks, 1978, 1 (3): 215-239.

[111] Friedland S., Niknejad A., Kaveh M., Zare H.. An algorithm for missing value estimation for DNA microarray data [C]. IEEE International Conference on Acoustics, Speech and Signal Processing, 2006: 2340-2343.

[112] Gaganis C, Papadimitri P, Tasiou M. A multicriteria decision support tool for modelling bank credit ratings [J]. Annals of Operations Research, 2021, 306 (1): 27-56.

[113] Gao J, Xu Z S, Ren P J, et al. An emergency decision making method based on the multiplicative consistency of probabilistic linguistic preference relations [J]. International Journal of Machine Learning and Cybernetics, 2018, 10 (7): 1613-1629.

[114] Gao P, Jing H, Xu Y. A k-core decomposition-based opinion leaders identifying method and clustering-based consensus model for large-scale group decision making [J]. Computers & Industrial Engineering, 2020, 150: 106842.

[115] Garanina N O, Sidorova E A, Anureev I S. Conflict resolution in multi-agent systems with typed relations for ontology population [J]. Programming and Computer Software, 2016, 42 (4): 206-215.

[116] Garg H, Arora R. Distance and similarity measures for dual hesitant fuzzy soft sets and their applications in multicriteria decision making problem [J]. International Journal for Uncertainty Quantification, 2017, 7 (3).

[117] Garg H, Arora R. Dual hesitant fuzzy soft aggregation operators and their application in decision-making [J]. Cognitive Computation, 2018, 10 (5): 769-789.

[118] Garg H, Arora R. Maclaurin symmetric mean aggregation operators based on t-norm operations for the dual hesitant fuzzy soft set [J]. Journal of Ambient Intelligence and Humanized Computing, 2020, 11 (1): 375-410.

[119] Garg H, Arora R. A nonlinear-programming methodology for multi-attribute decision-making problem with interval-valued intuitionistic fuzzy soft sets information [J]. Applied Intelligence, 2018, 48 (8): 2031-2046.

[120] Gee E F. The evaluation of receivables and inventories as an integral phase of credit analysis [M]. Cambridge: Bankers Publishing Company, 1943.

[121] Goel A, Rastogi S. Credit scoring of small and medium enterprises: a behavioural approach [J]. Journal of Entrepreneurship in Emerging Economies, 2021.

[122] Gomes L F A M, Lima M. TODIM: basic and application to multicriteria ranking of projects with environmental impacts. [J]. Foundations of Computing and Decision Sciences, 1991, 16 (3): 113-127.

[123] Gong K, Xiao Z, Zhang X. The bijective soft set with its operations [J]. Computers & Mathematics with Applications, 2010, 60 (8): 2270-2278.

[124] Gorzałczany M B. A method of inference in approximate reasoning based on interval-valued fuzzy sets [J]. Fuzzy Sets and Systems, 1987, 21 (1): 1-17.

[125] Gou X J, Xu Z S. Novel basic operational laws for linguistic terms, hesitant fuzzy linguistic term sets and probabilistic linguistic term sets [J]. Information Sciences, 2016, 372: 407-427.

[126] Gou X J, Xu Z S. Managing noncooperative behaviors in large-scale group decision-making with linguistic preference orderings: the application in internet venture capital [J]. Information Fusion, 2021, 69: 142-155.

[127] Gou X J, Xu Z S, & Liao H C. Multiple criteria decision making based on Bonferroni means with hesitant fuzzy linguistic information [J]. Soft Computing, 2017, 21 (21): 6515-6529.

[128] Greco S., Matarazzo B., Slowinski R. Rough approximation of a preference relation by dominance relations [J]. European Journal of Operational Research, 1999, 117 (1): 63-83.

[129] Grunert J, Norden L, Weber M. The role of non-financial factors in internal credit ratings [J]. Journal of Banking & Finance, 2005, 29 (2): 509-531.

[130] Gu J, Zheng Y, Tian X, et al. A decision-making framework based on prospect theory with probabilistic linguistic term sets [J]. Journal of the Operational Research Society, 2020, 72 (4): 879-888.

[131] Guan H J, He J, Guan S, et al. Neutrosophic soft sets forecasting model for multi-attribute time series [J]. IEEE Access, 2019 (7): 25575-25588.

[132] Gündüz Ç, Öztürk T Y, Bayramov S. Separation axioms on neutrosophic soft topological spaces [J]. Turkish Journal of Mathematics, 2019, 43 (1): 498-510.

[133] Guo Y, Zhou W, Luo C, et al. Instance-based credit risk assessment for investment decisions in P2P lending [J]. European Journal of Operational Research, 2016, 249 (2): 417-426.

[134] H. Zhang and Y. He. A rough set-based method for dual hesitant fuzzy soft sets based on decision making [J]. Journal of Intelligent & Fuzzy Systems, 2018, 35 (3): 3437-3450.

[135] Han BH, Geng SL. Pruning method for optimal solutions of int (m) -int (n) decision making scheme [J]. European Journal of Operational Research, 2013, 231 (3): 779-

783.

[136] Han J. S. , Han S. S. , Ahn S. S. Applications of soft sets to q-ideals and a-ideals in BCI-algebras [J]. Journal of Computational Analysis and Applications, 2014, 17 (1): 10-21.

[137] He S F, Pan X H, Wang Y M. A shadowed set-based TODIM method and its application to large-scale group decision making [J]. Information Sciences, 2021 (544): 135-154.

[138] Hedeker D, Gibbons R D. Application of random-effects pattern-mixture models for missing data in longitudinal studies [J]. Psychological Methods, 1997, 2 (1): 64.

[139] Herasymovych M, Märka K, Lukason O. Using reinforcement learning to optimize the acceptance threshold of a credit scoring model [J]. Applied Soft Computing, 2019 (84): 105697.

[140] Herawan T, Deris M M. A soft set approach for association rules mining [J]. Knowledge-Based Systems, 2011, 24 (1): 186-195.

[141] Hong TP, Tseng LH, Wang LS. Learning rules from incomplete training examples by rough sets [J]. Expert Systems with Applications, 2002, 22 (4): 285-293.

[142] Hooda D S, Kumari R, Sharma D K. Intuitionistic fuzzy soft set theory and its application in medical diagnosis [J]. International Journal of Statistics in Medical Research, 2018, 7 (3): 70-76.

[143] Hoque M Z, Sultana N, Thalil T. Credit rationing's determinants of small and medium enterprises (SMEs) in Chittagong, Bangladesh [J]. Journal of Global Entrepreneurship Research, 2016, 6 (1): 1-23.

[144] Hu Q, Yu D, Xie Z. Neighborhood classifiers [J]. Expert Systems with Applications, 2008, 34 (2): 866-876.

[145] Hu Q H, Yu D R. Neighborhood entropy [C]. International Conference on Machine Learning and Cybernetics, 2009.

[146] Hu Y, Zhang D, Ye J, et al. Fast and accurate matrix completion via truncated nuclear norm regularization [J]. IEEE Transactions on Pattern Analysis and Machine Intelligence, 2012, 35 (9): 2117-2130.

[147] Hwang C L, Yoon K. Methods for multiple attribute decision making [M] //Multiple attribute decision making. Berlin: Springer, 1981: 58-191.

[148] Ignatius J, Rahman A, Yazdani M, et al. An integrated fuzzy ANP-QFD approach for green building assessment [J]. Journal of Civil Engineering and Management, 2016, 22 (4): 551-563.

[149] Isabel F. , Cruz, Xiao H Y. Ontology driven data integration in heterogeneous networks [M]. Complex Systems in Knowledge-based Environments: Theory, Models and Applications. Berlin: Springer, 2009: 75-98.

[150] Jaccard P. Etude comparative de la distribution florale dans une portion des Alpes et des Jura [J]. Bull Soc Vaudoise Sci Nat, 1901 (37): 547-579.

[151] Jaddi N S, Abdullah S. Nonlinear great deluge algorithm for rough set attribute reduction [J]. Journal of Information Science and Engineering, 2013, 29 (1): 49-62.

[152] Jha S, Kumar R, Son L H, et al. Neutrosophic soft set decision making for stock trending analysis [J]. Evolving Systems, 2019, 10 (4): 621-627.

[153] Ji T Y, Huang T Z, Zhao X L, et al. Tensor completion using total variation and low-rank matrix factorization [J]. Information Sciences, 2016 (326): 243-257.

[154] Jia X, Zhang D. Prediction of maritime logistics service risks applying soft set based association rule: an early warning model [J]. Reliability Engineering & System Safety, 2021 (207): 107339.

[155] Jiang C, Wang Z, Zhao H. A prediction-driven mixture cure model and its application in credit scoring [J]. European Journal of Operational Research, 2019, 277 (1): 20-31.

[156] Jiang W, Wei B, Qin X, et al. Sensor data fusion based on a new conflict measure [J]. Mathematical Problems in Engineering, 2016 (5769061).

[157] Jiang W, Zhang Z, Deng X. Multi-attribute decision making method based on aggregated neutrosophic set [J]. Symmetry, 2019, 11 (2): 267.

[158] Jing SY, She K, Ali S. A Universal neighbourhood rough sets model for knowledge discovering from incomplete heterogeneous data [J]. Expert Systems, 2013, 30 (1): 89-96.

[159] Jun Y B, Park C H. Applications of soft sets in ideal theory of BCK/BCI-algebras [J]. Information Sciences, 2008, 178 (11): 2466-2475.

[160] Jun Y B, Song S Z, Ahn S S. Union soft sets applied to commutative BCI-ideals [J]. Journal of Computational Analysis and Applications, 2014, 16 (3): 468-477.

[161] Jun Y. B., Lee K. J., Park C. H. Soft set theory applied to ideals in d-algebras [J]. Computers & Mathematics with Applications, 2009, 57 (3): 367-378.

[162] Kahneman D, Tversky A. Prospect theory: an analysis of decision under risk [J]. Econometrica, 1979, 47 (2): 263-91. 10.

[163] Kalman J A. Lattices with involution [J]. Transactions of the American Mathematical Society, 1958, 87 (2): 485-491.

[164] Kamacı H, Petchimuthu S. Bipolar N-soft set theory with applications [J]. Soft Computing, 2020, 24 (22): 16727-16743.

[165] Kamaci H. Selectivity analysis of parameters in soft set and its effect on decision making [J]. International Journal of Machine Learning and Cybernetics, 2020, 11 (2): 313-324.

[166] Kamacı H., Atagün A. O., Sönmezoğlu A. Row-products of soft matrices with applications in multipledisjoint decision making [J]. Appl. Soft Comput., 2018 (62): 892-914.

[167] Kamide N, Wansing H. A paraconsistent linear-time temporal logic [J]. Fundamenta Informaticae, 2011, 106 (1): 1-23.

[168] Kang H Y, Lee A H I, Yang C Y. A fuzzy ANP model for supplier selection as applied to IC packaging [J]. Journal of Intelligent Manufacturing, 2012, 23 (5): 1477-1488.

[169] Karaaslan F. Correlation coefficients of single-valued neutrosophic refined soft sets and their applications in clustering analysis [J]. Neural Computing and Applications, 2017, 28 (9): 2781-2793.

[170] Karaaslan F. Multicriteria decision-making method based on similarity measures under single-valued neutrosophic refined and interval neutrosophic refined environments [J]. International Journal of Intelligent Systems, 2018, 33 (5): 928-952.

[171] Karaaslan F. Neutrosophic soft sets with applications in decision making [J/OL]. https: //arxiv. org/abs/1407. 3211.

[172] Karaaslan F. Possibility neutrosophic soft sets and PNS-decision making method [J]. Appl. Soft Comput., 2017 (54): 403-414.

[173] Karaboga D. An idea based on honey bee swarm for numerical optimization [J]. Computers Engineering Department, Engineering Faculty, Erciyes University, 2005.

[174] Khalil A M, Hassan N. Inverse fuzzy soft set and its application in decision making [J]. International Journal of Information and Decision Sciences, 2019, 11 (1): 73-92.

[175] Khalil A M, Li S G, Lin Y, et al. A new expert system in prediction of lung cancer disease based on fuzzy soft sets [J]. Soft Computing, 2020, 24 (18): 14179-14207.

[176] Khameneh A Z, Kilicman A. Multi-attribute decision-making based on soft set theory: a systematic review [J]. Soft Computing, 2019, 23 (16): 6899-6920.

[177] Khameneh, Zahedi A., Kilicman A. Parameter reduction of fuzzy soft sets: an adjustable approach based on the three-way decision [J]. International Journal of Fuzzy Systems, 2018, 20 (3): 928-942.

[178] Khan A, Yang M S, Haq M, et al. A new approach for normal parameter reduction using σ-algebraic soft sets and its application in multi-attribute decision making [J]. Mathematics, 2022, 10 (8): 1297.

[179] Khan A, Zhu Y. A novel approach to parameter reduction of fuzzy soft set [J]. IEEE Access, 2019, 7: 128956-128967.

[180] Khan M. S., Al-Garadi MA., Wahab AW. An alternative data filling approach for prediction of missing data in soft sets (ADFIS) [J]. Springerplus, 2016, 5 (1).

[181] Kim Y K, Min W K. Full soft sets and full soft decision systems [J]. Journal of Intelligent & Fuzzy Systems, 2014, 26 (2): 925-933.

[182] Komorowski J, Øhrn A, Skowron A. The rosetta rough set software system [C] // Handbook of data mining and knowledge. London: Discovery Oxford University Press, 2002.

[183] Kong A, Liu J S, Wong W H. Sequential imputations and bayesian missing data problems [J]. Journal of the American Statistical Association, 1994, 89 (425): 278-288.

[184] Kong Z, Ai J, Wang L, et al. New normal parameter reduction method in fuzzy soft set

theory [J]. IEEE Access, 2019, 7: 2986-2998.

[185] Kong Z, Gao L Q, Wang L F. Comment on "a fuzzy soft set theoretic approach to decision making problems" [J]. Computers & Mathematics with Applications, 2009, 223 (2): 540-542.

[186] Krishankumar R, Saranya R, Nethra R P, et al. A decision making framework under probabilistic linguistic term set for multi-criteria group decision-making problem [J]. Journal of Intelligent and Fuzzy Systems, 2019, 36 (6): 5783-5795.

[187] Kryszkiewicz M. Comparative study of alternative types of knowledge reduction in inconsistent systems [J]. International Journal of Intelligent Systems, 2001, 16 (1): 105-120.

[188] Kryszkiewicz M. Rough set approach to incomplete information systems [J]. Information Sciences, 1998, 112 (1-4): 39-49.

[189] La Torre M, Sabelfeld S, Blomkvist M, et al. Rebuilding trust: sustainability and non-financial reporting and the European Union regulation [J]. Meditari Accountancy Research, 2020.

[190] Lan QJ, Xu XQ, Ma H J, Li G. Multivariable data imputation for the analysis of incomplete credit data [J]. Expert Systems With Applications, 2019.

[191] Lanjewar P D, Momin B F. Application of soft set theory for dimensionality reduction approach in machine learning [M] //Mathematical, computational intelligence and engineering approaches for tourism, agriculture and healthcare. Singapore: Springer, 2022: 225-232.

[192] Lei F, Wei G W, Gao H, et al. TOPSIS method for developing supplier selection with probabilistic linguistic information [J]. International Journal of Fuzzy Systems, 2020, 22 (3): 749-759.

[193] Leonard R, Reiter M. Solve your money troubles: debt, credit & bankruptcy [M]. Berkeley: Nolo, 2013.

[194] Lessmann S, Baesens B, Seow H V, et al. Benchmarking state-of-the-art classification algorithms for credit scoring: an update of research [J]. European Journal of Operational Research, 2015, 247 (1): 124-136.

[195] Leung Y., Li D. Y. Maximal consistent block technique for rule acquisition in incomplete information systems [J]. Information Sciences, 2003, 153: 85-106.

[196] Li D, Deogun J., paulding W. S., Shuart B. Towards missing data imputation: A study of fuzzy K-means clustering method [C] //S. Tsumoto, R. Slowinski, J. Komorowski, and J. W. GrzymalaBusse. Rough Sets and Current Trends in Computing. RSCTC, 2004: 573-579.

[197] Li H, Sun J, Wu J. Predicting business failure using classification and regression tree: an empirical comparison with popular classical statistical methods and top classification mining methods [J]. Expert Systems with Applications, 2010, 37 (8): 5895-5904.

[198] Li K, Niskanen J, Kolehmainen M, et al. Financial innovation: credit default hybrid model for SME lending [J]. Expert Systems with Applications, 2016 (61): 343-355.

[199] Li KH. Imputation using Markov chains [J]. Journal of Statistical Computation and Simulation 1988, 30 (1): 57-79.

[200] Li P, Wei C. An emergency decision-making method based on DS evidence theory for probabilistic linguistic term sets [J]. International Journal of Disaster Risk Reduction, 2019, 37 (7): 101178.

[201] Li S, Wei C. A two-stage dynamic influence model-achieving decision-making consensus within large scale groups operating with incomplete information [J]. Knowledge-Based Systems, 2020, 189 (105132).

[202] Li S L, Wei C P. A two-stage dynamic influence model-achieving decision-making consensus within large scale groups operating with incomplete information [J]. Knowledge-Based Systems, 2019 (105132).

[203] Li S L, Wei C P. A large scale group decision making approach in healthcare service based on sub-group weighting model and hesitant fuzzy linguistic information [J]. Computers & Industrial Engineering, 2020 (106444).

[204] Li X F, Liao H C. A group decision making method to manage internal and external experts with an application to antilung cancer drug selection [J]. Expert Systems with Applications, 2021.

[205] Li Z W, Chen H Y, Gao N H. The topological structure on soft sets [J]. Journal of Computational Analysis and Applications, 2013, 15 (4): 746-752.

[206] Lian J, Kamber M. Data mining: concepts and techniques [M]. San Francisco: Morgan Kaufman Publishers, 2000.

[207] Liang D C, Kobina A, Quan W. Grey relational analysis method for probabilistic linguistic multi-criteria group decision-making based on geometric Bonferroni mean [J]. International Journal of Fuzzy Systems, 2018, 20 (7): 2234-2244.

[208] Liao H C, Jiang L S, Xu Z S, et al. A linear programming method for multiple criteria decision making with probabilistic linguistic information [J]. Information Sciences, 2017 (415): 341-355.

[209] Liao H C, Tan R Z, Tang M. An overlap graph model for large-scale group decision making with social trust information considering the multiple roles of experts [J]. Expert Systems, 2020, 38 (3): e12659.

[210] Liberati C, Camillo F, Saporta G. Advances in credit scoring: combining performance and interpretation in kernel discriminant analysis [J]. Advances in Data Analysis and Classification, 2017, 11 (1): 121-138.

[211] Lin Y. K., Li M. Y. Solving operating room scheduling problem using artificial bee colony algorithm [J]. Healthcare, 2021, 9 (2): 152.

[212] Lin M W, Chen Z Y, Xu Z S, et al. Score function based on concentration degree for

probabilistic linguistic term sets: an application to TOPSIS and VIKOR [J]. Information Sciences, 2020 (551): 270-290.

[213] Lin M W, Xu Z S. Probabilistic linguistic distance measures and their applications in multi-criteria group decision making [M]. Soft computing applications for group decision-making and consensus modeling. Cham: Springer, 2018: 411-440.

[214] Ling N, Liang L, Vieu P. Nonparametric regression estimation for functional stationary ergodic data with missing at random [J]. Journal of Statistical Planning & Inference, 2015 (162): 75-87.

[215] Little R J A, Schluchter M D. Maximum likelihood estimation for mixed continuous and categorical data with missing values [J]. Biometrika, 1985, 72 (3): 497-512.

[216] Liu C, Luo Y S. Correlated aggregation operators for simplified neutrosophic set and their application in multi-attribute group decision making [J]. Journal of Intelligent & Fuzzy Systems, 2016, 30 (3): 1755-1761.

[217] Liu J, Musialski P, Wonka P, et al. Tensor completion for estimating missing values in visual data [J]. IEEE Transactions on Pattern Analysis and Machine Intelligence, 2012, 35 (1): 208-220.

[218] Liu Q, Wu H, Xu Z. Consensus model based on probability k-means clustering algorithm for large scale group decision making [J]. International Journal of Machine Learning and Cybernetics, 2021 (12): 1609-1626.

[219] Liu W, Liu J, Wei B, et al. A new truth discovery method for resolving object conflicts over linked data with scale-free property [J]. Knowledge and Information Systems, 2019, 59 (2): 465-495.

[220] Liu W. A., Fan H., Xia M.. Credit scoring based on tree-enhanced gradient boosting decision trees [J]. Expert Systems with Applications, 2022 (189): 116034.

[221] Liu WQ, Liu J, Wei BF, Duan HM, Hu W. A new truth discovery method for resolving object conflicts over linked data with scale-free property [J]. Knowledge and Information Systems, 2019, 59 (2): 465-495 .

[222] Liu Y, Fan Z P, Zhang X. A method for large group decision-making based on evaluation information provided by participators from multiple groups [J]. Information Fusion, 2016, 29: 132-141.

[223] Liu Y, Fan Z P, You T H, Zhang W Y. Large group decision-making (LGDM) with the participators from multiple subgroups of stakeholders: a method considering both the collective evaluation and the fairness of the alternative [J]. Computers & Industrial Engineering, 2018 (122): 262-272.

[224] Liu Y, Qin K, Martínez L. Improving decision making approaches based on fuzzy soft sets and rough soft sets [J]. Applied Soft Computing, 2018 (65): 320-332.

[225] Liu Y, Qin K, Rao C, et al. Object-parameter approaches to predicting unknown data in an incomplete fuzzy soft set [J]. International Journal of Applied Mathematics and

Computer Science, 2017, 27 (1): 157-167.

[226] Lopatenko, A., Bravo, L. Efficient approximation algorithms for repairing inconsistent databases [P]. Data Engineering, 2007.

[227] Lu H, Khalil A M, Alharbi W, et al. A new type of generalized picture fuzzy soft set and its application in decision making [J]. Journal of Intelligent & Fuzzy Systems, 2021 (Preprint): 1-17.

[228] Lu Y L, Xu Y J, Herrera-Viedma E, Han Y F. Consensus of large-scale group decision making in social network: the minimum cost model based on robust optimization [J]. Information Sciences, 2021 (547): 910-930.

[229] Luo S. Attribute reductions in an inconsistent decision information system [J]. Journal of Intelligent & Fuzzy Systems, 2018, 35 (3): 3543-3552.

[230] Ma L. An Improved ROUSTIDA Algorithm for Incomplete Information Systems [J]. International Symposium on Knowledge Acquisition & Modeling, 2008.

[231] Ma XQ, Qin HW, Sulaiman N., Herawan T., Abawajy J. H. The parameter reduction of the interval-valued fuzzy soft sets and its related algorithms [J]. IEEE Transactions on Fuzzy Systems, 2014, 22 (1): 57-71.

[232] Ma Z Z, Zhu J J, Chen Y. A probabilistic linguistic group decision-making method from a reliability perspective based on evidential reasoning [J]. IEEE Transactions on Systems Man Cybernetics-Systems, 2020, 50 (7): 2421-2435.

[233] Mafarja M, Abdullah S. A fuzzy record-to-record travel algorithm for solving rough set attribute reduction [J]. International Journal of Systems Science, 2015, 46 (3): 503-512.

[234] Mahmoudi N, Duman E. Detecting credit card fraud by modified fisher discriminant analysis [J]. Expert Systems with Applications, 2015, 42 (5): 2510-2516.

[235] Maji P K, Roy A R, Biswas R. An application of soft sets in a decision making problem [J]. Computers & Mathematics with Applications, 2002, 44 (8-9): 1077-1083.

[236] Maji P K. A neutrosophic soft set approach to a decision making problem [J]. Annals of Fuzzy mathematics and Informatics, 2012, 3 (2): 313-319.

[237] Maji P K. Neutrosophic soft set [J]. Infinite Study, 2013.

[238] Maji P. K., Biswas R., Roy A. R. Fuzzy soft sets [J]. Journal of Fuzzy Mathematics, 2001, 9 (3): 589-602.

[239] Maji P. K., Biswas R., Roy A. R. Intuitionistic fuzzy soft sets [J]. Journal of Fuzzy Mathematics, 2001 (9): 677-691.

[240] Maji P. K., Biswas R., Roy A. R. Soft set theory [J]. Computers & Mathematics with Applications, 2003, 45 (4-5): 555-562.

[241] Maji P. K. More on intuitionistic fuzzy soft sets [C]. Rough Sets, Fuzzy Sets, Data Mining and Granular Computing, 2009 (5908): 231-240.

[242] Majumdar P., Samanta S. K. Decision making based on similarity measure of vague soft

sets [J]. Journal of Intelligent & Fuzzy Systems, 2013, 24 (3): 637-646.

[243] Maldonado S, Peters G, Weber R. Credit scoring using three-way decisions with probabilistic rough sets [J]. Information Sciences, 2020 (507): 700-714.

[244] Malik N, Shabir M. Rough fuzzy bipolar soft sets and application in decision-making problems [J]. Soft Computing, 2019, 23 (5): 1603-1614.

[245] Mamat R., Herawan T., Denis M. M. MAR: maximum attribute relative of soft set for clustering attribute selection [J]. Knowledge-Based Systems, 2013 (52): 11-20.

[246] Mandal P, Samanta S, Pal M. Large-scale group decision-making based on Pythagorean linguistic preference relations using experts clustering and consensus measure with non-cooperative behavior analysis of clusters [J]. Complex & Intelligent Systems, 2021.

[247] Mani P, Muthusamy K, Jafari S, Smarandache F. Decision-Making via Neutrosophic Support Soft Topological Spaces [J]. Symmetry-Basel, 2018, 10 (6).

[248] Manna S, Basu T M, Mondal S K. A soft set based VIKOR approach for some decision-making problems under complex neutrosophic environment [J]. Engineering Applications of Artificial Intelligence, 2020 (89): 103432.

[249] Mao J J, Yao D B, Wang C C. Group decision making methods based on intuitionistic fuzzy soft matrices [J]. Applied Mathematical Modelling, 2013, 37 (9): 6425-6436.

[250] Martin D. Early warning of bank failure: a logit regression approach [J]. Journal of banking & finance, 1977, 1 (3): 249-276.

[251] McCulloch W S, Pitts W. A logical calculus of the ideas immanent in nervous activity [J]. The Bulletin of Mathematical Biophysics, 1943, 5 (4): 115-133.

[252] Mi J. S., Wu W. Z., Zhang W. X. Approaches to knowledge reduction based on variable precision rough set model [J]. Information Sciences, 2004, 159 (3-4): 255-272.

[253] Mieszkowicz-Rolka A., Rolka L. Variable precision rough sets in analysis of inconsistent decision tables [C] //L. Rutkowski and J. Kacprzyk, Neural Networks and Soft Computing, 2003: 304-309.

[254] Min J H, Lee Y C. Bankruptcy prediction using support vector machine with optimal choice of kernel function parameters [J]. Expert Systems with Applications, 2005, 28 (4): 603-614.

[255] Min W. K. A note on soft topological spaces [J]. Comput. Math. Appl., 2011 (62): 3524-3528.

[256] Mo H. An emergency decision-making method for probabilistic linguistic term sets extended by D number theory [J]. Symmetry, 2020, 12 (3): 380.

[257] Molodtsov D. Soft set theory-first results [J]. Computers and Mathematics with Applications, 1999, 37 (4-5): 19-31.

[258] Mönks U, Dörksen H, Lohweg V, et al. Information fusion of conflicting input data [J]. Sensors, 2016, 16 (11): 1798.

[259] Moody's. Global Software Industry [EB/OL]. https://www.moodys.com/researeh documentcontentpage.

[260] Mukherjee A, Sarkar S. A new method of measuring similarity between two neutrosophic soft sets and its application in pattern recognition problems [J]. Neutrosophic Sets and Systems, 2015, 8 (1): 11-11.

[261] Nakhaei Z, Ahmadi A, Sharifi A, et al. Conflict resolution using relation classification: high-level data fusion in data integration [J]. Computer Science and Information Systems, 2021, 18 (3): 1101-1138.

[262] Nali J, Martinovi G, Agar D. New hybrid data mining model for credit scoring based on feature selection algorithm and ensemble classifiers [J]. Advanced Engineering Informatics, 2020 (45): 101130.

[263] Nie R X, Wang J Q. Prospect theory-based consistency recovery strategies with multiplicative probabilistic linguistic preference relations in managing group decision making [J]. Arabian Journal for Science and Engineering, 2020, 45 (5): 2113-2130.

[264] Odom M D, Sharda R. A neural network model for bankruptcy prediction [C] // International Joint Conference on Neural Networks. IEEE, 1990.

[265] Ohlson J A. Financial ratios and the probabilistic prediction of bankruptcy [J]. Journal of accounting research, 1980: 109-131.

[266] ong Y X, Cheng X T, Hou C J, et al. Distance, similarity and entropy measures of dynamic interval-valued neutrosophic soft sets and their application in decision making [J]. International Journal of Machine Learning and Cybernetics, 2021, 12 (7): 2007-2025.

[267] Paik B, Mondal S K. Representation and application of fuzzy soft sets in type-2 environment [J]. Complex & Intelligent Systems, 2021, 7 (3): 1597-1617.

[268] Palomares I, Martinez L, Herrera F. A consensus model to detect and manage noncooperative behaviors in large-scale group decision making [J]. IEEE Transactions on Fuzzy Systems, 2014, 22 (3): 516-530.

[269] Pang Q, Wang H, Xu Z S. Probabilistic linguistic term sets in multi-attribute group decision making [J]. Information Sciences, 2016 (369): 128-143.

[270] Pawlak Z. Rough sets [J]. International Journal of Computer and Information Sciences, 1982, 11 (5): 341-356.

[271] Pawlak Z. Hard set and soft sets [J]. Proceedings of the International Workshop on Rough Sets and Knowledge Discovery: Rough Sets, Fuzzy Sets and Knowledge Discovery, 1994: 130-135.

[272] Peng H G, Zhang H Y, Wang J Q. Cloud decision support model for selecting hotels on TripAdvisor.com with probabilistic linguistic information [J]. International Journal of Hospitality Management, 2018, 68 (1): 124-138.

[273] Peng X, Yang Y. Research on dual hesitant fuzzy soft set [J]. Computer Engineering,

2015, 41 (8): 262-267, 272.
[274] Peng X, Garg H. Algorithms for interval-valued fuzzy soft sets in emergency decision making based on WDBA and CODAS with new information measure [J]. Computers & Industrial Engineering, 2018, 119: 439-452.
[275] Peng X, Liu C. Algorithms for neutrosophic soft decision making based on EDAS, new similarity measure and level soft set [J]. Journal of Intelligent & Fuzzy Systems, 2017, 32 (1): 955-968.
[276] Peugh J L, Enders C K. Missing data in educational research: a review of reporting practices and suggestions for improvement [J]. Review of Educational Research, 2004, 74 (4): 525-556.
[277] Plawiak P, Abdar M, Acharya U R. Application of new deep genetic cascade ensemble of SVM classifiers to predict the Australian credit scoring [J]. Applied Soft Computing, 2019 (84): 105740.
[278] Plawiak P. , Abdar M. , Plawiak J. , et al. DGHNL: a new deep genetic hierarchical network of learners for prediction of credit scoring [J]. Information Sciences, 2020 (516): 401-418.
[279] Post W. The four big C's: factors in extending credit : character, capacity, capital, collateral [M]. Central National Bank of Philadelphia, 1910.
[280] Qin H, Ma X. Data analysis approaches of interval-valued fuzzy soft sets under incomplete information [J]. IEEE Access, 2018 (7): 3561-3571.
[281] Qin HW, Ma XQ, J. M. Zain, T. Herawan. A novel soft set approach in selecting clustering attribute [J]. Knowledge-Based Systems, 2012 (36): 139-145.
[282] Quesada F J, Palomares I, Martinez L. Managing experts behavior in large-scale consensus reaching processes with uninorm aggregation operators [J], Applied Soft Computing, 2015 (35): 873-887.
[283] Ram S. , Park J. Semantic conflict resolution ontology (SCROL): an ontology for detecting and resolving data and schema-level semantic conflicts [J]. IEEE Transactions on Knowledge and Data Engineering, 2004, 16 (2): 189-202.
[284] Razmi J, Rafiei H, Hashemi M. Designing a decision support system to evaluate and select suppliers using fuzzy analytic network process [J]. Computers & Industrial Engineering, 2009, 57 (4): 1282-1290. .
[285] Ren R, Tang M, Liao H C. Managing minority opinions in micro-grid planning by a social network analysis-based large scale group decision making method with hesitant fuzzy linguistic information [J]. Knowledge-Based Systems, 2020, 189 (105060).
[286] Riaz M, Karaaslan F, Nawaz I, et al. Soft multi-rough set topology with applications to multi-criteria decision-making problems [J]. Soft Computing, 2021, 25 (1): 799-815.
[287] Riaz M, Razzaq A, Aslam M, et al. M-parameterized N-soft topology-based TOPSIS approach for multi-attribute decision making [J]. Symmetry, 2021, 13 (5): 748.

[288] Rodriguez R M, Martinez L, Herrera F. Hesitant fuzzy linguistic term sets for decision making [J]. IEEE Transactions on Fuzzy Systems, 2011, 20 (1): 109-119.

[289] Rosenblatt F. The perceptron: a probabilistic model for information storage and organization in the brain [J]. Psychological review, 1958, 65 (6): 386.

[290] Roy A R, Maji P K. A fuzzy soft set theoretic approach to decision making problems [J]. Journal of Computational and Applied Mathematics, 2007, 203 (2): 412-418.

[291] Saaty T L. Multicriteria decision making: the analytic hierarchy process [M]. New York: McGraw-Hill, 1980.

[292] Saaty T L. Decision making with dependence and feedback: the analytic network process [M]. Pittsburgh: RWS Publications, 1996.

[293] Saaty T L. Inner and outer dependence in the analytic hierarchy process: the supermatrix and superhierarchy [J]. Proceeding of the 2nd ISAHP, 1991: 66-70.

[294] Sahin R., Küçük A. On similarity and entropy of neutrosophic soft sets [J]. J. Intell. Fuzzy Syst., 2014 (27): 2417-2430.

[295] Shafer G. A mathematical theory of evidence [M]. Princeton: Princeton University Press, 1976.

[296] Shen F, Ma X, Li Z, et al. An extended intuitionistic fuzzy TOPSIS method based on a new distance measure with an application to credit risk evaluation [J]. Information Sciences, 2018 (428): 105-119.

[297] Shen F, Wang R, Shen Y. A cost-sensitive logistic regression credit scoring model based on multi-objective optimization approach [J]. Technological and Economic Development of Economy, 2020, 26 (2): 405-429.

[298] Shilakes C. C., Tylman J. Enterprise information portals [M]. New York: Merrill Lynch, Inc., 1998.

[299] Sienz J. Multi attribute group decision making based on trapezoidal interval type-2 fuzzy soft sets [J]. Applied Mathematical Modelling, 2017, 100 (41): 683.

[300] Silberschatz A, Korth H F, Sudarshan S. Database system concepts [M]. New York: McGraw-Hill, 2002.

[301] Singh A, Ranjan R K, Tiwari A. Credit card fraud detection under extreme imbalanced data: a comparative study of data-level algorithms [J]. Journal of Experimental & Theoretical Artificial Intelligence, 2021: 1-28.

[302] Skowron A, Rauszer C. The discernibility matrices and functions in information systems [M] //Intelligent decision support. Dordrecht: Springer, 1992: 331-362.

[303] Slowinski R., Stefanowski J., Greco S., Matarazzo B. Rough set based processing of inconsistent information in decision analysis [J]. Control and Cybernetics, 2000, 29 (1): 379-404.

[304] Smarandache F. A unifying field in logics: neutrosophic logic. neutrosophy, neutrosophic set, neutrosophic probability [M]. Rehoboth: American Research Press, 2005.

[305] Smithson C. Credit portfolio management [M]. Hoboken: John Wiley & Sons, 2003.

[306] Song C, Wang X K, Cheng P, et al. SACPC: a framework based on probabilistic linguistic terms for short text sentiment analysis [J]. Knowledge-Based Systems, 2020 (194): 105572.

[307] Song Y, Li G. A large-scale group decision-making with incomplete multi-granular probabilistic linguistic term sets and its application in sustainable supplier selection [J]. Journal of the Operational Research Society, 2018: 1-15.

[308] Sousa M R, Gama J, Brandão E. A new dynamic modeling framework for credit risk assessment [J]. Expert Systems with Applications, 2016 (45): 341-351.

[309] Standard & Poor's. General criteria: principles of credit ratings. [EB/OL] http://www.Standadandpoors.com/prot/ratings/articles/en/us/? articleType=HTML.&assetID=1245366284668.

[310] Stefanowski J, Tsoukiàs A. On the extension of rough sets under incomplete information [C] //International Workshop on Rough Sets, Fuzzy Sets, Data Mining, and Granular-Soft Computing. Berlin, Heidelberg: Springer, 1999: 73-81.

[311] Sumathi I R, Arockiarani I. Cosine similarity measures of neutrosophic soft set [J]. Annals of Fuzzy Mathematics and Informatics, 2016, 12 (5): 669-678.

[312] Sun L, Xu J C, Tian Y. Feature selection using rough entropy-based uncertainty measures in incomplete decision systems [J]. Knowledge-Based Systems, 2012 (36): 206-216.

[313] Tan X, Zhu J, Cabrerizo F J, Herrera-Viedma E. A cyclic dynamic trust-based consensus model for large-scale group decision making with probabilistic linguistic information [J]. Applied Soft Computing, 2021, 100 (2): 106937.

[314] Tang M, Liao H C, Xu J P, Streimikiene D, Zheng X S. Adaptive consensus reaching process with hybrid strategies for largescale group decision making [J]. European Journal of Operational Research, 2019, 282 (3): 957-971.

[315] Tao Z, Shao Z, Liu J, et al. Basic uncertain information soft set and its application to multi-criteria group decision making [J]. Engineering Applications of Artificial Intelligence, 2020 (95): 103871.

[316] Téllez-Quiñones A, Valdiviezo-N J C, Salazar-Garibay A, et al. Phase-unwrapping method based on local polynomial models and a maximum a posteriori model correction [J]. Applied Optics, 2021, 60 (5): 1121-1131.

[317] Thong N T, Dat L Q, Hoa N D, et al. Dynamic interval valued neutrosophic set: modeling decision making in dynamic environments [J]. Computers in Industry, 2019 (108): 45-52.

[318] Thuy N, Wongthanavasu S. On reduction of attributes in inconsistent decision tables based on information entropies and stripped quotient sets [J]. Expert Systems with Applications, 2019 (137): 308-323.

[319] Tian Z P, Nie R X, Wang J Q. Social network analysis-based consensus-supporting

framework for large-scale group decision-making with incomplete interval type-2 fuzzy information [J]. Information Sciences, 2019 (502): 446-471.

[320] Tiwari V, Jain P K., Tandon P. An integrated Shannon entropy and TOPSIS for product design concept evaluation based on bijective soft set [J]. Journal of Intelligent Manufacturing, 2019, 30 (4): 1645-1658.

[321] Tsai C F, Eberle W, Chu C Y. Genetic algorithms in feature and instance selection [J]. Knowledge-Based Systems, 2013 (39): 240-247.

[322] Tzeng G H, Chiang C H, Li C W. Evaluating intertwined effects in e-learning programs: a novel hybrid MCDM model based on factor analysis and DEMATEL [J]. Expert systems with Applications, 2007, 32 (4): 1028-1044.

[323] Urena R, Kou G, Wu J, et al. Dealing with incomplete information in linguistic group decision making by means of Interval type-2 Fuzzy Sets [J]. International Journal of Entelligent Systems, 2019, 34 (6): 1261-1280.

[324] Verikas A, Kalsyte Z, Bacauskiene M, et al. Hybrid and ensemble-based soft computing techniques in bankruptcy prediction: a survey [J]. Soft Computing, 2010, 14 (9): 995-1010.

[325] Vijayabalaji S, Ramesh A. Belief interval-valued soft set [J]. Expert Systems with Applications, 2019 (119): 262-271.

[326] Villuendas-Rey Y, Yáñez-Márquez C, Velázquez-Rodríguez J L. Generic extended multigranular sets for mixed and incomplete information systems [J]. Soft Computing, 2020: 1-19.

[327] Vinodh S, Ramiya R A, Gautham S G. Application of fuzzy analytic network process for supplier selection in a manufacturing organisation [J]. Expert Systems with Applications, 2011, 38 (1): 272-280.

[328] Wang B L, Liang J Y. A novel preference measure for multi-granularity probabilistic linguistic term sets and its applications in large-scale group decision-making [J]. International Journal of Fuzzy Systems, 2020, 22 (7): 2350-2368.

[329] Wang C Z, He Q, Chen D G, Hu Q H. A novel method for attribute reduction of covering decision systems [J]. Information Sciences, 2014 (254): 181-196.

[330] Wang F P. Research on application of big data in internet financial credit investigation based on improved GA-BP neural network [J]. Complexity, 2018: 1-16.

[331] Wang GY, Wang Y. 3DM: domain-oriented data-driven data mining [J]. Fundamenta Informaticae, 2009, 90 (4): 395-426.

[332] Wang H, Smarandache F, Zhang Y Q, et al. Interval neutrosophic sets and logic: theory and applications in computing [J]. Computer Science, 2012.

[333] Wang X K, Wang J Q, Zhang H Y. Distance-based multi-criteria group decision making approach with probabilistic linguistic term sets [J]. Expert Systems, 2018, 36 (2): e12352.

[334] Wang Y H, Hu S W. Spatial data integration and conflicts resolving approaches [C]. International Conference on Information Management, 2009.

[335] Wasserman S, Faust K. Social network analysis: methods and applications [M]. Cambridge: Cambridge University Press, 1994.

[336] Wei B, Xie Q, Meng Y. Fuzzy GML modeling based on vague soft sets [J]. ISPRS International Journal of Geo-Information, 2017, 6 (1).

[337] Wen T C, Chang K H, Lai H H. Integrating the 2-tuple linguistic representation and soft set to solve supplier selection problems with incomplete information [J]. Engineering Applications of Artificial Intelligence, 2020 (87): 103248.

[338] Wen Z, Liao H. Capturing attitudinal characteristics of decision-makers in group decision making: application to select policy recommendations to enhance supply chain resilience under COVID-19 outbreak [J]. Operations Management Research, 2021.

[339] Wijsen J. Database repairing using updates [J]. Acm Transactions on Database Systems, 2005, 30 (3): 722-768.

[340] Witarsyah D, Fudzee M F M, Salamat M A, et al. Soft set theory based decision support system for mining electronic government dataset [J]. International Journal of Data Warehousing and Mining 2020, 16 (1): 39-62.

[341] Woźniak M, Połap D. Soft trees with neural components as image-processing technique for archeological excavations [J]. Personal and Ubiquitous Computing, 2020, 24 (3): 363-375.

[342] Wu H H, Chang S Y. A case study of using DEMATEL method to identify critical factors in green supply chain management [J]. Applied Mathematics and Computation, 2015 (256): 394-403.

[343] Wu J, Chiclana F, Fujita H, Herrera-Viedma E. A visual interaction consensus model for social network group decision making with trust propagation [J]. Knowledge-Based Systems, 2017 (122): 39-50.

[344] Wu P, Wu Q, Zhou L G, Chen H Y. Optimal group selection model for large-scale group decision making [J]. Information Fusion, 2020 (61): 1-12.

[345] Wu T, Liu X W, Liu F. An interval type-2 fuzzy TOPSIS model for large scale group decision making problems with social network information [J]. Information Sciences, 2017 (432): 392-410.

[346] Wu T, Liu X W, Liu F. The solution for fuzzy large-scale group decision making problems combining internal preference information and external social network structures [J]. Soft Computing, 2018: 1-19.

[347] Wu T, Zhang K, Liu X W, Cao C Y. A two-stage social trust network partition model for large-scale group decision-making problems [J]. Knowledge-Based Systems, 2018 (163): 632-643.

[348] Wu X L, Liao H C, Hafezalkotob A, et al. Probabilistic linguistic MULTIMOORA: a

multi-criteria decision making method based on the probabilistic linguistic expectation function and the improved borda rule [J]. IEEE Transactions on Fuzzy Systems, 2018, 26 (6): 3688-3702.

[349] Wu X L, Liao H C. A consensus-based probabilistic linguistic gained and lost dominance score method [J]. European Journal of Operational Research, 2019, 272 (3): 1017-1027.

[350] X. Ma and H. Qin. A distance-based parameter reduction algorithm of fuzzy soft sets [J]. IEEE Access, 2018 (6): 10530-10539.

[351] Xia S, Yang H, Chen L. An incomplete soft set and its application in MCDM problems with redundant and incomplete information [J]. International Journal of Applied Mathematics and Computer Science, 2021, 31 (3).

[352] Xian S D, Chai J H, Yin Y B. A visual comparison method and similarity measure for probabilistic linguistic term sets and their applications in multi-criteria decision making [J]. International Journal of Fuzzy Systems, 2019, 21 (4): 1154-1169.

[353] Xiao J, Wang X L, Zhang H J. Managing personalized individual semantics and consensus in linguistic distribution large-scale group decision making [J]. Information Fusion, 2020 (53): 20-34.

[354] Xiao L, Chen Z S, Zhang X, Chang J P, Pedrycz W, Chin K S. Bid evaluation for major construction projects under large-scale group decision-making environment and characterized expertise levels [J]. International Journal of Computational Intelligence Systems, 2020, 13 (1): 1227-1242.

[355] Xiao Z, Chen W J. A partner selection method based on risk evaluation using fuzzy soft set theory in supply chain [C]. International Conference on Sustainable, 2010.

[356] Xiao Z, Gong K, Xia S S, Zou Y. Exclusive disjunctive soft sets [J]. Computers & Mathematics with Applications, 2010, 59 (6): 2128-2137.

[357] Xu G L, Wan S P, Li X B, et al. An integrated method for multiattribute group decision making with probabilistic linguistic term sets [J]. International Journal of Intelligent Systems, 2021, 36 (11): 6871-6912.

[358] Xu W, Ma J, Wang S, et al. Vague soft sets and their properties [J]. Computers & Mathematics with Applications, 2010, 59 (2): 787-794.

[359] Xu W, Xiao Z, Dang X, et al. Financial ratio selection for business failure prediction using soft set theory [J]. Knowledge-Based Systems, 2014 (63): 59-67.

[360] Xu W, Xiao Z. Soft set theory oriented forecast combination method for business failure prediction [J]. Journal of Information Processing Systems, 2016, 12 (1): 109-128.

[361] Xu W, Yang D. A novel unweighted combination method for business failure prediction using soft set [J]. Journal of Information Processing Systems, 2019, 15 (6): 1489-1502.

[362] Xu X, Liu X, Liu X, et al. Truth finder algorithm based on entity attributes for data

conflict solution [J]. Journal of Systems Engineering and Electronics, 2017, 28 (3): 617-626.

[363] Xu X H, Du Z J, Chen X H. Consensus model for multi-criteria large-group emergency decision making considering non-cooperative behaviors and minority opinions [J]. Decision Support Systems, 2015 (79): 150-160.

[364] Xu X H, Du Z J, Chen X H, Cai C G. Confidence consensus-based model for large-scale group decision making: a novel approach to managing non-cooperative behaviors [J]. Information Sciences, 2019 (477): 410-427.

[365] Xu X H, Hou Y Z, He J S, Zhang Z T. A two-stage similarity clustering-based large group decision-making method with incomplete probabilistic linguistic evaluation information [J]. Soft Computing, 2020, 24 (4): 1-15.

[366] Xu X H, Wang B, Zhou Y J. A method based on trust model for large group decision-making with incomplete preference information [J]. Journal of Intelligent Fuzzy Systems, 2016 (30): 3551-3565.

[367] Xu X H, Zhang Q H, Chen X H. Consensus-based non-cooperative behaviors management in large-group emergency decision-making considering experts' trust relations and preference risks [J]. Knowledge-Based Systems, 2019 (190).

[368] Xu Y J, Wen X W, Zhang W C. A two-stage consensus method for large-scale multi-attribute group decision making with an application to earthquake shelter selection [J]. Computers & Industrial Engineering, 2018 (116): 113-129.

[369] Xu Z, He Y, Wang X. An overview of probabilistic-based expressions for qualitative decision-making: techniques, comparisons and developments [J]. International Journal of Machine Learning and Cybernetics, 2018, 10 (6): 1513-1528.

[370] Xu Z, Xia M. Distance and similarity measures for hesitant fuzzy sets [J]. Information Sciences, 2011, 181 (11): 2128-2138.

[371] Xu Z, Zhang X. Hesitant fuzzy multi-attribute decision making based on TOPSIS with incomplete weight information [J]. Knowledge-Based Systems, 2013 (52): 53-64.

[372] Xu Z. Linguistic decision making [M]. Berlin, Heidelberg: Springer, 2012.

[373] Yager R R. On the measure of fuzziness and negation. 2. lattices [J]. Information and Control, 1980, 44 (3): 236-260.

[374] Yan Daobo, Xiong Yi, Zhan Zhihong, Liao Xiaohong, Ke Fangchao, Lu Hailiang, Ren Yulun, Liao Shuang, Sun Lipin, Wang Qixin. Research on eigenvalue selection method of power market credit evaluation based on non parametric Bayesian discriminant analysis and cluster analysis [J]. Energy Reports, 2021, 7 (S7).

[375] Yan J, Hu D, Liao S, et al. Mining agents' goals in agent-oriented business processes [J]. ACM Transactions on Management Information Systems (TMIS), 2014, 5 (4): 1-22.

[376] Yang X, Yu D, Yang J, et al. Difference relation-based rough set and negative rules in

incomplete information system [J]. International Journal of Uncertainty, Fuzziness and Knowledge-Based Systems, 2009, 17 (5): 649-665.

[377] Yang XB, Lin TY, Yang JY, Li Y, Yu DJ. Combination of interval-valued fuzzy set and soft set [J]. Computers & Mathematics with Applications, 2009, 58 (3): 521-527.

[378] Yang Z, You W, Ji G. Using partial least squares and support vector machines for bankruptcy prediction [J]. Expert Systems with Applications, 2011, 38 (7): 8336-8342.

[378] Yao Y. Three-way decisions with probabilistic rough sets [J]. Information Sciences, 2010, 180 (3): 341-353.

[380] Ye C, Li Q, Zhang H, et al. AutoRepair: an automatic repairing approach over multi-source data [J]. Knowledge and Information Systems, 2019, 61 (1): 227-257.

[381] Ye F, Chen J, Li Y B. Improvement of DS evidence theory for multi-sensor conflicting information [J]. Symmetry, 2017, 9 (5).

[382] Ye J, Du S. Some distances, similarity and entropy measures for interval valued neutrosophic sets and their relationship [J]. International Journal of Machine Learning and Cybernetics, 2017, 10 (3): 1-10.

[383] Ye J. Improved cosine similarity measures of simplified neutrosophic sets for medical diagnoses [J]. Artificial Intelligence in Medicine, 2015, 63 (3): 171-179.

[384] Ye J. Multicriteria decision-making method using the correlation coefficient under single-valued neutrosophic environment [J]. International Journal of General Systems, 2013, 42 (4): 386-394.

[385] Ye J. Similarity measures between interval neutrosophic sets and their applications in multicriteria decision-making [J]. Journal of Intelligent & Fuzzy Systems, 2014, 26 (1): 165-172.

[386] Yiarayong P. On interval-valued fuzzy soft set theory applied to semigroups [J]. Soft Computing, 2020, 24 (5): 3113-3123.

[387] Yin X, Han J, Philip S Y. Truth discovery with multiple conflicting information providers on the web [J]. IEEE Transactions on Knowledge and Data Engineering, 2008, 20 (6): 796-808.

[388] Yotsawat W, Wattuya P, Srivihok A. A novel method for credit scoring based on cost-sensitive neural network ensemble [J]. IEEE Access, 2021, 9: 78521-78537.

[389] Yu GJ. The parameter reduction of soft decision information systems and its algorithm [J]. Journal of Computational Analysis and Applications, 2014, 17 (4): 707-723.

[390] Yu L, Yang Z, Tang L. A novel multistage deep belief network based extreme learning machine ensemble learning paradigm for credit risk assessment [J]. Flexible Services and Manufacturing Journal, 2016, 28 (4): 576-592.

[391] Yu Q, Miche Y, Eirola E, et al. Regularized extreme learning machine for regression with missing data [J]. Neurocomputing, 2013 (102): 45-51.

[392] Yu S M, Du Z J, Xu X H. Hierarchical punishment-driven consensus model for probabilistic linguistic large-group decision making with application to global supplier selection [J]. Group Decision Negotiation, 2020: 1-30.

[393] Yuan J, Chen M, Jiang T, et al. Complete tolerance relation based parallel filling for incomplete energy big data [J]. Knowledge-Based Systems, 2017 (132): 215-225.

[394] Yuan X, Ge Z, Huang B, et al. A probabilistic just-in-time learning framework for soft sensor development with missing data [J]. IEEE Transactions on Control Systems Technology, 2016, 25 (3): 1124-1132.

[395] Yuksel S., Dizman T., Yildizdan G., Sert U. Application of soft sets to diagnose the prostate cancer risk [J]. J. Inequalities Appl., 2013 (229).

[396] Z. Kong, L. Gao, L. Wang, and S. Li. The normal parameter reduction of soft sets and its algorithm [J]. Comput. Math. Appl., 2018, 56 (12): 3029-3037.

[397] Z. Kong, L. Wang, Z. Wu, and D. Zou. A new parameter reduction in fuzzy soft sets [C]. Proc. IEEE Int. Conf. Granular Comput., 2012: 730-732.

[398] Zadeh L A. Fuzzy sets [J]. Information and Control, 1965, 8 (3): 338-353.

[399] Zadeh L A. The concept of a linguistic variable and its application to approximate reasoning [J]. Information Sciences, 1975 (8): 199-249.

[400] Zhan J, Ali M I, Mehmood N. On a novel uncertain soft set model: Z-soft fuzzy rough set model and corresponding decision making methods [J]. Applied Soft Computing, 2017 (56): 446-457.

[401] Zhang C, Zhao M, Zhao L, Yuan Q. A consensus model for large-scale group decision-making based on the trust relationship considering leadership behaviors and non-cooperative behaviors [J]. Group Decision and Negotiation, 2021 (30): 553-586.

[402] Zhang H, He Y. A rough set-based method for dual hesitant fuzzy soft sets based on decision making [J]. Journal of Intelligent & Fuzzy Systems, 2018, 35 (3): 3437-3450.

[403] Zhang H, Jia-Hua D, Yan C. Multi-attribute group decision-making methods based on pythagorean fuzzy N-soft sets [J]. IEEE Access, 2020 (8): 62298-62309.

[404] Zhang H, Wang J, Chen X. An outranking approach for multi-criteria decision-making problems with interval-valued neutrosophic sets [J]. Neural Computing and Applications, 2016, 27 (3): 615-627.

[405] Zhang H J, Dong Y C, Herrera-Viedma E. Consensus building for the heterogeneous large-scale GDM with the individual concerns and satisfactions [J]. IEEE Transactions on Fuzzy Systems, 2018, 26 (2): 884-898.

[406] Zhang J. Investment risk model based on intelligent fuzzy neural network and VaR [J]. Journal of Computational and Applied Mathematics, 2020 (371): 112707.

[407] Zhang S, Feng T. Optimal decision of multi-inconsistent information systems based on information fusion [J]. International Journal of Machine Learning and Cybernetics,

2016, 7 (4): 563-572.
[408] Zhang W, He H, Zhang S. A novel multi-stage hybrid model with enhanced multi-population niche genetic algorithm: an application in credit scoring [J]. Expert Systems with Applications, 2019 (121): 221-232.
[409] Zhang X L. A novel probabilistic linguistic approach for large-scale group decision making with incomplete weight information [J]. International Journal of Fuzzy Systems, 2018, 20 (7): 2245-2256.
[410] Zhang X, HanY, Xu W, et al. HOBA: a novel feature engineering methodology for credit card fraud detection with a deep learning architecture [J]. Information Sciences, 2019.
[411] Zhang Y, Xu Z, Liao H. Water security evaluation based on the TODIM method with probabilistic linguistic term sets [J]. Soft Computing-A Fusion of Foundations, Methodologies and Applications, 2019.
[412] Zhang Y X, Xu Z S, Liao H C. A consensus process for group decision making with probabilistic linguistic preference relations [J]. Information Sciences, 2017 (414): 260-275.
[413] Zhang Y X, Xu Z S, Wang H, et al. Consistency-based risk assessment with probabilistic linguistic preference relation [J]. Applied Soft Computing, 2016 (49): 817-833.
[414] Zhang ZM, Wang C, Tian DZ, Li K. A novel approach to interval-valued intuitionistic fuzzy soft set based decision making [J]. Applied Mathematical Modelling, 2014, 38 (4): 1255-1270.
[415] Zhao A, Jie H, Guan H, et al. A multi-attribute fuzzy fluctuation time series model based on neutrosophic soft sets and information entropy [J]. International Journal of Fuzzy Systems, 2020, 22 (2): 636-652.
[416] Zhao H Y, Li B Q, Li Y Y. Probabilistic linguistic group decision-making method based on attribute decision and multiplicative preference relations [J]. International Journal of Fuzzy Systems, 2021, 23 (7): 2200-2217.
[417] Zhao Y M, Zhang S D, Yan Z M. Ontology-based model for resolving the data-level and semantic-level conflicts [C]. International Conference on Information & Automation, 2009.
[418] Zhao Z, Xu S, Kang B H, et al. Investigation and improvement of multi-layer perceptron neural networks for credit scoring [J]. Expert Systems with Applications, 2015, 42 (7): 3508-3516.
[419] Zheng Y B, Huang T Z, Ji T Y, et al. Low-rank tensor completion via smooth matrix factorization [J]. Applied Mathematical Modelling, 2019 (70): 677-695.
[420] Zhi S, Yang F, Zhu Z, et al. Dynamic truth discovery on numerical data [C] //2018 IEEE International Conference on Data Mining (ICDM) . IEEE, 2018: 817-826.
[421] Zhou X, Wang L, Liao H, et al. A prospect theory-based group decision approach

considering consensus for portfolio selection with hesitant fuzzy information [J]. Knowledge-Based Systems, 2019, 168: 28-38.

[422] Zhu B, Xu Z, Xia M. Dual hesitant fuzzy sets [J]. Journal of Applied Mathematics, 2012.

[423] Zhu X, Zhang S, Jin Z, et al. Missing value estimation for mixed-attribute data sets [J]. IEEE Transactions on Knowledge and Data Engineering, 2010, 23 (1): 110-121.

[424] Ziarko W. Variable precision rough set model [J]. Journal of Computer and System Sciences, 1993, 46 (1): 39-59.

[425] Zou Y, Xiao Z. Data analysis approaches of soft sets under incomplete information [J]. Knowledge-Based Systems, 2008, 21 (8): 941-945.

[426] Zulqarnain R M, Garg H, Siddique I, et al. Algorithms for a generalized multipolar neutrosophic soft set with information measures to solve medical diagnoses and decision-making problems [J]. Journal of Mathematics, 2021 (6654657).

[427] Zulqarnain R M, Siddique I, Asif M, et al. Similarity measure for m-polar interval valued neutrosophic soft set with application for medical diagnoses [J]. Neutrosophic Sets and Systems, 2021, 47 (1): 11.

[428] Zulqarnain R M, Siddique I, Iampan A, et al. Algorithms for multipolar interval-valued neutrosophic soft set with information measures to solve multicriteria decision-making problem [J]. Computational Intelligence and Neuroscience, 2021 (7211399).

[429] 曹小林. 基于贝叶斯网络模型的个人信用评价 [J]. 统计与决策, 2020, 36 (10): 153-155.

[430] 曹志强, 杨筝, 刘放. 基于折中决策值为参考点的报童订购行为研究 [J]. 管理评论, 2019, 31 (1): 238-250.

[431] 曾凯, 佘堃. 不完备信息系统的容差邻域熵和属性选择 [J]. 小型微型计算机系统, 2014 (5): 1120-1123.

[432] 曾孝文, 胡虚怀, 严权峰. 一种基于粗糙集理论的属性值约简改进算法 [J]. 电子技术, 2017, 46 (1): 1-3.

[433] 常红岩, 蒙祖强. 一种新的决策粗糙集启发式属性约简算法 [J]. 计算机科学, 2016, 43 (6): 218-222.

[434] 陈洪海. 基于信息可替代性的评价指标筛选研究 [J]. 统计与信息论坛, 2016, 31 (10): 17-22.

[435] 陈璐, 周桃云, 任婧怡, 谷银霞. 互联网背景下大数据征信应用研究——以“蚂蚁金服”为例 [J]. 市场周刊, 2018 (7): 108-110.

[436] 陈帅, 张贤勇, 唐玲玉, 等. 邻域互补信息度量及其启发式属性约简 [J]. 数据采集与处理, 2020, 35 (4): 630-641.

[437] 陈帅. 基于三层粒结构的邻域互补信息度量及其属性约简 [D]. 成都: 四川师范大学, 2020.

[438] 陈燕萍. 我国个人征信模式的路径选择及其立法完善 [D]. 泉州: 华侨大学,

2020.
[439] 程鑫. 互联网金融背景下征信体系完善所面临的机遇与挑战 [J]. 上海金融, 2014 (11): 109-110.
[440] 程砚秋. 基于不均衡数据的小企业信用风险评价 [J]. 运筹与管理. 2016, 25 (6): 181-189.
[441] 程玉胜, 张佑生, 胡学钢. 基于变精度粗集模型的变精度值自主式获取方法 [J]. 系统仿真学报, 2007 (11): 2555-2558, 2566.
[442] 迟国泰, 李鸿禧. 基于逐步判别分析的小企业债信评级模型及实证 [J]. 管理工程学报, 2019, 33 (4): 205-215.
[443] 单建军. 大数据时代个人征信信息采集问题研究 [J]. 征信, 2022, 40 (5): 49-55.
[444] 邓大勇, 李亚楠, 薛欢欢. 基于粗糙集的可变正区域约简 [J]. 浙江师范大学学报 (自然科学版), 2016, 39 (3): 294-297.
[445] 邓维斌, 王国胤, 胡峰. 基于优势关系粗糙集的自主式学习模型 [J]. 计算机学报, 2014, 37 (12): 2408-2418.
[446] 丁春荣, 李龙澍. 基于相似关系向量的不完备数据补齐算法 [J]. 计算机应用研究, 2013 (2): 383-385.
[447] 董霁. "互联网+" 助力企业征信服务发展 [J]. 现代营销 (经营版), 2019 (10): 48-49.
[448] 董路安, 叶鑫. 基于改进教学式方法的可解释信用风险评价模型构建 [J]. 中国管理科学, 2020, 28 (9): 45-53.
[449] 杜晓峰. 我国互联网金融征信体系建设研究 [D]. 厦门: 厦门大学, 2014.
[450] 杜岳峰, 申德荣, 聂铁铮, 寇月, 于戈. 基于关联数据的一致性和时效性清洗方法 [J]. 计算机学报, 2017, 40 (1): 92-106.
[451] 范令. 基于 MAP-REDUCE 的大数据不一致性解决算法 [J]. 微型机与应用, 2015, 34 (15): 18-21, 25.
[452] 方冰, 韩冰, 谢德于. 基于可能度矩阵的概率语言多属性决策方法 [J]. 控制与决策, 2020 (8): 2149-2156.
[453] 方匡南, 陈子岚. 基于半监督广义可加 Logistic 回归的信用评分方法 [J]. 系统工程理论与实践, 2020, 40 (2): 392-402.
[454] 方匡南, 赵梦峦. 基于多源数据融合的个人信用评分研究 [J]. 统计研究, 2018, 35 (12): 92-101.
[455] 冯文芳, 李春梅. 互联网+时代大数据征信体系建设探讨 [J]. 征信, 2015, 33 (10): 36-39.
[456] 傅轶娜. 基于 MapReduce 和遗传算法的粗糙集属性约简研究 [D]. 合肥: 安徽大学, 2014.
[457] 高凤伟, 张爽, 李耀红. 基于 BP 神经网络的安徽省城市旅游竞争力关键因素识别 [J]. 宿州学院学报, 2016, 31 (4): 108-111.

[458] 高明，黄婷婷．大气污染治理企业发展的关键因素识别方法探讨［J］．生态经济，2014，30（9）：180-184.
[459] 顾婧，胡雅亭．中小企业财务困境与上游供应商信用风险：一损俱损？［J/OL］. https：//doi. org/10. 16381/j. cnki. issn1003-207x. 2021. 1048.
[460] 郭伟栋，周志中，乾春涛．手机 App 列表信息在信用风险评价中的应用——基于互联网借贷平台的实证研究［J］．中国管理科学，2022，30（12）：96-107.
[461] 郭亚军，姚远，易平涛．一种动态综合评价方法及应用［J］．系统工程理论与实践，2007（10）：154-158.
[462] 国家工业和信息化部信息中心．2018 中国区块链产业白皮书［C］．中国区块链产业高峰论坛，2018.
[463] 韩璐，韩立岩．正交支持向量机及其在信用评分中的应用［J］．管理工程学报，2017，31（2）：128-136.
[464] 何绯娟，刘文强，缪相林，许大炜．关联数据不一致消解方法研究［J］．计算机技术与发展，2018，28（11）：111-114.
[465] 何永川，熊心伟，刘洪霞，黄清林，庞凤翥．信用修复国际比较研究［J］．征信，2021，39（2）：65-71.
[466] 贺德荣，蒋白纯．面向社会管理的个人信用评价指标体系研究和设计［J］．电子政务，2013（5）：97-103.
[467] 侯雨欣，王冲．基于德尔菲法与因子分析的大学生信用评价指标筛选研究［J］．四川师范大学学报（社会科学版），2016，43（5）：34-41.
[468] 胡望斌，朱东华，汪雪锋．商业银行个人信用风险等级评估与预测［J］．商业时代，2005（9）：52-53.
[469] 胡元聪，闫晴．纳税信用修复制度的理论解析与优化路径［J］．现代法学，2018，40（1）：78-91.
[470] 胡志浩，卜永强．信用风险的 GLMMs 建模分析［J］．统计研究，2017，34（8）：53-60.
[471] 黄大玉，王玉东．论建立中国的个人信用制度［J］．城市金融论坛，2000（3）：27-31.
[472] 黄余送．全球视野下征信行业发展模式比较及启示［J］．经济社会体制比较，2013（3）：57-64.
[473] 黄月涵，华迎．基于决策树的智能服务交易主体动态信用评估模型构建——以智能投顾行业为例［J］．浙江金融，2019（6）：11.
[474] 黄志刚，刘志惠，朱建林．多源数据信用评级普适模型栈框架的构建与应用［J］．数量经济技术经济研究，2019，36（4）：155-168.
[475] 黄治国，杨晓骥．基于改进分辨矩阵的属性约简方法［J］．计算机仿真，2014，31（9）：305-309.
[476] 季伟．国外个人征信机构体系运作模式比较及对我国的启示［J］．金融纵横，2014（8）：41-44.

[477] 蒋辉，马超群，许旭庆，兰秋军．仿 EM 的多变量缺失数据填补算法及其在信用评估中的应用［J］．中国管理科学，2019，27（3）：11-19.
[478] 解志勇，王晓淑．正当程序视阈下信用修复机制研究［J］．中国海商法研究，2021，32（3）：3-11.
[479] 孔杏，楼裕胜．我国区域城市招投标领域企业信用价值研究——基于 KSVM 研究方法［J］．经济与管理，2021，35（6）：70-77.
[480] 兰海波．混合型数据的邻域条件互信息熵属性约简算法［J］．大数据，2022，8（4）：133-144.
[481] 黎春，周振宇．信用评分模型中拒绝推断问题研究：基于半监督协同训练法的改进［J］．统计研究，2019，36（9）：82-92.
[482] 黎敏，冯圣中，樊建平，刘清．基于粗集边界域的快速约简算法［J］．计算机科学，2012，39（1）：223-227，247.
[483] 李秉祥，李明敏，吴建祥，惠祥．经理管理防御测度指标筛选研究［J］．软科学，2016，30（7）：128-132.
[484] 李春好，乔智，代娟，赵婧．基于 ANP 的新产品开发项目关键因素识别［J］．现代管理科学，2013（7）：15-18.
[485] 李稻葵，刘淳，庞家任．金融基础设施对经济发展的推动作用研究——以我国征信系统为例［J］．金融研究，2016（2）：180-188.
[486] 李刚，焦谱，文福拴，宋雨，尚金成，何洋．基于偏序约简的智能电网大数据预处理方法［J］．电力系统自动化，2016，40（7）：98-106.
[487] 李国和，杨绍伟，吴卫江，郑艺峰．基于聚类的连续型数据缺失值充填方法［J］．计算机工程，2019，45（9）：32-39.
[488] 李虹利，蒙祖强．运用信息增益和不一致度进行填补的属性约简算法［J］．计算机科学，2018，45（10）：217-224.
[489] 李萍．基于条件信息熵属性约简的教学质量评价体系研究［J］．赤峰学院学报（自然科学版），2017，33（4）：205-206.
[490] 李启明，董方，董硕．我国征信模式的新思考［J］．征信，2017，35（8）：33-36.
[491] 李叔蓉．基于互联网的个人信用评估体系构建［D］．兰州：兰州大学，2019.
[492] 李伟超，王慧，赵亚南，李经钰，杨照方．大数据环境下用户信用管理体系建设研究［J］．图书馆理论与实践，2021（3）：102-108.
[493] 李文红，蒋则沈．金融科技（FinTech）发展与监管：一个监管者的视角［J］．金融监管研究，2017（3）：1-13.
[494] 李雪梅．基于区块链的互联网金融征信体系建设研究［J］．征信，2021，39（9）：58-62.
[495] 李战江．微型企业信用评价指标体系的构建［J］．技术经济，2017，36（2）：109-116.
[496] 李真．互联网金融征信模式：经济分析、应用研判与完善框架［J］．宁夏社会科学，2015（1）：79-85.

[497] 林春喜，徐宏喆，王谊青，李文．基于混合频繁模式树的粗糙集属性约减算法的研究与应用［J］．计算机应用研究，2018，35（4）：988-991，1027.
[498] 林宇，吴庆贺，李昊，唐晓华．基于 Twin-SVR 的公司违约风险预测研究［J］．管理评论，2019，31（11）：33-43.
[499] 刘城霞，何华灿，张仰森，朱敏玲．基于泛逻辑的泛容差关系的研究［J］．西北工业大学学报，2016，34（3）：473-479.
[500] 刘翠玲，胡聪，王鹏，洪德华，张庭曾．基于营销大数据的电力客户多维度信用评价模型研究［J］．西南大学学报（自然科学版），2022，44（6）：198-208.
[501] 刘富春．基于修正容差关系的扩充粗糙集模型［J］．计算机工程，2005（24）：145-147.
[502] 刘桂枝．维度变化的不完备混合型数据增量式属性约简［J］．计算机工程与应用，2021，57（12）：161-169.
[503] 刘洪峰，毛蓓蓓．浅析大数据背景下的个人征信机构的运作模式及发展［J］．纳税，2017（4）：77-79.
[504] 刘敏，王冬冬，王东豫，赵程．破产重整企业金融信用修复问题研究［J］．金融发展研究，2020（10）：86-89.
[505] 刘涛涛，马福民，张腾飞．基于正区域和差别元素的增量式属性约简算法［J］．计算机工程，2016，42（8）：183-187，193.
[506] 刘叶婷，陈立松，金双龙．信用报告在社会治理中的应用价值探究［J］．南方金融，2020（8）：81-91.
[507] 刘颖，张丽娟，韩亚男，庞丽艳，王帅．基于粒子群协同优化算法的供应链金融信用风险评价模型［J］．吉林大学学报（理学版），2018，56（1）：119-125.
[508] 刘勇，王育红，钱吴永．基于马尔科夫链的动态冲突分析模型［J］．中国管理科学，2015，23（11）：325-332.
[509] 刘宗胜，张毅．论信用修复及其启动条件和失信信息处理方式——以《信用修复管理办法（试行）（征求意见稿）》为切入点［J］．广西政法管理干部学院学报，2021，36（6）：89-99.
[510] 龙浩，徐超．基于改进差别矩阵的属性约简增量式更新算法［J］．计算机科学，2015，42（6）：251-255.
[511] 卢护锋．信用惩戒滥用的行政法规制——基于合法性与有效性耦合的考量［J］．北方法学，2021，15（1）：77-90.
[512] 卢盛羽．行政处罚信息信用修复机制沿革、特征和完善的思路——基于修复数据的实证分析［J］．征信，2021，39（8）：53-58.
[513] 路昊天，陈燕．互联网信用评估指标体系的构建及完善策略研究［J］．金融经济，2018（24）：130-131.
[514] 马晓君，董碧滢，王常欣．一种基于 PSO 优化加权随机森林算法的上市公司信用评级模型设计［J］．数量经济技术经济研究，2019，36（12）：165-182.
[515] 马晓君，沙靖岚，牛雪琪．基于 LightGBM 算法的 P2P 项目信用评级模型的设计及

应用 [J]. 数量经济技术经济研究，2018，35（5）：144-160.
[516] 蒙祖强，史忠植．不完备信息系统中基于相容粒度计算的知识获取方法 [J]. 计算机研究与发展，2008（S1）：264-267.
[517] 孟军，刘永超，莫海波．基于粗糙集理论的不完备数据填补方法 [J]. 计算机工程与应用，2008（6）：175-177.
[518] 南单婵．破产重整企业信用修复研究 [J]. 上海金融，2016（4）：84-87.
[519] 潘明道，周颖，迟国泰，孟斌．基于 Fisher 判别的小型工业企业债信评级模型及实证 [J]. 管理评论，2018，30（3）：15-28.
[520] 潘瑞林，李园沁，张洪亮，伊长生，樊杨龙，杨庭圣．基于 α 信息熵的模糊粗糙属性约简方法 [J]. 控制与决策，2017，32（2）：340-348.
[521] 潘爽，魏建国．基于 KNMF-Bayesian-Xgboost 算法的 P2P 网贷借款人信用评价 [J]. 武汉理工大学学报，2019，41（2）：93-98.
[522] 庞素琳，何毅舟，汪寿阳，蒋海．基于风险环境的企业多层交叉信用评分模型与应用 [J]. 管理科学学报，2017，20（10）：57-69.
[523] 庞素琳，王石玉．社会大数据信息下农户信用借款声誉计算模型与应用 [J]. 系统工程理论与实践，2015，35（4）：837-846.
[524] 彭莉，张海清，李代伟，唐聃，于曦，何磊．基于粗糙集理论的不完备数据分析方法的混合信息系统填补算法 [J]. 计算机应用，2021，41（3）：677-685.
[525] 彭新东，杨勇．双犹豫模糊软集的研究 [J]. 计算机工程，2015，41（8）：262-267，272.
[526] 彭玉楼，陈曦．基于粗糙信息颗粒的数据挖掘方法研究 [J]. 湖南科技大学学报（自然科学版），2004（4）：67-69，94.
[527] 钱进，苗夺谦，张泽华，张志飞．MapReduce 框架下并行知识约简算法模型研究 [J]. 计算机科学与探索，2013，7（1）：35-45.
[528] 钱吴永，张浩男．基于 Adaboost-DPSO-SVM 模型的供应链金融信用风险评价研究 [J]. 工业技术经济，2022，41（3）：72-79.
[529] 屈新怀，马文强，丁必荣，牛乾．基于时间序列支持向量机的信用额度预测 [J]. 合肥工业大学学报（自然科学版），2020，43（10）：1321-1324，1369.
[530] 任剑莹，秦泽阳，李梦，等．基于机器学习的连续梁桥损伤识别研究 [J]. 石家庄铁道大学学报（自然科学版），2025（2）：1-7.
[531] 阮家港．区域信息化简约评价指标体系的构建 [J]. 沈阳工业大学学报（社会科学版），2015，8（1）：76-81.
[532] 申文娟．基于主成分分析法的蔬菜供应链风险指标筛选研究 [J]. 物流工程与管理，2016，38（5）：160-162.
[533] 申卓．大数据背景下互联网金融机构的信用评价模型研究 [J]. 中国新通信，2019，21（1）：198-200.
[534] 沈玲玲，庞晓冬，张倩，钱钢．基于概率语言术语集的 TODIM 方法及其应用 [J]. 统计与决策，2019，35（18）：80-83.

[535] 石宝峰，王静．基于 ELECTRE III 的农户小额贷款信用评级模型［J］．系统管理学报，2018，27（5）：854-862.
[536] 史小康，马学俊．个人信用评级模型的指标选择方法［J］．统计与决策，2014（23）：41-43.
[537] 孙光林，李金宁，冯利臣．数字信用与正规金融机构农户信贷违约——基于三阶段 Probit 模型的实证研究［J］．农业技术经济，2021（12）：109-126.
[538] 孙建国，高岩．现代互联网个人征信行业发展要素比较研究［J］．金融理论与实践，2017（8）：53-58.
[539] 孙剑明，陈晓菲，李京．区块链技术视角下农村电商农户信用评价［J］．商业研究，2021（2）：74-79.
[540] 孙玲芳，许锋，周家波，侯志鲁．基于粗糙集理论的遗传属性约简算法研究［J］．江苏科技大学学报（自然科学版），2014，28（3）：271-276.
[541] 孙璐，李广建．多维个人信用评价特征感知模型的研究［J］．图书馆情报工作，2015（11）：96-138.
[542] 孙南申．信用规制中的企业信用修复路径［J］．国际商务研究，2020，41（6）：5-18.
[543] 孙永河，张思雨，缪彬．专家交互情境下不完备群组 DEMATEL 决策方法［J］．控制与决策，2022，35（12）：3066-3072.
[544] 孙宇宏，郭玭，王甜甜．我国征信体系模式选择研究［J］．现代经济信息，2016（1）：139.
[545] 孙智勇，刘星．模糊软集合理论在税收组合预测中的应用［J］．系统工程理论与实践，2011，31（5）：936-943.
[546] 塔琳，李孟刚．区块链在互联网金融征信领域的应用前景探析［J］．东北大学学报（社会科学版），2018，20（5）：466-474.
[547] 覃珺．不良信用修复机制的设计［J］．中国金融，2014（14）：82-83.
[548] 唐方方．中国互联网个人征信机构差异分析与合作模式探讨［J］．清华金融评论，2015（9）：93-98.
[549] 田地，高明，王祺，杨柳．数据治理的国际经验及对我国完善征信数据跨境管理的启示［J］．征信，2021，39（11）：1-7.
[550] 佟孟华，邢秉昆，赵作伦，杨思涵．基于 FM 模型的工业企业碳减排信用风险预警研究［J］．数量经济技术经济研究，2021，38（2）：147-165.
[551] 王春和，李林炫．中小企业诚信评价体系构建［J］．经济与管理，2021，35（6）：78-86.
[552] 王达山．“互联网+”时代的个人信用分析与应用研究［J］．西南金融，2016（8）：24-29.
[553] 王冬一，华迎，朱峻萱．基于大数据技术的个人信用动态评价指标体系研究——基于社会资本视角［J］．国际商务（对外经济贸易大学学报），2020（1）：115-127.

[554] 王冬一，华迎，朱峻萱．基于大数据技术的个人信用动态评价指标体系研究——基于社会资本视角［J］．国际商务（对外经济贸易大学学报），2020（1）：115-127.
[555] 王国胤．Rough 集理论与知识获取［M］．西安：西安交通大学出版社，2001.
[556] 王洪亮，程海森．中国省域信贷风险判别分析［J］．统计研究，2019，36（11）：104-112.
[557] 王佳致，陶士贵．苏州模式：数字征信体系的创新与完善［J］．征信，2022，40（4）：52-56.
[558] 王建丽．个人信用评价指标体系的构建［J］．中国农业银行武汉培训学院学报，2011（4）：45-46.
[559] 王金艳．软集理论及其在决策中的应用研究［D］．长春：东北师范大学，2011.
[560] 王倩，王辉．数据交换中基于本体的语义不一致消解方案［J］．计算机工程，2012，38（4）：76-78，81.
[561] 王斯坦，王屹．我国互联网征信发展现状与征信体系构建［J］．经济研究参考，2016（10）：89-92.
[562] 王炜，徐章艳，王帅，杨炳儒．不完备信息系统属性约简的矩阵算法［J］．计算机工程，2011（14）：36-38.
[563] 王小燕，张中艳．含图结构的 GR-LDA 方法及其信用违约预警应用［J］．统计研究，2021，38（7）：140-152.
[564] 王秀哲．大数据背景下社会信用体系建构中的政府角色重新定位［J］．财经法学，2021（4）：23-40.
[565] 王亚琦，范年柏．改进的基于简化二进制分辨矩阵的属性约简方法［J］．计算机科学，2015，42（6）：210-215.
[566] 王兆瑞．互联网时代的征信体系［J］．中国金融，2016（5）：92-93.
[567] 王正位，周从意，廖理，张伟强．消费行为在个人信用风险识别中的信息含量研究［J］．经济研究，2020，55（1）：149-163.
[568] 王志诚．互联网时代个人征信体系联盟区块链模式分析［J］．征信，2019，37（8）：26-32.
[569] 王志刚，乔梁．行政事业单位资产管理绩效评价研究——基于支持向量机的方法［J］．经济问题，2015（9）：99-104.
[570] 王志平，彭仲文，王慧闯．基于改进可能度和距离测度的概率语言多属性群决策方法研究［J］．数学的实践与认识，2021，51（11）：10-20.
[571] 王卓，赵仁义，苗雨，何中成，孙少杰．互联网环境下个人信用评价指标［J］．中国市场，2019（26）：46-47，58.
[572] 王梓骏．基于大数据的华振金融个人信贷信用评价研究［D］．哈尔滨：哈尔滨理工大学，2019.
[573] 吴晶妹．从信用的内涵与构成看大数据征信［J］．首都师范大学学报，2015，227（6）：66-72.

[574] 吴晶妹．我国社会信用体系建设五大现状［J］．征信，2015，33（9）：8-11.
[575] 武友新，李文晶，钟子岳．基于属性值集合链的粗糙集快速属性约简算法［J］．计算机工程与设计，2016，37（11）：2967-2970，3021.
[576] 夏维力，丁珮琪．中国省域创新创业环境评价指标体系的构建研究——对全国31个省级单位的测评［J］．统计与信息论坛，2017，32（4）：63-72.
[577] 肖斌卿，杨旸，李心丹，李昊骅．基于模糊神经网络的小微企业信用评价研究［J］．管理科学学报，2016，19（11）：114-126.
[578] 肖振宇，孙阳，翁后茹，周雨．多元全程信用监管机制构建研究——以服务型政府建设为视角［J］．征信，2020，38（8）：23-30.
[579] 肖智，龚科，李丹．基于双射软集合决策系统的参数约减［J］．系统工程理论与实践，2011，31（2）：308-314.
[580] 谢尔曼，黄旭，周杨．互联网金融的网络安全与信息安全要素分析［J］．上海大学学报（社会科学版），2015，32（4）：27-36.
[581] 谢佳．基于PSO-SVM的互联网金融个人信用风险评估模型研究［D］．成都：成都理工大学，2019.
[582] 谢仲庆，刘晓芬．中国信用体系：模式构建及路径选择［J］．上海金融，2014（7）：63-66.
[583] 熊菊霞，吴尽昭，王秋红．邻域互信息熵的混合型数据决策代价属性约简［J］．小型微型计算机系统，2021，42（8）：1584-1590.
[584] 熊琦．云南口岸物流发展水平评价及关键因素识别方法研究［D］．昆明：云南财经大学，2014.
[585] 徐冰心，陈慧萍．一种基于条件信息熵的多目标代价敏感属性约简算法的研究［J］．云南民族大学学报（自然科学版），2014，23（2）：141-145.
[586] 徐达宇，杨善林，罗贺．基于广义模糊软集理论的云计算资源需求组合预测研究［J］．中国管理科学，2015，23（5）：56-64.
[587] 徐伟华，张文修．基于优势关系下不协调目标信息系统的分布约简［J］．模糊系统与数学，2007（4）：124-131.
[588] 徐选华，余艳粉．大群体应急决策中考虑属性关联的偏好信息融合方法［J］．控制与决策，2021，36（10）：10.
[589] 徐选华，刘尚龙．社会网络环境下基于“信任—知识”模型的风险性大群体应急决策方法［J］．运筹与管理，2021，30（2）：31-38.
[590] 徐选华，黄丽．基于复杂网络的大群体应急决策专家意见与信任信息融合方法及应用［J］．数据分析与知识发现，2022，6（2）：348-363.
[591] 徐选华，余紫昕．社会网络环境下基于公众行为大数据属性挖掘的大群体应急决策方法及应用［J］．控制与决策，2022，37（1）：175-184.
[592] 徐泽水，达庆利．区间数排序的可能度法及其应用［J］．系统工程学报，2003，18（1）：67-70.
[593] 徐志明，熊光明．对完善我国信用修复制度的思考［J］．征信，2019，37（3）：

38-42.
[594] 闫海，王天依．论重整企业信用修复的特征、机制与方式［J］．征信，2021，39（1）：29-33.
[595] 杨传健，葛浩，李龙澍．垂直划分二进制可分辨矩阵的属性约简［J］．控制与决策，2013，28（4）：563-568，573.
[596] 杨春林．基于信息熵的属性约简在多属性决策中的应用［J］．数学的实践与认识，2013，43（3）：97-102.
[597] 杨枫，叶春明，施明华．基于模糊软集的中药制药车间不确定调度模型和算法求解［J］．系统管理学报，2020，29（1）：119-128.
[598] 杨莲，石宝峰，董铁哲．基于 Class Balanced Loss 修正交叉熵的非均衡样本信用风险评价模型［J］．系统管理学报，2022，31（2）：255-269，289.
[599] 杨青龙，田晓春，胡佩媛．基于 LASSO 方法的企业财务困境预测［J］．统计与决策，2016（23）：170-173.
[600] 杨银娣，严金哲，崔明哲，冯辉，马晓东．基于 Tobit 模型的大学生信用消费分析研究［J］．中南民族大学学报（自然科学版），2021，40（6）：654-660.
[601] 杨越，黄思刚．互联网金融背景下我国个人征信体系问题分析及建议［J］．经济研究导刊，2022（8）：124-126.
[602] 姚晟，陈菊，吴照玉．一种基于邻域容差信息熵的组合度量方法［J］．小型微型计算机系统，2020，41（1）：46-50.
[603] 叶陈毅，陈依萍，管晓，杨蕾．京津冀区域企业信用环境评价及优化路径研究［J］．财会通讯，2021（16）：92-96.
[604] 叶健峰．征信领域个人信息保护法律制度研究［D］．北京：中国政法大学，2022.
[605] 尹晓萌，张海涛，王明哲．企业云架构演进关键因素识别方法［J］．系统工程，2014，32（7）：75-80.
[606] 于祥祥，钟勇，李振东，韩啸．基于分布式计算框架的不一致数据修复算法［J］．计算机应用，2019，39（S2）：164-168.
[607] 余东，申德荣，寇月，聂铁铮，于戈．面向 Web 数据集成的真值发现算法［J］．小型微型计算机系统，2016，37（8）：1633-1638.
[608] 余丽霞，郑洁．大数据背景下我国互联网征信问题研究——以芝麻信用为例［J］．金融发展研究，2017（9）：46-52.
[609] 张安珍，门雪莹，王宏志，李建中，高宏．大数据上基于 Hadoop 的不一致数据检测与修复算法［J］．计算机科学与探索，2015，9（9）：1044-1055.
[610] 张朝辉，刘佳佳，冉惠．基于贝叶斯与神经网混合算法的电商信用评价方法研究［J］．情报科学，2020，38（2）：81-87.
[611] 张晨，万相昱．大数据背景下个人信用评估体系建设和评估模型构建［J］．征信，2019（10）：75-80.
[612] 张大斌，周志刚，许职，李延晖．基于差分进化自动聚类的信用风险评价模型研究［J］．中国管理科学，2015，23（4）：39-45.

[613] 张发明．一种融合 SOM 与 K-means 算法的动态信用评价方法及应用［J］. 运筹与管理，2014，23（6）：186-192.
[614] 张桂芸，樊广佺，杨炳儒．带缺省属性值的不完备信息系统相似关系改进［J］. 计算机工程，2007（9）：74-75，78.
[615] 张欢，陆见光，唐向红．面向冲突证据的改进 DS 证据理论算法［J］. 北京航空航天大学学报，2020，46（3）：616-623.
[616] 张俊慈．信用监管视域下纳税信用修复的功能优势及制度建构［J］. 征信，2020，38（4）：27-35.
[617] 张鲁萍．信用修复的政府责任及其实现机制研究［J］. 河南财经政法大学学报，2021，36（5）：10-18.
[618] 张润驰，杜亚斌，薛立国，徐源浩，孙明明．基于多属性子集选择策略的三阶段混合信用评估模型［J］. 管理工程学报，2019，33（2）：140-147.
[619] 张润驰，杜亚斌，薛立国，徐源浩，吴心弘．基于相似样本归并的大样本混合信用评估模型［J］. 管理科学学报，2018，21（7）：77-90.
[620] 张世君，高雅丽．论我国破产重整企业纳税信用修复制度之构建［J］. 税务研究，2020（9）：95-99.
[621] 张伟，廖晓峰，吴中福．一种基于 Rough 集理论的不完备数据分析方法［J］. 模式识别与人工智能，2003（2）：158-163.
[622] 张文修，米据生，吴伟志．不协调目标信息系统的知识约简［J］. 计算机学报，2003（1）：12-18.
[623] 张悟移，马源．供应链企业间协同创新的影响因素指标筛选研究［J］. 科技与经济，2016，29（5）：20-24.
[624] 张亚京，赵志冲．客户分组对商业银行个人信用评分模型的提升作用研究［J］. 征信，2021，39（12）：67-71.
[625] 张滢．浅析中国个人征信行业与互联网金融发展［J］. 现代商业，2018（24）：111-112.
[626] 张赟，肖羽，朱南．社交数据在个人征信中的可靠性初探［J］. 上海金融，2016（3）：50-54.
[627] 章彤，迟国泰．基于最优信用特征组合的违约判别模型——以中国 A 股上市公司为例［J］. 系统工程理论与实践，2020，40（10）：2546-2562.
[628] 赵洪波，江峰，曾惠芬，高宏．一种基于加权相似性的粗糙集数据补齐方法［J］. 计算机科学，2011（11）：167-170，190.
[629] 赵萌，李子超，高美，等．基于 Louvain 方法的社会网络大群体决策交互共识模型［J］. 管理工程学报，2021，35（4）：10.
[630] 赵萌，沈鑫圆，何玉锋，白梅柯．基于概率语言熵和交叉熵的多准则决策方法［J］. 系统工程理论与实践，2018，38（10）：2679-2689.
[631] 赵敏．构建社会主义和谐社会必须加强诚信建设［J］. 辽宁行政学院学报，2007（7）：70-71.

[632] 赵渊博．互联网金融征信体系建设的国际经验与中国模式选择［J］．征信，2018，36（3）：63-67.
[633] 周文．城镇地震灾害应急处置影响因素识别研究［D］．成都：成都理工大学，2016.
[634] 周营超，魏翠萍．概率语言术语集的不确定性［J］．系统科学与数学，2020，40（12）：2357-2369.
[635] 周毓萍，陈官羽．基于机器学习方法的个人信用评价研究［J］．金融理论与实践，2019（12）：1-8.
[636] 朱峰，刘玉敏，徐济超，苏冰杰．一种考虑形状—位置的概率语言术语相似度及应用［J］．中国管理科学，2023（4）：250-259.
[637] 邹凯，包明林，张晓瑜，周波，张中青扬．基于三角模糊软集的多属性灰色关联决策方法［J］．中国管理科学，2015，23（S1）：23-27.
[638] 邹新月．VaR 方法在银行贷款风险评估中的应用［J］．统计研究，2005（6）：58-61.

附　　录

表 A1.　　　　**初始语言术语评价矩阵表**

No.	k_1	k_2	k_3	k_4	k_5	k_6	k_7	k_8
k_1	0	$\{S_1,S_3,S_4,S_1,S_3\}$	$\{S_2,S_3,S_0,S_2\}$	$\{S_2,S_3,S_4,S_3,S_4\}$	$\{S_1,S_2,S_1,S_3,S_1\}$	$\{S_3,S_2,S_3,S_4,S_2\}$	$\{S_4,S_3,S_1,S_2,S_1\}$	$\{S_3,S_4,S_2,S_3\}$
k_2	$\{S_0,S_1,S_2,S_1,S_2\}$	0	$\{S_3,S_2,S_3,S_1,S_0\}$	$\{S_2,S_2,S_1,S_0\}$	$\{S_3,S_2,S_4,S_0,S_0\}$	$\{S_2,S_1,S_0,S_1\}$	$\{S_3,S_1,S_4,S_2,S_1\}$	$\{S_1,S_0,S_1,S_2,S_1\}$
k_3	$\{S_0,S_2,S_1,S_0,S_1\}$	$\{S_2,S_1,S_2,S_3,S_2\}$	0	$\{S_3,S_2,S_3,S_0,S_1\}$	$\{S_3,S_2,S_1,S_2,S_3\}$	$\{S_3,S_2,S_3,S_0,S_1\}$	$\{S_1,S_2,S_0,S_2\}$	$\{S_1,S_1,S_1,S_0,S_1\}$
k_4	$\{S_2,S_2,S_4,S_0,S_4\}$	$\{S_3,S_2,S_3,S_4,S_2\}$	$\{S_2,S_2,S_3,S_0,S_1\}$	0	$\{S_3,S_2,S_3,S_3,S_1\}$	$\{S_3,S_4,S_4,S_2,S_3\}$	$\{S_4,S_2,S_3,S_1,S_0\}$	$\{S_2,S_3,S_2,S_1,S_3\}$
k_5	$\{S_1,S_0,S_2,S_2,S_1\}$	$\{S_3,S_2,S_2,S_3\}$	$\{S_2,S_3,S_2,S_4,S_2\}$	$\{S_3,S_3,S_2,S_4,S_1\}$	0	$\{S_2,S_2,S_1,S_3,S_1\}$	$\{S_1,S_2,S_3,S_2,S_1\}$	$\{S_1,S_1,S_2,S_0,S_2\}$
k_6	$\{S_2,S_1,S_3,S_2,S_4\}$	$\{S_0,S_0,S_1,S_0,S_2\}$	$\{S_1,S_0,S_0,S_2,S_0\}$	$\{S_2,S_1,S_0,S_2,S_1\}$	$\{S_0,S_2,S_1,S_0,S_1\}$	0	$\{S_3,S_2,S_2,S_3,S_1\}$	$\{S_2,S_3,S_4,S_4,S_3\}$
k_7	$\{S_3,S_4,S_2,S_2,S_4\}$	$\{S_2,S_1,S_1,S_1,S_0\}$	$\{S_0,S_3,S_1,S_1,S_2\}$	$\{S_4,S_2,S_3,S_4,S_3\}$	$\{S_3,S_1,S_1,S_0,S_2\}$	$\{S_2,S_3,S_3,S_2,S_0\}$	0	$\{S_3,S_2,S_2,S_3,S_4\}$
k_8	$\{S_0,S_1,S_1,S_2\}$	$\{S_3,S_3,S_2,S_4,S_2\}$	$\{S_3,S_4,S_2,S_3,S_2\}$	$\{S_1,S_2,S_1,S_1,S_0\}$	$\{S_2,S_3,S_2,S_1,S_1\}$	$\{S_2,S_1,S_1,S_3,S_0\}$	$\{S_4,S_4,S_3,S_2,S_1\}$	0
k_9	$\{S_2,S_1,S_1,S_4,S_3\}$	$\{S_1,S_3,S_2,S_1,S_0\}$	$\{S_2,S_1,S_2,S_0,S_0\}$	$\{S_4,S_3,S_4,S_1,S_2\}$	$\{S_2,S_2,S_1,S_1,S_1\}$	$\{S_3,S_2,S_1,S_0,S_3\}$	$\{S_2,S_1,S_2,S_0,S_1\}$	$\{S_1,S_3,S_4,S_3,S_2\}$
k_{10}	$\{S_1,S_0,S_1,S_2,S_1\}$	$\{S_2,S_3,S_2,S_1,S_2\}$	$\{S_1,S_1,S_0,S_2,S_1\}$	$\{S_3,S_2,S_3,S_2,S_3\}$	$\{S_1,S_2,S_1,S_2,S_3\}$	$\{S_2,S_2,S_1,S_0,S_1\}$	$\{S_2,S_3,S_2,S_1,S_0\}$	$\{S_2,S_1,S_1,S_0\}$
k_{11}	$\{S_1,S_2,S_0,S_1,S_2\}$	$\{S_0,S_0,S_2,S_2,S_1\}$	$\{S_0,S_0,S_2,S_2\}$	$\{S_0,S_0,S_1,S_2,S_0\}$	$\{S_2,S_3,S_2,S_1,S_1\}$	$\{S_2,S_3,S_3,S_3,S_2\}$	$\{S_3,S_3,S_1,S_2,S_0\}$	$\{S_3,S_2,S_3,S_4,S_3\}$
k_{12}	$\{S_2,S_3,S_2,S_1,S_3\}$	$\{S_3,S_3,S_2,S_1,S_2\}$	$\{S_2,S_3,S_2,S_1\}$	$\{S_1,S_3,S_3,S_2,S_2\}$	$\{S_0,S_0,S_1,S_1,S_2\}$	$\{S_2,S_1,S_3,S_2,S_1\}$	$\{S_1,S_0,S_1,S_2,S_2\}$	$\{S_1,S_1,S_1,S_0,S_2\}$

续表

No.	k_1	k_2	k_3	k_4	k_5	k_6	k_7	k_8
k_{13}	$\{S_2,S_3,S_2,S_3,S_1\}$	$\{S_1,S_1,S_0,S_0,S_0\}$	$\{S_2,S_0,S_2,S_1,S_1\}$	$\{S_1,S_0,S_2,S_3,S_3\}$	$\{S_2,S_2,S_3,S_2,S_3\}$	$\{S_0,S_2,S_1,S_1,S_0\}$	$\{S_0,S_0,S_2,S_1,S_2\}$	$\{S_1,S_2,S_2,S_3,S_1\}$
k_{14}	$\{S_2,S_1,S_1,S_1,S_1\}$	$\{S_2,S_3,S3,S_1,S_2\}$	$\{S_1,S_4,S_0,S_4,S_1\}$	$\{S_2,S_1,S_2,S_0,S_1\}$	$\{S_2,S_2,S_3,S_1,S_3\}$	$\{S_2,S_3,S_2,S_3,S_4\}$	$\{S_3,S_2,S_2,S_1,S_2\}$	$\{S_0,S_2,S_1,S_1,S_1\}$
k_{15}	$\{S_2,S_2,S_1,S_0,S_1\}$	$\{S_1,S_0,S_2,S_1,S_0\}$	$\{S_2,S_1,S_1,S_0,S_2\}$	$\{S_1,S_0,S_0,S_2,S_0\}$	$\{S_1,S_2,S_0,S_2,S_0\}$	$\{S_3,S_2,S_1,S_1,S_2\}$	$\{S_0,S_1,S_0,S_1,S_2\}$	$\{S_1,S_0,S_2,S_0,S_2\}$

No.	k_9	k_{10}	k_{11}	k_{12}	k_{13}	k_{14}	k_{15}	
k_1	$\{S_1,S_2,S_0,S_3,S_2\}$	$\{S_0,S_1,S_0,S_2,S_0\}$	$\{S_3,S_2,S_2,S_4,S_2\}$	$\{S_0,S_2,S_0,S_1,S_1\}$	$\{S_1,S_3,S_4,S_3,S_1\}$	$\{S_0,S_1,S_1,S_0,S_1\}$	$\{S_3,S_2,S_1,S_0,S_4\}$	
k_2	$\{S_1,S_2,S_2,S_1,S_2\}$	$\{S_3,S_2,S_0,S_1,S_2\}$	$\{S_3,S_3,S_2,S_1,S_2\}$	$\{S_2,S_1,S_2,S_0,S_0\}$	$\{S_3,S_3,S_2,S_1,S_1\}$	$\{S_0,S_1,S_2,S_2,S_1\}$	$\{S_3,S_4,S_2,S_3,S_2\}$	
k_3	$\{S_2,S_3,S_2,S_2,S_4\}$	$\{S_0,S_2,S_1,S_2,S_1\}$	$\{S_1,S_2,S_1,S_1\}$	$\{S_2,S_1,S_1,S_0,S_2\}$	$\{S_3,S_2,S_1,S_2,S_2\}$	$\{S_0,S_2,S_1,S_0,S_0\}$	$\{S_2,S_1,S_2,S_1,S_2\}$	
k_4	$\{S_2,S_4,S_2,S_3,S_1\}$	$\{S_4,S_3,S_4,S_2,S_3\}$	$\{S_3,S_4,S_3,S_3,S_2\}$	$\{S_3,S_2,S_2,S_1,S_0\}$	$\{S_2,S_4,S_3,S_3,S_2\}$	$\{S_2,S_1,S_2,S_2,S_1\}$	$\{S_4,S_3,S_4,S_2,S_3\}$	
k_5	$\{S_1,S_1,S_0,S_2,S_0\}$	$\{S_3,S_2,S_0,S_1,S_0\}$	$\{S_0,S_3,S_3,S_2,S_0\}$	$\{S_0,S_2,S_1,S_0,S_1\}$	$\{S_3,S_3,S_2,S_2\}$	$\{S_2,S_1,S_1,S_0,S_0\}$	$\{S_2,S_1,S_2,S_3,S_2\}$	
k_6	$\{S_0,S_1,S_1,S_2,S_0\}$	$\{S_3,S_4,S_3,S_2,S_3\}$	$\{S_2,S_3,S_1,S_0,S_2\}$	$\{S_2,S_1,S_3,S_1,S_2\}$	$\{S_0,S_1,S_0,S_2,S_0\}$	$\{S_2,S_1,S_0,S_1,S_1\}$	$\{S_3,S_3,S_2,S_1,S_2\}$	
k_7	$\{S_2,S_3,S_1,S_1,S_2\}$	$\{S_3,S_2,S_2,S_1,S_4\}$	$\{S_3,S_3,S_2,S_4,S_2\}$	$\{S_0,S_1,S_2,S_0,S_2\}$	$\{S_1,S_2,S_1,S_1,S_0\}$	$\{S_0,S_0,S_0,S_2,S_1\}$	$\{S_4,S_4,S_3,S_2,S_4\}$	
k_8	$\{S_2,S_3,S_1,S_1\}$	$\{S_4,S_2,S_3,S_2,S_2\}$	$\{S_2,S_3,S_0,S_1,S_1\}$	$\{S_0,S_3,S_2,S_1,S_0\}$	$\{S_3,S_2,S_3,S_4,S_2\}$	$\{S_2,S_2,S_3,S_4,S_3\}$	$\{S_2,S_1,S_0,S_0\}$	
k_9	0	$\{S_3,S_3,S_2,S_1,S_2\}$	$\{S_1,S_0,S_1,S_0,S_2\}$	$\{S_3,S_2,S_1,S_2,S_3\}$	$\{S_0,S_1,S_1,S_3,S_2\}$	$\{S_3,S_4,S_2,S_3,S_2\}$	$\{S_2,S_3,S_2,S_1\}$	
k_{10}	$\{S_2,S_2,S_4,S_1,S_2\}$	0	$\{S_1,S_2,S_2,S_1\}$	$\{S_1,S_0,S_2,S_0,S_1\}$	$\{S_3,S_2,S_1,S_2,S_2\}$	$\{S_2,S_1,S_2,S_0,S_1\}$	$\{S_0,S_0,S_1,S_2,S_0\}$	
k_{11}	$\{S_0,S_3,S_0,S_1,S_0\}$	$\{S_2,S_1,S_2,S_3,S_3\}$	0	$\{S_1,S_1,S_0,S_0,S_2\}$	$\{S_2,S_1,S_2,S_0,S_0\}$	$\{S_3,S_3,S_2,S_4,S_2\}$	$\{S_1,S_2,S_2,S_2,S_1\}$	
k_{12}	$\{S_3,S_4,S_4,S_2,S_3\}$	$\{S_0,S_1,S_2,S_1,S_1\}$	$\{S_2,S_0,S_1,S_1,S_2\}$	0	$\{S_2,S_1,S_2,S_3,S_3\}$	$\{S_4,S_2,S_1,S_3,S_3\}$	$\{S_1,S_2,S_2,S_1,S_0\}$	
k_{13}	$\{S_0,S_0,S_2,S_1,S_2\}$	$\{S_1,S_2,S_0,S_1,S_2\}$	$\{S_0,S_0,S_2,S_1,S_1\}$	$\{S_1,S_0,S_0,S_1,S_0\}$	0	$\{S_0,S_0,S_0,S_1,S_1\}$	$\{S_0,S_1,S_1,S_1,S_2\}$	
k_{14}	$\{S_3,S_0,S_2,S_2,S_1\}$	$\{S_2,S_0,S_0,S_1,S_1\}$	$\{S_3,S_3,S_4,S_2,S_3\}$	$\{S_2,S_2,S_3,S_0,S_1\}$	$\{S_3,S_2,S_1,S_3,S_2\}$	0	$\{S_3,S_2,S_2,S_2,S_1\}$	
k_{15}	$\{S_0,S_2,S_2,S_1,S_2\}$	$\{S_2,S_0,S_0,S_1,S_0\}$	$\{S_2,S_1,S_2,S_2,S_0\}$	$\{S_1,S_0,S_2,S_2,S_1\}$	$\{S_0,S_1,S_1,S_0,S_2\}$	$\{S_0,S_2,S_1,S_2,S_3\}$	0	

表 A2　　初始 PLTS 评级矩阵表

No.	k_1	k_2	k_3	k_4
k_1	0	$\{S_1(0.4),S_3(0.4),S_4(0.2)\}$	$\{S_0(0.25),S_2(0.5),S_3(0.25)\}$	$\{S_2(0.2),S_3(0.4),S_4(0.4)\}$
k_2	$\{S_0(0.2),S_1(0.4),S_2(0.4)\}$	0	$\{S_0(0.2),S_1(0.2),S_2(0.2),S_3(0.4)\}$	$\{S_0(0.25),S_1(0.25),S_2(0.5)\}$
k_3	$\{S_0(0.4),S_1(0.4),S_2(0.2)\}$	$\{S_1(0.2),S_2(0.6),S_3(0.2)\}$	0	$\{S_0(0.2),S_1(0.2),S_2(0.2),S_3(0.4)\}$
k_4	$\{S_2(0.4),S_3(0.2),S_4(0.4)\}$	$\{S_2(0.4),S_3(0.4),S_4(0.2)\}$	$\{S_0(0.2),S_1(0.2),S_2(0.4),S_3(0.2)\}$	0
k_5	$\{S_0(0.2),S_1(0.4),S_2(0.4)\}$	$\{S_2(0.5),S_3(0.5)\}$	$\{S_2(0.6),S_3(0.2),S_4(0.20\}$	$\{S_1(0.2),S_2(0.2),S_3(0.4),S_4(0.2)\}$
k_6	$\{S_1(0.2),S_2(0.4),S_3(0.2),S_4(0.2)\}$	$\{S_0(0.6),S_1(0.2),S_2(0.2)\}$	$\{S_0(0.6),S_1(0.4),S_2(0.4)\}$	$\{S_0(0.2),S_1(0.4),S_2(0.4)\}$
k_7	$\{S_2(0.4),S_3(0.2),S_4(0.4)\}$	$\{S_0(0.2),S_1(0.6),S_2(0.2)\}$	$\{S_0(0.2),S_1(0.4),S_2(0.2)\}$	$\{S_2(0.2),S_3(0.4),S_4(0.4)\}$
k_8	$\{S_0(0.25),S_1(0.5),S_2(0.25)\}$	$\{S_2(0.4),S_3(0.4),S_4(0.2)\}$	$\{S_2(0.4),S_3(0.4),S_4(0.2)\}$	$\{S_0(0.2),S_1(0.6),S_2(0.2)\}$
k_9	$\{S_1(0.4),S_2(0.2),S_3(0.2),S_4(0.2)\}$	$\{S_0(0.2),S_1(0.4),S_2(0.2),S_3(0.2)\}$	$\{S_0(0.4),S_1(0.2),S_2(0.2)\}$	$\{S_1(0.2),S_2(0.2),S_3(0.2),S_4(0.4)\}$
k_{10}	$\{S_0(0.2),S_1(0.6),S_2(0.2)\}$	$\{S_1(0.2),S_2(0.6),S_3(0.2)\}$	$\{S_0(0.2),S_1(0.6),S_2(0.2)\}$	$\{S_2(0.4),S_3(0.6)\}$
k_{11}	$\{S_0(0.2),S_1(0.4),S_2(0.4)\}$	$\{S_0(0.4),S_1(0.2),S_2(0.4)\}$	$\{S_0(0.5),S_2(0.5)\}$	$\{S_0(0.6),S_1(0.2),S_2(0.2)\}$
k_{12}	$\{S_1(0.2),S_2(0.4),S_3(0.4)\}$	$\{S_1(0.2),S_2(0.4),S_3(0.4)\}$	$\{S_1(0.25),S_2(0.5),S_3(0.25)\}$	$\{S_1(0.2),S_2(0.4),S_3(0.4)\}$
k_{13}	$\{S_1(0.2),S_2(0.4),S_3(0.4)\}$	$\{S_0(0.6),S_1(0.4)\}$	$\{S_0(0.2),S_1(0.4),S_2(0.4)\}$	$\{S_0(0.2),S_1(0.2),S_2(0.2),S_3(0.4)\}$
k_{14}	$\{S_1(0.8),S_2(0.2)\}$	$\{S_1(0.2),S_2(0.4),S_3(0.4)\}$	$\{S_0(0.2),S_1(0.4),S_4(0.4)\}$	$\{S_0(0.2),S_1(0.4),S_2(0.4)\}$
k_{15}	$\{S_0(0.2),S_1(0.4),S_2(0.4)\}$	$\{S_0(0.4),S_1(0.4),S_2(0.2)\}$	$\{S_0(0.2),S_1(0.4),S_2(0.4)\}$	$\{S_1(0.2),S_2(0.4),S_3(0.2),S_4(0.2)\}$
No.	k_5	k_6	k_7	k_8
k_1	$\{S_1(0.6),S_2(0.2),S_3(0.2)\}$	$\{S_2(0.4),S_3(0.4),S_4(0.2)\}$	$\{S_1(0.4),S_2(0.2),S_3(0.2),S_4(0.2)\}$	$\{S_2(0.25),S_3(0.5),S_4(0.25)\}$
k_2	$\{S_0(0.4),S_2(0.2),S_3(0.2),S_4(0.2)\}$	$\{S_0(0.25),S_1(0.5),S_2(0.25)\}$	$\{S_1(0.4),S_2(0.2),S_3(0.2),S_4(0.2)\}$	$\{S_0(0.2),S_1(0.6),S_2(0.2)\}$
k_3	$\{S_1(0.2),S_2(0.4),S_3(0.4)\}$	$\{S_0(0.2),S_1(0.2),S_2(0.2),S_3(0.4)\}$	$\{S_0(0.25),S_1(0.25),S_2(0.5)\}$	$\{S_0(0.2),S_1(0.8)\}$
k_4	$\{S_1(0.2),S_2(0.2),S_3(0.6)\}$	$\{S_2(0.2),S_3(0.4),S_4(0.4)\}$	$\{S_0(0.2),S_1(0.2),S_2(0.2),S_3(0.2),S_4(0.2)\}$	$\{S_1(0.2),S_2(0.4),S_3(0.4)\}$

续表

No.	k_5	k_6	k_7	k_8
k_5	0	$\{S_1(0.4),S_2(0.4),S_3(0.2)\}$	$\{S_1(0.4),S_2(0.4),S_3(0.2)\}$	$\{S_0(0.2),S_1(0.4),S_2(0.4)\}$
k_6	$\{S_0(0.4),S_1(0.4),S_2(0.2)\}$	0	$\{S_1(0.2),S_2(0.4),S_3(0.4)\}$	$\{S_2(0.2),S_3(0.4),S_4(0.4)\}$
k_7	$\{S_0(0.2),S_1(0.4),S_2(0.2),S_3(0.2)\}$	$\{S_0(0.2),S_2(0.4),S_3(0.4)\}$	0	$\{S_2(0.4),S_3(0.4),S_4(0.2)\}$
k_8	$\{S_1(0.4),S_2(0.4),S_3(0.2)\}$	$\{S_0(0.2),S_1(0.4),S_2(0.2),S_3(0.2)\}$	$\{S_1(0.2),S_2(0.2),S_3(0.2),S_4(0.4)\}$	0
k_9	$\{S_1(0.6),S_2(0.4)\}$	$\{S_0(0.2),S_1(0.2),S_2(0.2),S_3(0.4)\}$	$\{S_0(0.2),S_1(0.4),S_2(0.4)\}$	$\{S_1(0.2),S_2(0.2),S_3(0.4),S_4(0.2)\}$
k_{10}	$\{S_1(0.4),S_2(0.4),S_3(0.2)\}$	$\{S_0(0.2),S_1(0.4),S_2(0.4)\}$	$\{S_0(0.2),S_1(0.2),S_2(0.4),S_3(0.2)\}$	$\{S_0(0.25),S_1(0.5),S_2(0.25)\}$
k_{11}	$\{S_1(0.4),S_2(0.4),S_3(0.2)\}$	$\{S_2(0.4),S_3(0.6)\}$	$\{S_1(0.2),S_2(0.2),S_3(0.4),S_4(0.2)\}$	$\{S_2(0.2),S_3(0.6),S_4(0.2)\}$
k_{12}	$\{S_0(0.4),S_1(0.4),S_2(0.2)\}$	$\{S_1(0.4),S_2(0.4),S_3(0.2)\}$	$\{S_0(0.2),S_1(0.4),S_2(0.4)\}$	$\{S_0(0.2),S_1(0.6),S_2(0.2)\}$
k_{13}	$\{S_2(0.6),S_3(0.4)\}$	$\{S_0(0.4),S_1(0.4),S_2(0.2)\}$	$\{S_0(0.4),S_1(0.2),S_2(0.4)\}$	$\{S_1(0.4),S_2(0.4),S_3(0.2)\}$
k_{14}	$\{S_1(0.2),S_2(0.4),S_3(0.4)\}$	$\{S_2(0.4),S_3(0.4),S_4(0.2)\}$	$\{S_1(0.2),S_2(0.6),S_3(0.2)\}$	$\{S_0(0.2),S_1(0.6),S_2(0.2)\}$
k_{15}	$\{S_0(0.4),S_1(0.2),S_2(0.4)\}$	$\{S_1(0.4),S_2(0.4),S_3(0.2)\}$	$\{S_0(0.4),S_1(0.4),S_2(0.2)\}$	$\{S_0(0.4),S_1(0.2),S_2(0.4)\}$

No.	k_9	k_{10}	k_{11}	k_{12}
k_1	$\{S_0(0.2),S_1(0.2),S_2(0.4),S_3(0.2)\}$	$\{S_0(0.6),S_1(0.2),S_2(0.2)\}$	$\{S_2(0.6),S_3(0.2),S_4(0.2)\}$	$\{S_0(0.4),S_1(0.4),S_2(0.2)\}$
k_2	$\{S_1(0.4),S_2(0.6)\}$	$\{S_0(0.2),S_1(0.2),S_2(0.4),S_3(0.2)\}$	$\{S_1(0.2),S_2(0.4),S_3(0.4)\}$	$\{S_0(0.4),S_1(0.2),S_2(0.4)\}$
k_3	$\{S_2(0.6),S_3(0.2),S_4(0.2)\}$	$\{S_0(0.2),S_1(0.4),S_2(0.4)\}$	$\{S_1(0.75),S_2(0.25)\}$	$\{S_0(0.2),S_1(0.4),S_2(0.4)\}$
k_4	$\{S_1(0.2),S_2(0.4),S_3(0.2),S_4(0.2)\}$	$\{S_2(0.2),S_3(0.4),S_4(0.4)\}$	$\{S_2(0.2),S_3(0.6),S_4(0.2)\}$	$\{S_0(0.2),S_1(0.4),S_2(0.2),S_3(0.2)\}$
k_5	$\{S_0(0.4),S_1(0.4),S_2(0.2)\}$	$\{S_0(0.4),S_1(0.2),S_2(0.2),S_3(0.2)\}$	$\{S_0(0.4),S_2(0.2),S_3(0.4)\}$	$\{S_0(0.4),S_1(0.2),S_2(0.4)\}$
k_6	$\{S_0(0.4),S_1(0.4),S_2(0.2)\}$	$\{S_2(0.2),S_3(0.6),S_4(0.2)\}$	$\{S_0(0.2),S_1(0.2),S_2(0.4),S_3(0.2)\}$	$\{S_1(0.4),S_2(0.4),S_3(0.2)\}$
k_7	$\{S_1(0.4),S_2(0.4),S_3(0.2)\}$	$\{S_1(0.2),S_2(0.4),S_3(0.2),S_4(0.2)\}$	$\{S_2(0.4),S_3(0.4),S_4(0.2)\}$	$\{S_0(0.4),S_1(0.2),S_2(0.4)\}$
k_8	$\{S_1(0.5),S_2(0.25),S_3(0.25)\}$	$\{S_2(0.6),S_3(0.2),S_4(0.2)\}$	$\{S_0(0.2),S_1(0.4),S_2(0.2),S_3(0.2)\}$	$\{S_0(0.4),S_1(0.2),S_2(0.2),S_3(0.2)\}$

续表

No.	k_9	k_{10}	k_{11}	k_{12}
k_9	0	$\{S_1(0.2), S_2(0.4), S_3(0.4)\}$	$\{S_0(0.4), S_1(0.4), S_2(0.2)\}$	$\{S_1(0.2), S_2(0.4), S_3(0.4)\}$
k_{10}	$\{S_1(0.2), S_2(0.6), S_4(0.2)\}$	0	$\{S_1(0.5), S_2(0.5)\}$	$\{S_0(0.4), S_1(0.4), S_2(0.2)\}$
k_{11}	$\{S_0(0.6), S_1(0.2), S_3(0.2)\}$	$\{S_1(0.2), S_2(0.4), S_3(0.4)\}$	0	$\{S_0(0.4), S_1(0.4), S_2(0.2)\}$
k_{12}	$\{S_2(0.2), S_3(0.4), S_4(0.4)\}$	$\{S_0(0.2), S_1(0.6), S_2(0.2)\}$	$\{(S_0(0.2), S_1(0.4), S_2(0.4)\}$	0
k_{13}	$\{S_0(0.4), S_1(0.2), S_2(0.4)\}$	$\{S_0(0.2), S_1(0.4), S_2(0.4)\}$	$\{S_0(0.4), S_1(0.4), S_2(0.2)\}$	$\{S_0(0.6), S_1(0.4)\}$
k_{14}	$\{S_0(0.2), S_1(0.2), S_2(0.4), S_3(0.2)\}$	$\{S_0(0.4), S_1(0.4), S_2(0.2)\}$	$\{S_2(0.2), S_3(0.6), S_4(0.2)\}$	$\{S_0(0.2), S_1(0.2), S_2(0.4), S_3(0.2)\}$
k_{15}	$\{S_0(0.2), S_1(0.2), S_2(0.6)\}$	$\{S_0(0.6), S_1(0.2), S_2(0.2)\}$	$\{S_0(0.2), S_1(0.2), S_2(0.6)\}$	$\{S_0(0.25), S_1(0.5), S_2(0.25)\}$
No.	k_{13}	k_{14}	k_{15}	
k_1	$\{S_1(0.4), S_3(0.4), S_4(0.2)\}$	$\{S_0(0.4), S_1(0.6)\}$	$\{S_0(0.2), S_1(0.2), S_2(0.2), S_3(0.2), S_4(0.2)\}$	
k_2	$\{S_1(0.4), S_2(0.2), S_3(0.4)\}$	$\{S_0(0.2), S_1(0.4), S_2(0.4)\}$	$\{S_2(0.4), S_3(0.4), S_4(0.2)\}$	
k_3	$\{S_1(0.2), S_2(0.6), S_3(0.2)\}$	$\{S_0(0.6), S_1(0.2), S_2(0.2)\}$	$\{S_1(0.4), S_2(0.6)\}$	
k_4	$\{S_2(0.4), S_3(0.4), S_4(0.2)\}$	$\{S_1(0.4), S_2(0.6)\}$	$\{S_2(0.2), S_3(0.4), S_4(0.4)\}$	
k_5	$\{S_2(0.5), S_3(0.5)\}$	$\{S_0(0.4), S_1(0.4), S_2(0.2)\}$	$\{S_1(0.2), S_2(0.6), S_3(0.2)\}$	
k_6	$\{S_0(0.6), S_1(0.2), S_2(0.2)\}$	$\{S_0(0.2), S_1(0.6), S_2(0.2)\}$	$\{S_1(0.2), S_2(0.4), S_3(0.4)\}$	
k_7	$\{S_0(0.2), S_1(0.6), S_2(0.2)$	$\{S_0(0.6), S_1(0.2), S_2(0.2)\}$	$\{S_2(0.2), S_3(0.2), S_4(0.6)\}$	
k_8	$\{S_2(0.4), S_3(0.4), S_4(0.2)\}$	$\{S_2(0.4), S_3(0.4), S_4(0.2)\}$	$\{S_0(0.5), S_1(0.25), S_2(0.25)\}$	
k_9	$\{S_0(0.2), S_1(0.4), S_2(0.2), S_3(0.2)\}$	$\{S_2(0.4), S_3(0.4), S_4(0.2)\}$	$\{S_1(0.25), S_2(0.5), S_3(0.25)\}$	
k_{10}	$\{S_1(0.2), S_2(0.6), S_3(0.2)\}$	$\{S_0(0.2), S_1(0.4), S_2(0.4)\}$	$\{S_0(0.6), S_1(0.2), S_2(0.2)\}$	
k_{11}	$\{S_0(0.4), S_1(0.2), S_2(0.4)\}$	$\{S_2(0.4), S_3(0.4), S_4(0.2)\}$	$\{S_1(0.4), S_2(0.6)\}$	
k_{12}	$\{S_1(0.2), S_2(0.4), S_3(0.4)\}$	$\{S_1(0.2), S_2(0.2), S_3(0.4), S_4(0.2)\}$	$\{S_0(0.2), S_1(0.4), S_2(0.4)\}$	

续表

No.	k_{13}	k_{14}	k_{15}	
k_{13}	0	$\{S_0(0.6),S_1(0.4)\}$	$\{S_0(0.2),S_1(0.6),S_2(0.2)\}$	
k_{14}	$\{S_1(0.2),S_2(0.4),S_3(0.4)\}$	0	$\{S_1(0.2),S_2(0.6),S_3(0.2)\}$	
k_{15}	$\{S_0(0.4),S_1(0.4),S_2(0.2)\}$	$\{S_0(0.2),S_1(0.2),S_2(0.4),S_3(0.2)\}$	0	

表 A3　　**NPLTS 评价矩阵表**

No.	k_1	k_2	k_3	k_4
k_1	0	$\{S_0 0.2),S_1(0.2),S_2(0.4),S_3(0.2),S_0(0)\}$	$\{S_0(0.25),S_2(0.5),S_3(0.25),S_0(0),S_0(0)\}$	$\{S_1(0.4),S_3(0.4),S_4(0.2),S_1(0),S_1(0)\}$
k_2	$\{S_1(0.2),S_2(0.4),S_3(0.4),S_1(0),S_0(0)\}$	0	$\{S_0(0.2),S_1(0.2),S_2(0.2),S_3(0.4),S_0(0)\}$	$\{S_1(0.4),S_2(0.2),S_3(0.4),S_1(0),S_1(0)\}$
k_3	$\{S_1(0.75),S_2(0.25),S_1(0),S_1(0),S_1(0)\}$	$\{S_1(0.2),S_2(0.6),S_3(0.2),S_1(0),S_1(0)\}$	0	$\{S_1(0.2),S_2(0.6),S_3(0.2),S_1(0),S_1(0)\}$
k_4	$\{S_2(0.2),S_3(0.6),S_4(0.2),S_2(0),S_2(0)\}$	$\{S_1(0.4),S_2(0.2),S_3(0.2),S_4(0.2),S_1(0)\}$	$\{S_0(0.2),S_1(0.2),S_2(0.4),S_3(0.2),S_0(0)\}$	0
k_5	$\{S_0(0.4),S_2(0.2),S_3(0.4),S_0(0),S_0(0)\}$	$\{S_0(0.4),S_1(0.4),S_2(0.2),S_0(0),S_0(0)\}$	$\{S_2(0.6),S_3(0.2),S_4(0.2),S_2(0),S_2(0)\}$	$\{S_2(0.5),S_3(0.5),S_2(0),S_2(0),S_2(0)\}$
k_6	$\{S_0(0.2),S_1(0.2),S_2(0.4),S_3(0.2),S_0(0)\}$	$\{S_0(0.4),S_1(0.4),S_2(0.2),S0(0),S_0(0)\}$	$\{S_0(0.6),S_1(0.4),S_2(0.4),S_0(0),S_0(0)\}$	$\{S_0(0.6),S_1(0.2),S_2(0.2),S_0(0),S_0(0)\}$
k_7	$\{S_2(0.4),S_3(0.4),S_4(0.2),S_2(0),S_2(0)\}$	$\{S_1(0.4),S_2(0.4),S_3(0.2),S_1(0),S_1(0)\}$	$\{S_0(0.2),S_1(0.4),S_2(0.2),S_0(0),S_0(0)\}$	$\{S_0(0.2),S_1(0.6),S2(0.2),S_0(0),S_0(0)\}$
k_8	$\{S_0(0.2),S_1(0.4),S_2(0.2),S_3(0.2),S_0(0)\}$	$\{S_1(0.5),S_2(0.25),S_3(0.25),S_1(0),S_1(0)\}$	$\{S_2(0.4),S_3(0.4),S_4(0.2),S_2(0),S_2(0)\}$	$\{S_0(0.5),S_1(0.25),S_2(0.25),S_0(0),S_0(0)\}$
k_9	$\{S_0(0.4),S_1(0.4),S_2(0.2),S_0(0),S_0(0)\}$	$\{S_1(0.2),S_2(0.4),{}_{s3}(0.4),S_1(0),S_1(0)\}$	$\{S_0(0.4),S_1(0.2),S_2(0.2),S_0(0),S_0(0)\}$	$\{S_0(0.2),S_1(0.4),S_2(0.2),S_3(0.2),S_0(0)\}$
k_{10}	$\{S_1(0.5),S_2(0.5),S_1(0),S_1(0),S_1(0)\}$	$\{S_1(0.4),S_2(0.2),S_3(0.2),S_1(0),S_1(0)\}$	$\{S_0(0.2),{}_{s1}(0.6),S_2(0.2),S_0(0),S_0(0)\}$	$\{S_1(0.2),S_2(0.6),S_3(0.2),S_1(0),S_1(0)\}$
k_{11}	$\{S_0(0.2),S_1(0.4),S_2(0.4),S_0(0),S_0(0)\}$	$\{S_0(0.6),S_1(0.2),S_3(0.2),S_0(0),S_0(0)\}$	$\{S_0(0.5),S_2(0.5),S_0(0),S_0(0),S_0(0)\}$	$\{S_0(0.4),S_1(0.2),S_2(0.4),S_0(0),S_0(0)\}$
k_{12}	$\{(S_0(0.2),S_1(0.4),S_2(0.4),S_0(0),S_0(0)\}$	$\{S_1(0.4),S_2(0.2),S_3(0.4),S_1(0),S_1(0)\}$	$\{S_1(0.25),S_2(0.5),S_3(0.25),S_1(0),S_1(0)\}$	$\{S_1(0.2),S_2(0.4),S_3(0.4),S_1(0),S_1(0)]$
k_{13}	$\{S_0(0.4),S_1(0.4),S_2(0.2),S_0(0),S_0(0)\}$	$\{S_0(0.4),S_1(0.2),S_2(0.4),S_0(0),S_0(0)\}$	$\{S_0(0.2),S_1(0.4),S_2(0.4),S_0(0),S_0(0)\}$	$\{S_1(0.4),S_2(0.4),S_3(0.2),S_1(0),S_1(0)\}$
k_{14}	$\{S_2(0.2),S_3(0.6),S_4(0.2),S_2(0),S_2(0)\}$	$\{S_0(0.2),S_1(0.2),S_2(0.4),S_3(0.2),S_0(0)\}$	$\{S_0(0.2),S_1(0.4),S_4(0.4),S_0(0),S_0(0)\}$	$\{S_1(0.2),S_2(0.4),S_3(0.4),S_1(0),S_1(0)\}$

续表

No.	k_1	k_2	k_3	k_4
k_{15}	$\{S_0(0.2),S_1(0.2),S_2(0.6),S_0(0),S_0(0)\}$	$\{S_0(0.2),S_1(0.2),S_2(0.6),S_0(0),S_0(0)\}$	$\{S_0(0.2),S_1(0.4),S_2(0.4),S_0(0),S_0(0)\}$	$\{S_0(0.6),S_1(0.2),S_2(0.2),S_0(0),S_0(0)\}$
No.	k_5	k_6	k_7	k_8
k_1	$\{S_0(0.2),S_1(0.2),S_2(0.2),S_3(0.2),S_4(0.2)\}$	$\{S_1(0.4),S_2(0.2),S_3(0.2),S_4(0.2),S_1(0)\}$	$\{S_1(0.4),S_2(0.4),S_4(0.2),S_1(0),S_1(0)\}$	$\{S_2(0.2),S_3(0.4),S_4(0.4),S_2(0),S_2(0)\}$
k_2	$\{S_2(0.4),S_3(0.4),S_4(0.2),S_2(0),S_2(0)\}$	$\{S_1(0.4),S_2(0.2),S_3(0.2),S_4(0.2),S_1(0)\}$	$\{S_0(0.4),S_1(0.2),S_2(0.4),S_0(0),S_0(0)\}$	$\{S_0(0.25),S_1(0.25),S_2(0.5),S_0(0),S_0(0)\}$
k_3	$\{S_1(0.4),S_2(0.6),S_1(0),S_1(0),S_1(0)\}$	$\{S_0(0.25),S_1(0.25),S_2(0.5),S_0(0),S_0(0)\}$	$\{S_0(0.2),S_1(0.4),S_2(0.4),S_0(0),S_0(0)\}$	$\{S_0(0.2),{}_{S1}(0.2),S_2(0.2),S_3(0.4),S_0(0)\}$
k_4	$\{S_2(0.2),S_3(0.4),S_4(0.4),S_2(0),S_2(0)\}$	$\{S_0(0.2),S_1(0.2),S_2(0.2),S_3(0.2),S_4(0.2)\}$	$\{S_0(0.2),S_1(0.2),S_2(0.2),S_3(0.4),S_0(0)\}$	$\{S_2(0.2),S_3(0.4),S_4(0.4),S_2(0),S_2(0)\}$
k_5	0	$\{S_1(0.4),S_2(0.4),S_3(0.2),S_1(0),S_1(0)\}$	$\{S_0(0.2),S_1(0.4),S_2(0.4),S_0(0),S_0(0)\}$	$\{S_1(0.2),S_2(0.2),{}_{S3}(0.4),S_4(0.2),S_1(0)\}$
k_6	$\{S_1(0.2),S_2(0.4),S_3(0.4),S_1(0),S_1(0)\}$	0	$\{S_1(0.2),S_2(0.4),S_3(0.4),S_1(0),S_1(0)\}$	$\{S_0(0.2),S_1(0.4),S_2(0.4),S_0(0),S_0(0)\}$
k_7	$\{S_2(0.2),S_3(0.2),S_4(0.6),S_2(0),S_2(0)\}$	$\{S_2(0.4),S_3(0.2),S_4(0.4),S_0(0),S_0(0)\}$	0	$\{S_2(0.2),S_3(0.4),S_4(0.4),S_2(0),S_2(0)\}$
k_8	$\{S_1(0.4),S_2(0.4),S_3(0.2),S_1(0),S_1(0)\}$	$\{S_1(0.2),S_2(0.2),S_3(0.2),S_4(0.4),S_1(0)\}$	$\{S1(0.2),S2(0.2),S3(0.4),S4(0.2),S1(0)\}$	0
k_9	$\{S1(0.25),S_2(0.5),S_3(0.25),S_1(0),S_1(0)\}$	$\{S_0(0.2),S_1(0.4),S_2(0.4)\}$	$\{S_0(0.4),S_1(0.4),S_2(0.2),S_0(0),S_0(0)\}$	$\{S_1(0.2),S_2(0.2),S_3(0.2),S_4(0.4),S_1(0)\}$
k_{10}	$\{S_0(0.6),S_1(0.2),S_2(0.2),S_0(0),S_0(0)\}$	$\{S_0(0.2),S_1(02),S_2(0.4),S_3(0.2),S_0(0)\}$	$\{S_1(0.2),S_2(0.2),S_3(0.4),S_4(0.2),S_1(0)\}$	$\{S_2(0.4),S_3(0.6),S_2(0),S_2(0),S_2(0)\}$
k_{11}	$\{S1(0.4),S_2(0.6),S_1(0),S_1(0),S_1(0)\}$	$\{S_0(0.5),S_1(0.5),S_0(0),S_0(0),S_0(0)\}$	$\{S_1(0.2),S_2(0.2),S_3(0.4),S_4(0.2),S_1(0)\}$	$\{S_0(0.6),S_1(0.2),S_2(0.2),S_0(0),S_0(0)\}$
k_{12}	$\{S_0(0.2),S_1(0.4),S_2(0.4),S_0(0),S_0(0)\}$	$\{S_0(0.2),S_1(0.4),S_2(0.4),S_0(0),S_0(0)\}$	$\{S1(0.4),S2(0.4),S3(0.2),S1(0),S1(0)\}$	$\{S0(0.4),S1(0.4),S2(0.2),S0(0),S0(0)\}$
k_{13}	$\{S_0(0.2),S_1(0.6),S_2(0.2),S_0(0),S_0(0)\}$	$\{S_0(0.4),S_1(0.2),S_2(0.4),S_0(0),S_0(0)\}$	$\{S0(0.6),S1(0.4),S0(0),S0(0),S0(0)\}$	$\{S0(0.6),S1(0.4),S0(0),S0(0),S0(0)\}$
k_{14}	$\{S_1(0.2),S_2(0.6),S_3(0.2),S_1(0),S_1(0)\}$	$\{S_1(0.2),S_2(0.6),S_3(0.2),S_1(0),S_1(0)\}$	$\{S0(0.2),S1(0.4),S2(0.4),S0(0),S0(0)\}$	$\{S0(0.2),S1(0.4),S2(0.4),S0(0),S0(0)\}$
k_{15}	$\{S_0(0.4),S_1(0.2),S_2(0.4),S_0(0),S_0(0)\}$	$\{S_0(0.4),S_1(0.4),S_2(0.2),S_0(0),S_0(0)\}$	$\{S0(0.2),S1(0.6),S2(0.2),S0(0),S0(0)\}$	$\{S1(0.2),S2(0.4),S3(0.2),S4(0.2),S1(0)\}$
No.	k_9	k_{10}	k_{11}	k_{12}
k_1	$\{S_0(0.6),S_1(0.2),S_2(0.2),S_0(0),S_0(0)\}$	$\{S_0(0.4),S_1(0.4),S_2(0.4),S_0(0),S_0(0)\}$	$\{S_2(0.6),S_3(0.2),S_4(0.2),S_0(0),S_0(0)\}$	$\{S_1(0.6),S_2(0.4),S_3(0.2),S_1(0),S_1(0)\}$
k_2	$\{S_0(0.2),S_1(0.2),S_2(0.4),S_3(0.2),S_0(0)\}$	$\{S_0(0.4),S_2(0.2),S_3(0.2),S_4(0.2),S_0(0)\}$	$\{S_0(0.2),S_1(0.4),S_2(0.4),S_0(0),S_0(0)\}$	$\{S_1(0.4),S_2(0.6),S_1(0),S_1(0),S_1(0)\}$

续表

No.	k_9	k_{10}	k_{11}	k_{12}
k_3	$\{S_0(0.2),S_1(0.4),S_2(0.4),S_0(0),S_0(0)\}$	$\{S_0(0.2),S_1(0.4),S_2(0.4),S_0(0),S_0(0)\}$	$\{S_0(0.4),S_1(0.4),S_2(0.2),S_0(0),S_0(0)\}$	$\{S_1(0.2),S_2(0.4),S_3(0.4),_{S1}(0),S_1(0)\}$
k_4	$\{S_2(0.4),S_3(0.4),S_4(0.2),S_2(0),S_2(0)\}$	$\{S_0(0.2),S_1(0.4),S_2(0.2),S_3(0.2),S_0(0)\}$	$\{S_2(0.4),S_3(0.2),S_4(0.4),S_2(0),S_2(0)\}$	$\{S_2(0.2),S_3(0.4),S_4(0.4),S_2(0),S_2(0)\}$
k_5	$\{S_0(0.4),S_{1(}0.2),S_2(0.2),S_3(0.2),S_0(0)\}$	$\{S_0(0.4),S_1(0.2),S_2(0.4),S_0(0),S_0(0)\}$	$\{S_0(0.2),S_1(0.4),S_2(0.4),S_0(0),S_0(0)\}$	$\{S_1(0.2),S_2(0.6),S_3(0.2),S_1(0),S_1(0)\}$
k_6	$\{S_2(0.2),S_3(0.6),S_4(0.2),S_2(0),S_2(0)\}$	$\{S_1(0.4),S_2(0.4),S_3(0.2),S_1(0),S_1(0)\}$	$\{S_1(0.2),S_2(0.4),S_3(0.2),S_4(0.2),S_1(0)\}$	$\{S_0(0.4),S_1(0.4),S_2(0.2),S_0(0),S_0(0)\}$
k_7	$\{S_1(0.2),S_2(0.4),S_3(0.2),S_4(0.2),S_1(0)\}$	$\{S_0(0.4),S_1(0.2),S_2(0.4),S_0(0),S_0(0)\}$	$\{S_0(0.4),S_1(0.4),S_2(0.2),S_0(0),S_0(0)\}$	$\{S_0(0.2),S_1(0.4),S_2(0.2),S_3(0.2),S_0(0)\}$
k_8	$\{S_2(0.6),S_3(0.2),S_3(0.2),S_2(0),S_2(0)\}$	$\{S_0(0.4),S_1(0.2),S_2(0.2),S_3(0.2),S_0(0)\}$	$\{S_0(0.25),S_1(0.5),S_2(0.25),S_0(0),S_0(0)\}$	$\{S_2(0.4),S_3(0.4),S_4(0.2),S_2(0),S_2(0)\}$
k_9	0	$\{S_1(0.2),S_2(0.4),S_3(0.4),S_1(0),S_1(0)\}$	$\{S_1(0.4),S_2(0.2),S_3(0.2),S_4(0.2),S_1(0)\}$	$\{S_1(0.6),S_2(0.4),S_1(0),S_1(0),S_1(0)\}$
k_{10}	$\{S_1(0.2),S_2(0.6),S4_(0.2),S_1(0),S_1(0)\}$	0	$\{S_0(0.2),S(0.6),S_2(0.2),S_0(0),S_0(0)\}$	$\{S_0(0.4),S_1(0.4),S_2(0.2),S_0(0),S_0(0)\}$
k_{11}	$\{S_1(0.2),S_2(0.4),S_3(0.4),S_1(0),S_1(0)\}$	$\{S_0(0.4),S_1(0.4),S_2(0.2),S_0(0),S_0(0)\}$	0	$\{S_1(0.4),S_2(0.4),S_3(0.2),S_1(0),S_1(0)\}$
k_{12}	$\{S_0(0.2),S_1(0.6),S_2(0.2),S_0(0),S_0(0)\}$	$\{S_1(0.5),S_2(0.5),S_1(0),S_1(0),S_1(0)\}$	$\{S_1(0.2),S_2(0.4),S_3(0.4),S_1(0),S_1(0)\}$	0
k_{13}	$\{S_0(0.2),S_1(0.2),S_2(0.2),S_3(0.4),S_0(0)\}$	$\{S_0(0.6),S_1(0.4),S_0(0),S_0(0),S_0(0)\}$	$\{S_1(0.2),S_2(0.4),S_3(0.4),S_1(0),S_1(0)\}$	$\{S_2(0.6),S_3(0.4),S_2(0),S_2(0),S_2(0)\}$
k_{14}	$\{S_0(0.4),S_1(0.4),S_2(0.2),S_0(0),S_0(0)\}$	$\{S_0(0.2),S_1(0.2),S_2(0.4),S_3(0.2),S_0(0)\}$	$\{S_1(0.8),S_{2(}0.2),S_1(0),S_1(0),S_1(0)\}$	$\{S_2(0.4),S_3(0.4),S_4(0.2),S_2(0),S_2(0)\}$
k_{15}	$\{S_0(0.4),S_1(0.2),S_2(0.4),S_0(0),S_0(0)\}$	$\{S_0(0.25),S_1(0.5),S2(0.25),S_0(0),S_0(0)\}$	$\{S_0(0.2),S_1(0.4),S2(0.4),S_0(0),S_0(0)\}$	$\{S_0(0.4),S_1(0.4),S_2(0.2),S_0(0),S_0(0)\}$

No.	k_{13}	k_{14}	k_{15}	
k_1	$\{S_0(0.4),S_1(0.6),S_0(0),S_0(0),S_0(0)\}$	$\{S_2(0.4),S_3(0.4),S_4(0.2),S_2(0),S_2(0)\}$	$\{S_2(0.25),S_3(0.5),S_4(0.25),S_2(0),S_2(0)\}$	
k_2	$\{S_0(0.2),S_1(0.4),S_2(0.4),S_0(0),S_0(0)\}$	$\{S_0(0.25),S_1(0.5),S_2(0.25),S_0(0),S_0(0)\}$	$\{S_0(0.2),S_1(0.6),S_2(0.2),S_0(0),S_0(0)\}$	
k_3	$\{S_0(0.6),S_1(0.2),S_2(0.2),S_0(0),S_0(0)\}$	$\{S_0(0.2),S_1(0.2),S_2(0.2),S_3(0.4),S_0(0)\}$	$\{S_0(0.2),S_1(0.8),S_0(0),S_0(0),S_0(0)\}$	
k_4	$\{S_1(0.4),S_2(0.6),S_1(0),S_1(0),S_1(0)\}$	$\{S_1(0.2),S_2(0.2),S_3(0.6),S_1(0),S_1(0)\}$	$\{S_1(0.2),S_2(0.4),S_3(0.4),S_1(0),S_1(0)\}$	
k_5	$\{S_0(0.4),S_1(0.4),S_2(0.2),S_0(0),S_0(0)\}$	$\{S_1(0.4),S_2(0.4),S_3(0.2),S_1(0),S_1(0)\}$	$\{S_0(0.2),S_1(0.4),S_2(0.4),S_0(0),S_0(0)\}$	
k_6	$\{S_0(0.2),S_1(0.6),S_2(0.2),S_0(0),S_0(0)\}$	$\{S_0(0.2),S_1(0.6),S_2(0.2),S_0(0),S_0(0)\}$	$\{S_2(0.2),S_3(0.4),S_4(0.4),S_2(0),S_2(0)\}$	

续表

No.	k_{13}	k_{14}	k_{15}	
k_7	$\{S_0(0.6),S_1(0.2),S_2(0.2),S_0(0),S_0(0)\}$	$\{S_0(0.2),S_2(0.4),S_3(0.4),S_0(0),S_0(0)\}$	$\{S2(0.4),S_3(0.4),S_4(0.2),S_2(0),S_2(0)\}$	
k_8	$\{S_0(0.2),S_1(0.6),S_2(0.2),S_0(0),S_0(0)\}$	$\{S_0(0.2),S_1(0.4),S_2(0.2),S_3(0.2),S_0(0)\}$	$\{S_2(0.4),S_3(0.4),S_4(0.2),S_2(0),S_2(0)\}$	
k_9	$\{S_2(0.4),S_3(0.4),S_4(0.2),S_2(0),S_2(0)\}$	$\{S_0(0.2),S_1(0.2),S_2(0.2),S_3(0.4),S_0(0)\}$	$\{S_1(0.2),S_2(0.2),S_3(0.4),S_4(0.2),S_1(0)\}$	
k_{10}	$\{S_{0(}0.2),S_{1(}0.4),S_2(0.4),S_0(0),S_0(0)\}$	$\{S_0(0.2),S_1(0.4),S_2(0.4),S_0(0),S_0(0)\}$	$\{S_0(0.25),{}_{S1}(0.5),S_{2(}0.25),S_0(0),S_0(0)\}$	
k_{11}	$\{S_2(0.4),S_3(0.4),S_4(0.2),S_2(0),S_2(0)\}$	$\{S_2(0.4),S_3(0.6),S_2(0),S_2(0),S_2(0)\}$	$\{S_2(0.2),S_3(0.6),S_4(0.2),S_2(0),S_2(0)\}$	
k_{12}	$\{S_1(0.2),S_2(0.2),S_3(0.4),S_4(0.2),S_1(0)\}$	$\{S_1(0.2),S_2(0.4),S_3(0.4),S_1(0),S_1(0)\}$	$\{S_0(0.2),S_1(0.6),S_2(0.2),S_0(0),S_0(0)\}$	
k_{13}	0	$\{S_0(0.4),S_1(0.4),S_2(0.2),S_0(0),S_0(0)\}$	$\{S_0(0.2),S_1(0.4),S_2(0.4),S_0(0),S_0(0)\}$	
k_{14}	$\{S_1(0.2),S_2(0.4),S_3(0.4),S_1(0),S_1(0)\}$	0	$\{S_0(0.2),S_1(0.6),S_2(0.2),S_0(0),S_0(0)\}$	
k_{15}	$\{S_0(0.2),S_1(0.2),S_2(0.4),S_3(0.2),S_0(0)\}$	$\{S_1(0.4),S_2(0.4),S_3(0.2),S_1(0),S_1(0)\}$	0	

表 A4　　相对重要度矩阵

No.	k_1	k_2	k_3	k_4	k_5	k_6	k_7	k_8	k_9	k_{10}	k_{11}	k_{12}	k_{13}	k_{14}	k_{15}
k_1	0	0.48	0.35	0.64	0.32	0.56	0.44	0.6	0.32	0.12	0.52	0.4	0.24	0.12	0.4
k_2	0.24	0	0.36	0.25	0.32	0.2	0.44	0.2	0.32	0.32	0.24	0.2	0.4	0.24	0.56
k_3	0.16	0.4	0	0.36	0.52	0.36	0.25	0.16	0.52	0.24	0.16	0.24	0.24	0.12	0.32
k_4	0.6	0.56	0.32	0	0.48	0.64	0.4	0.44	0.48	0.64	0.6	0.36	0.28	0.32	0.64
k_5	0.24	0.5	0.52	0.52	0	0.36	0.36	0.24	0.16	0.24	0.24	0.24	0.2	0.16	0.16
k_6	0.48	0.12	0.24	0.24	0.16	0	0.44	0.64	0.16	0.6	0.48	0.2	0.36	0.2	0.44
k_7	0.6	0.2	0.16	0.64	0.36	0.4	0	0.56	0.36	0.48	0.6	0.16	0.2	0.12	0.68
k_8	0.2	0.56	0.56	0.2	0.35	0.28	0.56	0	0.35	0.48	0.2	0.52	0.24	0.56	0.15

续表

No.	k_1	k_2	k_3	k_4	k_5	k_6	k_7	k_8	k_9	k_{10}	k_{11}	k_{12}	k_{13}	k_{14}	k_{15}
k_9	0. 44	0. 28	0. 12	0. 56	0. 28	0. 36	0. 24	0. 52	0	0. 44	0. 44	0. 16	0. 44	0. 56	0. 4
k_{10}	0. 2	0. 4	0. 2	0. 52	0. 44	0. 24	0. 32	0. 2	0. 44	0	0. 2	0. 52	0. 16	0. 24	0. 12
k_{11}	0. 24	0. 2	0. 2	0. 12	0. 16	0. 52	0. 52	0. 6	0. 16	0. 44	0	0. 1	0. 16	0. 56	0. 32
k_{12}	0. 44	0. 44	0. 4	0. 44	0. 64	0. 36	0. 24	0. 2	0. 64	0. 2	0. 44	0	0. 3	0. 52	0. 24
k_{13}	0. 44	0. 08	0. 24	0. 36	0. 2	0. 16	0. 2	0. 36	0. 2	0. 24	0. 44	0. 08	0	0. 08	0. 2
k_{14}	0. 24	0. 44	0. 4	0. 24	0. 32	0. 56	0. 4	0. 2	0. 32	0. 16	0. 24	0. 24	0. 32	0	0. 4
k_{15}	0. 24	0. 16	0. 24	0. 48	0. 28	0. 36	0. 16	0. 2	0. 28	0. 12	0. 24	0. 2	0. 2	0. 32	0

表 A5　　标准相对重要度矩阵

No.	k_1	k_2	k_3	k_4	k_5	k_6	k_7	k_8	k_9	k_{10}	k_{11}	k_{12}	k_{13}	k_{14}	k_{15}
k_1	0	0. 139	0. 118	0. 16	0. 113	0. 15	0. 133	0. 155	0. 113	0. 069	0. 144	0. 126	0. 098	0. 069	0. 126
k_2	0. 098	0	0. 12	0. 1	0. 113	0. 089	0. 133	0. 089	0. 113	0. 113	0. 098	0. 089	0. 126	0. 098	0. 15
k_3	0. 08	0. 126	0	0. 12	0. 144	0. 12	0. 1	0. 08	0. 144	0. 098	0. 08	0. 098	0. 098	0. 069	0. 113
k_4	0. 155	0. 15	0. 113	0	0. 139	0. 16	0. 126	0. 133	0. 139	0. 16	0. 155	0. 12	0. 106	0. 113	0. 16
k_5	0. 098	0. 141	0. 144	0. 144	0	0. 12	0. 12	0. 098	0. 08	0. 098	0. 098	0. 098	0. 089	0. 08	0. 08
k_6	0. 139	0. 069	0. 098	0. 098	0. 08	0	0. 133	0. 16	0. 08	0. 155	0. 139	0. 089	0. 12	0. 089	0. 133
k_7	0. 155	0. 089	0. 08	0. 16	0. 12	0. 126	0	0. 15	0. 12	0. 139	0. 155	0. 08	0. 089	0. 069	0. 165
k_8	0. 089	0. 15	0. 15	0. 089	0. 118	0. 106	0. 15	0	0. 118	0. 139	0. 089	0. 144	0. 098	0. 15	0. 077
k_9	0. 133	0. 106	0. 069	0. 15	0. 106	0. 12	0. 098	0. 144	0	0. 133	0. 133	0. 08	0. 133	0. 15	0. 126

续表

No.	k_1	k_2	k_3	k_4	k_5	k_6	k_7	k_8	k_9	k_{10}	k_{11}	k_{12}	k_{13}	k_{14}	k_{15}
k_{10}	0.089	0.126	0.089	0.144	0.133	0.098	0.113	0.089	0.133	0	0.089	0.144	0.08	0.098	0.069
k_{11}	0.098	0.089	0.089	0.069	0.08	0.144	0.144	0.155	0.08	0.133	0	0.063	0.08	0.15	0.113
k_{12}	0.133	0.133	0.126	0.133	0.16	0.12	0.098	0.089	0.16	0.089	0.133	0	0.11	0.144	0.098
k_{13}	0.133	0.057	0.098	0.12	0.089	0.08	0.089	0.12	0.089	0.098	0.133	0.057	0	0.057	0.089
k_{14}	0.098	0.133	0.126	0.098	0.113	0.15	0.126	0.089	0.113	0.08	0.098	0.098	0.113	0	0.126
k_{15}	0.098	0.08	0.098	0.139	0.106	0.12	0.08	0.089	0.106	0.069	0.098	0.089	0.089	0.113	0

表 A6　初始直接关系矩阵

No.	k_1	k_2	k_3	k_4	k_5	k_6	k_7	k_8	k_9	k_{10}	k_{11}	k_{12}	k_{13}	k_{14}	k_{15}
k_1	0.033	0.447	0.317	0.607	0.287	0.527	0.407	0.567	0.287	0.087	0.487	0.367	0.207	0.087	0.367
k_2	0.207	0.033	0.327	0.217	0.287	0.167	0.407	0.167	0.287	0.287	0.207	0.167	0.367	0.207	0.527
k_3	0.127	0.367	0.033	0.327	0.487	0.327	0.217	0.127	0.487	0.207	0.127	0.207	0.207	0.087	0.287
k_4	0.567	0.527	0.287	0.033	0.447	0.607	0.367	0.407	0.447	0.607	0.567	0.327	0.247	0.287	0.607
k_5	0.207	0.467	0.487	0.487	0.033	0.327	0.327	0.207	0.127	0.207	0.207	0.207	0.167	0.127	0.127
k_6	0.447	0.087	0.207	0.207	0.127	0.033	0.407	0.607	0.127	0.567	0.447	0.167	0.327	0.167	0.407
k_7	0.567	0.167	0.127	0.607	0.327	0.367	0.033	0.527	0.327	0.447	0.567	0.127	0.167	0.087	0.647
k_8	0.167	0.527	0.527	0.167	0.317	0.247	0.527	0.033	0.317	0.447	0.167	0.487	0.207	0.527	0.117
k_9	0.407	0.247	0.087	0.527	0.247	0.327	0.207	0.487	0.033	0.407	0.407	0.127	0.407	0.527	0.367
k_{10}	0.167	0.367	0.167	0.487	0.407	0.207	0.287	0.167	0.407	0.033	0.167	0.487	0.127	0.207	0.087

续表

No.	k_1	k_2	k_3	k_4	k_5	k_6	k_7	k_8	k_9	k_{10}	k_{11}	k_{12}	k_{13}	k_{14}	k_{15}
k_{11}	0. 207	0. 167	0. 167	0. 087	0. 127	0. 487	0. 487	0. 567	0. 127	0. 407	0. 033	0. 067	0. 127	0. 527	0. 287
k_{12}	0. 407	0. 407	0. 367	0. 407	0. 607	0. 327	0. 207	0. 167	0. 607	0. 167	0. 407	0. 033	0. 267	0. 487	0. 207
k_{13}	0. 407	0. 047	0. 207	0. 327	0. 167	0. 127	0. 167	0. 327	0. 167	0. 207	0. 407	0. 047	0. 033	0. 047	0. 167
k_{14}	0. 207	0. 407	0. 367	0. 207	0. 287	0. 527	0. 367	0. 167	0. 287	0. 127	0. 207	0. 207	0. 287	0. 033	0. 367
k_{15}	0. 207	0. 127	0. 207	0. 447	0. 247	0. 327	0. 127	0. 167	0. 247	0. 087	0. 207	0. 167	0. 167	0. 287	0. 033

致　　谢

经历了多轮增补、核对和修改，本书终稿终于完成，掩卷思量，饮水思源，在此谨表达本人的拳拳谢意。

首先，感谢我的博士后导师四川大学徐泽水教授和博士导师重庆大学肖智教授，他们在不确定环境下的决策理论和数据驱动的管理方法等研究领域都有非常深厚的造诣。在本书相关主题的研究过程中他们给予了我精心指导和无私帮助，也提出了很多建设性的意见。他们严谨的治学态度、敏捷的思维方式、渊博的知识、丰富的实践经验，使我受益匪浅。

其次，感谢同我一起完成研究工作的硕士研究生们，他们是侯晨静、杨帆、程晓婷、祁嘉轩、邓兴路、郑旭美、潘舒凝和张雅楠。他们是我研究团队中不可或缺的一员，他们的努力和贡献，使得这本书能够有更加全面的内容和更加深入探讨。同时，他们也为本书补充了案例和最新的参考文献，尤其是侯晨静和潘舒凝参与了全书的组稿和校对工作，提高了本书的严谨性和新颖性。

此外，我还要感谢那些提出修改意见的同行，他们是重庆交通大学的龚科教授；太原理工大学栗继祖教授、姚西龙教授、张国珍博士；福建师范大学林铭炜教授；山西财经大学孙国强教授、王建秀教授；山西省数字政府服务中心张国业研究员。他们的专业知识和经验，为我在研究过程中提供了很多宝贵的参考和启示；他们的建议和指导，使得这本书的内容更加准确和精彩。

我还要感谢我的家人。他们一直是我坚强的后盾，支持我完成这个艰巨的任务，他们的支持和鼓励，是我不断前行的力量源泉。尤其要感谢我的五岁女儿，小小的她已经知道要支持我的工作，理解我的繁忙，也让我在工作之余，还能够享受家庭带给我的温馨和快乐。

最后，感谢武汉大学出版社的编辑们在本书的撰写过程中给我的建议和各方面的协助；他们在封面设计、文字校对和出版安排等方面的辛苦工作，才使得本书得以顺利出版。

本书是教育部人文社会科学研究规划项目基金“大数据环境下面向信用修复的自新式动态决策方法研究”(项目编号：21YJA630011)的研究成果。尽管我们在研究过程中力求严谨，但由于研究领域的复杂性以及时间、精力等多方面的限制，书中难免存在一些不足之处。我们真诚地希望广大读者和同行专家能够不吝赐教，提出宝贵的意见和建议，以帮助我们进一步完善研究内容。

董媛香

2025 年 4 月于太原理工大学